四川盆地天然气勘探开发技术丛书

高含硫气藏地面集输工程技术

葛　枫　罗　明　宋　彬　张春阳　计维安　等编著

石油工业出版社

内 容 提 要

本书较为系统地介绍了高含硫气藏开发过程中地面集输系统常见的集输工艺，详细介绍了高含硫气田集输站场的主要设备和自控系统，系统地介绍了高含硫气田地面集输系统的腐蚀控制与监检测、完整性管理和应急保障，并以罗家寨、滚子坪气田为例详细介绍了罗家寨气田地面集输系统的集输工艺、主要设备和自控系统。

本书可供从事高含硫气藏开发地面工程的技术和管理人员使用，也可作为石油院校油气储运专业师生的学习参考书。

图书在版编目（CIP）数据

高含硫气藏地面集输工程技术／葛枫等编著． -- 北京：石油工业出版社，2025.4

（四川盆地天然气勘探开发技术丛书）

ISBN 978-7-5183-6222-6

Ⅰ.①高… Ⅱ.①中… Ⅲ.①含硫气体-油气集输工程-工程技术 Ⅳ.①TE86

中国国家版本馆 CIP 数据核字（2023）第 160518 号

出版发行：石油工业出版社
　　　　　（北京安定门外安华里 2 区 1 号　100011）
　　　　　网　　址：www.petropub.com
　　　　　编辑部：（010）64523604
　　　　　图书营销中心：（010）64523633
经　　销：全国新华书店
印　　刷：北京中石油彩色印刷有限责任公司

2025 年 4 月第 1 版　2025 年 4 月第 1 次印刷
787×1092 毫米　开本：1/16　印张：26.5
字数：650 千字

定价：200.00 元
（如出现印装质量问题，我社图书营销中心负责调换）
版权所有，翻印必究

《高含硫气藏地面集输工程技术》
编 写 组

组　　长：葛　枫
副组长：罗　明　宋　彬　张春阳　计维安
成　　员：张　勇　张　强　罗光文　王　杰
　　　　　唐　奕　刘　畅　王　勇　杨璐瑶
　　　　　张　炜　徐　峰　莫　林　田　源
　　　　　江　藩　张凌帆　杨　力　陈　信
　　　　　彭　浩　崔铭芳　唐　霏　闪从新
　　　　　伍坤一　刘　坤　李蔚熹　林　宇
　　　　　唐春凌　鲁大勇　温　庆　宋媛媛
　　　　　吕建军　魏　薇　朱义锋　冯志鹏
　　　　　俞　舟　高立洪　王幼石　钟秀敏

序

我国高含硫气藏资源丰富,主要分布在四川盆地川东北地区和渤海湾盆地,尤以四川盆地为主,开发潜力巨大。我国的高含硫气藏大多赋存于海相碳酸盐岩储层,具有埋藏深、地质条件复杂、高温高压、高含硫化氢和二氧化碳的特点,这就决定了开发这类气田将面临系列挑战。

我国高含硫气藏的开发经过半个多世纪的技术攻关和开发生产实践,逐步发展和完善了高含硫气藏开发配套的技术系列和标准规范体系。2000年以来,中国石油围绕四川盆地川东北地区罗家寨、龙岗等高含硫气田以及海外阿姆河右岸高含硫气藏的开发,在技术研发平台建设、技术攻关、生产实践等方面开展了大量的工作,取得了长足的发展,2010年建成了国内首个具有国际先进水平的中国石油高含硫气藏开采先导试验基地,2013年又组建了国家能源高含硫气藏开采研发中心,进一步发展和完善了我国高含硫气藏开发配套的技术系列和标准规范体系,全面支撑了国内和海外高含硫气藏的安全、清洁、高效开发。

本书由中国石油西南油气田分公司组织长期从事含硫油气田开发工程技术工作的专家、技术骨干,结合西南油气田多年从事高含硫气田勘探开发的研究和实践的成果编写完成,具有较强的理论指导和实际应用价值。希望《四川盆地天然气勘探开发技术丛书》的出版能为促进我国高含硫气藏开发技术进步,推动我国高含硫气藏开发向更加安全、更加清洁和提高开发效益与开发水平方向前进提供帮助。

前　言

高含硫天然气中高浓度硫化氢的致命性和强腐蚀性使得高含硫气藏开发过程蕴含着巨大的风险。硫化氢和元素硫的存在极大地加剧金属材质电化学腐蚀，造成设备管线"氢脆"和硫化物应力腐蚀开裂等严重后果。因此与常规天然气地面集输系统相比，关键是对高含硫化氢天然气在集输系统中进行有效控制。

20世纪60年代四川盆地威远震旦系高含硫气藏开发开始，中国已陆续成功开发了卧龙河、中坝、龙岗、罗家寨、普光、元坝等国内大型高含硫气藏以及海外阿姆河大型高含硫气藏，积累了丰富的高含硫气藏开发地面集输系统的建设和运行管理经验。本书重点从集输工艺、主要设备、自动控制、腐蚀控制与监检测、完整性管理、应急保障几个方面介绍高含硫气藏集输系统，主要是相对于常规天然气集输系统的不同之处进行阐述。

本书是《四川盆地天然气勘探开发技术丛书》之三，全书共分为八章，内容包括绪论、集输工艺、地面集输站场主要设备、自动控制系统、腐蚀控制与监检测、完整性管理、应急保障，以及典型高含硫气田集输站场。其中，第一章由计维安、唐奕、杨璐瑶、温庆编写，李蔚熹、林宇、张勇校审；第二章由杨璐瑶、田源、江藩、唐奕、伍坤一编写，计维安、杨力、吕建军、魏薇校审；第三章由王勇、闪从新编写，陈信、宋媛媛、朱义锋、冯志鹏校审；第四章由张炜、王杰编写，鲁大勇、俞舟、高立洪校审；第五章由张强编写，莫林、王幼石、钟秀敏校审；第六章由刘畅、张凌帆、崔铭芳、唐霈编写，彭浩、张勇校审；第七章由徐峰编写，唐春凌、刘坤校审；第八章由罗光文、王杰编写，张春阳校审。全书由张春阳、计维安、唐奕统稿。葛枫、罗明、宋彬主持编写并审定。

本书的编写工作是在《四川盆地天然气勘探开发技术丛书》编委会的直接指导和中国石油西南油气田分公司的组织下完成的。编写过程中，原青民教授级高级工程师等老专家和中国石油西南油气田分公司天然气研究院、中国石油西南油气田分公司安全环保与技术监督研究院许多直接从事高含硫气藏开发地面集输的专业技术人员提出了许多宝贵的意见和丰富的材料。中国石油西南油气田分公司天然气研究院唐奕工程师多次参加了编写资料的汇总和整理工作。在此，对所有提供指导、关心、支持和帮助的单位、领导、技术人员以及为本书所引用参考资料的有关作者一并表示衷心的感谢。

  鉴于编者水平有限，本书难免存在一些不足，敬请使用本书的读者批评赐教，特此表示衷心感谢。

2024 年 2 月

目　　录

第一章　绪论 ·· (1)
　　第一节　高含硫气田开发现状 ··· (1)
　　第二节　含硫天然气物性 ··· (5)
　　第三节　高含硫地面工程建设特点 ··· (11)
　　第四节　地面集输工程技术现状 ·· (13)
　　第五节　高含硫地面工程技术发展趋势 ··· (16)

第二章　高含硫集输工艺 ·· (19)
　　第一节　高含硫集输系统总工艺流程和总体布局 ······························ (19)
　　第二节　集输工艺 ··· (20)
　　第三节　元素硫沉积预测与防治技术 ·· (26)
　　第四节　水合物防治 ·· (57)
　　第五节　脱水工艺 ··· (67)
　　第六节　集输管网 ··· (77)
　　第七节　气田水处理 ·· (85)

第三章　地面集输站场主要设备 ·· (90)
　　第一节　过滤、分离设备 ··· (90)
　　第二节　加热和热交换设备 ·· (98)
　　第三节　清管收发工艺及设备 ·· (104)
　　第四节　火炬系统用设备 ·· (105)
　　第五节　三剂加注装置 ··· (107)
　　第六节　泵 ·· (109)
　　第七节　标准化和橇装化 ·· (119)

第四章　自动控制系统 ··· (124)
　　第一节　自动控制系统要求及组成 ·· (124)
　　第二节　高含硫气田集输过程的 SCADA 系统 ································· (126)
　　第三节　高含硫气田控制系统优化 ·· (155)
　　第四节　集输站场安防管理系统 ··· (158)
　　第五节　智能化高含硫气田 ··· (163)

第五章　腐蚀控制与监检测 (170)
第一节　腐蚀环境和腐蚀形态 (170)
第二节　腐蚀控制技术 (183)
第三节　腐蚀监测和检测技术 (199)

第六章　完整性管理 (232)
第一节　完整性管理概述 (232)
第二节　完整性管理体系 (233)
第三节　风险评价技术 (245)
第四节　检测评价技术 (271)
第五节　完整性管理应用案例 (310)

第七章　应急保障 (321)
第一节　安全环保风险分析 (321)
第二节　主要安全环保防范措施 (328)
第三节　井喷失控事故应用实例 (346)

第八章　典型高含硫气田集输站场 (360)
第一节　罗家寨气田、滚子坪气田简介 (360)
第二节　集输工艺 (363)
第三节　集输站场主要设备 (371)
第四节　自动化控制系统 (377)
第五节　腐蚀控制与监检测 (380)
第六节　完整性管理 (389)
第七节　安全与应急管理 (394)
第八节　生产运行情况 (407)
第九节　铁山坡智能气田 (408)

参考文献 (411)

第一章 绪 论

第一节 高含硫气田开发现状

半个多世纪以来,国内外围绕高含硫气田的安全、清洁开发,不断加强基础理论研究与应用,强化安全管理和保障,在气藏工程、钻完井工程、采气工程、地面集输工程、天然气净化工程、腐蚀与防护工程及安全环保工程等方面,发展形成了一系列开发配套技术,积累了较丰富的开发经验,取得了较好的开发效果。

根据天然气中 H_2S 含量的高低,国内外分别提出了高含 H_2S 天然气藏的分类标准。

加拿大和美国等国家,定义组分中 H_2S 体积含量小于 0.0014% 的为微含 H_2S 气藏,含量 0.0014%~0.3% 的为低含 H_2S 气藏,含量 0.3%~1.0% 的为含 H_2S 气藏,含量 1.0%~5.0% 的为中含 H_2S 气藏,含量大于 5.0% 的为高含 H_2S 气藏。

2011 年我国在行业标准《气藏分类》(SY/T 6168—2009)的基础上制订了《天然气藏分类》(GB/T 26979—2011)。定义组分中 H_2S 体积含量小于 0.0013% 的为微含 H_2S 气藏,含量 0.0013%~0.3% 的为低含 H_2S 气藏,含量 0.3%~2.0% 的为中含 H_2S 气藏,含量 2.0%~10.0% 的为高含 H_2S 气藏,含量介于 10.0%~50.0% 的为特高含 H_2S 气藏,含量大于 50.0% 的为纯 H_2S 气藏。也就是说,H_2S 含量大于 2.0% 的为高含 H_2S 气藏。

由于高含硫天然气勘探开发过程中存在严重腐蚀和安全问题,一些国家和组织从人身安全、材质防腐和集输工程等方面的实际需要出发,相继出台了一些高含硫天然气安全生产的标准和规定,这些标准和规定是笔者在本书编写过程中的重要依据。

一、储量状况及分布

1. 储量状况

高含硫天然气全球资源量巨大,2004 年 6 月 HIS 的 ris 21 数据库统计,仅北美以外的地区 H_2S 含量大于 10% 的天然气储量就超过 $9.8 \times 10^{12} m^3$。目前全球已发现 400 多个具有工业开采价值的高含 H_2S 和 CO_2 气田(藏),主要分布在加拿大、美国、法国、德国、俄罗斯、中国等国家和中东地区。

加拿大是高含硫气田较多的国家,其高含硫天然气储量占全国天然气总储量的 1/3 左右,主要分布在落基山脉以东的内陆台地。阿尔伯塔省有 30 余个高含硫气田,天然气中 H_2S 的平均含量约为 9%,如卡罗林(Caroline)气田,H_2S 和 CO_2 含量分别为 35.0% 和 7.0%;卡布南(Kay-bob South)气田 H_2S 和 CO_2 含量分别为 17.7% 和 3.4%;莱曼斯顿(Limestone)气田 H_2S 和 CO_2 含量分别为 5%~17% 和 6.5%~11.7%;沃特棠(Waterton)气田 H_2S 和 CO_2 含量分别为 15% 和 4%,这 4 个气田是加拿大典型的高含 H_2S 和 CO_2 气田,

探明地质储量近 $3000×10^8m^3$。

俄罗斯气田中含 H_2S 天然气探明储量接近 $5×10^{12}m^3$，主要集中在阿尔汉格尔斯克州，分布于乌拉尔—伏尔加河沿岸地区和滨里海盆地，以奥伦堡（Orenburg）气田和阿斯特拉罕（Astra-khan）气田为代表。其中，奥伦堡气田是典型的高含硫大型气田，天然气可采储量达到 $1.84×10^{12}m^3$，气体组分中 H_2S 和 CO_2 含量分别为24%和14%。

此外，美国、法国和德国等都探明有高含硫气田，典型的大型高含硫气田有：美国的惠特尼谷卡特溪（Whitney Canyon-Carter Creek）气田，探明天然气储量 $1500×10^8m^3$；法国的拉克（Lacq）气田，探明天然气储量 $3226×10^8m^3$；德国的南沃尔登堡气田，探明天然气储量 $400×10^8m^3$。

我国含硫天然气资源十分丰富，至2007年底，累计探明高含硫天然气储量已超过 $7000×10^8m^3$，约占探明天然气总储量的1/6，主要分布在四川盆地川东北地区和渤海湾盆地，如普光、罗家寨、渡口河气田和赵兰庄气藏等（表1-1）。随着海相资源勘探力度的加大，我国高含硫天然气探明储量将进入快速增长期。

表1-1 我国主要高含硫气田（藏）统计表

气田	累计探明地质储量（10^8m^3）	H_2S体积含量（%）	CO_2体积含量（%）	气田	累计探明地质储量（10^8m^3）	H_2S体积含量（%）	CO_2体积含量（%）
建南	100.25	4.05~7.16	1.90~5.50	龙门	183.99	6.67~8.27	2.68~2.80
中坝	186.30	6.75~13.30	2.90~10.00	罗家寨	797.36	6.70~16.65	5.80~9.10
渡口河	359.00	9.79~17.10	6.40~8.30	普光	3812.59	12.70~15.20	8.60~10.20
铁山坡	373.97	14.37~15.54	75.44~78.52	云安厂	322.91	2.30~9.40	8.68~17.58
卧龙河	408.86	5.00~7.28	1.30~1.50	元坝	1592.00	2.70~8.44	3.12~15.50

2. 储层分布状况

高含硫天然气的形成与 H_2S 的成因有关。现有的研究表明，H_2S 的成因类型主要有生物成因（Bacterial Sulfate Reduction，简称BSR）、热化学成因（Thermochemical Sulfate Reduction，简称TSR）和火山喷发成因三大类，其中硫酸盐热化学反应（TSR）是高含硫天然气形成的重要机制。

国内外研究成果表明，世界上已发现的高含硫天然气田的分布，无论在时代上还是在区域上，均与碳酸盐—蒸发岩剖面中石膏的分布具有较好的一致性。据统计，世界上已发现的400多个高含硫气田中，有87个分布在含膏碳酸盐岩内，而在陆源储层中发现的绝大多数含硫气田，也都与区域上的碳酸盐—蒸发岩地层有着明显的联系。因此碳酸盐—蒸发岩剖面中的硫酸盐（石膏）是 H_2S 形成的基础。我国石膏绝大多数为沉积成因，主要分布在早寒武世、中奥陶世、早中石炭世、早中三叠世和白垩—古近纪。其中，早中三叠世以前的均为海相石膏，而从侏罗纪开始直到第四纪，则以陆相为主。相对而言，海相膏岩更有利于 H_2S 的形成和保存。

全球高含硫天然气资源分布广阔。区域上，欧洲、北美洲和亚洲均有大面积高含硫气田分布,其中俄罗斯和加拿大是高含硫天然气资源较为丰富的国家,其次为美国、法国、中国和中东地区等;层系上,主要分布在侏罗系和二叠系,少量分布在泥盆系、石炭系、白垩系和古近系;埋深上,从1800多米到6000多米均有分布,变化较大。H_2S含量方面,目前已开发的高含硫气田一般小于40%,大于40%的含硫气田发现较少。

我国已发现的含硫天然气资源区域上主要分布在南方和西部,东部陆上和海域也有发现;层系上,震旦系、寒武系、奥陶系、石炭系、三叠系、二叠系和古近系等七大层系均有分布;埋深上,现在已发现的含硫气藏一般为3000~7000m,总体较深且埋深差异较大,如罗家寨气田埋深3200~4500m,普光气田埋深4800~5800m。H_2S含量方面,各个气田H_2S和CO_2含量差异较大且没有特定的规律,但目前已发现的气田H_2S和CO_2含量一般低于20%,气体中基本不含C_7以上烃类组分,部分气田含有有机硫。

二、典型高含硫气田开发状况

国外高含硫气田规模开发始于20世纪50年代。加拿大和法国是最早成功开发高含硫气田的国家,随后美国、德国和苏联等国家也在这方面取得了成功,很多著名的高含硫气田陆续投入了开发,如加拿大的卡布南气田、卡罗林气田,法国的拉克气田,美国的惠特尼谷卡特溪气田,俄罗斯的奥伦堡气田等。这些气田的安全开发有力地推动了世界天然气工业技术的发展,其开发状况基本反映了世界高含H_2S和CO_2气田的开发水平和现状。

目前,我国在四川盆地已成功开发了一大批高含硫天然气田,如中坝、卧龙河、普光、龙岗、罗家寨和元坝气田等,形成了一套高含硫气藏开发配套技术。

1. 法国拉克气田

拉克气田是法国主要的高含硫气田之一,是20世纪50年代法国获得的第一个大气田,气田位于法国西南部阿奎坦(Aquitaine)盆地的南部,波尔多市以南160km处。

气田为一背斜构造,北缓南陡,含气面积120km²,地质储量$3226\times10^8m^3$。气藏平均井深3800m,最深井达5000m。储层为一组巨厚的碳酸盐岩,分上下两部分,上部是下白垩统尼欧克姆阶(Neocomian)石灰岩,厚200~300m,孔隙度很低,平均约1%,岩块渗透率一般小于1mD;下部是上侏罗统马诺阶(Mano)白云岩,厚150~200m,孔隙度5%~6%,岩心渗透率0.1~12mD,是主要产气层段。储集空间以孔隙为主,储层裂缝较发育,在纵横向上呈网状分布,是主要的渗流通道。气层原始地层压力66.1MPa,地层温度140℃。天然气组分中甲烷占69%,乙烷占3%,H_2S占15.6%,CO_2占9.3%,其他组分占3.18%。拉克气田是一个典型的深层高压、无边底水的高含硫气藏。

拉克气田1951年发现,1957年正式投入开发,至今已经过了60多年,其开发历程可划分为四个阶段。试采阶段(1952—1957年),主要对三口井进行试采,检验井底及井口设备的抗硫防腐性能,并获取气藏动态参数,评价气井产能;产能建设阶段(1957—1964年),采用一套开发层系、不规则井网、平均井距1500m,共部署开发井26口。气田日产量由$82\times10^4m^3$上升至$2156\times10^4m^3$,平均单井产量$80\times10^4m^3/d$,采气速度2.4%;稳产阶段(1964—1983年),陆续在构造高点钻加密井10口,气田日产量保持在$(1906~2361)\times10^4m^3$,平均单井产量$(50~65)\times10^4m^3/d$,采气速度2.6%,稳产了19年,稳产期末可采储量采出程度达到65%;产量递减阶段(1983至今),从1983年开始,气田进入递减开发,目前地质采出程度已达到80%以上。纵观气田的开发历程,由于开发技术政策合理、开采措施得当,取得了很好的效果。拉克气田是高含硫气田开发探索性的,基本上走完了开发全过程,提供了高含硫气田全生命历程的经验和借鉴。

2. 加拿大卡罗林气田

加拿大天然气资源十分丰富,是世界第三大天然气生产国。阿尔伯塔省是加拿大最主要的天然气生产基地,年产气量占全国产量的80%以上,其中含H_2S和CO_2天然气产量占全省年产气量的1/3左右。

卡罗林气田位于阿尔伯塔盆地西南倾东翼,是一个层状气田。气田含气面积133.5km^2,地质储量651×10^8m^3,凝析油储量3977×10^4m^3,气藏埋深3597~3841m,气藏高度326m,有效厚度39.6m。储层平均孔隙度10.1%,平均空气渗透率100mD,平均含水饱和度小于10%。原始地层压力36.6MPa,地层温度102℃。天然气中H_2S含量35%,CO_2含量7%。

卡罗林气田1986年被发现,1993年正式投产。主要采用衰竭方式开发,其北端为弱水驱。共部署开发井15口,开发井距1700m左右,采用负压射孔后酸洗完井,单井产量(37.6~210.9)×$10^4m^3/d$,气井初始产量531×$10^4m^3/d$。截至2000年底,气田已累计产气266.5×10^8m^3,采出程度41%。预计气田天然气最终采收率可达77%,凝析油最终采收率达70%。卡罗林气田在高含硫气田中含硫量最高,在防腐蚀、安全运行方面形成了体系和相应的标准。

3. 俄罗斯阿斯特拉罕气田

俄罗斯是世界上天然气资源最丰富的国家。目前俄罗斯已发现油气田2200个以上,天然气产量长期保持在5900×$10^8m^3/a$左右,是世界上仅次于美国的天然气生产和出口国,占世界天然气总产量的16.3%,其中奥伦堡和阿斯特拉罕两个大型气田属于高含H_2S和CO_2气田。

阿斯特拉罕气田位于俄罗斯和哈萨克斯坦交界处的里海盆地西南部,含气面积1630km^2,天然气可采储量2.6×$10^{12}m^3$,凝析油可采储量1.36×10^8m^3,气藏平均埋深3915m,气藏平均有效厚度10~76m。储层平均孔隙度9.9%,平均空气渗透率2.3mD,平均含水饱和度18%。原始地层压力62.6MPa,压力系数1.63,地层温度106℃。阿斯特拉罕气田为高含凝析油高酸性天然气田,其中凝析油含量417g/m^3;H_2S含量在16.03%~28.30%之间,平均为26%;CO_2含量在10.69%~18.66%之间,平均为16%;除H_2S外还含有元素硫及硫醇等有机硫化合物。

阿斯特拉罕气田1976年被发现。在随后的勘探开发建设过程中,为了解决地层异常高压和极端恶劣的腐蚀环境等因素对气田开发工程的影响,1984—1985年开展试采工作,并于1986年投入正式开发。1993年底,该气田累计部署探井和评价井37口,开发井113口,单井最高产量40×$10^4m^3/d$;气田最高产量3712.4×$10^4m^3/d$,凝析油产量31.95×$10^4m^3/d$(1988年);截至1997年,气田累计产气668.28×10^8m^3,凝析油314.32×10^4m^3。

4. 普光气田

普光气田主要区块为普光主体、大湾、老君、清溪、双庙区块,天然气气藏储量分别

为 $2783\times10^8m^3$、$1282\times10^8m^3$、$13\times10^8m^3$、$21\times10^8m^3$、$23\times10^8m^3$。普光主体区块主要包括 38 口开发井，16 座集气站，1 座集气总站，30 座阀室，2 座污水处理站，3 座污水回注站和 41.7km 管道，天然气酸性组分 H_2S 和 CO_2 的体积分数分别为 15.2% 和 8.6%。大湾区块于 2012 年 3 月 28 日投产，主要包括 14 口开发井，7 座集气站，18 座阀室，1 座污水处理站，1 座污水回注站和 23.82km 管道，天然气酸性组分含量 H_2S 和 CO_2 的体积分数分别为 12.7% 和 10.2%。两个区块全部为水平井，水平井垂深在 5500m 左右，水平段 1200~1800m。

5. 罗家寨和滚子坪气田

川东北区块的天然气资源开发分三个阶段完成，第一阶段为罗家寨（含滚子坪）气田的开发，该阶段还包括宣汉天然气处理厂的建设；第二阶段是铁山坡气田的开发以及天然气处理厂的建设；第三阶段为渡口河和七里北气田的开发，并回接输送到宣汉天然气处理厂进行处理，将通过附加的两个主体净化装置扩大宣汉处理厂的容量。

资源分布显示罗家寨是川东北区块最大的气田，其资源量占川东北区块的 35%，铁山坡是第二大气田，占 23%，预期罗家寨的天然气地质储量为 $581.08\times10^8m^3$，滚子坪的天然气地质储量为 $138.97\times10^8m^3$。罗家寨飞仙关气藏的天然气中甲烷的平均含量为 82.8%，硫化氢（H_2S）的平均含量为 9.45%，CO_2 的平均含量为 6.61%。气藏属于高 H_2S 含量和中等 CO_2 含量的干性气藏。滚子坪飞仙关气藏的天然气中甲烷的平均含量为 78.28%，H_2S 的平均含量为 14%，CO_2 的平均含量为 7.18%。气藏属于高 H_2S 含量和中等 CO_2 含量的干性气藏。罗家寨、滚子坪气田共设 6 座丛式井井场，钻 23 口井（其中 P90 井 7 口）。投产的前 4 年，由罗家寨气田生产，产气量为 $900\times10^4m^3/d$。

6. 铁山坡气田

铁山坡是川东北区块第二大气田，其资源量占川东北区块的 23%，飞仙关组气藏探明储量 $373.97\times10^8m^3$，含气面积 $24.87km^2$。气藏属特高含硫化氢、中含二氧化碳干气。天然气成分以甲烷为主，甲烷体积分数 75.44%~78.52%，硫化氢体积分数 14.19%~15.54%，二氧化碳含量 5.43%~8.89%，铁山坡区块完钻探井及开发井 12 口，气田建产期、地面集输工程设计规模 $400\times10^4m^3/d$。气田于 2023 年投产，主要包含 2 座井站、1 座脱水站、1 座清管站和 6 座阀室，站场及工艺装置最大负荷 115%。

第二节 含硫天然气物性

一、硫化氢的基本物性

1. H_2S 的物理化学性质

H_2S 为无色有刺激性气味的气体，具有很强的毒性。其蒸气压在 25.5℃ 时为 2026.5kPa，闪点小于 -50℃，熔点为 -85.5℃，沸点为 -60.4℃；易溶于水、乙醇，溶解度为 1:2.6（溶于水）；相对密度（空气为 1）为 1.19。其化学性质具有不稳定性（在较高温度时，分解成氢气和硫）、可燃性［燃烧生成二氧化硫（完全燃烧）和硫单质（不完全燃烧）］和较强的还原性。

2. H_2S 对人的生理影响及危害

H_2S 为强烈的神经性毒物，对人体黏膜有强烈的刺激作用，其毒性较 CO 大 5～6 倍。我国职业卫生标准《工作场所有害因素职业接触限值 第 1 部分：化学有害因素》（GBZ 2.1—2019）规定工作场所最高容许浓度（MAC）为 $10mg/m^3$。当硫化氢浓度超过 $150mg/m^3$ 时将对工作人员生命和健康产生不可逆转的或延迟性的影响（表 1-2）。

表 1-2 硫化氢对人的生理影响及危害

在空气中的浓度			暴露于硫化氢的典型特性
%（体积分数）	μL/L	mg/m^3	
0.000013	0.13	0.18	通常，在大气中含量为 $0.195mg/m^3$（0.13μL/L）时，有明显和令人讨厌的气味，在大气中含量为 $6.9mg/m^3$（4.6μL/L）时就相当显而易见。随着浓度的增加，嗅觉就会疲劳，气体不再能通过气味来辨别
0.001	10	15.00	有令人讨厌的气味。眼睛可能受刺激。美国政府工业卫生专家协会推荐的阈限值（8h 加权平均值）。我国规定几乎所有工作人员长期暴露都不会产生不利影响的最大硫化氢浓度
0.0015	15	21.61	美国政府工业卫生专家联合会推荐的 15min 短期暴露范围平均值
0.002	20	30.00	在暴露 1h 或更长时间后，眼睛有烧灼感，呼吸道受到刺激。美国职业安全和健康局的可接受上限值。工作人员在露天安全工作 8h 可接受的硫化氢最高浓度
0.005	50	72.07	暴露 15min 或 15min 以上的时间后嗅觉就会丧失，如果时间超过 1h，可能导致头痛、头晕和（或）摇晃。超过 $75mg/m^3$（50μL/L）将会出现肺浮肿，也会对工作人员的眼睛产生严重刺激或伤害
0.01	100	150.00	3～15min 就会出现咳嗽、眼睛受刺激和失去嗅觉。在 5～20min 过后，呼吸就会变样、眼睛就会疼痛并昏昏欲睡，在 1h 后就会刺激喉道。延长暴露时间将逐渐加重这些症状。我国规定对工作人员生命和健康产生不可逆转的或延迟性的影响的硫化氢浓度
0.03	300	432.40	明显的结膜炎和呼吸道刺激。注：考虑将此浓度定为立即危害生命或健康，参见（美国）国家职业安全和健康学会 DHHS No 85-114《化学危险袖珍指南》
0.05	500	720.49	短期暴露后就会不省人事，如不迅速处理就会停止呼吸。出现头晕、失去理智和平衡感。患者需要迅速进行人工呼吸和（或）心肺复苏技术
0.07	700	1008.55	意识快速丧失，如果不迅速营救，呼吸就会停止并导致死亡。必须立即采取人工呼吸和（或）心肺复苏技术
>0.10	>1000	>1440.98	立即丧失知觉，结果将会产生永久性的脑伤害或脑死亡。必须迅速进行营救，应用人工呼吸和（或）心肺复苏技术

此外，H_2S 还是爆炸性气体，其爆炸极限范围为 4%～46%（体积比）。

二、高含 H_2S/CO_2 天然气的含水量

天然气中的酸气组分，如二氧化碳（CO_2）和硫化氢（H_2S），由于这些组分的分子具有

亲水性，使水在天然气中的溶解度升高。酸气混合物的平衡含水量随压力、温度和混合物组成的变化而不同。液态 CO_2 和 H_2S 比气态 CO_2 和 H_2S 的含水量高很多，但该结论对于烃类是相反的。图 1-1 至图 1-5 进行了详细说明。

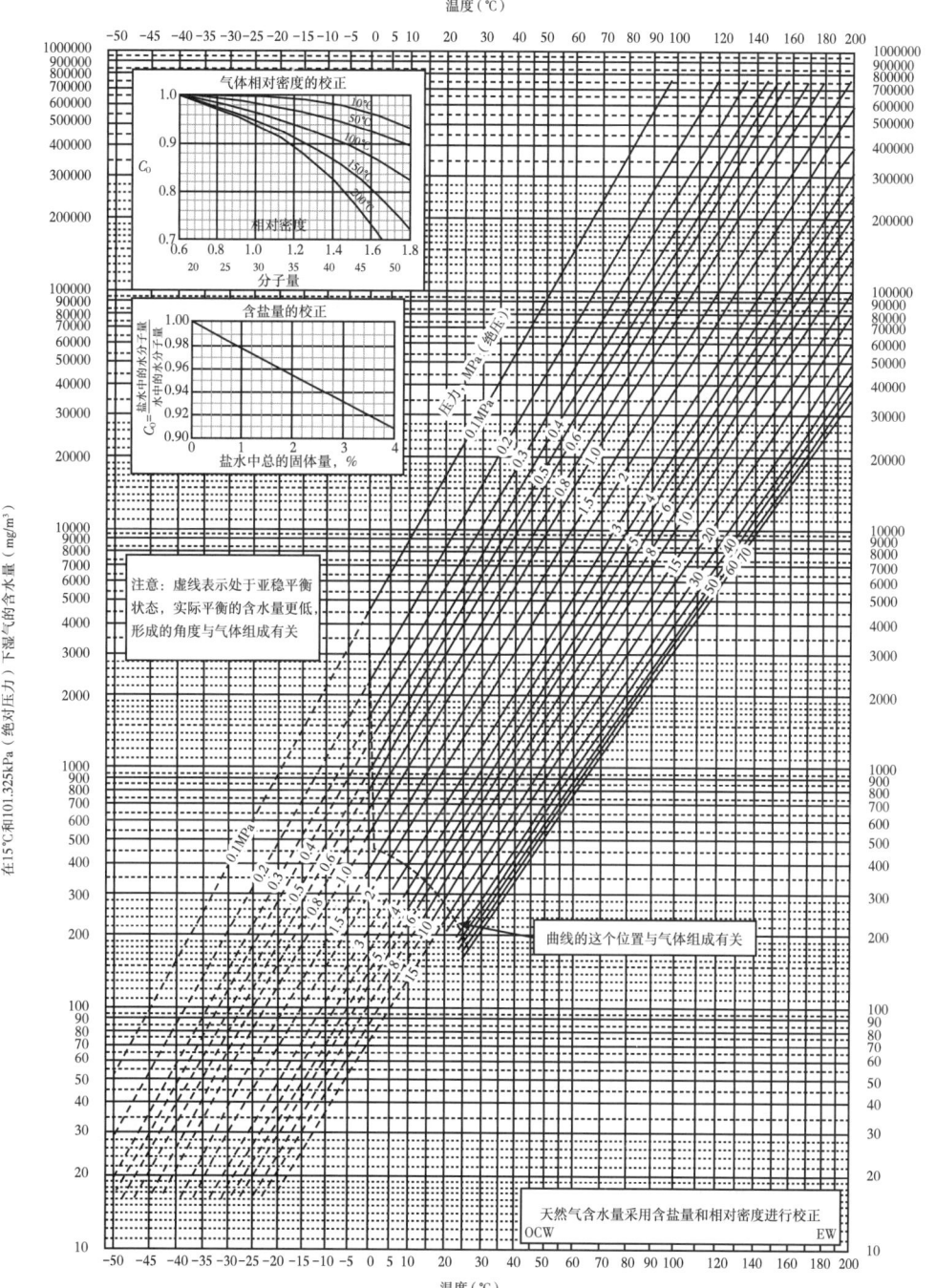

图 1-1　气态烃的含水量

图 1-1 为轻质天然气的含水量,为了进行对比,用虚线表示,图 1-2 为不同温度和压力下的纯 CO_2 的含水量(实线)。

在低压下,CO_2 的含水量随着压力的升高而下降。在高压下,CO_2 的含水量伴随着压力的增加,导致 CO_2 的密度、水和 CO_2 的亲和力增加,最终引起含水量增加。图 1-2 纵向的虚线为 18.3℃ 和 25℃ 下由于从气相变为液相的相态改变而引起的含水量的变化。CO_2 的临界温度为 31℃。接近临界温度和临界压力,CO_2 的密度急剧变化,微小的压力变化将会导致含水量较大的变化。H_2S 的影响也是类似的趋势,如图 1-3 所示。虽然对于纯的 H_2S,104.4℃ 已经处于临界温度点之上,但是该温度对于 H_2S 和水的混合物来说是亚临界温度。

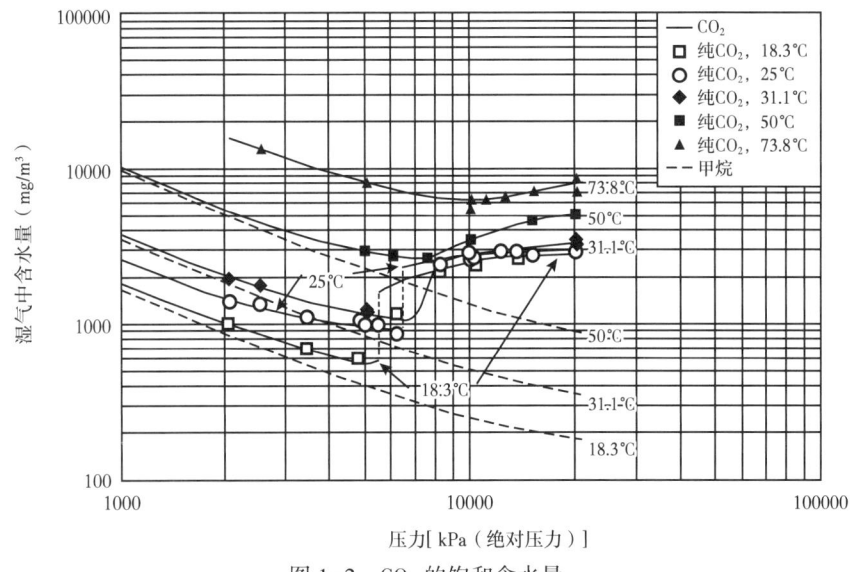

图 1-2 CO_2 的饱和含水量

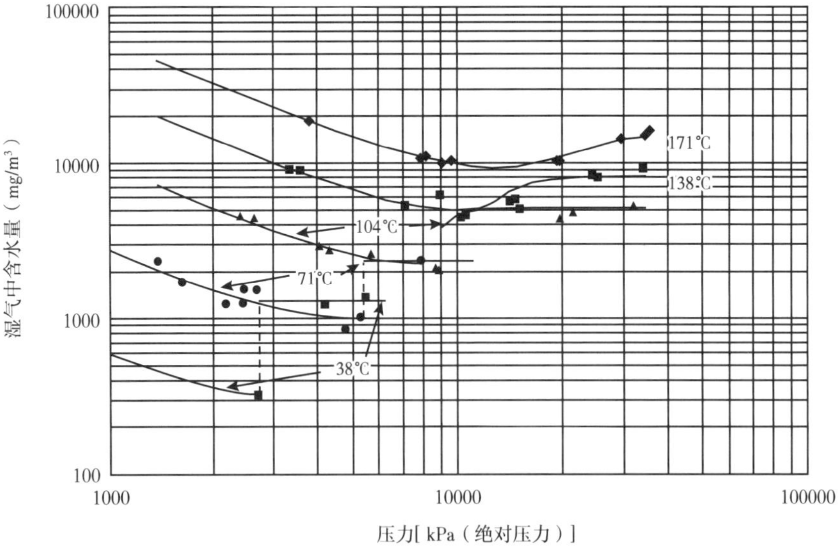

图 1-3 H_2S 的饱和含水量

图 1-4 为 37.8℃和 93.3℃下，选定的 CH_4、CO_2 和 H_2S 混合物在不同压力下的饱和含水量。图 1-5 为纯 CH_4、CO_2，CH_4 和 CO_2 的混合物在 93.3℃下的含水量。由此可以发现：

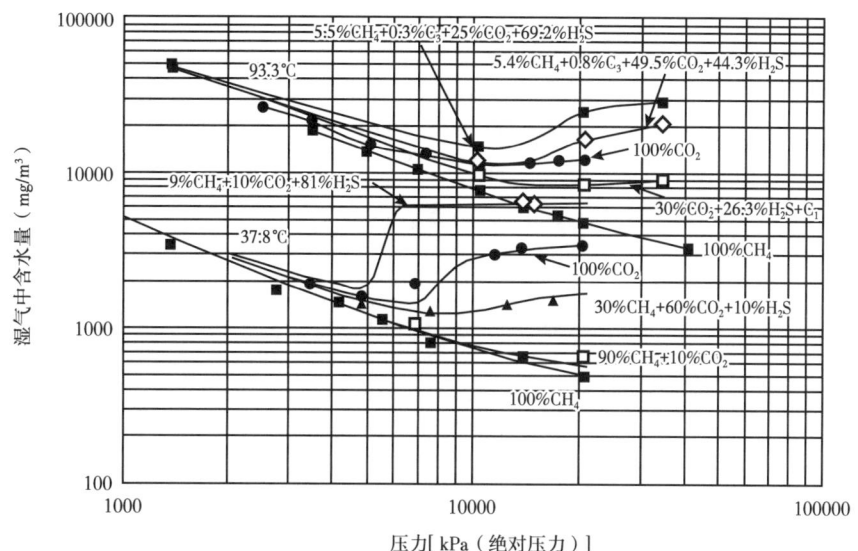

图 1-4　37.8℃和 93.3℃混合气体的饱和含水量实验值

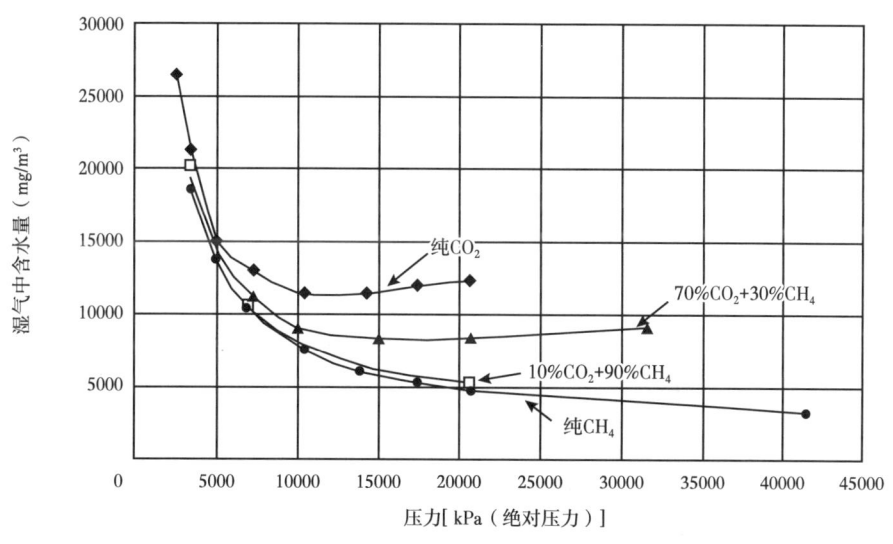

图 1-5　93.3℃富 CO_2 混合气体的饱和含水量

（1）在甲烷中低浓度的 CO_2 对含水量的影响不明显，但是在 CO_2 中低浓度的甲烷可对含水量产生巨大的影响。H_2S 的影响趋势类似。

（2）纯 CO_2、H_2S 和含高浓度酸气的混合气体的饱和含水量远高于无硫天然气的饱和含水量，重点表现在室温下压力超过 4800kPa（绝对压力）时。

（3）当天然气混合物含 H_2S 或 CO_2 量大于 5%，压力高于 4800kPa（绝对压力）时，需

要对 H_2S 和 CO_2 进行修正。在更高浓度和压力下，这些修正极其重要。

（4）在 CO_2 和 H_2S 中加入少量的 CH_4 或 N_2 会使其饱和含水量较纯酸气大大降低。

酸气中的饱和含水量相对复杂，水含量的精确测定可利用估算公式进行进一步研究。目前用于估算酸气混合物含水量的关联方式有：Robinson 等，Maddox 等，Carroll 和 Mather，Carroll，Wichert 和 Wichert，Yarrison 等提出的方法。

Wichert 法用图 1-6 估算了相对于无硫天然气的酸气混合物的含水量。该法可以用于含 CO_2 和 H_2S 的混合物。若气体中含有 CO_2，将 CO_2 浓度乘以 0.7 再加上 H_2S 浓度则得到一个"当量" H_2S 浓度，见式（1-1）。

$$y_{H_2S}（当量）= 0.7 \times y_{CO_2} + y_{H_2S} \tag{1-1}$$

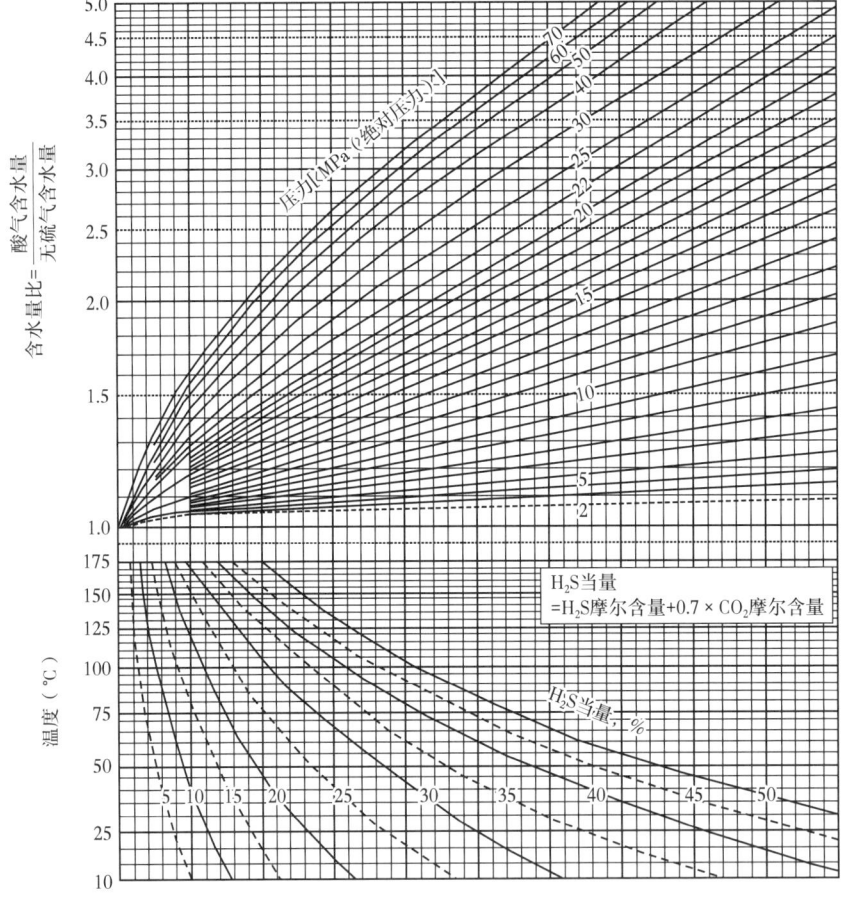

图 1-6 混合酸气含水量估算关系

该方法的极限值是 H_2S 当量浓度为 50%，温度从 10℃ 到 177℃ 和压力从 1400kPa 到 69000kPa（绝对压力）。共对比了 70 个数据，这些数据涵盖了 H_2S 当量浓度到 50% 的天然气混合物，温度从 38℃ 到 107℃，压力从 1400kPa 到 41000kPa（绝对压力），证明该方法的误差是任意分布的，其平均绝对误差为 10%，最大误差为 37%。

示例1-1：确定在温度49℃和压力10000kPa（绝对压力）下，含79%CH_4、12%CO_2和9%H_2S的混合气体的饱和含水量。

首先，酸气组分必须用式（1-1）换算为当量H_2S浓度。

$$y_{H_2S}(当量)=0.7×12\%+9\%=17.4\%$$

从图1-6左侧开始，在40℃时，水平移动划线到H_2S当量浓度（17.4%）。继续沿压力10000kPa（绝对压力）垂直划线，向左对准含水量比例刻度，得到含水量比为1.15。

根据49℃和10000kPa（绝对压力）下无硫天然气含水量为1265kg/m³，则乘以含水量比得：

酸气—天然气混合体系含水量=1.15×1265=1455kg/m³。

第三节 高含硫地面工程建设特点

一、高含硫天然气的特点

1. 易燃易爆有毒

H_2S具有很强的毒性，人（成年男性）对H_2S的最低致死浓度为24mg/L，大鼠吸入半数致死浓度为444mg/L，小鼠为634（mg/L）/1h。H_2S为爆炸性气体，而天然气本身也具有易燃易爆的特点，故高含硫天然气在易燃易爆的基础上还增加了很强的毒性。

2. 腐蚀性强

高含硫天然气由于气体中H_2S、CO_2、有机硫、气田水、氧，尤其是高浓度H_2S的存在，可以导致钻杆、井筒、井口装置、集输气管线与设备及仪表等脆裂和爆破，腐蚀类型主要是氢脆、硫化物应力腐蚀及电化学腐蚀等，较常规天然气腐蚀性强。

3. 易生成水合物

天然气在一定条件下会生成水合物。对于高含硫天然气，同样存在着水合物的生成及预防问题，但又有其特点。图1-7为不同酸气中饱和含水量的经验曲线。天然气中H_2S含量超过30%时，则水合物形成温度和纯H_2S大致相同。H_2S水合物的临界形成温度是29℃，而烃类水合物的临界形成温度均低于此值。故高含硫天然气比中低含硫和不含硫天然气更易形成水合物。

二、高含硫天然气集输的难点

高含硫气田与常规气田开发的难点主要表现在因高含硫化氢而引发的毒性及对管线、设备的材质和自动控制要求高，失效后果严重和易发生堵塞3个方面。

1. 对管线、设备的材质和自动控制要求高

高含硫天然气腐蚀性强，而且失效后果很严重，故对高含硫管线、设备的材质和自动控制的要求高，以避免失效后产生严重的后果。

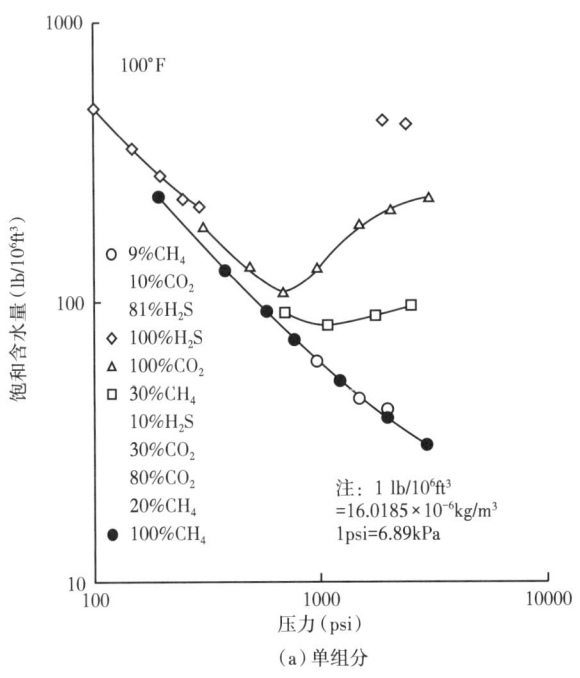

(a) 单组分

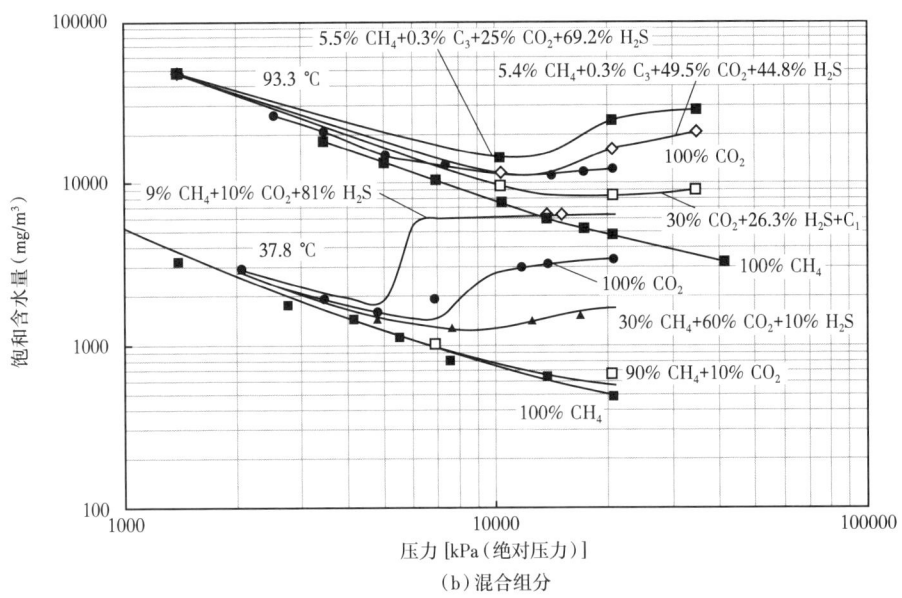

(b) 混合组分

图 1-7 不同酸气中饱和含水量

2. 失效后果严重

硫化氢是一种无色、有刺激性和腐蚀性的剧毒气体，高含硫天然气管线一旦失效，发生泄漏扩散，极易引起人畜中毒和环境污染，必须高度重视。

3. 易发生堵塞

高含硫天然气水合物形成温度较高，站内及出站管线在环境温度较低时易发生冰堵，同时易发生元素硫析出和沉积,从而影响气井正常生产。如川东北某气田在 9MPa 压力下天然气水合物形成温度预测高达 22℃;因此,在生产过程中防止天然气水合物生成和减少硫沉积对生产的影响也是一个重要环节。

第四节 地面集输工程技术现状

一、国外工艺技术现状

20 世纪 50 年代以来,随着高含硫气田的开发建设,世界各国高含硫地面集输系统工艺技术也不断发展,形成了不同区域环境、不同气质条件的、有着各自特色的集输工艺技术。主要表现在:含硫天然气脱水技术、气液混输技术、系统防腐技术、系统防硫堵技术、防止水合物技术等。

1. 特色工艺技术现状

1) 高含硫分子筛脱水技术

因分子筛脱水在整个脱水和再生工艺过程中不会造成大量含硫气体排放,从而被广泛应用于高含硫脱水工艺中。以加拿大 Husky 公司和 BP Canada 公司为例,其建成的两塔湿气再生脱水装置运行情况良好。该工艺中湿天然气从顶部进入酸气脱水塔,由上至下通过分子筛床层进行脱水吸附成为干气。再生气从进装置天然气管线压力调节阀前接出,流入再生气加热炉,热的再生气进入脱水塔,从上至下流经分子筛床层,以再生分子筛。湿热的再生气进入再生气冷却器、两相分离器后与流入分子筛脱水塔的湿原料气混合,其工艺流程如图 1-8 所示。

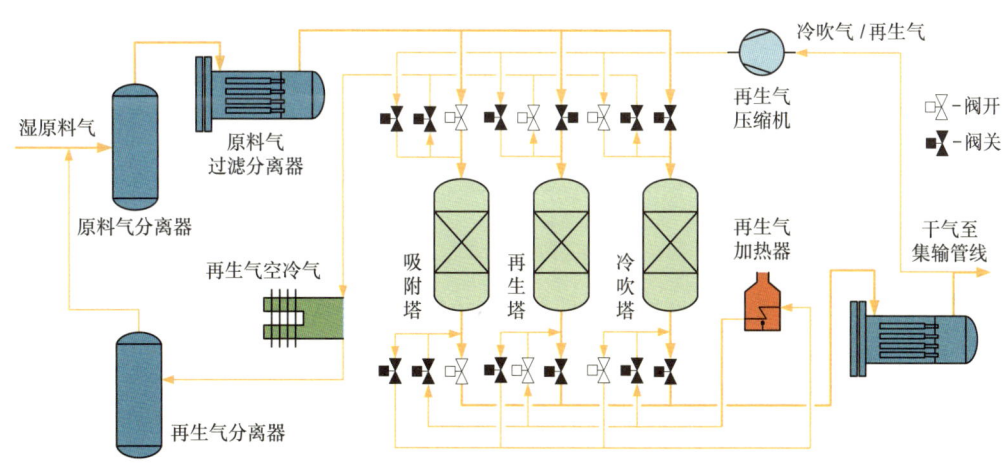

图 1-8 高含硫分子筛脱水工艺流程

2) 高含硫三甘醇技术

甘醇脱水装置主要由吸收系统和再生系统两部分组成。工艺过程的核心设备是吸收塔。天然气脱水过程在吸收塔内完成,在再生塔内完成甘醇富液的再生。三甘醇脱水系统比较复杂，三甘醇溶液再生过程的能耗较大；三甘醇溶液会损失和被污染，因此需要补充和净化；三甘醇与空气接触会发生氧化反应，生成有腐蚀性的有机酸，所以三甘醇脱水的投资和运行成本比较高。三甘醇脱水系统虽然性能很好，但是也存在如下问题：如一次性投资比较大，生产过程中脱水溶剂易发生变质降解等。

3）防止硫沉积和防腐技术

在高含硫气田地面开发过程中，从井口输出的含硫天然气，通过井场管线、气体处理设备，以及集输系统，易在管道内产生元素硫沉积腐蚀，同时 CO_2、H_2S 和油气田生成水的混合物对管线也具有强烈的腐蚀。因此，防止硫沉积和防止腐蚀是高含硫气田开发中两个关键的技术问题。目前，国外解决硫沉积的方法主要有化学除硫法和物理除硫法，包括井下热油循环法、采用清管器等配套方法，常用的硫溶剂主要有：DMBS（含催化剂）、胺类、CS_2、轻汽油及柴油等。管线和设备的防腐主要采用材质或材质加缓蚀剂防腐，建立一套完整的腐蚀监测体系是保障安全正常生产的必要措施，其中包括监测点的分布、监测方法、在线监测仪器及腐蚀探针，计算机数据处理系统等。

2. 俄罗斯高酸性气田地面工艺现状

1）奥伦堡气田

奥伦堡气田在地面工程设计时，以预防事故和保护环境为目的，特别重视气井、工艺设备和连接管线的工作可靠性。气井装备有封隔器系统、截止阀、缓蚀剂加注通道和循环通道、井口装置自动控制闸阀。天然气从气井沿直径 168mm 和 219mm 的集气管线送到天然气综合处理装置，在此用低温分离法从中分离出 NGL 和水分，以干气（指不含凝液而非深度脱水的天然气）输送方式将未净化的天然气用直径 720mm 的输气管道输送到奥伦堡天然气加工厂。不稳定 NGL 在分离器中分离出来后，用直径 377mm 的 NGL 管道输送到天然气加工厂。气田开采系统地面流程图如图 1-9 所示。

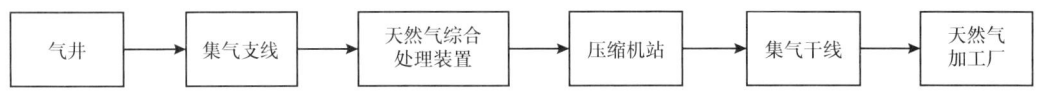

图 1-9 奥伦堡凝析气田地面流程

2）阿斯特拉罕气田

阿斯特拉罕气田开采系统地面流程如图 1-10 所示。与奥伦堡气田相比，阿斯特拉罕气田的地面流程中没有增压站，因为阿斯特拉罕气田开采的是高压气层。同时，阿斯特拉罕气田的地面流程中也没有单独的 NGL 输送管线，因为其天然气和 NGL 的分离是在气体加工厂进行。

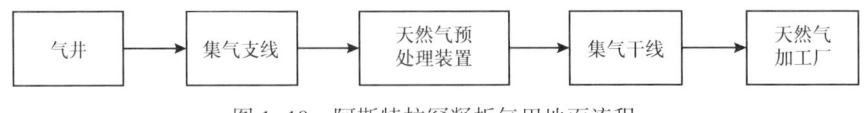

图 1-10 阿斯特拉罕凝析气田地面流程

二、国内工艺技术现状

近年来先后建成的一系列高含硫气田和气井,体现了高含硫气田集输工艺、设备材料选择、防腐工艺的国内技术水平。随着罗家寨和铁山坡高含硫气田的开发,我国在高含硫气田集输工艺技术方面取得了较大进步。

罗家寨气田位于四川省宣汉县境内,铁山坡气田位于四川省万源市罗文镇和宣汉县毛坝镇、普光镇境内,两气田内自然和人文条件恶劣,地形起伏大,通过多方案对比论证,提出气田集气干线干气输送、集气支线湿气输送、气田中部建三甘醇脱水装置的集气总工艺流程。

1. 工程的主要特点

1) 工程设计采用转化的国际先进标准

对于高含硫气田的开发,国内已基本建立相配套的规范和技术标准,这些规范和技术标准是借鉴国外开发同类气田的经验,开展气田集输工艺设计、材质评选、腐蚀控制等方面的工作,制订了一套适合我国国情的高含硫气田开发标准。

2) 采用成熟可靠的三甘醇脱水工艺技术

目前国内外应用较广泛、技术较成熟的脱水工艺主要有:低温分离、固体吸附和溶剂吸收三种方法。低温分离法大多用于有压力能(压力降)可利用的高压气田或需同时脱除水和液烃的场合;固体吸附法是利用干燥剂表面吸附力将原料气中的水分子吸附脱除的方法,该类方法中分子筛脱水应用最广泛,应用于需深度脱水的工况,但具有投资费用较高、装置能耗较高等缺点;三甘醇溶剂吸收法相比其他脱水方法,在满足天然气管输要求的同时,还具有操作费用低、模块化橇装化缩减建设工期等优点。

3) 采用先进的集输工艺,保证了系统安全、环保、经济运行

采用适合我国生产运行情况的三甘醇脱水技术,实现高酸性天然气集气干线干气输送,提高了输送过程的安全性;单井站至集气(脱水)站管线采用气液混输工艺,可有效解决分离污水难于处理、维护费用高、环境污染等问题。

4) 采用先进的设备及材料,适应气田开发需要

集输系统采用符合GB/T 20972.1—2007《石油天然气工业 油气开采中用于含硫化氢环境的材料 第1部分:选择抗裂纹材料的一般原则》、GB/T 20972.2—2008《石油天然气工业 油气开采中用于含硫化氢环境的材料 第2部分:抗开裂碳钢、低合金钢和铸铁》、GB/T 20972.3—2008《石油天然气工业 油气开采中用于含硫化氢环境的材料 第3部分:抗开裂耐蚀合金和其他合金》和GB/T 9711—2017《石油天然气工业输送系统用钢管》等国内标准的优质碳钢。

罗家寨气田三甘醇脱水装置设备采用引进碳钢A516Gr65钢板,部分管道采用不锈钢材料;铁山坡气田三甘醇脱水装置设备采用NS1402材质塔盘。集气支线选取先进的L360QS+825耐蚀合金内衬复合管,适合气田开发需要,保证管道和装置安全运行,并节约工程投资。

5）建立完善的紧急截断系统，减少事故危害

从井口至集气（脱水）站、干线截断阀室均采用了完善的紧急截断系统（ESD），建立了安全截断和安全放空的管理模式，减少了系统在事故状况下 H_2S 泄漏带来的环境污染和人员伤害。

2. 罗家寨和滚子坪气田工艺现状

根据开发布井方式，在 B 集气站、G1 集气站设脱水装置；井场内天然气经加热、节流至外输压力后，经采气管线进入集气站，再经分离后与集气站天然气汇合进入脱水装置。A、C 井场天然气进入 B 集气站，G2 井场天然气进入 G1 集气站。集气站内各气井天然气进入水套炉加热，节流至 8MPa（g，下同）左右后分离、计量进入脱水装置，脱水后的天然气进入集气干线输至天然气厂。F 站场湿天然气直接输往集气末站，并在末站进行气液分离处理后一并进入天然气厂；集气站至天然气厂之间管线采用干气输送，井场至集气站脱水装置前管线采用加热保温湿气输送工艺。正常生产时，井口采用水套加热炉加热，防止水合物的形成；事故工况和开停工状况采用注水合物抑制剂防止水合物形成。井口采用连续加注缓蚀剂防止 H_2S 和 CO_2 对管线的腐蚀。

3. 铁山坡气田工艺现状

铁山坡气田各井站来气经节流、加热后，经铁山坡 1 号集气支线气液混输至脱水站内集气装置进行气液分离，分离后气相进入脱水装置进行脱水处理，处理后的含硫干气通过集气干线输至铁山坡清管站进行交接计量，随后经中国石化大湾 D402 集气站进入中国石化集输管网并最终送入普光净化厂净化处理。集气装置分离后液相，经气田水装置处理后车辆拉运至第三方处理。各站场所需的燃料气从中国石化大湾 D402 集气站接出，中国石化大湾区块燃料气目前运行压力为 3.2~3.5MPa。铁山坡气田燃料气管线设计压力 4.0MPa。

第五节　高含硫地面工程技术发展趋势

一、高度重视腐蚀控制

高含硫气田从设计开始，就要从工艺、选材、腐蚀监测与控制、安全保护等方面采取相应措施，制订科学而适用的防腐方案，防止钢制管道和设备的内腐蚀。

1. 重视材料的选择

提高管道在高酸性环境下的抗腐蚀能力，最主要的是提高管道材料自身的抗腐蚀能力。在含硫环境下，材料易发生的破坏因素主要有两大类：一类为电化学反应过程阳极铁溶解导致钢构件的均匀腐蚀和局部腐蚀；另一类为电化学反应过程阴极析出的氢原子在 H_2S 催化下导致钢构件产生两种不同类型的开裂，即硫化物应力开裂（SSC）和氢致开裂（HIC）。生产实践表明，其中硫化物应力开裂是最主要的腐蚀破坏因素。

对于第一类电化学腐蚀，可通过有效控制电化学反应来加以控制。而对于第二类腐蚀（SSC 和 HIC），应注意在材料选择过程中重点加以控制。综合国内外的实践、实验资料后认为，输送高酸性湿天然气的钢管材料应优先选择强度低，韧性好，抗 SSC、HIC

的低碳钢或屈服强度低于 360 MPa 的低合金钢,并应尽可能满足以下要求:(1)制管过程中应尽量降低易偏析元素和非金属夹杂物的含量,对晶粒度 A、B、C、D 类杂质含量应提出控制标准,努力提高材质的纯净度;(2)材料成型过程中应进行适当的热处理,提高抗 SSC 和 HIC 的能力;(3)热处理后,硬度要小于等于 HRC22;(4)除非厂家能提供材料在本工程同类含硫气田使用 2 年以上的业绩,否则,有必要对材料进行抗 SSC 和 HIC 的试验。

根据相关标准规定,用于酸性环境下的材料主要包括两大类:一类为铁基金属,包括碳素钢和低合金钢、奥氏体不锈钢及马氏体不锈钢;另一类为非铁基金属,包括镍基合金、钴基合金及钛合金等。从目前国内外大多数含硫气田使用情况看,采用碳素钢或低合金钢并结合相应的防腐工艺措施的方案,是能够满足含硫气田集输工程需要的;同时,该类型钢质管道价格低廉得多,成本仅为不锈钢和镍基合金的几分之一,因而得到了广泛应用。但在条件恶劣的场合,也可使用抗开裂,耐蚀合金纯材或复合管材的防腐方案。高含硫气田管线一般选用《石油天然气工业 管线输送系统用钢管》(GB/T 9711—2017)中 PSL2+附录 H 规定的材质。目前,中国石油西南油气田公司已完成对碳钢管线加注缓蚀剂现场应用配套技术研究工作。

2. 严格施工及加工要求

(1)高含硫天然气输送管道焊接前应进行焊接工艺评定和焊缝的抗 SSC 和 HIC 评定试验。

(2)高含硫天然气管道的焊接应按相关工艺规程的要求进行焊前预热和焊后热处理。

(3)环向焊缝均应采用 100% X 射线和 100%超声波探伤检查。

(4)经热处理后,母材、热影响区和焊缝都应进行硬度检查。

3. 注重腐蚀监测和腐蚀评价

常用腐蚀监测方法有失重腐蚀挂片、电化学实时监测(包括线性极化探针和电阻探针)、测试短节法、缓蚀剂残余浓度分析法、其他化学分析方法、FSM 指纹分析法等。其中最可靠、最直接的还是失重挂片法;电阻法(ER)和线性极化电阻法(LPR)用于测量内部腐蚀速率是准确而有效的,但在现场腐蚀监测方案中,最好使用两种或两种以上的监测组合。目前在国内的一些气田也开始应用电感法、FSM 指纹分析法。

腐蚀检测既可以采用超声波测厚仪定期、定点检测管道的壁厚,也可定期对管道进行智能清管,以检测、分析管道的腐蚀状况。

腐蚀评价包括室内腐蚀评价实验和现场腐蚀评价试验。目前中国石油西南油气田公司已建成一套现场腐蚀评价试验装置。

4. 加强综合防腐配套措施的利用

目前,中国石油在综合防腐配套措施研究方面已进行了大量工作,建立了酸性气田腐蚀实验室。试验工作涉及腐蚀机理、防腐方案的优化、缓蚀剂的研发、腐蚀检测评价和检修维修等方面的内容。

二、防止水合物冰堵影响气井正常生产

防止水合物形成常用的方法有加热法、注水合物抑制剂法和天然气脱水法等 3 大类。

加热法包括水套炉加热、电加热、蒸汽加热和井下节流器地温加热。川渝地区高含硫气田推荐采用水套炉加热法和湿气管道外加保温层相结合的方法。

现场使用的水合物抑制剂一般采用甲醇与乙二醇等热力学抑制剂，耗量较大，特别是高含硫气田及气田水含盐量高的气田，回收困难，污染较大。川渝地区仅推荐在气井投产或管道停输时采用，从经济角度考虑，宜用甲醇。国内外已成功开发动力学抑制剂，其耗量低、环保性能好。

天然气脱水法包括甘醇法、吸附法和冷冻法。川渝地区高含硫气田推荐采用三甘醇脱水法。

三、防止元素硫沉积影响气井正常生产

众所周知，硫可溶于酸性气体，且在生产过程中(特别是近井地带)会随温度、压力下降而析出。通过对元素硫在硫化氢及天然气中的溶解度问题的研究发现，当周边的压力在25MPa时，其溶解度在硫化氢中是随着温度的升高成反比下降的，若周边的压力在40MPa时，溶解度则会随着温度的变化而呈现出正比例上升。而硫在天然气中的溶解度则是与温度和压力成正比关系，也就是温度和压力升高时，硫的溶解度也会逐渐增大，而当温度和压力一定的情况下，硫化氢的含量越大，硫的溶解度也会逐渐增大。

天然气从井筒到地面集输系统，压力是一个不断降低的过程，随着压力和温度的不断降低，天然气中的元素硫在天然气中的溶解度降低，从而导致固体单质硫的析出。元素硫特别容易在集输系统的节流元件、弯头、捕雾器、整流器、阀组、排液管线、仪表等处堆积，严重时会形成硫堵，极易造成液位、压力显示不准或无显示，计量装置无法准确计量，节流阀执行机构无法正常动作，原料气分离器前后压差过大等问题，给生产带来重大影响。

目前，国内外解决硫沉积的方法主要有化学除硫法和物理除硫法，包括井下热油循环法、集输管道的定期清管等配套方法，硫溶剂包括化学溶剂和物理溶剂，化学溶剂的溶硫能力较大。化学溶剂包括无机碱、有机碱、有机二硫化物等；物理溶剂包括CS_2、环烷烃、芳烃、石油馏分、石蜡基矿物油和萘的衍生物等。其中，常用的硫溶剂主要有：DDMS(含催化剂)、胺类、CS_2、轻汽油及柴油等。

防治硫沉积最有效的办法是加注硫溶剂。满足工业应用的硫溶剂应符合下列条件：溶解度较大和溶解速度较快；性质稳定；合适的黏度，低的蒸汽压、无毒、不燃烧；易与水分离，具有抗乳化作用；具有缓蚀性；易循环再生，再生损失小，要求回收溶解硫的工艺简单。此措施中，硫溶剂的加注口设计和加注量非常重要，将直接影响防治效果。

采用加注硫溶剂工艺防止硫沉积，需要设置溶硫剂注入装置，集输管线定期清管，对容易发生硫沉积的地方，如井口、节流阀、分离器、阀门、三通及其他连接管件处应该加强检查，及早发现问题。对集气站的排液管线和计量仪表安装保温层和电伴热带。当集输系统局部位置发生堵塞时，也可运用锅炉车或其他方式(如水浴)对堵塞部位进行外部加热。

第二章　高含硫集输工艺

高含硫集输是将起于气井井口的分散的原料气收集后输送至高含硫油气处理厂，经过处理厂集中处理后输送至气区商品天然气贸易交接点的全过程。集输工艺选择是高含硫气田集输工程的关键核心技术。本章主要介绍了高含硫的集输工艺模式，并对集输系统布局、集输工艺、脱水工艺、元素硫沉积治理、水合物防治和集输管网的工艺计算等方面进行了详细阐述。

第一节　高含硫集输系统总工艺流程和总体布局

一、总工艺流程

高含 H_2S 和 CO_2 地面集输工程设计主要包括自采气井口（采气之后）至集中净化厂之间的集气站场及集输管线的设计。

为降低高含硫天然气集输风险，集输工艺流程应尽可能简化，避免集输过程硫化氢排放，并结合传统含硫气田的开发工艺，吸收国外开发高含硫气田的成熟技术和生产实践经验，对我国高含硫气田的集输工艺进行优化设计。

为保证安全和环保，高含硫气田集输工艺对脱水工艺、防止硫沉积、系统腐蚀防护，以及设备、管材的选择提出了更高的要求。

二、总体布局

高含硫气田集输系统总体布局主要确定以下内容：集输站场布点选址，集输管道宏观走向，水、电、信、路辅助设施分布及走向，气田行政管理、检维修、生活依托设施分布情况等。

1. 气田总体布局时主要考虑因素

（1）与气田集输系统总工艺流程和功能需求相适应。

（2）在气田开发井网布置的基础上，结合地形条件统一规划布置各类站场，与气井分布和站、线、路相结合，天然气处理及外输站场统筹协调，从系统上优化布局，站场位置应符合集输工程总流程和产品流向的要求，并应方便生产管理与维护抢修。

（3）水、电、信、路配套系统布局与集输主体工艺布局相结合，尽量共用走廊带。

（4）处理好与气田周边重要工矿企业及环境敏感区的关系。

（5）与地形地貌、水文和工程地质、地震烈度、交通运输、人文社会、地方规划等条件相结合。

2. 集输系统总体布局原则

（1）做到总体规划、分步实施、近远结合、动态调整，满足气田滚动开发的要求。

（2）结合区块气藏、钻井、采气工程方案和天然气市场需求，因地制宜，优化地面工程总体布局和集输工艺方案。

（3）多专业融合，集气管网、转供水管网、供配电网、通信网、交通路网五网统筹考虑。

（4）集输管网布局要与增压方式充分结合，做到两者统筹兼顾，避免后期重复建设。

（5）地面建设总体布局应充分与钻前供电布局相结合，钻前供电设计时应统筹兼顾后期地面建设用电负荷，避免重复建设。

第二节　集输工艺

一、输送工艺

集输工艺的选择要根据气田的特点决定，常用的有湿气输送、干气输送。

1. 湿气输送

气液混输是指天然气不经过脱水处理，直接在水汽饱和条件下输送。由于天然气在输送过程中温度下降，在管道中会产生凝结水或凝析油，由此会带来腐蚀、段塞流等问题。湿气输送又可分为湿气混输和湿气分输两种工艺。

1）湿气混输工艺

井口不设置分离器，井下采出的天然气和水、凝析油直接进入管道系统输送。采用混输集输工艺，井站设施简单，无生产分离器（图2-1）。集气管线采用气液混输工艺。

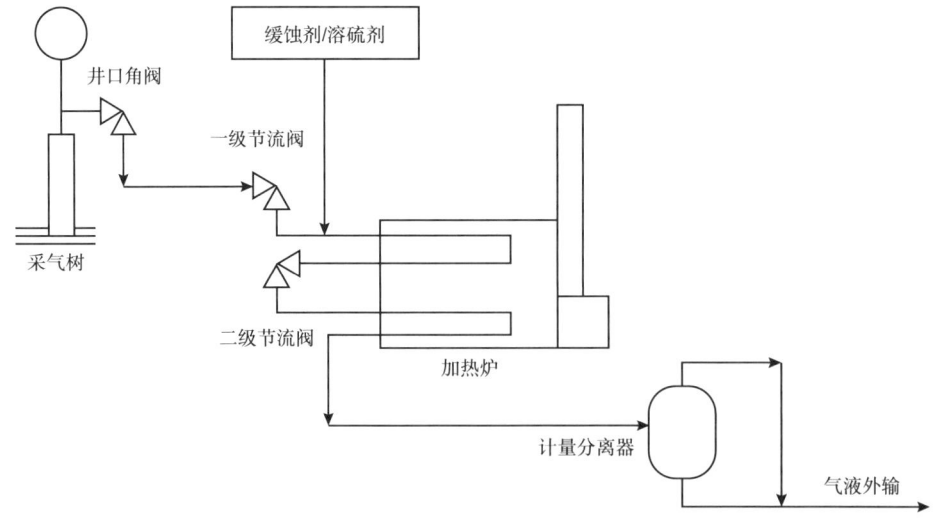

图2-1　气液混输工艺流程图

正常生产情况下，管道系统中产生的水/凝液，由天然气气流直接夹带至末站或沉积在管道内，需要定期进行清管作业保持管道输送能力。加拿大在高含硫气田集输系统的短距离输送中通常采用这种工艺。为了防止管道系统中形成水合物堵塞，需要在井场设置加热炉，并且采用保温管道，使输送温度高于水合物形成温度。

由于输送管道中常年存在游离水，为了降低腐蚀速率保护管道，必须连续加注缓蚀剂或采用抗腐蚀合金材料。

加拿大气田通常采用两种缓蚀剂，即油溶性缓蚀剂和水溶性缓蚀剂。油溶性缓蚀剂用于管道内壁涂膜，一般情况下每3个月进行一次涂膜作业。水溶性缓蚀剂为连续加注，要求游离水中缓蚀剂的浓度要保持1000mg/L以上。

井场必须设置水合物抑制剂的加注系统以保证管道系统的安全输送。湿气混输系统应进行段塞流分析，末站的分离器应能够承受段塞的冲击。

2) 湿气分输工艺

在井场设置分离器分离游离水和凝析液，分出的游离水和凝析液与天然气分别输送。与两相混输工艺相比，井场设备多了分离器、污水储罐和污水输送泵等设备(图2-2)。分输工艺的天然气属于饱和含水，在管道中仍然会有凝结水产生，为防止腐蚀和水合物的形成，输送管道仍然需要加热保温和加注缓蚀剂、水合物抑制剂，所以井场的其他设备如加热炉、计量加药系统与混输工艺均无差别。污水可以通过车拉或管道输送到污水处理与回注站。

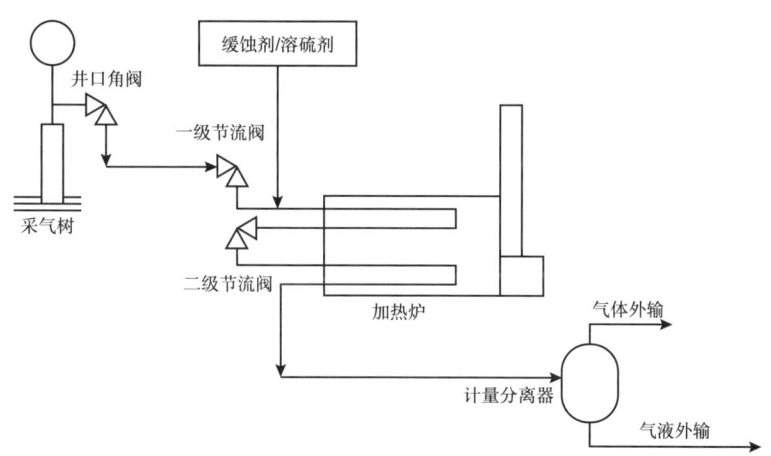

图2-2 气液分输工艺流程图

(1) 湿气分输工艺的优点：
① 集输管道在正常情况下为单相输送，清管通球的频率减少，方便操作管理；
② 采出的地层水量大时，流程适应能力较强。
③ 形成段塞流的概率小。
(2) 湿气分输工艺的缺点：
① 站内设备多，投资高；
② 分离的污水中含大量的H_2S，集气站污水系统产生的大量高含H_2S低压气必须回收处理；

③需要建设独立的污水输送管网，建设投资高。

2. 干气输送

干气输送是指原料气先经脱水处理后再集输。当气/液两相混输时，可能会因在管线内沉积液相水而导致严重的管线内腐蚀和形成水合物堵塞等安全生产问题。干气输送在气田内部建脱水装置，各井口来气分离后进入脱水装置处理后再进计量装置，脱水后的干天然气经计量后进集气干线输往净化厂。从集气站输至净化厂的过程中天然气无凝析液产生，管线内腐蚀就可得到解决。

干气输送工艺流程如图 2-3 所示。

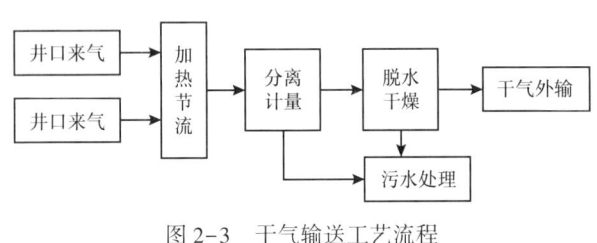

图 2-3　干气输送工艺流程

二、计量工艺

为了掌握各气井生产动态及向气藏管理者提供可靠依据，应对每口气井的产气量、产液量进行计量。

气井的计量通常有单井连续分离计量和轮换计量方案。

1. 单井连续分离计量

适用条件：适用于单井或多井集气流程。

每口井设气液分离器及配套的气、液计量仪表。

优点：连续记录，精度最高。

缺点：投资高。

2. 轮换计量

多口井在集气站内设置 1 台计量分离器，每口井每隔 5~10d 测试一次产量，连续测量时间不少于 24h，目的是通过测量记录气井 24h 之内的产气、产液量，了解产气、产液波动情况，并计算 24h 内的平均产量。

适用条件：适用于多井集气流程。

优点：设备少，占地面积小，投资省，管理维护方便。

缺点：不能连续记录每口井的各种参数。

三、增压工艺

1. 增压目的

满足气田开发后期和低压产气区的天然气输送压力的需求。

2. 增压工艺

根据气田已建地面集输系统现状，在充分利用已建集输管网条件下，对于气田后期增压，从增压地点位置的不同，研究气田经济合理的增压方式。并根据气藏工程设计方案，结合不同生产压力下的增压方式，研究确定气田增压经济合理的设计井口压力。

气田增压工艺通常分为分散式和集中式两种。分散式增压工艺设在气井井场,天然气在井场经压缩升压后送入采气管线。集中式增压工艺设在多井集气站或集气总站,天然气在多井集气站或集气总站经压缩升压后送入集气支线或集气干线。两种增压工艺分别对应于单井集气与多井集气。

1)分散增压工艺

在每个井口分别设置压缩机,对单井所产天然气进行增压,适用于井口压力较低、难以进入集输系统的气井。如图2-4所示,井口天然气经气液分离、过滤分离和计量后进入压缩机组,压缩后天然气进入集气管道。该工艺增压装置及辅助设施的投资通常大于多井增压工艺,不便于集中管理,除非单井产量大,产气量较为稳定,一般不采用单井增压而采用多井集中增压。

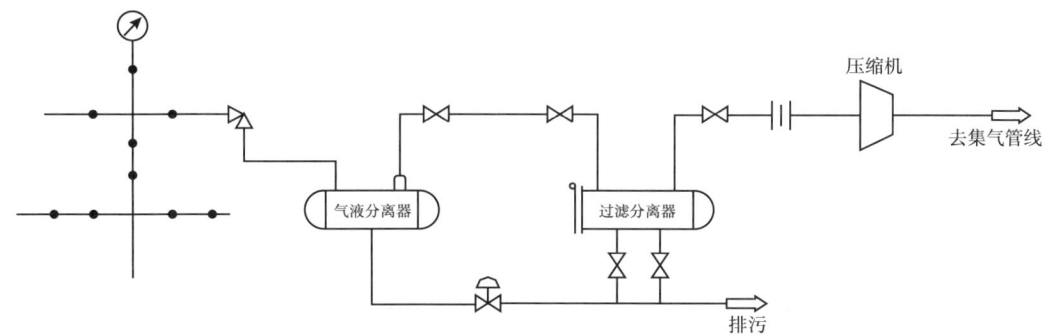

图 2-4 单井分散增压工艺流程

2)集中增压工艺

多井增压工艺是将多口井来气汇集在一起进行集中分离、增压。如图2-5所示,在集

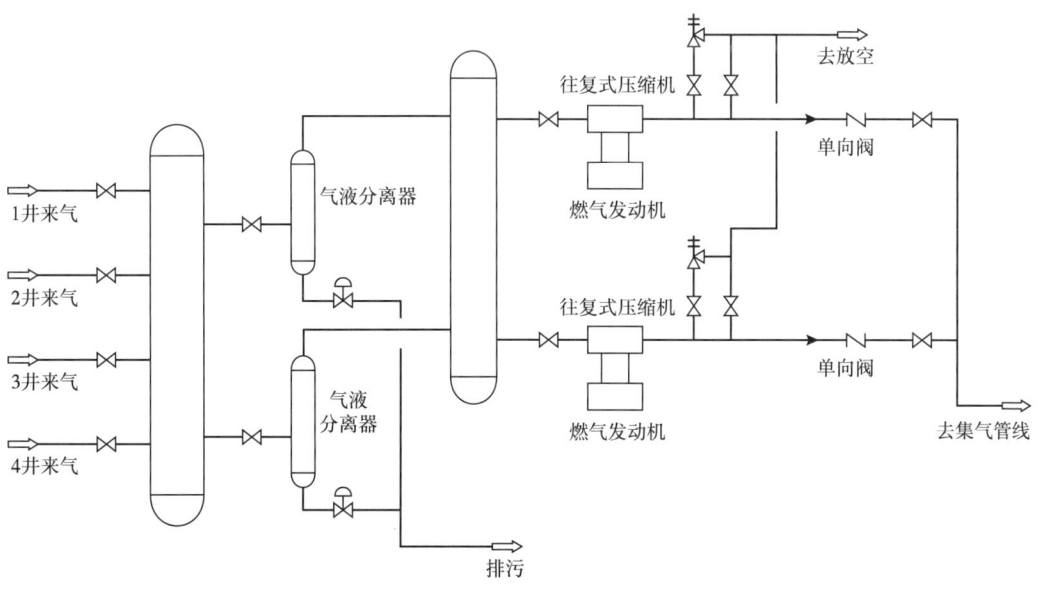

图 2-5 多井集中增压工艺流程

气站设置压缩机,对各单井低压气集中增压,适用于各单井压力相近的区域,增压站常与集气站合建。

四、清管收发工艺

1. 清管目的

(1)管道竣工后,投产前清除管内的污物。
(2)管线运行一段时间后清除管内的一些污物。
(3)在对新建管道进行水压测试后,清除水分。
(4)管道内壁的腐蚀状况和金属管道的损伤检测的需要。

2. 清管站布站原则

在集气管线的起点设置清管器发送站,在管线的终点设置清管器接收站。在大型穿、跨越的两端,各设置一套既可收又可发的清管装置。在集气管线工程中,清管发送站和接收站通常分别和管线的首、末站设置在一起,便于管理和维护。

3. 清管工艺

清管收发工艺旨在提高管道输送能力,确保管道的安全运行。图 2-6 为清管收发系统的工作原理图。

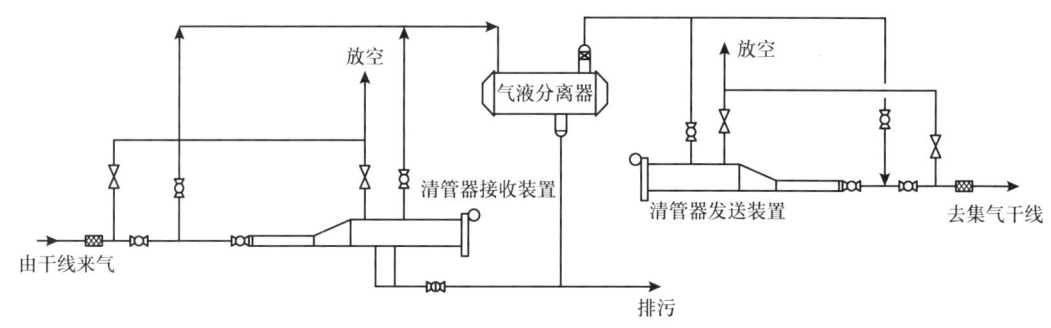

图 2-6 清管站工艺流程

五、安全截断及泄放

为方便管线的检修,减小放空损失,限制管线发生事故后的危害,在集气管线上,每隔一定的距离要设置线路截断阀室。如图 2-7 所示,线路截断阀室内除有与管线等径的截断阀外,在阀的两侧设有线路放空阀。为了减小阀室用地,结合线路两端的站场的放空系统,线路阀室也可间隔设置放空系统。对于高含硫化氢酸性天然气,设放空火炬,并设可靠的点火装置。

六、集输工艺选择

高含硫气田在选择合理的集气工艺方案时,首先应尽可能简化集气工艺,减少站内气体泄漏点;同时还应综合考虑环境保护因素,减少气田内废气、废水排放点,从而达到方便生产管理,提高集输工艺经济效益的目的。通过对国外高酸性气田开发情况的调研来

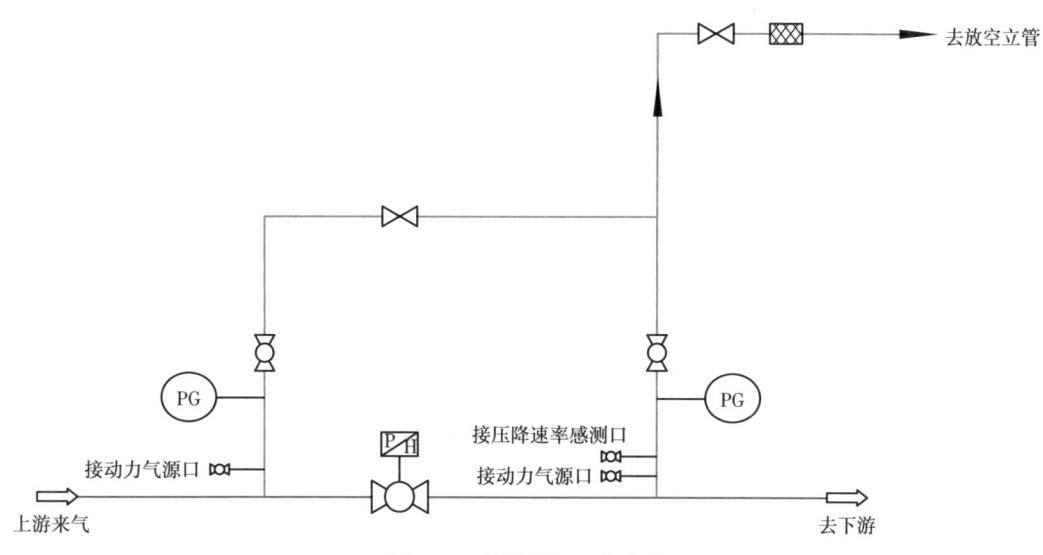

图 2-7 截断阀室工艺流程

看,净化厂靠近气田建设,气田集气采用气液混输工艺是较为成熟的、经济的。因此,在气田集气工艺总流程设计时,应对天然气性质、气井产量、气井压力和温度、天然气中的含水量等基础资料进行综合分析和方案对比,确定气田采用气液分输工艺或气液混输工艺、单井是否设置分离器等工艺方案。

气液分输工艺不需采用伴热保温输送,管外径较小,埋深也无特殊要求,线路施工难度较小;线路压损较小,在地形起伏地区,压损远小于两相流动所引起的压损;无集气支线阀室;可减小管材腐蚀裕量,管材重量轻;清管频率及其操作费用低;正常生产时集气干线不需加注缓蚀剂和醇,不设中间加热站,气田的经营费用少;高含硫气田就地脱水提高了输气系统的安全性。但是采用气液分输工艺时,部分集气支线的管材和安装费用增加;集气站、脱水站的投资增加;对于高含硫气田,要在集气站就地打气田水回注井,投资较高;增加了废水、废气的排放点,不利于环保。

气液混输工艺可节省部分集气支线的管材和安装费用;节约集气站、脱水站的投资;沿途无废水废气排放,有利于环保;减少因脱水而消耗的压力损失。但对于高含硫气的远距离气液混输而言,输气系统的安全风险较大;集气支线和干线均需采用伴热保温输送,施工难度较大,集气干线沿线要设置注醇、加热泵站,站址选择受地理条件制约;对于地形起伏较大的地区,气水混输的两相流压力损失较大,增大了井口回压,使系统设计压力提高,导致管材和设备费用增加;集气干线需考虑腐蚀裕量,长距离输送管道的投资增加较大;沿线需加注缓蚀剂、醇,并增设中间加热站,长期经营费用较高。

气田管网的布置无论是枝状还是放射状,无论采用气液分输工艺还是气液混输工艺,都是根据气田构造形状、地面地形地貌、集气干线相对关系和投资额来决定的。一般情况下,气液混输减少了气田脱水站的建设投资和操作费用,经济性较好。但是气液混输使得气液两相输送的复杂性增加,使 H_2S 和 CO_2 的腐蚀概率上升,在输送距离长、地形起伏大、人口密度较大的情况下,气液混输的复杂性和安全风险性均较大,故不宜采用。反之,若管道输送距离短,地形起伏小,虽然枝状管网的布置也存在这些问题,但因每条干线的输气量小,管径较小且距离短,管道起伏小,采用气液混输产生的问题相对较少,风险性也相应较小。另外,如果脱硫厂距离气田很近,省去了气田脱水装置的投资和操作费用,在这种情况下宜采用气液混输工艺。

第三节 元素硫沉积预测与防治技术

一、元素硫沉积危害

高含硫气藏在世界范围内都有着广泛的分布。美国、加拿大、苏联、法国、德国、伊朗等国相继发现具有工业价值的高含硫气田。我国的含硫气藏主要分布在鄂尔多斯盆地、四川盆地、渤海湾盆地、塔里木盆地等,其中以鄂尔多斯盆地、四川盆地为主。四川盆地在近十余年新发现的普光气田、罗家寨气田、渡口河气田和铁山坡气田的硫化氢含量都较高,分别是15.16%、13.74%、16.2%和14.5%,属于特高含硫气田(大于10%)。

高含量的硫化氢给高含硫气藏的开发带来三大难题:H_2S的剧毒性、H_2S的强腐蚀性和元素硫沉积。高含硫气藏中因为H_2S的存在,使得其采出气的物性与常规天然气有着较大的差别。研究表明,目前气藏中H_2S的主要生成机理是热化学还原作用和生物还原作用。但无论是何种H_2S生成机理,伴随H_2S的生成总会不可避免地有元素硫的生成。在高温高压的储层环境中,元素硫以物理溶解和化学溶解的方式稳定存在于气相中。气藏投入开发后,随着地层压力和温度沿径向不断降低,采出气会发生相态转变,在达到或超过含硫饱和度时,气体中析出元素硫,若元素硫不能被气流携带走就会产生硫沉积的现象。高含硫天然气到达地面集输系统以后,压力、温度降低,集输管道操作温度($T \leq 333.15K$)远低于对应压力($p \leq 15.0MPa$)下元素硫的凝固点(363.15K),因此析出的硫分子将会直接从气态转变为固态并形成晶核,不断地生长、聚结和消融,随后与天然气一起在管道内运移。最终,满足一定条件下气相中的硫颗粒将会沉积于管道内壁,堵塞管道或者设备流体通道。元素硫在井筒及管线中的沉积会对生产带来严重影响:沉积量较小时,附着在管壁上的硫单质会使流体通道变小;沉积量较大时,堆积的硫单质能堵塞流体通道,导致关井停产。析出并沉积在井筒壁上的元素硫会加速气井管材的腐蚀,造成钢材疲劳破坏,容易引起井下管串断裂,严重时造成气井停产。因此,研究高含硫气田中含硫天然气的相态、组成变化特性及物性参数变化,明确气田开发指标对井筒、井口及地面集输流程部位硫沉积的影响并掌握硫沉积规律,建立气田井生产动态元素硫沉积预测技术成为当今国内外的研究热点,对指导高含硫气田的开发具有重要而长远的意义。

对于含硫天然气(包括部分含硫原油)中携带的元素硫在井筒中沉积甚至造成堵塞的现象,国内外气田出现过由于元素硫沉积导致的不同案例,统计情况见表2-1。

此外,元素硫沉积在管线设备中还会埋下材料腐蚀隐患。以下是常见的几种由于元素硫沉积导致的腐蚀现象:

(1)氢鼓泡。硫化氢在水溶液中会发生电化学反应,硫化氢在经过电化学反应以后会释放出较强的氢离子,氢离子会在管道中发生渗透,随着管道中氢离子的增加,压力也会不断升高,导致在管道中形成鼓泡,氢鼓泡的产生会导致天然气管道发生泄漏,硫化氢是硫沉积所形成的一种物质,因此硫沉积会导致天然气管道发生腐蚀。

表 2-1　元素硫沉积案例对地面集输系统的危害

沉积位置		硫沉积的危害
集输管线		堵塞和腐蚀
阀门及管件	节流阀	笼套筛孔部分堵塞
	压力控制阀	阀门孔板堵塞、气流中断
	法兰连接、三通、球阀阀座、弯头	堵塞、输气中断
	热电偶套管	降低性能,对表面温度产生不利影响
处理装置及设备	流量计	硫沉积剥落引起原件精度降低,读数有偏差,仪表清理或再校准操作成本增加
	分离器	排液阀失灵,气相出口压差增大
	天然气脱水装置	堵塞
	燃气轮机控制阀下游	硫沉积脱落进入二级、三级预混合系统,引起逆燃,严重时引起火灾

(2)氢致开裂。在钢的内部发生氢鼓泡区域,单井压力逐渐增高时,氢鼓泡会形成相互连接的状态,从而导致阶梯状特征的氢致开裂现象发生。这些裂纹大多数与钢材轧制方向平行,并且会形成扩散。钢材中非金属夹杂物处会增加氢致开裂的敏感性。

(3)硫化物应力腐蚀开裂。硫化氢在水溶液中由于电化学反应的作用会生成原子态氢向钢的内部进行渗透,氢原子在亲和力的作用下会形成氢分子,导致钢材晶格发生变形,钢材的柔韧性也会下降,并且在钢材内部会引起微裂纹,在外加应力的作用下会形成开裂现象,硫化物所形成的应力腐蚀,主要表现在管道焊缝中,在焊缝与热影响区域存在强度高、韧性低的显微组织,选钢硬度越高,越容易出现微裂纹。因此为了避免或者降低硫化物应力腐蚀开裂现象,需要注意钢材化学成分及力学性能,同时,还需要严格控制焊接工艺及焊后热处理方式,使材料的焊缝及热影响区域的硬度控制在合理范围之内。

二、集输系统元素硫沉积预测

1. 元素硫沉积预测

在高含硫天然气集输管道中,当管道操作温度和操作压力等条件发生改变,引起气相中的元素硫浓度超过了其在天然气中的饱和溶解度时,硫分子就会从气相中析出,随后析出的硫分子首先会以某种方式形核、聚结,并在流场或管壁上进一步凝并、团聚生长,最终形成宏观状态下的硫颗粒,这一阶段可以视为硫颗粒的物理生长阶段。研究管内硫颗粒的生长、消融变化规律是分析含硫天然气集输管道元素硫沉积的前提,流场中形成的硫颗粒并不会立刻沉积在管道内壁,只有当硫颗粒满足沉积的动力学条件时,硫颗粒才有可能会发生沉积。

元素硫在集输系统中的沉积是一个复杂的过程,一般沉积的形成条件包括:(1)元素硫在天然气中的溶解度达到饱和状态且过饱和硫分子成核;(2)气体温度低于元素硫的凝固点。相态研究表明元素硫有明显的过冷倾向,即当气流温度低于元素硫的凝固点时,元素硫开始固化,已固化的元素硫核将催化其余液体元素硫,使其周围的元素硫以很快的速度聚积在一起,形成"雪球效应",加速硫沉积;(3)硫颗粒高速前进与其他分子碰撞导致的聚沉作用。

主要涉及热力学平衡和动力学两方面。热力学模型用于预测元素硫是否在气体中过饱和溶解,从而可知是否有元素硫析出及其析出量大小。动力学模型则主要用于预测元素硫析出后,是否在管道/设备中沉积下来。元素硫在管道/设备中的析出是由于压力、温度的降低,以及开采过程中重组分的消耗导致硫在酸气中过饱和溶解。关于硫沉积的动力学问题,主要涉及气固多相流体在水平管道中的运动描述。因此,元素硫沉积模型主要包括热力学模型和动力学模型两个部分,热力学模型的建立主要依据硫在酸气中的溶解度机理,动力学模型的建立主要依据气固多相流理论。

在天然气集输系统中,随着压力和温度的降低,流体中的多硫化物会发生分解反应,产生元素硫。烃类凝析物不足将导致其过饱和溶解,所以元素硫沉积热力学模型的建立以硫在酸气中的溶解度为指标。

元素硫在高含硫天然气中的溶解主要与温度、压力条件及硫化氢、高分子烷烃含量有关,其中温度和压力起主导作用,同时还受到天然气中其他组分的影响。元素硫在含硫天然气中的溶解规律为:温度不变时,其溶解度随着压力增大而增大;压力不变时,其溶解度随着温度升高而增大。同样的温度和压力条件下,硫化氢含量增加,溶解度增大;高分子烷烃含量越多,溶解度越大。大量实验结果表明,在160℃以下,纯H_2S及含H_2S酸性天然气中固相硫的溶解,属于超临界/近临界流体萃取难挥发固体的物理溶解过程,且物理溶解是元素硫在含硫气体中的主要存在方式。

硫沉积主要是由凝结作用的物理沉积导致,沉积过程分为热力学晶体析出和动力学颗粒沉降两个阶段。热力学晶体析出是指外界条件,如温度、压力骤降,多硫化物的分解等变化导致元素硫在天然气中过饱和溶解,进而在凝结作用下析出,形成硫结晶。根据热力学组分在各相中逸度相等的准则,当天然气中的硫处于临界饱和溶解度时,升华平衡态下气相硫和固相硫逸度相等。

动力学颗粒沉降是指析出的硫颗粒在管道中随气流运动,至一定距离后达到最终稳定速度,沉降在管道内壁。已结晶析出的小颗粒硫,如处于小空间或遇到湍流及反凝析作用时,那么硫颗粒之间及硫颗粒与烃类液滴的频繁碰撞将导致颗粒尺寸变大;加上已析出的元素硫还会催化其余溶解态硫,使其周围分散的元素硫以很快的速度聚积成为大颗粒。随气流运动的硫颗粒在重力、浮力和阻力的作用下获得加速,至一定距离后达到最终沉降速度后稳定。但若管内天然气流速较快,析出的元素硫根本来不及附着于管壁或者设备内部表面,便被气流携带冲走。只有当气流速度小于能够冲走析出硫颗粒的临界速度时,元素硫才会沉积在管道或设备内部。

因此,集输系统管道/设备中出现元素硫沉积必须同时满足以下两个条件:(1)系统中天然气元素硫含量大于系统运行温度/压力下的元素硫溶解度,此时会有硫颗粒析出;(2)管道/设备中的气体流速小于在同等工况条件下能够冲走析出硫颗粒的最小临界流速。

因此，集输系统管道/设备中元素硫沉积的必需条件是同时满足以上两个条件，若只满足有硫颗粒析出，是否沉积还取决于气流流动因素的影响。

因此，高含硫气田元素硫沉积预测从热力学和动力学两个方面考虑，预测方法如下：

步骤一：预判沉积。预判集输系统管道/设备中元素硫沉积情况。

判断依据：(1)采出天然气中元素硫含量大于相同温度压力条件下元素硫溶解度。天然气中元素硫含量通过现场生产井一级节流阀后对采出气进行取样，然后在室内测定得到数据；元素硫溶解度计算通过调用溶解度预测模型或实验室内测定得到。(2)此位置的气体流速小于相同温度压力条件下能够携带冲走析出的元素硫颗粒的临界流速，则此区间内会出现元素硫沉积。

若在集输系统管道/设备中同时满足以上两个条件，则此工段内会出现元素硫沉积。

步骤二：预判沉积分布和沉积量。若经过第一步预判系统中会出现沉积，则进一步计算不同管道和设备工段中沉积分布情况、沉积量大小。

高含硫天然气集输管道内的硫沉积问题主要涉及元素硫在高含硫天然气中的气固相平衡问题，硫颗粒的形核、生长动力学问题，以及伴随元素硫气固相态变化的气固多相流动问题。以下将综述国内外在这些方面取得的重要研究成果。

2. 高含硫气田的物性参数研究

因为 H_2S 的存在，气体的物性参数不能再用常规气藏的方法来进行研究计算。通常采用的实验测定法因为气体的强腐蚀性和剧毒性变得很困难和局限，因此现在多采用经验公式法和状态方程法来进行计算。传统的经典经验公式计算高含硫天然气混合物物性参数会有很大偏差，很多学者针对这个问题都提出了相应的改进办法。

1972年，Wicher-Aziz 考虑了酸性气体分子的影响，引入了参数 ε，提出了临界参数的校正关系式。在一定压力范围和温度范围对参数 ε 进行了校正，利用该修正式，可以计算酸性气体的偏差系数。

1994年，里群等通过比较 SRK、PR 和 RT 三个立方型状态方程应用于酸性天然气泡点、露点压力的预测结果，得到了如下结论：对泡点压力的预测 SRK 方程误差最小(1.13%)，而对露点压力的预测则 PT 方程误差最小(4.77%)。Elliot 和 Daubert 提出了对气体组分之间引入二元交互作用系数，考虑到非烃类气体与烃类气体化学性质上存在的差异，对高含硫气体的偏差系数进行非烃校正，弥补了状态方程在计算酸气偏差系数方面存在的不足，计算结果表明引入非烃矫正后的状态方程得到的酸气偏差系数更准确、更合理。Lee 和 Gonzalez 等经过实验测定，得到了在温度 37.8~171.2℃ 和压力 0.1013~55.158MPa 条件下天然气黏度计算的相关经验公式。Dempsey 对 Carroll 等的图版进行拟合，得到了天然气黏度的经验公式，考虑了 H_2S 等酸性气体的影响。杨继盛提出了 Lee-Gonzalez 经验公式的校正模型，Standing 提出了 Dempsey 法的校正模型。Elsharkawy 提出了通过校正密度的偏差因子校正模型，并对比了不同的密度计算方法。

3. 元素硫溶解度研究

硫在溶解过程中会受到多种因素的影响，其中对硫溶解度影响最大的是气体组成、环境、压力等。结合实验分析可以发现，硫的溶解度与温度和压力之间存在着必然联系，因此在进行溶解硫的过程中,需要增加温度和压力,当温度和压力达到一定数值时,硫化氢的含量越大,硫的溶解能力就会大幅度上升。只有当气相中元素硫浓度超过了其在高含硫天然气中的溶解度时,管道内才有可能会出现硫沉积。因此,明确元素硫在高含硫天然气中的溶解度预测是分析元素硫沉积条件和沉积量的基础。国内外学者主要从实验和理论两方面研究了硫在高含硫气体中的溶解度:

1960 年,Kennedy 和 Wieland 开展实验研究了温度 338.3K、366.5K、394.2K,压力 6.8~40.8MPa 条件下元素硫在不同含量的 H_2S、CO_2 和 CH_4 单组分,以及二元、三元混合物气体体系中的平衡溶解问题,首次揭示了元素硫在气体中的溶解度与压力、温度成正比关系,并且还与气体的组成有关。但是早期的实验装置和实验条件都不是很完善,因此根据实验结果得到的硫溶解度计算关系式都是粗略的和经验的,在实际中应用的价值并不是很高。

1971 年,Roof 开展实验研究了温度 316.5~383.2K,压力 6.6~30.6MPa 条件下硫在纯 H_2S 气体中的溶解度。在临界温度附近得出了一个与前人不一致的结论,即元素硫在 H_2S 中的溶解度并非一直随着温度增加而增大,当温度上升到一定程度后,溶解度反而缓慢地减小,低压下的减小程度比高压下大,而出现的硫溶解度极值点刚好处于溶剂 H_2S 的临界温度附近。Roof 认为这主要是因为在 H_2S 临界区附近,H_2S 的物理性质发生改变,流体的密度随压力温度的改变也比较大,进而影响了元素硫在 H_2S 中的溶解度。同时,纯 H_2S 溶解元素硫的能力也很不稳定,很难用定量化方法描述硫在纯 H_2S 气体中的溶解情况。1976 年,Swift 对 Roof 的实验进行了补充研究,测试了较高压力和温度条件下硫在纯 H_2S 气体中的溶解度。

1980 年、1988 年,Brunner 等开展实验研究了温度 389.2~486.2K,压力 6.6~155MPa 条件下元素硫在纯 H_2S 和不同混合气体中的溶解度,发现元素硫在混合气体中的溶解度与 H_2S 的含量成正比,并且 H_2S 对元素硫在混合气体中的溶解度影响最大。

1993 年,谷明星等在调研国内外文献基础上,自行研制一套测定硫在超临界/近临界流体中溶解度的实验装置,利用装置研究了元素硫在超临界/近临界 H_2S、CO_2、CH_4 及富含 H_2S 酸气中的溶解度,结论与 Brunner 等的结论一致。表 2-2 整理了 1960 年以来公开发表文献的元素硫溶解度实验情况。

表 2-2 元素硫溶解度实验

学者	实验温度(K)	实验压力(MPa)	实验气质组分
Kennedy 和 Wieland	338.71~394.26	6.89~41.37	H_2S、CO_2、CH_4 单组分及其二元、三元混合物
Smith	354.15~393.15	0~9.00	H_2S 单组分
Roof	316.48~383.15	7.03~31.16	H_2S 单组分
Swift	394.26~449.82	34.47~137.90	H_2S 单组分
Brunner	373.15~433.15	10.00~60.00	H_2S、CO_2、CH_4、N_2 单组分和混合组分
Brunner 等	394.00~486.00	6.70~155.00	H_2S、CO_2、CH_4、N_2、C_2H_6、C_4H_{10} 混合组分
谷明星等	363.20~383.20	11.83~50.17	H_2S、CO_2、CH_4 单组分及酸气混合物
Migdisov 等	323.00~563.00	0.50~20.00	H_2S 单组分

续表

学者	实验温度（K）	实验压力（MPa）	实验气质组分
Sun 和 Chen	303.20~363.20	20.00~45.00	H_2S、CO_2、CH_4 混合组分
曾平等	353.15~433.15	10.00~60.00	H_2S、CO_2、CH_4、N_2、C_2H_6、C_4H_{12}、C_6H_{14} 混合组分
杨学锋等	373.15	16.00~36.00	某气田井口气样混合组分
Serin 等	333.15~363.15	10.00~30.00	CO_2 单组分
卞小强等	336.20~396.60	10.00~55.20	普光气田井口气样混合组分
Cloarec 等	363.15	4.00~25.00	CH_4 单组分

在积攒了大量实验测试数据和经验的基础之上，人们开始研究运用理论工具预测和计算硫在酸气中的溶解度。基于气体组分缔合定律和熵原理，推导出了一个半经验半理论的计算模型，该模型能够很好地预测高压条件下硫在酸气中的溶解度，但是中低压条件下预测误差明显增大，这主要是因为该关联式只考虑了元素硫的化学溶解，而未考虑物理溶解。Roberts 在 Chrastil 理论模型的基础上，结合 Brunner 发表的实验数据，通过回归拟合得到了 Chrastil 模型中的三个参数，从而建立了硫溶解度的常系数经验关系式。该经验关系式考虑了压力和温度等因素对硫溶解度的影响，形式简单、应用方便，因此被广泛用于预测高含硫气体中硫的溶解度。但是该经验公式是根据硫在某一个或几个高含硫气体中的溶解度实验测试数据拟合得到，其适用性受到限制。

当元素硫和高含硫天然气处于气固相平衡状态时，体系中硫组分在各相中的逸度相等。因此，最近三十年内，基于流体相平衡的原理，状态方程（EOS）逐渐被运用于计算硫在高含硫气体中的溶解度。

4. 元素硫溶解度研究

当元素硫在天然气中的溶解度小于临界硫溶解度时，元素硫将从气相中析出。即元素硫在天气中是否析出，主要取决于硫溶解度是否小于其临界溶解度。为了准确获得硫沉积溶解度数据，最常采用实验室测定的方法，但高含硫气藏由于 H_2S 含量高，危险性大，因此中外许多学者通过理论研究，提出了一些元素硫溶解度预测的方法。Chrastil 通过热力学研究了固体溶解度随流体压力和温度变化，从而提出了酸性气体硫溶解度模型。

以实验数据为基础，国内外学者开展了大量关于元素硫溶解度理论预测模型的研究。Chrastil 通过对多种固体有机物在超临界 CO_2 中溶解度实验数据的整理和归纳，应用超临界流体缔合理论推导出了一个能够预测固体溶质在超临界气体中溶解度的缔合模型。

因为高含硫气体在地层及采输过程中属于超临界或近邻界流体，而元素硫在 H_2S 或者含 H_2S 天然气中的溶解可视为固体在超临界或近邻界流体中的萃取过程，所以 Chrastil 缔合模型得到了广泛的应用。Carroll 在利用 Chrastil 缔合模型关联元素硫在 H_2S 和含 H_2S 酸气中溶解度的实验数据时，发现在高压区域溶解度关联数据误差超过20%，关联结果还显示 Chrastil 模型并不适用低压条件下的硫溶解度预测。

Roberts 以 Chrastil 的研究为基础，充分考虑元素硫溶解度受温度、压力及气体组分等因素影响，推导出常系数的元素硫溶解度经验公式，由于所需要的参数少，广泛应用于对高含硫气藏中硫溶解度的预测。

Wool 等对元素硫的相变进行了研究,认为元素硫有过冷倾向,当温度低于凝固点时,仍然可能以液体状态随气流运动。但是一旦有元素硫固化,已固化的元素硫就将催化其余液体状态的元素硫,使周围分散的液态元素硫很快地聚积固化,近似"雪球效应"。这种微观机理可解释在采气早期,地层发生元素硫沉积,但其影响不明显,而过一段时间之后,即固化作用开始后,气井产量迅速降低现象。该文章缺陷在于没有对硫晶核的催化作用机理及动力展开详细的阐述。

陈赓良根据有关资料在国内首先发表含硫气井硫沉积及发生沉积的影响因素的论文,为国内高含硫气藏开采的研究奠定了一定基础。王琛在 Roberts 建立的理论基础上,研究了硫沉积对气井产能的影响及各因素对硫沉积的影响。杜志敏、郭肖等针对高含硫气藏开展了相关的实验和理论研究,研究了高含硫气藏的相态变化特征,绘制了高含硫气藏气体相图,分析了高含硫气体的相态变化、元素硫的相态变化对气藏产能的影响。金智荣在分析井筒硫沉积机理基础上,考虑井筒中流体流态变化,建立有元素硫析出和没有元素硫析出的高含硫气井井筒压力温度分布预测模型。通过耦合井筒压力温度分布预测模型和元素硫溶解度模型来预测元素硫在井筒中开始析出的位置。在此基础上对比析出位置处气体实际流速和元素硫临界悬浮流速大小,从而判断元素硫是否在井筒析出位置处沉积,是目前为止国内对井筒硫沉积相对深入和完备的研究。陈依伟在温度压力分布模型的基础上,建立了硫液滴和颗粒的沉积理论模型,从硫析出的位置开始判断析出的硫为液相或者是固相,再选择相应的沉积模型来判断析出的硫是沉积还是随气体流出井口。

5. 元素硫溶解度研究

硫溶解度热力学预测模型求解中必须要计算的一个关键参数是固相硫逸度,以上模型中的饱和蒸气压数据主要是针对地层和井筒温度范围($T \geqslant 333.15K$),地面集输管道中的操作温度一般要低于 333.15K。因此,现有实验数据及预测模型都难以用于对较低温度下($T \leqslant 333.15K$)的固相元素硫饱和蒸气压的计算,这就导致无法对固相元素硫的逸度进行计算,这也是气—固相平衡热力学模型无法应用在集输条件下硫溶解度预测的关键原因。为了解决这一问题,法国波城大学 Cézac 等基于气—液—固相平衡热力学之间的关系,将固相硫和液相硫的逸度进行关联,从而避免了直接对固相硫逸度进行求解的问题,重新推导出了 3 种新的固相硫逸度计算方法。他们所建立的热力学模型同样也考虑了元素硫与 H_2S 之间的化学平衡。由于缺乏较低温度下($T \leqslant 333.15K$)硫溶解度实验数据,其模型准确性有待验证。

值得注意的是,上述方法都是以状态方程为基础的。现有的立方型状态方程主要是针对非极性体系开发的,难以准确描述 H_2S 等强极性分子间的相互作用,以此为基础建立的基于热力学相平衡理论的硫溶解度预测方法必然还有进一步改进的空间。此外,立方型状态方程中的体积参数、引力参数都需要拟合纯物质的饱和气液和气液两相临界点才能得到,目前缺乏元素硫和多硫化氢的临界参数实验数据,状态方程中上述参数的取值也还有待进一步改进。

6. 含硫颗粒的管道内硫沉积机理

在高含硫天然气集输管道中,当管道操作温度和操作压力等条件发生改变,引起气相中的元素硫浓度超过了其在天然气中的饱和溶解度时，硫分子就会从气相中析出。随后析出的硫分子首先会以某种方式形核、聚结，并在流场或管壁上进一步凝并、团聚生长，最终形成宏观状态下的硫颗粒。这一阶段可以视为硫颗粒的物理生长阶段，研究管内硫颗粒的生长、消融变化规律是分析含硫天然气集输管道元素硫沉积的前提。

根据气固两相流动理论，流场中形成的硫颗粒并不会立刻沉积在管道内壁，只有当硫颗粒满足沉积的动力学条件时，硫颗粒才有可能会发生沉积。反之，当管内悬浮在含硫天然气中的固相硫颗粒未达到沉积的动力学条件时，随着管内操作温度、操作压力、气质组分等条件的改变，悬浮在流场中的硫颗粒和管道内壁沉积的硫颗粒也有可能逐渐消融，重新回到天然气中并与之混合成为均一气相。学界将这一系列过程视为硫颗粒的动力学沉降阶段。

2005年，J. P. Serin等对管道压力突变处(节流阀)的硫沉积进行了实验研究，将压力突变处大量硫颗粒的沉降假设为元素硫的凝华现象，并从热力学角度对所提出的假设进行了初步验证，但没有从流体动力学的角度进行深入探讨。2005年，D. J. Pack在其博士论文中从理论上研究了管道中硫颗粒形成的过程，探讨了管道中硫颗粒运移沉降的规律，并从流体动力学角度解释了阀门等处出现大量硫颗粒沉降的原因。2008年，Pierre Cézac等运用经典的热力学相平衡理论和质量、能量守恒定理建立了一个瞬态反应模型来描述元素硫的析出，并假设管道压力突变处大量硫颗粒的沉降是由于气相的硫发生了凝华现象，同样也没有运用流体动力学的理论进行深入研究。2011年，Zhu等提出了一个理论模型用于研究管道中硫颗粒运移沉降的规律，其可以计算出管道的温度压力分布情况、元素硫的饱和输送距离、硫颗粒的成核速率、硫的沉积量和硫颗粒的运动轨迹，但模型的实用性不高。

2012年，D. J. Pack等从流体动力学角度解释了三通处出现大量硫颗粒运移沉降的原因。国内一些学者也曾尝试研究集输管道中硫颗粒运移沉降的规律，但基本上都是停留在运用简单的气固两相流理论推导硫颗粒运移沉降的临界流速。

7. 管输状态下硫颗粒生长、消融动力学

当气相对元素硫的溶解度降低形成过饱和溶解时，多余的硫单质就会从气相中析出。研究表明，集输压力、温度条件下形成的硫颗粒多以正交晶体的形式存在，称之为正交硫或斜方硫。元素硫从气相中析出至宏观状态硫颗粒的形成需要经历形核和生长两个阶段，气相中析出的硫晶核经历碰撞、凝并、团聚等生长过程，最终成长为宏观状态的硫颗粒。

目前，形核理论主要包括均质形核和异质形核。其中均质形核是指元素硫分子析出后在均匀的母相中形核。最早的形核理论是针对饱和蒸气中液滴的形核。随后Turnbull和Fisher在此基础上提出了早期的经典液相均质形核理论，并提出了形核速率的表达式。

基于以上形核理论可以对高含硫天然气中硫颗粒的形核过程进行研究，李丽以均质形核理论为基础，计算分析了普光气田气井流体中元素硫的临界形核半径和临界形核速率。结果表明，元素硫的临界形核半径随温度增加而增大，而随压力增加先减小后增大。针对集输管道内的硫颗粒形成过程，刘娟假设高含硫天然气析出的元素硫分子形核模式均为均质形核且元素硫析出形成的硫晶核半径均为临界半径，随后他们又基于布朗碰撞凝并理论建立硫颗粒尺寸随时间变化的控制方程，采用矩方法对方程进行求解，结果显示硫颗粒尺寸随时间服从对数正态分布。Zhu 等基于经典形核理论建立的硫颗粒生长动力学模型还进一步考虑了异质形核对形核速率的影响,此外采用 Smoluchowski 模型来描述硫晶核析出后的团聚生长过程。在 Zhu 建立的模型基础上,Santos 等进一步研究了重组分和管内操作温度对形核速率的影响规律,结果显示重组分含量越高越有利于均质形核,同时研究发现随着温度降低,固相硫分子的核化速率增大。

近年来随着分子模拟技术的迅速发展,分子模拟技术也常被用于物质微观结构、形态变化的研究。李期斌等基于分子动力学理论,利用化学反应势函数 ReaxFF 首次模拟研究了 S-H_2S 体系下元素硫的形核与生长过程,揭示了硫晶核在 S-H_2S 混合体系中的微观生长规律。通过模拟,他们认为析出的硫分子是通过雪球效应和硫团簇融合两种方式进一步生长的,虽然他们所建立的模型没有对硫颗粒的核化生长机理进行深入探讨,但是他们不仅论证了在集输管道内基于分子动力学模拟方法开展多组分体系下硫颗粒生长、消融动力学研究的可行性,也为下一步的研究提供了思路。

目前国内外学者基于经典核化理论对硫颗粒的形核、生长过程进行了相关研究,初步揭示了元素硫临界形核半径、形核速率随温度、压力的变化规律,并在此基础上探索了析出的硫晶核聚团生长等相关参数随时间的变化关系。相关学者还基于分子模拟技术,利用分子动力学理论从微观分子层面进一步揭示了 H_2S 单组分体系下,考虑化学反应影响下硫颗粒的形核、生长规律,模拟结果反映出了硫晶核的两种团聚生长模式。然而,考虑到实际的集输管道内高含硫天然气含有大量的粉尘、杂质颗粒,以及气流携带的部分硫微粒,因此硫分子的异质形核不容忽视。在今后的研究中,在硫颗粒形核、生长模型中应该同时考虑均质和异质两种形核模式,此外,在采用分子动力学理论进行硫颗粒生长研究时,需要同时考虑化学溶解和物理溶解共同作用对硫晶核形成的影响,为了与实际情形更加吻合,还需要进一步考虑不同天然气组分浓度对形核的影响。

8. 含硫颗粒的气固多相管流

硫颗粒在集输管道中形成以后,在满足颗粒沉降条件之前会随着天然气一起在管道内运移,随着管内操作压力、操作温度、气质组分等条件的改变,以及在颗粒自身重力、外部黏附作用等外力推动下逐渐沉积于管道的内壁,形成硫沉积,这一过程属于典型的气固两相流动过程。因此,集输管道内的硫沉积过程可以视为伴随元素硫相态变化的气固两相流体动力学。

近年来部分学者采用气固两相流动数值模拟的方法对高含硫集输管道内硫沉积规律进行初步探索。Veluswamy 等运用连续—离散联合模型对球阀及其相连管道附近的硫沉积情况进行模拟,气相采用重整化 k-ε 模型(re-normalization group k-ε, RNG k-ε),结果显示阀门开度是影响集输管道内硫沉积的重要原因,其中阀门开度越大阀门下游硫颗粒起始沉积位置越靠近阀门。此后,陈磊等同样采用连续—离散联合模型进行球阀处的硫沉积模拟,不同的是,他们采用的是雷诺应力模型来描述气相,进一步对颗粒粒径、阀门开度和气流速度的分析得出,当球阀开度和颗粒粒径一定时,硫颗粒在球阀处的沉积率与气流速率成正相关关系;而当阀门开度和气流速率不变时,硫颗粒的沉积率随颗粒粒径增大而增加;随后,他们采用同样的模型对集输管道水平弯管部分的硫沉积情况进行模拟。其中,考虑到弯管内的流动属于充分发展的湍流流动,为了确保模拟结果更加准确,他们采用了标准壁面函数法对管内近壁面区域进行处理，通过对气流流速、颗粒粒径和管道弯曲比等单因素的分析得出，硫颗粒的沉积率与这3个因素均成正相关关系。刘娟采用连续—离散联合模型对集气站外管线上行平拐弯头管段、水平上拐弯头管段和反"Z"形弯头管段处进行含硫颗粒的气固两相流动模拟，其中气相的湍流流动采用标准化的k-ε模型进行描述，发现硫沉积的主要位置是在上行平拐弯头管段的平直管段处、水平上拐弯头管段的弯头外侧和反"Z"形弯头管段的下弯头外侧和上弯头后的平直管段处。

此外，Zhu等采用天然气单相管流模型计算出沿程温度、压力分布，以此为基础计算沿程的硫溶解度、沉积量和硫颗粒的沉降区域，他们没有考虑气相和固相流动参数之间的耦合作用，显然这与实际管道中的硫沉积情形误差较大，难以客观地反映出高含硫集输管道内的硫沉积情况。随后相关学者针对高含硫集输管道内易发生硫沉积的关键位置进行了模拟分析，Pack等通过调查分析认为管道的"T"形连接处是容易发生硫颗粒沉积并可能发生管路堵塞的位置，此外他们还认为流体动力学因素是"T"形连接处出现硫颗粒沉积的主要原因。

以上研究成果初步揭示了固体硫颗粒随天然气在管道内的运移沉降规律，特别是对集输管道关键部位进行了重点研究，如气流速度骤变的阀门处和气流流向发生明显折转的弯头处。研究表明，硫颗粒在管道中的沉积率受颗粒粒径、气流流速、管道弯曲比和阀门开度等因素影响较大，其中在阀门处气流速度和硫颗粒粒径与颗粒沉积率成正相关关系，而随阀门开度增大沉积率反而呈减小趋势。而在气流发生折转的弯头位置处，硫颗粒的沉积率随气流流速、颗粒粒径和弯曲比的增加均呈增大趋势。以上成果在实际生产中能够为集输管道内硫沉积的预防提供一定的指导，然而，高含硫天然气集输管道内的气固两相流动是伴随元素硫颗粒形核、生长与消融、气固相变和结晶过程的复杂非稳态气固两相流动，现有方法并未考虑气固两相流动过程中元素硫的气固相变和硫颗粒的凝并过程。因此，通过考虑高含硫天然气管道中存在的气固相平衡和结晶变化的影响，建立伴随气固相变的天然气—硫颗粒气固两相流动模型是实现硫颗粒生长、分解特征与管道流动参数耦合的关键所在，也是揭示高含硫天然气管道内流动参数变化规律、预测硫沉积量、沉积位置的关键所在。

三、集输系统元素硫沉积防治技术

含硫天然气在地面集输系统输送过程中由于节流和热交换过程会在阀门、弯头、分离器、汇管、三通、孔板等地面设备和管线中发生元素硫沉积，严重时会发生堵塞。集输系统内元素硫的堵塞会降低地层渗透率与孔隙度，甚至完全堵塞通道，影响气井正常生产，严重时会造成气井停产。国内外的学者针对硫沉积的防治措施进行了大量的研究，目前也有多种措施在实际生产中得到应用。

1. 预防

1) 生产工艺改进

沉积的元素硫不仅严重影响集输系统正常运行工况，而且会带来严重的腐蚀问题。元素硫在没有水存在时，其腐蚀能力非常微弱。干气集输工艺可有效减轻硫沉积的危害，其至减轻元素硫的沉积速度。如目前普光气田采用的都是湿气集输工艺，经现场观测表明，节流阀前后、分离器内绝大部分堵塞物都是元素硫。

同时为避免硫沉积对管道集输系统造成破坏，通常采用多重工艺模式，降低硫沉积出现的可能性，削减元素硫及其他硫化物的沉积发展速率。其中包括控制采气速度、减小压力波动与温度控制三种方式。

(1) 控制采气速度。

气体在井内的流速直接关系到气流携带元素硫的效率。流速越高，则越能有效地使元素硫粒子悬浮于气体中带出，从而减少了沉积的可能性。但是过快的速度也会导致温度压力急剧下降，使元素硫加快沉积，导致地层和设备的堵塞。因此，在开采过程中，应针对气井自身的情况，制订合理的开采计划，将开采速度控制在合理范围之内。

(2) 减小压力波动。

在高含硫天然气田气井生产环节，为避免压力波动造成硫沉积问题加重，应对生产制度进行合理管控，尽量避免频繁调产和开关井带来的压力波动，从而减小硫沉积的概率，如气井调产，会使得压力下降过程中压力出现较大波动，在阀门、分离器等处会发生压力陡降或陡升，元素硫便会在此处沉积，堵塞这种孔径较小的通道。气井频繁开关井会使得压力从几个甚至几十个兆帕骤降为零，压力变得很大。削减压力梯度，可有效减缓硫化物与元素硫成核、冷凝或凝结作用速度。

(3) 科学控温。

温度大幅下滑是致使硫沉积现象加剧的重要因素。对集输系统进行具体分析与研究，找到容易发生硫沉积现象的位置与设备，并积极采取有效的保温措施，降低系统温度梯度是减小元素硫沉积的一种方式。如在安全条件满足的情况下，设置专业的加热装置，在硫沉积易发生位置进行加热，这样可让管道内已经生成但还未沉积的元素硫快速溶解随生产到下游，既可减少硫沉积现象出现概率，也可解决已出现的部分堵塞问题。

温度影响硫沉积的原因主要是对元素硫在天然气中的溶解度影响较大，一般来说，温度越高，元素硫越不容易沉积，因此加热是集输管道系统处理元素硫沉积堵塞问题的常用处理措施。李时杰等在研究普光气田地面集输系统硫沉积问题时，发现每年至少一次采用低压蒸汽吹扫可有效缓解硫沉积问题。关于蒸汽清扫合适的周期和温度，并没有进行验证。吕明晏等提到加热分为对整个管道和设备进行保温，以及对"硫堵"位置局部加热两种。根据元素硫的沉积机理与温度压力递减梯度的关系，在气体压降较大的设备之前进行加热效果最好。集输管道系统需配备大量仪表，如引压管、液位计、压力变送器等，这些仪表存在各式各样的细小支管，这就导致硫沉积问题很容易出现，无论是元素硫，抑或是单质硫都会在这些位置大量析出，因此，在条件允许的情况下可实施局部加热解堵措施。加热环节可使用高温液体淋浇法或电伴热法，具体措施可依照场景不同进行调整。高温液体淋浇法是一种临时性处理措施，需要工作人员进入现场进行作业，而电伴热法拥有很高的自动化程度，温度控制精准度很高。

2) 管道系统工艺参数优化

对集输系统局部进行改造可以减少关键的局部硫沉积。对管道压力骤降位置进行科学调整，尽量采用多重压降控制措施，如常见的二级压降机制，对集输系统整体构造进行优化,尽量避免使用曲线的阀门结构,保证输送过程线路平直。具体方法包括:避免采用迷宫式压力控制阀;采用两级减压装置。这是因为迷宫式压力控制阀内部构造复杂,复杂的流道易使元素硫发生沉积,两级减压设备中天然气在每一级的温降较小,可以减少硫沉积的发生。D. J. Pack 也提到了关于阀门和"T"形接头的设计对减轻硫沉积的作用。

3) 生物竞争排除技术

这是 D. O. Hitzman 提出的一种新的生物技术。其原理就是向地层中注入水溶性的低浓度营养液,该营养液会抑制地层中硫酸盐还原菌(SRB)的生长。从源头上减少或消除地层中因生物生成的 H_2S 气体,以达到减少井筒和集输系统硫沉积的目的。该方法的优点是环保、经济、高效。

2. 治理

目前国内外解决集输系统硫沉积的方法大致可归类为两个类型:人工机械清管、加注硫溶剂清洗解堵。

1) 定期清管

定期清管可以解决集输管道中的硫沉积问题,并且清管作业的同时可以一并清除管道中的积液。但过于频繁的清管操作会使氧气进入管线,使得烃类冷凝现象更为严重,从而加剧了元素硫的沉积,所以清管时采取适当的周期和速度是非常关键的。

2) 加注硫溶剂

硫溶剂化学解堵治理技术是目前国内外广泛采用的一套硫沉积治理方法,是一种比较常见的硫沉积治理方法。加注硫溶剂可降低元素硫与管道内壁的接触面,使元素硫呈气态与气流一起运动,可以有效防止硫沉积现象的出现。常见的加注硫溶剂方法有三种:油管直接间歇注入法、环空间歇注入法、环空连续注入法。在实际操作过程中,将缓蚀剂与硫溶剂一起注入,既脱除了元素硫,也防止了管道内的腐蚀。加注周期根据现场堵塞情况做出适当的调整。加注工艺流程为:井口临时吹扫口、多功能辅助流程、井口采气树、集输管线、加热炉放空口回收。根据硫沉积特征,加强采气树生产翼清洗,减小采气树生产翼因为硫沉积造成的管壁粗糙度增加。浸泡时长:循环期间测试液样清洗前后密度,待液样密度稳定后,停止循环作业。

3. 硫溶剂

常用的元素硫沉积的解堵方式为人工机械清理、加热融化、加注硫溶剂等方法,但集输管道受地形、距离等条件限制,不适合采用人工机械清理和加热融化的解堵方式。加注硫溶剂是含硫气田消除硫堵问题的最经济、有效的方式,适用于井下、集气站及集输系统等开发全流程。

1) 国内外研究现状

现有硫溶剂大致可以分为物理硫溶剂和化学硫溶剂。常用的物理溶剂有甲苯、四氯化碳、二硫化碳等,只能处理中等程度的硫沉积,其中芳烃的溶硫性又高于脂肪烃。常用的化学溶剂主要有二芳基二硫化物、二烷基二硫化物、二甲基二硫化物等,能有效处理较为严重的硫沉积。其中,二甲基二硫化物的溶硫能力最强。其中物理硫溶剂的溶硫机理为相似相溶，如 CS_2；化学硫溶剂的溶硫机理为硫溶剂同硫发生化学反应，如硫醚类物质。

无论哪种溶剂，都应具备以下条件：对硫的溶解性较高；处理过程中无毒害；对地层伤害极小，保证地层流体能够正常流动；操作简单，易于分离和回收；具有较高的稳定性，使用过程中不易损失；价格便宜，易于制备；与沉积硫不发生不可逆反应；不引起管道设备腐蚀。

从溶硫效果来讲，一般情况下化学硫溶剂优于物理硫溶剂，所以国内外相关研究多集中在化学硫溶剂。

国外从 1960 年开始研究硫溶剂，国内近几年才开始这方面的研究。1970 年，Fisher 首次提出用二烷基二硫化物（Merox）作为硫溶剂，20 世纪 80 年代初期，Hyne 先后报道了将苯硫醇钠-DMF（N，N-二甲基甲酰胺）催化体系和 NaHS-DMF 催化体系作为硫溶剂，能取得较好的效果。

单一硫溶剂虽然溶硫效果较好，但是由于毒性大、反应慢等特点，一般不单独作为硫溶剂使用。荷兰庞沃特公司提出将二甲基二硫化物与催化剂配成溶液，此溶液能高效地解决硫沉积问题，硫容量高，可再生重复使用。

常见的物理溶解类硫溶剂包括二硫化碳、甲醇、硫醚（RSR）、四氯化碳、四氯乙烯、环烷烃、芳烃、液体烃、萘及其衍生物等，而化学反应类硫溶剂主要有二甲基二硫化物、二芳基二硫化物、二羟基二硫化物等，见表 2-3。

表 2-3 物理溶解类和化学反应类硫溶剂

溶解分散类硫溶剂	化学反应类硫溶剂
二硫化碳（剧毒）	无机碱
甲醇	有机碱
硫醚（RSR）	胺类（对金属有腐蚀）
四氯化碳	乙胺
四氯乙烯	二元胺
环烷烃	多元胺
芳烃	甲基二乙醇胺
甲苯	乙醇胺
含芳香族烃类的溶剂油	N,N-二甲基乙酰胺
液体烃	二乙烯三胺
石油馏分	三乙烯四胺
轻矿物油	有机二硫化物
石蜡基矿物油	Merox 溶剂
锭子油	二烷基二硫
萘及其衍生物	二烷基二硫醚
烷基萘混合物	二甲基二硫醚（DMDS）
	二芳基二硫醚（DADS）

很多学者对单一溶剂的溶解能力进行了实验研究。赵明旭曾研究了多种单一溶剂对硫的溶解度，见表 2-4。化学反应类硫溶剂对沉积硫的溶解度高于物理溶解类硫溶剂。物理溶解类硫溶剂二硫化碳溶硫效果虽好，但其有毒、燃点低、易爆，很少使用。

表 2-4 单一溶剂对沉积硫的溶解度 单位:%

类别	溶解分散类硫溶剂						
溶剂名称	醇	酮	苯	甲苯	烷烃	石油醚	锭子油
溶解度(30℃)	0.2	0.25	2.2	2.3	0.5	0.55	1.4
文献值(20℃)	—	—	—	2	0.28	—	1.1
类别	溶解分散类硫溶剂				化学反应类硫溶剂		
溶剂名称	CCl$_4$	CHCl$_3$	煤焦油	CS$_2$	DMDS	胺	10%硫化钠溶液
溶解度(30℃)	0.8	1.2	4.3	50	9	27	16
文献值(20℃)	—	—	2.9~7.8	30	2	25	17

Michael H. Abraham 等在常压下,在 298.15~363.15K 的温度范围内测定了 S$_8$ 在甲苯、乙苯、苯乙烯、氯苯、四氢化萘、有机硅、苯、环己烯、环己烷和己烷中的溶解度,如图 2-8 所示。环八硫(S$_8$)具有很强的疏水性,在非极性或中等极性的溶剂中溶解最好,元素硫在硫溶剂中溶解度随着温度的增加而增大。

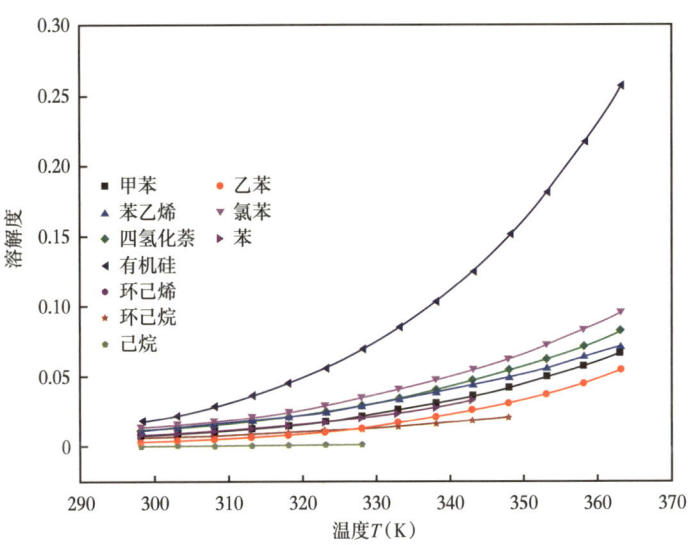

图 2-8 S$_8$ 在不同溶剂不同温度下的溶解关系图

随着含硫气井的不断开发和应用,一些新型复合溶硫体系不断涌现,表 2-5 对多种硫溶剂及硫溶剂体系进行了调研收集,表 2-6 对复合型硫溶剂、硫溶剂常用溶硫主剂进行了总结。

表 2-5 复合型硫溶剂、硫溶剂配方体系

序号	配方体系	配方特点
1	DNH-Ⅱ型高含硫油田解堵剂:DMDS,DEH	溶硫量大、可燃性低、使用安全和腐蚀性小
2	DMDS-CTA 硫沉积硫溶剂:DMDS 主剂,CTA,催化剂,NaHS	适于硫沉积段温度低于100℃,元素硫含量高、硫沉积严重的气井溶硫、解堵

续表

序号	配方体系	配方特点
3	主剂50%~90%、催化剂0.1%~5% 助催化剂3%~10%、稳定剂5%~40%	在常温下放置240d后最大溶硫量： 30℃可达(102~149)g/100mL； 80℃可达(231~418)g/100mL
4	含硫气井中沉积硫高效溶剂： 二甲基二硫醚（DMDS），氢氧化钠水溶液，硫氢化钠，N,N-二甲基甲酰胺	在25℃时1g硫沉积硫溶剂溶硫1.62g时间仅为2.27min，明显优于现有技术中硫沉积硫溶剂的溶硫效果
5	化学溶剂为主剂，以物理溶剂为助剂并配合乳化剂、硫化物催化剂、表面活性剂等的新型胺类硫沉积硫溶剂体系	新型胺类硫沉积硫溶剂在低温条件下溶硫速度快，溶硫时间为30min溶硫过程基本完成，溶硫量达59.45g/100mL
6	二元胺、多元胺：烷基酰+20.0%分散剂+8.0%盐酸+4.0%螯合剂+3.0%高温缓蚀+0.06%~0.09%降阻剂+其他添加剂	饱和溶硫量69.85g/100mL； 溶解无机碳酸钙208g/L； 分散有机物大于50g/L； 腐蚀速率小于13g/(m²·h)
7	有机—无机复合堵塞物的解堵剂： 高沸点主剂10%~35%+乳化剂5%~10%+表面活性剂7%~15%+硫沉积硫溶剂5%~15%+金属螯合剂1%~5%+分散剂8%~15%+抗氧化剂3%~5%+清洗助剂1%~5%+阻垢剂2%~6%	可溶解井筒和井底附近的有机堵塞物，比如沥青质、胶质、石蜡、润滑剂、缓蚀剂，以及各种入井流体中的有机添加剂、元素硫，也可溶解井筒和井底附近的无机堵塞物，比如地层含铁矿物、钻井液硫酸钡加重剂，140℃时，性能良好，适合于高温深井解堵，堵塞物的溶解率可达到96%
8	微乳型耐高温解堵剂主要含有： 三氯乙烯、盐酸、十六烷基三甲基氯化铵、正辛醇、互溶剂、硫沉积硫溶剂、邻苯二甲酸氢钾、邻苯二甲酸氢钾微胶囊、尼纳尔、氟化氢铵、过硫酸铵	耐温性好，150℃稳定。应用于四川盆地某含硫气田的堵塞物，该堵塞物为有机物、无机物和硫沉积的复合堵塞物，溶解率达到95%

表2-6 复合型硫溶剂、硫溶剂常用溶硫主剂表

作者	年份	溶硫主剂
赵明旭等	1994	二甲基二硫醚（DMDS）
谷溢等	2002	
李丽等	2011	二甲基二硫醚、二芳基二硫醚
李林辉等	2011	二硫化物：R-S-S-R，含1~12个碳原子的烷基、芳烷基、羟烷基或苯基中的一种二甲基二硫醚（DMDS）
杨力等	2012	萘类：为R1-C10H7，R1-C10H6-R2，R1、R2为C_1—C_7烷基或烷烯基甲基萘、二甲基萘
刘建仪等	2012	二甲基二硫醚（DMDS）
万里平等	2018	二甲基二硫醚（DMDS）、二芳基二硫醚
陈彬彬等	2016	二甲基二硫醚（DMDS）

续表

作者	年份	溶硫主剂
张广东等	2014	N，N-二甲基乙酰胺（DMA）
徐国玲	2015	二元胺、多元胺
毛金成等	2015	二甲基二硫醚（DMDS）、溶硫辅剂二甲亚砜（DMSO）
滕大勇等	2018	伯胺、乙胺、正丙胺、异丙胺、正丁胺、异丁胺、叔丁胺、苯胺、苄胺
陈永浩	2019	二元胺、多元胺
高敏等	2020	端基含有氨基的树枝状聚合物 PAMAM-$(NH_2)_n$、树形聚丙烯亚胺[PPI-$(NH_2)_{32}$]
陈曦等	2020	硫化钠、硫氢化钠
于超等	2023	金属醇盐和碱性物质

2）优选及评价

目前高含硫气田应用最多的元素硫沉积解堵方法是加注硫溶剂，硫溶剂研究主要包括配方研究和性能评价两方面，其中硫溶剂的溶硫率、抗腐蚀溶胀性能与沉降分散稳定性能是衡量硫溶剂性能的核心指标。笔者通过大量文献调研及室内预探性实验分析，确定了硫溶剂溶硫配方优选、性能评价指标及方法。

(1) 试验方案。

①实验仪器。

实验仪器包括电热恒温鼓风干燥箱、精密天平、恒温磁力搅拌器、水浴锅、抽滤瓶（500mL）、布氏漏斗、定量滤纸、圆底烧瓶（200mL）、游标卡尺。

②材料及试剂。

硫溶剂：常用硫溶剂。

元素硫：粉状元素硫、现场沉积硫。

油田金属材料：钢材 L360QS。

油田非金属材料：常用密封管线橡胶。

(2) 实验操作流程。

①指标：溶硫量。主要考察一定温度、时间条件下，不同硫溶剂样品对现场沉积硫样品的溶解能力。

a. 称取一定量元素硫样品（精确至 0.001g）于烧杯中，加入一定量硫溶剂，形成过饱和溶液，并充分振荡、溶解、沉降；

b. 将未溶解的沉积物进行过滤、分离，洗涤残渣，并将残渣干燥至恒重，失重即为硫溶剂对样品的溶解量（g/100mL）。

②硫溶剂的腐蚀和溶胀性能评价。

选取 L360QS 钢材和密封管线橡胶，参考 SY/T 5405—2019《酸化用缓蚀剂性能试验方法及评价指标》及 GB/T 1690—2010《硫化橡胶或热塑性橡胶　耐液体试验方法》，考察硫溶剂的抗腐蚀溶胀性能。

(3)实验计算公式。

硫溶剂对元素硫或沉积硫的溶解量以 S 表示,单位为 g/100mL,按照式(2-1)计算:

$$S = \frac{m_1 - m_2}{V/100} \tag{2-1}$$

式中 S——溶硫量,g/100mL;

m_1——试验前元素硫或沉积硫的质量,g;

m_2——试验后处理所得残余物的质量,g;

V——硫溶剂的体积,mL。

3)常用硫溶剂

根据以上实验方案,选用二硫化碳、乙二醇单丁醚作为试剂,试剂过量,溶解沉积硫 $1^{\#}$ 样(高桥)、$2^{\#}$ 垢样(LJ20 井),搅拌、静置 12h,过滤,残渣在 105℃干燥恒重,实验结果见表 2-7。

表 2-7 垢样溶解率结果表

样品	取样量(g)	溶剂	溶剂用量(mL)	溶解率(%)	
$1^{\#}$	0.1100	二硫化碳	20	95.45	95.19
$1^{\#}$	0.1100	二硫化碳	40	94.92	
$1^{\#}$	0.1532	乙二醇单丁醚	250	99.84	
$2^{\#}$	0.1400	二硫化碳	20	98.86	98.86
$2^{\#}$	0.1300	二硫化碳	40	98.85	
$2^{\#}$	0.1060	乙二醇单丁醚	250	99.81	

选取常用溶硫主剂及油田常用试剂共 7 种,包括甲基二硫醚(DMDS)、二甲亚砜(DMSO)、三乙烯四胺、乙二醇单丁醚、甲基二乙醇胺(MDEA)、二硫化碳(CS_2)、复合硫溶剂 SS-191,对典型硫沉积垢样进行溶解实验,不同硫溶剂的溶硫效果见表 2-8。

表 2-8 $1^{\#}$、$2^{\#}$ 垢样在不同溶剂中的溶解度   单位:g/100mL

垢样	乙二醇单丁醚	复合硫溶剂 SS-191	甲基二乙醇胺(MDEA)	二甲基二硫醚(DMDS)	二甲亚砜(DMSO)	三乙烯四胺	二硫化碳(CS_2)
$1^{\#}$	1.71	4.97	1.54	4.74	1.55	2.73	29.7
$2^{\#}$	1.47	5.00	0.82	4.91	0.99	2.63	20.9

从表 2-8 结果可看出,在常温下,不同硫溶剂中硫沉积垢样的溶硫量差别较大,且在二硫化碳中溶硫量最大,甲基二乙醇胺(MDEA)中最小。不同硫溶剂的溶硫量大小依次为:二硫化碳>复合硫溶剂 SS-191>二甲基二硫醚(DMDS)>三乙烯四胺>乙二醇单丁醚>二甲亚砜(DMSO)>甲基二乙醇胺(MDEA)。

(1)硫溶剂配方优化。

基于常用硫溶剂的溶硫效果实验评价结果,确定了硫溶剂性能评价关键指标及方法,开展大量沉积硫溶解性能评价实验，优选出综合性能较优的硫溶剂主剂和助剂，构建化学硫溶剂配方。

硫溶剂主剂及助剂：主剂优选为复合胺类FHA-1，无色无味，对沉积硫具有较强的溶解能力；助剂主要为了解决现场硫溶剂使用过程中存在的起泡及腐蚀问题，同时可增强硫溶剂的性能稳定性，最终优选为FPJ-1及FPJ-2（表2-9）。

硫溶剂配方主要组成：清水+FHA-1+FPJ-1+FPJ-2。

表2-9 硫溶剂主剂(加助剂)与其他常用硫溶剂主要特性对比结果

名称	闪点（℃）	沸点（℃）	溶硫量（g/100g）			优缺点
			20℃	40℃	60℃	
二硫化碳	-30	46.5	27	45	挥发	中毒、高挥发性和易燃性
二甲基二硫醚（DMDS）	20	109.6	2~5	—	—	恶臭、不溶于水，溶于醇、醚、烃
DMDS/DMF/NaHS	—	—	140	210	300	—
乙二胺	43	118	10~15	20~25	挥发	易燃液体和蒸气、溶于水
乙二胺复合（现场用）	70℃未闪	—	12~14	28~30	—	刺激性气味，腐蚀性较强
主剂FHA-1	48.9	139.7	12~14	40~45	60~66	溶硫量高、耐温性好、配伍性好
主剂FHA-1+助剂FPJ-1+FPJ-2	85℃未闪	—	35~38	71~74	95~98	溶硫量高、耐温性好、稳定性高

表2-10为不同硫溶剂配方及其反应条件，实验结果如图2-9和图2-10所示。

表2-10 不同溶硫解堵配方组成及其反应条件

序号	配方组成及配比（%）				反应温度（℃）	反应时间（h）
	主剂FHA-1	助剂FPJ-1	助剂FPJ-2	清水		
1#	40	0.01	0.5	60	20	20
2#					40	20
3#					60	20
4#	50	0.02	0.5	50	20	20
5#					40	20
6#					60	20
7#	60	0.04	0.5	40	20	20
8#					40	20
9#					60	20

续表

序号	配方组成及配比（%）				反应温度（℃）	反应时间（h）
	主剂 FHA-1	助剂 FPJ-1	助剂 FPJ-2	清水		
10#	70	0.01	1.0	30	20	20
11#					40	20
12#					60	20
13#	80	0.02	1.0	20	20	20
14#					40	20
15#					60	20
16#	90	0.04	1.0	10	20	20
17#					40	20
18#					60	20

注：表中硫溶剂助剂的浓度为溶液总量为100质量分条件下的加量。

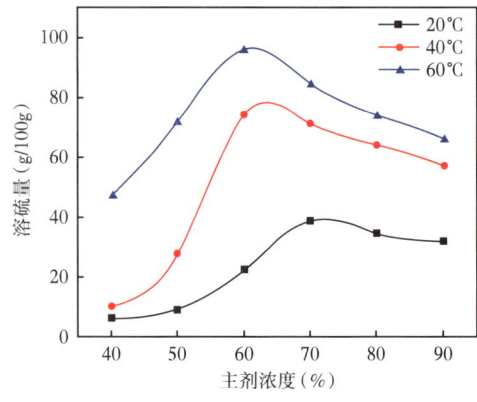

图 2-9　不同硫溶剂主剂浓度条件下的
元素硫质量溶解量测试结果

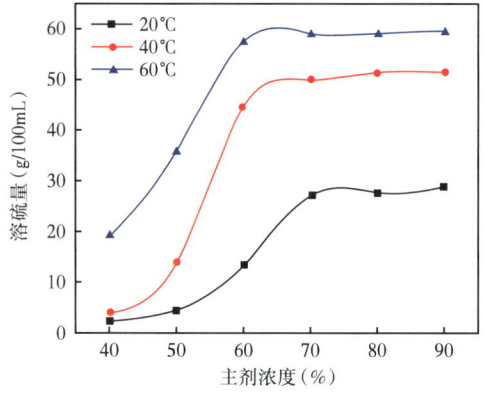

图 2-10　不同硫溶剂主剂浓度条件下的
元素硫体积溶解量测试结果

上述实验结果表明，当硫溶剂主剂浓度为 60%～80%，反应温度为 40～60℃ 时，硫溶剂的溶硫效果相对较好。

为确定较优的硫溶剂作用时间，实验分别考察了硫溶剂主剂浓度为 60% 和 80%，反应温度为 20℃、40℃ 和 60℃ 条件下，硫溶剂配方的元素硫溶解量随不同反应时间的变化规律，实验结果如图 2-11 所示。

从图 2-11 实验结果可看出，当硫溶剂主剂浓度一定、反应温度一定时，随着反应时间的增加，硫溶剂的元素硫溶解量呈先增大后趋于平缓的趋势；当硫溶剂主剂浓度一定、反应时间一定时，随着反应温度升高，硫溶剂的元素硫质量溶解量逐渐增大；此外，当反应时间一定、反应温度一定时，随着硫溶剂主剂浓度的增大，硫溶剂的元素硫体积溶解量的增量相对较小。由此可以发现，硫溶剂的溶硫量受硫溶剂主剂浓度、反应温度及反应时间的影响，且在较优硫溶剂主剂浓度范围内，反应温度影响更为显著。

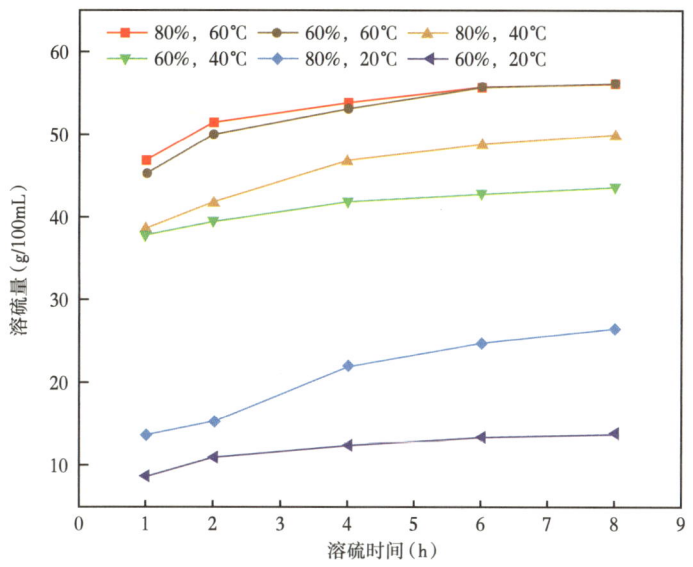

图 2-11 不同反应时间条件下硫溶剂的溶硫效果对比结果

(2) 沉降分散稳定性。

不同硫溶剂主剂浓度条件下硫溶剂的沉降稳定性和分散稳定性均存在较大区别。实验过程中部分硫溶剂随着硫溶剂主剂浓度的不断增高,作用后的混合溶液沉降稳定性差异较大。

选取硫溶剂主剂浓度为60%、70%及80%时硫溶剂溶硫后的混合溶液,分别置于刻度试管中,对比考察了室温条件下静置24h后的沉降稳定性,如图2-12所示。实验现象表明,当硫溶剂主剂浓度为60%~70%时,硫溶剂溶硫混合溶液的静置沉降稳定性相对较好,无明显沉淀析出。

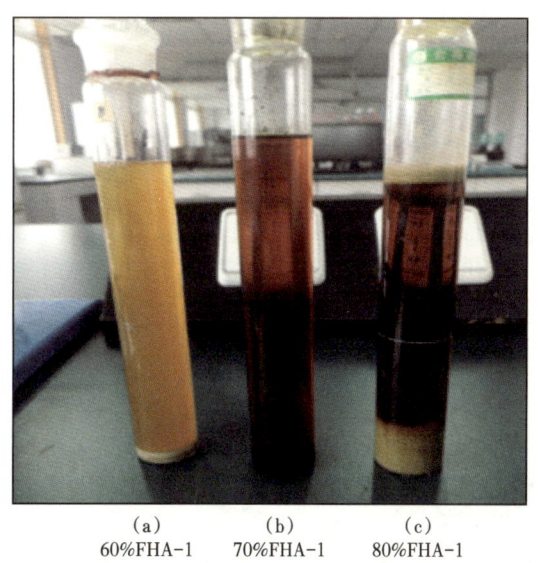

(a) 60%FHA-1　　(b) 70%FHA-1　　(c) 80%FHA-1

图 2-12 不同硫溶剂主剂浓度条件下硫溶剂的静置沉降稳定性现象

(3)腐蚀及溶胀性能。

不同类型硫溶剂可能对金属管线产生腐蚀性及橡胶密封套件产生溶胀,进而威胁到安全生产。因此,基于室内优化硫溶剂配方和目前现场常用硫溶剂配方,选取L360QS钢材和密封管线橡胶,参考SY/T 5405—2019《酸化用缓蚀剂性能试验方法及评价指标》及GB/T 1690—2010《硫化橡胶或热塑性橡胶 耐液体试验方法》,对比考察了室内优化硫溶剂和现场硫溶剂配方的腐蚀和溶胀性能,实验结果见表2-11。

表2-11 现场硫溶剂和室内硫溶剂配方腐蚀性能评价结果

配方	腐蚀材质及规格	条件	平均腐蚀速率 [g/(m²·h)]	质量变化率(%)	现象
现场硫溶剂配方	L360QS	40℃/24h	0.06	—	光滑、无腐蚀痕迹
	现场密封管线橡胶		—	13.18	明显溶胀
优化硫溶剂配方	L360QS	40℃/24h	0.04	—	光滑、无腐蚀痕迹
	现场密封管线橡胶		—	1.35	无明显溶胀

从实验结果可知,现场硫溶剂和优化硫溶剂对钢材L360QS的腐蚀速率均小于0.08 g/(m²·h),说明优化硫溶剂配方对集输管线用钢材无明显的腐蚀性;同时,优化硫溶剂配方浸泡后的密封管线橡胶无明显溶胀,现场硫溶剂配方对密封管线橡胶的溶胀作用相对较明显。

四、元素硫沉积预测防治技术在特高含硫气田的应用

1. 沉积情况

罗家寨气田探明储量 $776.85 \times 10^8 m^3$,H_2S 平均含量为 $135.8 g/m^3$,目前生产井有罗家11井(LJ11H井)、罗家12井(LJ12H井)、罗家13井(LJ13H井)、罗家14井(LJ14井)、罗家15井(LJ15井)、罗家20井(LJ20井)。大修期间打开A井场、C井场部分地面集输系统管线、阀门和设备,观察到地面集输系统单向阀上游和下游管道、汇管垂直段、汇管下游弯头处等位置有明显的沉积物附着在管道内壁,目前LJ12H井、LJ13H井、LJ14井、LJ15井、LJ20井的沉积情况未影响这5口井的生产能力,LJ11H井的情况则相对特殊。2019年1月,LJ11H井地面管汇二级节流阀下游压力不断升高并逼近装置报警阈值9.25MPa。2019年关井大修期间,在LJ11H井管汇上的单向阀下游发现1~2cm厚的元素硫沉积,清理沉积物后管线压力恢复正常。2019年9月,该位置的压力再次升高,随后相应调低该井的产气量,避免压力上升逼近装置报警区间。现场地面集输系统不同位置沉积情况如图2-13和图2-14所示。

在大修期间,对A井场、C井场共6口生产井进行现场沉积物取样,取样位置为单井二级节流阀后的单向阀及去发球阀之间,共取样品7样次,如图2-15和图2-16所示;取样位置信息见表2-12。

为确定沉积物的主要成分,对样品开展X射线衍射(XRD)、X射线光电子能谱(XPS)成分分析测试,测试结果见表2-12。

图 2-13　LJ11H 井二级节流阀后靶式流量计、腐蚀挂片装置、单向阀、集气站过滤分离器腐蚀情况

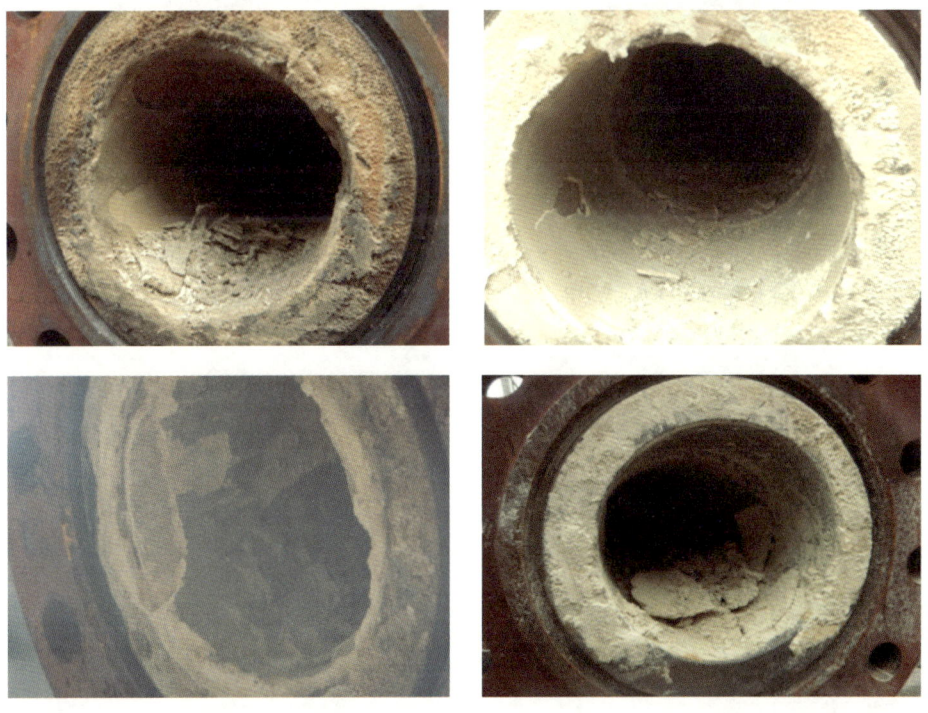

图 2-14　LJ14 井、LJ15 井单向阀下游管、LJ15 井汇管直管垂直段、LJ20 井单向阀下游管腐蚀情况

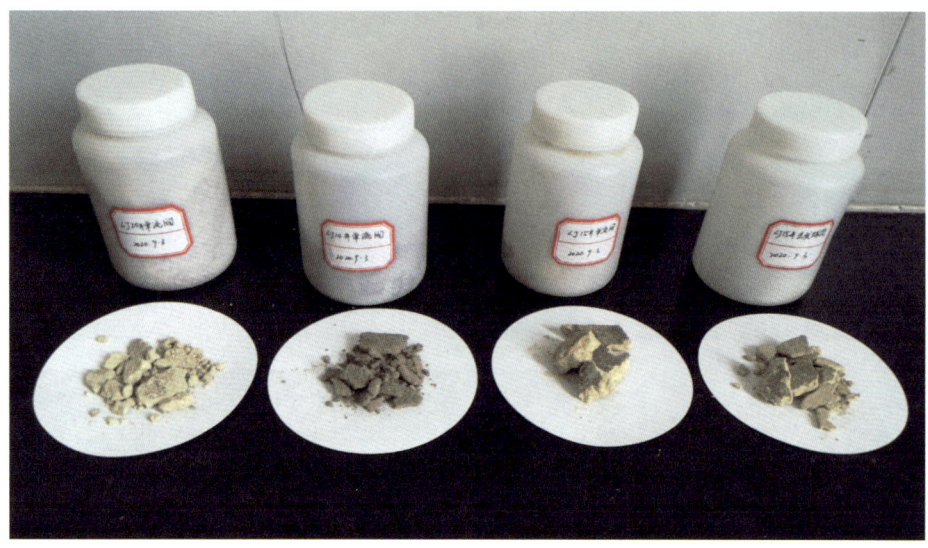

图 2-15 沉积物样品(一)

图 2-16 沉积物样品(二)

表 2-12 沉积物成分测试结果

编号	取样位置	XRD 分析	XPS 分析
1#	LJ11H 井单向阀	元素硫 S_8	单质 S/S_8（77.3%）、FeS_2（6.1%）、SO_4^{2-}（16.6%）
2#	LJ12H 井单向阀	元素硫 S_8	单质 S/S_8（76.2%）、SO_4^{2-}（23.8%）
3#	LJ13H 井单向阀	元素硫 S_8	单质 S/S_8（85.6%）、SO_4^{2-}（14.4%）
4#	LJ14 井单向阀	元素硫 S_8	单质 S/S_8（86.7%）、SO_4^{2-}（13.3%）
5#	LJ15 井单向阀	元素硫 S_8	单质 S/S_8（79%）、SO_4^{2-}（21%）
6#	LJ15 井去发球筒	元素硫 S_8	单质 S/S_8（59.8%）、FeS_2（13.2%）、SO_4^{2-}（27%）
7#	LJ20 井单向阀	元素硫 S_8	单质 S/S_8（70%）、SO_4^{2-}（30%）

由实验结果可知，6 口生产井集输系统出现沉积物的样品成分中主要是元素硫 S_8。

2. 集输系统沉积预测

收集罗家寨气田生产井 LJ11H 井、LJ12H 井、LJ13H 井、LJ14 井、LJ15 井、LJ20 井的天然气组分分析数据、集输系统各节点运行参数、管线规格等，收集参数统计见表 2-13 至表 2-16。

表 2-13 天然气组分 单位：%

井号	甲烷	硫化氢	二氧化碳
LJ11H	82.458	9.748	7.052
LJ12H	81.629	10.434	7.316
LJ13H	81.609	10.343	7.375
LJ14	82.058	10.008	7.313
LJ15	82.509	9.700	7.042
LJ20	82.175	9.867	7.341

表 2-14 运行参数（一）

井号	井口温度（℃）	井口压力（MPa）	一级节流后温度（℃）	一级节流后压力（MPa）	水套炉后温度（℃）	水套炉后压力（MPa）
LJ11H	46.9	17.6	39.2	13.1	48.9	13.0
LJ12H	48.4	17.5	40.5	13.4	45.8	13.0
LJ13H	54.1	18.1	45.7	13.3	51.0	13.0
LJ14	43.3	17.7	32.4	13.4	47.3	13.0
LJ15	48.0	18.8	36.0	13.3	47.3	13.0
LJ20	49.2	19.2	36.3	13.2	43.3	13.0

表 2-15　运行参数 (二)

井号	二级节流后温度（℃）	二级节流后压力（MPa）	二级节流后管线规格（mm×mm）
LJ11H	34.7	8.8	ϕ219.1×30/ϕ219.1×14.2
LJ12H	31.7	8.9	ϕ219.1×30/ϕ219.1×14.2
LJ13H	37.2	8.8	ϕ219.1×30/ϕ219.1×14.2
LJ14	33.0	8.8	ϕ219.1×30/ϕ219.1×14.2
LJ15	33.5	8.9	ϕ219.1×30/ϕ219.1×14.2
LJ20	28.2	8.8	ϕ219.1×30/ϕ219.1×14.2

表 2-16　管线规格

工段	规格（mm）
A 井场出站—B 站管线	ID 283.9
C 井场出站—B 站管线	ID 283.9
B 站气液分离器	ID 1200.0
B 站过滤分离器	ID 660.0

对地面集输系统 LJ11H 井开展元素硫沉积预测，计算结果如下：

1）LJ11H 井

LJ11H 井计算结果见表 2-17 和图 2-17。

表 2-17　节点溶解度计算（LJ11H 井）

节点	温度（℃）	压力（MPa）	元素硫溶解度（g/m³）
井口	46.9	17.60	0.013
一级节流阀后	39.2	13.10	0.003
水套炉后	48.9	13.00	0.004
二级节流阀后	34.7	8.80	0.001
气液分离器	29.0	7.86	0.001
过滤分离器	26.0	7.84	0.001

注：元素硫溶解度计算计量标准状态：0℃、1atm（0.101325MPa），后同。

由计算结果可知：(1)二级节流阀、靶式流量计、挂片点、单向阀、气液分离器、过滤分离器都会发生沉积；(2)沉积主要集中分布在气液分离器中，其次是从二级节流阀到 A 井场出站—B 站管线起点之前的管段，少部分沉积分布在过滤分离器中。

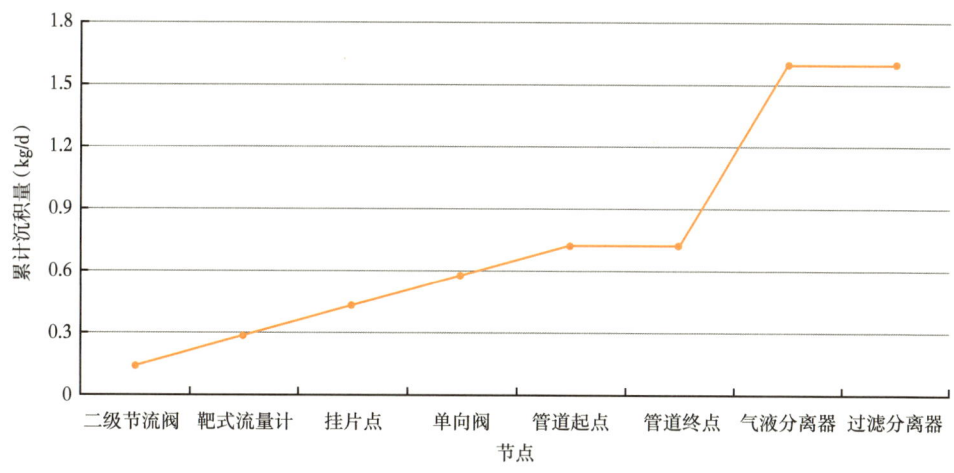

图 2-17 沉积量分布（LJ11H 井）

2）LJ12H 井

LJ12 井计算结果见表 2-18 和图 2-18。

表 2-18 节点溶解度计算（LJ12H 井）

节点	温度（℃）	压力（MPa）	元素硫溶解度（g/m³）
井口	48.4	17.50	0.014
一级节流阀后	40.5	13.40	0.004
水套炉后	45.8	13.00	0.004
二级节流阀后	31.7	8.90	0.001
气液分离器	29.0	7.86	0.001
过滤分离器	26.0	7.84	0.001

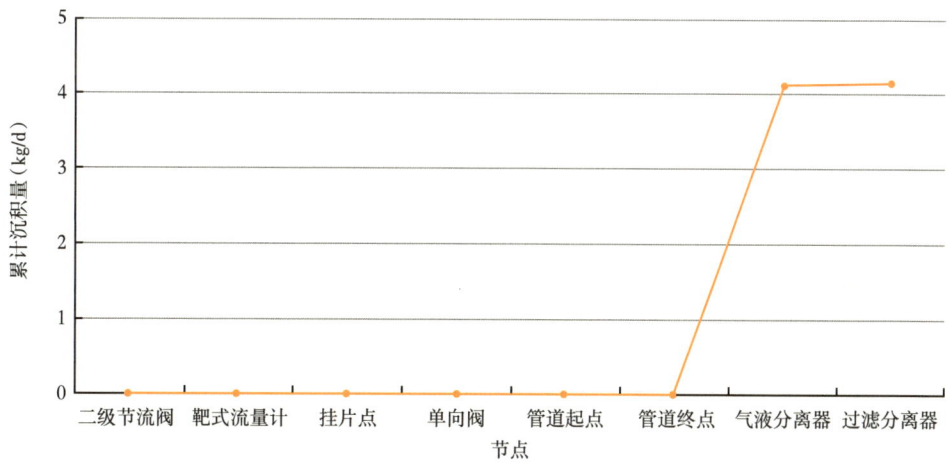

图 2-18 沉积量分布（LJ12H 井）

3）LJ13H 井

LJ13H 井计算结果见表 2-19 和图 2-19。

表 2-19　节点溶解度计算（LJ13H 井）

节点	温度（℃）	压力（MPa）	元素硫溶解度（g/m³）
井口	54.1	18.10	0.019
一级节流阀后	45.7	13.30	0.005
水套炉后	51.0	13.00	0.005
二级节流阀后	37.2	8.80	0.001
气液分离器	29.0	70.86	0.001
过滤分离器	26.0	7.84	0.001

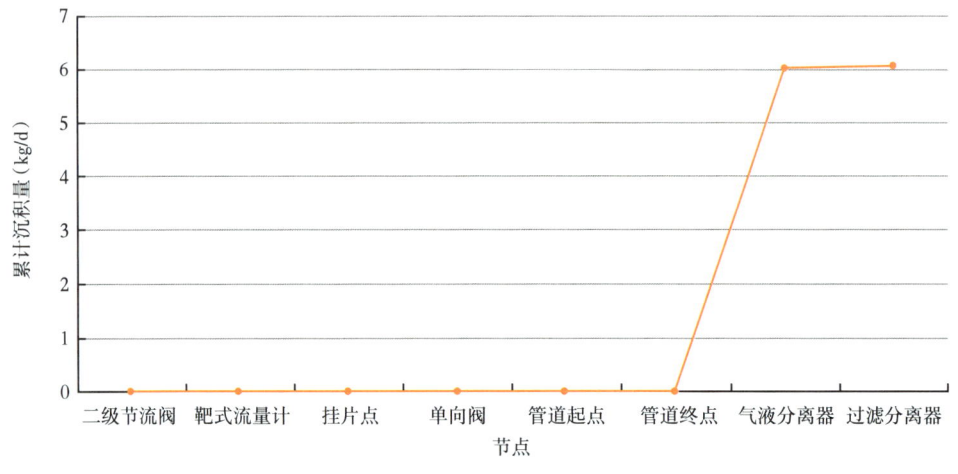

图 2-19　沉积量分布（LJ13H 井）

4）LJ14 井

LJ14 井计算结果见表 2-20 和图 2-20。

表 2-20　节点溶解度计算（LJ14 井）

节点	温度（℃）	压力（MPa）	元素硫溶解度（g/m³）
井口	43.3	17.70	0.013
一级节流阀后	32.4	13.40	0.003
水套炉后	47.3	13.00	0.004
二级节流阀后	33.0	8.80	0.001
气液分离器	29.0	7.86	0.001
过滤分离器	26.0	7.84	0.001

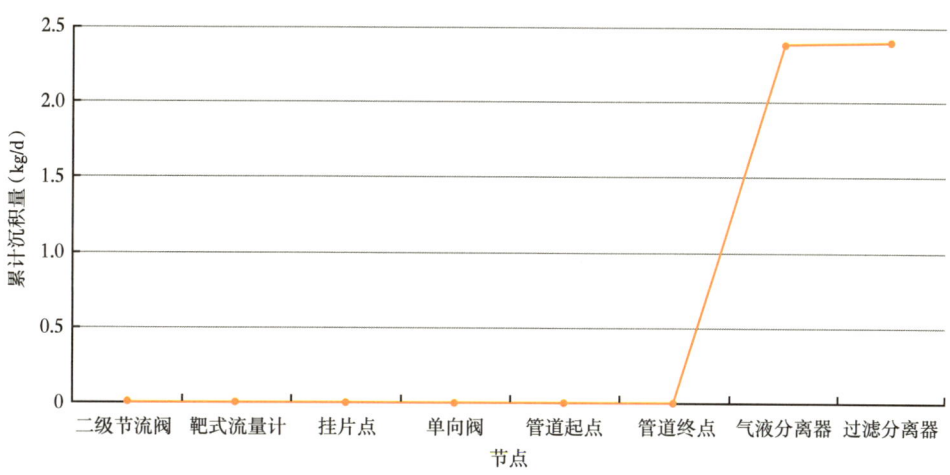

图 2-20　沉积量分布（LJ14 井）

5）LJ15 井

LJ15 井计算结果见表 2-21 和图 2-21。

表 2-21　节点溶解度计算（LJ15 井）

节点	温度（℃）	压力（MPa）	元素硫溶解度（g/m³）
井口	48.0	18.80	0.018
一级节流阀后	36.0	13.30	0.003
水套炉后	47.3	13.00	0.004
二级节流阀后	33.5	8.90	0.001
气液分离器	29.0	7.86	0.001
过滤分离器	26.0	7.84	0.001

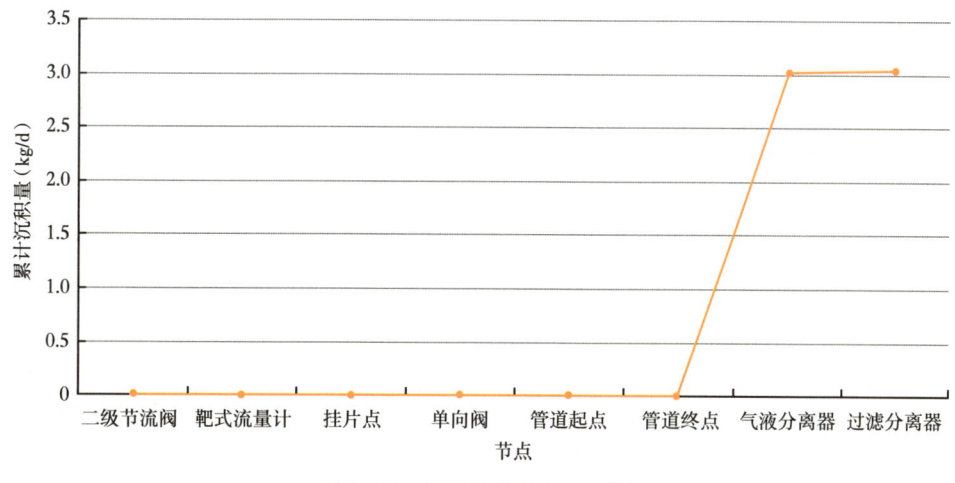

图 2-21　沉积量分布（LJ15 井）

6) LJ20 井

LJ20 井计算结果见表 2-22 和图 2-22。

表 2-22　节点溶解度计算（LJ20 井）

节点	温度（℃）	压力（MPa）	元素硫溶解度（g/m³）
井口	49.2	19.20	0.020
一级节流阀后	36.3	13.20	0.003
水套炉后	43.3	13.00	0.004
二级节流阀后	28.2	8.80	0.001
气液分离器	29.0	7.86	0.001
过滤分离器	26.0	7.84	0.001

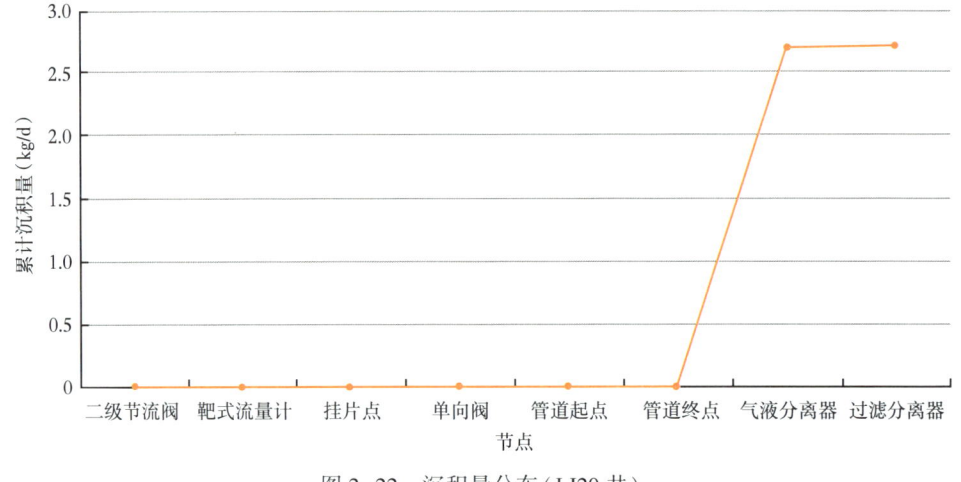

图 2-22　沉积量分布（LJ20 井）

LJ12H 井、LJ13H 井、LJ14 井、LJ15 井、LJ20 井的计算结果显示：（1）从二级节流阀到气液分离器之前的管段中没有严重沉积现象，在气液分离器、过滤分离器中会出现沉积；（2）沉积分布主要集中在气液分离器中，一小部分沉积在过滤分离器中。

通过对集输系统沉积分布的预测可知，气体流速若大于能携带冲走析出硫颗粒的临界流速，管线/设备中即使有硫颗粒析出，也不会产生沉积，不会对现场正常平稳生产造成影响。以 LJ11H 井为例，对集输系统二级节流阀—汇管工段中不发生元素硫沉积的临界流速进行计算。从现场大修情况可知，元素硫沉积区间为二级节流阀—B 集气站过滤分离器。而由一级节流阀检修报告可知，一级节流阀光洁，并没有元素硫沉积的痕迹。通过收集 LJ11H 井地面集输系统各节点运行参数，对集输系统各个节点的元素硫溶解度进行计算，结果见表 2-23 至表 2-25。

表 2-23 节点溶解度计算（一）

节点	温度（℃）	压力（MPa）	元素硫溶解度（g/m³）
井口	46.9	17.6	0.013
一级节流阀后	39.2	13.1	0.003
二级节流阀后	34.7	8.8	0.001
汇管	34.7	8.8	0.001

注：元素硫溶解度计算计量标准状态：0℃、1atm（0.101325MPa）。

表 2-24 节点溶解度计算（二）

位置	温度（℃）	压力（MPa）	流速（m/s）
二级节流后	32	9.10	3.8
靶式流量计	32	9.10	3.8
腐蚀挂片点	32	9.10	3.8
单向阀	32	9.10	3.8
单井出站—集气站管线	31	8.52	7.6
气液分离器	31	8.52	0.4
过滤分离器进口	31	8.52	7.6
过滤分离器	30	8.00	1.5
过滤分离器出口	30	7.56	8.5

表 2-25 节点溶解度计算（三）

析出量（kg）	清洗量（kg）	携带系数 F	临界流速（m/s）	临界流量（10^4m³/d）
1.7	0.7	0.59	5	133

计算前的条件设定：

（1）一级节流阀后并未出现元素硫沉积，因此在一级节流阀到二级节流阀之间工段天然气中元素硫含量小于此工段对应的元素硫溶解度，取值 0.0027g/m³。

（2）在二级节流阀、靶式流量计、腐蚀挂片点、单向阀出现元素硫沉积，这一段管线对应气体流速为 3.8m/s，管线中不发生沉积对应的气体流速应大于 3.8m/s。

（3）结合现场开展化学解堵清洗作业药剂消耗量等数据推算，二级节流阀到汇管工段之间清洗出的元素硫量为 0.7kg。

由计算得到：工段中不发生沉积的临界流量 $Q_c = 133 \times 10^4$m³/d。

LJ11H 井操作边界：35℃、9.1MPa。产量较低，一般在 133×10^4m³/d 以下，管线内有元素硫沉积。

LJ12H 井、LJ13H 井、LJ14 井、LJ15 井、LJ20 井等 5 口井，产量高，一般在 133×10^4m³/d 以上，单井管线内元素硫不沉积。

根据 6 口生产井在 2020 年 8 月至 2021 年 8 月大修期间的现场情况，下面对地面集输系统硫沉积情况进行预测计算。计算结果统计见表 2-26。

表 2-26　硫沉积计算结果

井号	流速（m/s）	预测沉积量（kg）	总析出量预测值（kg）	对生产影响程度
LJ11H	3.95	184	490	不明显
LJ12H	6.04	0	1199	无影响
LJ13H	6.82	0	1744	无影响
LJ14	5.30	0	683	不明显
LJ15	6.38	0	842	无影响
LJ20	6.08	0	784	无影响

表 2-26 中计算结果说明：

（1）根据预测方法计算所得管线/设备析出量、沉积量，从连续稳定动态生产宏观角度看，预测计算结果与现场实际生产工况趋势一致。

（2）根据自建集输系统元素硫沉积预测方法计算管线/设备析出量、沉积量，从连续稳定动态生产宏观角度，计算结果与现场生产运行和大修反馈沉积情况趋势一致，即：①LJ11H 井二级节流阀到汇管之间的管线段沉积量最大，通过 2020 年、2021 年大修期间针对 LJ11H 井开展 3 次化学解堵清洗作业和采纳"提高水套炉运行温度方案"（元素硫溶解度理论）等措施，目前产量稳定在约 $92 \times 10^4 m^3/d$、输压约 9MPa，生产运行平稳；② LJ12H 井、LJ13H 井、LJ14 井、LJ15 井、LJ20 井集输系统管线/设备中存在元素硫沉积，但在当前产气量和流速条件下，配合每年大修开展化学解堵清洗作业，目前集输系统中的元素硫沉积对稳定生产无显著影响。

（3）解堵药剂推荐用量（m^3）＝［总析出量预测值（kg）÷单位溶硫量（kg/m^3）］×（1＋K），K 为附加系数，考虑被清洗管线/设备容积、药剂溶硫效率、清洗工艺连接管线/设备最低容积等因素的影响。

3. 现场硫溶剂、清洗工艺及效果

硫溶剂实际是由多元胺、渗透剂、悬浮剂和活性缓冲剂等多种组分构成，通过泵车和清洗管路形成硫溶剂循环管路进行循环溶解。硫溶剂中多元胺与硫沉积物进行化学络合反应，形成有机络合硫化物，从而达到去除元素硫的目的；渗透剂的作用是增强硫溶剂与硫沉积物接触的能力，破坏硫沉积物的胶联体，缩短反应时间；悬浮剂的作用是，当有机络合硫化物在溶液中达到一定浓度结晶析出时，不形成二次沉积，而是以悬浮态留在循环液中，实际上它也是一种增溶剂；活性缓冲剂的作用是，提供多元胺与硫沉积物反应的最佳环境条件，同时也能溶解分散硫沉积物中的炭化聚合物，防止治理剂对管道的腐蚀。

化学溶硫实质是采用硫溶剂循环浸泡硫沉积物，从而达到对硫沉积物管道的综合治理。首先需要对试验井产气量及压力参数进行系统分析，初步判断地面集输管线硫沉积程度；其次，适时打开地面集输管线，分别观察不同试验管线部位的硫沉积情况，确定硫沉积厚度、分布等，并收集不同部位的沉积硫样品；然后，结合试验气井生产参数及工作要求，明确试验井场布置情况及清洗需求，开展典型沉积垢理化及组构特性分析；通过上述分析，初步估算试验管段的硫沉积量，明确化学硫溶剂的用量，确定清洗方式、HSE 要求、MSDS 说明书、废液处理及恢复生产方案等；现场清洗过程中，实时收集溶硫后的返排液；最后，系统分析试验管段硫沉积量、清洗时间等，实施清洗后效果评价，为完善后续地面集输管线的清洗方案提供指导。

罗家寨高含硫气井 LJ11H 井采用优化硫溶剂对地面集输系统进行了清洗，清洗效果如图 2-23 所示。

(a) 溶硫解堵前　　　　　　　　　(b) 溶硫解堵 5h 后

图 2-23　LJ11H 井节流阀管道清洗前后对比图

五、展望

高含硫天然气集输管道内元素硫的析出、沉积过程是气固相变、结晶和气固两相流动共同参与的复杂过程。对该问题的研究涉及相平衡热力学、结晶动力学、传热传质学和气固两相流体力学等多个学科领域。集输管道压力、温度、气质组分条件下的硫单质生成机理及硫颗粒的形核、生长、消融机理还有待深入研究。

开展集输管道压力（$p \leqslant 15.0\text{MPa}$）、温度（$T \leqslant 333.15\text{K}$）条件下硫在含 H_2S 酸气中的溶解度实验，并在此基础上改进和完善集输条件下的硫溶解度预测模型，精确预测集输管道压力和温度范围内元素硫在高含硫天然气中的溶解度及其变化规律。

由于缺乏对元素硫沉积的预防和在线治理技术研究，从元素硫析出—沉积形成机理的角度，预防元素硫沉积形成；且急需对元素硫沉积在不停产的条件下同步治理技术进一步开展研究，在沉积物大量聚集之前有效缓解、治理已析出的元素硫，最大程度减少元素硫沉积下来对管线/设备带来的安全隐患。

对比静态溶硫解堵所带来的停产减产弊端，研发出温度适应范围广、溶硫效率高、低腐蚀性的复合在线化学硫溶剂，进行动态在线加注硫溶剂工艺及应用研究，形成综合性元素硫沉积在线防治技术是主要研究方向。

随着高含硫气井开发压力持续下降，元素硫沉积问题越来越突出，逐步向井筒蔓延，下步元素硫沉积技术可推广应用到井筒溶硫解堵增气。

第四节　水合物防治

在天然气开采和地面集输过程中，天然气中的甲烷、乙烷等烃类物质及硫化氢、二氧化碳等酸性组分与水容易形成固体水合物，造成井下油套管、集输管线和地面设备发生堵塞，大量天然气解堵放空不仅会造成经济损失，而且会带来环境污染问题。2000年以来，随着川渝地区罗家寨、龙岗、高峰场、云安场、五百梯、石宝寨等大批高含硫气田的相继开发，由于高含硫天然气水合物形成温度较高，天然气水合物形成与堵塞问题成了制约高含硫气田安全、高效、经济开发的关键问题之一。

一、水合物形成条件及影响因素

1. 天然气水合物形成条件

（1）具有能形成水合物的气体分子，如甲烷、乙烷等小分子烃类物质和H_2S、CO_2等酸性气体。

（2）有液态水存在。

（3）低温、高压，即系统温度低于水合物生成的相平衡温度、压力高于水合物生成的相平衡压力。

（4）其他辅助条件，如气体流速和流向突变产生的扰动、压力波动和晶种存在等。

2. 水合物形成影响因素

（1）天然气水合物形成的条件取决于天然气中各种气体组分的含量、温度、压力和含水量等条件。

（2）天然气中H_2S含量越高，水合物形成温度越高；CO_2含量越高，水合物形成温度越低；重烃含量越高，水合物形成温度越高；天然气中氢气、氦气和氮气等气体含量越高，其水合物形成温度越低；天然气集输压力越高，其水合物形成温度越高。

（3）气体温度高于水合物形成的临界温度，不论压力多高，也不会形成水合物。

（4）实际生产中，系统中是否有水合物形成及形成水合物的多少，不仅取决于管输条件是否达到水合物形成的温度压力条件，还要结合气体流速、流态、持液量等管输条件动态分析。

二、水合物形成条件预测

天然气水合物形成条件可采用HYSYS、PIPESIM、PIPEPHASE和OLGA等工艺模拟软件或以下方法进行计算。天然气水合物形成条件预测应考虑天然气中H_2S和CO_2含量的影响。

波诺马列夫对大量实验数据进行回归整理，得出在不同相对密度下计算天然气水合物形成条件的公式：

当$T>273.15K$时：

$$\lg p = -1.0055 + 0.0541(B+T-273.1) \qquad (2-2)$$

当$T \leqslant 273.15K$时：

$$\lg p = -1.0055 + 0.0171(B_1+T-273.1) \qquad (2-3)$$

式中 p——压力，kPa；

T——水合物形成平衡温度，K；
B，B_1——与天然气密度有关的系数。
B，B_1 的取值见表2-27。

表2-27 系数 B，B_1 值与天然气相对密度 δ 的关系

δ	B	B_1	δ	B	B_1	δ	B	B_1
0.56	24.25	77.4	0.66	14.76	46.9	0.80	12.72	39.9
0.58	20.00	64.2	0.68	14.34	45.6	0.85	12.18	37.9
0.60	17.67	56.1	0.70	14.00	44.4	0.90	11.66	36.2
0.62	16.45	51.6	0.72	13.72	43.4	0.95	11.17	34.5
0.64	15.47	48.6	0.75	13.32	42.0	1.00	10.77	33.1

1. 图解法

天然气水合物形成温度预测图解法分密度曲线法和节流曲线法两种。图2-24是不同相对密度天然气形成水合物的温度和压力关系。每条曲线的上方是水合物形成区，曲线下方是非生成区。利用图2-24查图可大致确定不同相对密度天然气形成水合物的温度和压力。但该图对于含硫化氢的天然气误差较大，不宜使用。若相对密度在两条曲线之间，可采用内插法进行近似计算。

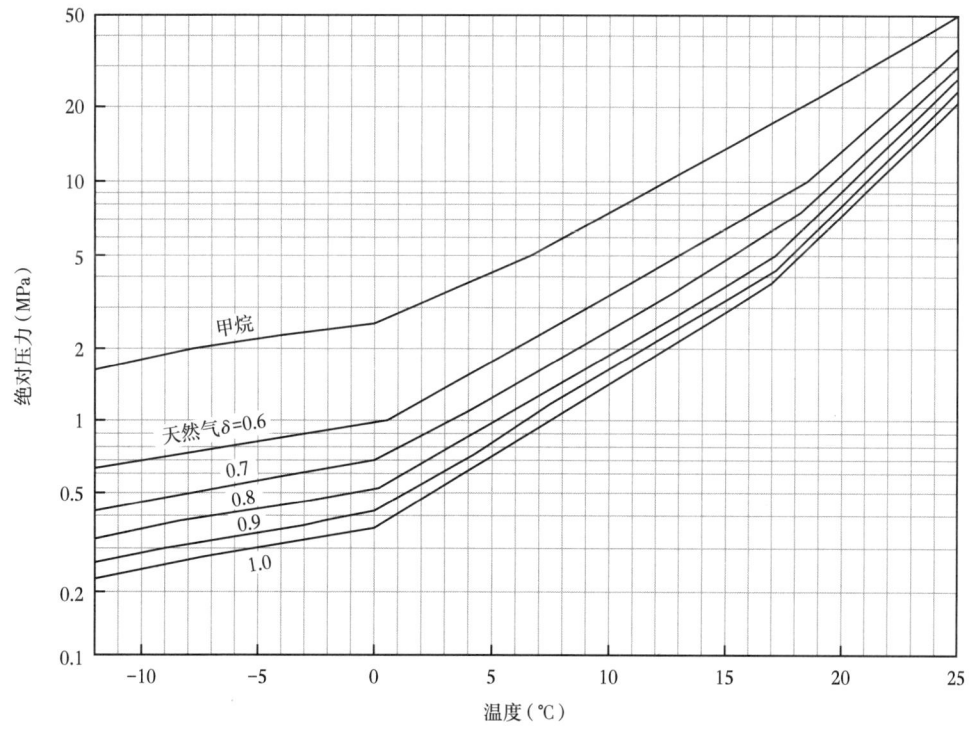

图2-24 天然气水合物形成的压力—温度曲线

图 2-25 是相对密度为 0.6 的天然气在不形成水合物的条件下允许达到的膨胀程度，图 2-26 是给定压力降引起的温度降曲线。利用图 2-25 和图 2-26 查图可进行如下预测：

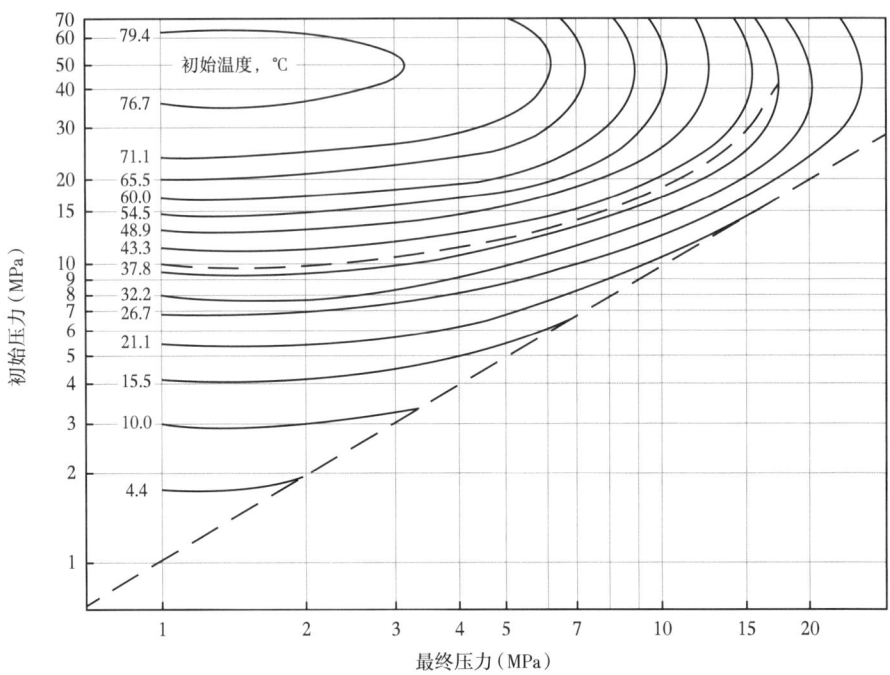

图 2-25　相对密度为 0.6 的天然气在不形成水合物的条件下允许达到的膨胀程度

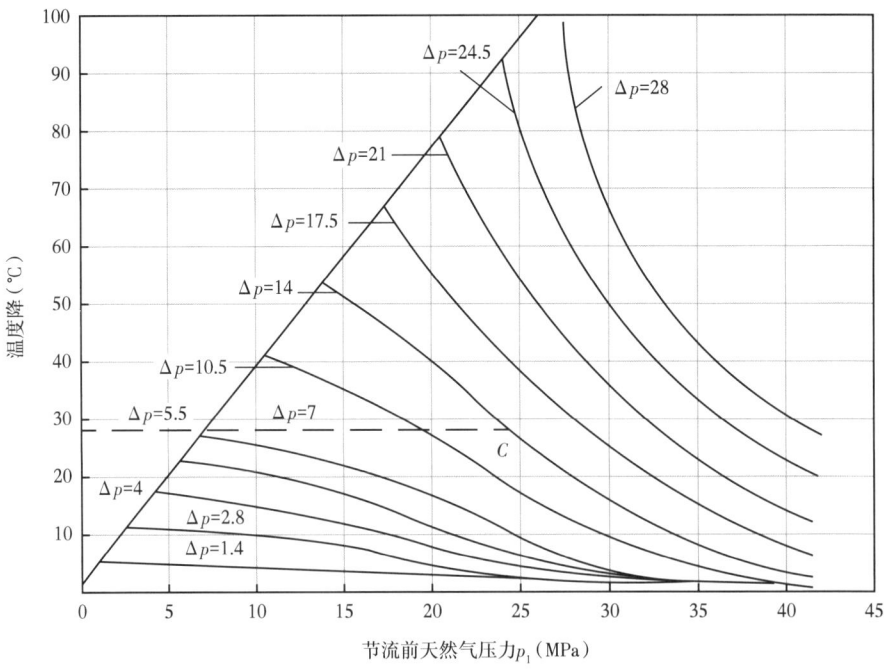

图 2-26　相对密度为 0.6 的天然气给定压力降所引起的温度降曲线

(1)已知节流前和节流后的压力,预测不生成水合物所要求的节流前温度;
(2)已知节流前的压力和温度,预测不生成水合物所要求的节流后的温度;
(3)已知节流前和节流后的压力,预测由压降引起的温度降。

示例 2-1:

某井天然气的相对密度为 0.6,节流前的压力为 25MPa,节流后的压力为 11MPa,拟计算不生成水合物节流前天然气的最低加热温度。

查图 2-24 可知,该天然气 11.0MPa 条件下的水合物形成温度为 19℃;查图 2-26 可知,在横坐标找到 25MPa 向上作垂线,与 $\Delta p = 14$ 的曲线交于 C 点,过 C 点向左作水平线,与纵坐标的交点就是温度降,等于 29℃。由此可见,节流前经加热的天然气最低温度应为 48℃。

2. 含硫天然气水合物形成温度预测

由于天然气中存在 H_2S 会加速水合物的形成,显著提高水合物形成温度,且 H_2S 含量越高,水合物形成温度越高,上述图 2-24 的水合物形成温度预测不适用于含硫天然气,应按下述图 2-27 进行计算。

水合物形成温度预测步骤:

(1)计算加权摩尔分数的气体相对密度。
(2)从图 2-27(大图)左上部的天然气压力值向右移动,得到与硫化氢浓度曲线的交点。从交点向下到气体相对密度线,沿相对密度线到底部的温度线,得到温度值。
(3)通过图 2-27(小图)查由 C_3 组分含量得到的温度调整值。方法是从 H_2S 浓度右移动到 C_3 浓度点,向下到压力线,再向左或向右移动得到温度校正值,此值可能是正值或负值。
(4)将 C_3 组分温度调整值与第(2)步得到的温度值相加得到一定组成、压力条件下的水合物形成温度。

示例 2-2:

拟利用表 2-28 估算下列组分天然气在 4200kPa(绝)条件下的水合物形成温度。

表 2-28 某高含硫气井天然气气质组成

气体组分	摩尔百分数(%)	气体组分	摩尔百分数(%)
N_2	0.30	C_3	0.67
CO_2	6.66	i-C_4	0.20
H_2S	4.18	n-C_4	0.19
C_1	84.2	C_5^+	0.40
C_2	3.15		

注:气体的摩尔质量为 19.75,相对密度为 0.682。

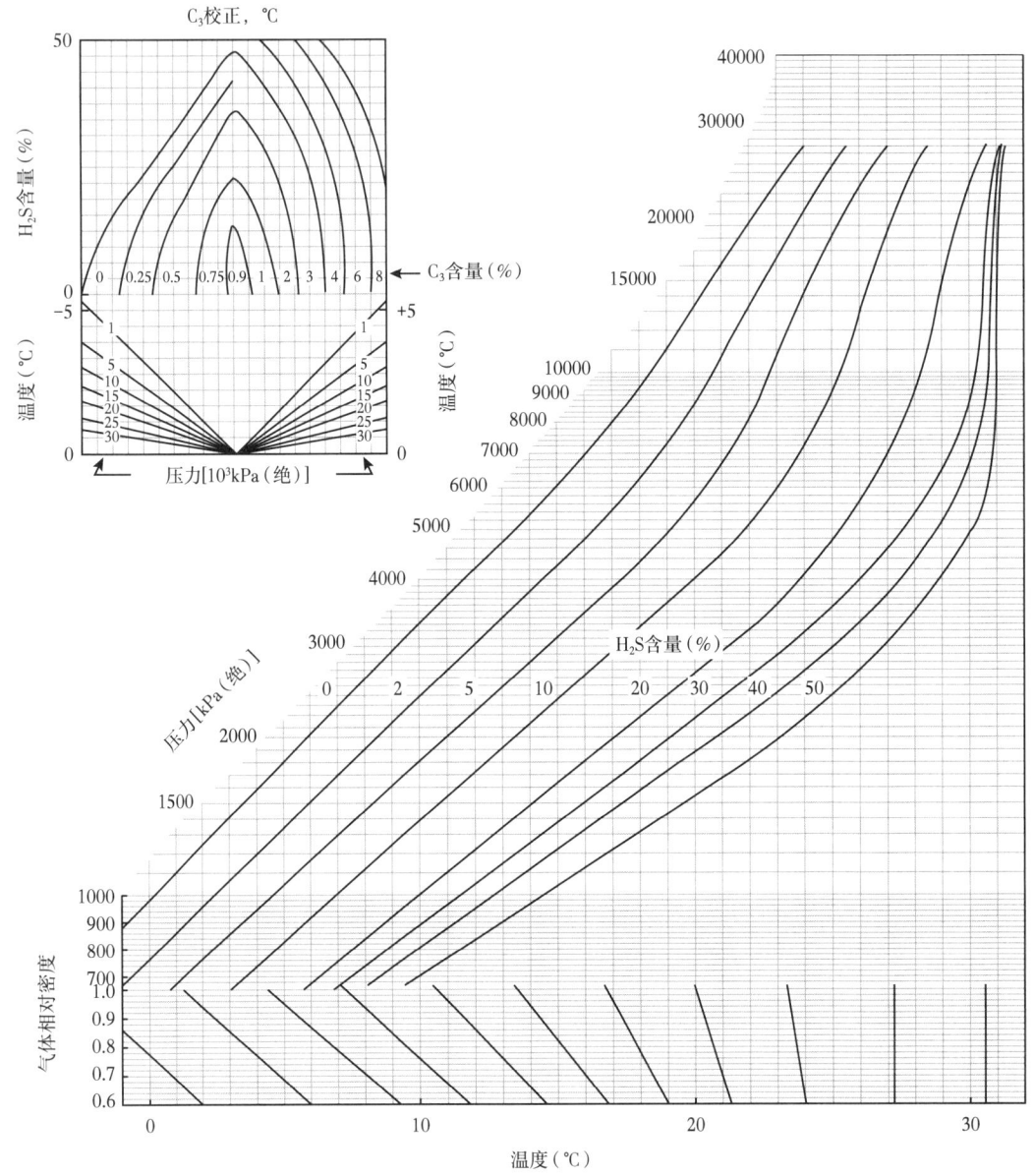

图 2-27 含硫天然气水合物形成温度预测曲线图

(1) 从图 2-27(大图)右边着手进行。在 4200kPa 压力(绝)下对应查 H_2S 含量曲线(H_2S 含量为 4.18%)。

(2) 垂直向下找出对应的气体相对密度(为 0.682)。

(3) 再从对角方向的斜线上从图底部坐标读出温度($T=17.5℃$)。

(4) 在图 2-27 左上角(小图)使用插入法进行 C_3 校正。

从左边的 H_2S 浓度出发(即 4.18%)查出 C_3 浓度值(为 0.67%),垂直向下找出体系压力,并在左边的标尺上读出温度的校正值(为 -1.5℃)。位于图左边的 C_3 温度校正值为负，位于图右边的为正。

可见，其水合物形成温度：$T = 17.5 - 1.5 = 16℃$。

三、天然气水合物形成防治措施

1. 天然气脱水

（1）对于具备水合物形成条件，且不适宜采用其他水合物防治措施的采集气管道及场站设备，应进行脱水处理，脱水工艺宜采用三甘醇溶剂吸收法、分子筛吸附法和冷冻分离法。

（2）脱水站场应定期监测预处理天然气饱和含水量，并根据预处理天然气气量、饱和含水量调整脱水工艺运行参数。

2. 天然气加热

（1）高含硫气井、高压低温气井、凝固点较高的含蜡气井、集气站及采集气管道，宜采用天然气加热法防止水合物形成。通常采用水套炉加热、电加热、热水和蒸汽加热等方式。

（2）采取天然气加热法防止水合物形成时，气体温度应控制在水合物形成温度3℃以上；应设置管道和设备节能保温措施；防腐层选择应能满足加热温度的要求。

（3）高寒地区或高含硫气井冬季生产，采集气场站内设备的节流阀、排污阀、导压管、汇管、三通、弯头、分离器分离头和积液包等部位宜根据需要安装加热保温装置。

3. 水合物抑制剂加注

1）水合物抑制剂的选择原则

（1）能较大地降低水合物形成温度，或降低水合物生成、聚集速度；

（2）黏度低、蒸气压低、凝固点低；

（3）配伍性好，与系统中的气体组分、缓蚀剂、硫溶剂、起泡剂、消泡剂等化学药剂不发生反应，混合后不降低药剂的使用效果，不生成固体沉淀物，且不影响下游天然气处理装置的生产；

（4）对设备和管道的腐蚀性小，使用安全、环保，不增加天然气及其燃烧产物的毒性；

（5）完全溶于水，易于回收或再生；

（6）来源充足，价格合理。

2）水合物抑制剂的种类

按作用机理不同，水合物抑制剂主要分为热力学抑制剂和动力学抑制剂两大类。常用热力学抑制剂主要有甲醇和乙二醇（EG），动力学抑制剂主要有CT5-54和CT5-55等。

甲醇的抑制效果好，价格便宜，但沸点低、易于挥发、具有中等毒性，使用时存在一定的安全、环保风险，其适用范围及条件如下：

（1）产气量小、气流温度低、产液量大；

（2）采用其他水合物抑制剂时药剂用量大、成本高；

(3)气井开工投产或站场设备及管道的临时性解堵;
(4)多用于操作温度较低的场合(小于-10℃);
(5)加注和回收应在密闭条件下进行。

乙二醇无毒、黏度大、蒸发损失小、容易回收利用,但较甲醇用量大,且价格较高。其适用范围及条件如下:

(1)产气量大、产液量小,不含凝析油;
(2)多用于操作温度相对较高的低温场合(大于-10℃);
(3)用量大时应设置回收再生装置。

3)动力学水合物抑制剂的适用条件

动力学水合物抑制剂具有药剂用量小、药剂加注及储运成本较低等优点,其适用范围及条件如下:

(1)环境温度较低,产液量大,药剂储存空间受限,无回收利用装置;
(2)水合物形成温度较高、具备清管条件的高含硫采集气管道;
(3)水合物形成温度降小于10℃,水合物形成抑制时间大于清管周期;
(4)用于抑制水合物形成,不能用于解堵,通常与热力学抑制剂复配使用。

4)水合物抑制剂加注工艺及设备

分散或边远的单井场站及采气管道用抑制剂宜采用井口或场站分散加注方式;集气场站和管道宜采用集中加注方式;抑制剂加注装置宜采用单点对单点方式,当采用单点对多点时,应设置防偏流设施。

(1)水合物抑制剂加注宜采用小排量高压计量泵连续加注,加注口前宜设置雾化装置;
(2)抑制剂加注装置通常由药剂储罐、计量泵、雾化装置和加注管线等部分组成;
(3)水合物抑制剂储罐容积、计量泵排量大小应根据药剂种类及工艺模拟计算结果进行确定;
(4)计量泵额定工作压力应满足集输系统设计压力的要求。

5)水合物抑制剂加注管理

采集气管道应根据管输效率、压差变化和清管情况判断抑制剂加注效果,并根据现场效果及气温变化动态调整药剂加量。对于无清管收发装置且易发生水合物堵塞的管道,应密切监控抑制剂加注效果,并根据现场情况实时采取吹扫、放空排液等方式预防水合物堵塞。

6)水合物抑制剂加注量的确定

(1)水合物抑制剂加注量的计算。

抑制剂加注量包括液相用量、气相蒸发损失量和液烃中的溶解损失量三部分。抑制剂加量可按式(2-4)进行计算:

$$Q_{总} = C_m Q_{水} + Q_{损} + SQ_{烃} \quad (2-4)$$

式中 $Q_{总}$——抑制剂加注量,kg/d;
$Q_{水}$——天然气中的游离水量,kg/d;

$Q_损$——抑制剂在气相中的蒸发损失量，kg/d；

$Q_烃$——天然气中的液烃量，液烃较少时可忽略不计，m³/d；

C_m——抑制剂在液相中必须达到的最低浓度，%（质量分数）；

S——抑制剂在液烃中的溶解度，可取 0.4，kg/m³。

（2）水合物抑制剂最低加注浓度的计算。

对于给定的水合物形成温度降 Δt，抑制剂在液相水溶液中必须达到的最低加注浓度可按 Hammerschrnidt 经验公式计算：

$$C_m = \frac{(\Delta T)M}{K+(\Delta T)M} \times 100\% \tag{2-5}$$

式中 C_m——抑制剂在液相中必须达到的最低浓度，%（质量分数）；

ΔT——水合物形成温度降，℃；

M——抑制剂相对分子量，甲醇为 32，乙二醇为 62，二甘醇为 106；

K——抑制剂常数，甲醇为 1297，乙二醇和二甘醇为 2220。

式（2-4）适用于甲醇水溶液浓度小于 25%（质量分数），或甘醇类水溶液浓度大于 50%（质量分数）；当甲醇水溶液浓度达到 50%（质量分数）或更高时，采用 Nielsen–Bucklin 公式计算更精确。

$$\Delta T = -72M(1-X_m) \tag{2-6}$$

式中 ΔT——水合物生成温度降，K；

M——抑制剂的分子量，kg/kmol；

X_m——甲醇在抑制剂水溶液中的摩尔分率。

（3）水合物抑制剂液相用量的计算。

实际生产过程中，向管道或设备中加入的水合物抑制剂往往是含水的。因此，当已知抑制剂在液相水溶液中的最低浓度为 C_m，并且考虑到随注入的抑制剂蒸发到气相后带入系统中的水量时，注入的含水抑制剂的液相用量 Q_l 可根据物料平衡由式（2-7）计算：

$$Q_l = \frac{C_m}{C_1-C_m}[Q_w+(100-C_1)Q_g] \tag{2-7}$$

式中 Q_l——注入浓度为 C_1 的含水抑制剂在液相中的用量，kg/d；

Q_g——注入浓度为 C_1 的含水抑制剂在气相中的损失量，kg/d；

C_1——注入的含水抑制剂中抑制剂的浓度，%（质量分数）。

Q_w——单位时间内系统中产生的液态水量，kg/d。

（4）水合物抑制剂的气相蒸发损失量计算。

甘醇类抑制剂在气相中的蒸发损失量较小，每 10⁶m³ 天然气可按 4kg 估算；甲醇容易蒸发，作抑制剂时在气相中的损失量可按式（2-8）计算：

$$Q_损 = \frac{\alpha C_m Q_气}{C_1} \times 10^{-6} \tag{2-8}$$

式中　$Q_损$——注入浓度为 C_1 的含水甲醇在气相中的损失量，m^3/d；

　　　C_m——抑制剂在液相中必须达到的最低浓度，%（质量分数）；

　　　α——甲醇在最低温度和相应压力下的天然气中的气相含量（$kg/10^6 m^3$ 天然气）与甲醇在水溶液中的质量百分浓度之比，可由图 2-28 查出；

　　　$Q_气$——天然气流量，m^3/d；

　　　C_1——注入含水甲醇的浓度，%（质量分数）。

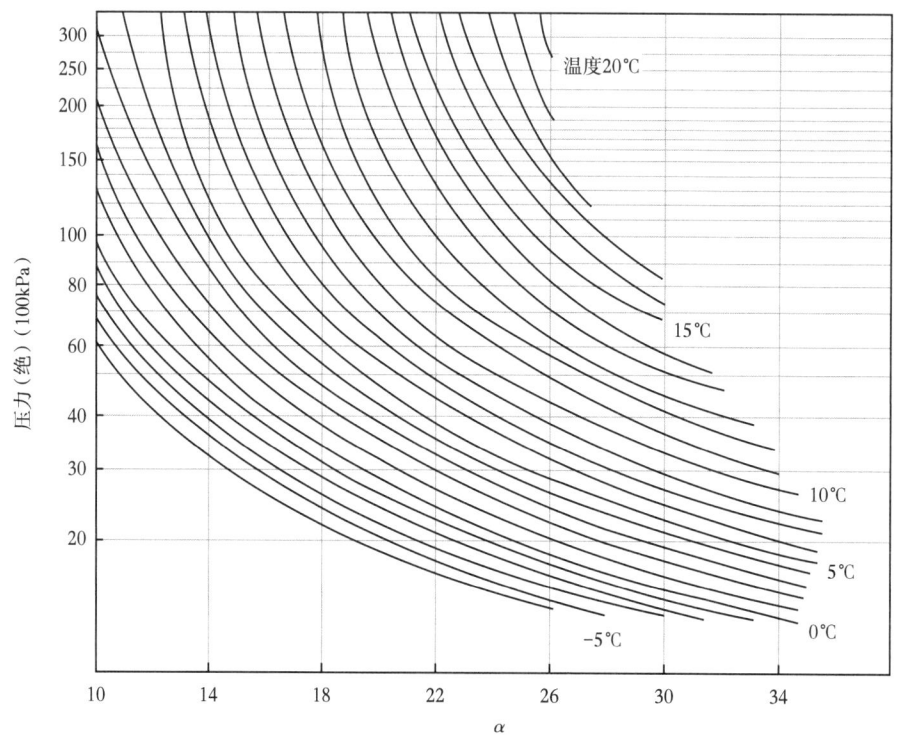

图 2-28　水溶液中甲醇的气—液平衡

（5）水合物抑制剂理论加注量的安全系数。

由于实际过程中尚存在一些未知因素，故甘醇类水合物抑制剂实际用量应取理论计算量 1.15~1.20 倍；甲醇的实际用量应取理论计算量的 3 倍。

四、水合物堵塞判断及解堵措施

1. 水合物堵塞判断

（1）水合物堵塞宜根据管道或设备两端压差及气体流量变化，同时结合气井生产情况进行分析判断，排除结蜡、硫沉积、结垢和污物等其他原因堵塞，确定是否为水合物堵塞。

（2）对于采气管道，若井口油压与集气站进站压力的差压突然增大 0.2MPa 以上、瞬时流量突然下降 10% 以上，且持续时间在 0.5h 以上，则判断管道出现堵塞。

（3）对于集气管道，若上游集气站出站压力迅速上升，下游集气站瞬时流量迅速下降，则判断管道出现堵塞。

(4)对于集气站管道及设备,宜通过监控管道或设备两端压差及气体流量变化,外表结冰和温度变化、气流声音变化等情况判断是否发生冰堵,以及确定堵塞位置。

2. 水合物解堵措施

(1)对于出现水合物堵塞迹象的采集气管道,应及时采取加大抑制剂注入量或提高天然气输送温度等措施。

(2)当采集气管道发生水合物堵塞时,应及时根据压差和流量分析找出堵塞点,采取提高天然气输送温度、加大抑制剂注入量、降压和清管等措施。

(3)当采气井站设备及管道出现水合物堵塞迹象时,宜采用提高水套炉加热温度、临时加注热力学水合物抑制剂、加热升温和放空泄压等措施。

(4)当集输场站的阀门、弯头、汇管和三通等设备发生水合物堵塞时,宜采用热水冲淋加热、电加热和调节阀门开度等措施。

(5)对于不稳定工况下的管道或设备发生水合物堵塞,宜采取临时加注热力学水合物抑制剂等措施。

(6)对于生产气井井筒发生水合物堵塞,宜采取加注热力学水合物抑制剂和放空降压等措施。

第五节 脱水工艺

为了实现原料气的干气输送,必须在集气站对高含硫天然气进行脱水处理。可选的脱水工艺有低温分离、固体吸附和溶剂吸收三种方法。

一、低温分离脱水

低温分离法一般用于天然气能量充足的气田。利用在节流过程中的 J—T 效应(焦耳—汤姆逊效应),天然气经过节流后在低温条件下进行分离,分离凝液后的天然气经过换热升温后外输。低温分离工艺可使分离后的天然气露点达到$-25 \sim -5$℃,远低于输送条件下的环境温度。由于外输管道的最低温度高于分离温度,在管道中不会再产生凝液,就能实现天然气的干式输送。

低温分离工艺更适合含凝析油的天然气脱水,可以使烃/水一次分离达到外输要求。在高含硫条件下,为了保证安全环保生产,应考虑凝液脱硫。

低温分离工艺必须核算分离条件下水合物形成的可能性,并根据水合物形成的条件加注水合物抑制剂。

不带外冷源的节流低温分离工艺流程如图 2—29 所示。

在井口可利用的压力能充足的条件下,优先选用不带外冷源的节流低温分离工艺。到气田开发后期依靠井口压力节流不足以产生足够的低温时,可以外加辅助冷源保证分离温度。

节流温降计算方法如下。

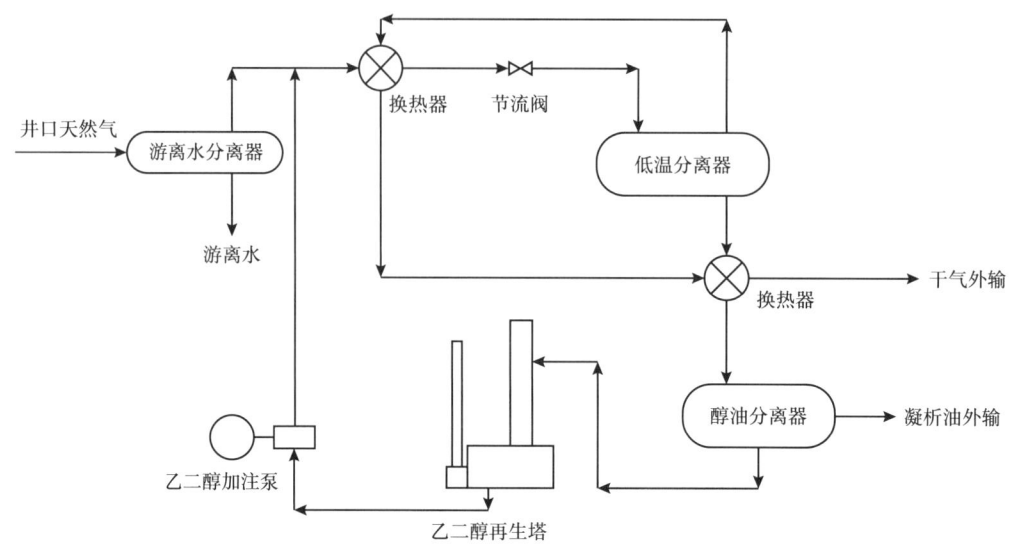

图 2-29 不带外冷源的节流低温分离工艺流程图

1. 软件计算

常用的软件有 PROII、HYSYS 等，只要有井口天然气的组分分析数据，这些软件可以快捷准确地模拟低温分离的工艺。

对于高含 H_2S 和 CO_2 的酸气系统，选用 PR 状态方程配合 K-L 焓关联式计算可以取得比较好的结果。

2. 查图法

图 2-30 是 GPSA 推荐的典型图表。

根据节流前的初始压力和节流阀的压降，可以从图 2-30 中查出节流阀的温降。查出的温降值要根据天然气中液态烃的含量进行修正。

3. 半经验公式计算

计算式如下：

$$T_2 = T_1 - p \times D_i \tag{2-9}$$

$$D_i = \frac{T_c f(p_r, T_r) \times 10^6 \times 4.1868}{p_c \times C_p} \tag{2-10}$$

式中　D_i——焦耳—汤姆逊效应系数，℃/MPa；
　　　T_1——节流阀前温度，℃；
　　　T_2——节流阀后温度，℃；
　　　p——节流压降，MPa；
　　　T_c——气体临界温度，K；
　　　p_c——气体临界压力，Pa；
　　　p_r——对比压力，Pa；

T_r——对比温度，K；
C_p——定压比热，kJ/(kmol·K)。
$f(p_r, T_r)$用式(2-11)计算：

$$f(p_r, T_r) = 2.343 T_r - 2.04 - 0.071(p_r - 0.8) \qquad (2-11)$$

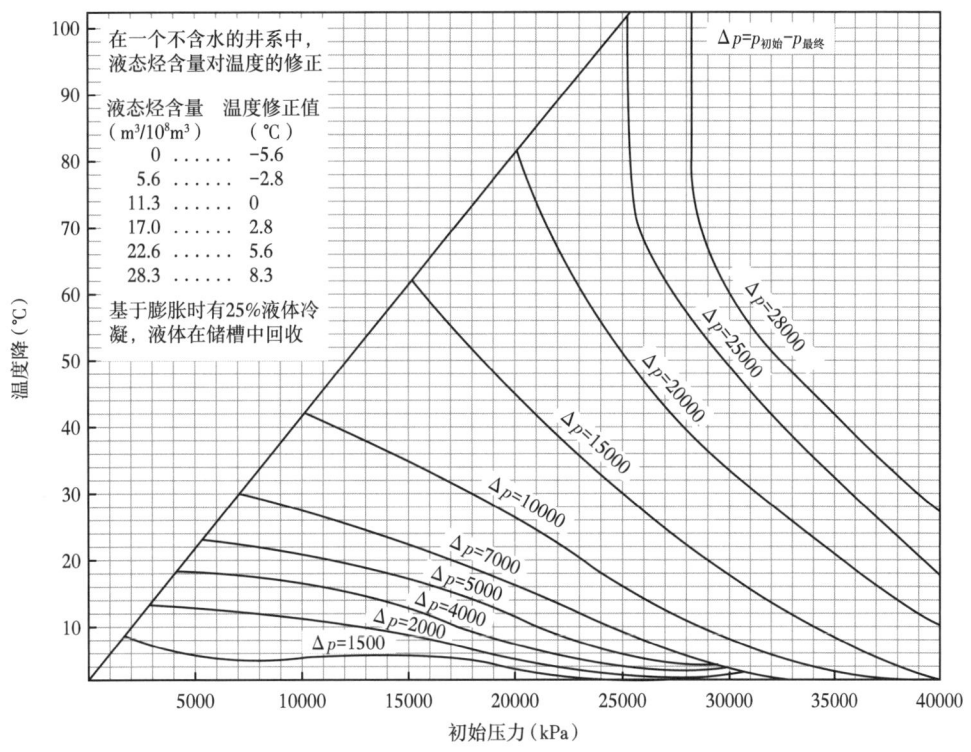

图 2-30　节流温降图

二、三甘醇脱水

溶剂吸收法是利用脱水溶剂的良好吸水性能，通过在接触器或者吸收塔内的天然气与溶剂逆流接触进行气、液传质以脱出天然气中的水分。脱水剂中甘醇类化合物的应用最为广泛，其中三甘醇(TEG)溶剂为最佳。TEG脱水可使天然气的露点达到-20~-5℃，低于输送条件下的环境温度。

此工艺流程由高压吸收和低压再生两部分组成(图 2-31)。原料气先经吸收塔外和塔内的分离器(洗涤器)除去游离水、液烃和固体杂质，如果杂质过多，还要采用过滤分离器。由吸收塔内底部分离器分出的气体与向下流过各层塔板或填料的甘醇溶液逆流接触，使气体中的水蒸气被甘醇溶液吸收。从吸收塔顶部离开的干气经气体/贫甘醇换热器使入塔贫甘醇进一步冷却，然后进入管道外输。

吸收了自井场湿气中的水蒸气的甘醇富液(富甘醇)从吸收塔下侧流出，先至(富液精馏柱)塔顶冷凝器预热后进入闪蒸罐(闪蒸分离器)，分出被富甘醇吸收的烃类气体(闪蒸气)，此气体一般可以作为本装置燃料，但含硫闪蒸气则应灼烧后放空或去闪蒸气处理单

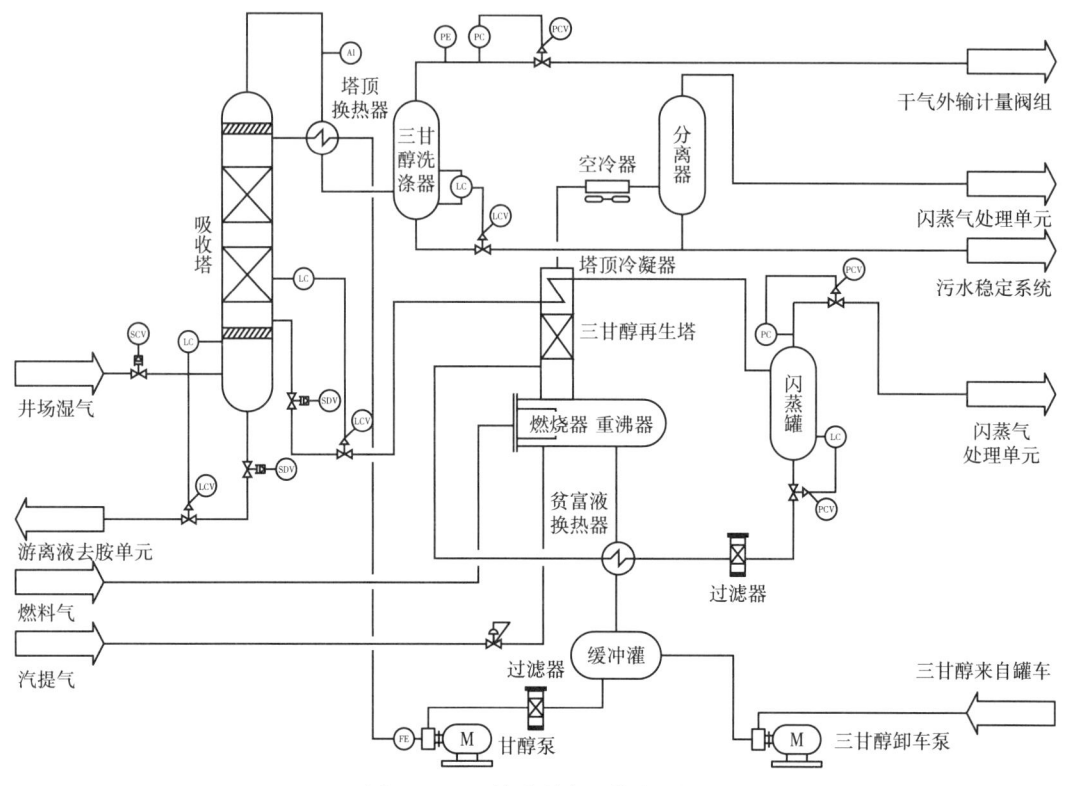

图 2-31 三甘醇脱水工艺流程图

元。从闪蒸罐底部流出的富甘醇经过纤维过滤器（滤布过滤器、固体过滤器）和活性炭过滤器，除去原料气带入富液中的固体杂质和降解产物后，再经贫/富甘醇换热器进一步预热后进入再生塔精馏柱。从精馏柱流入重沸器的甘醇溶液被加热到 177~204℃，通过再生脱除所吸收的水蒸气后成为贫甘醇。

为使再生后的贫甘醇液浓度在 99% 以上，通常还需向重沸器或重沸器与缓冲罐之间的贫液汽提柱中通入汽提气，即采用汽提法再生。再生好的热贫甘醇先经贫/富甘醇换热器冷却，再由甘醇泵加压并经气体/贫甘醇换热器进一步冷却后进入吸收塔顶循环使用。出三甘醇（TEG）吸收塔的干气露点与 TEG 的浓度、吸收塔的操作温度的关系如图 2-32 所示，汽提气与 TEG 再生浓度的关系如图 2-33 所示。

脱除每千克水所需要的 TEG 循环量在 17~42kg 之间。TEG 的循环量还和贫 TEG 的浓度，以及要求的露点降有关。

实际塔板数分别为 4，6，8 时的贫 TEG 加注量与露点降的关系如图 2-34 所示。

三甘醇吸收法是目前天然气工业中普遍采用的脱水方法，应用该法脱水后，天然气露点完全能够满足脱水装置外输天然气要求，工艺成熟可靠。

它的优点：TEG 在操作条件下性质稳定，吸湿性高，容易再生，蒸气压低，气态携带损失小，装置投资和操作费用低；三甘醇使用寿命长，成本低。缺点是：干气露点不能满足深冷回收轻烃凝液的要求；原料气中有轻质油时，会有一定的发泡倾向，破坏吸收。

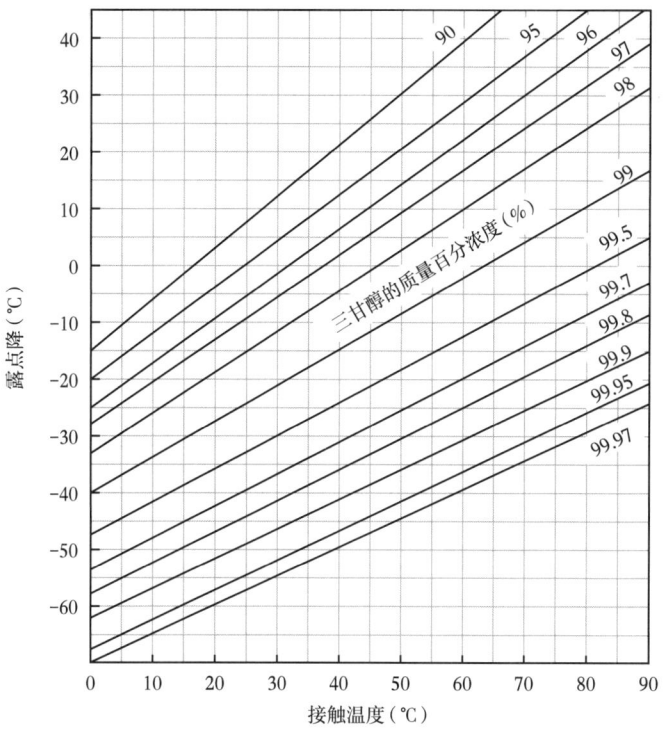

图 2-32 与不同浓度三甘醇相平衡的水露点图

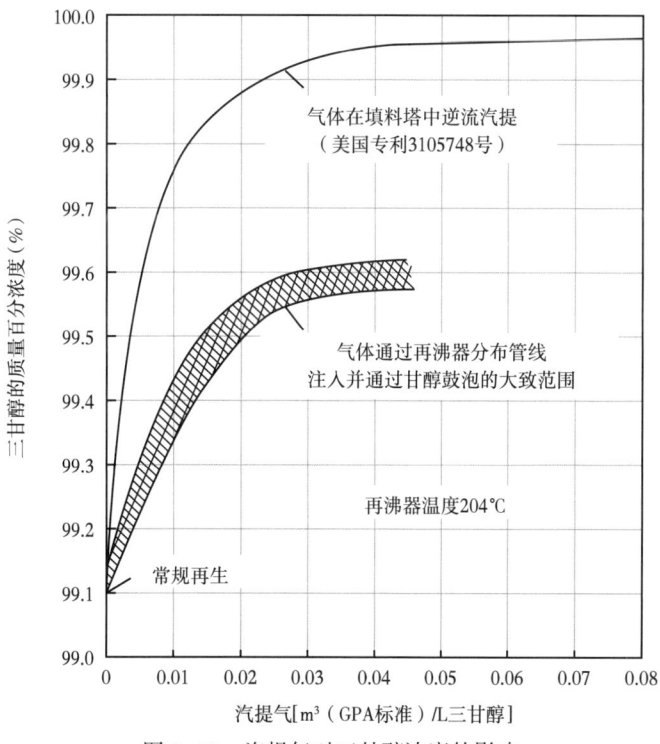

图 2-33 汽提气对三甘醇浓度的影响

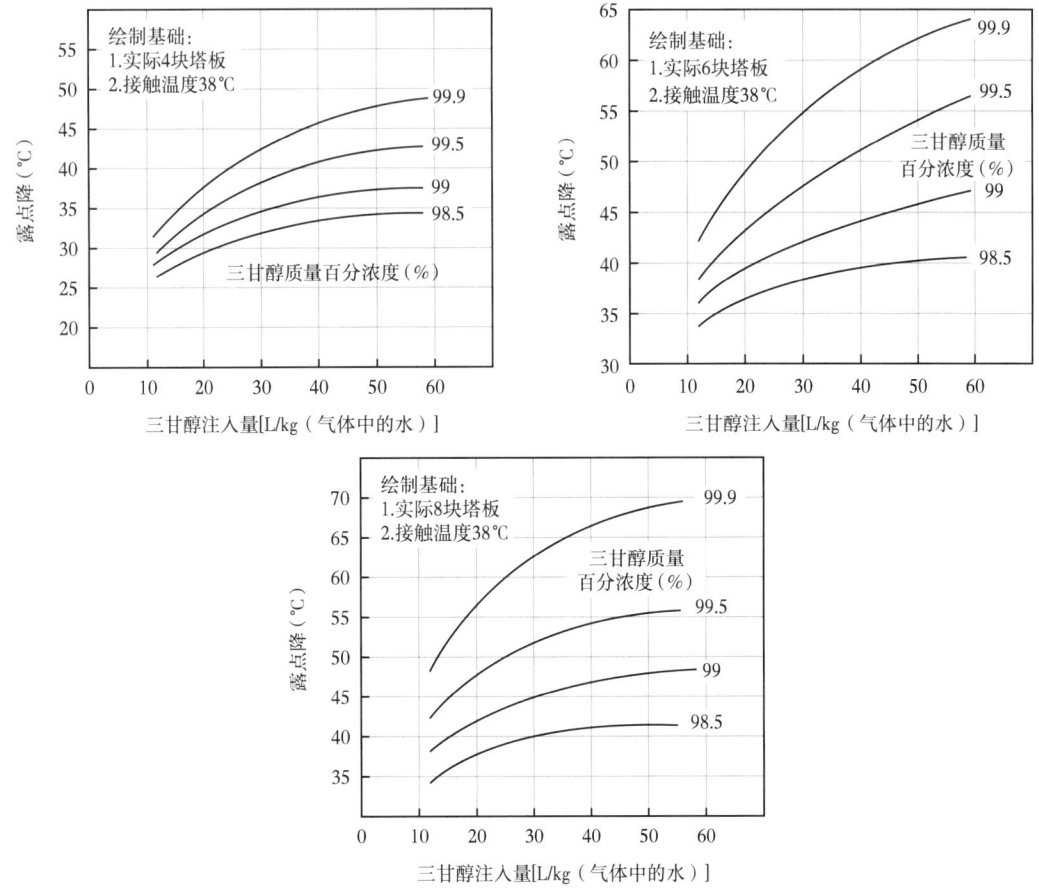

图 2-34 在不同的 TEG 注入量条件下露点的降低程度

对于高含硫天然气而言，如采用三甘醇吸收法脱水，将存在以下一系列难以解决的问题：

（1）TEG 大致在 pH 值为 8.5 的碱性条件下才能有效脱水，故 H_2S 会大量溶解在 TEG 之中（包括物理溶解和化学溶解），且物理溶解部分将随 H_2S 的分压升高而增加。根据铁山坡脱水站相关设计，在 9.9MPa 下脱水，经模拟计算，每立方米 TEG 中溶解的 H_2S 大约有 110kg，从再生塔顶排出的气体中 H_2S 的浓度达到 22% 左右。高浓度的 H_2S 低压废气很难在集气站进行处理，必须建设配套的低压气体密闭回收输送系统，如果直接焚烧后排放则难以满足日益严格的环保要求。

（2）TEG 脱水的效果与 pH 值密切相关，H_2S 溶入 TEG 后脱水效果明显下降。

（3）H_2S 与 TEG 发生反应而导致的降解变质十分严重。

（4）另外，再生塔的选材必须考虑由于 H_2S 导致的塔腐蚀问题。

高含硫天然气脱水在不考虑气田水闪蒸气和再生废气处理的情况下，一般不推荐采用 TEG 吸收法。高含硫化氢的气田水闪蒸气和再生废气可通过增压回收至原料气进行处理。

三、分子筛吸附脱水

固体吸附脱水是利用干燥剂表面的吸附力将湿天然气中的饱和水吸附脱除掉。常用的干燥剂有硅胶、活性氧化铝、分子筛等,该类方法中分子筛脱水应用最广泛,技术成熟可靠,吸附效率高,吸湿容量大,吸附后水露点可降低80℃。但也有一定的缺点,如装置前期投资费用高昂,后期运行和维护费用也很大。

国际上,美国、加拿大与俄罗斯是天然气开采、集输技术最为先进的国家,其中三甘醇脱水法依然是应用范围最广的脱水方法,美国甘醇装置中有85%使用三甘醇,而分子筛法经常用于需要进行深度脱水的场合。

1. 分子筛的选择

常用分子筛的性能及用途见表2-29。

表2-29 常用分子筛的性能及用途

分子筛型号	3A		4A		5A		10X		13X	
形状	条	球	条	球	条	球	条	球	条	球
孔径(10^{-1}nm)	~3	~3	~4	~4	~5	~5	~8	~8	~10	~10
堆积密度(g/L)	≥650	≥700	≥660	≥700	≥640	≥700	≥650	≥700	≥640	≥700
压碎强度(N)	20~70	20~80	20~80	20~80	20~55	20~80	30~50	20~70	45~70	30~70
磨耗率(%)	0.2~0.5	0.2~0.5	0.2~0.4	0.2~0.4	0.2~0.4	0.2~0.4	≤0.3	≤0.3	0.2~0.4	0.2~0.4
平衡湿容量(%)	≥20.0	≥20.0	≥22.0	≥21.5	≥22.0	≥24.0	≥24.0	≥24.0	≥28.5	≥28.5
吸附热(kJ/kg)	4190	4190	4190	4190	4190	4190	4190	4190	4190	4190
吸附分子	直径小于0.3nm的分子,如H_2O、NH_3、CH_3OH等		直径小于0.4nm的分子,如C_2H_5OH、H_2S、CO_2、SO_2、C_2H_4、C_2H_6 和 C_3H_6		直径小于0.5nm的分子,如3A和4A吸附的分子、C_3H_8、$n-C_4H_{10}$—$n-C_{22}H_{46}$、$n-C_4H_9OH$及更大的醇类分子		直径小于0.5nm的分子,如3A~5A吸附的分子的异构烷烃、烯烃及苯		直径小于0.5nm的分子,如3A~5A及10X吸附的分子、二正丙基胺	
排除分子	直径大于0.3nm的分子,如C_2H_6		直径大于0.4nm的分子,如C_3H_8		直径大于0.5nm的分子,如异构化合物及四碳环状化合物		二正丁基胺及更大分子		三正丁基胺及更大分子	
用途	不饱和烃如裂解气、丙烯、丁二烯、乙炔干燥;极性液体如甲醇、乙醇干燥		空气、天然气、专用气体、稀有气体、溶剂、烷烃、制冷剂等气体或液体的深度干燥		天然气干燥、脱硫、脱CO_2;PSA(N_2/H_2)分离、H_2提纯;正构烷烃分离、脱硫、脱CO_2		芳烃分离;脱有机硫		原料气净化(同时脱除水及CO_2);天然气、LPG、液烃的干燥、脱硫(脱H_2S和RSH),一般气体干燥	

注:表中数据取自锦中分子筛有限公司产品资料。

用于高含硫天然气脱水时必须选用耐酸分子筛。

2. 分子筛脱水工艺流程

典型的分子筛脱水两塔流程如图 2-35 所示。

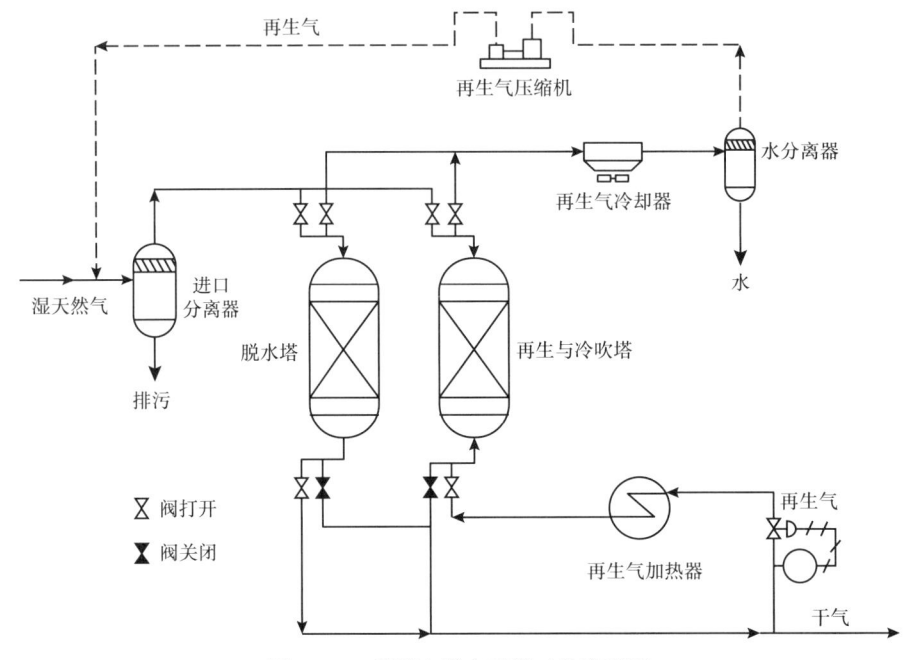

图 2-35　吸附法脱水两塔工艺流程图

干燥塔采用固定床结构，两塔切换操作，一台工作时（上进下出），另外一台进行再生、冷吹（下进上出）。

分子筛脱水的再生气可以采用脱水之后的干气，也可以是未脱水原料天然气。对于高含硫天然气脱水，其再生气的 H_2S 含量较高不能作为燃料气，再生气通常需要经过冷却分离后再增压返回到原料天然气中进行再次脱水。

使用干气作为再生气，再生气则需由压缩机增压后返回至原料气中。再生气量一般为原料气量的 5%~10%。

3. 分子筛吸附塔的设计计算

1）吸附周期的确定

对于两塔流程，操作周期一般为 8~24h，通常取 8~12h。如果要求干气露点较低，脱水周期应短一些。此外，压力低、含水量高的天然气脱水周期也不宜大于 8h。两塔流程中，再生周期中加热的时间约占再生时间的 65%，对于 8h 切换周期吸附塔，再生时间的分配大致是：加热 4.5h，冷却 3h，备用和切换时间 0.5h。

2）吸附塔直径计算

吸附塔直径取决于适宜的空塔流速和适当的高径比。空塔气速按照以下半经验公式计算：

$$D = \sqrt{\frac{4V_s}{\pi w_0}} \tag{2-12a}$$

$$w_0 = \frac{\sqrt{C\rho_b \rho_g D_p}}{\rho_g} \tag{2-12b}$$

式中　D——吸附塔直径，m；
　　　V_s——操作状态下天然气的流量，m³/s；
　　　w_0——空塔气速，m/s；
　　　C——系数，气体从上向下流，$C=0.25\sim 0.32$，气体从下向上流，$C=0.167$；
　　　ρ_b——分子筛堆积密度，kg/m³；
　　　ρ_g——气体在操作状态下的密度，kg/m³；
　　　D_p——分子筛的平均直径或当量直径，m。

3) 吸附传质区长度 h_z 计算

吸附传质区长度 h_z 是指在吸附塔床层工作时，存在一个长度为 h_z 的区域，在这段区域内，分子筛正处于吸附过程中而未达到饱和容量。分子筛床层的总高度 h_T 应大于 2 倍的 h_z。

根据 GPSA 推荐的公式：

$$h_z = 0.435 \times (v_0/35)^{0.3} Z \tag{2-13}$$

式中　h_z——吸附传质区长度，m；
　　　v_0——空塔气速，m/min；
　　　Z——系数，对于 3.2mm 直径的分子筛，$Z=3.4$，对于 1.6mm 直径的分子筛，$Z=1.7$。

4) 转效点的计算

转效点就是吸附传质段前端突破床层的时间，转效点必须大于操作周期。

$$B = 0.01 X b h_T / q \tag{2-14}$$

式中　B——达到转效点的时间，h；
　　　X——分子筛的有效吸附容量，%；
　　　h_T——分子筛床层的总高度，m；
　　　b——分子筛堆积密度，kg/m³；
　　　q——床层截面积的水负荷，kg/(m²·h)。

5) 气体通过床层的压降

可以根据 GPSA 推荐的 Ergun 公式计算：

$$\Delta p = h_T (A\mu v_0 + C\rho_g v_0^2) \tag{2-15}$$

式中　Δp——压降，kPa；
　　　μ——气体动力黏度，mPa·s；
　　　A，C——系数，按照表 2-30 中所示数据取值。

表 2-30 A，C 系数取值

分子筛	A	C	分子筛	A	C
3.2mm 球形分子筛	4.155	0.00135	1.6mm 球形分子筛	11.278	0.00207
3.2mm 圆柱形分子筛	5.357	0.00188	1.6mm 圆柱形分子筛	17.660	0.00319

6）分子筛的再生

分子筛吸附达到转效点后，需要进行再生。露点要求低时，尽可能采用干气再生，再生气的温度应达到 180~260℃，当再生气出吸附塔的温度达到 180~200℃ 时，保持恒温 2h 后再生完毕。

（1）再生气量的计算：

总的再生气量：

$$G = 1.1 Q / q_H \tag{2-16}$$

$$Q = Q_1 + Q_2 + Q_3 + Q_4 \tag{2-17}$$

$$Q_1 = m_1 C_{p2} (t_2 - t_1) \tag{2-18}$$

$$Q_2 = m_2 C_{p2} (t_2 - t_1) \tag{2-19}$$

$$Q_3 = 4186.8 m_3 \tag{2-20}$$

$$Q_4 = m_4 C_{p4} (t_2 - t_1) \tag{2-21}$$

$$q_H = C_p [t_3 - (t'_2 - t_1)/2] \tag{2-22}$$

式中 G——再生气总量，kg；

Q——再生过程需要的总热量，kJ；

Q_1——加热分子筛需要的热量，kJ；

Q_2——加热吸附塔体钢材需要的热量，kJ；

Q_3——脱附吸附的水需要的热量，kJ；

Q_4——加热铺垫的瓷球需要的热量，kJ；

q_H——再生气的放热量，kJ/kg；

m_1，m_2，m_3，m_4——分别为分子筛的质量，吸附塔筒体及附件钢材的质量，吸附水的质量和铺垫的瓷球质量，kg；

C_{p1}，C_{p2}，C_{p3}，C_{p4}——分别为分子筛的比热，钢材的比热，瓷球的比热和天然气的比热，kJ/(kg·℃)；

t_1——吸附塔吸附操作温度，℃；

t_2——再生结束时再生气进出口平均温度，℃；

t'_2——再生结束时再生气进口温度，℃；

t_3——再生气进吸附塔的温度，℃。

（2）冷吹气的用量计算：

冷吹时，冷吹气携带走的热量只包括分子筛冷却的热量 Q_1，冷却吸附塔筒体及附件

钢材的热量 Q_2，以及冷却瓷球的热量 Q_4。

计算步骤同加热过程一样。

第六节　集输管网

一、管网水力学计算

高含 H_2S 和 CO_2 天然气集输工艺计算主要包括水力计算、热力计算和管道强度计算。这些计算与一般气田集输管道的工艺计算基本相同。气田集气管道水力计算采用的气量，未经净化处理的湿气应为设计输量的 1.2~1.4 倍，净化处理后的干气为设计输量的 1.1~1.2 倍。

1. 管道水力计算

1）管道内气体流动的基本方程

表征管道内气体流动的状态参数主要由气体的压力、密度、流速组成，它们间的关系由气体在管道中的基本方程，即连续性方程、运动方程及能量方程共同描述。

（1）连续性方程。

根据质量守恒定律，气体连续性方程为：

$$\frac{\partial \rho}{\partial t}+\frac{\partial (\rho v)}{\partial x}=0 \tag{2-23}$$

式中　ρ——气体的密度，kg/m^3；

　　　v——气体的流速，m/s；

　　　t——时间变量，s；

　　　x——沿管长位置变量，m。

对于稳定流动，其流动参数不随时间而变化，其连续性方程变为：

$$\frac{d(\rho v)}{dx}=0 \tag{2-24}$$

（2）运动方程。

根据牛顿第二定律，由流体力学所建立的运动方程形式可写为：

$$\frac{\partial (\rho v)}{\partial x}+\frac{\partial (\rho v^2)}{\partial x}=-g\rho\sin\theta-\frac{\partial p}{\partial x}-\frac{\lambda}{D}\frac{v^2}{2}\rho \tag{2-25}$$

式中　g——重力加速度，m/s^2；

　　　θ——管道与水平面间的倾角，rad；

　　　λ——水力摩阻系数；

　　　D——管道内径，m。

对于稳定流动，运动方程形式变为：

$$\frac{\mathrm{d}p}{\mathrm{d}x}+\rho v\frac{\mathrm{d}v}{\mathrm{d}x}=-g\rho\sin\theta-\frac{\lambda}{D}\frac{v^2}{2}\rho \qquad(2-26)$$

(3) 能量方程。

根据能量守恒定律, 由流体力学建立的能量方程为:

$$-\rho v\frac{\partial Q}{\partial x}=\frac{\partial}{\partial t}\left[\rho\left(u+\frac{v^2}{2}+gs\right)\right]+\frac{\partial}{\partial t}\left[\rho v\left(h+\frac{v^2}{2}+gs\right)\right] \qquad(2-27)$$

式中　Q——单位质量气体向外界放出的热量, J/kg;

　　　u——气体内能, J/kg;

　　　h——气体的焓, J/kg;

　　　s——管道位置高度, m。

对于稳定流动, 能量方程变为:

$$-\rho v\frac{\mathrm{d}Q}{\mathrm{d}x}=\frac{\mathrm{d}}{\mathrm{d}x}\left[\rho v\left(h+\frac{v^2}{2}+gs\right)\right] \qquad(2-28)$$

2) 气体状态方程

实际气体状态方程通式为:

$$pV=nZRT \qquad(2-29)$$

工程设计中计算压缩因子 Z 的方程有很多, 关键是选择适合天然气管道输送条件的方程, 常用的方程有:

(1) 范德华(van der Waals)方程;

(2) SRK 方程;

(3) PR 方程;

(4) BWRS 方程;

(5) SAREM 方程。

其中 PR 方程和 BWRS 方程适应面宽也比较准确, 但是要求确切知道气体中各组分的摩尔百分数。

SAREM 方程是专门在正常的天然气管道输送条件下研制的纯经验公式, 在其使用范围内也很准确。但是当压力过低或天然气中重组分较多时会有较大的误差。

3) 流量计算公式

集气管道流量计算公式是美国威莫斯经验公式, 适用于各种管径的管道流量计算。该公式管内壁粗糙度的选值较大($e=0.0508$mm), 因此比较适合于矿场集气管道的情况。矿场所输天然气一般都含有水、H_2S、CO_2, 对管内壁的腐蚀比较严重, 当管道使用一段时间后其粗糙度越来越大(与新管比较)。根据矿场天然气管输的实际情况, 采用威莫斯公式是比较符合实际的。

当集气管道沿线地形起伏, 任意两点的相对高差大于 200m 时对输量会有影响, 因此威莫斯流量计算公式分为两种情况。

(1)当管道沿线的相对高差 $\Delta h \leq 200\mathrm{m}$ 时，采用式（2-30）计算：

$$q_\mathrm{v} = 5033.11 d^{\frac{8}{3}} \sqrt{\frac{p_1^2 - p_2^2}{\gamma ZTL}} \qquad (2-30)$$

式中 q_v——管道计算流量，m^3/d；
d——管道内径，cm；
p_1——管道起点压力（绝），MPa；
p_2——管道终点压力（绝），MPa；
γ——气体的相对密度；
Z——气体在计算管段平均压力和平均温度下的压缩因子；
T——气体的平均热力学温度，K；
L——管道的计算段长度，km。

(2)当管道沿线的相对高差 $\Delta h > 200\mathrm{m}$ 时，采用式（2-31）计算：

$$q_\mathrm{v} = 5033.11 d^{8/3} \left\{ \frac{p_1^2 - p_2^2(1+\alpha\Delta h)}{\Delta ZTL\left[1 + \dfrac{\alpha}{2L}\sum_{i-1}^{n}(h_i + h_{i-1})L_i\right]} \right\}^{0.5} \qquad (2-31)$$

式中 Δh——管道计算的终点对计算段起点的标高差，m；
α——系数，$\alpha = 2g\alpha/(R_\mathrm{a}ZT)$，其中 g 为重力加速度，$g = 9.81\mathrm{m/s}^2$，R_a 为空气的气体常数，在标准状况下 $R_\mathrm{a} = 287.1\mathrm{m}^2/(\mathrm{s}^2 \cdot \mathrm{K})$，$\mathrm{m}^{-1}$；
n——管道沿线计算管段数，计算管段时沿管道走向，从起点开始，当其相对高差 $\Delta h \leq 200\mathrm{m}$ 时划作一个计算管段；
h_i——各计算管段终点的标高，m；
h_{i-1}——各计算管段起点的标高，m；
L_i——各计算管段长度，km。

(3)气液混输管线水力计算可采用威莫斯公式加修正计算法。
当天然气中液体含量小于 $40\mathrm{cm}^3/\mathrm{m}^3$ 时：

$$Q = 5033.11 d^{\frac{8}{3}} \left(\frac{p_1^2 - p_2^2}{\gamma TZL}\right)^{0.5} E_\mathrm{p} \qquad (2-32)$$

式中 Q——管线计算流量，m^3/d；
E_p——流量校正系数。

其中流量校正系数 E_p 可按式（2-33）计算：

$$E_\mathrm{p} = \left(1.06 - 0.233 \times \frac{q_1^{0.82}}{w}\right)^{-1} \qquad (2-33)$$

式中 q_1——气体中液体含量，$\mathrm{cm}^3/\mathrm{m}^3$；
w——管线中气体平均流速，取 $3\sim6\mathrm{m/s}$。

2. 管道热力计算

1)埋地管道内的流体与埋地处土壤的热量交换

(1)总传热系数。

总传热系数 K 是指当气体与周围介质的温差为1℃时,单位时间通过单位传热表面所传递的热量。它表示气体至周围介质的散热强弱。

(2)传热量。

总传热系数越大,其传热量也就越大。对于埋地管道,其传热过程由三部分组成,即气体至管壁的传热,管壁、绝缘层、防护层等之间的传热,管道至土壤的传热。

2)管道内因压力变化而导致的温度变化

天然气可压缩的特性决定了当管道内的压力变化时不能及时与外界进行热交换而引起温度的变化,当压力升高时,温度随之升高,压力降低时,温度随之降低。

集气管线沿线温度降计算公式采用的是舒霍夫公式。集气管道沿线任意点的温度应按下列情况确定:

(1)当无节流效应时,沿线任意点温度按式(2-34)计算:

$$t_x = t_0 + (t_1 - t_0)e^{-\alpha x} \tag{2-34}$$

式中 t_x——输气管道沿线任意点气体温度,℃;
t_0——输气管道埋深处的土壤温度,℃;
t_1——输气管道计算段起点的气体温度,℃;
x——输气管道计算段起点至任意沿线点的长度,km;
α——系数,m^{-1}。

α按式(2-35)计算:

$$\alpha = \frac{225.256 \times 10^6 KD}{q_v \gamma C_p} \tag{2-35}$$

式中 K——输气管道中气体到土壤的总传热系数,W/(m^2·℃);
D——输气管道外径,m;
q_v——管道计算流量,m^3/d;
γ——气体的相对密度;
C_p——气体的定压比热,J/(kg·℃)。

(2)当有节流效应时,按式(2-36)计算:

$$t_x = t_0 + (t_1 - t_0)e^{-\alpha x} - \frac{J \Delta p_x}{\alpha x}(1 - e^{-\alpha x}) \tag{2-36}$$

式中 J——焦耳—汤姆逊效应系数,℃/MPa;
Δp_x——x长度管段的压降,MPa。

二、管网布局

气田集气管网的布置,应根据气田形状、井位分布、气藏特征、气体组分条件、气田所在地区的地形地貌、产品流向等因素，按照安全可靠、技术适宜、经济合理、管理方便的原则，通过技术经济对比后确定。

常见的集气管网布置有：放射式集气管网、枝状式集气管网、放射枝状组合式集输管网、放射环状组合式集气管网、枝状计量式集气管网、枝状站间单管串接管网布置等。

1. 放射式集气管网

适用于气田面积较小、气井相对集中的气田，气体处理设于产气区的中心部位时采用，也可作为多井集气流程中的一个基本组成单元。放射式集气管网如图 2-36 所示。

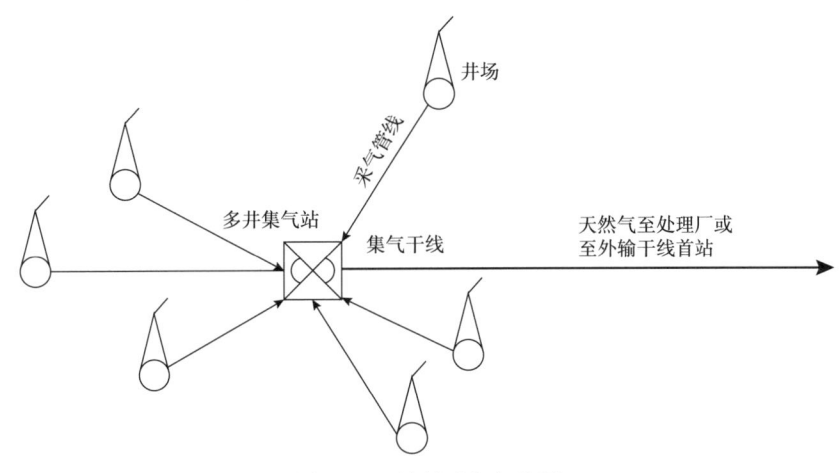

图 2-36　放射式集气管网

2. 枝状式集气管网

适用于当气井在狭长的带状区域内分布且井间距较大的气田。该方式井站投资相对较大，但管线长度短、投资低且管网便于扩展，可满足气田滚动开发和分期建设的需要。枝状式集气管网如图 2-37 所示。

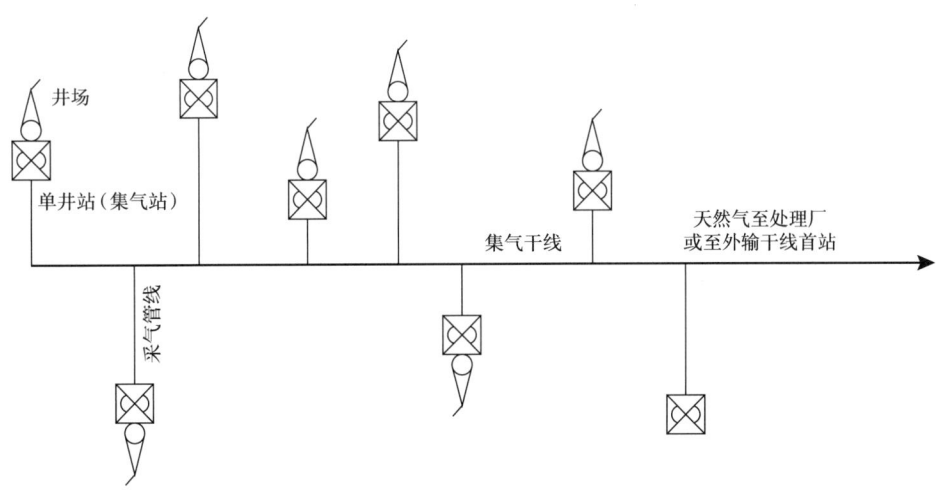

图 2-37　枝状式集气管网

3. 放射枝状组合式集输管网

适用于建设两座或两座以上集气站的各类气田，其适用性较广。当气田区域面积较大，单井数量较多，管网布置较复杂时，可采取两条或多条放射枝状组合式管网集输布置。放射枝状组合式管网如图 2-38 所示。

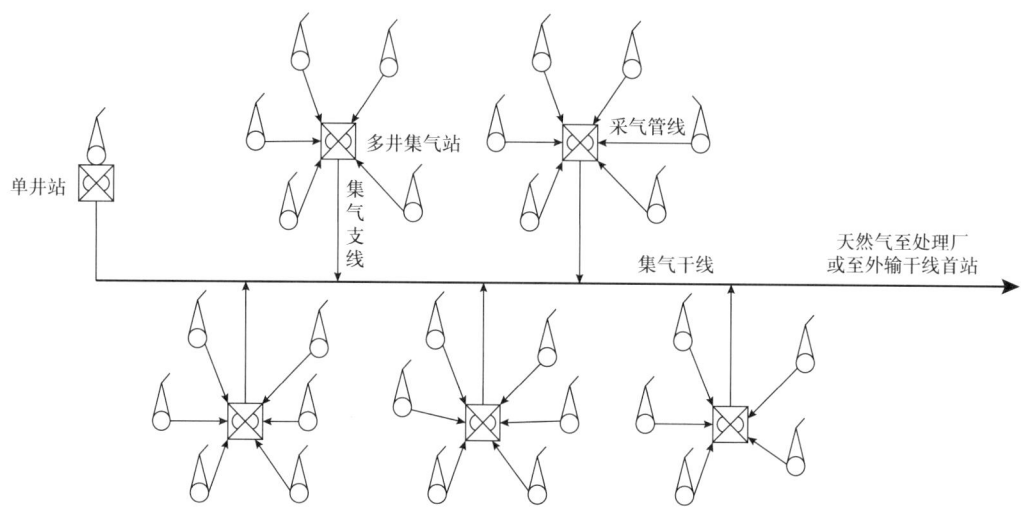

图 2-38　放射枝状组合式集输管网

4. 枝状计量式集气管网

该集气管网适用于气藏狭长、井网距离较短、井数较多、特别是自然环境恶劣、单井设施极其简化的气田。各单井不设就地分离、计量，通过专用计量管在计量站或集气站内实施轮换分离计量。枝状计量式集气管网如图 2-39 所示。

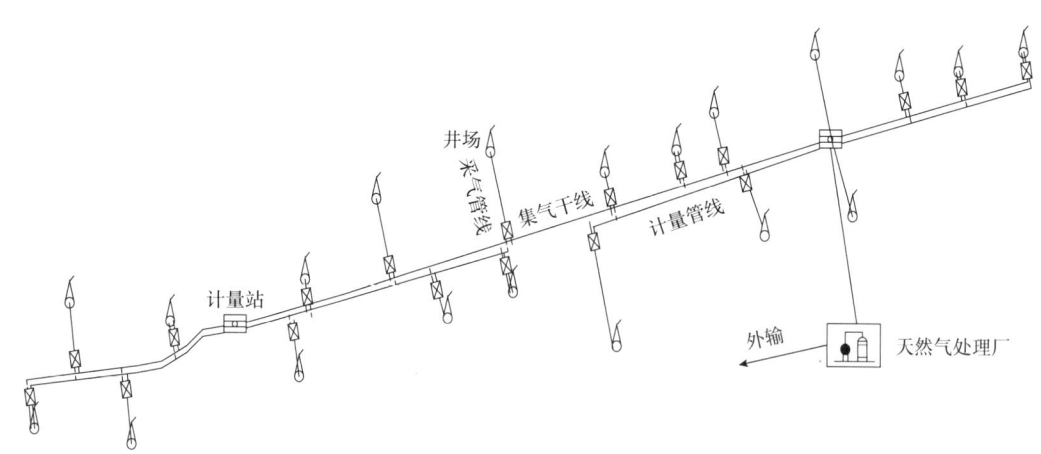

图 2-39　枝状计量式集气管网

5. 井间串接工艺管网

适用于井数多、分布密集，低产、低压、低渗透气田。经采气管线把相邻几口天然气井串接起来，与另外气井的原料气汇集后，输至邻近的集气站进行预处理，然后通过集气干线输往处理厂处理。枝状站间单管串接管网如图 2-40 所示。

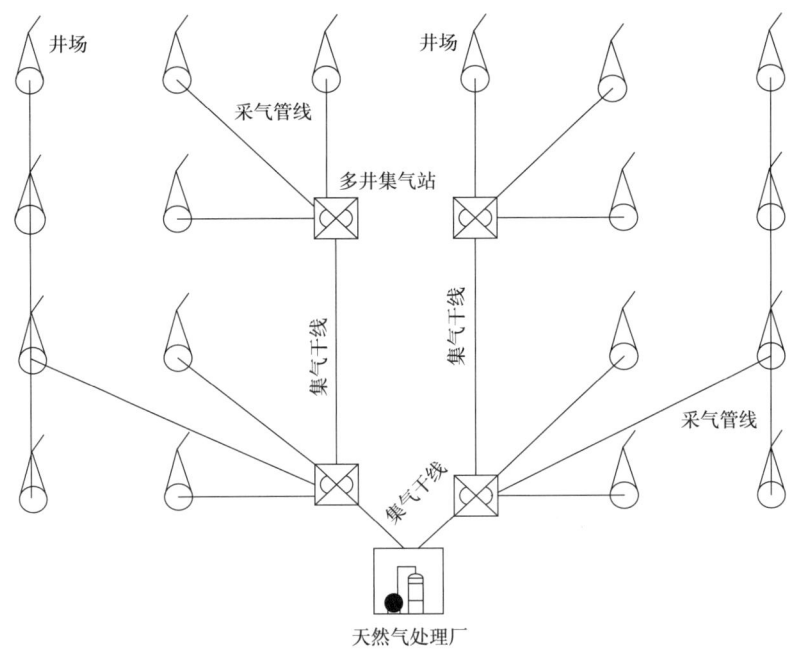

图 2-40　枝状站间单管串接管网

三、管道线路

1. 线路选择基本要求

集输管道线路选择应结合气田的地形地貌、工程地质、交通运输等条件，并符合国家、行业和地方规划要求，符合集输工艺总流程和气田地面工程总体布局的要求，需考虑的常见因素见表 2-31。

表 2-31　管道选线需考虑的因素举例

常见因素	因素举例	常见因素	因素举例
安全	(1) 地震区； (2) 断裂带； (3) 地质不良区； (4) 交、直流干扰区	岩土条件	岩土条件： (1) 地形起伏、露头； (2) 断层和裂隙类的不稳定性； (3) 软土和积水土壤； (4) 土壤腐蚀性； (5) 岩石和硬地； (6) 冲积平原—地震区； (7) 沼泽地及永冻土； (8) 塌方区、沉陷区和不均匀沉陷区； (9) 填充地和疾病或放射性污染物等废物处理场水文条件
环境	环境敏感区： (1) 集中居民点； (2) 名胜风景区； (3) 重要考古区； (4) 规划的园林区； (5) 自然保护区； (6) 集水区、水库和森林等自然资源区； (7) 水资源保护区	环境条件	

续表

常见因素	因素举例	常见因素	因素举例
公用设施	(1)医院、学校、加油站等敏感点； (2)地下管道和地下公共设施； (3)地下通道	施工与操作	(1)准入； (2)作业宽度； (3)公用设施； (4)试验用水的获取与处理； (5)穿跨越； (6)运输条件
第三方活动	(1)规划用地； (2)矿山作业； (3)采石； (4)军事区； (5)公路修建		

2. 不同地段线路选择要求

不同地段线路选择主要的特殊要求见表2-32。

表2-32 不同地段线路选择要求

地段类型	选线主要特殊要求
平原地区	(1)应绕避城镇规划区、工矿区、开发区，尽可能避开人口密集区； (2)应绕避古河道、泛区，行洪滞洪区、水利设施及规划、高经济作物区等农牧业区域
水网地区	(1)宜避开湖泊、连片鱼塘等水域； (2)应绕避饱和砂土或粉土的软土地区； (3)大型河流穿越可利用稳定的江心岛
山区河谷地带	(1)选择通过山区短、坡度平缓、山形完整的地段，绕避滑坡、崩塌、泥石流、陡坡、陡坎等易造成管道失稳的地带； (2)选择较宽阔、纵坡较小的沟谷地带通过； (3)选择地形完整、地质情况稳定的山脊通过； (4)优先选择河谷的二阶及以上台地，并沿河谷不易受冲刷的一岸敷设
地震活动断裂带	(1)尽量避开断层带及地震烈度超过8度的地区； (2)必须通过时，选择断层位移和断裂带宽度最小的地区通过，管道不应与断裂带平行，不可避免时，应保持200m以上距离； (3)避开地震时可能发生地基失稳的松软土场地
沼泽地带	选择在范围较窄、厚度较薄、地形较高、地下水位较低、取土条件较好、上覆硬壳较厚的地段通过
季节性冻土地带	(1)选择松软湿土层薄和泥炭土层薄的地区或平缓向阳的坡地通过； (2)宜在卵砾石、碎石土等粒径较大土层中通过，尽量避免黏土、细砂等粒径较小的土层； (3)应从弱冻胀和弱融沉区通过，避开冻胀性和融沉性频繁变化、季节冻结深度较小的土层
沙漠地区	(1)宜从沙笼间、丘间低洼处通过； (2)应尽量沿固定或半固定沙丘敷设，绕避大的流动沙丘
黄土地区	(1)从黄土湿陷等级较低的非自重湿陷区段通过，沿与管道走向一致的黄土梁敷设，避免在黄土山腰上通过； (2)避开黄土冲沟发育、滑坡、崩塌、泥石流、不易排水、受洪水威胁大等不良地区和地下坑穴(包括煤矿采空区)集中的地段

3. 地区等级划分

地区等级划分方法按照现行国家标准 GB 50251—2015《输气管道工程设计规范》执行。

四、截断阀室设置

在集气管线所经地区，可能有用户或可能有纳入该集气管线的气源，则在该集气管线上选择适当的位置，设置预留阀室或阀井。阀室应设置在交通方便、地形开阔、地势较高的地方。截断阀最大间距根据 GB 50251—2015《输气管道工程设计规范》确定：

（1）以一级地区为主的管段不宜大于 32km；
（2）以二级地区为主的管段不宜大于 24km；
（3）以三级地区为主的管段不宜大于 16km；
（4）以四级地区为主的管段不宜大于 8km。

高含硫（H_2S 含量大于或等于 5%）集输干线的阀室的设置按 SY/T 0612—2014《高含硫化氢气田地面集输系统设计规范》确定。酸性天然气管道允许泄放量见表 2-33。

表 2-33 酸性天然气管道允许泄放量

地区分类	允许硫化氢的释放量（m^3）
一类	>6000
二类	2000~6000
三类	300~2000

第七节 气田水处理

气田水随天然气的采出而产生，是一种含有固体杂质、液体杂质、溶解气体和溶解盐类等较复杂的多相体系，一般含有悬浮固体、胶体、油类、阴阳离子、溶解性气体，此外，气田水中通常会带有如甲醇、乙二醇等药剂。

一、气田水处理

根据《高含硫化氢气田地面集输系统设计规范》（SY/T 0612—2014）中相关条文规定，含硫气田水首先要进行闪蒸处理，并将闪蒸气通过火炬或焚烧炉燃烧排放。目前川渝地区及其他某些含硫气田对于含硫气田水采用闪蒸处理后回注地层的处理工艺。处理后水质指标参考《气田水注入技术要求》（SY/T 6596—2016）的标准。

气田水处理主要方式有低压闪蒸密闭输送和低压闪蒸加汽提处理工艺。

1. 低压闪蒸密闭输送

闪蒸就是高压的饱和水进入比较低压的容器中后由于压力的突然降低使这些饱和水变成一部分的容器压力下的饱和水蒸气和饱和水。由于 H_2S 在不同温度与分压下，在气田水中溶解度不同，含硫气田水的闪蒸处理工艺就是利用闪蒸原理，降低液相压力，使水中

H_2S 迅速地解吸而自动放出，形成闪蒸，从而去除掉部分水中溶解的 H_2S，达到降硫化氢的目的。低压闪蒸密闭输送流程如图 2-41 所示。

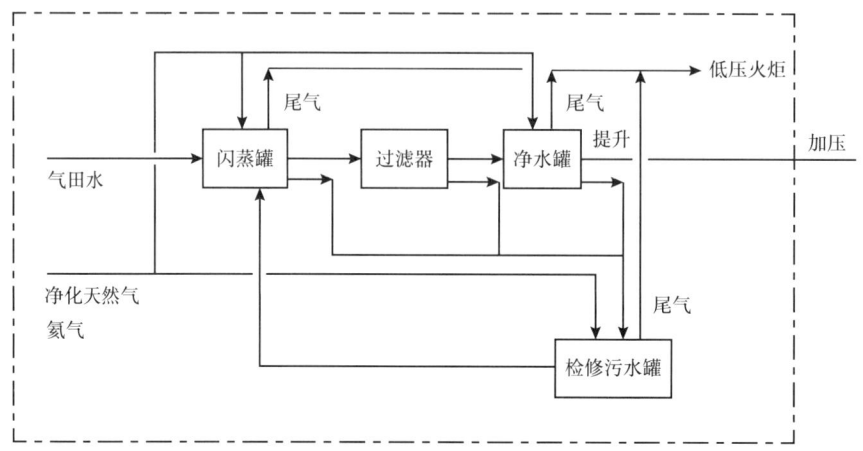

图 2-41　低压闪蒸密闭输送流程示意图

适用条件：气田水含硫量不高，含硫气田水输送距离短，没有可利用的蒸汽等公用设施。

该工艺优点为无须净化气汽提，节能；尾气量明显减少，SO_2 排放量减少，减排并环保；减少汽提装置及相关阀件，节省投资。缺点为增加了气田水输送、回注过程中的风险。

2. 采用低压闪蒸加汽提处理

汽提法又称为吹脱法，它是利用 H_2S 在水中溶解度小的特点，用蒸汽或天然气等与气田水直接接触，降低 H_2S 的气相分压，使 H_2S 与水分离，按一定比例扩散到气相中去，从而达到从气田水中分离 H_2S 的目的。汽提法去除气田水中的硫化氢效率较高，一般可达 90% 以上，但能耗较大，对设备要求高。低压闪蒸加汽提处理流程如图 2-42 所示。

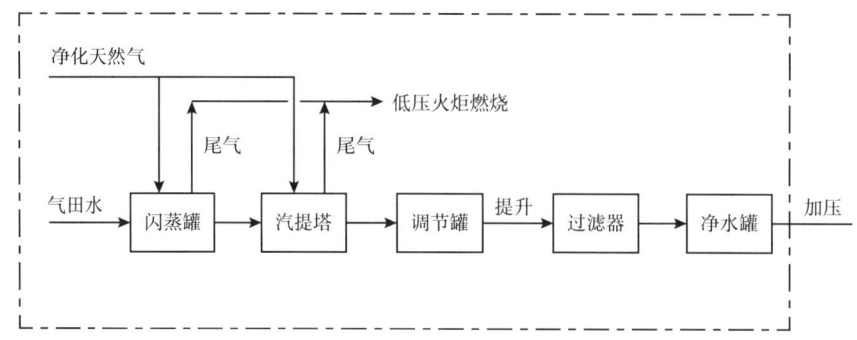

图 2-42　低压闪蒸加汽提处理流程示意图

适用条件：气田水含硫量高，含硫气田水输送距离长，安全要求性高，有可利用的蒸汽等公用设施。

该工艺的优点为最大限度地降低气田水中 H_2S 浓度，管输、回注过程危险性降低，安全性提高。缺点为尾气压力低，管道低点有积液存在；汽提后的尾气燃烧排入大气，SO_2 排放量较大；采用净化气作为汽提气，用气量大，耗能。

二、气田水转输

气田水转输包括管输和罐车拉运。转输方式主要从以下方面考虑：

（1）产水值、地形、交通、地质和气候条件等对输送方案的确定均有较大的影响：水值大、运距长、路况差的情况不宜采用罐车拉运的方式，宜选择管输。

（2）管输主要是从安全运行操作、保护环境，以及管材、机泵阀门的耐蚀性和降低投资等方面的要求考虑。

（3）由于采用罐车拉运及装、卸车过程会引起水的波动，会有少量恶臭气体逸出，为保证装车人员安全，气田水采用罐车拉运时，必须进行脱气处理，装、卸车宜用防泄漏并带有自动关断功能的干式快速接头保证装车过程的密闭性，气田水罐车应有保压措施，使气田水一直处于密闭状态。

三、气田水回注

气田水回注地层是气田水处理中常采用的方法，鉴于气田水中除了含有硫化氢、二氧化碳、氯根离子和多种金属离子外，还含生产过程中的井流产物，以及甲醇类防冻剂和缓蚀剂等，为防止和减缓污水对回注设施及回注井壁的腐蚀，特别是回注层位水文地质作用产生化学反应生成难溶于水的盐类，而堵塞水流通道。采用此方法时，水质应符合该回注层的注水要求，一般在回注前应进行配伍性实验研究，以确保能够较长时间注入层内。在所回注的气田没有注水指标要求时，可以按照 SY/T 6596—2016《气田水注入技术要求》执行。

1. 回注井选择原则

（1）选井原则应满足"注得进，封得住，无泄漏"，以实现气田安全生产与环境保护的持续和谐发展。

（2）回注井原则上距离主要产水区或主要产水井距离不宜太远，同时应与开发生产井保持适当距离，高压回注井原则上与开发生产井距离不小于2km。

（3）高含硫气田水回注井应选择在非生产井区域就近回注，以降低地面输送管道的风险。应避开饮用水源保护区、地质不良地段、生态红线保护范围等。

（4）回注层要求物性较好，横向连通性好，有足够的储集空间，满足较长期的回注需求。

（5）回注层位选择应优先选择枯竭层或废弃层，如果区域上无适宜的枯竭层或废弃层作为回注层，也可选择区域上大面积分布，埋藏深度超过1000m，物性较好的渗透层作为回注层。

（6）回注层应具有良好的盖层和上下隔层，在回注气田水波及区域内与浅层和地表无连通的断层、无地表露头或出露点，满足长期回注气田水，避免发生相互窜漏，不影响生产井，不影响地表淡水层、不污染自然环境。

2. 回注工艺

气田水到达回注站后，首先通过气田水罐（池）储存，然后经过气田水处理及计量模块过滤计量,再经回注模块增压回注地层。回注工艺流程如图 2-43 所示。

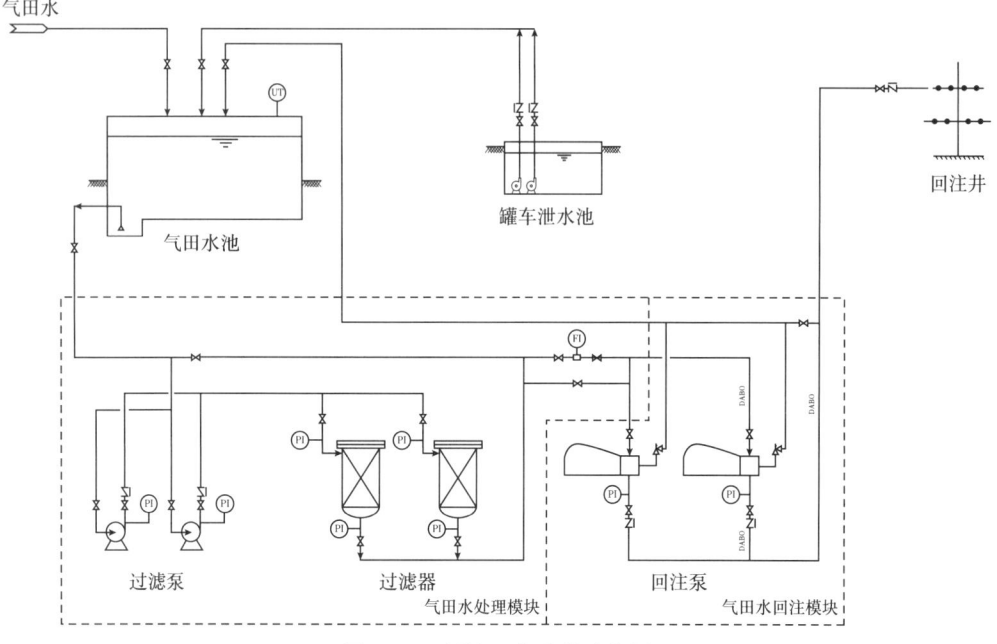

图 2-43 回注工艺流程示意图

四、气田水闪蒸气处理

含硫气田水闪蒸气处理的核心是根据 GB/T 14554—1993《恶臭污染物排放标准》要求减少硫化氢气体的排放量、落地浓度,从而减小恶臭气体对地面的影响程度。一方面可以通过脱除闪蒸气中恶臭气体的方式实现,如采取各种物理、化学、生物手段对闪蒸气进行处理;另一方面也可以根据标准的要求进行有组织排放,如将散排改为有组织排放、加高放散管高度等。此外,恶臭治理最为环保的方式是能够回收利用,这种方式可以避免其他处理方式导致的二次污染,如采用增压回收和引射回收方式回收含硫废气等,但由于闪蒸气硫化氢量少且压缩机选型困难,该方法难以实现。

目前常用的处理工艺有碱液吸收、胺液吸收、液相氧化还原脱硫、干法脱硫四种,四种处理工艺对比见表 2-34。

表 2-34 四种闪蒸气处理工艺对比

项目	碱液吸收	胺液吸收	液相氧化还原脱硫	干法脱硫
工艺复杂性	较简单	简单	较复杂	简单
操作稳定性	操作步骤相对复杂且较不稳定,入口管阀易堵塞;气田水罐压力负压后会导致溶液倒吸	装置较为稳定,但净化度较低;气田水罐压力负压后会导致溶液倒吸	装置操作复杂;运行平稳性有待提高;气田水罐压力负压后会导致溶液倒吸	操作相对简单稳定;压力波动影响小,但催化剂与氧气会产生反应热量积聚

续表

项目	碱液吸收	胺液吸收	液相氧化还原脱硫	干法脱硫
安全环保合规性	使用的氢氧化钠和反应生成的硫化钠均属危险化学品，其购买、运输、储存、处置均需要有合规资质	溶液再生实施困难	液体可循环使用，产生液体硫黄属危险废物	产生的废剂为一般工业固废
投资费用	低	低	高	较高
运行消耗	定期更换药剂	定期更换药剂	定期更换药剂，定期排放清理硫黄	定期更换脱硫剂
净化度	较高	较低	高	高
占地面积	可橇装，占地较小	可橇装，占地较小	可橇装，占地大	可橇装，占地较大

可知，除碱液吸收技术外，其他三种工艺均有其实用性。通过对包括药剂成本、废剂处置成本，以及维修成本的初步综合评价，可得到以下潜硫量和运行总成本关系，如图 2-44 所示。

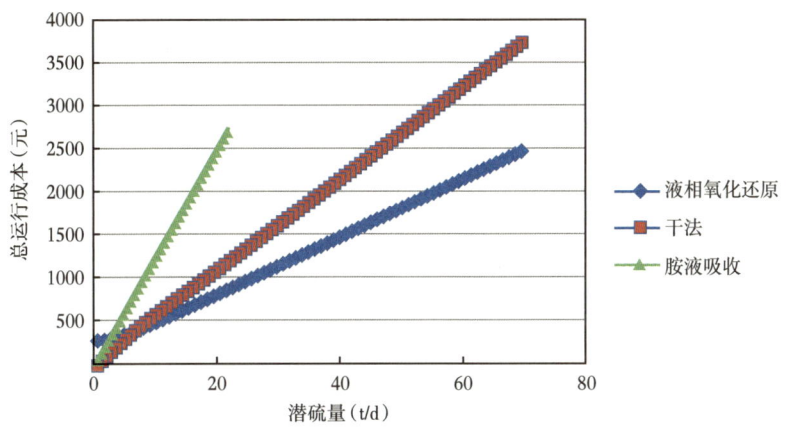

图 2-44　干法脱硫、液相氧化还原脱硫、胺液吸收总运行成本比较

对目前可行的三种处理工艺进行技术经济比较后得出以下初步结论：
(1) 闪蒸气 8kg 以内潜硫量，干法脱硫具有技术经济优势；
(2) 闪蒸气 8kg 以上潜硫量，液相氧化还原技术具有技术经济优势；
(3) 闪蒸气 1kg 以下潜硫量，胺液吸收较液相氧化还原技术更具技术经济优势。

第三章　地面集输站场主要设备

开采自气藏的天然气及油藏的伴生气一般都含有液体(液烃、水)和固体物质(岩屑、泥沙等),同时还含有氮气、硫化氢、二氧化碳、一氧化碳、有机硫及氦气等非烃类物质。这些物质可能造成设备、管道、仪表等磨损、腐蚀、硫化氢应力开裂(SSC)、氢诱发裂纹(HIC)等破坏。为了安全、经济、有效地输送天然气,就必须在输送前对天然气进行处理。常用的工艺设备有过滤器、分离器、热交换器、脱硫塔、脱水塔,以及机泵等。

第一节　过滤、分离设备

一、过滤设备

目前,在天然气集输和处理系统中,采用的过滤器主要有机械过滤器和分子吸附过滤器。其过滤的主要对象是天然气中的固体颗粒(如岩屑、泥沙和管道设备的腐蚀产物等),以及以分子和离子状态存在的有害杂质。

1. 机械过滤器

常用的机械过滤器有袋式过滤器、滤布过滤器(如 MDEA 滤布过滤器、TEG 滤布过滤器)和过滤管式过滤器(如原料气过滤器)。其结构和原理都比较简单。按其外部形状分有立式和卧式两种,内构件则为滤布或过滤管。当气流经过过滤元件时,气体可以通过而固体颗粒则被留下,从而达到气体与固体杂质分离的作用。

2. 分子吸附过滤器

常用的分子吸附过滤器有活性炭过滤器,它是利用活性炭的吸附作用,把以分子或离子状态存在的有害杂质(这些杂质靠过滤元件是无法滤掉的)从天然气中除去。

3. 液体聚集型过滤器

聚集型过滤器通常用于介质中含有很难去除的液体(如润滑油)的情况,也用于去除非常细微的液滴或用于保护不能有液体存在的非常精密的仪表和设备。其作用原理是采用特制的滤芯,通过挡、阻、聚3种方式对不同大小的微粒进行捕捉,从而将其过滤掉。

聚集型过滤器的滤芯通常采用聚酯纤维作原材料。聚酯材料不仅与石油和天然气中的各种液体有很好的兼容性,而且聚酯分子对水和烃类液体具有吸附作用。聚酯纤维吸附液体污物后变"湿",进一步增加了滤芯的聚集能力。滤芯逐渐变湿,滤芯纤维间越来越多的空格被液体塞满,从而使其能够捕获任何进入滤芯并与之接触的液体。采用聚酯材料制作滤芯的优点在于,可以使滤芯的网格空间比较疏松,介质经过滤芯的初始压降较小,储污能力更大。

4. 颗粒层过滤器

颗粒层过滤器是利用颗粒状物料(如硅石、砾石、焦炭、金属屑、陶粒等)作填料层的内滤式过滤除尘装置。目前，国内外已作了大量研究工作。尤其是近年来随着清灰问题的逐步解决，使颗粒层过滤器有了很大发展，成为一种很有发展前途的过滤除尘设备。

二、分离设备

天然气集输系统用分离设备主要用来除去天然气中悬浮的固、液相杂质。固体杂质主要是由气层中夹带出来的少量地层岩屑等和设备管线中产生的腐蚀产物。而分离的主要对象是液相杂质，如地层水、凝析油等。因而天然气集输系统用的分离设备主要是气液分离设备。集输系统中所使用的分离器种类繁多，但按其作用原理主要可分为重力分离和旋风分离两大类。有的分离器是两者的结合体，如百叶窗式分离器和多管干式除尘器；而过滤分离器则是过滤和重力分离的结合体。

重力分离器有各种各样的结构形式，按其外形可分为卧式分离器和立式分离器，按功能可分为油气两相分离器、油气水三相分离器等。但其主要分离作用都是利用天然气和被分离物质的密度差(即重力场中的重力差)来实现的，因而称为重力分离器。除温度、压力等参数外，最大处理量是设计分离器的一个主要参数，只要实际处理量在最大设计处理量的范围以内，重力分离器就能适应较大的负荷波动。在集输系统中，由于单井产量的递减、新井投产以及配气要求等原因，气体处理量变化较大，因而集输系统中，重力分离器的应用比其他类型分离器的应用更为广泛。

1. 两相重力分离器

1)立式重力分离器

这种分离器的主体为一立式圆筒体，气流一般从该筒体的中段(切线或法线)进入，顶部为气流出口，底部为液体出口，结构与分离原理如图3-1所示。

初级分离段——即气体入口处，气流进入筒体后，由于速度突然降低，成股状的液体或大的液滴由于重力作用被分离出来直接沉降到积液段。为了提高初级分离的效果，常在气流入口处增设入口挡板或采用切线入口方式。

二级分离段——即沉降段，经初级分离后的天然气流携带着较小的液滴向气流出口以较低的流速向上流动。此时，由于重力的作用，液滴则向下沉降与气流分离。本段的

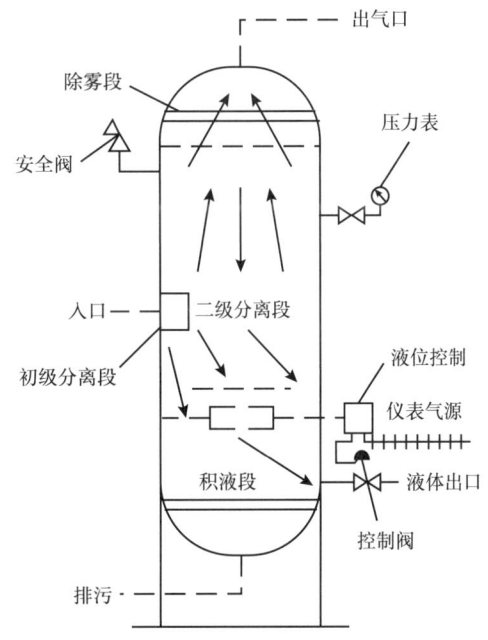

图3-1 立式重力分离器原理结构示意图

分离效率取决于气体和液体的特性、液滴尺寸及气流的平均流速与扰动程度。在分离器设计计算过程中，本分离段的各种流动参数是决定分离器计算直径的关键因素，也是分离器

工艺计算的立足点。积液段本段主要收集液体。在设计中，本段还具有减少流动气流对已沉降液体扰动的功能。

积液段——收集液体，本段具有减少流动气流对已沉降液体扰动的功能。积液段还应有足够的容积，以保证溶解在液体中的气体能脱离液体而进入气相。对三相分离而言，积液段也是油水分离段。分离器的液体排放控制系统也是积液段的主要组成部分。为了防止排液时产生气体旋涡，除了保留一段液封外，也常在排液口上方设置挡板类的破旋装置。

除雾段——通常设在气体的出口附近，由金属丝网等元件组成，用于捕集沉降段未能分离出来的较小液滴（10～100μm）。微小液滴在金属丝网上发生碰撞、凝聚，最后结合成较大液滴下沉至积液段。

立式重力分离器占地面积小，易于清除筒体内污物，便于实现排污与液位自动控制，适于处理较大含液量的气体。

立式重力分离器占地面积小，易于清除筒体内污物，便于实现排污与液位自动控制，适于处理较小含液量且对分离效率要求不高的气体。

2）卧式重力分离器

这种分离器的主体为一卧式圆筒体，气流从一端进入，另一端流出，其作用原理与立式重力分离器大致相同。结构与分离原理如图3-2所示。

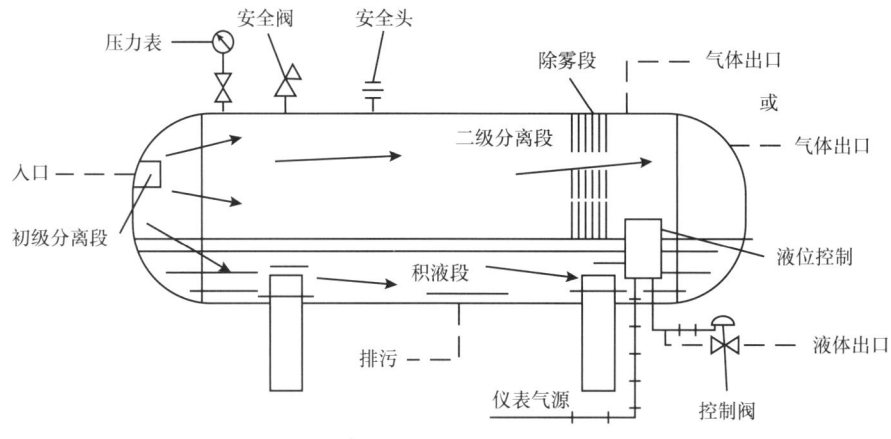

图 3-2　卧式重力分离器结构原理图

初级分离段——即气流入口处。气流的入口形式有多种，其目的在于对气体进行初级分离，除了入口处设挡板外，有的在入口内增设一个小内旋器，即在入口处对气、液进行一次旋风分离；还有的在入口处设置弯头，使气流进入分离器后先向相反方向流动，撞击挡板后再折返向出口方向流动。

二级分离段——即沉降段，此段是气体与液滴实现重力分离的主体，其各种参数为设计卧式重力分离器的主要依据。在立式重力分离器的沉降段内，气流向上流动，液滴向下沉降，两者方向完全相反，因而气流对液滴下降的阻力较大；而在卧式重力分离器的沉降段内，气流水平流动，与液滴运动的方向成90°夹角，因而对液滴下降的阻力小于立式重力分离器,通过计算可知卧式重力分离器的气体处理能力比同直径的立式重力分离器的气体处理能力大。

除雾段——此段可设置在筒体内,也可设置在筒体上部紧接气流出口处。除雾段除设置纤维或金属丝网外,也可采用专门的除雾芯子。

液体储存段——即积液段,此段设计常需考虑液体必须在分离器内的停留时间,一般储存高度按直径的50%考虑。

泥沙储存段——此段实际上在积液段下部,由于在水平筒体的底部,泥沙等污物有45°~60°的静止角,因此排污比立式重力分离器困难。有时此段需增设两个以上的排污口。

卧式重力分离器和立式重力分离器相比,具有处理能力较大、安装方便和单位处理量成本低等优点。但也有占地面积大、液位控制比较困难和不易排污等缺点。

3) 卧式双筒重力分离器

这种分离器也是利用被分离物质的重度差来实现分离的。它与卧式重力分离器的区别在于:它的气室和液室是分开的,即它的积液段是用连通管相连的另一个小筒体。气体经初级分离、二级分离(沉降)和除雾分离后的液滴,经连通管进入液室(下筒体),而溶解在液体中的气体则在液室中析出并经连通管进入气室(上筒体)。由于积液和气流是隔开的,避免了气体在液体上方流过时使液体重新汽化和液体表面的泡沫被气体带走的可能性。但由于其结构比较复杂,制造费用相对单筒体卧式容器较高,因而在应用中并不优选。图3-3为卧式两相分离器原理结构示意图。

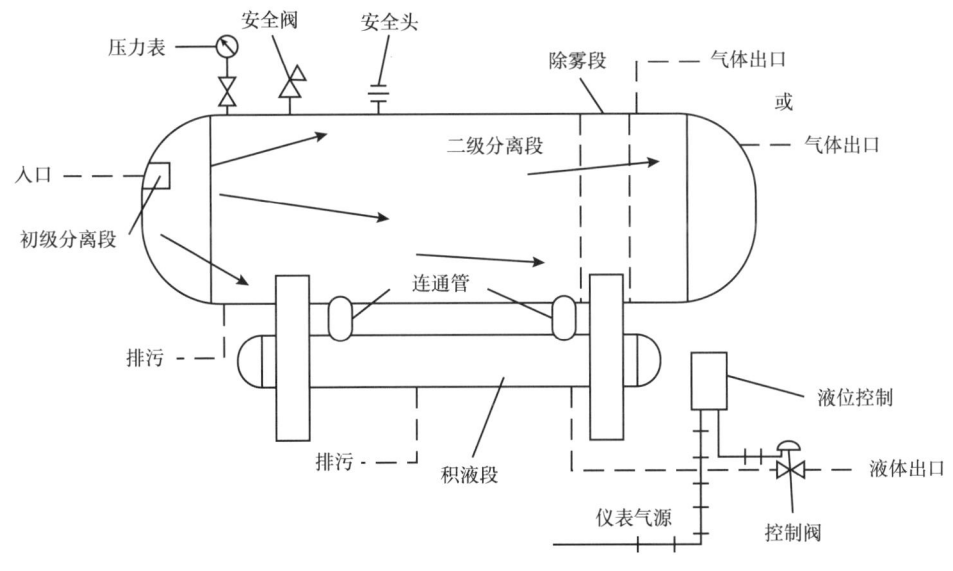

图 3-3 卧式两相分离器原理结构示意图

2. 三相重力分离器

三相重力分离器同两相重力分离器的结构和原理大致相同,也分为卧式三相分离器和立式三相分离器两种。

图3-4为卧式三相分离器示意图。流体进入分离器中,冲击到进口挡板。由于液流动

量突然发生变化,就产生了液体和气体的初始分离。在最常用的设计中,进口挡板包括一个降液器,将液流导向油气界面的下边,到达油水界面附近。分离器的液体收集段提供足够的沉降时间,以便油和乳化形成的液层或油垫层位于上面,游离水沉降到底部。图 3-4 说明了一个带有界面控制器和堰板的典型卧式分离器。界面控制器保持水位,液位控制器保持油位,该两种控制器分别控制排水阀和排油阀的自动开闭。

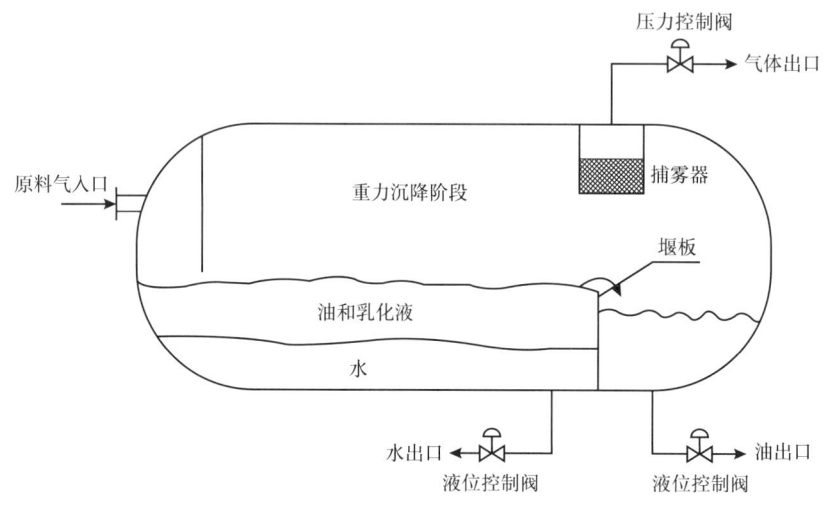

图 3-4　卧式三相分离器结构示意图

气体经水平方向流经捕雾器而流出,通过压力控制阀保持分离器内部压力不变。油气界面则根据气液分离的相对重要性,从直径的 50% 到直径的 75%,通常情况为直径的 50%。

图 3-5 是一种"槽替堰"的三相分离器结构。这种结构不需要液体界面控制器,油和水分别流经堰板,通过各自的堰板高度控制液位。油溢过油堰板,进到油槽内,水经过

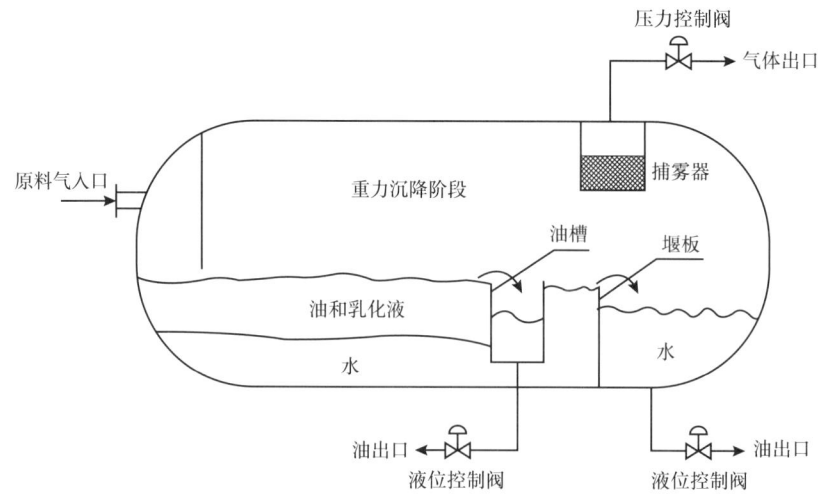

图 3-5　油槽和堰板结构的卧式三相分离器结构示意图

水堰板,进到水槽内。油槽、水槽内的液位分别通过一个能操控排液阀的液位计来控制,只需控制油槽、水槽内的液位不高于各自的堰板即可。

油堰板的高度控制着分离器的液位。油堰板和水堰板的高度差控制着由于油和水的相对密度差而形成的油层的厚度。分离器的水堰板高度要比油堰板高度足够低,这样就给油层提供了充分的油停留时间。如果水堰板过于低,而相对密度差又不如预期的那么大,则油层增长到一定厚度后可能使油从油槽下通过而进入水槽,从水的出口处流走,导致三相分离器内油水分离失衡。

图3-6是一个典型的立式三相分离器示意图。流体经侧面的入口进入分离器,在进口挡板处,气液开始初步分离。降液管是用来保证液体下漏过程在经过气液界面时而不至于干扰撇沫作用的产生。连通管用来平衡下段和气体分离段的压力,同时保证下部的液相闪蒸的气体进入上部的气相。分配器或降液管位于油水界面处,液体在此区域中逐渐分离,水滴向下运动,油滴向上运动。

有时也用到具有锥形底部的三相立式分离器。当介质含较多固体杂质时,就需要采用锥形底设计。锥体通常采用与水平线成45°或60°的角度,分离出来的固体杂质黏附在锥形壁面上并逐步沉降分离。

图3-7表示立式三相分离器三种不同的控制方法。(1)严格的液位控制。由位移浮筒(通常为液位计)来测定气液界面总高度,并控制存油段内的排油阀。另一个界面浮筒

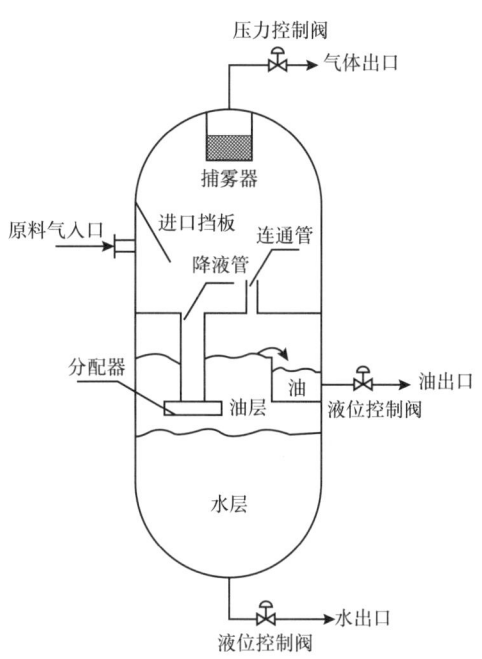

图3-6 典型的立式三相分离器示意图

(通常为界面计)来测定油水界面并控制排水阀。因为没有使用内部挡板或堰板,这种系统结构简单,最容易制造。(2)使用一个堰板来控制油—气界面处于一个不变的位置。这就使得在油上升到油堰板离开分离器之前,水已充分从油中分离,缺点是油箱占据了容器的部分空间导致制造成本略高。另外,沉积物和砂子可能集聚在油箱内,很难排除,因此还需要一个单独的紧急切断阀以防止排油阀关闭失效。(3)使用了两个堰板,这样就不需要界面浮筒,油水界面位置是用相对于油堰板高度或出口高度的外部水堰板的高度来控制的,类似于卧式分离器的油槽和堰板的设计。这种系统的优点是取消了界面液位控制,缺点是它需要另外的外部管线和空间。

3. 旋风分离器

这种分离器的主体由筒体与中心管组成(图3-8),气体进口管线与外筒体的连接成切线方向,气体出口管线在顶部与中心管连接。气流从切线方向进入外筒体与中心管之间的环形空间后做旋转运动或圆周运动,由于气、液质量的不同,所产生的离心力也不相同。由于液滴的相对密度远大于气体,故液滴首先被抛向分离器外筒体的内壁,并积聚成较大

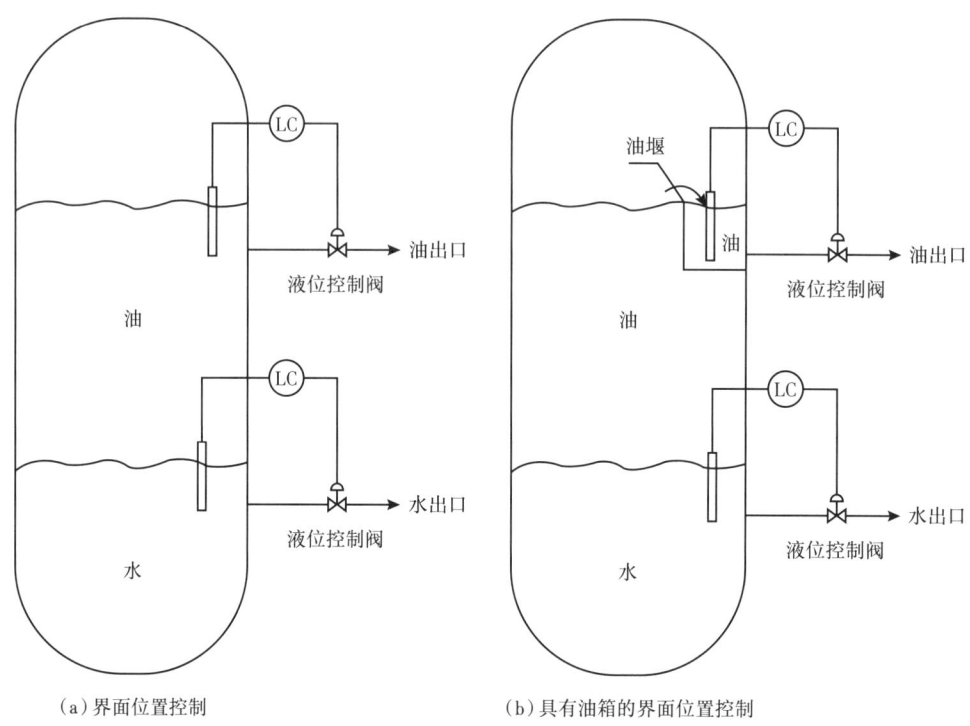

图 3-7 三相立式分离器三种不同的控制方法

的液团，在重力的作用下流向积液段。在分离器下部，由于气流从中心管折返向上，气液旋转速度降低，为了维持较大的离心力，故将筒体下部设计成圆锥形，以减少回转半径。

旋风分离器的离心力产生的分离力比重力产生的分离力要大得多。例如，一台直径为 0.5m 的旋风分离器，当气流进口的线速度为 15m/s 时，其离心加速度为 900m/s^2，而重力加速度才为 9.81m/s^2，相差近百倍。因此旋风分离器是一种处理能力大、分离效率高、结构简单的分离设备，可基本除去 5μm 以上的液滴。但它的分离效果对流速很敏感，一般要求处理负荷应相对稳定，这就限制了它在集输系统中的应用。

4. 过滤分离器

过滤分离器（图 3-9）的主要特点是在气体分离的气流通道上加上了过滤介质或过滤元件，当含微量液体的气流通过过滤介质或

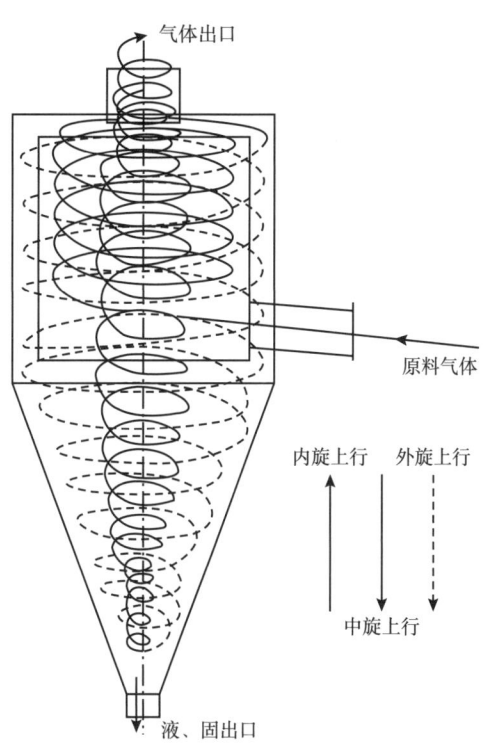

图 3-8　旋风分离器结构原理图

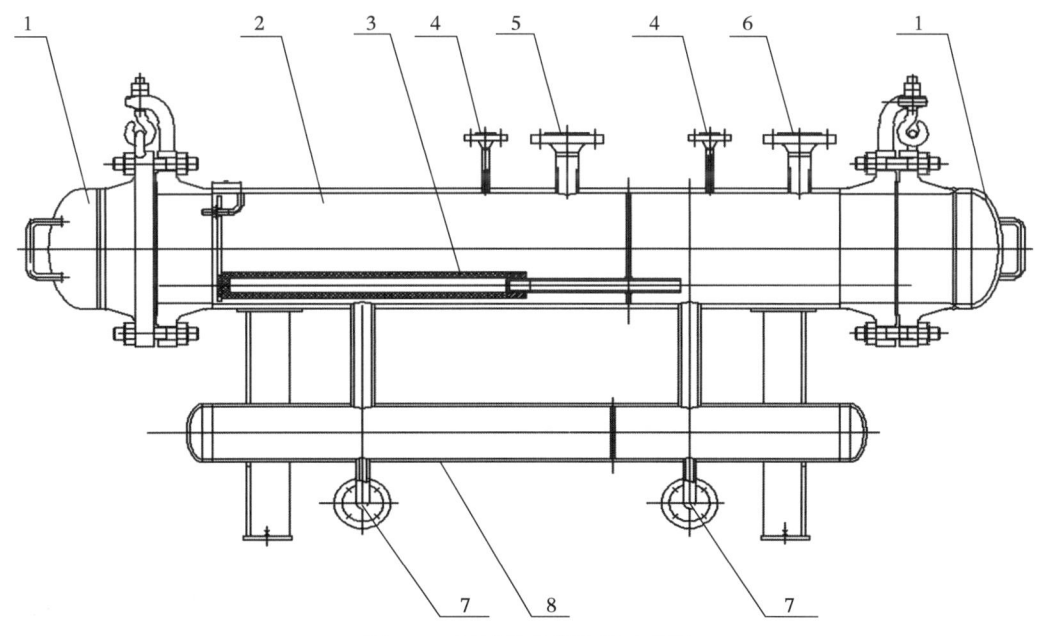

图 3-9　过滤分离器结构示意图

1—快开盲板或容器法兰；2—分离器筒体；3—过滤元件；4—差压计接口；
5—气体入口；6—气体出口；7—液体出口；8—积液筒体

过滤元件时,其雾状液滴会聚结成较大的液滴并和入口分离室里的液体汇合流入积液筒内。过滤分离器可以脱除100%直径大于2μm的液滴和99%的小到0.5μm以上的液滴。通常用于对气体净化要求较高的场合,如气体处理装置、压缩机站进口管路或涡轮流量计等较精密的仪表之前。

5. 百叶窗式分离器

百叶窗式分离器在气流通道上还增加百叶窗。通过入口段和沉降段分离后的较小液滴,在百叶窗的弯曲通道内碰撞折流板,并因液滴的表面张力作用凝聚成较大的液滴而被分离出来。这类分离器虽分离效果好,但因其内部结构复杂、制造成本高,故大多只用于凝析油气田的凝液回收和压缩机站内的气液分离。

6. 螺道式分离器

螺道式分离器是利用分离器筒体内壁与中心管之间的环形空间,以及中心管上的螺旋通道,为被分离的介质组成了一条专门的旋转通道,迫使天然气在螺旋通道内做旋转运动而产生离心分离作用。这种分离器目前设计处理量为 $5\times10^4 \sim 13\times10^4 \mathrm{m}^3/\mathrm{d}$,要求天然气含水量小于 $200\mathrm{g/m}^3$。虽然内部结构不太复杂,但加工精度要求较高。此种分离器虽然分离效率高,但因其制造难度较大,因此使用不如重力分离器普遍。

7. 多管干式除尘器

多管干式除尘器也是利用离心分离的原理进行工作的。天然气进入除尘器后,向下经多根除尘管分流,每根除尘管的下端均设有旋风子,气流经过旋风子时产生旋转运动,利用离心力的作用将气流中的固体颗粒与气体分离。对 $10\mu\mathrm{m}$ 和 $10\mu\mathrm{m}$ 以上的固体颗粒,其除尘效率达94%。这种分离器适用于净化气的分离,因此在输气干线上的中间清管站使用较多。

第二节 加热和热交换设备

加热设备将燃料燃烧或电流所产生的热量传给被加热介质使其温度升高。在油气集输系统中,它被用来将原油、天然气及其产物加热至工艺所要求的温度,以便进行输送、沉降、分离和粗加工等。

一、加热设备

1. 水套式加热炉

1) 水套加热炉的基本结构

水套加热炉是目前气田集输系统中应用较广的天然气加热设备。它是一种燃烧天然气加热常压下的水,再通过热水对管线内天然气进行加热的设备,易于操作和控制,热水不带压力,因此比常用的锅炉加热设备安全,且易于控制。水套加热炉主要由水套、被加热天然气盘管、燃烧器、火筒、烟囱等主要部件组成(图3—10),通常还配备有温度控制与熄火自动保护系统。

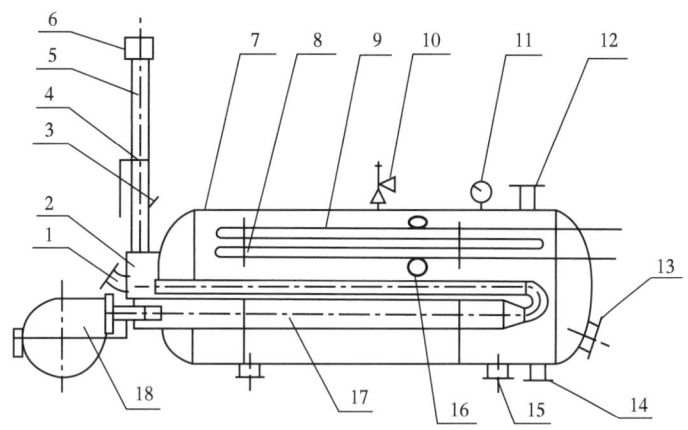

图 3-10 水套式加热炉结构原理图

1—防爆门；2—烟箱；3—烟气取样口；4—烟囱挡板；5—烟囱；6—烟囱附件；7—壳体；8—花板；
9—换热管组件；10—安全阀；11—压力表；12—补水口；13—检查孔；14—排污口；15—鞍式支座；
16—液面计口；17—火筒；18—燃烧器

2）水套加热炉的工作原理

燃料在炉体内位于下部的火筒内燃烧，热量通过火筒烟管壁传给中间传热介质"水"，水再加热在盘管内流动的被加热介质。

3）水套加热炉的应用和分类

水套加热炉的单台热负荷小，主要作为井口、计量站和接转站的加热装置，对油、气介质进行加热，以防被输送介质在输送过程中形成水合物。

根据燃烧方式水套加热炉分为以下两种。（1）微正压燃烧水套加热炉：采用机械通风微正压燃烧方式，燃烧器为强制供风式，并配备自动程序点火与熄火保护装置。大筒部分采用平直或平直与波形组合的火筒和螺旋槽，盘管采用可拆式螺旋槽"U"形管束，该水套加热炉的优点是热效率高、结构紧凑、钢材耗量少。（2）负压燃烧水套加热炉：采用负压燃烧方式，燃烧所需空气为自然进风。火筒与烟管采用"U"形或类似结构，该水套加热炉的优点是结构简单、适应性强、密封效果好。

2. 电加（伴）热

在集输系统中，通常采用电热带作为地面管线和设备的电伴热产品。电伴热系列产品除电热带外，还包括电热板及其配件，如温度控制器、接线盒和管卡等。电热带的优点主要是：热效率高，可达80%～90%；发热均匀、温度控制准确、反应快、可实现远程控制及遥控，易于实现自动化管理；管理费用低、投资少。主要缺点：电热丝寿命短，易于出现断路的情况，且断路的机会随电热带的长度增加而增加；电热带更换时还需更换保温层。从目前气田集输工程中电热带的应用情况来看，也存在电热丝易于断路的问题。但总的来说，电热带已在逐步推广使用。

电热带主要有单相恒功率电热带、三相恒功率电热带、高温电热带以及自限式电热带等几种形式。单相恒功率电热带基本结构如图3-11所示，电热带主要由两根平行的电源母线和电热丝,以及必要的绝缘材料组成,电热丝每隔一定距离与母线连接,形成连续的并联电阻。所谓"发热节长"即每根电热丝与母线连接的距离。母线通电后,将各电阻丝同时加热,形成一条连续的电加热带。对电加热带的温度控制主要利用温度控制器。温度控制器由感温包、毛细管和温控电触器等组成。它可以实现电热带温度的就地控制,温控精度在±4℃左右。

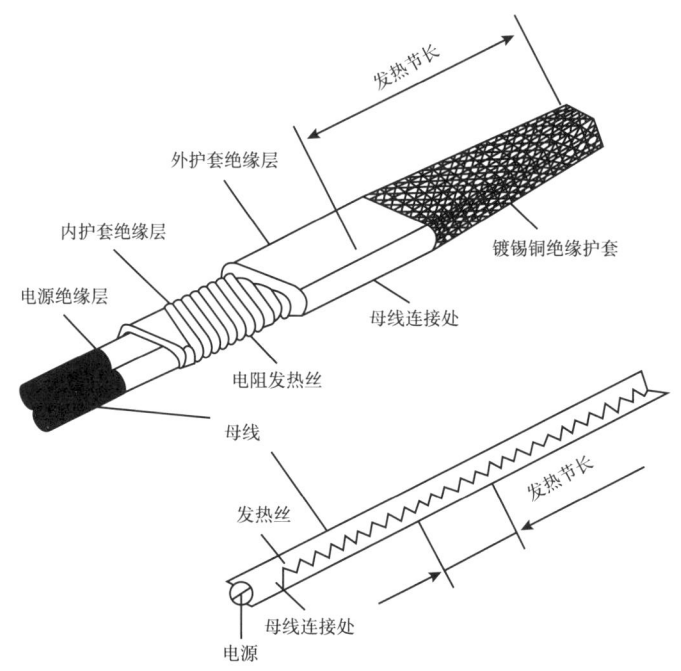

图 3-11 单相恒功率电热带基本结构

3. 圆筒形管式加热炉

圆筒形管式加热炉按其内部结构形式可分为以下几种。

1)螺旋管式(图 3-12a)和纯辐射式(图 3-12b)

当炉子热负荷非常小时,而且对热效率无要求时,采用这两种炉型。它们是最简单、最便宜的炉子。螺旋管式加热炉内炉管是一段盘绕成螺旋状的小管,其优点是运行时管内压降小,检修时能完全排空。

2)有反射锥的辐射——对流型(图 3-12c)

过去它是立式圆筒炉的典型代表,最适于流体进、出炉温升不大时使用,热效率比螺旋管式和纯辐射式高。但是这种炉子为了强化传热,在炉膛顶部使用了反射锥,当炉子烧劣质燃料时容易腐蚀损坏,燃烧器的火焰尖部也容易舔到反射锥上造成烧损。近年来已不大使用这种炉型了。

3)无反射锥的辐射——对流型(图 3-12d)

这种圆筒炉取代上述有反射锥的辐射式,已成为现代立式圆筒炉的主流。它取消了反射锥,能够建成较大的炉子。它的对流室水平布置若干排管子,并尽量使用钉头管和翅片

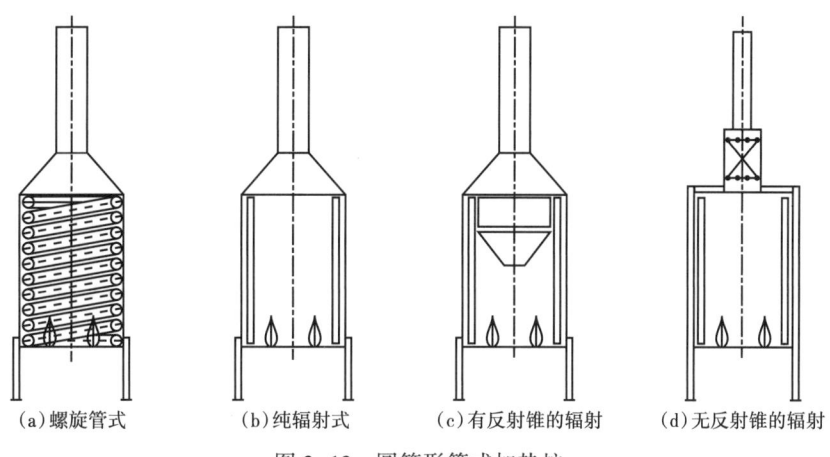

图 3-12 圆筒形管式加热炉

(a) 螺旋管式　(b) 纯辐射式　(c) 有反射锥的辐射　(d) 无反射锥的辐射

管，热效率较高。它的制造及施工简单，造价低，是管式加热炉中应用最广泛的炉型。但是，这种炉子放大以后，炉膛内显得太空，炉膛体积发热强度将急剧下降，结构上和经济上都开始不利。为了克服这一缺点，可以在大型圆筒炉的炉膛内增添炉管，如图 3-13 所示。

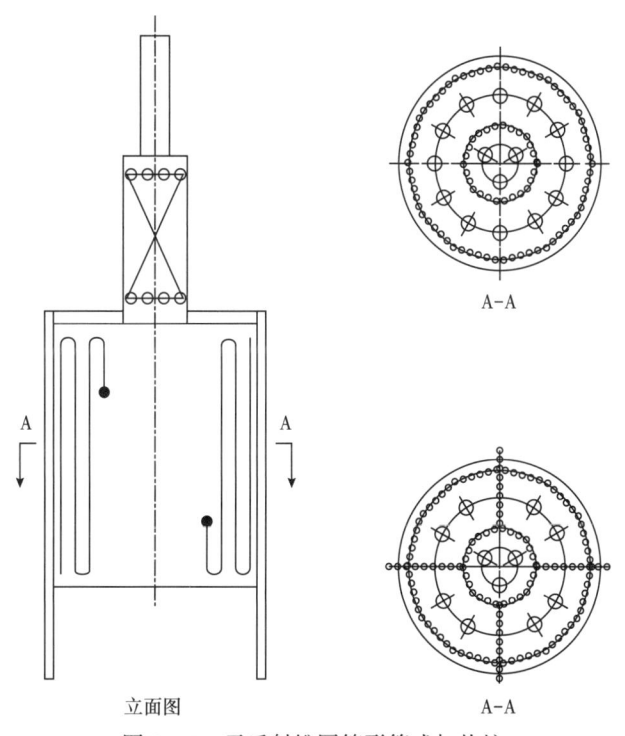

立面图　　　A—A

图 3-13 无反射锥圆筒形管式加热炉

二、热交换设备

在高含硫气藏开发地面集输工艺中，热交换器应用得极少。如根据实际工况，需要增加热交换设备时，可参照净化厂用热交换设备。常见的净化厂用热交换设备有：列管式热交换器、套管式换热器、蛇管式换热器、板式换热器、釜式换热器等。

三、塔设备

塔是集输工程中的重要设备之一,它可使气(或汽)液或液液两相之间进行紧密接触,达到相际传质及传热的目的。矿藏采出的天然气中通常含有 H_2S、CO_2 饱和水等杂质。天然气中水分的存在会减小管道的输送能力,并使天然气的热值降低;在一定条件下还会生成水合物堵塞管线。水与 H_2S 或 CO_2 反应生成酸,从而增加管道和输送设备的腐蚀,甚至引起 H_2S 应力开裂。塔的作用就是让天然气与吸附剂通过接触进行传质,达到除去杂质的目的。

塔设备按操作压力可分为加压塔、常压塔和减压塔;按单元操作可分为精馏塔、吸收塔、解吸塔、萃取塔、反应塔和干燥塔;按塔的内件结构可分为板式塔(图3-14)和填料塔(图3-15)。按塔盘类型板式塔又可分为泡罩塔、浮阀塔、筛板塔和舌形塔等。

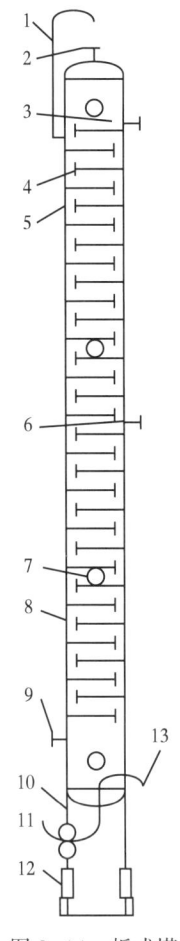

图3-14 板式塔

1—吊柱;2—气体出口;3—回流液入口;
4—精馏段塔盘;5—壳体;6—液料进口;7—人孔;
8—提馏段塔盘;9—气体入口;10—裙座;
11—排污口;12—出入孔;13—釜液出口

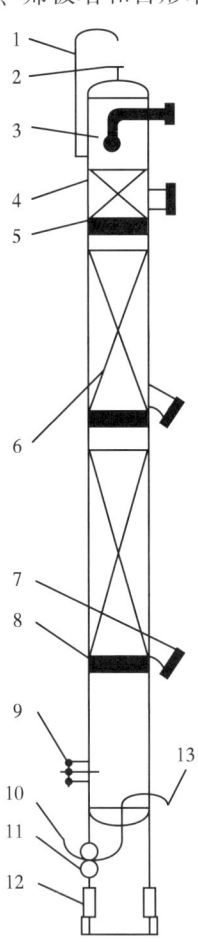

图3-15 填料塔

1—吊柱;2—气体出口;3—喷淋装置;4—壳体;
5—液体再分配器;6—填料;7—卸填料人孔;
8—支承装置;9—气体入口;10—排污口;
11—裙座;12—出入孔;13—釜液出口

1. 脱水吸收塔

脱水吸收塔的作用是利用溶剂吸收天然气中的水分从而达到脱水的目的。工作介质为井口天然气（或脱硫后的净化天然气）和脱水剂（通常为三甘醇溶液）。通常用于无自由压降可利用、脱水后干气水露点要求较低、能满足管输要求以及下游无法采用深冷法回收轻烃的场合，如井口天然气脱水、净化厂天然气脱水等。

脱水吸收塔通常采用的是泡罩塔盘，它具有塔板效率较高、操作弹性较大（在负荷变动范围较大时仍能保持较高的效率）、处理量较大、气液比的范围大、不易堵塞、操作稳定可靠等优点。由于溶液循环量较小，因此对塔盘的密封要求较高。

来自集气站的原料气经分离和过滤后（或经脱硫处理后的净化气）进入脱水吸收塔的下部，自下而上流动；三甘醇（贫）溶液（或经再生后的三甘醇贫液）从塔的上部进入吸收塔，自上而下流动；两种介质在泡罩塔盘上逆向接触进行传质，从而脱除天然气中的水分。湿天然气从下向上经数层塔盘后成为干气，并从塔顶流出；三甘醇贫液从上向下经数层塔盘后，因不断吸收水分而成为富液，并从塔的下部流出，然后进入再生系统进行再生；再生后的贫液又从塔的上部进入吸收塔，从而完成了三甘醇的吸收和再生循环过程。

脱水吸收塔的选材应根据其操作压力、操作温度、介质腐蚀性、制造以及经济合理性等诸因素来综合考虑。壳体材料通常选用碳素钢和低合金钢，塔盘材料多选用不锈钢。常用材质通常为 Q245R、Q345R、20G、16MnG、20 锻件、16Mn 锻件、0Cr18Ni10Ti 等。如天然气中含有 H_2S、CO_2 等酸性气体，选材时还应考虑应力腐蚀开裂（SCC）和氢诱发裂纹（HIC）等因素。

2. 脱硫吸收塔

脱硫吸收塔的作用是利用溶剂来吸收天然气中的 H_2S 从而达到脱硫的目的。工作介质为原料天然气和脱硫剂（通常为 MDEA 溶液）。通常用于净化厂中的脱硫，以防止 H_2S 对下游设备和管道的腐蚀，以及满足商品天然气对 H_2S 含量的控制指标。

脱硫吸收塔通常采用的是浮阀塔盘，它具有处理能力大（浮阀在塔盘板上可以安排得比泡罩更紧凑，其生产能力可比泡罩塔盘提高 20%~40%）、操作弹性大（浮阀可在一定范围内自由升降以适应气量的变化，而气缝速度几乎不变，故能在较宽的流量范围内保持较高的效率。它的操作弹性为 5~9）、塔板效率高（由于气液接触状态良好，且气体以水平方向吹入液层，故雾沫夹带较少，一般情况下其效率比泡罩塔盘高 15% 左右）、压力降小（气流通过浮阀时，只有一次收缩、扩大及转弯，故其塔盘压降比泡罩塔盘低）、液面落差较小（浮阀形状简单，可降低液面落差）、气体分布均匀、结构简单等优点。由于脱硫吸收塔的溶液循环量较大，因而对塔盘的密封要求不是很高，故制造和安装都较为容易。

从集输站场来的原料天然气经分离和过滤后，从塔的下部进入，自下而上流动；脱硫剂从塔的上部进入，自上而下流动；两者在塔盘上逆向接触进行传质，经数层塔盘后，原料气中的 H_2S 被脱硫剂吸收成为净化气，并从塔顶流出。

因原料天然气中含有 H_2S 等酸性介质，故其材质的选择不但要考虑操作温度、操作压力、介质腐蚀性、制造及经济合理性等综合因素，还要考虑 H_2S 可能引起的应力腐蚀开裂

(SCC)和氢诱发裂纹(HIC)等因素。通常采用的材料有碳素钢、低合金钢等,但必须作抗硫评定。

第三节 清管收发工艺及设备

一、清管收发工艺

清管收发工艺旨在提高管道输送能力,确保管道的安全运行。图3-16为清管收发系统的工作原理图。

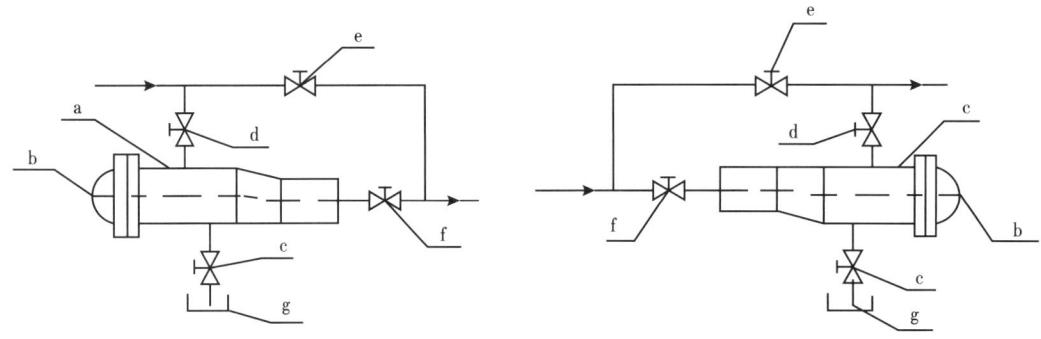

图3-16 清管收发工艺原理图
a—收发球筒;b—快开盲板;c—排污排空阀;d,e,f—与管径等径的球阀;g—封闭式污水罐

经过天然气集输工艺多年的发展,目前,清管收发工艺已经实现了工艺标准化(图3-17)。

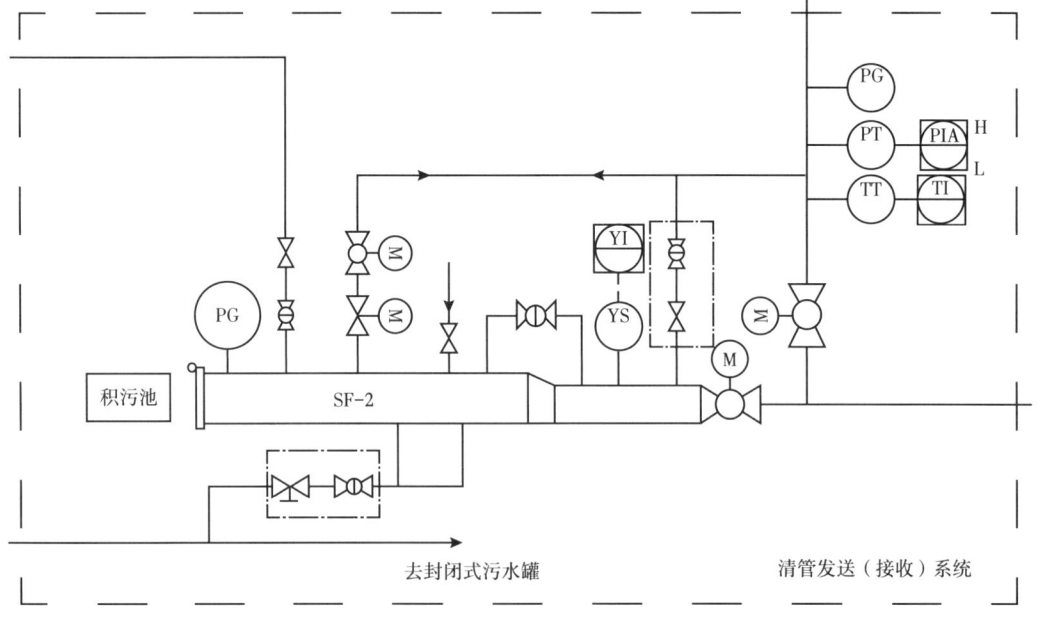

图3-17 收发球标准化工艺流程

二、清管收发球筒

清管收发球筒是清管收发工艺的主要设备。清管器收发球筒主要由筒体、法兰、快开盲板、清管指示器等组成。清管器收发球球筒主要用于石油、化工、电力、冶金等行业各类集输管道清管、除蜡、除垢等作业时安置和回收清管器。

清管器收发球筒，材质和承压能力必须满足设计和介质要求。可选用卡箍式、锁环式、插扣式等几种类型快开盲板。插扣式快开盲板具有开启方便、安全自锁（盲板自锁、防振、防松动、开启可二次卸压）等性能，使操作更加简洁、安全；卡箍式快开盲板除安全自锁外，还做到了盲板锁紧时，密封圈与密封面之间无相对转动，密封圈不易损坏，从而更好地保护了密封系统；锁环式与卡箍式快开盲板一样，具有较大的承压能力及良好的性能。图3-18为收发球筒产品实物图。

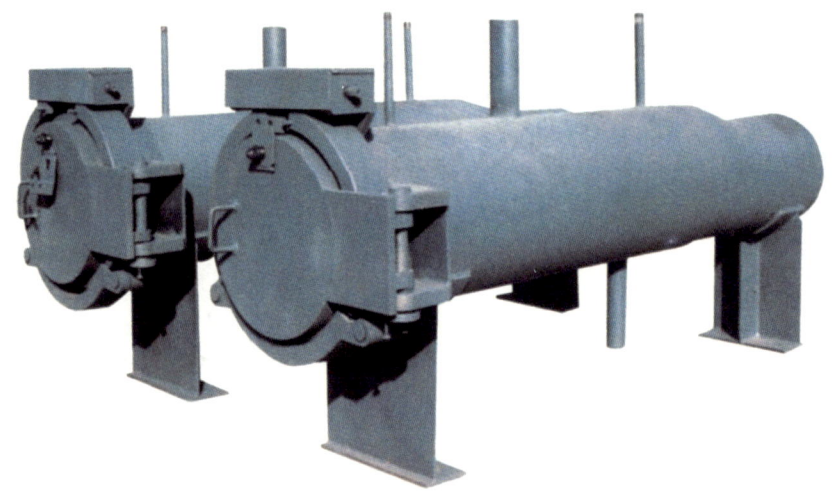

图3-18 收发球筒产品实物图

第四节 火炬系统用设备

火炬系统由高压放空分离器、低压放空分离器、含硫污水压送罐、高压放空火炬、低压放空火炬、高压点火系统、低压点火系统以及相应的监测和控制仪表构成。

一、放空分离器

放空分离器属于气液重力分离器的一种，通常采用卧式容器（图3-19）。根据高压放空管线和低压放空管线的需求，又分为高压放空分离器和低压放空分离器。设置放空分离器的目的是为了防止火炬燃烧时，因放空气体常带入大于300μm的液滴，形成"火雨"，影响正常燃烧。

放空分离器的原理和两相气液分离器是相同的，设计时可以参照两相气液分离器的设计方法和思路。

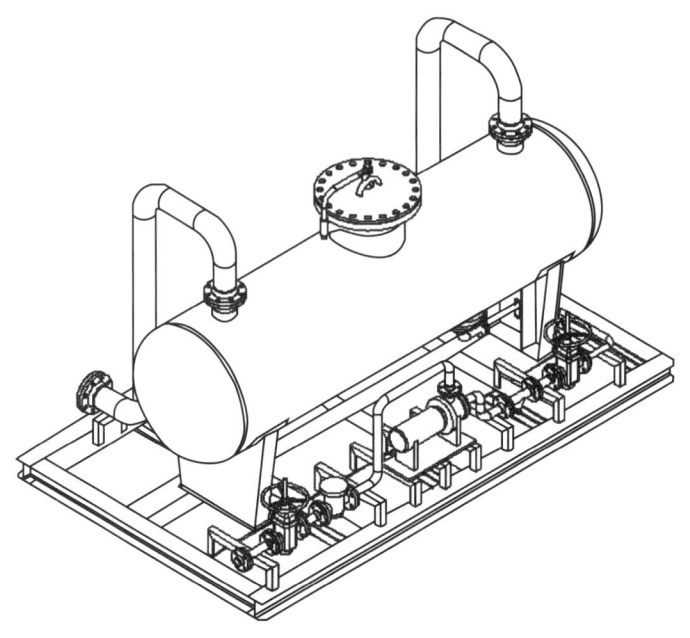

图 3-19　放空分离橇

二、含硫污水压送罐

放空分离器分出的凝液先自流进入含硫污水压送罐储存,后用氮气压送或泵送至气回火处理装置或拉运至其他处理装置。

含硫污水压送罐实质是一个储液水罐,通常工作压力小于 1MPa。可选用相应的压力容器用钢进行制造,通常采用内衬和内深防腐。

三、高低压放空火炬

高低压放空火炬通常由放空气入口、出口、液体沉降筒体、火炬头、封头、人孔、排污口、检查口、裙座等主要元件组成(图 3-20)。

高压火炬头、低压火炬头上均分别配设 3 支高效、节能型长明灯,为保证火炬系统的运行安全,长明灯保持不熄灭。长明灯点火可由 4 种方式实现,通常会包含其中两种以上的点火方式:

(1)操作人员在火炬现场按点火按钮,通过高空电点火枪点燃长明灯。

(2)操作人员在控制室内按点火按钮通过高空电点火枪点燃长明灯。

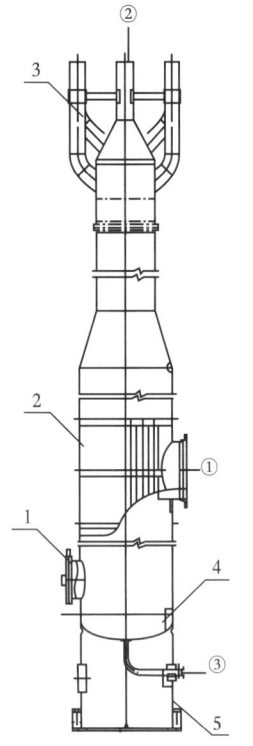

图 3-20　火炬系统示意图
1—人孔；2—筒体；3—火炬头；
4—封头；5—裙座；
①—进气口；②—出气口；③—排污口

(3)可由高空电点火装置通过自动点火方式点燃长明灯。
(4)可由地面手动点火装置通过内传火管点燃长明灯。

第五节 三剂加注装置

一、概述

三剂加注装置常用于天然气井口及管道的防腐、消泡和防冻工艺的处理。三剂,通常指防腐剂、消泡剂和防冻剂。三剂加注装置主要由储液罐、加注泵(计量泵)、过滤器、阀门、管道及检测和控制仪表构成(图3-21)。

图3-21 三剂加注橇产品图

二、加注工艺

从储液罐出口流出的药剂经低压过滤器过滤后,由计量泵加压送出,再经过高压过滤器由加注头雾化后将药剂加注到单井或集气管道内(图3-22)。若药剂为缓蚀剂,喷射到井口油套管环形空间或站场管道内,雾化后的缓蚀剂液滴比较均匀充满了井口油套管环形空间或管道内,这些液滴能够比较均匀地附着在钢材表面上,形成保护膜。加注工艺的技术关键是加注头,其雾化效果好坏决定了缓蚀剂的保护效果。因此,应根据加注橇与加注点的距离选择合适的加注头工艺(图3-23)。

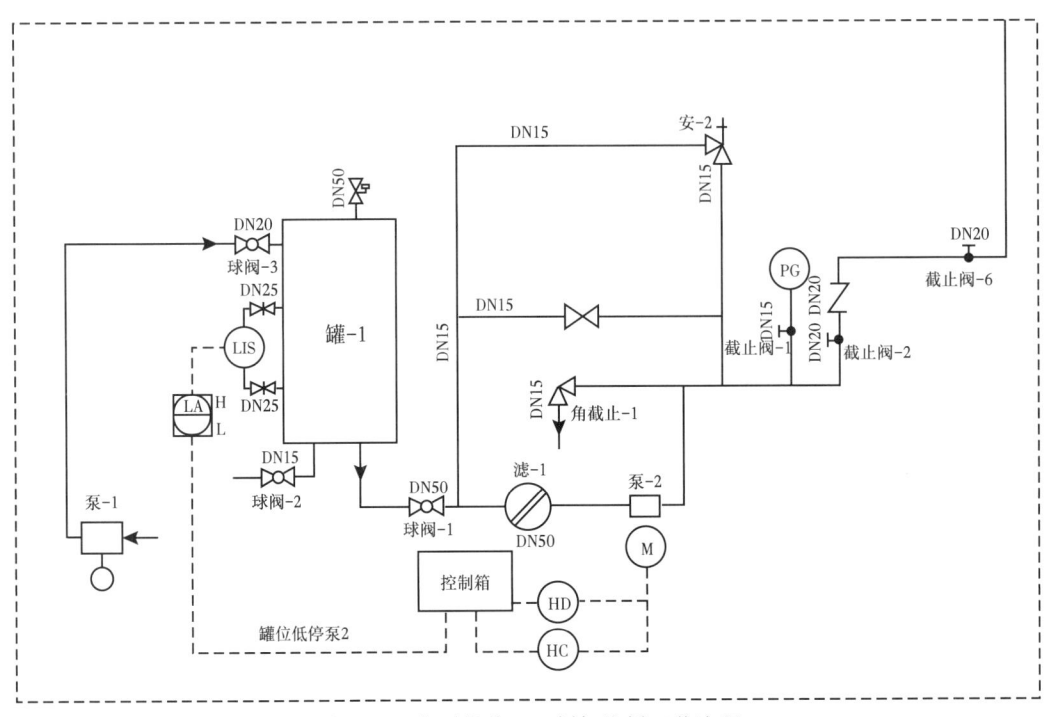

图3-22 典型的井口三剂加注橇工艺流程

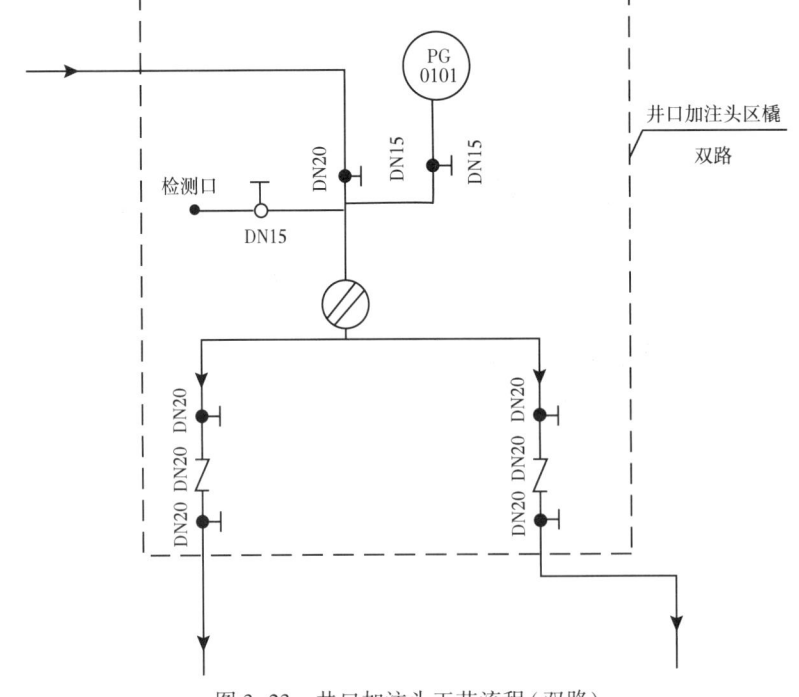

图3-23 井口加注头工艺流程(双路)

第六节 泵

一、概述

泵是一种把动力机械的机械能转变成所输送流体的能量（动能、势能）的机械。泵是一种通用机械，广泛用于农业、建筑、电力、石油、化工、冶金、造船、轻工、汽车等多个行业。泵的种类繁多，形状各异。通常根据工作原理和结构划分，泵的类型有以下几种。

(1)叶片式泵。它是利用叶片的旋转来输送液体的。按叶轮旋转时产生的水力不同，叶片式泵又分为离心泵、轴流泵、混流泵和旋涡泵。其中，离心泵又有单吸泵和双吸泵、单级泵和多级泵、蜗壳式泵和分段式泵、立式泵和卧式泵、屏蔽泵和磁力驱动泵以及高速泵之分。此外，旋涡泵也有单级泵和多级泵、离心旋涡泵之分。

(2)容积式泵。它是靠工作室容积周期变化来输送液体的。容积式泵根据工作室容积改变的方式又分为往复泵和转子泵两种。往复泵是利用柱塞在泵缸内做往复运动来改变工作室的容积而输送液体的。如曲柄连杆式往复泵，直线电机式往复泵，都是动力机械带动柱塞往复运动，一吸一排来进行液体输送的。回转泵是通过旋转来改变工作室容积而输送液体的，如转子泵。

(3)其他类型的泵。除叶片式泵和容积式泵外的泵都归在其他类型的泵一类。该类泵常见的有螺旋泵、射流泵(又称水射器)、水锤泵、水轮泵、气升泵(空气升液泵)等。

因泵的类型众多，下面仅介绍在高含硫气藏天然气集输场合常用的泵。

二、高含硫气藏地面集输常用泵类

1. 三剂加注泵

泵注药剂，通常在井口或管道上进行。根据加注压力、流量和介质特性，可分别选用柱塞式计量泵、液压隔膜式计量泵、机械隔膜式计量泵和波纹管式计量泵。上述四种泵均属于计量泵。

1) 柱塞式计量泵

柱塞式计量泵(图3-24)与普通的往复泵结构基本一致，其液力端由液缸、柱塞、吸入和排出阀、密封填料等组成，除应满足普通往复泵液力端设计要求外，还应对泵的计量精度有影响的吸入阀、排出阀、密封等部件进行精密设计与选择。柱塞式计量泵具有以下特点：

(1)价格较低；

图3-24 柱塞式计量泵

(2)流量可达到 76m³/h，流量在 10%~100% 的范围内，计量精度可达±1%，压力最大可达 350MPa，出口压力变化时，流量几乎不变；

(3)能输送高黏度介质，不适于输送腐蚀性浆料及危险性化学品；

(4)轴封为填料密封，有泄漏，需周期性调节填料，填料与柱塞易磨损，需对填料环作压力冲洗和排放；

(5)无安全泄放装置。

2）液压隔膜式计量泵

液压隔膜式计量泵通常称隔膜计量泵，如图 3-25 所示，分为单隔膜和双隔膜计量泵。隔膜计量泵在柱塞前端装有一层隔膜（柱塞与隔膜不接触），将液力端分割成输液腔和液压腔。输液腔连接泵吸入、排出阀，液压腔内充满液压油（轻质油），并与泵体上端的液压油箱（补油箱）相同。当柱塞前后移动时，通过液压油将压力传给隔膜并使之前后挠曲变形引起容积变化，起到输送液体的作用及满足精确计量的要求。液压隔膜计量泵具有以下特点：

(1)价格较高；

(2)无动密封，无泄漏，有安全泄放装置，维护简单；

图 3-25　液压隔膜计量泵

(3)压力可达 35MPa，流量在 10%~100% 的范围内，计量精度可达±1%，压力每升高 6.9MPa，流量下降 5%~10%；

(4)适用于中等黏度介质。

3）机械隔膜式计量泵

机械隔膜式计量泵（图 3-26）的隔膜与柱塞机构连接，无液压油系统，柱塞的前后移动直接带动隔膜前后挠曲变形。机械隔膜计量泵具有如下特点：

(1)价格较低；

(2)无动密封，无泄漏；

(3)能输送高黏度介质、腐蚀性浆料和危险性化学品；

(4)隔膜承受高压力，隔膜寿命较低；

(5)无安全泄放装置；

(6)出口压力在 2MPa 以下，流量使用范围较小，计量精度为±5%，

图 3-26　机械隔膜计量泵

当压力从最小到最大时,流量变化可达10%。

4)波纹管式计量泵

波纹管式计量泵结构与机械隔膜计量泵相似,只是以波纹管取代隔膜,柱塞端部与波纹管固定在一起(图3-27)。当柱塞往复运动时,使波纹管被拉伸和压缩,从而改变液缸的容积,达到输液与计量的目的。波纹管式计量泵具有如下特点:

(1)价格较低;

(2)无动密封,无泄漏;

(3)最宜于输送真空、高温、低温介质,出口压力在0.4MPa以下,计量精度较低。

图 3-27 波纹管式计量泵

2. 气田水回注泵

图3-28是SY/T 6596—2016《气田水注入技术要求》标准中推荐的气田水回注工艺原理框图。在气田水回注过程中,常采用回注泵进行回注。

目前,在天然气井站,根据井口压力的不同,有两种形式的泵被广泛采用。

1)往复式活塞泵(往复泵)

往复式注水泵是一种用于注水的往复泵,是容积泵的一种(图3-29)。该类泵具有泵效较高、工作平稳、操作方便、压力排量调节范围广、易损件寿命长的特点。但就现有技术条件,通常往复式活塞泵能够排出的最大压力为45MPa左右,已不能完全满足生产需求。

往复式注水泵具有以下优缺点。

(1)往复注水泵的优点:

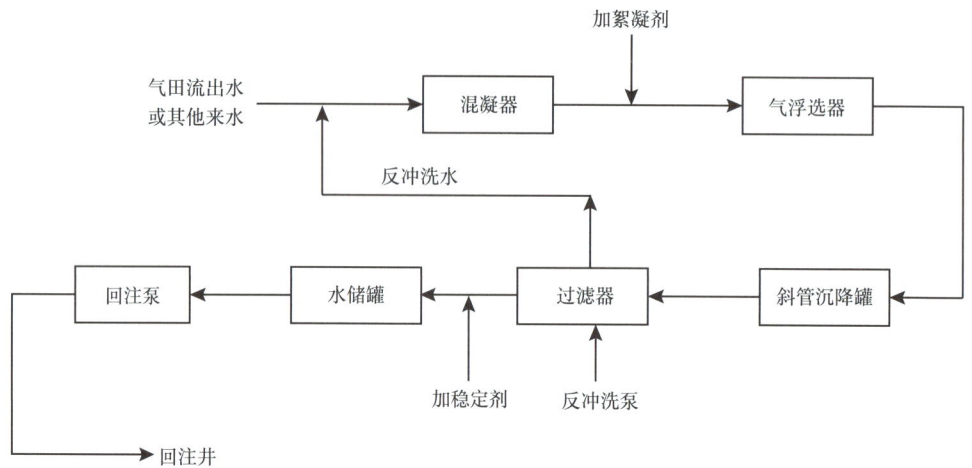

图 3-28　气田水回注工艺

图 3-29　往复式活塞泵

①可获得很高的排压，且流量与压力无关，吸入性能好，效率高；
②原则上可输送任何介质，几乎不受介质的物理或化学性质的限制；
③泵的性能不随压力和输送介质黏度的变动而变动。
（2）往复注水泵的缺点：
①流量不是很稳定；
②同流量下比离心泵庞大；
③结构复杂，资金用量大，不易维修等。

2)往复式柱塞泵(柱塞泵)

柱塞泵分为径向柱塞泵和轴向柱塞泵,属于往复泵的一种(图3-30)。排出压力通常能达到45MPa,甚至100MPa以上。

图3-30 往复式柱塞泵

选用柱塞泵,有以下几个优缺点。
(1)优点:
①参数高,即额定压力高、转速高,泵的驱动功率大;
②效率高,容积效率为95%左右,总效率为90%左右;
③寿命长;
④使用方便,形式多;
⑤单位功率的重量轻;
⑥柱塞泵主要零件均受压应力,材料强度性能可得到充分利用。
(2)缺点:
①结构较复杂,零件数较多;
②自吸性差;
③制造工艺要求较高,成本较高;
④对油液的污染较敏感,要求较高的过滤精度,对使用和维护要求较高。
柱塞泵可以分为轴向柱塞泵,直轴斜盘式柱塞泵,径向柱塞泵,液压柱塞泵。

3. 压裂返排液处理装置用泵

螺杆泵是容积式转子泵,它是依靠由螺杆和衬套形成的密封腔的容积变化来吸入和排出液体的(图3-31)。螺杆泵按螺杆数目分为单螺杆泵、双螺杆泵、三螺杆泵和五螺杆泵。螺杆泵的特点是流量平稳、压力脉动小、有自吸能力、噪声低、效率高、寿命长、工作可靠;而其突出的优点是输送介质时不形成涡流、对介质的黏性不敏感,可输送高黏度介质。

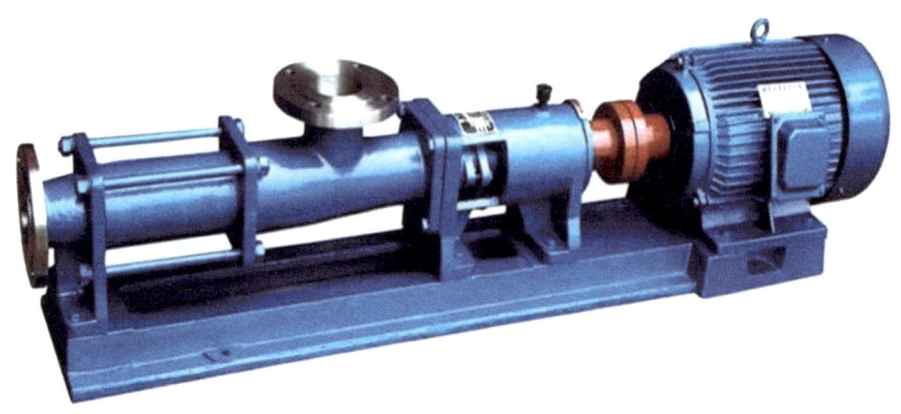

图 3-31 螺杆泵

4. 脱水装置溶液循环泵

溶液循环泵指装置中输送反应、吸收、分离、吸收液再生的循环液用泵(图 3-32)。一般采用单级离心泵。溶液循环泵的流量为中等大小,在稳定工作条件下,泵的流量变化比较小。它的扬程较低,只是用来克服循环系统的压力降。可采用低扬程离心泵。离心泵具有下述优点和缺点,在选用时需要注意。

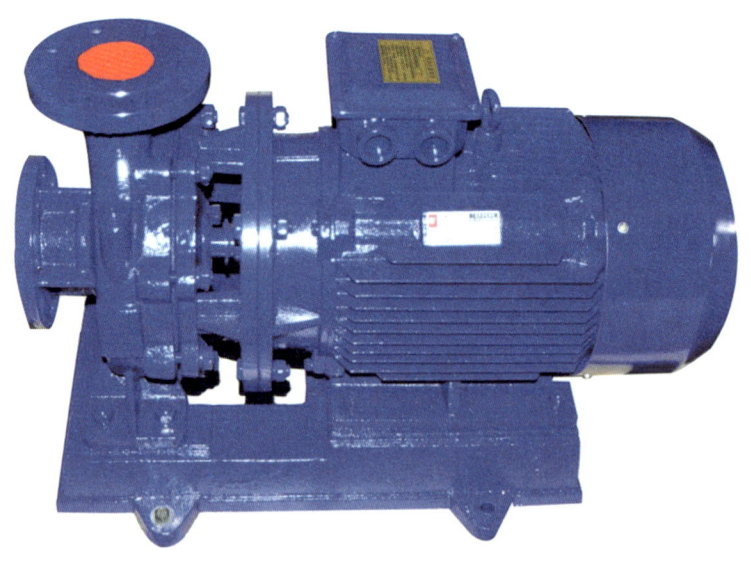

图 3-32 溶液循环泵(离心泵)

(1)离心泵的优点:
①流量连续均匀,基本无脉冲现象,工作平稳,适用的流量范围大;
②转速高,可与电动机或汽轮机直接相连,结构简单紧凑,可串联多级,尺寸小,造

价低；

③对杂质不敏感，易损件少，维修方便。

(2)离心泵的缺点：

①没有自吸能力，启动时要充满液体，有气缚现象；

②对于供应小流量、大压头的情形不适宜，不适合高黏度介质。

三、泵的选型

1. 选型参数的确定

1)输送介质的物理化学性能

输送介质的物理化学性能、材料和结构，是选型时需要考虑的重要因素。介质物理化学性能包括：介质名称、介质特性(如腐蚀性、耐磨性、毒性等)、固体颗粒含量及颗粒大小、密度、黏度、气化压力等。必要时还应列出介质中气体含量、说明介质是否易结晶等。

2)工艺参数

工艺参数是泵选型的最重要依据，应根据工艺流程和操作变化范围慎重确定。

(1)流量 Q 是指工艺生产装置生产中，要求泵输送的介质量，通常给出正常流量、最大流量和最小流量。

泵的数据表上通常只给出正常流量和额定流量，选泵时，要求额定流量不小于装置的最大流量，或取正常流量的 1.1~1.15 倍。

(2)扬程 H 指工艺装置所需的扬程值，也称为计算扬程。一般要求泵的扬程为装置扬程的 1.05 倍。

(3)进口压力 p_s 和出口压力 p_d 是指泵进出口接管法兰处的压力，进出口压力的大小影响到壳体的承压和轴封的要求。

(4)温度 T 指泵的进口介质温度，一般应给出工艺过程中泵进口介质的正常温度、最低温度和最高温度。

(5)装置气蚀裕量 NPSHa 也称有效气蚀余量。

(6)操作状态分为连续操作和间歇操作两种。

3)现场条件

现场条件包括泵的安装位置(室内、室外)，环境温度，相对湿度，大气压力，大气腐蚀状况及危险区域的划分等级等条件。

2. 泵类型、系列和型号的确定

1)泵的类型确定

泵的类型应根据装置的工艺参数、输送介质的物理和化学性质、操作周期和泵的结构特性等因素合理选择。图 3-33 为泵类型选择框图，可供选型时参考。根据该框图可以初步确定符合装置参数和介质特性要求的泵类型。离心泵具有结构简单、输液无脉动、流量调节简单等优点。因此除以下情况外，应尽量选用离心泵。

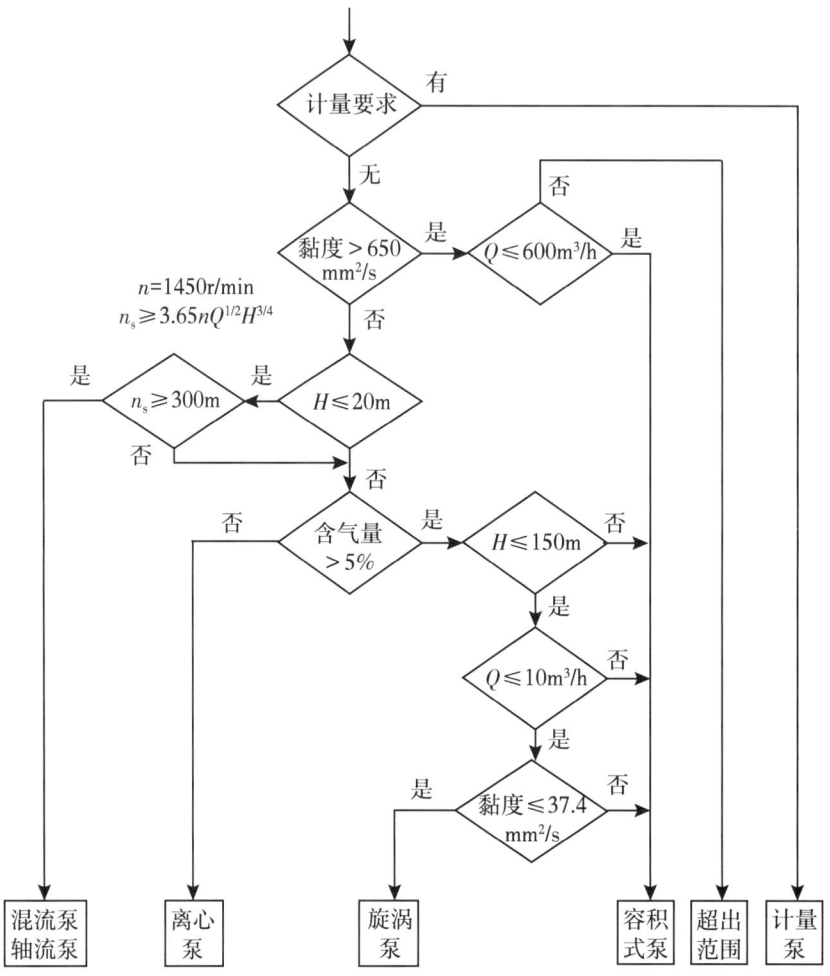

图 3-33 泵的选型框图

(1) 有计量要求时,选用计量泵。

(2) 扬程要求很高,流量很小且无适合小流量高扬程离心泵可选时,可选用往复泵,如气蚀要求不高时也可选旋涡泵。

(3) 扬程很低,流量较大时,可选用轴流泵和混流泵。

(4) 介质黏度较大(大于 $650\text{mm}^2/\text{s}$)时,可考虑选用转子泵,如螺杆泵或往复泵;黏度特别大时,可选用特殊设计的高黏度螺杆泵或高黏度往复泵。

(5) 介质含气量大于 5%,流量较小且黏度小于 $37.4\text{mm}^2/\text{s}$ 时,可选用旋涡泵。如允许流量有脉动,可选用往复泵。

(6) 对于启动频繁或灌泵不便的场合,应选用具有自吸能力的泵,如自吸式离心泵、自吸式旋涡泵、容积式泵等。

2) 泵系列的确定

泵系列是指泵厂生产的同一类结构和用途的泵,如 IS 型清水泵,Y 型油泵,ZA 型化工流程泵，SJA 型化工流程泵等。当泵的类型确定后，就可以根据工艺参数和介质特性来选择泵的系列和材料。

如确定选用离心泵后，可进一步考虑如下项目。

(1)根据介质特性选用哪种特性泵，如清水泵、耐腐蚀泵，或化工流程泵和杂质泵等。介质为剧毒、贵重或有放射性等不允许泄漏物质时，应考虑选用无泄漏泵，如屏蔽泵、磁力泵或带有泄漏收集和泄漏报警装置的双机械密封泵。介质为液化烃等易挥发液体时应选择低气蚀余量，如筒袋泵。

(2)根据现场安装条件选择卧式泵、立式泵(含液下泵、管道泵)。

(3)根据流量大小选用单吸泵、双吸泵或小流量离心泵。

(4)根据扬程高低选用单吸泵、多级泵或高速离心泵等。

以上各项确定后即可根据各类泵中不同系列泵的特点及生产厂的条件，选择合适的泵系列和生产厂。

最后根据装置的特点及泵的工艺参数，决定选用哪一类制造、检验标准。如要求较高时，可选 SH/T 3193—2017《石油化工湿硫化氢环境设计导则》和 API 610 标准；要求一般时，可选 SH/T 3140—2011《石油化工中、轻载荷离心泵工程技术规范》和 GB 5656—2008《离心泵　技术条件(Ⅱ类)》(ISO 5199)或 ASME 73.1M/73.2M 标准。

如确定选用计量泵后，可进一步考虑如下项目。

(1)当介质为易燃、易爆、剧毒及贵重液体时，常选用隔膜计量泵。为防止隔膜破裂时，介质与液压油混合引起事故，可选用双隔膜计量泵并带隔膜破裂报警装置。

(2)流量调节一般为手动行程调节，如需自动调节时可选用电动或气动行程调节方式。

3)泵型号的确定

泵的类型、系列和材料选定后就可以根据泵厂提供的样本及有关资料确定泵的型号(或规格)。

(1)容积式泵型号的确定。

①工艺要求的流量和额定出口压力 p_d 的确定。额定流量 Q 直接采用最大流量，如缺少最大流量值时，取正常流量的 1.1~1.15 倍。额定出口压力 p_d 指泵出口处可能出现的最大压力值，通常为出口管道安全阀的设定压力。

②查容积式泵样本或技术资料给出的流量 $[Q]$ 和压力 $[p]$。流量 $[Q]$ 指容积式泵输出的最大流量。

③符合以下条件者即可初步确定泵型号：

流量 $Q \leqslant [Q]$，且 Q 越接近 $[Q]$ 越合理；压力 $p_d \leqslant [p]$。

④校核泵的气蚀余量。

要求泵的气蚀余量 NPSHr 必须小于装置气蚀余量 NPSHa，如不符合此要求，降低泵的安装高度，以提高 NPSHa 值；或向泵厂提出要求，降低 NPSHr 值；或同时采用上述两种方法，最终使 NPSHr<NPSHa-S (S 为安全裕量)。

当符合以上条件的泵不止一种时，应综合考虑选择效率高、价格低廉和可靠性高的泵。

(2)离心泵型号的确定。

①额定流量和扬程的确定。

额定流量一般直接采用最大流量,如缺少最大流量时,常取正常流量的 1.1~1.15 倍。额定扬程一般取装置所需扬程的 1.05 倍。对于黏度大于 20mm²/s 或含固体颗粒介质,需换算成输送清水时的额定流量和扬程,再进行以下工作。

②查系列型谱图。

按额定流量和扬程查出初步选择的泵型号,可能为 1 种,也可能为 2 种以上。

③校核。

按性能曲线校核泵的额定工作点是否落在泵的高效工作区内;校核泵装置的气蚀余量,即 NPSHr<NPSHa-S。当不满足要求时,应采取有效措施使得满足上述要求。

当符合上述条件者有两种以上规格时,要选择综合指标高者为最终选定的泵型号。具体可以比较以下参数:效率(高者为优)、重量(轻者为优)和价格(低者为优)。

3. 原动机的确定

1) 类型的确定

泵的原动机类型应根据动力来源、工厂或装置能量平衡、环境条件、调节控制以及经济效益而定。

泵常用的原动机类型有电动机和汽轮机等。常用的电动机是三相交流异步鼠笼式电动机,如 Y 型电动机、YB 型隔爆型电动机、YA 型增安型电动机等。当需要改善装置蒸汽平衡时,对装置中的大型泵或调速等有要求的泵,可采用汽轮机。

(1)电动机类型的确定。

根据石油和化工装置特点,工业用泵的驱动电动机应选用全封闭电动机,防护等级一般是 IP44 或 IP54,如 Y 系列交流异步电动机、YB 系列防爆三相交流异步电动机(IP54)。当泵在有气体或蒸汽爆炸危险的场合使用时,应使用防爆电动机,如 YB 系列隔爆电动机、YA 系列增安型电动机。

(2)变速原动机。

对于变速原动机,应设计成在调速器调节范围内(调速器的调节范围根据主机来确定)的任何转速下都能连续运转。

(3)变频器。

当采用变频器调速时,应满足以下要求:

①除另有规定外,变频器应采用恒扭矩输出;

②变频器的适用功率应大于或等于电动机额定输出功率的 1.1 倍;

③当使用频率小于 20Hz 时,电动机必须采用变频电动机。

2) 原动机的功率确定

①泵的轴功率 p_a 计算。

a. 叶片式泵:

$$p_a = \frac{HQ\rho}{102\eta}K_w \qquad (3-1)$$

式中 H——泵的额定扬程,m;

Q——泵的额定流量,m³/s;

ρ——介质密度，kg/m³；

η——泵额定工况下的效率。

b. 容积式泵：

$$p_a = \frac{10^5(p_d-p_s)Q}{102\eta}K_w \tag{3-2}$$

式中　Q——泵的流量（样本上标注的流量），m³/s；

p_d——泵出口管道安全阀的设定压力，MPa；

p_s——泵的入口压力，MPa；

η——泵的效率（样本上的标注效率）。

②原动机的配用功率 P。

原动机的配用功率 P 一般按（3-3）计算：

$$P = K\frac{P_a}{\eta_t}K_w \tag{3-3}$$

式中　K——原动机的功率裕量系数，电动机按表 3-1 取值，汽轮机取值 1.1；

η_t——泵传动装置效率，取值见表 3-2。

表 3-1　电动机功率裕量系数 K

电动机铭牌功率 P_a(kW)	功率裕量系数 K(%)
≤22	125
22~55	115
>55	110

表 3-2　泵传动装置的效率

直联传动	平皮带传动	三角皮带传动	齿轮传动	蜗杆传动
1.00	0.95	0.92	0.90~0.97	0.70~0.90

第七节　标准化和橇装化

一、标准化和橇装化的目的

天然气开发地面建设中，其工艺流程有一定的相似性。在高含硫气藏开发过程中，为了减少设计过程中的重复设计和相似设计，造成大量的人力物力浪费和有碍于技术水平的提升，故此，将工艺流程在大量的工程实践的基础上实行标准化的设计。

工艺流程的标准化，意味着材料采购的批量化、备品备件的通用化、工艺流程的模块化和功能的集成化。工艺流程标准化可以将功能集成化的模块进行产品预制，在提高生产效率的同时改善了生产环境和质量，缩短了建设周期，加快了产能建设。

为了增强各井站装置的互换性和重复利用性，以及增强装置和流程的操控性。将工艺流程中功能模块化后的元件整合在一个可以整体或分部搬迁的钢结构平台上，这就成了橇装装置。

二、橇装化的优点和缺点

橇装装置具有以下优点：功能集成化、体积小巧化、生产预制化、工艺标准化、橇装一体化、功用模块化、操作人性化、操控自动化、能耗节约化、仪表信息化、设备物联化等。橇装化的设计，使得油气井站建设周期更短，投产时间更快，使整个井站布局紧凑且整洁，征地面积更小，整个开发投资得到进一步控制。并且，橇装的整体或分部运输的便利性及其重复利用性，使得橇装本身的价值得到最大限度的发挥，进一步降低了天然气开发地面建设的成本。图 3-34 是一种专利产品的多井轮换计量一体化橇装装置。

图 3-34　一种分离计量的多井轮换一体化装置

该装置针对于丛式井，可分别对 1~4 口井进行轮换或合并计量，具有气液分离计量、自动排液、自动放空、分输或混输、硫化氢和可燃气体报警等功能。

当然，橇装装置也存在一些固有的缺点。这些缺点表现为：因布局紧凑带来的操作空间受限和整改潜力受限；由于工厂预制和橇装化带来的装置运输高度受限，往往需要在工厂将超高设备预装在橇装后，然后在运输时将超高设备拆下后倒放运输，到达应用现场再行组装。

三、橇装设计的几个准则

1. 功能集成化

橇装的设计原则上需要将工艺流程中方便于划归在一起的功能集成在一起,如将加热、分离、计量、自动排液、自动放空等功能集成在一起。图 3-35 是一种节流加热分离计量一体化橇装装置。该装置具有节流、加热、分离、计量、自动排液、自动放空、燃料气熄火自动断气、远程/就地点火、燃料气计量、低功耗等功用和特点。是西南油气田油气集输使用比较广泛和成功的产品之一。

图 3-35　节流加热分离计量一体化橇装装置

2. 装置紧凑性

橇装的建造有如下功能方面的要求:其一,占地面积小;其二,便于运输。基于上述两点,就要求在建造橇装时,除满足操作空间和检维修空间的要求外,尽可能把橇装做得小巧、紧凑。图 3-36 是一种用于页岩气开发中宁 201 井区集中供水工程中的多级离心泵输水橇。

该橇装具有如下功能和特点:额定功率 900kW,额定电压 10kV,扬程 650m。具有减震、降噪、散热、超压自动保护和超温自动保护、自带 RTU、输水到指定水位自动停机、整体运输和安装、电动机和泵可单独拆下检修而不影响橇装其他结构等特点。此外,橇装的紧凑性也是该橇装的一大特点。为了让橇装小巧、紧凑,采用了框架结构的降噪房,通过开门的方式提供检维修空间。

图 3-36　宁 201 井区集中供水工程(一期)多级离心泵输水橇

3. 可操作性

设计橇装，除开功能要求外，还要考虑可操作性，也就是操作的便利性。橇装上经常开关的阀门，中心高度设置通常不能大于 1.4m（操作者所站平面距阀门操作盘或操作柄水平线之间距离）。此外，阀门操作盘或操作柄的法线通常设置为竖直向上或水平方向，即操作者俯身向下操作或在里面操作阀门。通常禁止将阀门设置在仰头倒挂操作的状态。再者，所有手动阀门应该设置在橇装的外围，且其俯视投影均在橇座上。这样的设置，一方面是便于操作，另一方面方便运输，防止壁面碰撞。图 3-37 为加热分离计量橇的俯视图。

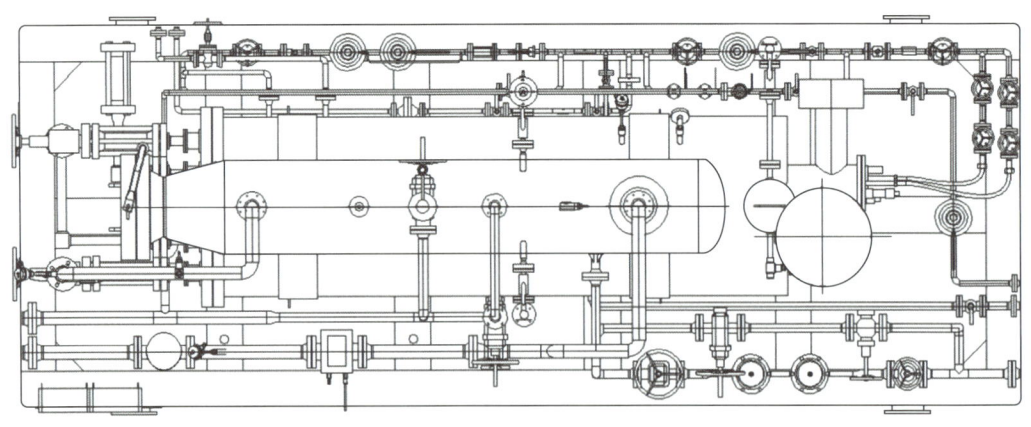

图 3-37　加热分离计量橇俯视图

4. 配管要求

配管要求参照 GB 50540—2009《石油天然气站内工艺管道工程施工规范》进行施工。关于短节的要求，尽量满足上述规范的同时可以采用管接头与管接头或管接头与法兰直接焊接的方式进行连接。配管力求简洁，尽量利用空间布置阀门，尽量少用管接头。

第四章 自动控制系统

高含硫天然气地面集输涉及高温高压装置、易燃/易爆/有毒物质，其生产过程具有安全生产风险非常高的特点。为减少或避免意外事故的产生，达到生产可控的目标，工艺流程设计时会配置较为完善的自控系统。

自 20 世纪 90 年代我国气田自动化系统建立以来，气田自动控制的内涵和外延都随着控制、通信等信息技术的飞速发展得到不断的扩展，今天的气田控制除了实现常规的生产数据采集、远程集中监控的基本功能外，还包括紧急停车系统（ESD）、火灾报警和气体检测系统（F&GS）、社区报警系统（CAS）、工业电视监控（CCTV）、入侵防范系统（IDS）、界区内及界区外扩声喇叭报警系统（CA&GA）、语音通信等安防系统，为安全、清洁开发建设高酸性气田提供了强有力的技术保障，为气田逐步迈向智能化、智慧化生产管理创造了条件。

第一节 自动控制系统要求及组成

一、高含硫气田集输生产过程对自动控制系统的要求

川渝地区的高含硫气藏主要分布在四川的达州、宣汉、江油等地区，生产井站、管网、阀室周围人居环境较为复杂，现场生产作业人员生活和工作环境可依托的社会资源比较有限。在高含硫天然气集输过程中，生产区域分散且生产模式又彼此关联，而生产过程的工作压力高、发生事故的风险性大，这也对高含硫气田自控系统提出了更高的要求。采用现代计算机应用技术、信息处理技术的 SCADA（Supervisory Control And Data Acquisition；数据采集与监控控制）系统、DCS（Distributed Control System；集散控制系统）、SIS（Safety Instrumented System．；安全仪表系统）、F&GS（Fire Alarm and Gas Detector System；火灾报警和气体检测系统）、视频监控/闯入报警/语音通信系统等，实现气田对前端生产井站、管网的集中监控，这是十分必要的，也是当前生产必须具备的条件。总体来说，高酸性气田的开发需采用高度集成、工业系统及人员高度安全防护、可拓展数据处理信息化集为一体的自动化控制、操作与管理的平台。同时工业自动化控制系统在提高可靠性、集成性的基础上应更加注重人员及工业生产安全，环境保护以及应急抢险等技术措施。具体需求如下：

（1）实时有效地对生产过程实施全面监控，保持它的协调一致及平稳运行，避免灾难性事故的发生和扩大，提高整个生产过程的安全可靠性，为前端生产井、站的无人值守或少人值守创造条件。

（2）通过对生产数据的分析处理，优化生产工艺，建立科学管理制度，为形成新型现

代化生产调度和运营管理模式奠定基础,为生产管理、科学决策提供有力支撑。

(3)降低对能源及生产用料的消耗,有效地节省资源。

(4)实施新的运行管理机制,扩大生产井站无人值守或少人值守率,减少前端生产操作人员,降低气田生产运行成本,提高其经济效益。

(5)由于系统、信息高度集成,实现系统整体优化,提高了系统控制自动化、智能化水平,减少员工暴露在潜在有毒气体危险下的可能性以及污染物的排放。

二、高含硫气田集输生产过程控制系统

高含硫气田生产过程控制主要由 SCADA 系统、DCS、ESD、F&GS、视频、社区报警系统(CAS)及安防系统组成(图4-1)。其中,SCADA 系统主要实现前端生产站场的生产数据采集、传输和各级调度监控中心对站场的远程监视与控制,是高含硫集输生产过程中应用比较广泛、也是最基本的系统;DCS 主要用于天然气净化厂过程控制;ESD 主要实现全气田的安全联锁控制,降低安全生产风险;F&GS 主要实现气田可燃/有毒气体泄漏监测、报警以及触发气田安全联锁控制系统;视频监控及安防系统主要用于各级调度监控中心对前段站场视频图像的远程集中监视,同时实现对无人值守站场闯入报警、远程喊话等远程集中监视;社区报警系统(CAS)是一个综合系统,为警告气田设施周围人员和居民由于有毒气体泄漏造成的对生命和健康的潜在紧急危险,为了立即警告位于适用应急计划区内人员和居民快速撤离至安全区域。在高含硫地面集输生产过程中,需要根据实际生产情况,将这几类系统结合起来统筹考虑,最终形成整个气田完善的综合控制系统,为气田安全、清洁、快捷、高效生产创造条件。

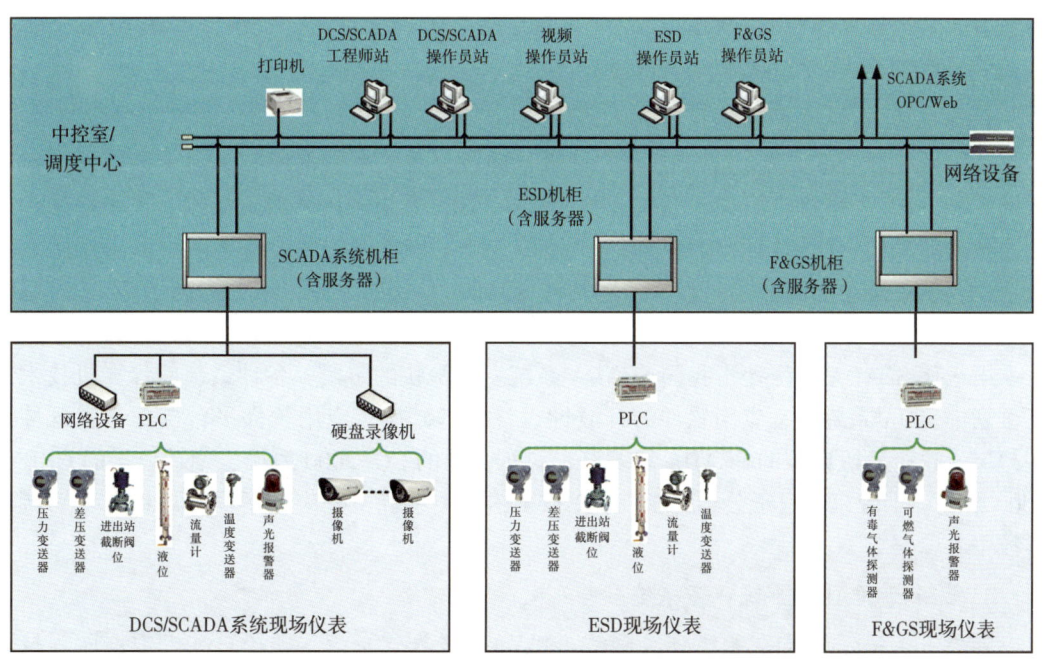

图4-1 高含硫气田地面集输系统组成架构图

第二节　高含硫气田集输过程的 SCADA 系统

一、SCADA 系统概述

1. SCADA 系统发展历程

在 20 世纪之前，工业控制系统主要指气动控制系统，采集气体压力作为控制信号，以就地操作模式为主。后来随着电气技术发展，逐渐出现了以电流模拟信号为控制信号的自动控制系统。自 20 世纪 70 年代后，工业控制系统开始引入数字计算机，并率先应用在测量、模拟和逻辑控制等领域，开始出现 SCADA 系统。经过数十年的应用，今天的 SCADA 系统已经经历了四个阶段的发展。

1）第一代 SCADA 系统：单体系统

第一代 SCADA 系统基于专用计算机和专用操作系统，由大型计算机完成相关计算。在系统开发初期，由于没有与其他系统连接的网络，SCADA 系统相对比较独立。这个时期国内典型的 SCADA 系统有：电力系统自动化研究院为华北电网开发的 SD176 系统及日本日立公司为我国铁道电气化运动系统设计的 H-80M 系统。

2）第二代 SCADA 系统：分布式系统

第二代 SCADA 系统基于计算机微型化和局域网技术。多个站点通过局域网（TCP/RTU）相互连接，通过网络连接的分布式站点实现各项系统功能，同时实现基础信息共享，不但增强了系统处理能力，还提升了系统的整体冗余和可靠性。与第一代 SCADA 系统相比，第二代 SCADA 系统更小、更便宜。

3）第三代 SCADA 系统：网络化系统

按照系统开发的原则，基于分布式计算机网络以及关系数据库技术，能够实现大范围联网的 SCADA 系统称为第三代系统。第三代 SCADA 系统采用开放式架构，在主控站和通信设备之间采用广域网协议（TCP/IP），使得主控站与分离的域设备之间可以采用广域网通信，实现系统功能分散化，消除了前两代 SCADA 系统的一些局限，提高了 SCADA 系统面对灾难的生存能力和可靠性。

第三代 SCADA 系统处于我国 SCADA 系统发展最快的阶段，各种最新的计算机技术都汇聚到 SCADA 系统中，应用软件的开放性设计从基础层、应用软件平台层，一直延伸到用户层。这个阶段典型的 SCADA 系统有：科东公司的 CC-2000 系统、南瑞公司的 OPEN-3000 系统、烟台东方电子公司的 DF8002 系统，这类系统主要应用于国家或地方电力调度监控中心。

4）第四代 SCADA 系统：多系统融合

随着 Internet、面向对象、神经网络、JAVA、嵌入式系统、现场总线、数据库等技术的发展，SCADA 系统继续与其他系统深度集成，逐渐形成了第四代 SCADA 系统，以满足综合、安全、经济运行以及商业化运营的需要。这个阶段的系统主要特点体现在：

(1)具备统一开发的体系结构；
(2)集成广泛的第三方软件；
(3)实现网络化分布式的混合控制；
(4)采用高速智能的通信设计；
(5)注重全方位的网络安全。

2. 国外油气田 SCADA 系统发展状况

国外天然气集输及处理过程自动控制已达到很高的水平。SCADA 系统已成为生产过程自动监控和管理的一种基本模式，一般具有以下功能：

(1)通过计算机采集各站场的压力、温度、流量、液位等工艺参数，并进行集中监测、显示、记录、报警，对流量进行温度、压力补偿运算和累计；
(2)实现控制中心与各站场之间进行数据传输机信息交换，对重要阀门及阀位状态进行监控，事故时实现联锁切断；
(3)动态趋势和流程画面显示；
(4)数据处理、分析及调度管理、决策和指导。

至 1990 年底，美国 Meridian 气田已有 200 口井纳入 SCADA 系统，总产气量约 $703.5×10^4 m^3/d$，站场设遥控操作器作为系统终端装置，调度中心设主计算机调度管理，数据与指令的传输使用微波通信装置。

加拿大气田基本上都采用 SCADA 系统，一些 20 世纪 60 年代开发的气田相继都进行了改造，包括设备更换、增设 SCADA 系统等。

3. 国内油气田 SCADA 系统发展状况

20 世纪 50 年代矿场集输及天然气处理过程处于简单的生产状态，当时只设置现场温度计和压力表，计量采用双波纹管差压计，没有对生产过程进行自动控制。20 世纪 60 年代开始对含硫天然气进行净化处理，复杂生产过程的需要和天然气处理厂的引进，使生产过程自动控制提高到一个新的水平。20 世纪 80 年代工控计算机开始在天然气处理厂得到应用，天然气集输计量也由双波纹管差压计逐步改为电动单元组合仪表与单片流量计算器，流量计算器也逐步由单台仪表逐步走向成熟的计量系统。过程控制逐步被计算机所取代。

中国用于气田开发生产的自动化系统是 20 世纪 90 年代才逐步建立起来的，起步相对较晚，但起点很高。目前，国内也已普遍采用了 SCADA 系统，而且接近国外同类生产自动控制水平。长庆气田以及塔里木气田都先后采用了比较完整的、以数据采集和监视控制技术为基础的大型综合自动控制系统。长距离输送净化天然气的陕京输气管道工程也采用同样的技术实现了全线的分散控制和集中管理，并应用软件对全线运行状态进行优化处理。中国石油西南油气田分公司也通过建设 SCADA 系统，为气田降低安全生产风险、减少前端井站值守人员、提高生产效率创造了条件，同时也为气田开展数字应用提供了基础数据支撑。川渝地区高含硫气田 SCADA 系统沿用了常规天然气气田的建设模式和架构，实现了气田调度中心对前段站场的远程集中监视和控制。

二、SCADA 系统整体框架

在高含硫气田地面集输生产中，SCADA 系统主要完成站场生产数据采集、传输和远程监控等基本功能。在油气田地面工程数字化建设中处于最底层，数据采集以油气生产物联网（实时采集）和人工通过办公网录入系统（非实时采集）两种方式来实现。其中，油气生产物联网方式占据了主导地位，主要解决站场生产数据/视频信息采集、自控控制、数据传输，以及中心站、三级管理单位对站场的远程监控和指挥调度管理。为达到站场减人或撤人后可控的目标，站场建设除了采集必要的生产动态数据外，还需要考虑优化工艺流程、提高分离器自动排污的可靠性、井口/进出站管线远程可控的应急处理措施、站场实时视频信息采集等，为井站实现无人或少人值守创造条件，如图4-2所示。

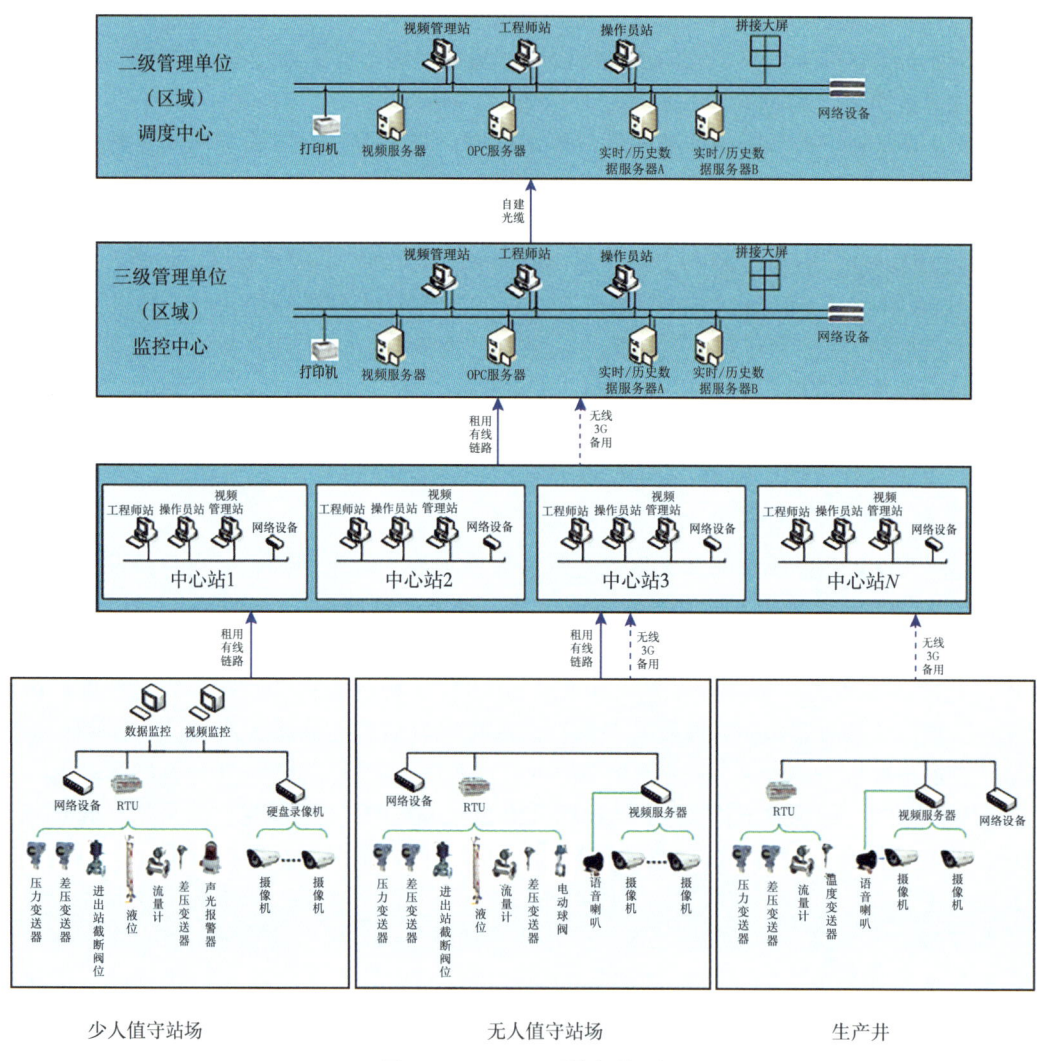

图4-2 SCADA系统架构图

从图4-2中可以看出，SCADA系统主要由前端站场数据采集、控制、后台分级监控调度和气田网络通信组成，其中：

前端站场数据采集：通过压力、温度、液位、流量等仪表检测站场生产数据，由站场内RTU或PLC控制器采集仪表内数据，经过整理和缓存后，实时上传至后台监控调度中心。

前端站场控制：站场 RTU 或 PLC 控制器接受后台监控调度中心下传的指令，控制仪表（比如：切断阀、调节阀等）执行相关动作。

后台分级监控调度：根据油气田管理模式，后台分级监控调度主要分为中心站级监控调度室（SCS）、作业区级监控调度中心（RCC）、矿级监控调度中心（DCC）、油气田级监控调度中心或备用监控调度中心（GMC/BGMC），根据控制权限优先级，执行所辖区域内所属站场、管网的生产调度管理。

气田网络通信：气田网络通信包括石油办公网、生产局域网，由于 SCADA 系统中生产数据涉及企业机密，而系统涉及远程控制，网络及设备可靠性要求非常高，故 SCADA 系统一般都部署在气田内油气生产局域网上。生产局域网包括现场检测仪表、RTU/PLC、监控调度中心服务器、工作站等 SCADA 系统内所有设备之间的数据传输网络。在油气田过程控制中，生产局域网的安全性和可靠性往往成为制约 SCADA 系统是否能达到预期效果的重要因素。

三、系统组成

SCADA 系统主要由现场检测仪表、控制仪表、执行仪表、网络通信链路及设备组成。

1. 现场检测仪表

高含硫气田地面集输过程中涉及的现场检测仪表主要包括：压力、温度、液位、流量等仪表。

1）压力检测仪表

天然气集输及处理过程需在较高的压力下进行，同时压力可为天然气输送提供能量，因此压力是天然气集输及处理过程中的一个重要参数。但在天然气生产过程中，容易因超压而引起管道、设备爆破事故的发生。为了确保人身和设备的安全，需在各生产过程需对压力参数进行检测、监视或控制。

天然气生产过程中压力检测仪表主要有就地指示压力仪表和带远传信号的压力测量仪表（如压力变送器、差压变送器等）。

(1) 就地压力仪表。

①压力表。

一般采用弹簧管型压力计，其刻度的准确度为±0.5%（ASME B 40.1 Grade 2A），压力大于 7.1MPa 的情况下最好选用螺旋形弹簧管压力计，压力小于 7.1MPa 的情况下可选用 C 型弹簧管压力计。压力表应能长期承受一个与最大刻度值相等的压力，且应能短期承受一个超过最大刻度值 1.5 倍的过大压力，而无需转变其零刻度或范围。应配有高强度、安全模式的玻璃，背部应有防止压力过大的安全膜片，以适应现场安装环境及运输条件。在剧烈的脉冲应用中，压力计应装满液体。除非买方另有规定，填充的液体应采用硅油。

②差压表。

一般采用弹簧管型差压力计，其刻度的准确度为±2.0%（ASME B 40.1 Grade A），压力大于 7.1MPa 的情况下最好选用螺旋形弹簧管压力计，压力小于 7.1MPa 的情况下可选用 C 型弹簧管压力计。差压力表应能长期承受一个与最大刻度值相等的差压,且应能短期承受一个超过最大静压值 1.5 倍的单向压力。

(2)带远传信号的压力测量仪表。

带远传信号的压力测量仪表应选用智能型变送器,其测量原理宜为电容式或硅谐振式。测量精度要优于满量程的±0.075%,信号分辨率应大于 0.025%,可调量程比 100∶1。变送器应具有自诊断功能。可用专用手持编程操作器对其进行零点及量程的调整,支持 HART 通信协议,支持上位计算机设备管理功能。压力变送器、差压变送器应具有良好的温度特性,其零点和量程在环境温度发生变化时所受影响较小。变送器应具有防止瞬变电压的防雷保护功能,要求配内置式一体化耐瞬变电压保护端子。防爆等级不应低于 ExdⅡCT6,防护等级不应低于 IP67。

(3)压力测量的设置原则。

①高压设备需设置就地压力指示。

②天然气井口需设置油压和套压的压力就地指示和远传记录。

③各站场进出口位置需设置就地压力指示和远传记录。

④为便于自力式调压器的调整与操作,在调压器的前后设置就地指示压力表。

⑤对于重要测压点宜设置双重压力检测仪表,并有一点远传及报警功能。

(4)压力检测仪表和调压设备的安装。

要使压力检测仪表和调压设备达到预定的检测和控制目的,除正确的选用、及时检验与维护外,尚需正确安装。

压力测量仪表取压点应位于管线或工艺设备上方。对于含凝析液的天然气水平管道,取压管宜在垂直轴线 45°左右的平面上设置。

取压管嘴应插入设备或管材焊接,与内壁保持平整,不应有凸出物或毛刺,以保证正确取压。取压口与压力仪表之间应有截断阀门,以便检验与调校。取压导管不宜过长,以减少压力传递的延时。

对于水套炉的压力测量仪表,安装地点应远离高温环境或选用高温压力表。对低温分离、高压节流或膨胀机之后的压力检测仪表应考虑低温的影响;对含硫天然气等腐蚀性介质,除选用抗腐蚀仪表外,还要考虑隔离措施。

调压器的安装:为了保证调压器的调压性能,调压器前后导压管的取压点应距调压器中心线 5~10 倍 DN 的距离(DN 为安装管道的公称直径);天然气中含固体杂质时,应在调压器前加装过滤器;为了维护与检修,应在调压器上游和下游加装截断阀。为防调压器故障,当只安装一台调压器管路时,应设旁路管道,供故障时使用。当输送介质或环境温度低于 −5℃ 时,调压器的膜片材料应采用低温橡胶并应对取压管路采取保温措施。

2)温度检测仪表

温度是表示被测介质冷热程度的物理量,它的大小影响着被测介质的物理性能等参数,同时影响到生产过程的热平衡及工艺设备的物理性能如耐压强度等。

天然气温度测量主要应用于进、出站温度测量和流量计量中的温度补偿运算。输气管道系统趾,一般压力都较高,温度计需要加保护套管,通过测量套管温度间接测量天然气温度。

温度检测仪表主要有就地指示温度测量仪表和带远传信号的温度测量仪表。就地指示通常选用双金属温度计,远传的温度仪表一般采用铂热电阻温度计或一体化温度变送器。

(1)就地指示温度测量仪表。

目前在工业生产过程中普遍采用的双金属温度计是就地指示温度检测仪表,它是利用两种不同金属受热膨胀系数不同的原理,采用两种固体金属受热变形产生位移,通过机械机构由指针指出来检测温度的一种固体膨胀式温度计。双金属温度计通常分为轴向型、径向型和方向型,其准确度等级为±1.0%(ASME B 40.3 Grade A),仪表盘刻度单位为摄氏度。双金属温度计指示盘的玻璃应为高强度、安全模式玻璃,以适应现场安装环境及运输条件。双金属温度计的传感器保护套管一般为0.25in的316L不锈钢套管,与外保护套管采用1/2in NPT(M)螺纹连接。温度计套管应进行内部1.5倍压力等级的静水压实验。

温度计选型时应注意:

①就地温度仪表应根据工艺要求的测温范围、精确度等级、检测点的环境、工作压力等因素选用。

②一般情况下,就地温度仪表宜选用带外保护套管双金属温度计,温度范围为-80~500℃。刻度盘直径宜为100mm;在照明条件较差、安装位置较高或观察距离较远的场合,可选用150mm。需要位式控制和报警的,可选用耐气候型或防爆型电接点双金属温度计。仪表外壳与保护管连接方式,宜按便于观察的原则选用轴向式或径向式,也可选用万向式。

③在精确度要求较高、振动较小、观察方便的场合,可选用玻璃液体温度计,其温度范围:有机液体的为-80~100℃。需要位式控制及报警,且为恒温控制时,可选用电接点温度计。

④被测温度在-200~50℃或-80~500℃范围内,在无法近距离读数、有振动、低温且精确度要求不高的场合,可选用压力式温度计。压力式温度计的毛细管应有保护措施,长度应小于20m。

⑤就地测量、调节,宜选用接地式温度仪表。

⑥关键的温度连锁、报警系统,需接点信号输出的场合,宜选用温度开关。

⑦安装在爆炸危险场所的就地带电接点的温度仪表、温度开关,应选用隔爆型或本安型。

(2)带远传信号的温度测量仪表。

温度测量元件有热电偶、热电阻。它们的特点是:热电偶结构简单、测量温度范围广、信号稳定、适用于测量高温;而热电阻的精度高、稳定性好、灵敏,适于测量低温。在天然气集输工程中被测介质天然气的温度通常不高,天然气计量要求温度测量精度高,故常选用热电阻测量元件。

热电阻测温的常规方法是将热电阻接到电桥的一个桥臂上,通过测量不平衡电桥的输出得到温度值。在这种方法中,铂电阻的非线性和不平衡电桥的非线性,会给测量带来误差。而且,铂电阻作为温度传感器使用时,必须把它放在测温现场,从测温点到测量变换电路之间的电线电阻对测量精度的影响也很大。因此,通常采用三线制接线法。

工程上选用的带远传信号的温度测量仪表主要包括温度传感器、变送器、外保护套管及其他附件等。变送器应具有自诊断功能，可用专用手持编程操作器对其进行零点及量程的调整，支持 HART 通信协议。具有长期的稳定性，在变送器安装后其零点及量程应不受安装位置的影响，不易发生零点漂移且极少需要重新校准。具有内置式防止瞬变电压的保护功能。防爆等级不应低于 ExdⅡCT6，防护等级不应低于 IP67。

检测元件及保护套管应根据温度测量范围、安装场所等条件选择，且应符合下列规定：

①热电偶适用于一般场合，热电阻适用于精确度要求较高、无振动场合，热敏电阻适用于要求测量反应速度快的场合。

②采用热电阻温度检测元件时，宜采用 Pt100 热电阻。

③测量设备或管道的外壁温度，应选用表面热电偶或表面热电阻。

④测量流动的含固体颗粒介质的温度，应选用耐磨热电偶。

⑤下列情况，可选用铠装热电阻、热电偶：测量部位比较狭小，测温元件需要弯曲安装；被测物体热容量非常小；设备结构复杂；对测温元件有快速响应的要求；为节省特殊保护管材料；用多点热电偶的场合。

⑥一个测量点需要在两地显示或要求备用，或既要控制又要报警联锁时，应选用双支检测元件或二支独立安装检测元件。

⑦一个测温取源口需要测量多点温度(如触媒层)时，应选用多点(支)式铠装热电偶。

热电阻、热电偶的连接方式，一般介质的管道上宜选用螺纹连接，亦可选用法兰连接。下列场合宜采用法兰连接：设备上安装；在衬里管道或有色金属管道上；测量高温、强腐蚀介质、结晶、结焦、堵塞、粉状和剧毒介质，以及测触媒层多点温度时；烟道或烟囱上；公称直径大于 500mm 的管道上。

热电偶、热电阻时间常数，应根据系统对响应速度的要求分别选普通型、小惰性型或铠装型。

热电偶、热电阻接线盒，应根据环境条件选用普通式、防溅式、防水式或隔爆式。

在爆炸危险场所，可选用隔爆型温度变送器、热电偶、热电阻，也可选用本安型温度变送器、热电偶、热电阻，配安全栅构成本安型回路。且防爆等级和分组不得低于该危险场所划分的级别与组别。

设备、管道上安装的检测元件的插入长度，应使检测元件插至被测介质温度变化灵敏、具有代表性的位置。

检测元件保护套管材质等级不应低于相应设备或管道材质。

温度显示仪表的选用，应符合下列要求：

①当测温精确度等级要求高(0.5 级以上)时，宜选用数字式温度指示仪；

②在振动较大的场合(如压缩机的就地机组盘)，应选用防振性能良好的仪表；

③记录仪表应根据测量点数和生产需要，分别选用大型、中型、小型自动平衡记录仪。

检测元件与显示仪表的连接，应符合下列规定：

①单支热电偶不宜并联两台仪表，显示仪表的分度号应与检测元件的分度号一致；

②测温元件为热电偶时，应采用冷端温度补偿且温度仪表应设置断偶保护机构；

③测温元件可直接与 DCS 的温度输入卡连接。

3）液位检测仪表

液位是指液体表面的位置，即液体在罐、塔、槽等容器中的高度。由井口采出的天然气除压力高、含固体杂质、腐蚀性物质外，常含有凝析油和水，需要用分离过滤设备将固体杂质和液体从天然气中分离出来。若分离的液体得不到有效的检测与控制，将影响输送天然气质量；或者由于排放而污染大气环境，并产生不安全因素。因此，需要对液位或油水界面进行检测和监视。

液位测量的方法有很多，在天然气集输及处理工艺过程中应用较多的有静压式、浮子式和雷达电波反射式。

矿场集输及处理中常用的液位计为玻璃板液位计、磁浮子液位计、差压式液位计等。

（1）玻璃板液位计。

玻璃板液位计利用连通器中液柱静压平衡的原理，通过焊接在容器上的法兰，与容器组成连通器，透过玻璃管就可直接显示容器内介质液位的高度。玻璃板液位计液面比较平稳、液体中允许存在固体小颗粒。

工程上一般选用易于观察的双色液位计，液相为黑色，气相为红色。玻璃板液位计应配备放气阀和排污阀。接触介质部分的金属部件，材质至少应为 316 材质，其他非接触介质的金属部件，材质至少应为 304。玻璃板液位计应做 1.5 倍压力等级的水力耐压测试。

为了防止玻璃板破碎影响安全，仪表两端均装有针形阀，针形阀内装有钢球，当玻璃管因事故而破裂时，钢球在容器压力作用下自动关闭针形阀通道，以防止容器内介质外流。

玻璃板液位计的选用，应符合下列规定。

①就地液位指示宜选用玻璃板液位计，但测量深色、黏稠并与管壁有沾染作用的介质时不宜使用。具体要求如下：

a. 洁净、透明、低黏度和无沉积物介质的液位指示，宜选用反射式，其他场合使用透光式；

b. 界面测量和重质油品及含固体颗粒介质的液位测量，应选用透光式，如果介质较黏稠、脏污或安装场合光线不足，宜选用照明式；

c. 对于易冻、易凝介质，应选用带蒸汽夹套式；

d. 低温介质易造成结霜时，应选用防霜式。

②对于温度低于 80℃、压力小于 0.4MPa、不易燃、无爆炸危险和无毒的洁净介质，可选用带护罩的玻璃管液位计。

③玻璃板液位计的长度不宜大于 1700mm，当测量范围大于 1700mm 时，可采用几个液位计上下重叠安装。

玻璃板液位计的特点是结构简单，价格低廉，无需外加电源，安装维护方便，对于大多数腐蚀介质及要求防爆场所都能适用。但是，天然气生产过程中常因介质太脏，使玻璃板带附着物而影响显示或造成旁路连通管的堵塞，而不能真实反映容器内液位。对于油水混合场合，也不能正确反映界面和液位高度。因此，应根据场所正确选用液位计。

（2）磁浮子液位计。

磁浮子式液位计和被测容器形成连通器，保证被测量容器与测量管体间的液位相等。当液位计测量管中的浮子随被测液位变化时，浮子中的磁性体与显示条上显示色标中的磁性体作用，使其翻转，以达到就地准确显示液位的目的。

工程上应用的磁浮子需采用波纹管进行制造，浮子磁铁采用钐钴永磁材料制造。磁铁必须是360°环形磁铁。浮子运行的腔体管道必须光滑，浮筒室的最小尺寸应为DN 50，浮子运行的上下限需设置浮子缓冲装置。套筒必须设置放气阀和排污阀，阀门要采用球阀。接触介质部分的金属部件，应根据介质组分情况选择不低于316的材质。其他非接触介质的金属部件，材质至少应为304。承压件应做1.5倍压力等级的水力耐压测试。磁浮子液位计的防护等级不应低于IP65，防爆等级不应低于Exd Ⅱ CT4（隔爆型）。

磁浮子液位计适用于就地液位界面指示，但测量黏度高于600mPa·s的介质时，不宜采用。

具体要求如下：
①选用长度不宜大于4000mm；
②工作压力不宜大于10MPa；
③介质温度不宜大于250℃；
④介质密度宜为400~2000kg/m³，介质密度差应大于150kg/m³。

就地显示磁浮子式液位计具有显示直观醒目、不需电源、安装方便可靠、维护量小、维修费用低的优点。缺点是不能测量黏度较高的介质，当磁浮子失去磁性时导致液位计不能正常工作。

（3）差压式液位计。

差压变送器通过测量容器中的液位压力来进行液位的测量。

差压式液位计有气相和液相两个取压口。气相取压点处压力为设备内气相压力；液相取压点处压力除受气相压力作用外，还受液柱静压力的作用，液相和气相压力之差就是液柱所产生的静压力。

差压式液位计的选用，应符合下列规定：
①液位（界面）测量，宜选用差压变送器；
②对于腐蚀性液体、黏稠性液体、熔融性液体、沉淀性液体等，当采取灌隔离液、吹气或冲液等措施时，亦可选用差压变送器；
③对于腐蚀性介质、黏稠性液体、易汽化液体、含悬浮物液体等，宜选用平法兰式差压变送器；
④对于易结晶的液体、高黏度的液体、结胶性液体、沉淀性液体等，宜选用插入式法兰差压变送器；
⑤当被测对象有大量冷凝物或沉淀物析出时，宜选用双法兰式差压变送器；
⑥用差压式仪表测量锅炉汽包液位时，应采用双室平衡容器；
⑦测液位的差压变送器宜带有迁移机构，其正、负迁移量应在选择仪表量程时确定；
⑧对于正常工况下液体密度发生明显变化的介质，不宜选用差压式变送器。

4）流量检测仪表

天然气生产过程中，天然气流量测量可采用接触式测量方法。常用的有差压式流量计、容积式流量计和速度式流量计。差压式流量计以标准孔板式节流装置为代表，容积式流量计以腰轮流量计为代表，速度式流量计的代表产品为涡轮流量计及超声波流量计。

（1）差压式流量计。

差压式流量计是基于流体流动的节流原理，利用流体流经节流装置时产生的压力差实现流量测量的。通常是由能将被测流体的流量转换成差压信号的孔板、喷嘴等节流装置及用以测量差压信号的差压计所组成。即采用标准节流装置作检测元件与差压检测仪表构成差压式流量计量装置，并配以符合标准的安装附件。差压式流量计以标准孔板流量计为代表。

标准孔板计量系统以孔板作为检测元件，配以差压检测仪表及相应直管段构成。当充满圆管的单相流体流经安装在管道中的节流孔板时，流束将在节流孔处形成局部收缩，使流速增大，静压力降低，于是在孔板两侧产生压力差。节流孔板前后的压力通过取压也与差压变送器连接，而流过的体积流量与差压仪表所测得压差的平方根成正比。

工程上选用的孔板节流装置应采用符合 GB/T 21446—2008《用标准孔板流量计测量天然气流量》和 AGA Report No.3 的法兰取压标准孔板作为流量检测元件。孔板节流装置的材质应满足工况的要求，并不低于管道材质的要求，特别是抗硫化氢腐蚀的要求，其材质既不能影响被测介质的性质，又不能受被测介质的影响。与含有硫化氢组分的介质接触其选材要符合 NACE MR01-75 的有关规定，必须具有抗硫化物应力腐蚀开裂（SSCC）及抗氢诱发裂纹（HIC）的性能。节流装置自带的直管段应采用无缝钢管，镗后的内径应与工艺管道同径，且圆度、管子的内表面粗糙度等必须符合 GB/T 21446—2008《用标准孔板流量计测量天然气流量》的规定。孔板节流装置应配滑阀座，以保证腔室有很好的密封性。同时滑阀座应是模块化设计，便于现场安装、更换和维护。

由于天然气具有可压缩性，工作状态下的体积流量不同于标准状态下的体积流量。根据《用标准孔板流量计测量天然气流量》（SY/T 6143—2004），天然气计量中的标准状态温度为 20℃，绝对压力 101.325kPa。为满足此基准，并考虑计量管道、孔板等具体实际条件，经单位换算后天然气在标准状态的体积流量表达式如下：

$$Q_n = A_s C E d^2 F_G \varepsilon F_Z F_T \sqrt{p_1 \Delta p} \tag{4-1}$$

式中　Q_n——天然气在标准状态下的体积流量；
　　　A_s——秒计量系数；
　　　C——流出系数；
　　　E——渐近速度系数；
　　　d——孔板开孔直径；
　　　F_G——相对密度系数；
　　　ε——可膨胀性系数；
　　　F_Z——超压缩系数；
　　　F_T——流动温度系数；
　　　p_1——孔板上游侧取压孔气流绝对静压力；
　　　Δp——孔板上游侧取压气流压差。

当伴生气的相对密度变化较大时，应用密度计或气相色谱仪对气体密度测量后再用公式进行全过程补偿计算与累计。

天然气检测装置和计量系统设计必须符合标准规定的适用范围和气体的流动条件。工程设计中必须满足下列全部条件：被测流体必须充满测量管道和节流装置，被测介质为单相流，并连续地流经管道，若含有固体微粒或液体微粒，其分布应是均匀的，并且气流中的含量不超过 2%，被测介质流经孔板时不能产生相变；其流量不随时间变化，或变化比较缓慢；在流入孔板前，其流速必须与管道平行，不得有旋转流，其流速为亚音速。此外，孔板下游流体的绝对压力与上游流体的绝对压力之比应大于或等于 0.75。测量管道内径一般可由最小流量时的雷诺数来限制。实际上，常用天然气流速来确定。一般站场内，工作状态下的流速常控制在 15m/s，最大不超过 20m/s。并根据由此确定的管径来检验最小雷诺数是否满足规定要求。

节流装置、差压式流量计的选用应符合下列规定：

①一般流体的流量测量，宜选用标准节流装置。标准节流装置的选用，应符合国际标准 ISO 5167—1991《用差压装置测量流体流量 第一部分 安装在充满流体的圆形截面管道中的孔板、喷嘴和文丘里管》或国家标准 GB/T 2624.2—2006《用安装在圆形截面管道中的差压装置测量满管流体流量 第 2 部分：孔板》的规定。

②特殊情况下的流体流量测量，可选用非标准节流装置：被测介质为干净的气体、液体，雷诺数为 200~100000 时，可选用 1/4 圆喷嘴；被测介质为干净的气体、液体，雷诺数为 3000~300000 时，可选用双重孔板；被测介质中含有固体微粒（如高炉煤气、泥浆等），在孔板前后可能积存沉淀物时，可选用圆缺孔板；测量液体中含有气体或气体中含有凝液的介质以及液体中含有固体颗粒的介质时，可选用偏心孔板或楔式流量计；测量高黏度、低雷诺数（低至 100）的流体（如原油、油浆、渣油、沥青等），可选用楔式流量计。

③无悬浮物的洁净气体、液体、蒸汽的微小流量，测量精确度等级要求不高时，可选用内藏孔板差压变送器。

④差压式流量计宜采用法兰取压或角接取压方式，同一工程应尽量采用统一的取压方式。也可根据使用条件和测量要求，采用 D-D/2 取压等其他取压方式。

⑤差压范围的选择应根据计算确定，差压范围等级宜为 6kPa、10kPa、16kPa、25kPa、40kPa、60kPa。

⑥标准孔板流量计由于对流态十分敏感，因此对直管段要求很高，据国内外研究报告指出，在汇气管后某些 β（β 为孔板孔径与管道内径之比）值的标准孔板流量计的直管段长度要求达到前 $100D$ 后 $20D$。这样会使站场的占地面积增大，投资增加。标准孔板流量计的量程比较低，一般只有 3:1，最大到 4:1，对于供气量变化大的工况要采用孔板流量计。

（2）容积式流量计。

容积式流量计又称为正向位移流量计。容积式流量计是对流体总量进行高精度计量的主要流量计之一，可作为贸易交接、性能考核、经济核算的计量仪表。

容积式流量计一般分为转子式（包括椭圆齿轮式、腰轮式、螺杆式等）、刮板式、旋转活塞式、往复活塞式、转筒式等。用于天然气计量的容积式流量计一般采用腰轮流量计，又称罗茨流量计。

容积式流量计工作原理是利用特殊形状的测量元件把流体连续不断地分割成单个已知的体积部分。该体积称为流量计的"循环体积"。设该循环体积为 v,一定时间内测量元件转动的次数为 N,根据计量室逐次、重复地充满和排放该体积部分流体的次数来测量流体体积总量,可以计算出一定时间内流过流量计的流体体积 V 为:

$$V = N \cdot v \tag{4-2}$$

容积式流量计的选用,应符合下列要求:
①洁净气体或液体,特别是有润滑性的黏度较高的油品的流量测量;
②要求流量测量精度较高时;
③对检测含杂质的气体需在仪表前安装过滤器,否则易磨损转动部件,降低使用寿命,严重时仪表被卡死,影响正常运行。

(3)速度式流量计。
①涡轮流量计。

涡轮流量计的工作原理是当被测流体流过涡轮叶片时,在流体的作用下,涡轮叶片受力旋转,旋转的速度随流量的变化而变化,经磁电转换装置将涡轮的转速转换为电脉冲信号,经放电电路放大处理后,送入显示模块进行显示。在一定的流量范围内,涡轮叶片的转速与流体的平均流速成正比,通过得到的电脉冲信号个数,可计算出流量,其流量表达式见式(4-3)。

$$q_v = f/K \tag{4-3}$$

式中　q_v——体积流量,m^3/s;
　　　f——传感器输出信号频率,Hz;
　　　K——传感器仪表系数,仪表系数通常由实验测得,m^{-3} 或 L^{-1}。

涡轮流量计的选用,应符合下列要求:流体为洁净的气体和运动黏度不大于 5×10^{-6} m^2/s 的洁净液体;精确度要求高,量程比不大于 10:1;大管径的流量测量,当要求压力损失小时,可采用插入式涡轮流量计。

在天然气工业应用中需加装过滤器、整流器及前后直管段,并按流体的压力、温度对流体进行修正。它的主要缺点是必须定期在标定装置上按操作压力进行标定。

②超声流量计。

目前大多数气体超声流量计都采用时间差法进行测量。它通过测量高频声脉冲传播时间得出气体流量。向在管道中流动的流体发射超声波,让声脉冲在管道内向逆流和顺流沿斜线方向传播,分别测量它们的传播时间,其传播时间差与气体的轴向平均流速有关,从而使用数值计算技术算出在工作条件下通过气体超声流量计的气体轴向平均流速和流量。超声流量计的工作压力应保证声脉冲在天然气中能正常传播,主要是气体的密度影响声脉冲的传播。大多数超声流量计的工作压力应不低于1MPa。

超声流量计的口径根据天然气在管道中的流速决定。大多数超声流量计能测得的气体流速范围为 0.3~30m/s。因此,流量计的量程比很高,一般为 30:1,有的甚至能达到 100:1。

超声流量计测量精度高、量程范围广、管道上无压力损失、对直管段长度要求不高、适用压力范围广、安装维护方便。超声流量计可实现双向流动测量，且双向测量的准确度相同，只在流量计出厂前对信号处理单位进行一些组态工作，对参数作必要的调整即可。

超声流量计已列入天然气计量标准，该仪表在天然气站场及集输的交接计量中得到越来越多的应用，尤其在天然气的商务交接计量上的应用更为广泛。但超声流量计一次性投资较高。

在矿场集输及处理过程中对天然气的计量仪表选择应根据工作状态、压力及计量场所对计量的精度要求进行选择。在商务计量场所必须选择计量精度高，而且有计量标准依据的仪表，如超声流量计、标准孔板节流装置流量计、气体涡轮流量计、气体腰轮流量计等。而在投资少的情形下，应选用使用和安装维护方便，又满足精度要求的仪表，如简易孔板流量计、涡街流量计、匀速管流量计、旋进旋涡流量计等。

5）可燃气体浓度检测仪表

可燃气体探测器是一种安装在爆炸性危险环境的典型气体探测设备，它将现场的可燃气体浓度转化成电信号并传送至位于安全区的监控设备，以达到监测现场可燃气体浓度的目的。可燃气体探测器是对单一或多种可燃气体浓度响应的探测器，主要分为催化型、红外光学型。

工程上应用的可燃气体探测器应具有地址设定功能。在探测到警报条件时，声光警报在监督站内得到登记记录，启动报警灯和报警鸣笛，并启动可视型警报能明确被激活感应装置的类型和地点；具备自诊断功能，探测到故障时发出警报。

（1）催化型可燃气体探测器。

催化型可燃气体探测器包含难熔金属铂丝。当可燃气体进入探测器时，在铂丝表面引起氧化反应（无焰燃烧），其产生的热量使铂丝的温度升高，而铂丝的电阻率便发生变化，用以监测周围空气中可燃气体从 0~100%LEL 范围内的变化。催化燃烧型传感器对于种类繁多的可燃性气体有敏锐的反应。传感器经特殊设计具有防中毒功能，能在多数工业环境中可靠工作。

（2）红外可燃气体探测器。

红外光学型是利用红外传感器通过红外线光源的吸收原理来检测现场环境的烷烃类可燃气体。红外线传感器的特点是长时间的工作稳定性及最少的阶段性维护。红外线气体传感器在某些测量环境下是对于传统的催化燃烧式传感器的一种极佳的替代产品。红外线可燃气体探测器属于无干扰智能型产品，具有良好的安全性能，操作灵活简便。

这种探测器的一个主要的特点是它具有自动校准功能，可以通过带背光的液晶显示屏上的提示一步步地引导操作者进行校准。红外线可燃气体探测器提供三种不同的输出方式：模拟信号 4~20mA 直流电；RS-485 通信接口及 3 个继电器（两个报警，一个故障自检）。可对警铃进行现场调试和编程。这些不同的输出方式为系统建立提供了最大的灵活性。

2. 控制设备

站场控制仪表主要由 RTU 或 PLC 控制器及其配套的 I/O 卡件等附属仪表组成。

1）RTU

（1）RTU 概念。

RTU（Remote Terminal Unit：远程终端单元）负责对现场信号、工业设备的监测和控制。RTU 是构成气田 SCADA 系统的核心装置，通常由信号输入/输出模块、微处理器、有线/无线通信设备、电源及外壳等组成，由微处理器控制，并支持网络系统。通过自身的软件（或智能软件）系统，实现 SCADA 后台监控调度系统对站场一次仪表的遥测、遥控、遥信和遥调等功能。

（2）RTU 发展阶段及发展趋势。

RTU 技术的发展经历了几个阶段：

①第一代 RTU。

第一代只是进行简单的数据采集和一些开关量的控制，此时的 RTU 数据处理能力十分有限，现场的数据必须要传送到中心控制站，由中心控制站或主站进行数据的处理。此时的 RTU 通信能力也很弱，特点是通信速率慢，方式单一，且大多数采用的是自定义的非标准协议。

②第二代 RTU。

随着半导体技术的飞速发展，RTU 的核心芯片——微处理器的功能日益强大，RTU 的数据处理能力得到很大的提高，许多比较复杂的算法和通信协议得以实现，输出控制也不单纯依赖于中心控制站，通常提供本地的闭环控制和调节。

③第三代 RTU。

网络和通信技术的快速发展为 RTU 技术提供了更先进、更优良的性能，同时也为 RTU 产品带来了更广泛的应用。基于 IP 技术的网络化 RTU 具备快速的响应能力、开放式的通信协议和平台，已经成为市场上的主流工业控制产品。越来越多的传统工业控制器的生产厂家已经将其产品重点转向 RTU，同时有越来越多的新企业加入到 RTU 的行业中来，包括许多类似 Motorola 这样的通信企业。

④第四代 RTU。

如今，RTU 技术正向着智能化方向发展。智能化 RTU 可以自动判断获取的数据是否需要立即上报给中心控制站，还是可以暂时保留在本地以后再传，或直到中心控制站要求时再传。智能化 RTU 可以自动检测到通信的中断，并立即开始将数据保存到存储器中，从而可以最有效地利用通信网络。智能化 RTU 还可以同时向几个中心控制站传送那些关键的数据。此外，由于安全性是目前通信网络中最大的问题，智能化 RTU 可以将数据在传输前进行加密，也可以拒绝那些来自未知地址的访问。

（3）RTU 功能要求。

为保证生产过程的安全运行和连续监控，RTU 必须为智能型，具有编程组态灵活、功能齐全、易扩展、维护方便、自诊断能力强、适应环境条件、可靠性高等特点。RTU 至少应满足下列功能要求：

①RTU 实现对站场生产流程的工艺参数、设备状态参数等模拟量、数字量的实时采集。实时数据采集速率可根据站场和参数数据重要程度在 0.1~1s 内进行调节，同时具有完善的优先级处理功能。满足所有数据的记录、运算、存档和必要的查询等管理功能。其中重要数据包括生成天然气流量的参数的采集周期应低于 1s。模拟量的转换不确定度不超过 0.1%。能够在最多 0.3s 内检测到任何一个开/关输入的状态变化。

②RTU 实时响应现场数据的变化，当测量值的变化大于前一次输送值的 $K\%$ 时，就发送这个新的测量值。K 是全量程范围内设定的百分比阈值。K 的调节范围在 0～10 内可调。

③RTU 采集的数据打上采集时的时间标签。处理生成的数据打上生成时的时间标签。上传的数据包括时间标签。

④RTU 在 1s 内将检测到的警报事件发送出去。

⑤RTU 能够应 DCC、RCC 或自身运行的要求主动传送当前的值和运行状态。

⑥RTU 采用独立通信通道和通信进程与 SCS 计算机或上一级控制中心进行数据传输。

⑦RTU 具有编程组态的功能，程序环境提供进行离线的仿真和测试工具。RTU 软件可用高级语言编制，有完整的技术规范。软件应能适应被监控对象的监控要求，并有容错功能，应有足够的可靠性和兼容性。

⑧RTU 具有就地/远程编程组态、调试功能。允许用户观察当前的 I/O 数据库，并检测 RTU 在线设备。RTU 支持远程程序下装，支持远程诊断。

⑨RTU 通过可编程的通信接口与第三方的计算机监控系统或智能仪表进行数据交换。

⑩RTU 具有故障检测功能。能定期或可触发方式运行诊断程序，检测硬件设备是否正常。并能在远程或就地诊断其故障状态。

⑪RTU 带有后备电池支持的 CMOS（存储时间不少于六个月）或不易失效的其他类型的存储器。当电源掉电恢复后，处理器应不需人工干预而自动重新启动。存储器应可用软件将其分区，分别用于存储控制程序和数据表。存储器应备有相当余量，其扩展应是模块化的，不用更换原设备和变动程序。

⑫RTU 具有掉电保护功能。RTU 中的操作系统软件、编程组态的控制程序、流量系统计量参数、报警/事件记录信息、已采集的历史数据均具有掉电保护功能。在 RTU 掉电恢复后，无需人工的任何干预就可以恢复到正常状态。

⑬RTU 具有数据存储和转发的功能。如果向 SCS 计算机或上一级控制中心的传输线路出现故障，变化的测量值将保存在 RTU 存储器中（至少存储 48h），排队等待。当传输线路恢复后，排队等待的数据自动向上发送。以保持历史数据的完整，不受故障影响。

⑭RTU 具有 PID 调节控制功能，至少应支持经典 PID 调节算法，任一 PID 调节回路反应时间小于 50ms。RTU 能按照预定的控制策略实现连续控制、逻辑控制、顺序控制、批量控制、联锁控制等，还可根据过程监控的实际需要实现串级、比值、分程等复杂控制以及运用运算单元组成综合控制方式，实现更复杂的先进控制、优化控制等。根据需要实现手动控制功能。

⑮RTU 具有天然气流量计算功能。天然气流量计算应在 RTU 内完成。

a. 天然气流量计算的运算结果至少应包括：瞬时流量、上小时累计流量、上日累计流量。

b. 天然气流量的计算应符合现行的国家标准和石油行业标准。RTU 至少应支持 GB/T 21446—2008《用标准孔板流量计测量天然气流量》流量计算标准。其流量计算程序必须通过相关国家流量计量标准部门检测认可，并持有计量检测合格证书。

c. 天然气实时流量计算周期为 1s。天然气实时流量数据保存周期不低于 60d，天然气小时流量和日流量及其他重要数据保存周期不低于 180d。

d. 天然气流量计量功能还可通过通信接口接入其他流量计。

（4）RTU 构成。

RTU 的硬件主要包括 CPU、存储器，以及各种输入输出接口等功能模块。这些模块被集成到电路板中，通过电路板布线完成 RTU 各功能模块连接。CPU 是 RTU 控制器的中枢系统，负责处理各种输入信号，经运算处理后，完成输出。存储器是 RTU 记忆系统，用来存储各种临时或永久性数据。其中：

①开关量输入单元：对现场各种开关信号进行采集，现场信号可以是继电器触点开关（无源），也可以是电压信号，还可以是电流信号。由于采用光隔离器件，可以抵抗现场各种干扰，能够在强电场、强磁场、多尘埃、潮湿环境下正常工作。

②开关量输出单元：用于遥控远端设备的开停、声光、告警等。

③模拟量输入单元：采用模拟开关及光电隔离技术，将现场各种模拟信号采集进来，既可以是 4~20mA、0~10mA 标准模拟信号，也可以是非标准模拟信号。如交流 220V 等。A/D 板采用智能 A/D 变换和利用软件技术，可抗工频 50Hz 干扰、射频干扰等，A/D 变换精度高达 14 位。模拟量路路隔离，可以用于不同的地电位设备同时采集。

④模拟量输出单元：用于 PID 调节方式下的各种自控系统。

⑤脉冲量输入单元：采集脉冲信号的频率，带光隔。采集信号的频率范围为 0~20MHz。

⑥数字量输入单元：接收各种串行数据信号。可以是 RS485 接口、RS232 接口、RS422 接口、或 V11、V28 等各种波特率下的异步串行数据，也可以采集 64K 同步数据。

⑦通信接口单元：包括 RS485、RS232、RJ45、HART 等各种通信接口。

（5）RTU 特点。

RTU 是 SCADA 系统的基本组成单元，安装在高含硫气田集输站场现场，负责对现场信号、设备的监测和控制。RTU 将测得的状态或信号转换成约定俗成的数据格式上传至各级监控调度中心，同时，它还将从各级监控调度中心下发的数据转换成控制指令，实现对执行仪表的功能控制。

RTU 通常可以分为 2 种基本类型——单板 RTU 和模块 RTU。单板 RTU 在一个板子中集中了所有的 I/O 接口。模块 RTU 有一个单独的 CPU 模块，同时也可以有其他的附加模块，通常这些附加模块是通过加入一个通用的"backplane"来实现的（像在 PC 机的主板上插入附加板卡一样）。

RTU 是一种耐用的现场智能处理器，它支持 SCADA 控制中心与现场器件间的通信。它是一个独立的数据获取与控制单元。它的作用是在远端控制中心控制现场设备，获得设备数据，并将数据传给 SCADA 系统的调度中心。

现场信号及工业设备的监测、控制与报警。例如：数据采集及处理、现场控制、数据传输（网络通信）、现场及远程报警等；某些 RTU 还具备流量累计等一系列针对特定应用领域的计量功能等。

中央处理器单元可以包含一个内置的或独立的 modem。这些 modem 可以通过无条件租借的声音级电话线或类似的声道如：微波、无线电、光纤传输。也可以用异步串行数据端口来代替 modem，以扩展通信设备，使之最大可达 36.6Kbaud。

中央处理器连续地选择输入通道将当前的状态或模拟量和以前的状态作对比。如果模拟量的改变超过了死区限,就会向监控中心通知发生了状态改变;如果没有改变发生,一个简短的确认信号会返回到监控中心。

2)PLC

PLC 即可编程逻辑控制器,是一种采用一类可编程的存储器,用于其内部存储程序,执行逻辑运算、顺序控制、定时、计数与算术操作等面向用户的指令,并通过数字或模拟式输入/输出控制各种类型的机械或生产过程。

在高含硫气田地面集输生产过程控制中,PLC 主要用于相对独立的装置,比如脱水装置、锅炉单元、空气—氮气装置,由装置厂家成套提供。对站场基本的数据采集和控制,往往通过 RTU 来实现。

(1)PLC 起源。

1968 年美国通用汽车公司提出取代继电器控制装置的要求。

1969 年,美国数字设备公司研制出了第一台可编程逻辑控制器 PDP-14,在美国通用汽车公司的生产线上试用成功,首次采用程序化的手段应用于电气控制,这是第一代可编程逻辑控制器,称为 Programmable Logic Controller,简称 PLC,是世界上公认的第一台 PLC。

1971 年,日本研制出第一台 DCS-8。

1973 年,德国西门子公司(SIEMENS)研制出欧洲第一台 PLC,型号为 SIMATIC S4。

1974 年,中国研制出第一台 PLC,1977 年开始工业应用。

(2)PLC 发展。

20 世纪 70 年代初出现了微处理器。人们很快将其引入可编程逻辑控制器,使可编程逻辑控制器增加了运算、数据传送及处理等功能,完成了真正具有计算机特征的工业控制装置。此时的可编程逻辑控制器为微机技术和继电器常规控制概念相结合的产物。个人计算机发展起来后,为了方便和反映可编程控制器的功能特点,可编程逻辑控制器定名为 Programmable Logic Controller (PLC)。

20 世纪 70 年代中末期,可编程逻辑控制器进入实用化发展阶段,计算机技术已全面引入可编程控制器中,使其功能发生了飞跃。更高的运算速度、超小型体积、更可靠的工业抗干扰设计、模拟量运算、PID 功能及极高的性价比奠定了它在现代工业中的地位。

20 世纪 80 年代初,可编程逻辑控制器在先进工业国家中已获得广泛应用。世界上生产可编程控制器的国家日益增多,产量日益上升。这标志着可编程逻辑控制器已步入成熟阶段。

20 世纪 80 年代至 90 年代中期,是可编程逻辑控制器发展最快的时期,年增长率一直保持为 30%~40%。在这个时期,PLC 在处理模拟量能力、数字运算能力、人机接口能力和网络能力得到大幅度提高,可编程逻辑控制器逐渐进入过程控制领域,在某些应用上取代了在过程控制领域处于统治地位的 DCS 系统。

20 世纪末期,可编程逻辑控制器的发展特点是更加适应于现代工业的需要。这个时期发展了大型机和超小型机、诞生了各种各样的特殊功能单元、生产了各种人机界面单元、通信单元,使应用可编程逻辑控制器的工业控制设备的配套更加容易。

(3)功能特点。

可编程逻辑控制器具有以下鲜明的特点。

①使用方便,编程简单。

采用简明的梯形图、逻辑图或语句表等编程语言,而无需计算机知识,因此系统开发周期短,现场调试容易。另外,可在线修改程序,改变控制方案而不拆动硬件。

②功能强,性能价格比高。

一台小型 PLC 内有成百上千个可供用户使用的编程元件,有很强的功能,可以实现非常复杂的控制功能。它与相同功能的继电器系统相比,具有很高的性能价格比。PLC 可以通过通信联网,实现分散控制,集中管理。

③硬件配套齐全,用户使用方便,适应性强。

PLC 产品已经标准化、系列化、模块化,配备有品种齐全的各种硬件装置供用户选用,用户能灵活方便地进行系统配置,组成不同功能、不同规模的系统。PLC 的安装接线也很方便,一般用接线端子连接外部接线。PLC 有较强的带负载能力,可以直接驱动一般的电磁阀和小型交流接触器。

硬件配置确定后,可以通过修改用户程序,方便快速地适应工艺条件的变化。

④可靠性高,抗干扰能力强。

传统的继电器控制系统使用了大量的中间继电器、时间继电器,由于触点接触不良,容易出现故障。PLC 用软件代替大量的中间继电器和时间继电器,仅剩下与输入和输出有关的少量硬件元件,接线可减少到继电器控制系统的 $1/100 \sim 1/10$,因触点接触不良造成的故障大为减少。

PLC 采取了一系列硬件和软件抗干扰措施,具有很强的抗干扰能力,平均无故障时间达到数万小时以上,可以直接用于有强烈干扰的工业生产现场,PLC 已被广大用户公认为最可靠的工业控制设备之一。

⑤系统的设计、安装、调试工作量少。

PLC 用软件功能取代了继电器控制系统中大量的中间继电器、时间继电器、计数器等器件,使控制柜的设计、安装、接线工作量大大减少。

PLC 的梯形图程序一般采用顺序控制设计法来设计。这种编程方法很有规律,很容易掌握。对于复杂的控制系统,设计梯形图的时间比设计相同功能的继电器系统电路图的时间要少得多。

PLC 的用户程序可以在实验室模拟调试,输入信号用小开关来模拟,通过 PLC 上的发光二极管可观察输出信号的状态。完成了系统的安装和接线后,在现场的统调过程中发现的问题一般通过修改程序就可以解决,系统的调试时间比继电器系统少得多。

⑥维修工作量小,维修方便。

PLC 的故障率很低,且有完善的自诊断和显示功能。PLC 或外部的输入装置和执行机构发生故障时,可以根据 PLC 上的发光二极管或编程器提供的信息迅速地查明故障的原因,用更换模块的方法可以迅速地排除故障。

(4)PLC 构成。

高含硫气田集输生产过程控制中存在大量的以开关量为主的开环的顺序控制,它按照逻辑条件进行顺序动作号、时序动作；另外还有与顺序、时序无关的按照逻辑关系进行连锁保护动作的控制，以及大量的开关量、脉冲量、计时、计数器、模拟量的越限报警等状态量为主的、离散量的数据采集监视。由于这些控制和监视的要求，使 PLC 发展成了取代继电器线路和进行顺序控制为主的产品。PLC 厂家在原来 CPU 模板上逐渐增加了各种通信接口，现场总线技术及以太网技术也同步发展，使 PLC 的应用范围越来越广泛。

PLC 控制器本身的硬件采用积木式结构，有母板、数字 I/O 模板、模拟 I/O 模板，还有特殊的定位模板、条形码识别模板等模块，用户可以根据需要采用在母板上扩展或者利用总线技术配备远程 I/O 从站的方法来得到想要的 I/O 数量。

PLC 在实现各种数量的 I/O 控制的同时，还具备输出模拟电压和数字脉冲的能力，使得它可以控制各种能接收这些信号的伺服电动机、步进电动机、变频电动机等，加上触摸屏的人机界面支持，PLC 可以满足在过程控制中任何层次上的需求。

3) DCS

DCS 通常采用分级递阶结构，每一级由若干子系统组成，每一个子系统实现若干特定的有限目标，形成金字塔结构。

可靠性是 DCS 发展的生命，要保证 DCS 的高可靠性主要有三种措施：一是广泛应用高可靠性的硬件设备和生产工艺；二是广泛采用冗余技术；三是在软件设计上广泛实现系统的容错技术、故障自诊断和自动处理技术等。当今大多数集散控制系统的 MTBF 可达几万甚至几十万小时。

在 DCS 关联领域有许多新进展，主要表现在如下一些方面。

(1) 系统功能向开放式方向发展。传统 DCS 的结构是封闭式的，不同制造商的 DCS 之间难以兼容。而开放式的 DCS 将可以赋予用户更大的系统集成自主权，用户可根据实际需要选择不同厂商的设备连同软件资源连入控制系统，达到最佳的系统集成。这里不仅包括 DCS 与 DCS 的集成，更包括 DCS 与 PLC、FCS 及各种控制设备和软件资源的广义集成。

(2) 仪表技术向数字化、智能化、网络化方向发展。工业控制设备的智能化、网络化发展，可以促使过程控制的功能进一步分散下移，实现真正意义上的"全数字""全分散"控制。另外，由于这些智能仪表具有的精度高、重复性好、可靠性高，并具备双向通信和自诊断功能等特点，致使系统的安装、使用和维护工作更为方便。

(3) 工控软件正向先进控制方向发展。广泛应用各种先进控制与优化技术是挖掘并提升 DCS 综合性能最有效、最直接、也是最具价值的发展方向，主要包括先进控制、过程优化、信息集成、系统集成等软件的开发和产业化应用。在未来，工业控制软件也将继续向标准化、网络化、智能化和开放性发展方向。

(4) 系统架构向 FCS 方向发展。单纯从技术而言，现阶段现场总线集成于 DCS 可以有三种方式：①现场总线于 DCS 系统 I/O 总线上的集成——通过一个现场总线接口卡挂在 DCS 的 I/O 总线上，使得在 DCS 控制器所看到的现场总线来的信息就如同来自一个传统的 DCS 设备卡一样。例如 Fisher-Rosemount 公司推出的 DeltaV 系统采用的就是此种集成方案。②现场总线于 DCS 系统网络层的集成——就是在 DCS 更高一层网络上集成现场总线系统，这种集成方式不需要对 DCS 控制站进行改动，对原有系统影响较小。如 Smar 公司的 302 系列现场总线产品可以实现在 DCS 系统网络层集成其现场总线功能。③现场总线通过网关与 DCS 系统并行集成——现场总线和 DCS 还可以通过网关桥接实现并行集成。如 SUPCON 的现场总线系统，利用 HART 协议网桥连接系统操作站和现场仪表，从而实现现场总线设备管理系统操作站与 HART 协议现场仪表之间的通信功能。

一直以来 DCS 的重点在于控制，它以"分散"作为关键字。但现代发展更着重于全系统信息综合管理，今后"综合"又将成为其关键字，向实现控制体系、运行体系、计划体系、管理体系的综合自动化方向发展，实施从最底层的实时控制、优化控制上升到生产调度、经营管理，以至最高层的战略决策，形成一个具有柔性、高度自动化的管控一体化体系。

DCS 级和控制管理级是组成 DCS 的两个最基本的环节。

过程控制级具体实现了信号的输入、变换、运算和输出等分散控制功能。在不同的 DCS 中，过程控制级的控制装置各不相同，如过程控制单元、现场控制站、过程接口单元等，但它们的结构形式大致相同，可以统称为现场控制单元 FCU。过程管理级由工程师站、操作员站、管理计算机等组成，完成对过程控制级的集中监视和管理，通常称为操作站。DCS 的硬件和软件，都是按模块化结构设计的，所以 DCS 的开发实际上就是将系统提供的各种基本模块按实际的需要组合成为一个系统，这个过程称为系统的组态。

（1）现场控制单元。

现场控制单元一般远离控制中心，安装在靠近现场的地方，其高度模块化结构可以根据过程监测和控制的需要配置成由几个监控点到数百个监控点的规模不等的过程控制单元。

现场控制单元的结构是由许多功能分散的插板（或称卡件）按照一定的逻辑或物理顺序安装在插板箱中，各现场控制单元及其与控制管理级之间采用总线连接，以实现信息交互。

现场控制单元的硬件配置需要完成以下内容：

①插件的配置，根据系统的要求和控制规模配置主机插件（CPU 插件）、电源插件、I/O 插件、通信插件等硬件设备；

②硬件冗余配置，对关键设备进行冗余配置是提高 DCS 可靠性的一个重要手段，DCS 通常可以对主机插件、电源插件、通信插件和网络、关键 I/O 插件实现冗余配置。

③硬件安装，不同的 DCS，对于各种插件在插件箱中的安装，会在逻辑顺序或物理顺序上有相应的规定。另外，现场控制单元通常分为基本型和扩展型两种，所谓基本型就是各种插件安装在一个插件箱中，但更多的时候需要可扩展的结构形式，即一个现场控制单元还包括若干数字输入/输出扩展单元，相互间采用总线连成一体。

就本质而言，现场控制单元的结构形式和配置要求与模块化 PLC 的硬件配置是一致的。

（2）操作站。

操作站用来显示并记录来自各控制单元的过程数据，是人与生产过程信息交互的操作接口。典型的操作站包括主机系统、显示设备、键盘输入设备、信息存储设备和打印输出设备等，主要实现强大的显示功能（如模拟参数显示、系统状态显示、多种画面显示等）、报警功能、操作功能、报表打印功能、组态和编程功能等。

另外，DCS操作站还分为操作员站和工程师站。从系统功能上看，前者主要实现一般的生产操作和监控任务，具有数据采集和处理、监控画面显示、故障诊断和报警等功能。后者除了具有操作员站的一般功能以外，还应具备系统的组态、控制目标的修改等功能。从硬件设备上看，多数系统的工程师站和操作员站合在一起，仅用一个工程师键盘加以区分。

3. 执行仪表

1）切断阀

切断阀是自动化系统中执行机构的一种，由多弹簧气动薄膜执行机构或浮动式活塞执行机构与调节阀组成，接收调节仪表的信号，控制工艺管道内流体的切断、接通或切换。具有结构简单、反应灵敏、动作可靠等特点。在油气集输生产过程中，切断阀一般用于突发事件时的远程紧急切断，也俗称紧急切断阀，通常由调度控制中心对其进行远程操作，也可以在现场就地进行操作。

从结构上，紧急切断阀通常包括阀体和执行机构两部分。

（1）阀体：紧急切断阀对阀的基本要求是，关闭严密快速，并具火灾安全结构。常规阀门中，高密封性能的金属密封球阀是最佳选择。当采用软密封结构时，必须是火灾安全型结构，以保证软密封结构失效后，仍能截断危险物料而不流入事故场所。

（2）执行机构：根据动力源不同，执行机构分为电动执行机构、气动执行机构、液动执行机构、气液联动执行机构。

①电动执行机构。

电动执行机构电动机通常应选择防火防爆结构，电缆采用阻燃型或耐火型。考虑电动机绝缘材料的影响，高湿场所不宜采用。

执行机构可直接接收计算机或工业仪表等输出的 4~20mA DC 或 1~5V DC 控制信号，根据阀位反馈信号与设定值比较偏差对执行机构驱动电动机进行智能步距调整（PID调节），以实现与执行机构配套的阀门或其他装置开度的精确定位，同时输出 4~20mA DC 的位置反馈信号。

②气动执行机构。

充足的动力气源供给、良好的气缸与活塞的配合和润滑是气动执行机构正常作业的关键。否则，就会发生关而不严和卡壳。

a. 气动执行器的执行机构和调节机构是统一的整体，其执行机构有薄膜式、活塞式和齿轮齿条式。活塞式行程长，适用于要求有较大推力的场合；而薄膜式行程气动执行器较小，只能直接带动阀杆。由于齿轮齿条式气动执行机构有结构简单、输出推力大、动作平稳可靠，并且安全防爆等优点，以压缩空气、氮气为动力源，接收集散控制系统（DCS）、可编程控制器（PLC）等开关信号，通过电磁阀可实现对阀门快速位式控制。

b. 气动执行器还可以分为单作用和双作用两种类型：执行器的开关动作都通过气源来驱动执行，叫作双作用；单作用的开关动作只有开动作是气源驱动，而关闭动作是靠弹簧复位。

③液压执行机构。

液压执行机构除要求液压液体无腐蚀，冬季不冻之外，不受更多因素制约，系统简单,有推广应用趋势。液压执行器是一种实用操作型产品,执行机构上配上液动执行装置。液压执行机构类型:常闭式、手摇油泵配套使用。液动装置是用液压启闭或调节阀门的驱动装置。它由控制、动力和执行机构三大部分组成。动力部分由液压泵、油箱等件构成,实现往复直线运动;另一种是液压马达执行机构,实现回转运动。此外,还包括活塞式和齿轮齿条式,活塞式行程长,适用于要求有较大推力的场合。

④气液联动执行机构。

执行机构输出力矩要留有一定的安全系数以保证在最大差压及最恶劣操作条件下平稳操作阀门,并且不致对阀门造成损坏。执行机构输出的最小扭矩能保证阀门的全启闭。阀门所配的气液联动执行机构的检测信号应为干线阀门下游压力和压降速率信号,当压力或压降速率检测信号超过设定值或信号超过设定值的时间达到延时设定值之后,执行机构将关闭截断阀。执行机构既可以接收就地信号又可以接收远控信号关闭截断阀。阀门开启需要现场人工复位。

2)自力式调压器

采用天然气自身的压力能源为动力实现压力调节的设备为自力式调压器。在井口和集输管线站场上为简化供电供气(空气)设施,普遍采用自力式调压器。

自力式调压器可分为阀前压力控制和阀后压力控制(图4-3)。

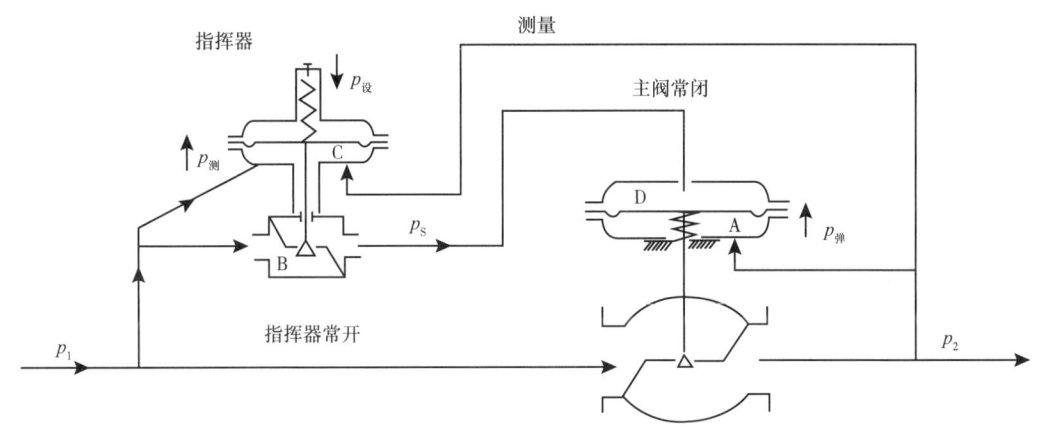

图4-3 调节器原理图

(1)阀前压力控制。

工作介质的阀前压力 p_1 经过阀芯、阀座后的节流后,变为阀后压力 p_2。p_2 经过控制管线输入到执行器的下膜室内作用在顶盘上,产生的作用力与弹簧的反作用力相平衡,决定了阀芯、阀座的相对位置,控制阀后压力。当阀后压力 p_2 增加时,p_2 作用在顶盘上的作用力也随之增加。此时,顶盘的作用力大于弹簧的反作用力,使阀芯关向阀座的位置,直到顶盘的作用力与弹簧的反作用力相平衡为止。这时,阀芯与阀座的流通面积减少,流阻变大,从而使 p_2 降为设定值。同理,当阀后压力 p_2 降低时,作用方向与上述相反,这就是自力式(阀后)压力调节阀的工作原理。本类阀门在管道中一般应当水平安装。

当需要改变阀后压力 p_2 的设定值时,可调整调节螺母。

(2)阀后压力控制。

工作介质的阀前压力 p_1 经过阀芯、阀座后的节流后,变为阀后压力 p_2。同时 p_1 经过控制管线输入到执行器的上膜室内作用在顶盘上,产生的作用力与弹簧的反作用力相平衡,决定了阀芯、阀座的相对位置,控制阀前压力。当阀前压力 p_1 增加时,p_1 作用在顶盘上的作用力也随之增加。此时,顶盘的作用力大于弹簧的反作用力,使阀芯向离开阀座的方向移动,直到顶盘的作用力与弹簧的反作用力相平衡为止。这时,阀芯与阀座的流通面积增大,流阻变小,从而使 p_1 降为设定值。同理,当阀前压力 p_1 降低时,作用方向与上述相反,这就是自力式(阀前)压力调节阀的工作原理。

当需要改变阀前压力 p_1 的设定值时,可调整调节螺母。

调压控制方案采用自力式调压器,在一定条件下使调压器前或后的流体压力维持在设置范围内;采用多台调压器串联、并联,再结合安全截断阀、安全泄压阀可构成多种压力监控方案,以确保工艺设备安全和不间断平稳地工作。

①串级调压控制。

串级调压采用2台相同或不相同的调压器前后串联设置,p_1 和 p_2 的压差由2台调压器共同承担。

与一级调压方式相比,二级串级调压多了1台调压器,主要用于上下游压差过大的场合。当调压器前后压差超过临界比时,不仅流通能力只与进口压力有关,而且过大的工作压差会产生过大的噪声,造成噪声对环境的污染。特别是上游压力波动较大时,串级调压可使第一台调压器起到稳定压力的作用,改善第二台调压器的气流流动状况,使调压性能得以改善。

但是采用这种压力控制方式时第一台调压器可能因故障而全开,第二台调压器的工作压力应按第一台的工作压力选择,它才能正常工作继续调压。当第二台调压器因故障全开时,下游压力将升高到危险压力,这将会危及下游的安全。若任意一台因故障全关时,将中断该路供气。

②监控调压方式。

监控调压方式可在一定条件下克服调压器故障时压力失控的危险。监控调压方式有两种,分别是全开式监控调压方式和工作监控调压方式。

全开式监控调压方式:正常运行时其中一台调压器为工作调压状态,它承担全部调压功能;而另一台调压器为监控状态,调压器处于全开的等待状态。一旦工作调压器因故障全开,使出口压力高于监控调压器的设定值时,监控调压器接替工作调压器而继续工作,将下游压力维持在稍高于原工作调压器设定的压力范围内(图4-4)。

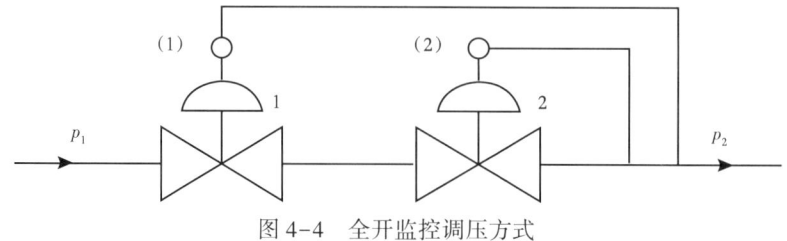

图4-4 全开监控调压方式

工作监控调压方式：由 2 台自力式调压器串级连接构成，但增加了一个监控指挥阀和一条引压管。图 4-5 中指挥阀(1)为监控指挥阀，指挥阀(2)为工作指挥阀，对指挥阀设置不同设定值。正常运行时，两台调压器为串级调压。非正常状态时，第一台(上游一台)调压器因故障全开时，第二台调压器承受上游压力并起调压作用；若第二台调压器因故障全开时，下游压力高于第一台调压器的第二个指挥阀的设定压力，指挥阀(1)动作，第一台调压器承担全部调压功能。

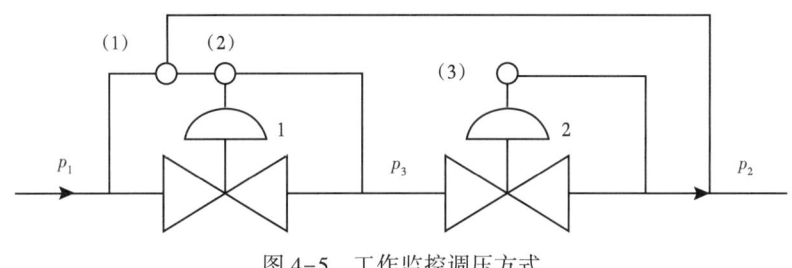

图 4-5 工作监控调压方式

③截断型监控调压方式。

截断型监控调压由一台调压器和一个截断阀构成(图 4-6)。正常运行时，截断阀(1)全开，调压器 2 如同一台单级调压器一样工作。一旦调压器因故障全开时，截断阀关闭而中断供气，从而避免下游出现过压的危险。

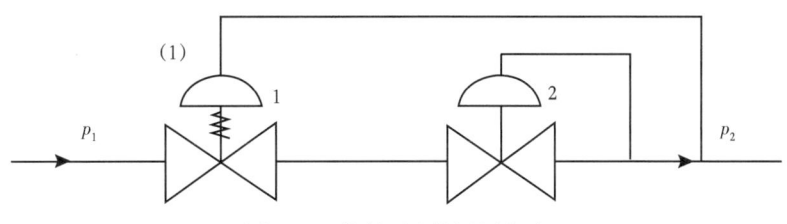

图 4-6 截断型监控调压方式

截断型安全截断阀可单独使用，它用作高低压安全截断。如用在水套炉流程中防止节流阀门故障和水套炉熄火后因水合物堵塞造成压力异常，它的压力监测点可在节流阀后或在水套炉出口气管线上。

④泄压型监控调压方式。

由一个泄压阀构成，它可以是一个靠弹簧整定的安全放空阀。图 4-7 为按阀前压力为

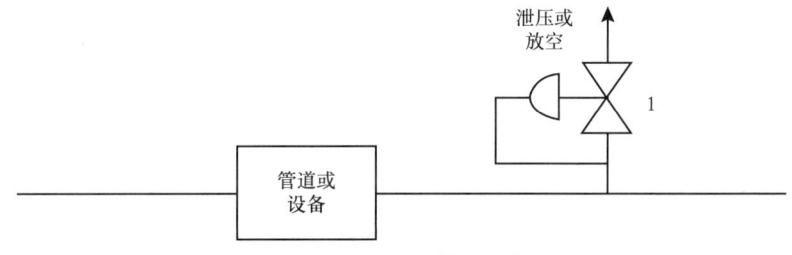

图 4-7 泄压型监控调压方式

监控点的自力式调压器。监控对象可以是调压器阀前压力或阀后压力，也可以是管道或其他压力容器的压力。当监控点压力过高时，该调压器开启泄去过高的压力。该调压器宜采用快开的流量特性。

考虑到管线设备的长期稳定运行必须不超压、不失压、不对环境造成污染，故在实际应用中，宜采用上述监控方式组合成的混合监控方式。

(3) 自力式调压器的选择。

一般自力式调压器的选择主要考虑因素是可调范围和流通能力。

①可调范围 R：

$$R = \frac{调压器控制的最大流量 \, q_{max}}{调压器控制的最小流量 \, q_{min}} \tag{4-4}$$

理想情况下，可调范围能换算为最大流通能力与最小流通能力之比。从控制角度出发是希望该值越大越好，但是由于阀芯结构上的限制，常用调压器理想的可调范围为 30∶1～50∶1。

实际应用中，由于管路特性影响，天然气的腐蚀和气体对阀芯和阀座的冲刷磨损，会使可调范围减小，一般取 10∶1 为宜。

②流通能力(C)。

调压器流通能力是指调压器全开时，单位时间内流体通过它的体积或者质量。流通能力的计算可参见调节阀相关内容。

在实际选择中，根据工艺参数的最大流量和最小流量值计算出最大 C 值和最小 C 值，按调压器类型在对应流通能力数据表中选取能满足最大 C 值的调压器，并验证在最大流量和最小流量时调压器的开度。通常在最大流量时调压器开度控制在 90%；最小流量时调压器开度应不小于 10%，或者根据工艺参数最大流量及调压阀的前后压力去查找调压阀的数据表，选择满足工艺参数要求的调压阀型号和规格。

3) 调节阀

(1) 工作原理。

调节阀同孔板一样是一个局部阻力元件，调节阀通过阀芯的移动来改变节流面积，因此它是一种可变的节流元件。于是，可以把调节阀模拟成孔板节流形式，对不可压缩流体，在调节阀中的流动同样符合伯努利方程。其方程式为：

$$\frac{v_1^2}{2g} + \frac{p_1}{\rho_g} + \frac{p_1}{\rho_g} = \frac{v_2^2}{2g} + \frac{p_2}{\rho_g} \tag{4-5}$$

式中　v_1，v_2——入口，出口速度，m/s；

　　　p_1，p_2——入口，出口压力，MPa；

　　　ρ_g——天然气密度，kg/m³；

　　　g——重力加速度，m/s²。

从式 (4-5) 可以看出，当调节阀的阀芯口径一定，即调节阀两端压差 (p_1-p_2) 不变时，流量随节流处的阻力系数 ξ 而变化，ξ 减小时，流量 q 增大。

(2) 调节阀的流量特性。

流量特性是指流体流过调节阀的相对流量与调节阀相对开度之间的关系：

$$\frac{q}{q_{max}} = f\left(\frac{l}{L}\right) \tag{4-6}$$

式中 $\frac{q}{q_{max}}$——调节阀某一开度流量与全开流量之比；

$\frac{l}{L}$——调节阀某一开度行程与全开行程之比。

通常，调节阀有直线、等百分比和快开流量特性三种（图4-8）。

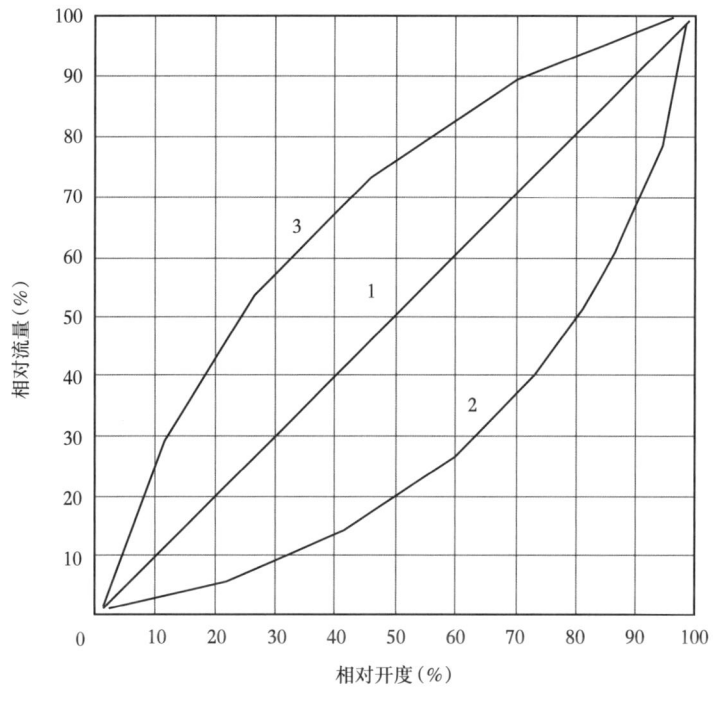

图4-8 调节阀流量特性
1—直线；2—等百分比；3—快开

①直线流量特性是指调节阀相对开度与相对流量之间呈线性关系，即它的单位行程变化所引起的流量变化是相等的。这种流量特性，在小流量时同一相对开度的相对流量变化较大；而大流量时，流量相对值变化较小。因此，直线流量特性阀门在小开度（小流量）情况下的调节性能不好，往往会产生振荡而不容易控制。

②等百分比流量特性是指单位行程变化所引起的流量变化与该开度下的流量成正比关系。经推算，在同样行程变化的情况下，小流量时流量变化小，大流量时流量变化较大。当接近关闭时，工作缓和平稳；接近全开时，放大作用大，工作灵敏，调节特性好。

③快开流量特性是指调节阀小行程时，流量变化量较大。随着行程增大，流量很快达到饱和。这种特性调节阀常用于两位式调节，如泄压放空调节阀。

④流量特性的选用，一般是根据控制对象特性及调节阀工作状态而定，在小开度条件

时，宜选用等百分比的流量特性图为调节阀流量特性比较图。在矿场集输及处理过程中应用较多的是等百分比流量特性调节阀。

(3)调节阀的流量系数。

调节阀的流量系数(以前称流通能力)是指调节阀全开时单位时间内通过流体的体积或质量。

国内对流量系数 K_V 的定义为：当调节阀全开，阀两端压差 Δp 为 100kPa，流体重度为 $9.8kN/m^3$（即常温水）时，每小时流经调节阀的流量数。根据该定义，如有一个值为 40 的调节阀，则表示调节阀前后压差为 100kPa 时，每小时能通过的水量为 $40m^3/h$。流量系数是决定调节阀口径的关键参数。

流量系数值 K_V 的计算公式因被控制流体的介质不同而不同（如液体、气体、气液两相流等），这里不进行详细叙述，请参见相关手册。下面仅就被控制介质为天然气的调节阀流量系数值计算进行介绍。在矿场集输及处理中，调节阀流过天然气的流量系数的计算按压缩系数法计算，公式如下：

当 $p_2 > 0.5 p_1$ 时：

$$K_V = \frac{q}{3874.9} \sqrt{\frac{\rho_n (273.15 + T) Z}{(p_1 - p_2)(p_1 + p_2)}} \tag{4-7}$$

当 $p_2 \leq 0.5 p_1$ 时：

$$K_V = \frac{q}{3865.6 p_1} \sqrt{\rho_n (273.15 + T) Z} \tag{4-8}$$

式中　K_V——调节阀流量系数；

　　　T——气体工作状态下的温度，℃；

　　　ρ_n——气体标准状态下的密度，kg/m^3；

　　　p_1，p_2——调节阀前、后气体绝对压力，MPa；

　　　q——气体标准状态下的体积流量，m^3/h；

　　　Z——气体工作状态下的压缩系数。

实际计算中，根据最大流量、最小流量计算出最大 K_V 值和最小 K_V 值。因工厂生产的调节阀依据标准结构及分类按照阀门大小制造出来的值是一个相应的恒定值，在选择时根据计算的最大值去选择大于该值的调节阀，但需用计算出来的最小值去核对阀门最小开度，看能否满足要求，以选择最合适的阀门口径。另外根据控制回路的作用方式及考虑安全来选择调节阀的作用方式为气开或气关。同时根据阀门前后压差的大小来选择执行机构推力及阀门定位器。并根据被控制对象的特性及控制参数来选择调节阀的流量特性。

(4)阀体结构与分类。

调节阀由执行机构和阀门两部分组成。执行机构根据动力源不同分为电动、气动、液动、电液联动执行机构等。阀体部分由阀壳和阀的内部组件组成。按阀体结构形式分为单座阀、双座阀、角阀、三通阀、偏心旋转阀、蝶阀、球阀、快速切断阀、隔膜阀等。在矿场集输中应用较多的有气动薄膜调节阀、电动调节阀及电动切断球阀。

(5)常用调节阀。

①气动薄膜调节阀。

气动薄膜调节阀是以气体为动力、采用膜头式执行机构的调节阀,它是利用气体压力推动薄片压缩弹簧上下移动,从而带动阀杆移动来打开或关闭阀门。

执行机构根据现场实际情况来选择,在天然气处理厂设置有压缩空气的场所可选用气动薄膜调节阀;在没有设置压缩空气的井口和站场可选用电动执行机构。阀体结构根据控制对象的介质状况、压差、控制特性等因素选择。

②低噪声调节阀。

天然气矿场集输及处理过程中根据不同压力分布要求需对压力进行调节,在调压过程中气体流经调节阀的节流孔形成收缩、扩散和冲刷而产生噪声。随着气体流量和压差的增大,产生的噪声和设备的振动也越大,这种噪声将污染生产环境和生活环境。尤其靠近城市的配气站,对噪声污染的限定更严格。

当前靠近城市的配气站,调压过程必须选用低噪声调节阀来满足环保要求。常用的低噪声调节阀主要有多孔笼式低噪声调节阀和迷宫式低噪声调节阀。其工作原理是:多孔鼠笼式阀门是气体经过多级孔的降压来降低噪声,而迷宫式低噪声调节阀是气体经过多级阶跃式降压,撞击而又互相抵消降低噪声,所以降噪效果好。多孔笼式低噪声调节阀具有一定的降噪声能力,技术比较成熟,价格较低,但降噪声能力较弱,而迷宫式低噪声调节阀降噪声能力强、技术先进,但价格高。由美国某公司提供的迷宫式低噪声调节阀在西南油气田分公司的两路配气站应用取得了很好的效果,满足了环保要求。

4. 网络通信链路及设备

随着 IT 技术的日新月异,用于数据传输的链路和通信终端设备越来越多,数据传输质量和带宽越来越高,承载的业务量越来越大。高含硫气田集输生产过程中,和生产相关的 SCADA 系统、DCS、SIS、F&GS、视频监控系统、周界防范以及报警控制等系统,均部署在油气生产局域网(简称生产网)上,生产网承载的业务主要包括:生产数据、视频图像/图片、语音等。其中,视频图像占用的带宽较大,而生产数据因为涉及与企业机密相关的信息和执行紧急切断的控制指令,为确保机密信息不被窃取、控制指令能可靠地传输,对网络传输的安全性和可靠性要求都较高。

综合现有的通信技术和实际生产情况,在高含硫气田集输生产过程中,油气生产局域网的网络架构如图 4-9 所示。

图 4-9 中的网络涵盖了前端站场、中心站、作业区、矿区、油气田分公司四级数据传输,各级传输的通信链路和终端设备因各级传输的业务量和实际情况作相应的配置,具体而言:

1)通信链路

(1)第一级。

前端站场—中心站:这级传输的主要特点是前端井站/站场/阀室点位多、分布广而散,现场环境交通、通信环境较差,可利用的公共资源不多,但由于高含硫井站生产风险高,为进一步达到前端井站减人增效的目标,需要各级调度控制中心对前端实现远程监视

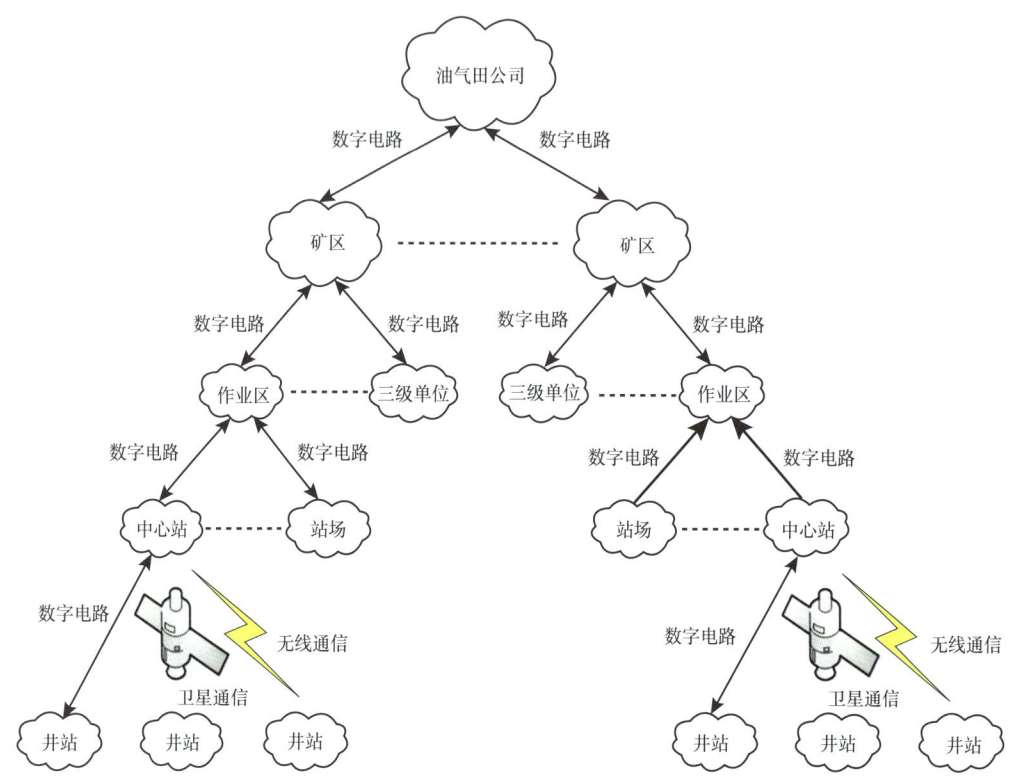

图 4-9 生产网网络架构图

和控制，在出现意外情况时，能远程处理，避免事故发生，故这一级数据传输的可靠性要求非常高，一般采用自建光缆或租用运营商数字电路搭建生产网。

(2) 第二级。

中心站—作业区：这一级传输承载的业务量和所需的带宽远远高于第一级，在有条件的情况下，一般会通过自建光缆搭建中心站到作业区之间的网络，但若中心站距离作业区地理位置较远，投资相对较大时，通常会租用运营商数字电路，搭建中心站与作业区之间的通信网络，实现二者之间的数据传输，这种传输方式相对更为可靠和安全，但在租用运营商数字电路时，后期的维护费用相对较高。

(3) 第三级、第四级。

作业区—矿区—油气田公司：这两级传输的特点是数据量大大高于前二级，但这两级传输一般都可依托自建内部光缆，这种传输方式的可靠性和安全性也最高。

2) 通信设备

根据链路的基本设置，通信设备主要有：交换机、路由器、防火墙等。一般在前端站场配置二层工业交换机，在中心站配置二层交换机和路由器，在作业区、矿区、油气田公司配置核心交换机，对租用运营商无线链路的站场，还要配置无线路由器，租用运营商有线链路的站场、中心站或作业区还应配置防火墙。

第三节　高含硫气田控制系统优化

随着现代工业自动化技术的飞速发展，为安全、清洁开发建设高酸性气田提供了强有力的技术保障；同时高酸性气田的开发也对工业自动化技术提出了严峻考验，实现气田一体化生产、运营管理和配产，建立一套包括净化厂和集气站、单井站和RTU阀室的数据库服务器，保证气田数据高度集中，实现气田自动化控制快速反应。根据ESD系统中间环节最少的原则，对于气田建立一套与过程控制相独立的ESD系统，实现对气田各装置、设施实施安全监控，完成各装置的安全联锁，使整个气田处于故障安全模式。

为达到清洁、环保和安全开发高含硫气田的目的，尽可能减少尾气及放空，在工艺方案和自控制方案中有针对性地对减少污染物排放问题作一个联合统一的考虑，最大限度地减少污染物排放量。

图4-10所示为气田自控系统架构示意图。

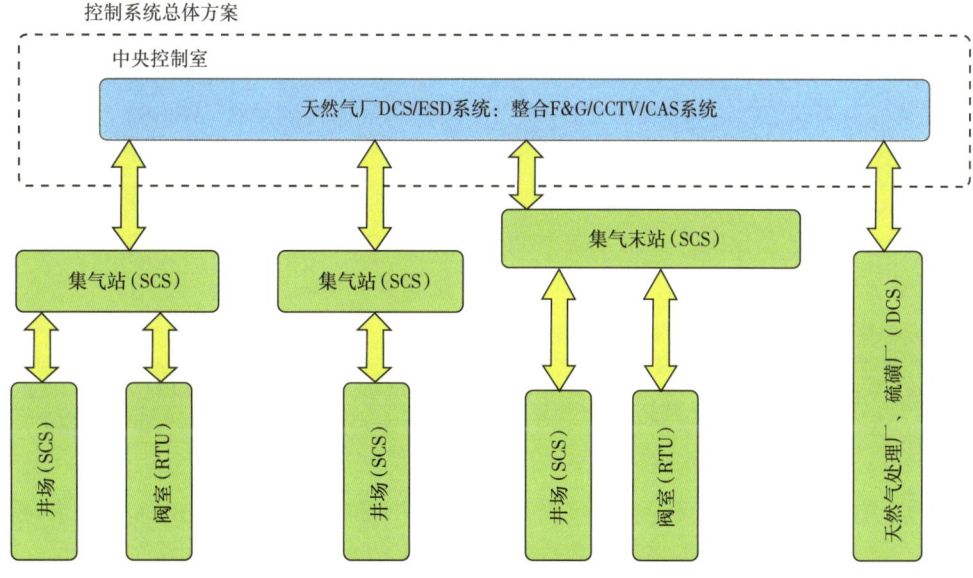

图4-10　气田自控系统架构图

一、阀室仪表控制配置

每座阀室都相应地配置仪表小屋、ESD控制器、UPS电源等设备，阀室主要完成在压力异常时主管道的紧急截断任务，通常阀室设有自动紧急气液联动球阀、压力检测仪表和硫化氢气体探测器，阀室能够实现自动控制、无人值守。过程参数上传至对应的集气站站控系统和上层调度中心（CCR），同时，接收站控系统和调度中心（CCR）的控制指令。

二、井场仪表控制配置思路

井场的过程控制系统采用PLC来实现。井场能够实现自动控制、无人值守，在井场值班室内设置有触摸屏 HMI。过程参数上传至对应的集气站站控系统和上层调度中心(CCR)，同时，接收站控系统和调度中心(CCR)的控制指令。

三、集气站仪表控制系统配置

集气站的 PCS（过程控制系统）及 ESD 系统应严格遵守国家的法律法规，执行国家及行业最新版本或国际上先进的、最新版本的标准、规范。系统必须具有高可靠性、稳定性和灵活性，以保证生产安全可靠地运行。ESD 的 HMI（人机界面）集成在 PCS 的 HMI 内。集气站有人值守，可接收来自下层对应井场和阀室上传的过程参数，并将参数上传至上层调度中心，同时，接收上层调度中心下传的控制指令，并向下层对应井场下达远控指令。

四、天然气厂仪表控制系统配置

在天然气厂设置中央控制室，含操作员工作站，实现对天然气厂各装置的过程控制和安全联锁功能，并对单井站、集气站、末站和阀室有远程关断的能力。接收内部集输部分各井场、阀室、集气站和硫黄厂上传的数据，同时，向各井场、阀室、集气站和硫黄厂下达远控指令。

高含硫气田工业过程控制系统在各井场、阀室、集气站、天然气厂高度集成了具有相应安全完整性等级的紧急切断系统(ESD)、火灾报警和气体检测系统(F&GS)、工业电视监控系统(CCTV)、入侵防范系统(IDS)、界区内及界区外扩声喇叭报警系统(CA&GA)、在线管道腐蚀监测系统、阴极保护监测系统、气象监测系统等子系统，以对人员及工业系统集中进行安全防护及预防。各个系统之间采用冗余的工业以太网为平台进行无缝链接，在净化厂中央控制室内进行集中显示、报警以及控制和联锁。

1. 分散控制系统(DCS)设计

在天然气处理厂设置 DCS，完成全厂包括脱硫装置、脱水装置、硫黄回收装置、尾气处理装置、公用工程和辅助生产设施的所有工艺参数及设备运行状态的数据采集和实时监控。DCS 系统由下列三层构成：

第一层为现场层，包括现场测量仪表、现场调节阀和切断阀，以及现场第三方成套控制设备等。该层主要完成对工艺过程参数的采集和对上层控制指令的执行。

第二层为控制站层，由位于仪表机柜间的 DCS 程序控制器构成，该层作为 DCS 控制系统最核心的部分，能自动完成 DCS 的所有数据采集、处理和控制功能。

第三层为操作层，由位于控制室操作间的操作员站和工程师站构成，该层作为操作人员和工艺对象之间的人机界面，为操作和管理提供手段，是日常生产控制和管理的重要平台。

2. 紧急停车系统(ESD)设计

根据国家石油化工行业标准《石油化工安全仪表系统设计规范》(GB/T 50770—2013)相关要求，在高含硫气田开发中开展风险和可操作性分析(HAZOP)、安全目标分析(SOA)及保护层功能分配以确定安全完整性等级(SIL)。根据 IEC 61511(功能安全—过程工业安全联锁系统)的技术要求，执行安全仪表功能 SIF 及 SIL 等级的分析及安全评价，确保安全联锁系统的功能完整、安全。在天然气处理厂、硫黄厂、集气站、单井站及阀室均设置 ESD，对现场所属工艺装置实施安全监控，完成各装置的安全联锁，使气田工艺生产处于故障安全模式。根据需要，可通过 ESD 控制器对天然气厂、硫黄厂、井场、集气站及阀室等重要设备进行紧急停车。

为了维持紧急停车系统的完整性，紧急停车功能应独立于过程控制系统（PCS）之外。紧急停车与过程控制系统（PCS）之间存在一个只读通信链接以向操作员显示警报和状态信息。紧急停车系统具有独立性，并将按照 IEC 61508、IEC 61131 和适当的已确定的安全完整性等级进行开发。根据项目具体情况分析，将高含硫气田 ESD 安全系统分级设计：

0 级总体紧急停车：指 ESD 将自动关断全厂及上游气田集气站、单井阀室的所有装置。0 级自动紧急关断的产生只有一种方式，通过按下设置在天然气厂中央控制中心操作台上的 ESD 硬线触发按钮进行启动。

1 级紧急停车：分为天然气厂 1 级自动紧急停车及内部集输气田 1 级自动紧急停车。天然气厂 1 级自动紧急停车将切断或隔离全部的天然气厂内的装置设施使其处于安全保护状态，天然气厂 1 级自动紧急停车的产生主要是由于上游主管线的爆管泄漏、关断以及天然气厂装置产生大型爆炸起火无法进行区域隔离控制。内部集输气田 1 级自动紧急关闭将关闭所有井场、集气站井口及阀室主管线，同时对主管线中的天然气通过火炬进行放空。

2 级区域紧急关断：指危险影响到一定区域但又可以控制而不使危险扩散到其他区域，例如天然气厂的一列装置的紧急关闭或内部集输某一个井场或集气站的紧急关闭都属于 2 级区域紧急关断。

3 级装置紧急关断：指危险影响到一定装置单元但又可以控制而不使危险扩散到其他单元，例如天然气厂的某列装置的脱水单元紧急关闭或内部集输一个井口的紧急关闭都属于 3 级区域紧急关断。

4 级设备紧急关断：指危险影响到单体设备但又可以控制而不使危险扩散到其他设备上，例如天然气厂的某列装置脱水单元三甘醇泵紧急关闭或内部集输一个井口的缓蚀剂注入泵紧急关闭都属于 4 级区域紧急关断。

3. 火灾报警和气体检测系统（F&GS）设计

高含硫气田在天然气处理厂、硫黄厂、集气站、单井站及阀室均设置火灾、可燃气体及有毒气体报警保护系统，为火灾危险区域及潜在的有毒可燃气体的危险区域提供最早的报警。系统保护涵盖了全部工艺过程区域及与工艺过程区域有关的房屋建筑。在没有与工艺过程区域有关的房屋建筑，例如倒班宿舍等设置了本地火灾报警控制盘，本地发生报警并在中心控制室显示并报警。同时所有的火灾、可燃气体及有毒气体保护系统的报警与紧急切断系统紧密相连触发 ESD 联锁，根据因果图及时切断与危险源相连的生产工艺，同时根据危险程度触发界区内喇叭报警系统及界区外喇叭报警系统，对界区内外的人员进行提前安全预警。

F&GS 现场设备通过阻燃电缆与仪表机柜间 F&GS 相连，当现场探测器探测到危险信号时，F&GS 产生报警，并通过中央控制室的操作员站和模拟报警盘显示报警点物理位置，并启动相关现场声光报警器。同时，F&GS 将现场报警信息送至工业电视监控系统，使其具有跟踪现场险情的功能。

第四节　集输站场安防管理系统

一、站场安防系统

随着气田无人值守、少人值守站场越来越多，如何实现站内无人值守后的安全可控，需要综合多方面因素进行考虑，在技术层面上，除了配置可靠的仪表设备外，还需要考虑配套的安全防范措施。在高含硫气田集输生产过程中，常配置的站场安防措施包括：视频监控、周界防范及报警控制等。

二、视频监控系统

1. 视频监控系统概述

视频监控系统是由摄像、传输、控制、显示、记录登记五大部分组成。摄像机通过同轴视频电缆或超五类网线将视频图像传输到控制主机，控制主机再将视频信号分配到各监视器及录像设备，同时可将需要传输的语音信号同步录入到录像机内。通过控制主机，操作人员可发出指令，对云台的上、下、左、右的动作进行控制及对镜头进行调焦变倍的操作，并可通过控制主机实现在多路摄像机及云台之间的切换。利用特殊的录像处理模式，可对图像进行录入、回放、处理等操作，使录像效果达到最佳。

视频监控系统由实时控制系统、监视系统及管理信息系统组成。实时控制系统完成实时数据采集处理、存储、反馈的功能；监视系统完成对各个监控点的全天候的监视，能在多操作控制点上切换多路图像；管理信息系统完成各类所需信息的采集、接收、传输、加工、处理，是整个系统的控制核心。

2. 视频监控系统发展过程

视频监控系统发展了短短三十几年时间，从19世代80年代模拟监控到火热数字监控，再到方兴未艾网络视频监控，发生了翻天覆地变化。在IP技术逐步统一全球的今天，有必要重新认识视频监控系统发展历史。从技术角度出发，视频监控系统发展划分为第一代模拟视频监控系统（CCTV），到第二代基于"PC+多媒体卡"数字视频监控系统（DVR），再到第三代完全基于IP网络视频监控系统（IPVS）。

1）第一代视频监控

第一代视频监控是传统模拟闭路视频监控系统（CCTV）依赖摄像机、线缆、录像机和监视器等专用设备。例如，摄像机通过专用同轴线缆输出视频信号。线缆连接到专用模拟视频设备，如视频画面分割器、矩阵、切换器、卡带式录像机（VCR）及视频监视器等。模拟CCTV存在大量局限性：

(1)有限监控能力只支持本地监控，受到模拟视频线缆传输长度和线缆放大器限制。

(2)有限可扩展性系统通常受到视频画面分割器、矩阵和切换器输入容量限制。

(3)录像负载重用户必须从录像机中取出或更换新录像带保存，且录像带易于丢失、被盗或无意中被擦除。

(4)录像质量不高是主要限制因素。录像质量随拷贝数量增加而降低。

2)第二代视频监控

第二代视频监控是当前"模拟—数字"监控系统(DVR)。

"模拟—数字"监控系统是以数字硬盘录像机 DVR 为核心的半模拟—半数字方案,从摄像机到 DVR 仍采用同轴缆输出视频信号,通过 DVR 同时支持录像和回放,并可支持有限 IP 网络访问。由于 DVR 产品五花八门,没有标准,所以这一代系统是非标准封闭系统。DVR 系统仍存在大量局限:

(1)复杂布线"模拟—数字"方案仍需要在每个摄像机上安装单独视频缆,导致布线复杂性。

(2)有限可扩展性 DVR 典型限制是一次最多只能扩展 16 个摄像机。

(3)有限可管理性需要外部服务器和管理软件来控制多个 DVR 或监控点。

(4)有限远程监视/控制能力不能从任意客户机访问任意摄像机。只能通过 DVR 间接访问摄像机。

(5)磁盘发生故障风险与 RAID 冗余和磁带相比,"模拟—数字"方案录像没有保护,易于丢失。

3)第三代视频监控

第三代视频监控是未来完全 IP 视频监控系统(IPVS):全 IP 视频监控系统与前面两种方案相比存在显著区别。该系统优势是摄像机内置 Web 服务器,并直接提供以太网端口。这些摄像机生成 JPEG 或 MPEG4、H.264 数据文件,可供任何经授权客户机从网络中任何位置访问、监视、记录并打印,而不是生成连续模拟视频信号形式图像。全 IP 视频监控系统的巨大优势是:

(1)简便性——所有摄像机都通过经济高效有线或者无线以太网简单连接到网络,能够利用现有局域网基础设施。可使用 5 类网络缆或无线网络方式传输摄像机输出图像以及水平、垂直、变倍(PTZ)控制命令(甚至可以直接通过以太网提供)。

(2)强大中心控制——一台工业标准服务器和一套控制管理应用软件就可运行整个监控系统。

(3)易于升级与全面可扩展性——轻松添加更多摄像机。中心服务器将来能够方便升级到更快速处理器、更大容量磁盘驱动器以及更大带宽等。

(4)全面远程监视——任何经授权客户机都可直接访问任意摄像机,也可通过中央服务器访问监视图像。

(5)坚固冗余存储器——可同时利用 SCSI、RAID 以及磁带备份存储技术永久保护监视图像,不受硬盘驱动器故障影响。

3. 视频监控系统在高含硫气田地面集输中的应用

1)系统架构

视频监控系统的具体配置和技术应用需要根据气田的分级管理模式来确定和使用。在高含硫气田地面集输生产过程中,采取了五级管理:即前端站场、中心站、采气作业区、矿区、地区油气田公司,如图 4-11 所示。

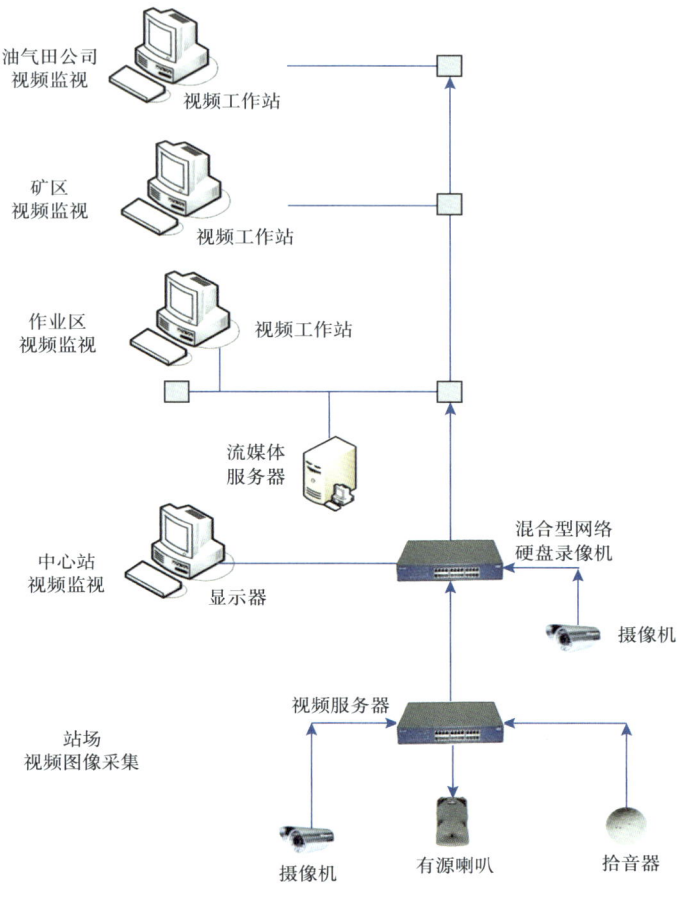

图 4-11 视频监控系统架构图

在前端站场配置各类摄像机采集站内装置区的视频图像信息，并通过视频服务器对视频图像信息进行压缩、编码，通过生产局域网上传，中心站、作业区、气矿和油气田公司各级生产调度控制中心调用前端站场的视频图像信息，实现对前端站场生产装置区的远程视频监控和管理。

2）系统组成

（1）摄像机。

摄像机的种类比较多，按照分类标准不同，可以分为：

①按照传输信号不同，可分为模拟摄像机和数字摄像机；

②按照画面分辨率不同，可分为标清摄像机、高清摄像机；

③按照摄像机外形不同，可分为球形摄像机、半球形摄像机、枪式摄像机；

④按照安装环境不同，可分为室内摄像机、室外摄像机；

⑤按照传感器不同，可分为 CCD 摄像机、COMS 摄像机。

在高含硫气田地面集输生产过程中，采集现场视频图像的摄像机种类比较多，比如：

①对常规单井站，站内生产装置相对简单，可以采用室外型枪式摄像机，若井站为无

人值守，可以选用数字摄像机；

②对工艺装置流程相对较为复杂的站场，可以选用云台摄像机、球形摄像机、枪式摄像机相结合的方式，优化项目投资，将监控覆盖到整个装置区。

（2）视频服务器。

根据现场摄像机的通信接口和站场是否需要就地监视，视频服务器分为：模拟量硬盘录像机（DVR）、数字型硬盘录像机（NVR）、混合型硬盘录像机等。为节省项目投资，部分无人值守井站往往采用更为简易的视频编码器，将摄像机的视频图像编码后直接上传至各级生产调度控制中心。

（3）流媒体服务器。

在高含硫气田视频监控系统中，视频图像管理及应用设备是指部署在作业区一级的监控调度中心的流媒体转发服务器。流媒体转发服务器主要采用工业级计算机。支持 RTP（Real-time Transport Protocol，实时传输协议）、RTCP（Real-time Transport Control Protocol，实时传输控制协议）、RTSP（Real Time Streaming Protocol，实时流媒体协议）和 RSVP（Resource Reserve Protocol，资源预订协议）。采用流媒体协议和流媒体文件格式、支持的客户端与媒体服务器间的媒体播放和交互方式（点播、组播或广播）。

流媒体转发服务器的配置应能支持所有远程监控终端同时以 16 路 4CIF@25 图像（2Mbit/s 码流）通过流媒体转发服务器（或服务器组）并发送访问前端网络视频服务器（各路图像完全不同）。在满足上述要求的前提下，对流媒体转发服务器的台数不作要求，可以是单台服务器，也可以用服务器组来实现。流媒体转发服务器可以将高分辨率图像格式转换为低分辨率图像格式，并转发给远程客户端。

（4）视频工作站。

视频工作站可以配置在中心站、作业区、矿区及油气田公司生产调度控制中心。作为人机交互最直接的工具，视频工作站一般由工业控制机和与流媒体服务器配套的客户端软件组成，主要实现各级生产调度管理人员对前端站场的视频监视和管理。

三、周界防范及语音示警

1. 周界防范概述

在科技还没有足够发达之前，大多数场所为了防止非法入侵和各种破坏活动，都只是在外墙周围设置屏障（如铁栅栏、篱笆网、围墙等）或阻挡物，安排人员加强巡逻。目前，传统的防范手段已难以适应要害部门、重点单位安全保卫的工作需要。人力防范往往受人员数量、地域、人员素质的影响，亦难免出现漏洞和失误。因此，随着市场需求进一步扩大，科学技术的发展推动，各种周界探测技术不断出现，各种入侵探测报警系统融入到安防领域，成为安防领域的重要组成部分——周界防范。

周界防范即在防护区域的边界利用微波、红外、电子围栏等技术形成一道或可看见的或不可见的"防护墙"，若当有人通过或欲通过时，相应的探测器即会发出报警信号送至安保值班室或控制中心的报警控制主机，同时发出声光报警、显示报警位置。

2. 周界防范种类及措施

目前国际上应用的周界防范系统及设备主要有以下几种：

（1）主动红外报警系统；
（2）微波墙式报警系统；
（3）泄漏电缆式周界探测报警系统；
（4）驻极体振动电缆报警系统；
（5）光纤传感器周界报警系统。

目前的周界防范主要有两种措施，分别是实体防范措施和技术防范措施。

1）实体防范

实体防范就是用不同物质构成具有一定高度的防范区域，从而控制或禁止外人非法进入。古老的方式有水泥土、石砖墙、木制栏杆、铁丝网等，近几年随着科学技术的发展，市场上出现了各种各样的金属或非金属制成的周界围栏，以满足不同区域的防范需要。但再好的实体防范产品，如果没有人24h看守，都无法阻止非法入侵者的进入。因为如果无人值守，入侵者可以在一定的时间里破坏或者攀越围墙、围栏，进入防范区域内也不会有人知道。

2）技术防范

技术防范是指用先进的高科技电子技术生产出各种具备探测功能的产品，对入侵者进行探测，当有人非法入侵时，这些产品就会在瞬间发出报警信号，通过各种报警联动设备告知防范人员，从而达到有效的防范效果。目前市场常见的技术防范方案主要有：

（1）主动红外对射：该产品探测灵敏度高，成本低，安装方便，区域分化准确，对射角度明显，但缺点是在野外工作很容易受到气候环境的影响，从而容易产生误报警现象，给出警人员带来不便。

（2）脉冲电子围栏：具有一定的实体防范功能，当有人攀越或破坏围栏入侵时，产生低电流、高电压，将入侵者击落回去，并同时发出报警信号，该产品报警可靠，在野外工作不受任何环境影响，误报率极低，但由于高电压、低电流对人体的健康有一定的副作用，因此行业内不提倡使用。

（3）振动电缆、微波墙、泄露电缆、激光等周界防范产品在市场不同场所都有需求，但都存在着一定的优缺点。

3. 周界防范配置方案

在高含硫气田地面集输生产过程中，站场一般设置有混砖结构或铁栅栏组成的围墙。而在信息化建设工程中，为优化项目投资，一般沿站场围墙设置主动红外探测器、在装置区设置被动入侵探测器，当有非法闯入时，主动红外探测器和被动入侵探测器均会通过站内的RTU/PLC触发站内和远程报警，在各级生产调度控制中心，调度管理人员则通过SCADA系统查看报警信息，立即调整视频图像进行抓拍或录像，并启动远程语音提示和警告，防止人员破坏生产装置或对闯入人员造成损伤。

四、系统报警控制

报警控制主要分为现场层和后台监控层。

（1）现场层：配置有声光报警器和撤布防模块、语音报警模块。当站内有人员非法闯入、生产数据超高/超低情况时，系统通过 RTU 启动声光报警器报警，同时触发录音模块的自动录音，对闯入者进行警示告知或对在场工作人员提出危险警示告知。

（2）后台监控层：当 SCADA 系统监测到有报警信息时，通过配置在生产调度中心的喇叭发出报警声，同时在 SCADA 系统人机界面上提示报警信息，要求调度管理人员进行处理，系统会自动记录报警触发原因和处理情况。同时若现场有工作人员进入站场装置区触发报警等情况，各级调度管理人员还可以通过 SCADA 系统实现远程撤防，防止站内报警一直持续不休。

第五节　智能化高含硫气田

一、智能化气田整体架构

总体目标围绕"透明气藏、透明井筒、透明站厂、透明管道"建设愿景，通过感知、互联、数据融合，打造高含硫智能化气田建设标杆，实现"全面感知、自动操控、趋势预测、优化决策、协同管控"高含硫智能化气田开发生产模式。顶层设计如图 4-12 所示。

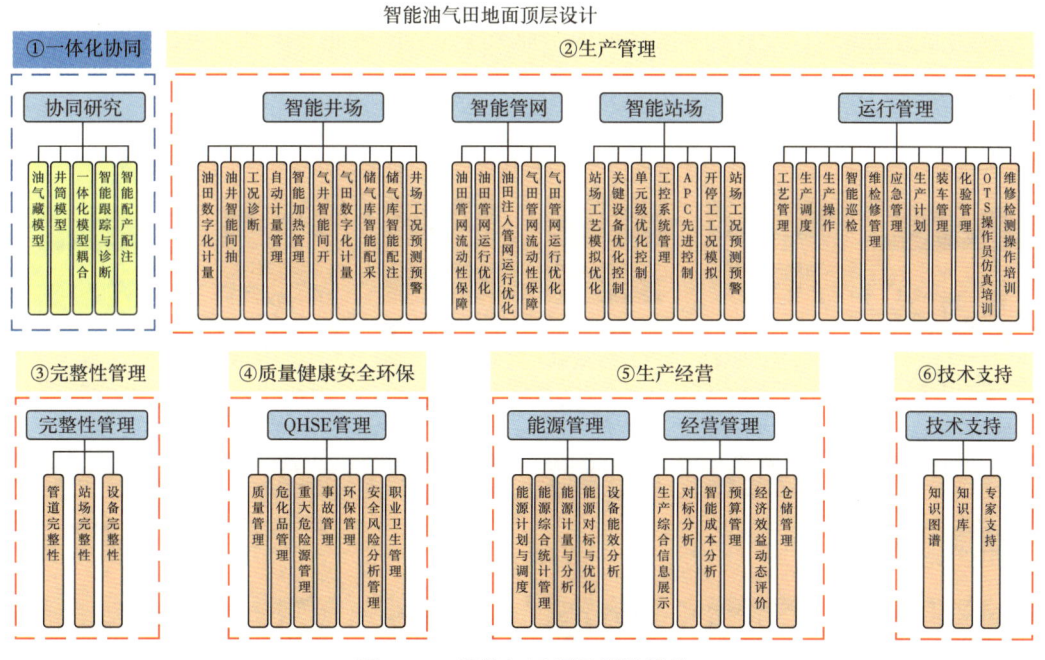

图 4-12　智能气田顶层设计模块

1. 总体架构设计

具体包含：云基础架构资源层、运行支撑层、数据层、中台服务层、应用服务层、系统安全防护和系统运维支撑等七大模块，详细情况如图 4-13 所示。

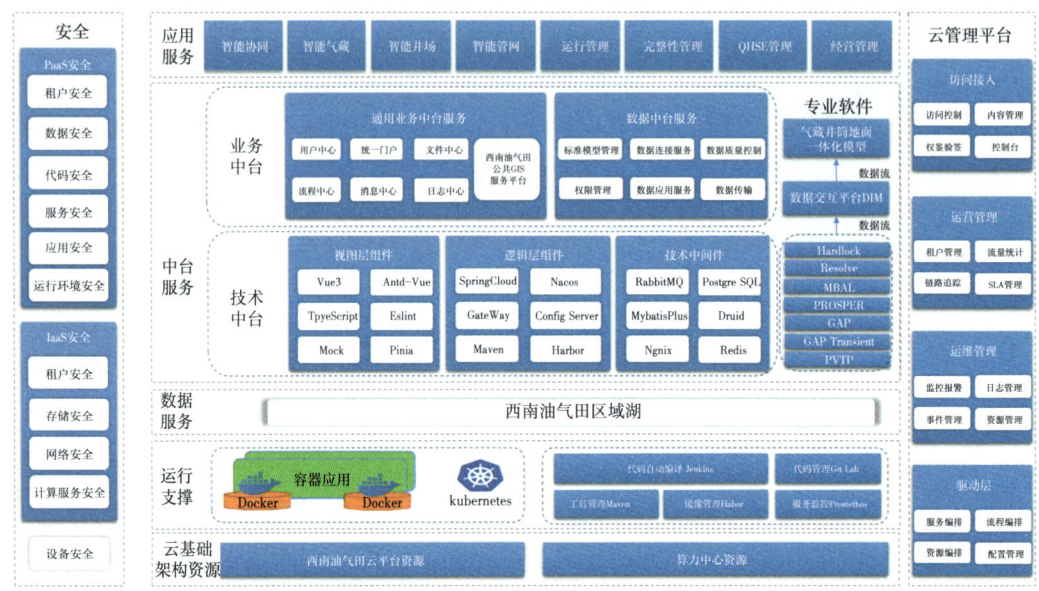

图 4-13 总体架构图

2. 技术总体架构

采用服务化架构，设计并实现了面向企业级应用的服务能力模型，包括基础构件、通用能力、管控治理、服务安全四个方面，如图 4-14 所示。

图 4-14 技术架构图

3. 数据总体架构

围绕本项目规划的各应用建设项目，开展项目完整性数据汇聚建设，形成基于数据湖架构体系的数据汇聚建设，在数据一致可靠基础上，提升大数据分析及智能化支撑能力，推动应用快速建设。根据项目业务数据分类进行数据源头分析，确保数据在统建系统及西南油气田自建系统中实现数据录入，保证质量且避免重复录入。打通业务系统到数据湖的数据集成与治理的数据流通道，完成本系统与区域湖之间数据"主共隐私"分析，主数据及共享数据从数据湖获取，对于本项目特有产生的业务数据单独考虑数据采集功能。最终实现高含硫智能气田业务数据的互联互通，统一录入、统一管理、统一存储。

涉及数据及系统范围主要如下：
（1）系统范围：
①中国石油集团公司统建：A1、A2、A4、A5等系统。
②西南油气田分公司级自建：勘探生产管理平台、开发生产管理平台、营销管理平台、作业区数字化管理平台、管道管理平台、地面工程数字化移交平台、生产数据管理平台、生产运行管理平台、设备综合管理系统、主数据管理系统、分析化验数据管理系统等。
③气矿级自建：业务共享平台、管道巡检系统等。
（2）数据专业范围：
①主数据：探井、开发井、管线、场站、处理厂、地层层序、构造或油气田、设备、项目、工区、组织机构等11类基本实体。
②业务数据：物探数据；钻、录、试数据；测井数据；分析化验数据；油气开发数据；工程建设数据；油气销售数据；生产运行数据；空间地理数据；生产实时数据；设备综合数据；管道场站数据。

如图4-15所示，项目数据架构分为3层，分别是数据源头、区域湖和智能应用：

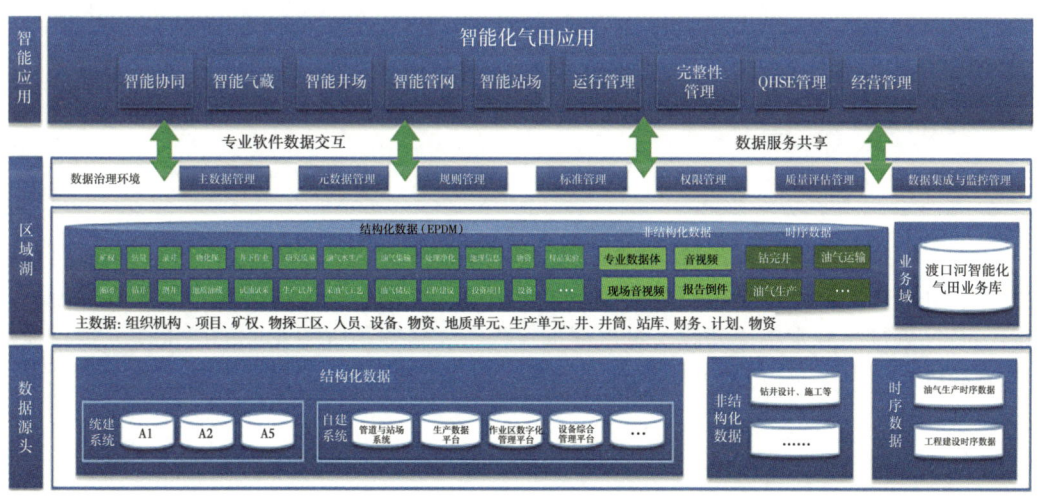

图4-15 数据总体架构图

数据源头中，需要访问的源头数据库主要包含时序数据库（如油气生产现场实时数据等）、项目各子系统业务数据库、集团统建系统和自建系统的业务数据库和对应的贴源数据库，通过数据湖治理工具，对各源头数据层的数据进行汇聚；

区域湖是以业务专业对数据资源进行编目和归集，以EPDM2.0数据模型为基础，涵盖了主数据、油气生产、试油试采、钻录测、物化探等专业的标准数据存储，并将非结构化数据和时序数据纳入管理范围，同时包含了项目的业务库；

智能应用层则以区域湖和源头数据为基础，开展气田智能化应用，包括：智能协同、智能气藏、智能井场、智能管网、智能站场、运行管理、完整性管理、QHSE 管理和经营管理。

4. 安全总体架构

对数据入湖及数据使用流程进行安全保护，西南油气田区域湖的各个组件基于 PaaS 平台中间件进行安全防护，对数据湖的数据使用过程进行数据传输安全管理，对关键数据加密存储，对敏感数据进行脱敏使用，如图 4-16 所示。

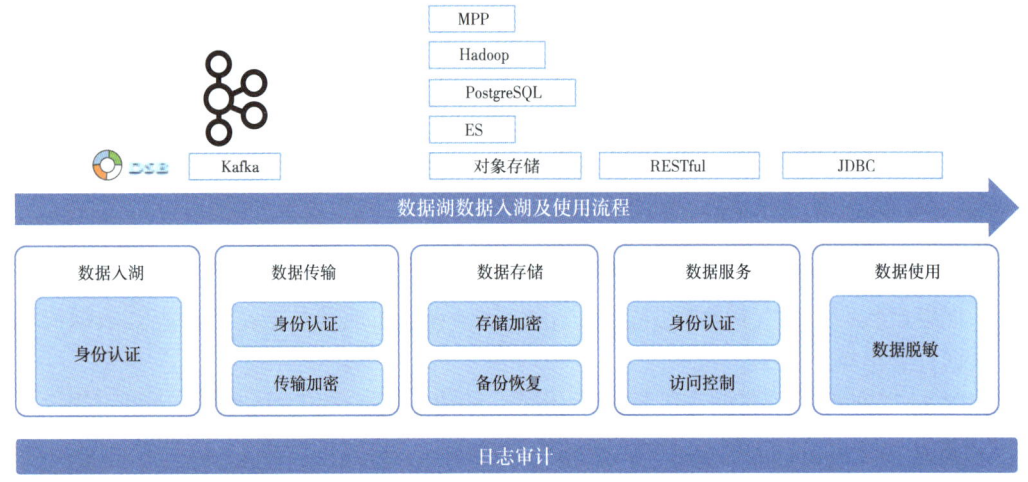

图 4-16 数据安全架构图

二、业务功能设计

1. 智能协同业务功能匹配

用户可以通过智能协同模块首页面，实现不同智能气田之前的随意切换；同时可以查看气藏、井筒、地面及一体化模型的模型管理情况、准确率及诊断情况；当发现模型准确率问题及模型诊断异常工况问题，可以根据流程，流转到相应的业务部门责任人进行模型校准及异常处置；还可以对数据流的运行情况及专业软件模型占用情况进行管理，实现资源的合理调度。

2. 智能气藏业务功能匹配

在日常生产过程中，用户可通过智能气藏页面，页面依托专业的气藏模拟软件，构建气藏开发生产全过程的气藏仿真模拟环境和数字孪生气藏模型，对开发指标进行预测预警，为开采方案和措施优化提供支持，优化气藏开发效果。基于 MBAL 软件物质平衡分析方法，利用气藏的饱和度、岩石压缩系数、传导率、孔隙度等属性参数，模拟分析单井和井区的产气量、产水量、地层压力变化趋势，便于业务人员及时掌握气藏动态变化，辅助气藏分析。

3. 智能井场业务功能匹配

在日常生产过程中，高含硫气田运行管理部门通过三维井筒查看气井动静态关键数据，井工程技术人员需要井下复杂追踪、增产改造设计、邻井管串优化等工程设计时，可以通过建井资料管理和气井知识库获取相关资料数据，方便数据准备。气井开发技术人员通过三维井筒风险预警掌握气井生产动态，跟踪监控单井的产气量、产水量、油压，以及温度、压力、持液率剖面变化动态，分析诊断井筒存在井底积液、井筒冲蚀等异常工况情况；同时，气田开发技术人员可以通过假定工况模拟开停井设计方案，实现对不同投产方案的对比优选和工作制度的优化，为投产指挥和平稳生产提供了决策依据，保障了特高含硫气田的顺利生产。

4. 智能管网业务功能匹配

在日常生产过程中，用户可通过三维管网查看气田管网的空间分布情况，高含硫气田运行管理相关人员可通过管网模拟与诊断模块的阈值设置功能对阈值界限（模拟值和真实值相对误差）进行设置，每天通过管网模拟与诊断模块进行管网模拟分析，当发现有温压等日常监测数据异常报警时可联系现场进行相关参数落实，同时油气田开发技术人员可通过硫沉积、水合物、段塞流等模块详细分析管线沿程分布变化情况，制订合理的措施方案后通过流程审核和方案下发，最后由高含硫气田运行管理人员完成执行效果反馈直至工况消除，形成闭环管理。当排除现场问题后，油气田开发技术人员可联系相关科研院所（集输所、工程院、勘研院）配合完成模型校核。

5. 智能站场业务功能匹配

智能站场包括三维站场和智能 PID 两个二级模块；用户可通过三维站场高精度仿真模型查看气站场的空间分布情况，复现站场真实生产状态，跟踪流程变化、设备与单元运行动态；并通过智能 PID 智能融合，对整个地面工程项目进行编辑和维护，可查看目前正在执行的项目，并可对项目进行编辑，对已经完成的项目进行销项，对即将开始的项目进行增项等。

6. 运行管理业务功能匹配

运行管理包括生产运行可视化、生产组织、应急管理及一体化综合巡检四个二级模块；结合西南油气田分公司生产运行指挥系统和应急管理系统设计理念，开展气田综合业务展示、全链条展示、全时域监控、气田完整性管理、工控可视化等工作，实现对数据的集成管理，全方位、多角度可视化展示高含硫气田建设及运营情况及一体化应急指挥系统的建设，可有效提升高含硫气田气藏区域风险监测及应急响应处置能力，助力应急指挥决策科学化。

7. 完整性管理业务功能匹配

完整性管理包括井完整性管理、管道完整性管理、站场完整性管理三个二级模块；基于西南油气田分公司完整性管理标准，按全生命周期管理理念，通过复用适配中国石油天然气股份有限公司"三高"井完整性管理、酸性气田站场完整性管理等示范项目已建成果及总部共建共享完整性管理正建设内容，实现完整性管理数据的数字化管理、可视化展示和深度数据关联分析的全过程、全要素管控，保障了气田运行的本质安全。

8. QHSE 管理业务功能匹配

QHSE 管理包括质量管理、重大危险源管理、事故管理、安全风险分析管理四个二级模块；以气田生产现场的安全环保质量管理为核心，提升高含硫气田的安全管理能力。

9. 经营管理业务功能匹配

在日常生产过程中通过系统集成生产层面的投资与产量和经济层面收入与成本两方面的数据，在效益分析模块中进行综合分析展示，在经营管理层满足经济活动分析，在生产层进行生产管理活动的业务分析，揭示气田运营过程中存在的问题，挖掘气田内部潜力，改善经营管理，提供气田综合分析决策，指导生产经营效益最优化。提高高含硫气田的经济效益和综合管理水平。

三、一体化模型

建立"气藏—井筒—地面"一体化模型智能应用的必要性在于要实现一体化模型，需要集成现有的生产、研究、经济模型数据，建立一体的、联动的、以效益为驱动的快速响应机制。解决油气生产各个环节之间的相互制约问题，实现整个油气系统的最优化开发，发挥气藏资产的最大效益。实施"气藏—井筒—地面"一体化模型项目十分必要。

1. 创新驱动的技术进步要求

建立"气藏—井筒—地面"一体化模型，能够聚集西南油气田分公司科研力量，专注于人工智能、一体化优化等先进技术的研发与应用，有利于未来创新驱动发展，形成自主知识产权，加快转变智能化气田生产管理方式。

2. 数字化转型发展要求

以"气藏—井筒—地面"一体化模型为核心，有效衔接各类智能化应用，推动西南油气田分公司各层级、多部门在一个模型上开展协同应用，有利于推动数字化转型，为"油公司"改革目标打好智能化技术基础。

3. 优化生产的迫切需求

围绕实时更新的"气藏—井筒—地面"一体化模型来构建各类智能化应用，确保整体生产管理的一致性，是提升气田智能化管理能力的需要。聚焦核心业务促进全局优化生产，突出整体生产的科学管理优势，是提升气田从单个对象到系统分析的高效管理能力的需要。基于一体化模型制订科学的生产计划、及时掌握油气生产动态、及时发现油气生产过程中的问题、快速挖掘油气生产潜力、快速制订和实施生产调整优化措施，达到促进油气稳产增产的目的。

4. 开发生产业务协同的需要

"气藏—井筒—地面"一体化模型建设可以解决以气矿为核心的全局生产优化，强化不同层级之间、不同部门之间的业务协同，实现从规划计划、方案编制、油气生产、采油与地面运行的全程流程化运行管理，提高生产管理水平，最大程度优化不同部门岗位的协同工作效率，提高生产分析决策的成功率与执行效率；可降低不同部门岗位的沟通成本，减少生产故障事故带来的直接经济损失。

"气藏—井筒—地面"一体化模型是专业一体化智能协同应用场景的子场景,气藏井筒地面一体化模型模块包含气藏模型构建、井筒模型构建、地面模型构建、一体化模型耦合、一体化模型全景展现共5个二级模块,如图4-17所示。

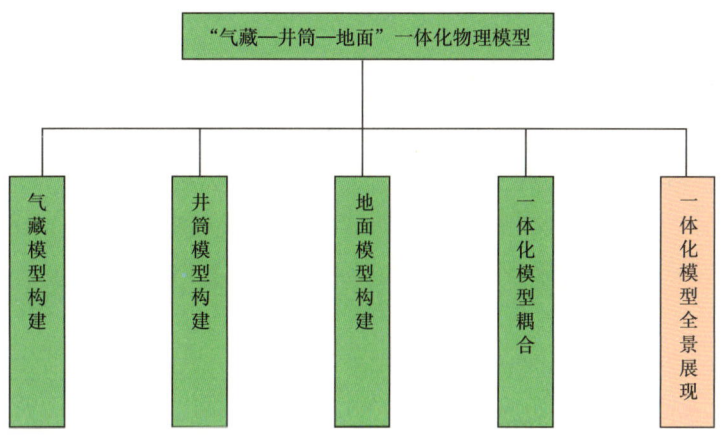

图 4-17　一体化模型

第五章 腐蚀控制与监检测

对于含硫气田，H_2S 和 CO_2 共存条件下的强腐蚀性加之 Cl^-、水、元素硫、温度、压力及流速等因素影响，使腐蚀环境非常复杂，腐蚀机理多样，腐蚀危害也成倍增加。从川渝典型高含硫气田开发来看，点蚀、垢下腐蚀、电偶腐蚀、应力腐蚀开裂等局部腐蚀形态普遍存在。因此，气田开发过程中地面管线及净化厂设备面临严重腐蚀威胁。即使采用优质抗硫材料，在现场工况下也难免产生腐蚀，导致穿孔、破裂，发生天然气泄漏，不仅影响气田正常开发，而且将造成环境污染甚至灾难事故。进入21世纪，高含硫开采过程中的腐蚀控制新技术和设计新工艺也得到了长足的进步，管道和设备的使用寿命不断提高，气田开发的安全屏障不断加强。具有代表性的腐蚀控制新技术包括气田整体设计水平和参考标准不断优化、抗硫耐蚀金属材料得到广泛应用、防腐蚀药剂性能指标得到提升、涂层等表面改性技术及阴极保护技术成为开发必备技术。

防腐工作，预防为先。在地面及净化厂生产工艺中设计腐蚀监测，及时获取腐蚀信息从而调整工艺参数对于开采过程中的腐蚀控制显得尤为重要。在腐蚀控制技术方面，在线监测、精度提升、高度集成、组网布局等为主要发展思路和方向，智能化和智慧化监检测技术使得传统的腐蚀挂片等手工作业成为备选方案。以柔性超声波技术、超声扫描技术、电化学噪声技术、电指纹技术（FSM）、氢通量探针技术等为代表的腐蚀监检测技术加速通过了实验室和现场的适应性验证，很多地方实现了数据的无线传输或者有线传输，多点组网监/检测逐步形成规模。对腐蚀信息的及时收集和准确解析，通过评价和预测软件得出相应具有指导意义的数据则可为决策层提供决策依据。

第一节 腐蚀环境和腐蚀形态

高含硫气田地面系统主要腐蚀环境包括大气腐蚀环境、土壤腐蚀环境、硫化氢水溶液腐蚀环境、元素硫腐蚀环境、垢下腐蚀环境等。主要腐蚀形态与其他腐蚀环境中的类似，主要为均匀腐蚀和局部腐蚀，此外硫化物应力腐蚀开裂是含硫化氢环境中特有的腐蚀形态。

一、腐蚀环境

1. 外腐蚀环境

1）大气腐蚀

高含硫气田开发部分管道和设备是暴露在大气中的，特别是防腐层脱落的位置容易受到大气腐蚀影响。天然大气中的主要腐蚀介质是氧和水。大气含氧量约占总体积的1/5，氧化和去极化作用是氧破坏各种材料及加速腐蚀的主要方式。水分的含量因季节和地区而异,大气中的雨雪霜露及水蒸气都是水的不同状态。水是金属电化学腐蚀的主要介质;在高分子材料水解降解的化学反应及混凝土、砖石的溶蚀和冻融破坏的物理过程中水起主要作用。另外,春夏秋冬、白昼黑夜、阳晴阴雨引起的温度、湿度及光照的变化,造成了一个冷热、干湿交替的比较苛刻的防腐蚀环境。

2)土壤腐蚀

一般说来,土壤中的腐蚀介质主要是水和少量的电介质以及土壤包含的空气中的氧。盐碱地、滩涂、沼泽及含硫气田生产作业区的土壤,因地理位置和人为因素的不同,腐蚀性的差别也很大。通过对土壤电阻率的测定,可以间接反映出土壤含有的水分及可溶盐的状况。电解质的浓度越高,电阻率越低,腐蚀速度越快(表5-1)。氧存在于土壤颗粒的缝隙中,土壤颗粒大小及松散程度不同,含氧量也不同,往往因此形成氧浓度差腐蚀电池。个别地方的土壤中有杂散电流,电车、地铁、使用直流电的设备等都是杂散电流的来源。它们的影响在于加强腐蚀电池的作用和干扰电化学保护措施。土壤中的某些微生物在生命活动中能产生有害的离子,可促进阳极区或阴极区的电化学反应。

表 5-1 土壤电阻率与腐蚀性

土壤电阻率($\Omega \cdot cm$)	土壤的腐蚀性	钢的平均腐蚀速率(mm/a)
0~500	很大	>1.00
500~2000	大	0.20~1.00
2000~10000	中等	0.05~0.20
>10000	小	<0.05

2. 内腐蚀环境

对于高含硫气田的定义,国内外不尽相同,如美国和加拿大将 H_2S 摩尔百分含量大于 5.0% 的气田称为高含硫气田。在我国,根据 SY/T 6168—2009《气藏分类》的规定将 H_2S 摩尔百分含量在 2.0%~10.0% 的称为高含硫气田;根据 SY/T 5225—2012《石油天然气钻井开发、储运防火防爆安全生产技术规程》的规定将 H_2S 摩尔百分含量高于 5.0% 的称为高含硫气田。

我国部分气田硫化氢含量较高,特别是在川渝地区,气田酸性组分高。比如,川东北硫化氢气田群是典型的酸性天然气,天然气中硫化氢含量较多,达到 1%~13%,最高可达 35.11%。西南油气田分公司川东北高含硫化氢气田(包括罗家寨、渡口河、铁山坡、滚子坪等)的硫化氢、二氧化碳等腐蚀性组分含量较高。其中:罗家寨气田硫化氢含量为 7.13%~10.41%,二氧化碳含量为 5.13%~10.41%,水分析报告中氯离子含量约为 20429mg/L(罗家 8 井);渡口河气田天然气中硫化氢含量为 9.79%~17.03%,二氧化碳含量为 3.29%~8.252%。高含硫气田的开发面临严峻的腐蚀挑战。

高含硫气田地面系统的腐蚀环境非常复杂,有气液混输的情况,有分离后的湿气输送,也有纯液态的环境。多数高含硫气井开发初期,井口温度可以达到 80℃ 左右,压力高达 60MPa 以上,内部集输压力一般在 6MPa 左右,温度 35℃ 左右。除了以上环境参数外,在某些特殊位置存在特殊的环境特征,如在弯头、阀门、孔板、分离器、倾斜管线等位置处存在气流变向导致的冲刷环境、在阀门内存在异金属接触的腐蚀环境、在放空管线和排污管存在低洼积液环境、在高压线路旁和电车经过的地方往往存在杂散电流环境、分离器存在固体颗粒沉积和浓差环境。

二、腐蚀形态

高含硫气田的腐蚀形态多样，基本涵盖了所有的腐蚀形态，主要的腐蚀形态包括点蚀、缝隙腐蚀、应力腐蚀开裂、氢腐蚀和电偶腐蚀等。

1. 点蚀

点蚀是指金属表面某一局部区域出现向深处发展的小孔，且其他部位不腐蚀或有轻微的腐蚀。它的特点是腐蚀的孔深大于孔径，在金属表面呈分散状态或密集状态分布（图5-1）。在高含硫气田开发过程中，沿管线底部的点蚀是导致失效的主要原因。主要特征是：

（1）有气田水出现，溶液中含有H_2S和氯离子、元素硫或CO_2等；

（2）点腐蚀常发生于分离能力不足，具有较高持液率的管线；

（3）较低的气体流速会加速点蚀的发生。

在湿气集气系统，H_2S和CO_2的存在加速点蚀的起始和发展过程受以下因素影响：

（1）在酸性体系中，形成保护性的硫化亚铁腐蚀产物膜；

（2）硫化亚铁腐蚀产物膜对于氯离子、高流速、固体撞击、元素硫等具有较好的防腐效果；

（3）腐蚀产物膜局部的损伤会导致点蚀的发生。

图5-1 碳钢表面点蚀形貌

2. 硫化物应力腐蚀开裂

应力腐蚀开裂是指金属材料在特定腐蚀介质和拉应力共同作用下发生的脆性断裂。材料会在没有明显预兆的情况下突然断裂，因此应力腐蚀又称为"灾难性腐蚀"。应力腐蚀裂纹呈枯树枝状，大体上沿着垂直于拉应力的方向发展。在有 H_2S 存在条件下产生的应力腐蚀又称为硫化氢应力腐蚀开裂（SSCC）。

在含硫气田生产地面系统中，H_2S 与 Fe 反应时产生的原子氢能渗入钢中，并在金属晶粒与晶粒之间的边缘游弋。如果金属在晶相组织上存在缺陷，例如熔渣、空隙以及晶相的不连续处，则原子氢易于在缺陷处积聚。原子氢在金属缺陷区域积聚而形成分子氢，在一定压力下占据大量空间并丧失在晶粒之间进行游弋的能力，其直接结果是导致金属内部局部区域气体压力激增，最终造成金属的开裂。

钢材的氢脆主要是由于原子氢渗入到钢材的晶格中而引发的，其直接影响是降低钢材的延展性和强度。当晶格中氢形成的压力远低于钢材最小屈服强度时就可导致钢材失效。氢诱发裂纹以及延迟裂纹统称为硫化物应力腐蚀开裂（SSCC）。未进行消除应力热处理的焊缝尤其容易产生氢脆并最终失效。出现典型 SSCC 的设备，开裂主要发生于压力焊缝与接管焊缝的熔合线中或焊缝的热影响区（HAZ）。其裂纹往往始于焊缝的热影响区或邻近的母材，而终止于软母材，且大多数裂纹平行于焊缝。开裂呈穿晶型，裂纹内有硫化物存在（图 5-2）。

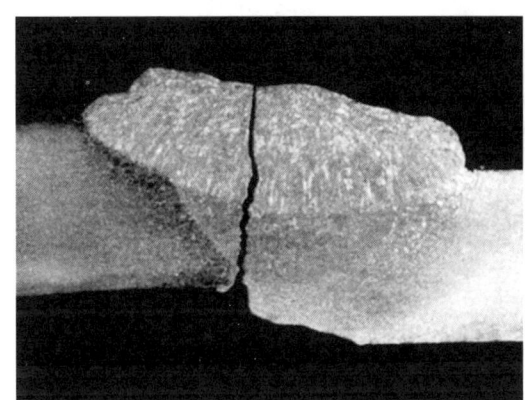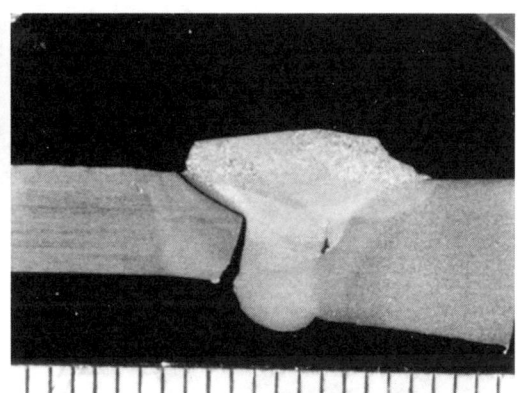

图 5-2 含硫气田金属材料的硫化物应力腐蚀开裂

3. 氢腐蚀

氢腐蚀，是指在生产过程中，由于各种化学或电化学反应（包括腐蚀反应）所产生的原子态氢，扩散到金属内部而引起的各种破坏。主要有三种形态：第一种是氢鼓泡，这是指原子态的氢分子不能扩散，就会在空穴内积累而形成巨大的内压，引起金属表面鼓泡，甚至破裂，含有硫化物、砷化物和氰化物等有害杂质，易产生此种形态；第二种是氢脆，这是由于氢原子进入金属内部后，使金属晶格产生高度变形，从而降低了金属的韧性和延性，引起金属脆化；第三种是氢蚀，这是由于高温高压下的氢原子进入金属内部，与金属中的一种组分或元素产生化学反应，从而引起金属的破坏。

管材在含硫化氢等酸性环境中，因腐蚀产生的氢侵入钢内而产生的裂纹称为氢致开裂（HIC）。国标 GB/T 8650—2015《管线钢和压力容器钢抗氢致开裂评定方法》，规定了管线钢和压力容器钢板在含有硫化物水溶液的腐蚀环境中，由于腐蚀吸氢引起的 HIC 的评定方法。

4. 缝隙腐蚀

缝隙腐蚀是一种常见的局部腐蚀。金属与金属或金属与非金属之间形成宽度为 0.025~0.1mm 的缝隙，缝隙内介质处于停滞状态，引起缝隙内金属的加速腐蚀。

构成缝隙腐蚀的缝隙包括：金属结构的衔接、焊接、螺纹连接处等构成的缝隙；金属与非金属的连接处，如金属与塑料、橡胶、石墨等处构成的缝隙；金属表面的沉积物、附着物，如灰尘、沙粒、腐蚀产物、细菌菌落或海洋生物等与金属表面形成的狭小缝隙等。在含硫气田生产过程中，地面系统中的阀门、法兰及腐蚀产物和基体材料之间容易形成缝隙，从而导致缝隙腐蚀的发生。含硫气田现场用阀门阀座表面产生的缝隙腐蚀如图 5-3 所示。

图 5-3 含硫气田阀门的阀座表面产生的缝隙腐蚀

三、主要腐蚀机理

1. 电化学腐蚀机理

在高含硫气田中，H_2S 是不可避免的一种酸性腐蚀性气体，干燥的 H_2S 不会引起腐蚀。但在天然气中或多或少都含有饱和水蒸气，在一定条件下，这些水蒸气就会凝结成液态水。此外，随着气藏的开采，气井将逐渐产水。H_2S 一旦溶于水中，就会对金属设备和管线造成腐蚀。在水溶液中，H_2S 与金属材料（主要是 Fe）发生以下电化学腐蚀反应：

阳极上发生的反应：

$$主反应：Fe \longrightarrow Fe^{2+} + 2e^- \tag{5-1}$$

$$次反应：Fe^{2+} + S^{2-} \longrightarrow FeS \downarrow \tag{5-2}$$

阴极上发生的反应：

$$主反应：2H^+ + 2e^- \longrightarrow 2H \tag{5-3}$$

$$次反应：2H \longrightarrow H_2 \uparrow \tag{5-4}$$

上述反应表明，H_2S 与金属材料（主要是 Fe）反应的反应产物为 FeS。电子显微镜研究表明，腐蚀产物 FeS 可以以许多分子形态存在。其他形态有 FeS_2（黄铁矿、白铁矿）、Fe_7S_8（磁黄铁矿）以及 Fe_9S_8。H_2S 浓度较低时，硫化氢能生成致密的硫化铁膜（主要为 FeS_2），该膜能阻止铁离子通过，可显著降低金属材料的腐蚀速率，甚至可使金属材料接近钝化状态。但随着 H_2S 浓度的升高，腐蚀产物（主要为 Fe_9S_8）呈黑色疏松层状或粉末，该膜不但不能阻止铁离子通过，反而与金属基体形成活性的微电池，因而加速金属基体的腐蚀。如果 H_2S 水溶液中还含有其他腐蚀影响因素如 CO_2、Cl^- 等，金属材料的腐蚀速率将会大幅度增高。

关于 H_2S 的腐蚀机理，人们提出了不同的观点，大概有以下几种：

1）阳极过程

Iofa 等认为 H_2S 在铁表面形成离子或偶极子化合物，而且它的负极指向溶液，因此，H_2S 溶液中的腐蚀阳极反应分化学吸附[式(5-5)]和阳极放电[式(5-6)]两步：

$$Fe + H_2S + H_2O \longrightarrow FeSH^-_{ads} + H_3O^+ \tag{5-5}$$

$$FeSH^-_{ads} \longrightarrow FeSH^+_{ads} + 2e^- \tag{5-6}$$

Shoesmith 等认为：在少部分酸性溶液中，$FeSH^+_{ads}$ 可能按式(5-7)直接转化为 FeS；而在大多数酸溶液中，将按式(5-8)进行水解：

$$FeSH^+_{ads} \longrightarrow FeS + H^+ \tag{5-7}$$

$$FeSH^+_{ads} + H_3O^+ \longrightarrow Fe^{2+} + H_2S + H_2O \tag{5-8}$$

而 Schmitt 认为在 H_2S 浓度大于 $200\mu L/L$，并且温度大于 40℃时，$FeSH^+_{ads}$ 可按式(5-9)形成富铁硫化物 FeS_{1-x}；当在 H_2S 浓度小于 $200\mu L/L$，温度小于 40℃，并且 CO_2 浓度不高时，$FeSH^+_{ads}$ 可按式(5-10)形成富硫硫化物 FeS_{1+x}。

$$FeSH^+_{ads} \longrightarrow FeS_{1-x} + xSH^- + (1-x)H^+ \tag{5-9}$$

$$(1+x)FeSH^+_{ads} \longrightarrow FeS^{1+x} + (1+x)H^+ + xFe^{2+} + xe^- \tag{5-10}$$

Panasenko 认为由于金属原子与硫原子之间形成化学键而消弱了金属原子间的金属键，促进了金属原子的溶解，形成的中间产物为 $Fe(H_2S)_{ads}$。

$$Fe + H_2S \longrightarrow Fe(H_2S)_{ads} \tag{5-11}$$

$$Fe(H_2S)_{ads} \longrightarrow Fe(H_2S)^{2+}_{ads} + 2e^- \tag{5-12}$$

$$Fe(H_2S)^{2+}_{ads} \longrightarrow Fe^{2+} + H_2S \tag{5-13}$$

2）阴极过程

Panasenko 提出了质子化的 H_2S 释氢机理：

$$H_2S + H_3O^+ \longrightarrow (H_3S)^+_{ads} + H_2O \tag{5-14}$$

$$(H_3S)^+_{ads}+e^-+M \longrightarrow H-M-(H_2S)_{ads} \tag{5-15}$$

$$H_3S^++e^-+M \longrightarrow H-M+H_2O \tag{5-16}$$

Bolmer 认为在 H_2S 环境中，阴极反应机理应为：

$$2H_2S+2e^- \longrightarrow H_2+2HS^- \tag{5-17}$$

$$HS^-+H_3O^+ \longrightarrow H_2S+H_2O \tag{5-18}$$

该反应由 H_2S 扩散和 H_2 析出过电位控制。

Kaesche 认为 H—S—H 键能比 H—O—H 键能低，因此是 H_2S 而不是 H_2O 释放出 H^+：

$$H_2S+2e^- \longrightarrow 2H_{ads}+S^{2-} \tag{5-19}$$

Lacombe 提出的机理为：

$$Fe+HS^- \longrightarrow FeSH^+_{ads}+2e^- \tag{5-20}$$

$$FeSH^+_{ads}+H_3O^++2e^- \longrightarrow Fe(H-S-H)_{ads}+H_2O \tag{5-21}$$

$$Fe(H-S-H)_{ads} \longrightarrow FeSH^+_{ads}+H_{ads}+e^- \tag{5-22}$$

2. 垢下腐蚀

由于金属表面腐蚀产物或其他固态沉积物的不均匀分布形成锈垢层，从而引起垢层下严重腐蚀，通常称作垢下腐蚀。通常产生垢下腐蚀的地方表面看起来呈锈瘤状，剥离垢层后会发现，金属基体已经严重腐蚀，形成蚀坑，随着腐蚀的发展，蚀坑不断深入，直至穿孔。

垢下腐蚀机理主要可分为以下两种：

（1）闭塞电池自催化机理如图 5-4 所示，金属表面产生垢层后，垢层和金属之间形成的缝隙或垢层自身的微孔均将成为腐蚀反应的物质通道，形成垢下腐蚀。当金属表面局部

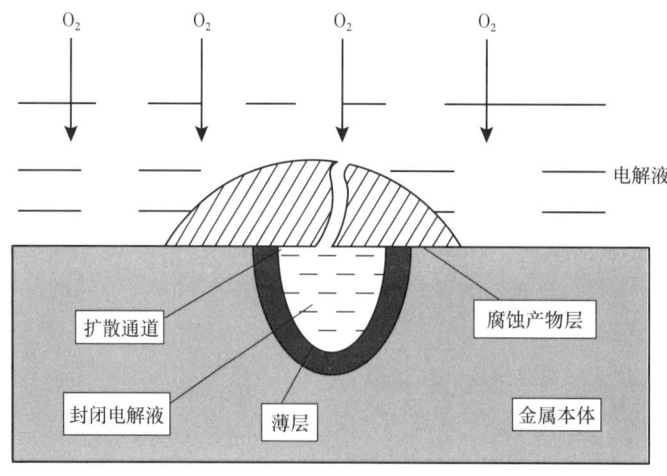

图 5-4 闭塞电池示意图

有垢覆盖时，垢下形成相对闭塞的微环境，由于垢层的阻塞作用，氧通过缝隙或垢层微孔扩散进入垢层下的金属界面十分困难。因此，随着腐蚀反应的进行，垢层下成为贫氧区，将与垢层外部的本体部分形成宏观的氧浓差电池。通常腐蚀垢层具有阴离子选择性，垢层下金属阳离子难以扩散到外部，随着 Fe^{2+} 的积累，造成正电荷过剩，促使外部的 Cl^- 迁入以保持电荷平衡，金属氯化物的水解使垢层下环境酸化，进一步加速垢下的腐蚀。因此，这种闭塞电池自催化机理与缝隙腐蚀的发展机理相同。

（2）电偶腐蚀机理。许多金属的腐蚀产物垢层具有 n-型半导体性质，有电子导电性，在腐蚀介质中的稳定电位可能较金属自身高（如土壤环境中软钢的锈层，在一定条件下的 CO_2 和 H_2S 环境中碳钢表面生成的腐蚀产物沉积层等），因此，不管垢层是部分覆盖或是完全覆盖，垢层可作为阴极与垢层下的基体金属组成电偶对，加速垢层下的腐蚀。同样，腐蚀过程中，随着 Fe^{2+} 的积累，外部的 Cl^- 通过垢层缝隙或微孔迁入，在垢层和金属界面富集，加速垢下的腐蚀。在这样的条件下，虽然金属表面全部被腐蚀产物垢层覆盖，但垢层下的金属腐蚀仍以较高的速度进行着。

垢下腐蚀与点蚀和缝隙腐蚀有许多相似之处，三者在发展阶段的机理也很一致，都是以形成闭塞电池为前提。由于特殊的几何形状或腐蚀产物在缝隙、蚀坑或裂纹出口处的堆积，使通道闭塞，限制了闭塞区内外介质的交换，使闭塞区内的介质组分、浓度（主要是 Cl^- 浓度和 pH 值）与本体介质有很大差异，从而形成了闭塞腐蚀电池。但是它们的形成过程有所不同。

从腐蚀发生的条件来看，点蚀是由于金属的钝化或保护层受到破坏引起的，先逐渐形成蚀坑（闭塞电池），而后加速腐蚀，反应必须在含有活性阴离子的介质中才会发生。缝隙腐蚀和垢下腐蚀是介质的电化学不均匀性引起的。造成垢下腐蚀的介质的电化学不均匀性是由于垢的生成，而造成缝隙腐蚀的介质的电化学不均匀性既可以是垢的形成，也可以是材料构件的几何构型或相互连接（接触）产生的。缝隙腐蚀是在腐蚀前就已存在缝隙，腐蚀一开始就是闭塞电池作用，在自催化作用下加速，而且缝隙腐蚀的闭塞程度较点蚀的大，即使在不含活性阴离子的介质中也能发生。垢下腐蚀是由于垢的生成在垢下形成闭塞区，垢下腐蚀的发展既可能是闭塞电池自催化机理，也可能是垢层—基体金属电偶腐蚀机理，反应也不一定需要活性阴离子存在。由于垢层与金属界面往往会形成缝隙而产生缝隙腐蚀，二者发生的条件有较多的相似性，所以一些资料将垢下腐蚀归于缝隙腐蚀。但是，垢层和金属之间形成缝隙可以产生垢下腐蚀，而没有缝隙时垢下腐蚀也可能发生。因此与缝隙腐蚀相比，垢下腐蚀具有自身的独特性。

此外，溶液的流速对缝隙腐蚀和垢下腐蚀的影响也有差别。流速增加，缝隙外溶液的含氧量增加，导致缝隙腐蚀速率增加。但是对于垢下腐蚀，情况就不一样了，流速的加大反而使垢下腐蚀减轻，原因是流速较大会把沉积物冲掉，使垢下腐蚀不易发生。

3. 元素硫腐蚀

在高含硫气田中除了有 H_2S 气体的存在，经常还会发现有元素硫的物质形态，元素硫对金属也存在较强的腐蚀性。国外很早就开展了元素硫腐蚀机理研究，但到目前为止，关于元素硫腐蚀机理的说法包括：以元素硫的水解为基础的催化机理、水解机理、电化学腐蚀机理、直接反应腐蚀机理，具体如图 5-5 所示。

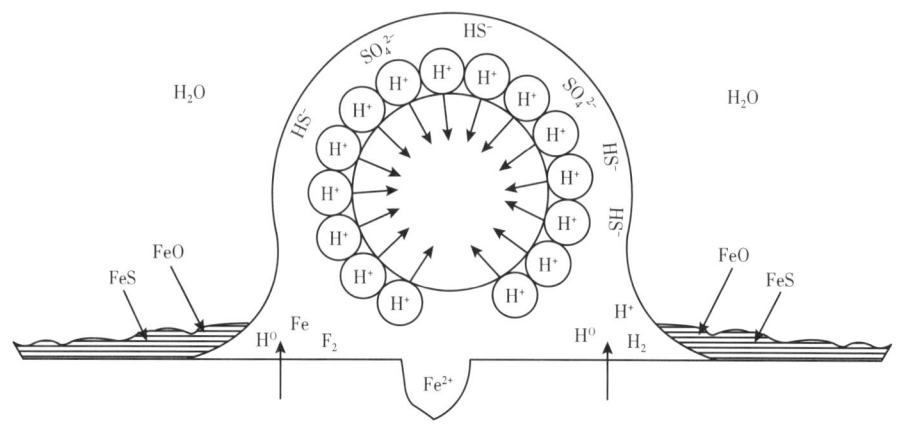

图 5-5 元素硫腐蚀机理示意图

1) 催化机理

1978 年 J. B. Hyne 等做了厌氧和含氧环境下的湿元素硫对碳钢的腐蚀实验。实验是测量盘绕成一圈圈的铁丝在不同 pH 值、不同气氛(厌氧或含氧)和大小不同元素硫颗粒的溶液中腐蚀速率的变化。得到以下重要发现：(1) 严重腐蚀发生前存在一个诱导期，其时间长短取决于原始溶液的 pH 值，诱导时间随着初始 pH 值(3.88~5.79)的升高而减小，有氧系统的诱导期比无氧系统的时间要短；诱导期随着元素硫粒径的减小而缩短，特别是在厌氧环境。(2) 腐蚀产物为 H_2S 和马基诺矿 $Fe_{1+x}S(0 \leqslant x \leqslant 0.11)$。(3) 严重的腐蚀是自催化过程。(4) 腐蚀开始后，腐蚀电位不断升高。(5) 碳钢和元素硫的直接接触是严重腐蚀发生的必要条件。(6) pH 值随反应时间的增加而升高。基于以上发现，他们提出了催化理论：

阴极：

$$S_{y-1} \cdot S^{2-} + 2xH^+ + 2(x-1)e^- \xrightarrow{[FeS]} xH_2S + S_{y-1} \quad (5-23)$$

阳极：

$$(x-1)Fe \longrightarrow (x-1)Fe^{2+} + 2(x-1)e^- \quad (5-24)$$

$$(x-1)H_2S + (x-1)Fe^{2+} \longrightarrow (x-1)FeS + 2(x-1)H^+ \quad (5-25)$$

虽然不知道附加反应的具体反应程度，但附加反应成功解释了低碳钢在含硫化氢的水环境中发生的氢脆：产生的氢原子(H_{ad})进入钢内部，在夹杂物或缺陷处聚集，进一步反应生成氢气，当压力超过钢断裂临界压力，产生裂纹，随着氢原子不断进入，裂纹不断扩展，最终产生氢脆(氢压理论)。反应式中 $S_{y-1} \cdot S^{2-}$ 是由硫离子和固体硫颗粒的化学吸附产生，S^{2-} 和吸附的多硫酸根离子可能是元素硫与水反应生成的。生成马基诺矿中的硫铁比不是1:1，其不完美结构使硫化亚铁具有半导体的性能，像一个导线连接了阴极和阳极，形成了无数腐蚀电池，催化了上述反应。

2) 水解机理

1981 年 S. B. Maldonado 和 P. J. Boden 做了元素硫的水解实验，并研究了水解后的溶液对碳钢的腐蚀，发现在 3000r/min 的转速下元素硫水解产生的溶液的 pH 值很低，随温度的升高 pH 值不断下降，并且水解后的溶液对碳钢片和铁粉都产生强烈的化学反应。基于这些发现和前人的研究结果，他们提出了潮湿的元素硫对碳钢的腐蚀是由元素硫与水反应产生的硫酸（H_2SO_4）和硫化氢（H_2S）对碳钢的化学反应的理论。元素硫的表面形成扩散层，由于极性和吸附力的不同，使得 H^+ 聚集在硫颗粒的表面而 HS^- 和 SO_4^{2-} 堆积边缘，元素硫扮演了氢离子载体的角色，固体硫颗粒表面物理吸附的氢离子的堆积导致颗粒表面的 pH 值下降。从标准摩尔吉布斯自由能来看，$\Delta\gamma G_m^\theta$ = 157.833kJ/mol>0，说明常温常压下，反应不能自发形成，必需升温或者采用搅拌等方式促使反应进行。

3）电化学腐蚀机理

G. Schmitt 总结前人的研究成果，结合自己关于阴离子对腐蚀影响的实验成果，在 1991 年提出了一个关于潮湿的元素硫的电化学腐蚀机理。元素硫和水首先反应产生 H_2S，然后 H_2S 和铁及氧化亚铁反应在碳钢表面形成马基诺矿。因为这种腐蚀产物的结构缺陷，使得硫化亚铁膜具有高的导电性，因而充当了电子从金属表面传递到元素硫的载体。由于油气田生产中析出的地层水中含有大量的 Cl^-，而 Cl^- 是活性离子，影响腐蚀产物膜的稳定性，因而 G. Schmitt 提出了含有 Cl^- 的电化学反应：

阳极金属溶解：

$$Fe+2Cl^-+H_2O \longrightarrow [Fe(OH)^++Cl^-]+HCl+2e^- \qquad (5-26)$$

阴极硫还原反应：

$$FeS_{x+1}+2e^-+2Na^++H_2O \longrightarrow FeS_x+(Na^++SH^-)+NaOH \qquad (5-27)$$

阳极区的铁离子水解生成水合氢离子导致 pH 值下降，从而提高阳极区域的腐蚀速度。在阴极区域，形成了氢氧根离子，pH 值增加。因此，钢铁的硫腐蚀类似于氧浓差电池，并造成局部 pH 值变化。这种机理完美解释了钢在湿硫环境下的局部缝隙腐蚀。加入下面的三个反应，使得腐蚀机理得以完善：

$$[Fe(OH)^++Cl^-]+HCl \longrightarrow FeCl_2+H_2O \qquad (5-28)$$

$$Fe(OH)^++HS^- \longrightarrow FeS+H_2O \qquad (5-29)$$

$$HCl + NaOH \longrightarrow NaCl+H_2O \qquad (5-30)$$

其中通过对含硫气井的硫化物膜下成分的 X 射线衍射检测证实氯化亚铁（$FeCl_2$）的存在。关于阴离子效应的研究发现阴离子（F^-，Cl^-，Br^-，I^-，SO_4^{2-}）大幅度降低了反应的活化焓（在纯水中从 28kJ/mol 降低到阴离子水溶液的 13~18kJ/mol），腐蚀速率并按照 F^-<Cl^-<Br^-<I^-<SO_4^{2-} 的顺序不断增大，表明阴离子效应是熵控制而非焓控制。阴离子通过特性吸附和催化作用加速元素硫对钢的腐蚀。

4）直接腐蚀机理

基于严重腐蚀的发生需要潮湿环境中碳钢与元素硫的直接接触，结合自己的研究结果，Norman Dowling 提出了直接腐蚀机理：

阳极反应：

$$Fe \longrightarrow Fe^{2+} + 2e^- \tag{5-31}$$

阴极反应：

$$S + 2e^- \xrightarrow{[FeS]} S^{2-} \tag{5-32}$$

总反应：

$$Fe + S \xrightarrow[H_2O]{[FeS]} FeS \tag{5-33}$$

诱导期主要发生：铁在水中的腐蚀、包裹在固体硫中的硫化氢（H_2S）的释放或在元素硫表面 $S_xO_y^{2-}$ 类型的硫化物在水中的歧化反应生成硫化氢（H_2S），进而硫化氢水解，腐蚀产生的 Fe^{2+} 和水解出的 HS^-（硫化氢的水解以一级水解为主）达到一定浓度时，产生 FeS。腐蚀产物 FeS 由于其缺陷结构，催化了腐蚀的进一步发生。通过电化学手段研究了固体硫的还原反应，通过外加电流给放置在 $FeSO_4$ 溶液中覆盖着元素硫的铂片，其产物通过 X 射线发射谱（XES）证明了 FeS 的存在，从而证明了上述腐蚀机理的可能性。

4. 冲刷腐蚀

1）冲刷腐蚀的定义

由于金属表面与流体的相互机械作用，或受液体和固体冲击的机械作用和化学作用引起表面材料的损伤和损失，称为冲刷腐蚀或冲蚀。粒子的运动方向几乎与固体表面垂直的冲刷，叫研磨腐蚀。粒子的运动方向基本上与固体表面垂直的冲蚀，叫冲击冲蚀。

产生冲刷腐蚀流体的流动条件：冲刷腐蚀一般都发生在湍流的条件下。一旦发生湍流，还有可能发生空泡腐蚀。因此，冲刷是一种非常复杂的破坏形式。冲刷腐蚀的宏观表现形式是：鱼鳞状、马蹄状、抛光表面、晶粒显现、流线状条纹和迎水侧面损耗等。

2）冲刷腐蚀的机理

（1）湍流。

（2）固体颗粒冲击：首先破坏保护膜，然后直接冲击金属，增加金属的流失。

（3）液滴冲击：高速气流中的液滴对金属造成的冲击破坏，称为液体冲击。

（4）气泡冲击：氮气泡对金属的破坏，常呈孤立的马蹄形，表面粗糙。

（5）空蚀：一旦坑蚀形成或在管径变化的地方，导致流速的变化，就会产生空泡腐蚀。

（6）拔丝：当高速流体流经细小狭缝时产生的损伤特性。

（7）流动促进膜溶解等。

3）冲刷腐蚀的影响因素

冲刷腐蚀的影响因素很多，主要有冲击速度、冲击角度、材料性质、化学介质和流体中砂石粒子等杂质的含量等。

5. 电偶腐蚀

电偶腐蚀（亦称接触腐蚀），是指当两种不同金属在导电介质中接触后，由于各自的电极电位不同而产生电位差，电位较正的金属为阴极，腐蚀减少或终止，而电位较负的金属为阳极，腐蚀加速。

目前，国内外对实际应用中出现的各种电偶腐蚀进行了广泛的研究，且研究内容多集中在影响因素方面。电偶腐蚀的影响因素主要有电偶序、阴阳面积比、腐蚀时间、表面状态、介质导电性、环境等因素。

1) 电偶序

在腐蚀电化学中，曾使用电动序作为腐蚀倾向的判据。电动序（标准电位序）是按金属元素标准电极电位高低排列成的次序表。它是从热力学公式计算出来的，此电位是指金属在金属盐（活度为1）的溶液中的平衡电位。而实际情况下，金属常常不是纯金属，而是合金，有的甚至还覆盖有氧化膜。而溶液也不可能刚好是该金属离子活度为 1 的标准溶液。因此电动序在实际使用中不适合，而常常应用电偶序来判断不同金属材料接触后的电偶腐蚀倾向。所谓电偶序，就是根据金属（或合金）在一定条件下测得的稳定电位的相对大小排列的表。电位差对电偶腐蚀的影响是首要的，电位差越大腐蚀的可能性越大。例如钛和316L不锈钢电位相近，几乎没有腐蚀发生，而钛和铝黄铜之间就有剧烈的腐蚀发生。异种金属在同一介质中相接触，判断金属在偶对中的极性，不能以它们的标准电极电位作为判据，而应该以它们的腐蚀电位作为判据。

在电偶序中通常只列出了金属稳定电位的相对关系，而很少列出具体金属的稳定电位值，其主要原因是实际腐蚀介质变化很大，测得的电位值波动范围也较大，数据重现性差。再者，利用电偶序来判断金属在偶对中的极性和腐蚀倾向时，仅仅根据它们之间的相对电位差来判断金属腐蚀发生的方向和程度，而不考虑极化等原因是不全面的。有时两种金属的开路电位虽然相差很大，但偶合后阳极体的腐蚀速率不一定很大，这是因为腐蚀电流的大小不能仅仅由推动力来决定，还需要考虑极化行为等动力学因素。电偶序数据也可作为其他环境中研究电偶效应的参考依据。但为了更好地考察实际体系中发生的电偶腐蚀，实际测量有关金属材料或合金在该介质中的稳定电位（自腐蚀电位）和进行相应的电偶实验是非常必要的。电偶对阴极和阳极的实际电势差是产生电偶腐蚀的必要条件，但它并不能决定电偶腐蚀的实际速率，即不能决定电偶腐蚀的效率。因此要获得电偶腐蚀速度，还需了解极化性能以及金属腐蚀行为的特性等。

2) 阴阳面积比

一般讲，电偶腐蚀电池的阳极面积越小，阴极面积越大，将导致阳极金属腐蚀加剧。这是因为电偶腐蚀发生时阳极电流总是等于阴极电流，阳极面积越小，则阳极上电流密度就越大，即阳极金属的腐蚀速度增大。如在铜板上装上铁铆钉或铁板上装上铜铆钉并浸入海水中，因铜的电位比铁正，所以铜板装上铁铆钉构成了大阴极（铜板）小阳极（铁铆钉）的电偶腐蚀（使紧固件铁铆钉很快腐蚀掉），而铁板装铜铆钉使铁板的腐蚀增加不多。研究表明，面积比对电偶腐蚀影响很大，上述结论容易得到证实。张艳成等研究了 3.5% NaCl 溶液中带锈铸铁和304不锈钢（SS304）之间的电偶腐蚀效应，以及面积比对电偶腐蚀的影响得出，随着面积比增大，电偶腐蚀效应增大。阴阳极面积比对阳极的腐蚀速率影响可以这样来解释，在氢去极化时，腐蚀电流密度为阴极电流控制，阴极面积越大，阴极电流密度越小，阴极氢过电位就越小，氢去极化速度亦越大，结果阳极的溶解速度增加。在氧去极化腐蚀时，其腐蚀速度为氧扩散条件控制，若阴极的面积相对增加，则参加还原反应的溶解氧的数量相对增加，因而扩散电流增加，导致阳极加速溶解。

此外，对电偶对来说，常压且温度较低时，随着阴阳极面积比的增大，贱金属的腐蚀速率也增大。耦接后，贱金属表面上的去极化剂阴极还原反应的速度小到可以忽略，而在阴极（贵金属）的表面上则主要进行去极化剂的阴极还原反应，它的阳极溶解反应速度小到可以忽略不计，根据电化学原理，此时应满足关系式（5-34）。

$$\ln v = \frac{E_{k1} - E_{k2}}{\beta_{a1} + \beta_{c2}} + \frac{\beta_{c2}}{\beta_{a1} + \beta_{c2}}\ln\frac{I_{k2}}{I_{k1}} + \frac{\beta_{c2}}{\beta_{a1} + \beta_{c2}}\ln\frac{A_2}{A_1} \quad (5-34)$$

式（5-23）中，v 为阳极腐蚀速度；阳极和阴极腐蚀电位分别为 E_{k1} 利 E_{k2}，且 $E_{k1}<E_{k2}$，腐蚀电流密度分别为 I_{k1} 和 I_{k2}，则当它们互相接触就组成一个腐蚀原电池。β_{a1}、β_{c2} 分别为阳极和阴极塔菲尔常数。A_1 和 A_2 分别为阳极和阴极面积。从式（5-34）中可以看出，$\ln v$ 与 $\ln\frac{A_2}{A_1}$ 成正比。显然，阴阳极面积比越大，阳极腐蚀速度越大。常温下腐蚀速率的对数与阴阳极面积比的对数呈线性关系。

3）介质的导电性

通常阳极金属腐蚀电流的分布是不均匀的，距离偶合处越远，电偶腐蚀电流越小，原因是电流流动要克服电阻，所以溶液电阻大小影响"有效距离"。一般来说，介质的电导率高，金属的腐蚀速率大，介质的电导率低则金属的腐蚀速率小，但对电偶腐蚀而言，介质电导率的高低对金属腐蚀程度的影响有所不同。电阻越大则"有效距离"越小。例如，在蒸馏水中，电偶腐蚀电流有效距离只有几厘米，使阳极金属在接合部附近腐蚀形成深的沟槽。而在海水中，电流的有效距离可达几十厘米，电偶电流的分布就比较均匀。如某金属偶对在海水中发生电偶腐蚀，由于海水的电导率高，两极间溶液的电阻小，所以，溶液的欧姆压降可以忽略，电偶电流可分散到离接触点较远的阳极表面，阳极所受的腐蚀较"均匀"。如果这一偶对在普通软水或大气中发生电偶腐蚀，由于介质的电导率低，两极间引起的欧姆压降就大，腐蚀便会集中在离接触点较近的阳极表面上进行，结果相当于把阳极的有效面积"缩小"了，使阳极表面的某些局部位置溶解速度增大。

4）环境

一般来讲，电偶腐蚀发生与溶液 pH 值相关，当溶液 pH 值小于 4 时，酸性越强，腐蚀速度越大；当 pH 值在 4~9 之间时，腐蚀速度与 pH 值几乎无关；当 pH 值在 9~14 之间时，腐蚀速度大幅度降低。当然，不同的腐蚀环境所得到的腐蚀结果也是不一样的。陆峰等研究了北京、青岛团岛和海南万宁等典型气候条件下，纤维环氧复合材料与 30CrMnSiA 钢、LF2 防锈铝和 TC4 钛合金相互耦接时所产生的电偶腐蚀。结果表明碳纤维环氧复合材料与 30CrMnSiA 耦接，在海南万宁大气环境条件下，电偶腐蚀最为严重，青岛团岛次之，北京地区的电偶腐蚀不明显。碳纤维环氧复合材料与 LF2 防锈铝耦接，在青岛团岛大气环境条件下，存在一定的电偶腐蚀，北京地区的电偶腐蚀不明显。在不同的环境中电偶对阴阳极各金属的电位是不同的，有时会发生极性反转现象。通常，在一定的环境中耐蚀性较低的金属是电偶的阳极。但有时在不同的环境中同一电偶的电势会出现逆转，从而改变材料的极性。如钢和锌偶合后在一些水溶液中锌被腐蚀，钢作为阴极得到了保护。若水温较高时（一般高于80℃），电偶的极性就会逆转，钢成为阳极而被腐蚀。又如镁和铝偶合后在中性或微酸性氯化钠溶液中，镁就会变为电偶对的阳极，可是随着镁的不断溶解，溶液变碱性使铝反而成为电偶对的阳极。又如铅/碳钢电偶对在海水中，碳钢作为阳极被腐蚀，而在地下水中铅成为阳极遭受腐蚀。

5）表面状态

金属表面状态对电偶腐蚀也具有较大的影响。研究表明无论氧化处理试样还是非氧化处理试样，两种不锈钢表面点蚀坑均萌生于机械加工缺陷或表面冶金缺陷处。其原因是高温氧化处理促进金属次表层 Cr 向表面富集，而 Cr 易与氧结合形成 Cr_2O_3 氧化膜；虽然 Cr_2O_3 膜具有较强的抗腐蚀性能，但在高温条件下也会形成加工缺陷，导致在电偶腐蚀过程中，这些表面加工缺陷或冶金缺陷处因 Cl^- 富集而易于萌生点蚀坑，暴露出贫 Cr 的基材。蚀坑的贫 Cr 造成小阳极大阴极效应，加之蚀坑内闭塞电池自催化效应和钛合金阴极对阳极材料的阳极极化作用，共同促进耐热不锈钢表面局部点蚀的发展，因此，人为氧化处理提高了耐热不锈钢的接触腐蚀敏感性。

6）其他因素

实验的具体条件对电偶腐蚀也有影响。对于同一电偶对，在人造海水和自然海水中腐蚀行为不同，有搅拌和无搅拌的腐蚀速率和行为也有差异；材料表面的氧化膜对腐蚀也有影响；阴阳极之间的距离、温度、压力等对电偶腐蚀也有较大的影响。此外，贵金属的应用也增加了电偶腐蚀可能性。

第二节　腐蚀控制技术

高含硫气田腐蚀控制技术已经趋于成熟，只是在某一特定领域出现改革或者创新，根据实际生产过程中出现的问题，对腐蚀控制的标准进行修订和完善。常见的腐蚀控制技术包括工艺设计、腐蚀环境改善和优化、材料的选择、碳钢的表面改性、阴极保护技术及缓蚀剂防腐工艺技术。

一、腐蚀控制技术先导试验平台

腐蚀控制技术先导试验平台是为相关技术提供现场条件下的技术论证、试验验证和放大试验的功能，为高含硫气田设计和运行提供重要的数据支撑，主要验证材料的适应性、药剂的适应性和摸索最佳药剂加注工艺、腐蚀监测和检测技术的适应性及其他技术的验证工作。以中国石油在川渝气田建设的先导试验为例，其建设在高含硫气田单井站天东 5—1 井，主要包括一个立式试验罐用于考察井下药剂的防腐性能和材料的适应性，一个卧式试验罐用于考察地面材料适应性及药剂的防腐性能，一个测试段用于考察涂层及复合管的性能，现场安装发球装置和腐蚀监测装置可以考察缓蚀剂的预膜效果，通过建设保温和电加热系统及旁通回路，实现现场试验条件的可变操作。该先导试验基地相关试验有力地支撑了罗家寨、龙岗等高含硫气田开发的腐蚀控制技术的研发，现场装置如图 5—6 所示。2022 年后，中国石油对技术平台进行了迁址和升级，升级后的测试平台包括：在线腐蚀试验装置、长期服役管线在线评价装置、缓蚀剂应用工艺评价装置、腐蚀数据共享平台、安全配套和公用工程等五部分，可以满足高含硫和高含二氧化碳条件下的先导试验，并为气田数字化提供先导研究。

图 5-6　腐蚀控制技术先导试验平台

二、材质选择

1. 采气管线和集气管线

对于湿气环境下的输送钢管，建议采用母材无焊缝、质量可靠的无缝钢管，应符合 NACE MR0175/ISO 15156《石油和天然气工业——油气开采中用于含硫化氢环境的材料》和 SY/T 0599—2018《天然气地面设施抗硫化物应力开裂和应力腐蚀开裂金属材料技术规范》的规定，以保证管线抗 SSC 和 HIC 的能力。通过对 L245 和 L360 两种钢级进行对比分析来看，采用 L360 和 L245 钢级的钢管均能适应高含硫气田开发需要，而 L360 管材耗量和投资相对 L245 更为节省，从确保管道输送的安全可靠性和经济合理性综合分析，设计采用 L360 材质。

气田采气管线和集输管线的腐蚀方案为缓蚀剂+碳钢。采气管线和集气管线制管符合标准 GB/T 9711.3—2015《石油天然气工业 输送钢管交货技术条件 第 3 部分：C 级钢管》、ISO 15156《石油和天然气工业——油气开采中用于含硫化氢环境的材料》、SY/T 0599—2018《天然气地面设施抗硫化物应力开裂和应力腐蚀开裂金属材料技术规范》和 Q/SY XN 2015—2006《高酸性气田地面集输管道设备材质技术要求》。

（1）采气管线与集气管线的抗硫化物应力腐蚀开裂适应性评价：

根据高含硫气田实际运行情况，地面集输管道 8 年没有发生任何由 H_2S 导致的开裂问题。目前的运行情况表明：地面集输管道材料均具有良好的抗硫要求，满足龙岗气田对碳钢材料的抗硫要求。

（2）采气管线与集气管线的内腐蚀（电化学腐蚀）风险适应性评价：

在正常加注缓蚀剂条件下，大部分腐蚀监测点的电阻探针监测到的腐蚀速率均低于 0.1mm/a。根据腐蚀监测结果：在加注了缓蚀剂的情况下，L245 等管材内腐蚀速率得到了较好的控制。

2. 气田水管线和设备

气田水来自各集气站、集气总站和上了分离器的单井站，气田水中含有氯离子和 H_2S。

对于气田水输送用碳钢管道，根据设计要求，由于气田水中含有 H_2S，因此，要求碳钢管道满足抗硫要求，以保证管线抗 SSC 和 HIC 的能力。对于输送气田水的碳钢管道材质，均选用满足抗硫要求的 C 级钢管，碳钢的电化学腐蚀主要通过气田水中的缓蚀剂进行控制。气田水罐的放空管和气田水罐的尾气放空管道均选用碳钢（20#钢）。

气田水罐的尾气放空管道材质选用 20# 钢，接触介质的气田水闪蒸尾气，当尾气从气田水中进入放空管道时，会夹带少量的液体进入管道，即该管道的输送介质为湿酸气，存在腐蚀风险。结合管道的腐蚀特征分析，该管段穿孔的主要原因为电化学腐蚀。低洼积液位置的腐蚀穿孔时有发生，因此，本部分材质选择内衬 316L 的复合管或采用非金属管材。

设备的安全使用不仅仅包括选材，还需包括制造、检验和验收等相关内容的保障。

龙岗高含硫气田地面工程内部集输工程设计压力 $p \geqslant 9.9MPa$、$H_2S \leqslant 4.8\%$（体积分数）及 $CO_2 \leqslant 6.06\%$（体积分数）的井口装置、内部集输管线、集输干线的非标压力容器和压力管道中非标三通、弯头、组合三通等管路附件应符合规范要求。技术要求包括非标压力容器和管件的选材、制造、检验和验收，以及使用后的检测和相应的判废标准。最终设备验收合格还应符合设计图样规定。用于此环境介质的受压元件材料应是纯净度高的细晶粒结构的全镇静钢，所用材料为 Q245R、Q345R、20G（GB 5310—2017《高压锅炉用无缝钢管》）、20#、16Mn 无缝钢管，20#、16Mn、18-8 锻件。

三、缓蚀剂及其加注工艺

1. 缓蚀剂的定义

缓蚀剂又称腐蚀抑制剂或阻蚀剂，是一种当它以适当的浓度和形式存在于环境（介质）时，可以防止或减缓腐蚀的化学物质或复合物质。和其他防腐蚀方法比较，使用缓蚀剂有如下明显优点：（1）基本上不改变腐蚀环境就可获得良好的防腐蚀效果；（2）基本上不增加设备投资；（3）缓蚀剂的效果不受被保护设备形状的影响；（4）同一配方的缓蚀组合有时可以同时防止多种材料在不同腐蚀环境中的腐蚀破坏。

缓蚀剂的种类多、用途广泛，人们对它的理论研究、探讨和认识也日益深入，目前公认的理论大致包括缓蚀剂成膜原理、缓蚀剂吸附原理、电极过程抑制原理。

2. 高含硫气藏常用的缓蚀剂

CO_2 和 H_2S 作为石油与天然气的伴生组分存在于油气中，是油气生产和运输设备的重要腐蚀源。一般而言，干气体无腐蚀性，而湿气体或与酸性介质共存时，腐蚀速度会大大增加。在引起气田设施腐蚀的众多因素中，硫化氢是最危险的，一旦发生事故，往往是突发性的，可能造成不可估量的损失。

目前国内外针对酸性气田设备腐蚀，主要采取的措施有使用耐蚀合金、电化学防腐、涂层防腐和缓蚀剂防腐等方法。其中，添加缓蚀剂由于其效果较好、操作灵活、成本低廉、使用方便等优点，得到了广泛的认可。1860 年，Baldwin 使用糖浆和植物油的混合物作为缓蚀剂,发表了世界上公认的第一篇缓蚀剂专利(B.P-2370 1860)。到了 20 世纪,缓蚀剂研究得到了大的发展,有效组分逐渐从天然物转向了各类合成物。截至目前,使用有机化合物作为缓蚀剂的有效成分已经得到了广泛的认可;其中,主要在用的酸性气田缓蚀剂按照化学组成可以分为咪唑啉类缓蚀剂、季铵盐类缓蚀剂、酰胺类缓蚀剂等。

1)咪唑啉类缓蚀剂

咪唑啉是含有两个氮原子的五元杂环,咪唑啉及其衍生物具有低毒、高效、无刺激性气味、易于修饰等特点,受到了广泛的应用。其主要缓蚀机理是吸附成膜,即通过氮原子上未成键的孤对电子与金属配位,同时疏水基团在金属表面外侧形成了疏水层,阻碍腐蚀介质与金属表面接触,从而达到降低腐蚀速率的目的。

2)酰胺类缓蚀剂

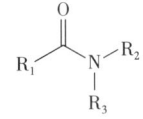

图 5-7 酰胺类分子式

酰胺类缓蚀剂通常是指缓蚀剂主要活性分子中含有酰胺为主的官能团,其分子结构通式如图 5-7 所示。

酰胺官能团化学性能比较稳定,所以在较宽的酸、碱性条件下具有耐水解性、低毒性等特点,可用于酸性介质、中性介质等腐蚀环境。

3)季铵盐类缓蚀剂

此类缓蚀剂分子结构中含有 N^+,其分子结构通式如图 5-8 所示。

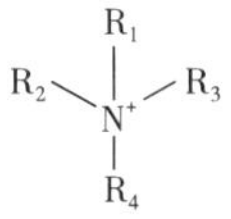

季铵盐类缓蚀剂的缓蚀机理主要是 N^+ 被负电荷的金属表面吸附形成膜层,从而减少腐蚀介质与金属表面的接触,达到减缓金属腐蚀的目的。

图 5-8 季铵盐类分子式

3. 缓蚀剂的筛选

1)缓蚀剂的筛选流程

含硫气田缓蚀剂防腐方案首要的工作是实现对缓蚀剂的基于现场条件的筛选,包括缓蚀剂的性能评价、配伍性能评价及膜的持久性能评价,筛选出适合特定气田的缓蚀剂种类,筛选的流程如图 5-9 所示。

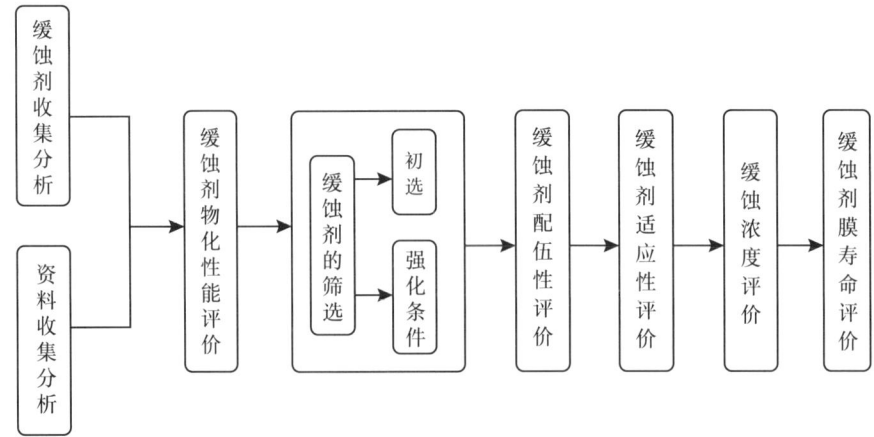

图 5-9 缓蚀剂筛选流程图

缓蚀剂的现场应用工艺包括缓蚀剂的连续加注、利用现场清管器进行缓蚀剂预膜、缓蚀效果的评价和防腐方案的调整等。

2）高含硫气田缓蚀剂技术要求

参照下述标准对国外缓蚀剂进行了高含硫的适应性评价：JB/T 7901—2001《金属材料实验室均匀腐蚀全浸试验方法》，Q/CNPC CY464—2000《含硫气田气井缓蚀剂缓蚀性能评价方法》。

(1)实验室评价缓蚀剂的技术要求。

溶解性：无沉淀和无相分离。

乳化趋势：无乳液产生。

发泡趋势：无泡沫。

黏性沉淀：无沉淀。

热稳定性：稳定（≥100℃）。

毒性试验：经口 LD50 大于 500mg/kg，或吸入 LC50 大于 2000mg/kg。

腐蚀速率：按推荐浓度加注时，无点蚀且腐蚀速率小于 0.025mm/a。

(闭口)闪点≥35℃（油溶性缓蚀剂）。

凝固点≤-5℃（夏季）；≤-30℃（冬季）。

并符合环保要求。

(2)现场评价缓蚀剂的技术要求。

采用现场挂片和超声波定点测厚的检测方法。

定点测厚的减薄量<0.1mm/a。

挂片试验腐蚀速率<0.075mm/a，且无点蚀。

4. 缓蚀剂的加注工艺

1）缓蚀剂的连续加注

站内井口缓蚀剂加注系统设置在井口采气树，主要功能是保护站内设备和管线，拟采用连续加注缓蚀剂工艺，即井口设置缓蚀剂加注泵，将缓蚀剂雾化之后喷入管道内，使缓蚀剂雾滴均匀分散在气流中，并吸附在管道、设备内壁，起到防腐效果。

对于设有气液分离器的单井站、集气站，由于经分离后缓蚀剂液相损失较多，为保证管道内有足够的缓蚀剂保护下游出站管道，考虑在出站管道设置一处缓蚀剂加注点。加注工艺如图5-10所示。

采气管线和集气管线缓蚀剂的连续加注量的确定原则：

(1)投产后 3 个月内，均按 $0.5L/10^4m^3$ 气考虑加量；

(2)投产后 4~6 个月，均按照腐蚀主控因素权重计算；

(3)投产 7 个月后，根据腐蚀监检测数据和统计权重计算。

腐蚀主控因素包括产气量、产水量、温度、保护面积、总矿化度、pH 值、硫化氢和二氧化碳含量及压力。腐蚀影响因素按照影响程度不同给予权重值，通过权重值计算缓蚀剂的连续加注量。

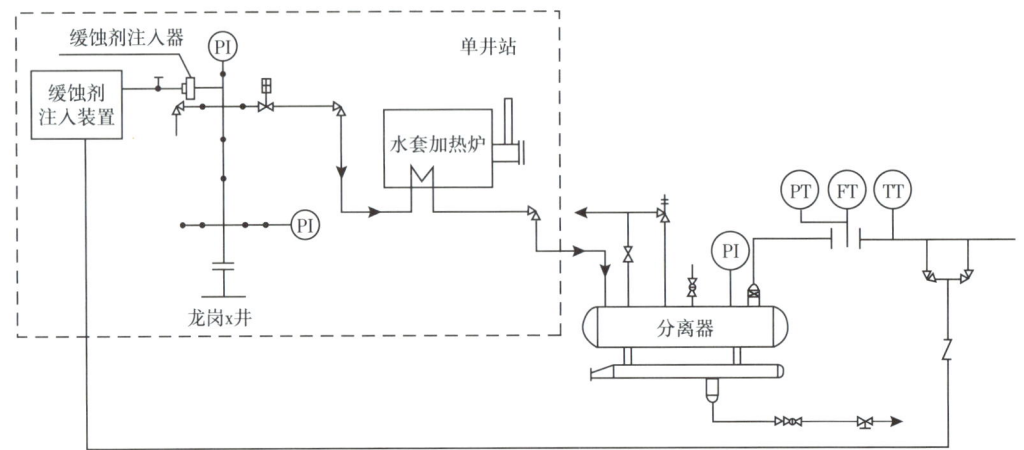

图 5-10 站内缓蚀剂加注工艺图

2）缓蚀剂的预膜工艺

在采气管线或集气干线投入运行以前，需要在管线的内壁涂抹一层缓蚀剂，尽量防止酸性天然气与管线的直接接触，使管线在一开始时就得到充分的保护。由于地形等因素的影响，处于低凹部位的管线内部可能积液，导致该处的腐蚀加剧，因此，需要定期采取清管措施来清除积液，然后再利用清管发送装置推动清管器及缓蚀剂对管线内管壁进行成膜处理，保证管线内壁始终被缓蚀剂膜所覆盖（图5-11）。

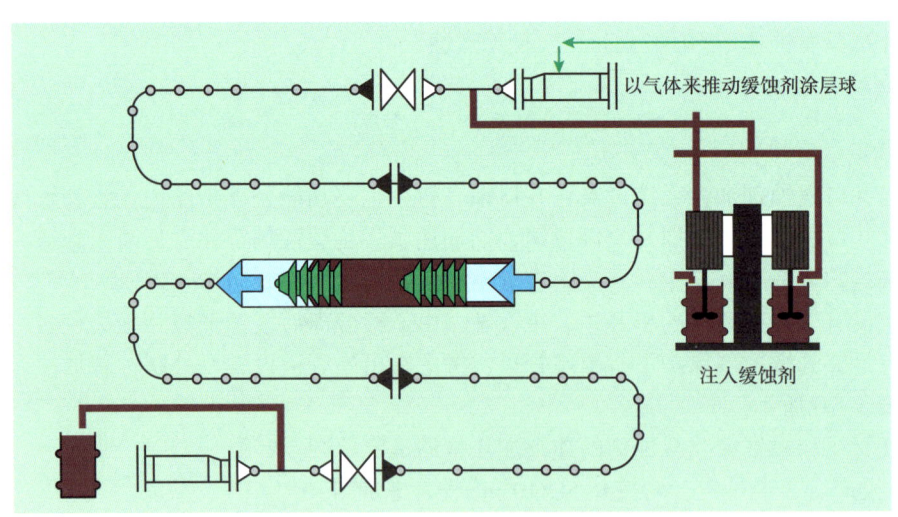

图 5-11 现场清管预膜装置图

天然气开发过程中，集气管线的预膜可以利用清管系统来完成。清管系统包括发球装置、收球装置、清管球等。预膜效果的评价可以通过在收球端、发球端安装的腐蚀挂片和电化学探针来监测。此外，对于高含硫气田，氢通量探针在评价缓蚀剂预膜效果方面也具有较强的适应性。

由于清管器发送装置长度无法容纳大量的缓蚀剂,可利用发送装置与出站截断阀之间的管线作为注入空间。管线预膜清管示意图如图 5-12 所示。

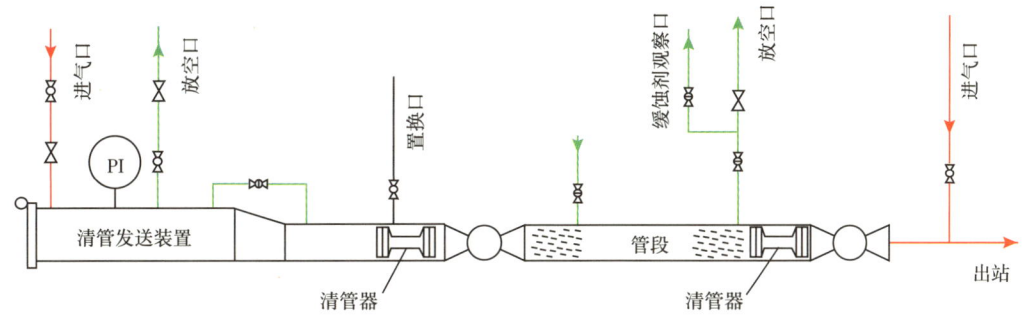

图 5-12 管线预膜清管示意图

缓蚀剂预膜用量计算以在保护面上形成 3mil[1]的膜厚计算。缓蚀剂预膜量计算公式:在计算所需缓蚀剂的加量时,首先假设管线的长度为 1km,并计算出 1km 长的管线上需要的缓蚀剂量,最后根据管线的总长度计算总的缓蚀剂量。由于管线不同穿越地区壁厚不同,此处选择最小壁厚进行计算。采用清管器进行缓蚀剂预膜时,根据经验需要有 30%~40% 的缓蚀剂富余量。

预膜案例:

钢管外径为 D_o,壁厚为 δ,油管长度 L,缓蚀剂密度 ρ(油溶水分散型缓蚀剂密度为 0.89kg/m³、水溶性缓蚀剂密度 1.0kg/m³),计算预膜缓蚀剂的用量。

钢管内表面积 $S_i = \pi \times (D_o - 2\delta) \times L$。

钢管内壁缓蚀剂体积 $V_1 = S_i \times 3\text{mil} \times \rho$。

钢管外表面积 $S_o = \pi \times D \times L$。

钢管外壁需要缓蚀剂体积 $V_2 = S_o \times 3\text{mil} \times \rho$。

以 DN200 集气管线预膜量的计算为例,外径为 219.0mm,壁厚为 7.1mm。所以其内表面积 S_i 为:$S_i = \pi \times (0.2190 - 0.0071 \times 2) \times 1000 = 643.072\text{m}^2$。1km 长管线内所需缓蚀剂量 M 为:$M = 1.3 \times 643.072 \times 3 \times 2.54 \times 10^{-5} \times 890 = 56.68\text{kg}$。根据具体的管线的长度可以计算出具体的预膜缓蚀剂的用量。

3)现场缓蚀剂防腐技术

含硫气田现场实际条件有时不允许理想的缓蚀剂防腐方案的实施,如现场没有清管系统、清管发球端的直管段无法容纳计算的缓蚀剂量。在这种特殊情况下,需要根据现场的具体工艺特征进行方案的优化设计。

(1)采气管线的缓蚀剂防腐工艺。

①井下定期加注油溶水分散型缓蚀剂防腐时,采气管线不再考虑加注缓蚀剂防腐。

②井下未定期加注缓蚀剂的情况下,需要在井口加注点连续加注缓蚀剂,加注类型和

---

[1] 1 mil(密耳)= $\frac{1}{1000}$ in = 0.0254mm。

周期见表 5-2。

表 5-2 采气管线缓蚀剂加注类型和周期

类别	缓蚀剂类型	加注周期	保护位置
气液分输，能预膜的单井	水溶性缓蚀剂	每天	采气管线
气液分输，不能预膜的单井	油溶水分散型缓蚀剂	每天	采气管线
气液混输，不能预膜的单井	油溶水分散型缓蚀剂	每天	采气管线和集气管线
气液混输，能预膜的单井	水溶性缓蚀剂	每天	采气管线和集气管线

（2）集气管线的缓蚀剂防腐工艺。

①气液混输且能开展缓蚀剂预膜作业条件下，管线加注口不再加注缓蚀剂，在井口一并加注，加注量为井口加注和管线加注量的和，加注周期为每天加注，加注缓蚀剂类型为水溶性缓蚀剂。

②气液混输且不能开展缓蚀剂预膜作业条件下，管线加注口不再加注缓蚀剂，在井口一并加注，加注量为井口加注量+管线加注量+预膜量/时间间隔，加注周期为每天加注，加注缓蚀剂类型为油溶水分散型缓蚀剂。

③气液分输且能开展缓蚀剂预膜作业条件下，连续加注工艺见表 5-3。

表 5-3 集气管线缓蚀剂连续加注方案（一）

加注位置	缓蚀剂类型	加注周期	加注量
分离器后管线缓蚀剂加注点	井口无缓蚀剂加注，采用水溶性缓蚀剂；井口加注点有缓蚀剂加注时，与井口连续加注缓蚀剂选择同一类型	每天	集气管线连续加注计算量

④气液分输且不能实现集气管线缓蚀剂预膜时，加注工艺见表 5-4。

表 5-4 集气管线缓蚀剂连续加注方案（二）

加注位置	缓蚀剂种类	加注周期	加注量
清管器发球端	油溶水分散型	2 个月	集气管线预膜计算量

对于集气管线的预膜工艺，根据清管器设计的不同，腐蚀控制方案也有区别，主要包括：

①单次预膜量能满足缓蚀剂计算预膜量，预膜工艺见表 5-5。

表 5-5 集气管线预膜方案（一）

预膜方式	缓蚀剂种类	周期	预膜量
清管后 1 遍预膜作业	油溶水分散型	2 个月	预膜计算量

②连续两次预膜量能满足缓蚀剂计算预膜量，预膜工艺见表 5-6。

表 5-6 集气管线预膜方案（二）

预膜方式	缓蚀剂种类	周期	预膜量
2 遍预膜，清管与第一遍预膜合并开展	油溶水分散型	2 个月	每遍预膜为计算量的 1/2

③4遍预膜能满足缓蚀剂计算预膜量，预膜工艺见表5-7。

表5-7 集气管线预膜方案（三）

预膜方式	缓蚀剂种类	周期	预膜量
4遍预膜，清管与第一遍预膜合并开展	油溶水分散型	1个月	每遍预膜为计算量的1/4

四、改善腐蚀环境

对于腐蚀而言，无非需要考虑材料和腐蚀环境两个因素。在材料选定的情况下，改善腐蚀环境的苛刻程度往往可以收到意想不到的效果。下面举几个例子说明。

1. 气水分离

在当前的天然气生产过程中，采用多井集气、气液分输的模式比较普遍。高含硫气田内腐蚀主要为电化学腐蚀导致的局部腐蚀，不存在完全意义上的均匀腐蚀。在气液混输条件下，由于液体的存在，在低洼位置很容易形成段塞流，一方面阻碍天然气流的顺利通过造成憋压，另一方面多相流会加速金属材料的电化学腐蚀和机械冲刷腐蚀。因此，及时减少腐蚀环境中的液体对于减缓腐蚀的进程具有重要的作用。

2. 控制温度

碳钢在高含硫气田环境中的腐蚀基本趋势大同小异，腐蚀速率在90℃左右出现峰值；当温度低于90℃时，随着温度的升高，腐蚀速率逐渐增加；当温度高于90℃时，随着温度的升高，腐蚀速率出现缓慢降低的趋势。

温度低于90℃时，随着温度的逐渐升高，生成FeS晶体的晶型开始逐渐明显，尤其是温度到90℃之后，开始形成以立方体颗粒为主的晶体，同时会有部分片状结构的FeS化合物生成。碳钢油管在温度升至90℃之前，金属表面处于活化状态，受到均匀的腐蚀机会，发生均匀腐蚀，形成了整体连续但是疏松的腐蚀产物膜，且与基体表面结合力弱，这样的腐蚀产物膜对阻挡腐蚀介质的传输力不强。温度高于90℃时，随着温度的升高，H_2S和CO_2在水中的溶解度也随之减小，使得腐蚀速率开始逐渐减小。同时，由于在较高的温度下，所形成的铁硫化合物晶体逐渐明显，同时晶粒生长变得有规律和致密性较好，从而导致了较高温度下碳钢油管的腐蚀速率减小。

避开硫化氢腐蚀的严重区间对于降低现场的电化学腐蚀很有意义。由现场的生产参数可以看出，大部分生产井的二级节流后，温度都控制在了较低腐蚀区间。当然，现场情况下还要考虑冬季水合物的形成问题，因此，需要考虑特殊段的运行温度和防腐保温措施。

3. 流速控制

流速对输气管道腐蚀的影响主要是通过改变金属表面腐蚀产物膜、缓蚀剂膜的组成和厚度、腐蚀环境中氧的去极化作用、酸性气体和腐蚀性离子从溶液扩散到金属表面所需距离以及介质的流动区域和流态等作用来控制。腐蚀性流体的流速对金属管体的腐蚀速率影响较大。随着流速的增加，金属管体的腐蚀速率增加得较快，并且在流场突变区域还将导致严重的局部腐蚀。高速流动的气体或者液体除了使设备承受一定的冲刷力、促进腐蚀反应的物质交换外，还将抑制致密保护膜的形成，影响缓蚀剂作用的发挥，尤其是在表面不光滑的条件下局部的流速可能远远高于整体流速,而且还可能出现紊流,因此对腐蚀速率有较明显的影响。现场经验和室内实验研究都发现流速对金属的腐蚀有比较重要的影响,腐蚀速率随流速增加而有很大的增大,局部腐蚀现象比较严重。

五、涂覆技术

1. 外涂层技术

涂层技术是采用涂、镀、注、渗、化学转化、热流强化、形变强化等措施,改变材料表面的化学成分、组织结构、力学状态等理化和机械性能,使材料表面获得一层保护性的覆盖层或强化层,可以避免金属基体与介质的直接接触,有的覆盖层还具有电化学保护或缓蚀作用。由于经济、简便、适用范围广等特点,使涂料作为经典的防腐蚀技术得以广泛应用。涂料,一般分为常规防腐涂料和重防涂料;按照性质,分为有机防腐涂层、无机防腐涂层,以及有机无机复合防腐涂层。

含硫气田内部集输工程的集气干线、采气管线普遍采用防腐和保温,其防腐保温结构为:三层 PE 普通级防腐层+硬质聚氨酯泡沫塑料保温层(30mm 厚)+聚乙烯外保护层。补口及弯头都采用聚乙烯热收缩带+硬质聚氨酯泡沫塑料保温层(30mm 厚)+聚乙烯热收缩带的防腐保温结构。燃料气管道外防腐层采用三层 PE 普通级防腐层。补口及弯头采用三层结构辐射交联聚乙烯热收缩带(套)防腐。

外防腐层结构设计见表 5-8。

表 5-8 管道外防腐结构设计

序号	外防腐位置	外防腐结构
1	站外埋地管道	三层 PE 防腐层+30mm 硬质聚氨酯泡沫塑料保温层+聚乙烯外保护层
2	管道补口和热煨弯头	辐射交联聚乙烯热收缩带防腐层+30mm 硬质聚氨酯泡沫塑料保温层+辐射交联聚乙烯热收缩带外护层
3	埋地管道	聚乙烯胶黏带防腐层+30mm 厚硬质超细玻璃棉管壳+聚乙烯胶黏带外保护层
4	站场内露空管线及设备	环氧富锌底漆—环氧云铁防锈漆—氟碳涂料面漆的防腐涂层(二底一中二面)

2. 内涂层技术

高含硫气田地面集输管道内涂层技术防腐用得比较少,但在站场的储罐等用得较多,内部喷涂的涂装工艺和质量评价是很重要的内容。

1) 天然气管道内涂层要求

(1) 涂装防腐层外观应平整、光滑,且不得有漏涂、发黏、脱皮、气泡和斑痕等缺陷。质量检验执行 SH/T 3022—2019《石油化工设备和管道涂料防腐蚀设计标准》的相关要求,以及涂料厂家的使用说明。

(2) 用磁性测厚仪测量各部位防腐层厚度,涂层厚度应达到设计规定厚度要求。厚度检查方式应符合 SY/T 0319—2021《钢质储罐防腐层技术规范》第 7.3.3 条规定。满足设计厚度的防腐层不得低于设计厚度的 90%。检测不合格的区域应按第 6 条规定要求进行补涂。

(3)涂层漏点检测：应进行全面漏点检测，漏点检测应符合 SY/T 0319—2021《钢质储罐防腐层技术规范》第 7.3.4 条规定；漏点检测可使用低压检漏仪或电火花检漏仪，采用电火花检漏仪检测时，涂层检漏电压应为 5V/μm。发现漏点，应按 SY/T 0319—2021《钢质储罐防腐层技术规范》第 8.0.1 款规定要求进行修补或全面复涂。

(4)涂层附着力检测应符合 SY/T 0319—2021《钢质储罐防腐层技术规范》第 7.3.5 款规定。附着力不合格的防腐层不允许修补，应按第 8.0.4 款规定要求进行重涂。

2）管道内涂层涂敷工艺技术

目前国内外常用的内涂敷工艺流程为：管道预热→表面处理→除尘→端部胶带保护→无空气喷涂→加速固化→检验→堆放（储存待运）。

（1）钢管内表面的预处理。

一个涂层的好坏往往取决于它是否能够长期牢固地附着于金属表面，而管道表面处理质量是影响涂层寿命最直接因素之一。选择适当的表面处理方式与合理选择涂层工艺同样重要。目前现场常用的钢管内壁预处理有化学清洗法、物理清洗法等方法。

化学清洗法是使用热酸（常用硫酸）、磷酸液对管子进行酸洗除锈，然后用热水漂洗，进行钢表面中性化处理，再用清管器扫除残渣，通干燥空气将管子风干，主要用于老管道的修复。此种方法效率比较低、费用高、施工量大，处理后的管壁残酸会使涂料中的固化剂失效，并且难以保证钢管表面的锚纹深度，因此不适用于大规模的钢管内除锈。

物理清洗法包括高压水射流清洗、机械法清洗、喷砂清洗等。高压水射流清洗其结构简单，可装在工程车上，灵活性强、易操作、效率高，便于现场施工，它是近年来发展起来的一种新的清洗技术。根据管内壁附着物的不同情况选用不同压力，对于水性、油性、黏着性的附着垢，压力一般为 20～30MPa（低压力大流量），对于硬质垢其压力为 30～70MPa（高压力低流量）。机械法清洗采用通过驱动力推动旋转机械头部安装的各种类型的钻头、刀具或钢丝刷实现清洗管道的目的。喷、抛丸（砂）清洗是目前国内外普遍采用的钢管表面预处理技术，它是将一定形状的高速运动的磨粒喷入管内，磨粒不断冲击管壁以达到清洗的目的。

（2）钢管的内涂敷。

涂层质量的控制除合理的涂层工艺和好的表面预处理质量外，严格的涂层工艺过程也相当重要。施工前，应确保涂料的保质期和其他使用要求，并按使用说明调整配比，切忌单纯施工方便而过多地加入溶剂，这会造成涂膜不均，形成漆柱等现象；室外施工气温过低不利于涂膜流平和固化，气温过高使溶剂挥发过快，造成针孔等缺陷，从而影响涂层的致密性，造成局部破坏影响寿命；风沙大、灰尘多、雨雪天气应停止作业，否则涂层质量难以保证。

挤压涂敷法是管道现场处理的一种方法，即管道内表面处理后，泵入两涂敷器之间的涂料，以一定的挤压力涂在管壁上。此种方法不需要预制车间，减少了中间环节并避免了补口。但施工工艺复杂，质量难以控制，因而只适合于小口径短距离管道的施工。

喷涂质量易控制、周期短，主要用于涂敷新制钢管。其喷涂方法主要有空气喷涂、高压无空气喷涂、静电粉末喷涂、高温离子喷涂等。高压无气喷涂与空气喷涂相比，喷涂后的漆膜质量好、涂层均匀、不带针眼气孔，能够减少对大气的污染。

(3)内涂层的质量检验。

目前,许多国家和企业都制订了自己的管道内涂层标准,如美国石油学会(API)制订的 API RP5L2《非腐蚀性气体输送管道内涂层推荐准则》;英国气体理事会制订的 GIS/CMI—1968 和 GICP/CNI 标准;荷兰制订的 CS—1—N 标准,法国制订的 R03 和 20S50 标准,以及加拿大阿尔伯塔干管道公司制订的 C—1 标准等。我国石油工程建设施工专业标准委员会制订了 SY/T 0442—2018《钢质管道熔结环氧粉末内防腐层技术标准》和 SY/T 4057—2019《钢质管道液体环氧涂料内防腐技术规范》。

六、双金属复合管技术

双金属复合管是由两种不同的金属管材构成,以碳钢管或其他合金钢管如 20G、X60、Q235 等为外管基体材料,其优异的机械力学性能支撑管道系统的工作压力;以一层薄壁耐腐蚀合金材料如 Super13Cr、22Cr 以及镍基合金 825 等为内衬防腐层,从而保证了整体管材优异的耐蚀性能,同时也比整体耐蚀合金管材降低了 50% 乃至 70% 的成本。双金属复合管的这种结构具有很强的综合性能,既具有优异的机械力学性能,又有很强的耐蚀性能,并且还可以根据不同的服役环境选择相应的基体与内衬进行合理搭配,从而达到相应的耐腐蚀性能标准,确保油气田开采及输送的安全性。

1. 双金属复合管的生产成型

双金属复合管按照不同的结构类型通常分为外包覆双金属复合管和内复合双金属复合管,外包覆双金属复合管的制造技术在国内外已经相当成熟并大量用于装饰及结构用管。双金属复合管根据基体与衬层的界面结合形式的不同可分为机械结合双金属复合管和冶金结合双金属复合管两大类。近年来,国内外文献报导了水压法、热挤压法、爆炸机械复合法、热膨胀法等一些机械复合法,离心铸造法、离心铝热剂法、粉末冶金法、喷射成型法和电磁成型法等一些冶金复合法,各成型方法及成型工艺特点见表 5—9。冶金结合双金属复合管界面结合紧密,结合强度高,而机械结合双金属复合管内外层之间只达到机械连接,在高温条件下易发生分层,甚至剥离现象。

表 5—9 双金属复合管的成型方法

成型方法	成型工艺特点	结合方式
水压法	结合力小,易分层	机械结合
热挤压法	限于碳钢、不锈钢和高镍合金间的复合,抗变形力小	机械结合
热膨胀法	内管气体加压,外管感应加热。热膨胀系数小的高价金属内管易于制造耐蚀性高的复合管	机械结合
爆炸焊接法	可实现多种金属间的复合,效率高,覆层金属可厚可薄,界面结合紧密	机械结合
复合板焊接法	可制造直径大于 300mm 以上石油天然气输送管道用复合钢管	冶金结合
粉末冶金法	粉末法+热等静压+热挤压,可加工出强度和耐蚀性能良好的复合管	冶金结合
低熔点金属层黏结法	结合界面之间采用低熔点金属层,再冷轧;结合强度大于 300MPa	冶金结合

续表

成型方法	成型工艺特点	结合方式
类无缝钢管法	热穿孔，可生产 $\phi 60.3 \sim 219.1$mm 复合管	冶金结合
离心铸造法	结晶细密，机械性能好，结合面紧密，但内表面质量较差，且限制内衬金属熔点必须低于基材熔点	冶金结合
喷射成型法	热挤压时需高温高压条件，近终形和半固态加工技术，基本成熟	冶金结合
离心铝热法	离心法+铝热反应	冶金结合

目前，国外双金属复合管制造生产水平已相当先进，如英国 PROCLAD 公司、德国 BUTING 公司已开发出冶金复合、液压复合的专用生产线，其产品主要用于油气输送以及海底管线。国内双金属复合管制造生产工艺也已日趋完善，主要产品有：20G、L360ND 或 L245ND（碳钢）+316L（奥氏体不锈钢），可满足抗中等含量 CO_2 腐蚀要求，双相不锈钢 2205、镍基合金 825 为内衬满足于耐含 H_2S/CO_2 环境条件腐蚀要求的双金属复合管。图 5-13 至图 5-15 分别为焊接复合管、液压复合管及离心铸造复合管生产工艺流程简图。

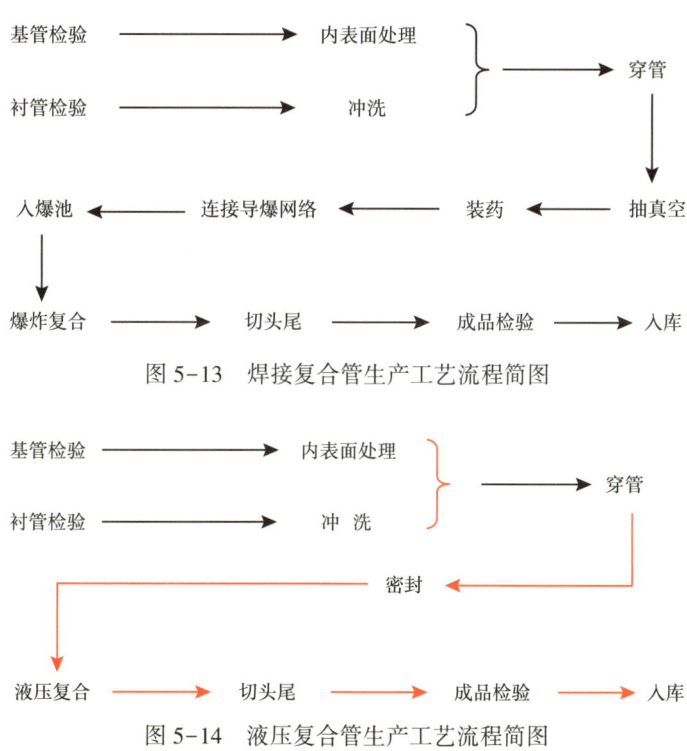

图 5-13 焊接复合管生产工艺流程简图

图 5-14 液压复合管生产工艺流程简图

2. 双金属复合管技术特点及经济优势

双金属复合管结合了基体管材的高机械力学性和衬层管材的强耐腐蚀性能，在油气田开发及油气输送过程中较之其他防腐措施具有一定的优越性。常见的防腐措施主要有添加缓蚀剂、内涂层防护、采用耐蚀合金及使用非金属管材，然而，这些常用措施在实际应用中都存在着一定的缺陷和不足。添加缓蚀剂具有严格的选择性，比如说某种缓蚀剂对某些

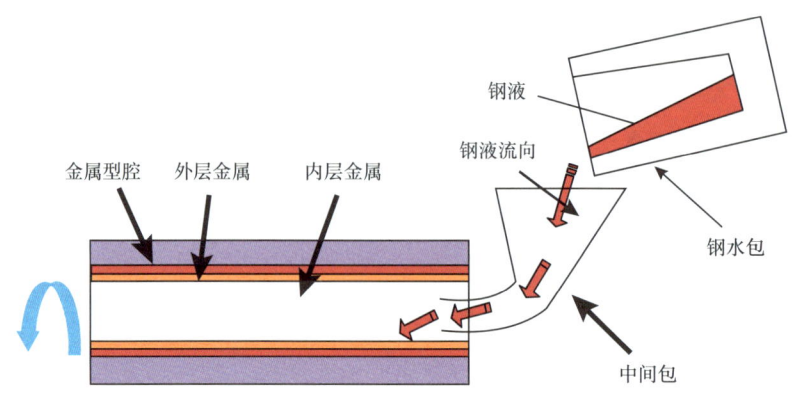

图 5-15　离心铸造复合管生产工艺流程简图

介质或金属具有很好的保护作用，它可能对另一些介质或金属就不一定有同样的效果；在加注过程中，缓蚀剂的加注量、加注周期对缓蚀效果也具有很大的影响，缓蚀剂性能不够稳定，防腐效果难以保证且存在功能较单一和二次污染等明显不足。实践证实采用耐蚀合金在防腐性能方面很具可靠性，但其成本高、供货少、需大量进口，并且耐蚀合金抗 HIC、SSC 效果差，需求很高的工艺技术水平与之相应；非金属管材耐压、耐高温性能差，在很大程度上限制了它的应用。据文献［30］报道，2005 年牙哈凝析气田对采气管道和集输管道改造，采用了 20#钢+316L 的双金属复合管道，并于一年后对管道使用后腐蚀情况进行了检查，检查结果表明，双金属复合管管道内壁和焊缝表面光洁、没有腐蚀发生。双金属复合管在经济方面也很具优势，有文献对采用碳钢增加腐蚀裕量、碳钢增加腐蚀裕量+加缓蚀剂、采用含 Cr 不锈钢及使用双金属复合管 4 种防腐措施进行了经济对比分析，当 CO_2 平均腐蚀速率大于 0.45mm/a 时，采用双金属复合管是最为经济的防腐措施。该文献对采用 X52NS 抗硫碳钢、添加缓蚀剂、使用 2205 耐蚀合金管及使用 X52NS+2205 双金属复合管 4 种防腐技术在 20 年内的投资情况进行了计算对比分析，采用双金属复合管是最为经济的防腐措施。

3. 双金属复合管的应用现状

双金属复合管自 1991 年投入使用以来，得到了广泛的应用，尤其是在石化行业的应用更是取得了显著业绩。现有标准在指导双金属复合管现场应用中还存在不足，主要有以下几个方面：

（1）SY/T 6623—2012《内覆或衬里耐腐蚀合金复合钢管规范》：一个概况性的通用性标准，不能适应于含 H_2S/CO_2 油气田。

（2）制造工艺与材料：现有标准按耐蚀合金层和基管工艺划分复合管制造工艺，比较含糊，与实际生产工艺有较大差距。

（3）基管制造材料：现有标注要求基管采用满足 API 5L 标准，而 API 5L 标准是管线钢的最低要求，对于应用于含 H_2S/CO_2 环境输气管线，不能保证安全性要求。

（4）衬管制造材料：现有标准要求内管采用 API 5LC 标准，仅列出了 5 种材质，实际应用采用 GB/T 14976—2012《流体输送用不锈钢无缝钢管》、GB/T 12771—2019《流体输送用不锈钢焊接钢管》；没有列入目前广泛应用于含 H_2S/CO_2 环境输气管线材质。

（5）基管力学性能：现有标准无冲击韧性要求，对于应用于含 H_2S/CO_2 环境输气管线，不能保证安全性要求。

（6）基管耐蚀性能：现有标准对基管无耐蚀性能要求，应用于含 H_2S/CO_2 环境输气管线，氢原子进入的基管会导致 HIC 和 SSC 发生。

（7）衬管耐蚀性能：原标准仅列出晶间腐蚀试验，晶间腐蚀试验是为了评定焊接工艺和制造工艺的，不是进行材料适用性评定的试验。复合管的内管是保证具有良好耐蚀性能前提，HIC/SSC 要求和失重腐蚀是含 H_2S/CO_2 环境下的主要失效形式，评价和筛选至关重要。

4. 双金属复合管的检测

双金属复合管的腐蚀和缺陷检测是一个难题，已有的检测方法、标准，包括内检测技术、非开挖外检测技术对双金属复合管检测尚无成熟应用案例。近年来，对漏磁检测、内窥镜检测、涡流检测等进行了探索。

现场应用发现：漏磁可检测到法兰、环焊缝等管道特征，可检测到刺漏、内衬塌陷等管道真实缺陷，可检测到位于主体管壁上的人工缺陷，无法检测到位于不锈钢内衬上的人工缺陷。内窥镜检测技术可用来检测内衬塌陷、环焊缝质量，局限性在于：需停输放空才能开展检测；最长能检测管端 100m 距离，无法进行全管段检测；当塌陷程度较大时，可能导致无法通过。利用磁轭磁化复合管基管，使感应脉冲涡流深入渗透管道内部；当管道存在缺陷时，会对感应脉冲涡流产生扰动，这种扰动被检测线圈接收并形成电压信号；信号经差分放大器放大后被电脑控制系统采集。

2022 年，川东北高含硫气田地面工程采用了双金属复合管防腐技术，其中焊接执行 SY/T 7464—2020《耐腐蚀合金双金属复合管焊接及无损检测技术标准》，检测方法采用"激光扫描和数码成像+DR 数字射线检测+AUT 自动超声波检测"。但是激光扫描和数码成像、AUT、PAUT 检测在现场执行过程中仍存在一定难度，主要表现在激光扫描和数码成像无法实施弯管检测，AUT 自动超声波因焊缝余高无法对热焊区和填充区缺陷进行定位，相关的技术需要进一步的攻关并形成相应的标准规范。

七、阴极保护技术

阴极保护是应用电化学腐蚀原理，将被保护金属进行阴极极化，使金属的电极电位降低到抑制阳极反应的电极电位范围，从而使被保护金属免于腐蚀。在阴极保护过程中，被保护的金属和另外一个阳极金属组成腐蚀电池，被保护金属作为阴极，在其表面发生还原反应，氧化反应集中发生在阳极上，从而避免了被保护金属腐蚀，达到保护金属的目的。从 20 世纪 30 年代至今，工业发达国家先后对埋地管线采用了阴极保护技术。

1. 阴极保护的种类

阴极保护可采用两种方法来实现。

1）外加电流阴极保护法

该方法是将被保护设备与直流电源的负极相连，使之变成阴极。利用外加阴极电流进行阴极极化。主要的优点是保护参数可调，使设备的保护常处于最佳状态；输出功率大，保护范围宽，适用于各种介质中（包括淡水和混凝土环境），用于大型工程时成本很低。其缺点是需要大型直流电源装置，保护系统结构较复杂。智能化管理实现后可不需要专职操作人员，其维护和管理水平会进一步提高。

2）牺牲阳极阴极保护法

该方法是在被保护设备上连接一个电位更负的金属作阳极（例如在钢上连接锌块），它与被保护金属在电解液中形成大电池，使被保护设备阴极极化。其优点是：不需要外部电源，应用性广泛；施工、安装简单，用于小型工程成本很低，无需操作和日常维护。其缺点是保护参数不可调，过高电阻率环境中不适宜使用。

2. 阴极保护的控制参数

1）自然腐蚀电位

无论采用牺牲阳极法还是采用强制电流法阴极保护，被保护构筑物的自然腐蚀电位都是一个极其重要的参数。它体现了构筑物本身的活性，决定了阴极保护所需电流的大小，同时又是阴极保护准则中重要的参考点。

2）保护电位

保护电位是指阴极保护时使金属停止腐蚀（或腐蚀可忽略）时所需的电位值。按国标GB/T 10123—2022《金属和合金的腐蚀 术语》，保护电位的定义为"进入保护电位范围所必须达到的腐蚀电位的临界值"。为了使腐蚀完全停止，必须使被保护的金属极化到它的电位等于表面上最活泼的阳极点的初始电位。当电位高于阴极保护电位的上限时，管道通入阴极电流后，由于H^+在阴极上的还原，管道表面析出氢使阳极表面上的涂层鼓泡损坏，并可能产生氢脆，而且保护电流密度的增大造成浪费，因而还要确定阴极保护电位上限即析氢电位。保护电位是阴极保护的关键参数，它标志了阴极极化的程度，是监视和控制阴极保护效果的重要指标。

3）保护电流密度

保护电流密度是指被保护结构单位面积上所需的保护电流。保护电流密度与金属性质、介质成分、浓度、温度、表面状态（如管道防腐层状况）、介质的流动、表面阴极沉积物等因素有关。最小电流密度是指阴极保护时使金属的腐蚀速率降到允许程度所需要的电流密度值。阴极保护时电流密度不应小于最小电流密度，否则达不到满意的保护效果；同时，电流密度也不应过大，否则会出现"过保护"和电能损耗。

3. 阴极保护的影响因素

1）腐蚀电池的极化

由于阴极保护是在被保护金属表面阴极极化的基础上进行的，所以原来腐蚀电池的极化性能对阴极保护有很大的影响。

（1）在阴极极化率较大和阳极极化率较小的情况下，被保护金属的腐蚀主要受阴极控制，在这种情况下较易达到完全保护。

（2）在阴极极化率和阳极极化率相等的情况下，或阳极极化率较大的情况下，要达到完全保护，保护电流要比腐蚀电流大很多。

(3) 周围介质腐蚀性的增大,会使保护电流相应加大,介质中氯离子浓度的增加,含氧量的增大,介质搅拌速率加快均使阴极极化减弱,从而使极化所需的电流增加,即保护电流增大。

(4) 介质中化学成分的变化,含氧量的多少,pH 值大小及离子种类,悬浮物的多少,对阴极保护都有影响。含氧量、pH 值及介质电导率都会影响阳极极化速率,使得所需的阴极保护电流发生变化。悬浮物的增多会使阴极表面发生磨损,导致阴极极化减弱,腐蚀电流增加,保护电流相应增大。

(5) 温度也会影响极化率,温度升高使氧的溶解度降低,但同时扩散速率加快,电极反应速率加快,最终使得阴极保护电流密度有所变化。

2) 涂覆层

金属表面的油漆涂层可以使金属与周围介质隔离,但由于涂层并不是完全致密的,往往具有微小的孔隙和缺陷,在此局部会发生腐蚀。若阴极保护与油漆联合保护,则使得这些局部得到保护,而且所需保护电流密度要比裸露金属小得多。由于形成石灰质垢层后阴极保护电流密度会大幅度降低,电位分布更趋于均匀,因而在阴极保护过程中,常常最初控制较大电流密度,使表面尽快形成致密的石灰质垢层,然后采用较小的电流密度来维持。

第三节 腐蚀监测和检测技术

腐蚀监检测是了解和认识含硫气田腐蚀程度和安全等级的重要手段,通过定期或者在线的数据采集,按照相应的标准对数据进行评价,为气田生产的管理者提供决策依据,为现场腐蚀控制措施的优化和工艺设计提供数据支持。腐蚀监检测点的选择依据主要参考检维修的实际腐蚀严重部位和对于现场腐蚀环境的分析结果。近年来,监检测方法发展较快,电化学阻抗、电化学噪声、电阻、传感器阵列、超声无损检测等技术日益广泛地得到应用。

一、腐蚀严重部位

根据高含硫气田地面系统检维修分析及腐蚀环境分析,地面系统主要腐蚀严重部位分布在高流速管段、流向变化区域、气液交界面、出现节流的位置、低洼积液位置、防腐层破损的位置及电位出现不同的位置。例如:大产量气田的地面系统、集气干线的低洼积液位置、放空管线、分离器排污管、分离器气液界面、弯头、绝缘法兰、阀门等部位。

二、腐蚀监测和检测方法

在油气田开发过程中,腐蚀监测方法主要分为挂片失重法和电化学测试技术。挂片失重法是较为经典的监测方法,直观、可靠,但监测周期较长;电化学监测法获得的结果较快,能快速反应腐蚀的发展趋势。两者结合使用和分析,就能较为准确地判断腐蚀发生发展的全过程,为防腐措施提供决策依据。

1. 腐蚀监测方法

1) 挂片失重法

挂片失重法是一种经典的、最常用的腐蚀监测方法,适用于实验室腐蚀评价和现场腐蚀监测，通过质量变化反映腐蚀状况。该方法的优点是：(1)较真实地反映了材质的腐蚀速度，可以直接用来预测特定部件使用的寿命；(2)观察试片表面形貌，分析表面腐蚀产物，确定腐蚀的类型，判断是均匀腐蚀还是点蚀。不足之处在于试验时间较长，测试的是试验期间平均腐蚀速率，且无法反映工艺参数的快速变化对腐蚀的即时影响。

腐蚀失重技术根据 JB/T 7901—1999《金属材料实验室均匀腐蚀全浸试验方法》、NACE TM-01-71—2016《高压釜腐蚀试验方法》、中国石油行业标准 SY/T 5273—2014《油田采出水处理用缓蚀剂性能指标及评价方法》进行试验。腐蚀速率的计算公式：

$$v_{\text{corr}} = \frac{8.76 \times 10^4 \times (m - m_1)}{S \cdot t \cdot \rho} \tag{5-35}$$

式中　v_{corr}——腐蚀速率，mm/a；
　　　m——腐蚀前后的钢片重量，g；
　　　S——试样的总面积，cm^2；
　　　t——试验时间，h；
　　　ρ——试样的相对密度，g/cm^3。

目前，高含硫气田现场腐蚀挂片是最常用的腐蚀监测和评价方法之一。现场通常在二级节流后的直管段、分离器排污管段和集气站上有来气管线的水平段安装腐蚀挂片。腐蚀挂片的材质通常和管线材质保持一致。挂片的前处理、试验时间和后处理参照 NACE 相关标准。目前，采用带压取挂片装置实现了现场带压更换挂片，极大提升了现场腐蚀跟踪效率和生产效率，现场带压更换挂片作业如图 5-16 所示。

图 5-16　现场带压更换腐蚀挂片作业图

2)电阻探针

电阻探针监测技术建立在均匀腐蚀的基础上,金属丝长度不变、直径减小,电阻增大,通过测试电阻的变化来换算出金属丝的腐蚀减薄量。当所用金属丝的材质与所测量设备的材质相同时,就可用金属丝的腐蚀率近似地代表设备的腐蚀率。电阻探针技术是基于测量金属探针丝在腐蚀前后的减薄量而引发的电阻值的变化来测量腐蚀速率的。常用的电阻探针如图 5-17 所示。

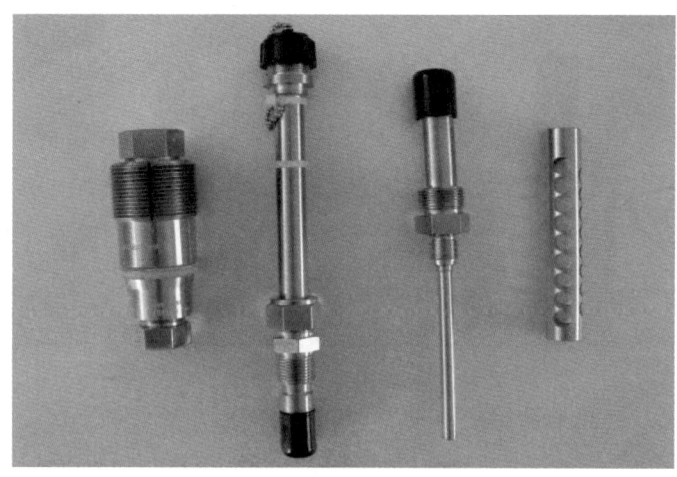

图 5-17　电阻探针及安装配件

高含硫气田电阻探针主要用于长期监测现场管线腐蚀状况,系统主要包括数据采集器、探针及安装配套机构。通常和腐蚀挂片配套使用,用于监测腐蚀的变化趋势。为了保证测试效果,电阻探针的探头需要每年更换 1 次,目前类似于带压更换腐蚀挂片,探头也可以进行在线更换。电阻探针数据可以通过无线网络发送到站场控制室,进而通过有线网络输送到油气田各控制单位,通过对数据分析及时调整现场防腐方案,为决策者提供依据。同时,系统也支持定期下载数据进行分析,从而降低油气田投入和保证数据的利用,现场数据采集如图 5-18 所示。

3)线性极化探针

线性极化探针也是广泛用于油气田腐蚀监测的技术之一。该技术的原理是在腐蚀单位附近极化电位和电流之间呈线性关系,极化曲线的斜率反比于金属的腐蚀速率。线性极化探针特点是:反应迅速,可以快速敏捷地测量金属的瞬时全面腐蚀速率,有助于获得腐蚀速率与工艺参数的对应关系,可以及时而连续地跟踪设备的腐蚀速度及变化。极化阻力法和电阻法类似,也需要将所测定的金属制成电极试样(探头),装入设备内。而且只适合于在电解液中发生电化学腐蚀的场合,基本上只能测定全面腐蚀。但它能测定瞬时腐蚀速度,这是它最大的优点。

线性极化探针的安装类似于电阻探针,其计算原理依据在腐蚀单位附近极化电位和电流之间呈线性关系,见公式(5-36),通过电位—电流曲线回归,计算曲线的斜率,即极化电阻 R_p,再通过 Stern 系数(B 值)计算腐蚀电流 I_{corr}。

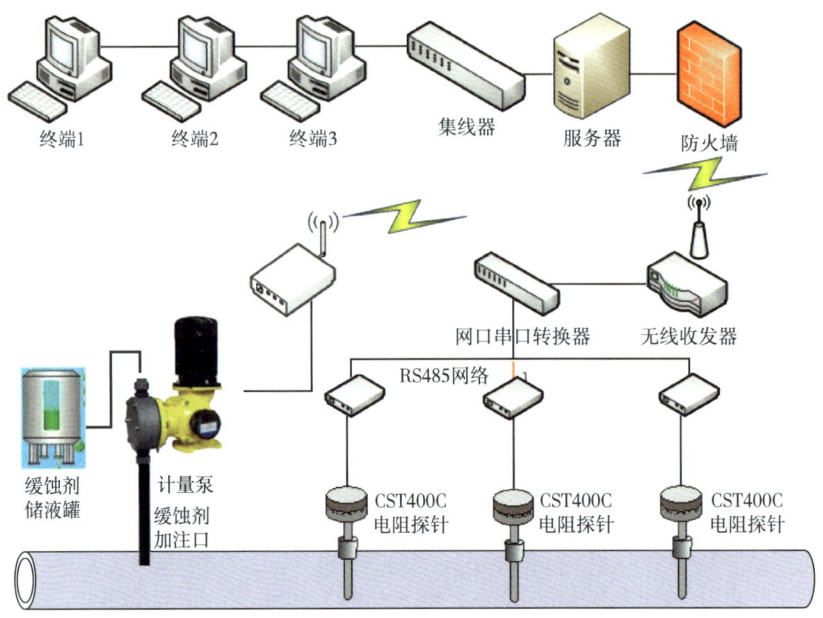

图 5-18　现场电阻探针数据下载

$$\left.\frac{\Delta E}{\Delta l}\right|_{\Delta E \to 0} = R_p = \frac{B}{i_{corr}} \quad (5-36)$$

式中　R_p——极化电阻，$\Omega \cdot m^2$；

　　　B——极化电阻常数，V；

　　　I_{corr}——腐蚀电流，A/m^2。

当一个金属、合金电极浸泡在有足够氧化能力的电解导电液体中时，它将被一个电化机制（过程）所腐蚀。该过程由两个同时且相关的作用所形成。

4）电感探针

电感测量法是以测量金属损失为基础，测试元件质量发生变化引起电感的变化，电感信号经放大后输出质量损失信息。选定测试起始点，经软件处理可以得到该时间段内的腐蚀速率。该方法把 LPR 技术的快速响应和 ER 技术及腐蚀挂片广泛适用的特点结合在一起，响应速度快，可以在任何腐蚀环境中应用。它是建立在均匀腐蚀的基础上，测量由金属管状探头在腐蚀前后的减薄而引发的线圈电感量的变化来测量腐蚀速率。该方法的优点在于：通过元件灵敏度的选择，可以较快测定出腐蚀速度的变化；可用于气相及液相、导电及不导电的介质中连续进行测量。不足之处在于：不适合测量点蚀、应力腐蚀；只能测定一段时间内的累计腐蚀量，不能测定瞬时腐蚀速度和局部腐蚀；如果覆盖在探头表面的腐蚀产物有电磁性，易造成测量结果错误；不适合在漏磁环境中应用，如电机附近。

高含硫气田现场用电感探针监测系统安装与电阻系统类似，主要包括数据采集器、探针和配套的安装系统。数据采集、处理及探针的定期更换与电阻等电化学探针类似。

5) 全周向腐蚀监测仪(FSM)

管道全周向监测方法(FSM)也称为"电指纹法",系统主要构成如图 5-19 所示。通过在给定范围内进行相应次数的电位测量,对局部进行监测和定位。FSM 是一种非插入式的监测方法,通过一段与管道材质完全一致的测试短管与工艺管道焊接或法兰连接在一起。目前,FSM 在国内高含硫气藏开采中用得比较普遍,测试数据相对比较稳定,不需要定期更换测试传感器。

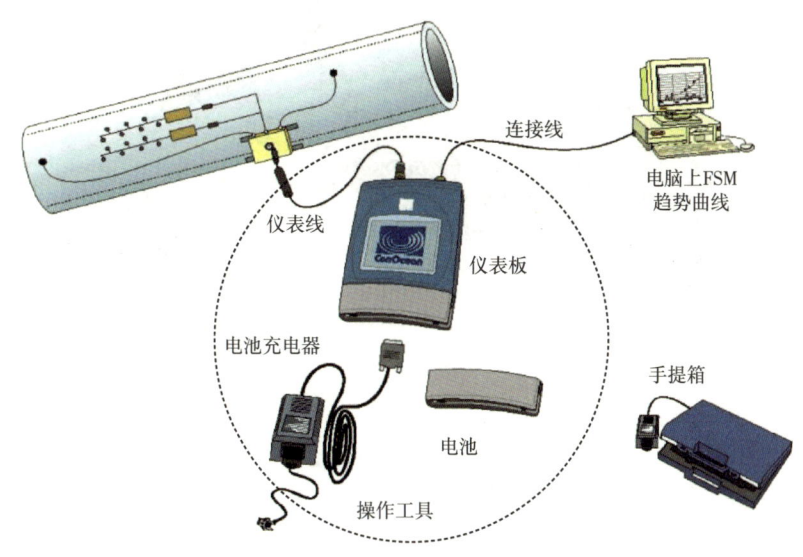

图 5-19 FSM 的系统构成

FSM 是以无干扰测量技术来测量管道壁厚的变化,这项技术使用可控电流通过金属结构,建立一个电场。结构壁上的任何腐蚀/磨蚀导致的变化都会在电场中显示出来,并由附着在结构外部的感应探针探测出来。当管道存在均匀腐蚀时,腐蚀均匀地分布在结构内部,其产生的反应也是直截了当的。电流分布均匀,金属损失随着测量探针对电阻和电压的增长呈线性增长;当管道存在焊缝腐蚀时,典型的焊缝腐蚀与探针对距离相比是一条狭窄的缝,此时探测目标只有很小一部分管壁厚度在减小,原始测量数据只能通过经验模型进行还原,焊槽腐蚀的真实深度需要通过特殊的运算法则进行计算;当管道存在点蚀时,其情况比焊缝腐蚀更加复杂。在蚀斑周围,增加的电阻将导致电流绕过蚀斑。如果数据未被分析,则蚀斑通常看上去比其实际宽度要宽,而其深度比实际的要小得多,电流方向上相邻的探针对由于这些区域的电流减小,将得出负值。现场安装如图 5-20 所示,通过预先在测试管段焊接传感器矩阵,通过数据传输线与数据处理单元相连,实现对现场管道均匀腐蚀速率、局部腐蚀蚀斑及焊缝位置的腐蚀行为的跟踪和监测,图 5-21 为 FSM 对局部腐蚀的表征。

6) 电化学噪声

电化学噪声(EN)是指由金属材料表面变化而自发产生的一种电位或电流的随机波动,主要与金属表面状态的局部变化及局部环境有关。EN 是一种原位、无损的金属腐蚀检测

图 5-20　FSM 的现场管道安装

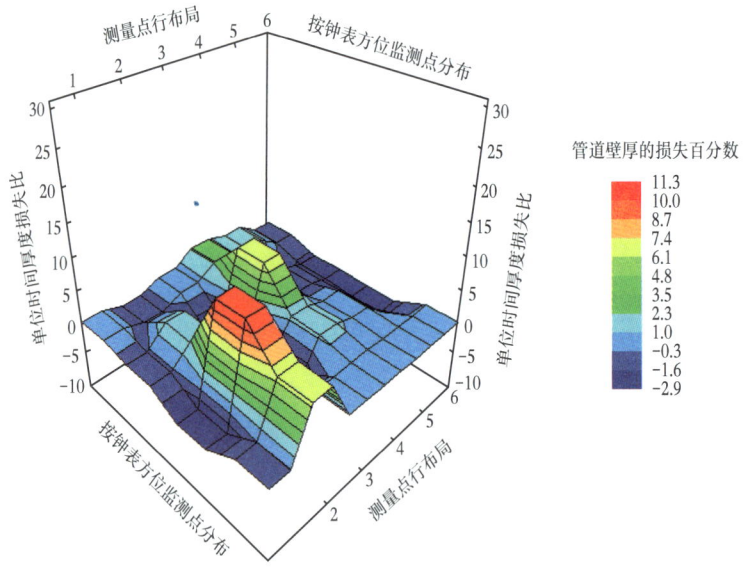

图 5-21　FSM 对局部腐蚀的表征

技术,能灵敏反映材料腐蚀,特别是局部腐蚀过程的变化,因此在实验室腐蚀研究领域和现场腐蚀监测领域均得到了日益广泛的应用,电路结构图如图 5-22 所示。EN 测量对被测体系没有扰动,可以反映材料的真实腐蚀情况;与其他方法相比,EN 技术特别适合于监测点蚀、缝隙腐蚀,以及 SSC 等局部腐蚀。EN 腐蚀监测通过测量腐蚀体系的电位与电流波动,计算噪声电阻和腐蚀速率,可评价孔蚀、缝隙腐蚀和 SSC 等的发生概率,并能在腐蚀孕育期判断腐蚀发展趋势,适于局部腐蚀的早期诊断。

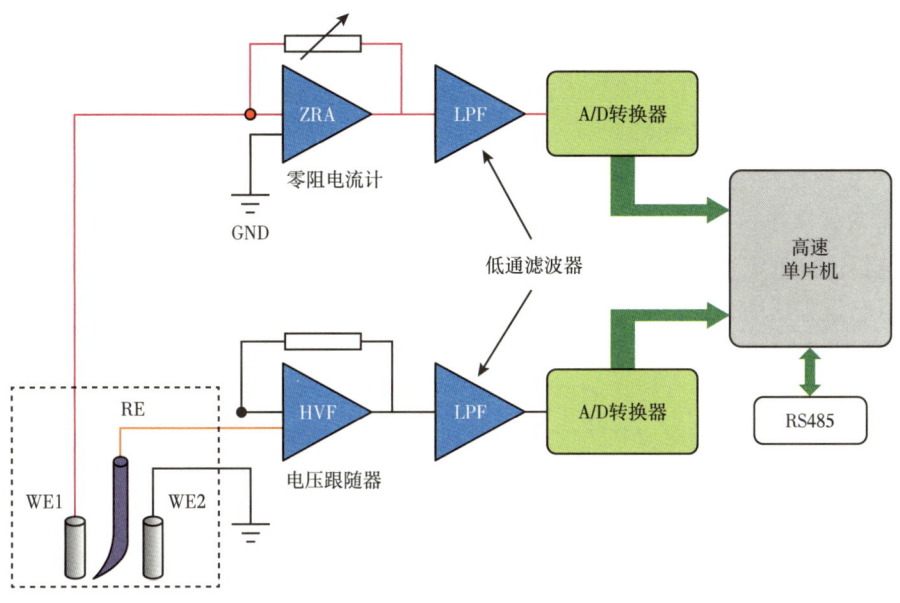

图 5-22 电化学噪声系统电路结构图

7) 交流阻抗探针

交流阻抗探针(EIS)通过给电极体系施加一个小幅正弦波，测量交流阻抗值随正弦波频率的变化，并绘成阻抗谱图，测量电路图如图 5-23 所示。采用等效电路进行阻抗拟合，计算介质电阻 R_s，极化电阻 R_p 和电容 C_{dl}，进而计算出腐蚀速率和缓蚀剂覆盖度。突出优点是对体系的干扰小；可将电极过程以电阻和电容、电感组成的电化学等效电路来表示；从多种角度提供了界面状态与过程的信息，便于分析缓蚀作用机理；分析过程简单，结果可靠。

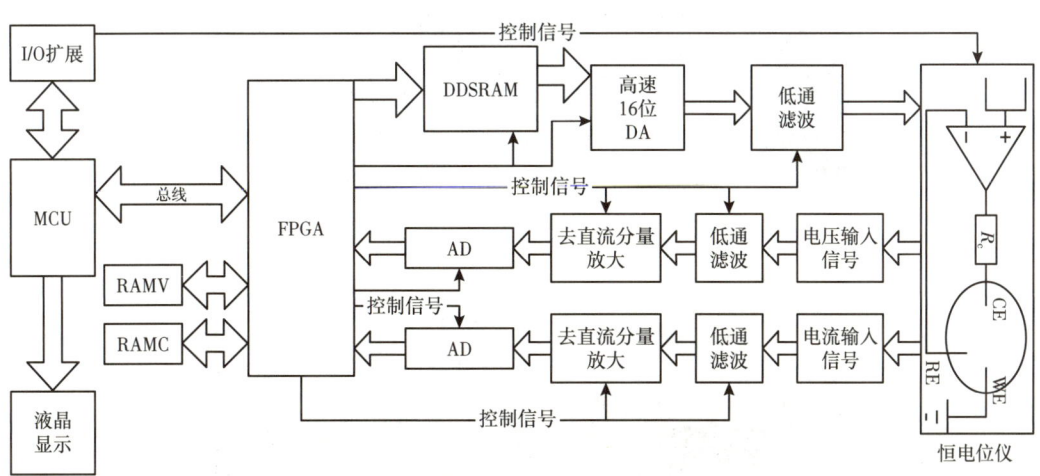

图 5-23 交流阻抗腐蚀测量电路

EIS 腐蚀监测采用相关积分算法进行阻抗计算,具有较强的抗干扰能力。工程上仅需测量高、低两个频点阻抗值,即可得到极化电阻 R_p 和腐蚀速率。

EIS 适用于高阻体系的腐蚀测量,可反映材料的全面腐蚀状态,特别适用于缓蚀剂效率的快速评价,可与自动加药装置实现腐蚀速率的实时控制。由于 EIS 采用相关积分技术,比 LPR 具有更强的抗干扰性,因而测量结果更稳定。

8) 恒电量探针

恒电量法又称电量激励的瞬态响应、电流脉冲弛豫、恒电量脉冲极化和电荷阶跃法等。在恒电量方法中,将一个已知的小量电荷作为激励信号,在极短的时间内施加到金属电极上,记录电极电位随时间的衰减曲线并加以分析,求得多个电化学信息参数。这是一种瞬态电荷脉冲张弛方法,注入的电量是恒定的,不受电解池阻抗变化的影响,完全由实验选定。由于测量的过程可以在短时间内完成,自然腐蚀电位的漂移和表面状态的变化可以忽略不计。从本质上看,恒电量法是一种断电松弛的方法,过电位的衰减是在没有外加电流的情况下测定的,对于那些电化学方法不便应用的高阻体系(例如净化气管线、蒸馏水、混凝土等),恒电量技术能快速而有效地应用,并提供定量的数据,而一般不需考虑溶液欧姆降的校正,因此可扩大电化学方法的使用范围。目前该方法在油气田现场应用尚没有形成规模。

9) 氢通量探针

高含硫气田开发氢通量间接表征金属的腐蚀状况,经过大量的现场试验验证已经趋于成熟,现场测量如图 5-24 所示。氢通量测量的是腐蚀环境中氢原子在钢中的渗透量。氢监测用于监测氢渗入钢材的趋向和速度,从而表明材质氢脆、氢鼓泡、氢致开裂的趋势。其基本原理是:腐蚀环境中的氢原子渗入钢制管壁后会结合成氢分子,通过对其压力的测量和计算,可得到氢原子对钢的渗透速率和渗透量。根据监测的氢压与时间的关系来确定腐蚀环境中电化学反应的剧烈程度,测量原理如图 5-25 所示。

图 5-24 氢通量现场测试图

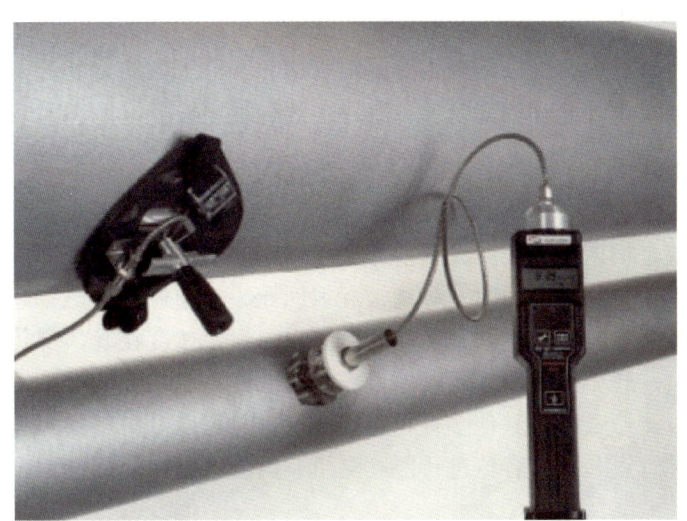

图 5-25 氢通量探针测量原理图

氢探针包括内置式和外部捕集式两种。内置式氢探针安装和数据采集类似于传统的电化学探针;外部捕集式氢探针系统包括数据采集器和捕捉带,捕捉带收集管线逸出的氢气,数据采集器用于分析逸出氢气的量。氢探针用于间接反应金属材料的腐蚀行为,其精度受制于氢原子在金属材料表面的形成和在金属内部扩散及富集程度,因此对于特定管道建立氢通量和金属材料腐蚀行为及氢渗透行为之间的关系是很重要的。此外,通过测量管道氢的通量的变化可以对缓蚀剂预膜效果开展评价,可以对膜的持久时间进行测量,如图 5-26 所示。

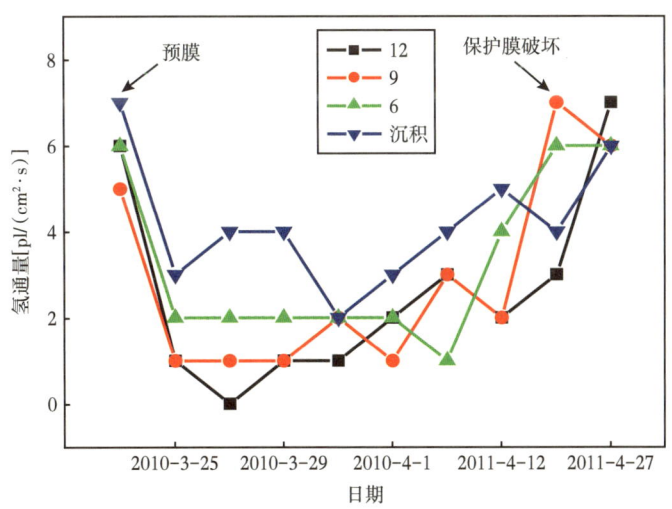

图 5-26 氢通量探针对缓蚀剂预膜效果的测量曲线

总之,目前含硫气田涉及的腐蚀监测方法比较多,近年来电偶探针和丝束电极等也在开展研究和现场应用试验,相关技术成熟度尚没有定论。

2. 腐蚀检测方法

含硫气田开发过程中，腐蚀检测主要是对管道和容器等的安全状况开展评价，同时也是腐蚀监测技术的一个补充和功能延伸，其中主要包括声波、电磁和射线等方法。

1）超声波检测技术

（1）常规超声波检测。

超声波测厚仪是根据超声波脉冲反射原理来进行厚度测量的，当探头发射的超声波脉冲通过被测物体到达材料分界面时，脉冲被反射回探头。通过精确测量超声波在材料中传播的时间来确定被测材料的厚度。凡能使超声波以一恒定速度在其内部传播的各种材料均可采用此原理测量。超声波测厚仪是采用最新的高性能、低功耗微处理器技术，基于超声波测量原理，可以测量金属及其他多种材料的厚度，并可以对材料的声速进行测量。可以对生产设备中各种管道和压力容器进行厚度测量，监测它们在使用过程中受腐蚀后的减薄程度。

超声波测厚法的特点是不损伤设备、管线，随时监测材质的壁厚，通过计算可以了解材质腐蚀速率的变化情况，并能进行逐点测量。受仪器的灵敏度的限制，两次检测时间间隔短、金属壁厚变化不大时分辨率差；高温部位检测时存在较大的困难，准确性差。对于一些形状复杂的结构，也限制了该法的使用。目前，高含硫气田用便携式超声波测厚仪的精度普遍能达到 0.01mm，能较为准确地反映现场管道和设备壁厚的减薄情况。

（2）超声导波技术。

超声导波检测技术是近年来迅速发展起来的一种新兴的管道无损检测技术。它利用超声导波在管道介质中传播速度快、能量衰减小、频散较稳定的特点实现了对管道的大范围、快速、准确的检测。由于超声导波在管道中传播时会引起管壁中的所有质点的振动，使得声场遍及整个壁厚，因此管道内外的所有缺陷可以被检测到。这不仅改变了传统无损检测方法逐点检测的方式，而且能够对有包覆层的管道与埋地管道进行完整的检测，大大降低了检测成本。

超声导波检测装置主要由固定在管子上的探伤套环（探头矩阵）、检测装置本体（低频超声探伤仪）和用于控制和数据采样的计算机三部分组成，现场测试如图 5-27 所示。探伤套环由一组并列的等间隔的换能器阵列组成，组成阵列的换能器数量取决于管径大小和使用波型，换能器阵列绕管子周向布置。探伤套环的结构按管道尺寸采用不同节环——可以是一分为二，用螺钉固定以便于装拆（多用于直径较小的管道），或者充气式环（柔性探伤套环），靠空气压力紧套在管子上（多用于直径较大的管道）。接触探伤套环的管子表面需要进行清理但无须耦合剂，亦即除安放探头环的位置外，无需在清除和复原大面积包覆层或涂层上花费功夫，这也是超声导波检测的优点之一。超声导波探伤套环上的探头矩阵架在一个可探测位置，就可向套环两侧远距离发射和接收 100kHz 以下的回波信号，从而可在探头环两侧实现长距离的管壁 100% 全面检测；也可对难以接近的区域，如有管夹、支座、套环的管段，埋藏在地下的暗管，以及交叉路面下或桥梁下的管道等进行检测。

超声导波检测仪器的探头阵列发出一束超声能量脉冲，此脉冲充斥整个圆周方向和整个管壁厚度，向远处传播，导波传输过程中遇到缺陷时，缺陷在径向截面上有一定的面

图 5-27 超声导波现场检测图

积,导波会在缺陷处返回一定比例的反射波,因此可由同一探头阵列检出返回信号——反射波来发现和判断缺陷的大小。管壁厚度中的任何变化,无论内壁或外壁都会产生反射信号,被探头阵列接收到,因此可以检出管子内外壁由腐蚀或侵蚀引起的金属缺损(缺陷),根据缺陷产生的附加波型转换信号,可以把金属缺损与管子外形特征(如焊缝轮廓等)识别出来。

超声导波检测得到的回波信号基本上是脉冲回波型,有轴对称和非轴对称信号两种,检测中以法兰、焊缝回波作基准,根据回波幅度、距离识别是法兰或管壁横截面缺损率的缺陷评价门限等,以及轴对称和非轴对称信号幅度之比可以评价管壁减薄程度,能提供有关反射体位置和近似尺寸的信息,确定管道腐蚀的周向和轴向位置。目前超声导波检测灵敏度可达到截面缺损率3%以上,即一般能检出占管壁截面3%以上的缺陷区以及内外壁缺陷。

超声导波检测多采用 A 扫描图和 C 扫描图来进行缺陷信号显示:

①A 扫描图的横坐标为超声导波在被检测材料中的传播时间(传播距离),纵坐标为超声导波反射波的幅值。由于超声导波能量会随着传播距离的增加而呈现指数衰减,所以回波幅值会随着传播距离的增加呈现指数衰减,远距离幅值较低的回波和近距离幅值较大的回波有可能是相同大小的缺陷,因此要绘制 DAC 曲线来作为参考标准。此外,缺陷的类型也会影响回波幅值大小,为了能够清晰地将缺陷回波分类,需要调整 DAC 曲线。超声导波系统一般设置了4种 DAC 曲线:

a. 法兰 DAC（0dB 曲线），管道端部或法兰为近全反射，即 100%区域反射，也就是说，当用于检测的超声导波遇到法兰，超声导波会被全反射，形成一个 100%反射的高波信号。法兰 DAC 被设置作为绝对参考灵敏度。

b. 焊缝 DAC（-14dB 曲线），表示被测管道横截面积有 25%的缺损率，对应-14dB 的衰减，同时每个焊缝也会有少量的不同。

c. 26dB 曲线，表示被测管道横截面积有 9%的缺损率，对应-26dB 的衰减，与管道端部反射率的 5%（-26dB）相当；该曲线为判断异常的基线。异常接近但没有超过-26dB 曲线，一般被判定为小缺陷，超过-26dB 被判定为中等缺陷，大于-26dB 线直到-14dB 线被判定为严重缺陷。

d. 噪声 DAC（-32 dB 曲线），表示被测管道横截面积有 5%的缺损率，对应-32dB 的衰减，回波幅值在此线下的为噪声或者是很小的异常。

②C 扫描图是对管道进行 360°剖析，横坐标为超声导波在被检测材料中的传播时间或者传播距离，纵坐标为管道沿周向全面展开，用颜色来表示反射回波的幅值大小。

通过利用 A 扫描和 C 扫描对检测管道的缺陷回波信号进行分析，C 扫描直观地显示出管道的缺陷在轴向上的分布，并且有助于判断周向上缺陷的个数；而 A 扫描不能判断缺陷在周向上的个数，有可能漏检同环上的缺陷，但 C 扫描没有 A 扫描定位精确，在工作中可以结合两种方式进行检测，更利于结果分析。

国内关于超声导波检测的标准有 GB/T 28704—2012《无损检测 磁致伸缩超声导波检测方法》，对通用的管道检测工艺做了基本规定，包括用对比试件来绘制距离—波幅曲线。该曲线由评定线和判废线组成，判废线由 9%截面损失率的人工缺陷反射波幅直接绘制而成，评定线为判废线高度的一半，即-6dB。评定线及其以下区域为Ⅰ区，评定线与判废线之间为Ⅱ区，判废线及其以上为Ⅲ区。但该标准明确说明未建立评价判据，所以缺陷的分级还应当参照其他有关标准。实际上，超声导波技术的理论和实践还在不断的发展当中，由于无法定量测试壁厚，通常被用作识别可疑区的快速手段，然后再采用普通超声波测厚或其他 NDT 方法进行确认，这时就可以用相应的 NDT 技术标准进行缺陷评级。

导波检测数据的解释要由训练有素、特别是对复杂几何形状的管道系统有丰富经验的技术人员来进行。因此，最好把超声导波检测用作识别怀疑区的快速检测手段，对检出缺陷的定量只是近似的，在有可能的条件下还应采用更精确但速度较慢的 NDT 方法进行补充评价确认。亦即采用两步法：先用导波快速检测管子，发现腐蚀减薄区，然后用普通直探头纵波法进行定量测定，取决于需要的精度以及壁厚减薄的局部性或普遍性，也可直接用导波遥控法定量测定壁厚。

(3) 柔性超声导波技术。

柔性超声波腐蚀监测系统是由国外公司研发的绑定在管道外表面用于实时测量壁厚数据的装置。技术的最大优点是安装方便，不需要对埋地管线进行重新开口；安装后完全不影响管线的正常操作和流程，通过采集器和电缆引出的数据方便读取，数据下载操作方便，分析简洁明了，采集数据精度较高，可以进行连续检测及间歇数据采集。能够实现对管线内壁腐蚀长期、稳定的监测，对于缓蚀剂的不同工艺考察和效果评价具有重要意义。该技术适用于海水注入系统、流体管线（油、水、天然气）、埋地管线、排污管线等多种系统。用于埋地管线腐蚀监测，其精度为 0.01mm，适用于较长周期的腐蚀监测。在壳牌、BP、中国石油等公司得到广泛应用，现场测量如图 5-28 所示。

图 5-28　柔性超声波壁厚监测系统现场安装图

（4）超声相控阵技术。

超声相控阵技术的基本思想来自雷达电磁波相控阵技术。相控阵雷达是由许多辐射单元排成阵列组成，通过控制阵列天线中各单元的幅度和相位，调整电磁波的辐射方向，在一定空间范围内合成灵活快速的聚焦扫描的雷达波束。超声相控阵是超声探头晶片的组合，由多个压电晶片按一定的规律分布排列，然后逐次按预先规定的延迟时间激发各个晶片，所有晶片发射的超声波形成一个整体波阵面，能有效地控制发射超声束(波阵面)的形状和方向，能实现超声波的波束扫描、偏转和聚焦，现场测试如图 5-29 所示。

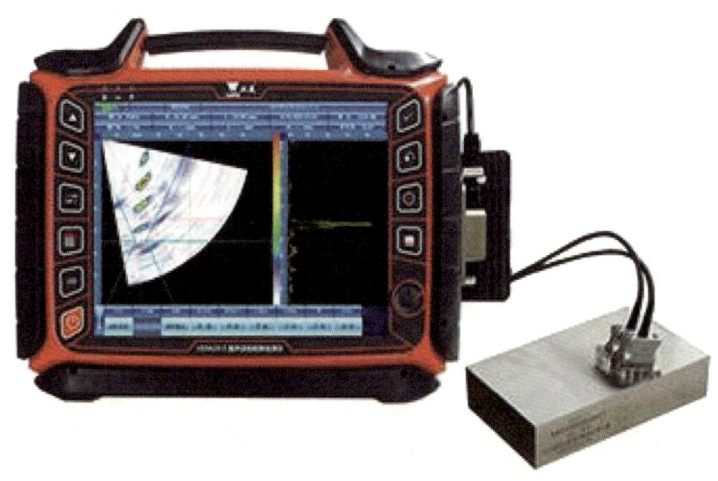

图 5-29　超声相控阵现场测试图

用相控阵探头对焊缝进行检测时,无需像普通单探头那样在焊缝两侧频繁地来回前后左右移动,而相控阵探头沿着焊缝长度方向平行于焊缝进行直线扫查,对焊接接头进行全体积检测。该扫查方式可借助于装有阵列探头的机械扫查器沿着精确定位的轨道滑动完成,也可采用手动方式完成,可实现快速检测,检测效率非常高。超声相控阵技术采用二次波检测成像显示模式,成像结果与真实几何结构一致。这种成像模式能直观显示缺陷的位置及被检工件焊缝的真实结构,这是声程显示成像模式无法比拟的。

(5)电磁声波检测技术。

电磁超声(Electromagnetic Acoustic Transducer,EMAT),是无损检测领域出现的新技术,该技术利用电磁耦合方法激励和接收超声波。与传统的超声检测技术相比,它具有精度高、不需要耦合剂、非接触、适于高温检测,以及容易激发各种超声波形等优点。电磁声波检测的基本原理为:处于交变磁场中的金属导体,其内部将产生涡流,而电流在磁场中受到洛伦兹力的作用,使得金属介质处于交变应力的状态而产生应力波,频率在超声波范围内的应力波即为超声波。当电磁声波传感器在管壁上激发出超声波能时,波的传播采取以管壁内、外表面作为"波导器"的方式进行,当管壁是均匀的,波沿管壁传播只会受到衰减作用;当管壁上有异常出现时,在异常边界处的声阻抗的突变产生波的反射、折射和漫反射,返回声压形成的振动在磁场作用下也会使涡流线圈两端的电压发生变化,可以通过接收装置进行接收并放大显示,从而识别出缺陷。

EMAT(电磁换能器)能够通过线圈激发和接收超声波信号,同时线圈可以产生漏磁和涡流信号,通过一个传感器可以同时独立发射3种信号,综合分析后可以更好地得出腐蚀的尺寸和缺陷的特点。在上述方法中,换能器已经不单单是通交变电流的涡流线圈和外部固定磁场的组合体,金属表面也是换能器的一个重要组成部分,电和声的转换是靠金属表面来完成的,电磁超声只能在导电介质上产生,因此电磁超声只能在导电介质上获得应用。由于基于电磁声波传感器的超声波检测最重要的特征是不需要液体耦合剂来确保其工作性能,电磁超声检测系统主要是由高频线圈、外加磁场和被检对象三部分组成,会产生电磁声波的两种效应,即洛伦兹力效应和磁致伸缩效应。两种效应具体哪种起主要作用,主要由外加磁场的大小、激励电流的频率决定。

目前,国外某些公司已经开发出 EMAT 检测器,并开始了商业化的应用,但某些技术方面还有待改进,尤其对输气量大和站间距较长的管道检测还存在不少困难。该技术优点:非接触式,不需要耦合剂,可透过包覆层检测;产生波形形式多样,适合优生缺陷检测;适合高温检测;对被检测对象表面质量要求不高;声波传播距离远。缺点:换能效率比传统压电换能器低 20~40dB,可以通过设计与制造来弥补;高频线圈与被检对象的间隙不能太大。

(6)衍射时差(TOFD)检测技术。

超声波衍射时差法(TOFD)是一种通过超声波的尖端衍射来检测缺陷、通过波的传播时差来测量缺陷、通过信号的图像化处理来显示缺陷的新型超声检测技术。近年来 TOFD 技术因高可靠性、高精度、廉价,以及高效的优点,被广泛地应用于锅炉、压力容器、压力管道的检测中。

TOFD 技术的基本原理为惠更斯原理,如图 5-30 所示,即超声波在传输过程中投射到一个异质界面,例如裂纹时,由于超声波振动作用在裂纹尖端上,将使裂纹尖端成为新的子波源而产生衍射波,这是一种球面波,其特点是没有明显的方向性;与镜面反射波相比,衍射波强度要弱得多。在缺陷端部发生衍射时,端点的形状对衍射有影响;端点越尖锐,衍射特性越明显,端点越圆滑,衍射特性越不明显。当端点圆半径大于波长时,主要体现的是反射特性。

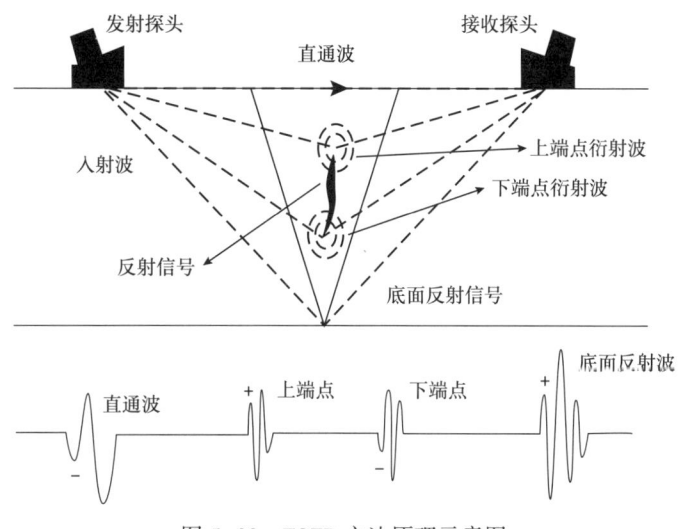

图 5-30 TOFD 方法原理示意图

TOFD 方法通常是在焊缝两侧,将一对晶片尺寸、中心频率和折射率等参数相同的探头相向对称放置(入射角的范围通常是45°~70°),一个作为发射探头,另一个作为接收探头。发射探头发射的纵波从侧面入射到被检焊缝断面,在无缺陷部位,接收探头收到沿工件表面传播的直通波和底面反射波;而在有缺陷存在时,在上述两波之间,接收探头会接收到缺陷上端部和下端部的衍射波。通过测量衍射波传播时间,按照几何声学的原理可以计算出缺陷的尺寸和位置。理论和实验证明,如果两个衍射信号的相位相反,则在两个信号间一定存在一个连续不间断的缺陷,因此识别相位变化对于评定缺陷尺寸非常重要。

TOFD 检测系统主要包括硬件系统和软件系统。硬件系统主要包括主机、TOFD 检测扫查器、TOFD 检测探头和 TOFD 检测校准试块。可以认为扫查器、探头和试块都是 TOFD 检测仪器的功能延伸,试块用来调校仪器、探头和扫查器的参数,探头负责将仪器的发射电脉冲转换成超声波进入检测工件,并将接收到的超声信号转换为电信号传给检测仪器。

2) 涡流检测技术

涡流技术是非接触检测,而且能穿透非导体的覆盖层,这就使得在检测时不需要做特殊的表面处理,因此缩短了检测周期,降低了成本。同时,涡流检测的灵敏度非常高。涡流检测按激励方式和检测原理的不同可分为单频涡流、多频涡流、脉冲涡流、远场涡流等。远场涡流检测(RFEC)的基本原理:远场涡流探头通常使用内通过式探头,由两个线圈组成,一个为激励线圈,通以低频交流电,另一个为检测线圈。当激励线圈所产生的磁场能量向管端传播时会形成两个不同的路径,一条是管内的直接能量耦合,受铁磁性管壁的强导磁作用的影响，近似为指数衰减；另外一条是指磁场在管壁中激发出周向涡流，磁场能量扩散到管道外面并沿管道传播，又会在管壁中激发出涡流，穿越管壁到达检测线圈，称为间接耦合能量路径，由此可以接收到两次穿越管壁的低频磁场信号。

管道内激励线圈附近是直接耦合能量占据主导位置，但由于直接耦合能量比管壁外的间接耦合能量衰减更快，随着与激励线圈的距离逐渐增加，间接耦合能量逐渐成为主导。因此在激励线圈两侧分别划分两个区域：直接耦合能量占主导的区域称为近场区，间接耦合能量占主导的区域称为远场区，两个区域的分界处位置由管壁的厚度、磁导率、电导率和激励频率等因素决定，通常位于离开激励线圈大概 2 倍管道直径 D 的位置，如图 5-31 所示。有时还在近场区和远场区之间划分出一个过渡区。

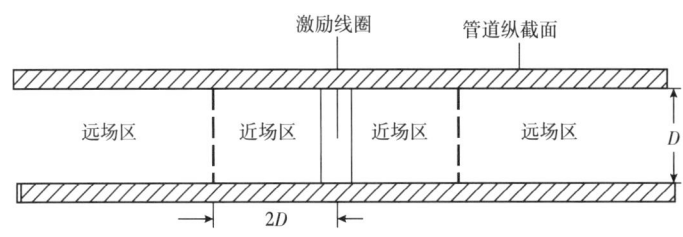

图 5-31　远场涡流检测原理示意图

远场区的磁场主要来自间接耦合，磁场能量由激励线圈出发两次穿越管壁，其中携带了管壁的结构信息，成为远场涡流检测方法的依据。在其他参数保持不变的情况下，内径处的磁场强度与管壁的厚度密切相关，其幅值的对数和相位与壁厚为线性关系。如果管壁内出现裂纹等缺陷，相当于管壁的局部等效壁厚发生变化，导致内壁附近的磁场的大小和相位发生变化，通过测量检测线圈的感应电压及其与激励电流之间的相位差就可以检测出来。

（1）远场涡流检测设备一般由五个部分组成：

①振荡器：作为驱动线圈的激励源，同时提供测量的参考信号。

②功率放大器：用来提高激励源的功率。

③探头的驱动定位装置：它包括探头和确定探头轴向位置的编码和数据计算系统。

④相位及幅值检测器：通常选用锁相放大器来测量检测线圈的信号。

⑤微型计算机：用于储存、处理和显示检测信号和数据。

（2）远场涡流检测技术的特点。

①远场涡流检测的优点：

a. 可以检查厚壁管，是常规涡流无法达到的，最大可检测壁厚为 25mm；

b. 它不受涡流趋肤深度的限制，能够以相同灵敏度检测管壁内表面和外表面的缺陷；

c. 探头与钢管表面不接触，探头外径与钢管内径之间的间隙变化对检测结果的影响很小，允许的最大间隙为钢管内径的 30%，最佳间隙小于钢管内径的 15%；

d. 对均匀减薄、渐变减薄和偏磨减薄的检测，都有极高的检测灵敏度；

e. 探头的检测速度是否均匀对检测结果无影响；

f. 钢管内的气体、液体介质对检测结果无影响；

g. 检测设备体积小，重量轻，便于现场灵活应用，检测数据还可存入探头内，实施长距离检测。

②远场涡流检测的缺点：

a. 检测线圈信号幅值太低，使得信号的分辨和处理很困难；

b. 远场涡流探头采用低频激励，限制扫描速度，为了保证在激励的每个周期内能采集到信号，速度范围在 10~20m/min 之间，整体检测效率低；

c. 检测线圈只能反映圆周缺陷变化的平均值，一般多用于直径较小的管道，对于直径较大的管道，需要沿圆周分布一组检测线圈，才能改善信号特征。

目前，各种天然气管道内检测技术中只有漏磁检测技术得到了广泛应用，其他检测技术仍然处于发展阶段。但是应当看到，每种新技术都有各自的特点，随着向多功能、高精度、智能化发展，多种方法相结合将是管道内检测技术发展的一个方向，在当前已出现了漏磁通法与超声波法的组合技术。可以预见，今后的管道内检测设备将具备多种检测模式，能够同时完成测径、管道检测、定位等多项任务，提高检测的效率。

3）漏磁检测技术（MFL）

漏磁检测是建立在铁磁材料的高磁导率这一特性之上，其基本原理为：材料缺陷处的磁导率远小于钢管的磁导率，当在外加磁场作用下被磁化后，若材料无缺陷，磁力线就封闭在材料中，此时磁力线均匀分布；当表面有缺陷时，磁通路变窄，磁力线发生变形，部分磁力线将穿出表面产生漏磁，检测被磁化材料表面逸出的漏磁通，就可判断缺陷是否存在，通过分析磁敏传感器的测量结果，即可得到缺陷的有关信息。目前，油气田常用的管道内部智能清管和管道外部爬行检测也是属于漏磁检测的一种，主要结构如图 5-32 和图 5-33 所示。

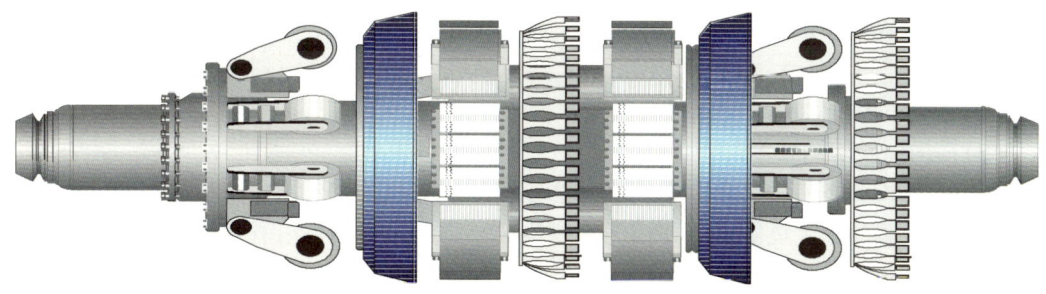

图 5-32 智能清管装置示意图

由于检测传感器不能紧贴被检测表面，不可避免地存在一定的提离值，从而降低了检测灵敏度；同时，由于采用传感器检测漏磁场，不适合检测形状复杂的试件。主要的漏磁检测技术如下：

（1）轴向漏磁检测技术。

轴向磁场检测技术发展历史较长，技术比较成熟，应用较为广泛，目前仍是大部分检测公司最常用的检测技术。三轴高清漏磁内检测技术是具有代表性的一种检测方法。与传统技术相比，基本工作原理相同，主要区别是三轴漏磁检测器在一个探头中放置了三个方

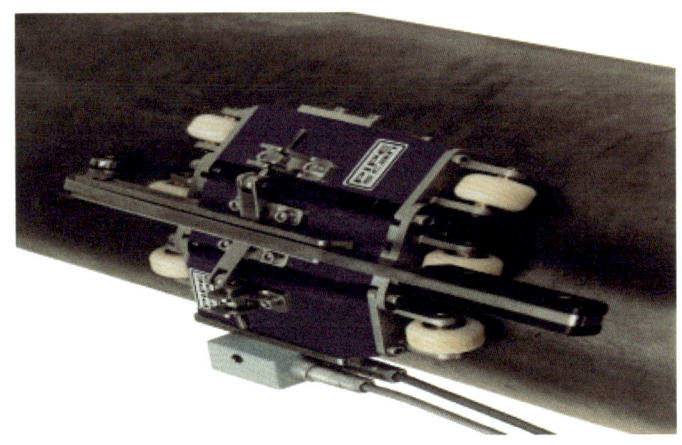

图 5-33 管道外表面爬行检测装置

向的传感器,可以记录磁场同一位置的三维信息,因此优于传统的漏磁检测方法:

增加了对不同缺陷的检测能力,提高了检测范围;传统漏磁检测器只记录一个方向的磁力线变化量,对沿磁力线方向分布的缺陷不敏感,而三轴高清漏磁检测器记录三维方向的磁场变化,在一次检测中可能准确测量出不同方向分布的狭长类裂纹。

提高了检测精度和置信度;由于对每一处缺陷都可以从三组信号中分析得出缺陷尺寸数据,可以更准确地回归出缺陷尺寸,同时,由于各轴信号对缺陷的类型敏感性各不相同,可以通过三轴信号中的一组或多组信号判定各种不同类型缺陷,提高了对缺陷识别的置信度。具有一定尺寸裂纹缺陷的探测能力。

随着检测精度的提高,三轴漏磁检测器可以检测出一定开口尺寸的各类裂纹缺陷。

目前国外较有名的轴向漏磁检测公司有美国的 Tuboscope、GE-P,英国的 BRITISH-GAS,加拿大的 Corrpro,德国的 ROSEN,其产品已基本达到了系列化和多样化。我国则主要使用国外的引进产品。

(2) 横向漏磁检测技术。

横向磁场检测技术主要作为常规轴向漏磁检测技术的补充,用它来提高沿管道轴向狭长金属损失缺陷的检测灵敏度。在横向漏磁检测方法中,磁场是沿管道周向的分量,因此对沿轴向的狭长金属损失检测可以更精确。目前,国际上个别公司开发出横向磁场检测设备,对漏磁检测技术发展具有重要意义。

(3) 螺旋漏磁场检测技术。

在 2011 年里约热内卢国际管道会议上,TDW 公司发表了论文《倾斜漏磁场在线检测技术》,阐述了螺旋漏磁场检测管道金属损失缺陷的优势。螺旋漏磁场检测技术利用了倾斜磁场检测器,是轴向和周向磁场检测技术的有机结合。牵拉试验结果表明,该种设备不仅可以检测到轴向狭长的缺陷(传统的轴向漏磁不能检测到),也能够检测到周向的缺陷。对于轴向狭长缺陷,螺旋漏磁场比普通轴向漏磁检测信号灵敏度明显提高。

4) 射线检测技术

射线检测技术(DR)用 X 射线或 γ 射线对数字成像板曝光,通过采集转换为数字信号输入到计算机中,数字信号被计算机重建为可视影像,实现在显示器上显示、观察、评定(备注:DR 的检测设备轻便易携带,可以实时成像,尤其可对在役设备内部缺陷检测提供快捷高效的检测手段),数字射线成像效果如图 5-34 所示。

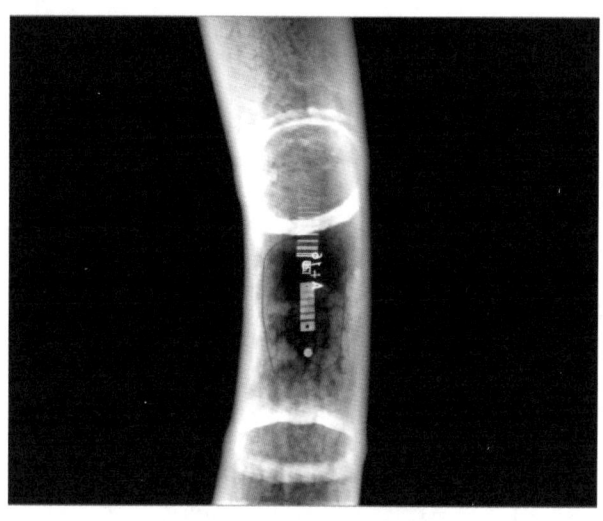

图 5-34　数字射线成像效果图

γ 射线数字扫描检测技术(GSDM)原理与切线照相法(TRT)原理相同,它是 TRT 技术的发展。在 GSDM 检测技术中采用了单能谱窄束 γ 射线源,窄束射线从管切线方向入射检测管,并从管外向管内扫描包覆管壁;采用高灵敏度探测器、光电倍加放大器,将射线强度的衰减信息动态存储和计算机实时数字图像处理技术相结合。其 γ 射线源强度仅为切线照相法的 1/1000,辐射剂量场大大缩小,并实现了实时数字图像化显示。

此外,无接触式磁应力层析成像技术(MTM)、瞬变电磁技术(TEM)、泄漏检测技术等检测技术也有了不少研究和进步,不再详细论述。

3. 常用监/检测方法的特点对比

常用方法的对比见表 5-10。

表 5-10　腐蚀监/检测方法的特点对比

技术方法	响应时间	环境要求	信息类型	腐蚀类型	应用环境
失重挂片法	慢	任意	腐蚀速率、腐蚀形态、腐蚀产物	全面腐蚀、局部腐蚀	井下、地面集输和净化厂
线性极化法(LPR)	快	电解液	瞬时腐蚀速率、累计腐蚀速率	全面腐蚀	地面集输
电阻法(ER)	快	任意	腐蚀失重	全面腐蚀	地面集输
电感测量法	快	任意	腐蚀失重	全面腐蚀	地面集输和净化厂
交流阻抗法	较快	高阻电解液	交流信号	局部腐蚀	地面集输和净化厂
电化学噪声法	较快	任意	超声波	全面腐蚀、局部腐蚀	地面集输和净化厂

续表

技术方法	响应时间	环境要求	信息类型	腐蚀类型	应用环境
全周向监测法	快	任意	腐蚀速率、缝隙腐蚀和点蚀图谱	全面腐蚀、局部腐蚀	地面集输
氢通量法	相当慢	含H_2S分压大于0.048MPa	单位面积渗氢量	全面腐蚀	地面集输和净化厂
化学分析法	较慢	任意	离子含量	全面腐蚀	井下、地面集输和净化厂
超声波法	慢	金属外表面	壁厚	全面腐蚀、局部腐蚀	地面集输和净化厂

除了上述的腐蚀监测和检测方法外，高含硫气田研究腐蚀的其他方法还包括表观检查法、腐蚀环境分析法、腐蚀形貌分析法、点蚀测量法、磁粉检测分析法，综合运用各种方法，可以掌握高含硫气田的整体腐蚀情况。表观检查通常是一种定性的检查评价方法，通过分析腐蚀样本表面的形貌和成分等确定腐蚀形态和程度。随着近年来微观分析手段的迅速发展，放射化学法、光谱分析法、原位高空间显微技术、能谱分析等用于表观检查和分析，部分分析方法甚至实现了腐蚀深度和表面缺陷的微米尺度的测量。表观检测主要包括宏观检查和微观检查。点蚀深度法是为了表征孔蚀的严重程度，通常应综合评定孔蚀密度、孔蚀直径和孔蚀深度。铁磁性材料工件被磁化后，由于不连续性的存在，使工件表面和近表面的磁力线发生局部畸变而产生漏磁场，吸附施加在工件表面的磁粉，在合适的光照下形成目视可见的磁痕，从而显示出不连续性的位置、大小、形状和严重程度。磁粉检测只能用于检测铁磁性材料的表面或近表面的缺陷，由于不连续的磁痕堆积于被检测表面上，所以能直观地显示出不连续的形状、位置和尺寸，并可大致确定其性质。定期分析生产过程中的铁离子含量，可以定性确定设备的腐蚀变化情况。

此外，除监测腐蚀速率外，还需检测介质的温度、压力、流速、总矿化度（六项离子：$K^+ + Na^+$、Ca^{2+}、Mg^{2+}、HCO_3^-、SO_4^{2-}、Cl^-）、水型、pH值、总铁（Fe^{2+}、Fe^{3+}）、溶解氧、二氧化碳、硫化氢、SRB、TGB、腐蚀产物、气体组分等，用于预测和表征现场的腐蚀行为。

三、腐蚀监测点和检测点

根据高含硫气田现场的腐蚀严重程度及对生产的重要性和各种监/检测方法的适应性开展现场腐蚀监/检测点的设置。

1. 设置原则

设置腐蚀监测点应遵循"区域性、系统性、代表性"的原则，根据生产工艺流程，围绕装置生产系统的各个环节合理选择监测点。区域性是指重点部位要重点监控，系统性是指高含硫气田生产的各个环节，代表性是指监测点能提供有代表性的腐蚀测量结果，监测数据能达到以点代面的作用。

2. 基于环境的腐蚀监/检测点的布置

高含硫气田腐蚀环境类似、腐蚀机理相同的所有管线和设备考虑设置一处监测点，避免重复数据采集。相似环境是设置腐蚀监测点的重要依据，通过相似环境的划分及现场生产工艺的具体情况进行腐蚀监测点的设置和腐蚀监测方法的选择。现场监测和检查数据及时分析并进行数据库管理，为气田腐蚀控制方案的调整提供依据，并集合生产参数及水质气质分析数据一起形成各气田生产腐蚀控制大数据，通过腐蚀环境和历史数据对未来的腐蚀趋势给出预测并指导新区块的工艺设计。根据生产流程，高含硫气田地面系统包括单井站、集气站、集气总站及站间的管线。按照腐蚀环境的相似性开展腐蚀监/检测推荐见表5-11至表5-13。

表5-11 单井站腐蚀回路划分

序号	名称	腐蚀环境特征	监测方法
1	井口至缓蚀剂加注口	高温、高压、多相	超声波、氢探针
2	缓蚀剂加注口至一级节流	高温、高压、多相	超声波、氢探针
3	一级节流至水套炉一级节流	气液混输	超声波
4	水套炉一级节流至水套炉二级节流	气液混输	电感探针、腐蚀挂片
5	水套炉二级节流至分离器	气液混输	超声波
6	分离器设备	酸气、酸水及界面冲刷	超声波、腐蚀挂片
7	分离器排污管	酸水冲刷	电感探针、腐蚀挂片
8	分离器至出站口	潮湿酸气	超声波、氢探针
9	放空管线	酸气	超声波
10	闪蒸罐设备	酸气、酸水及界面冲刷	超声波、腐蚀挂片
11	闪蒸罐排污管	酸水冲刷	超声波、水质分析
12	尾气处理管线	积液	超声波

集气站分为产气和集气功能同时具备、只集气不产气两种类型。以产气和集气类型为例，腐蚀回路划分见表5-12。

表5-12 集气站腐蚀回路划分

序号	名称	腐蚀环境特征	监测方法
1	井口至缓蚀剂加注口	高温、高压、多相	超声波、氢探针
2	缓蚀剂加注口至一级节流	高温、高压、多相	超声波、氢探针
3	一级节流至水套炉一级节流	气液混输	超声波
4	水套炉一级节流至水套炉二级节流	气液混输	电感探针、腐蚀挂片
5	水套炉二级节流至分离器	气液混输	超声波
6	该站产气分离器设备	酸气、酸水及界面冲刷	超声波、腐蚀挂片
7	该站产气分离器排污管	酸水冲刷	电感探针、腐蚀挂片
8	该站产气分离器至汇管	潮湿酸气	超声波、氢探针
9	来气管线1至分离器	潮湿酸气	超声波、氢探针
10	来气管线1分离器设备	酸气、酸水及界面冲刷	超声波、腐蚀挂片

续表

序号	名　　称	腐蚀环境特征	监测方法
11	来气管线1分离器排污管	酸水冲刷	电感探针、腐蚀挂片
12	来气管线1分离器至汇管	潮湿酸气	超声波、氢探针
13	来气管线2至分离器	潮湿酸气	超声波、氢探针
14	来气管线2分离器设备	酸气、酸水及界面冲刷	超声波、腐蚀挂片
15	来气管线2分离器排污管	酸水冲刷	电感探针、腐蚀挂片
16	来气管线1分离器至汇管	潮湿酸气	超声波、氢探针
17	汇管至出站口	潮湿酸气	超声波、氢探针
18	放空管线	酸气	超声波
19	闪蒸罐设备	酸气、酸水及界面冲刷	超声波、腐蚀挂片
20	闪蒸罐排污管	酸水冲刷	超声波、水质分析
21	尾气处理管线	积液	超声波

集气总站往往只有集气再分离功能，一般不产天然气。集气总站是原料气进入净化厂的最后一道屏障，主要功能包括气量计量、管道清管收球、腐蚀监测点、气液分离等。集气总站上的来气管线既包括一级分离，也包括多级分离的情况。以7条来气管线的集气总站为例，其中，有2条来气管线需要进行二级分离，腐蚀回路划分见表5-13。

表5-13　集气总站腐蚀回路划分

序号	名　　称	腐蚀环境特征	监测方法
1	来气管线1至分离器1	潮湿酸气	超声波、氢探针
2	分离器1设备	酸气、酸水及界面冲刷	超声波、腐蚀挂片
3	分离器1排污管	酸水冲刷	电感探针、腐蚀挂片
4	分离器1至汇管	潮湿酸气	超声波、氢探针
5	来气管线2至分离器2	潮湿酸气	超声波、氢探针
6	分离器2设备	酸气、酸水及界面冲刷	超声波、腐蚀挂片
7	分离器2排污管	酸水冲刷	电感探针、腐蚀挂片
8	分离器2至汇管	潮湿酸气	超声波、氢探针
9	来气管线3至分离器3	潮湿酸气	超声波、氢探针
10	分离器3设备	酸气、酸水及界面冲刷	超声波、腐蚀挂片
11	分离器3排污管	酸水冲刷	电感探针、腐蚀挂片
12	分离器3至汇管	潮湿酸气	超声波、氢探针
13	来气管线4至分离器4	潮湿酸气	超声波、氢探针
14	分离器4设备	酸气、酸水及界面冲刷	超声波、腐蚀挂片
15	分离器4排污管	酸水冲刷	电感探针、腐蚀挂片

续表

序号	名　　称	腐蚀环境特征	监测方法
16	分离器 4 至汇管	潮湿酸气	超声波、氢探针
17	来气管线 5 至分离器 5	潮湿酸气	超声波、氢探针
18	分离器 5 设备	酸气、酸水及界面冲刷	超声波、腐蚀挂片
19	分离器 5 排污管	酸水冲刷	电感探针、腐蚀挂片
20	分离器 5 至分离器 6	酸气	超声波
21	分离器 6	酸气、酸水及界面冲刷	超声波、腐蚀挂片
22	分离器 6 排污管	酸水冲刷	电感探针、腐蚀挂片
23	分离器 6 至汇管	潮湿酸气	超声波、氢探针
24	来气管线 6 至分离器 7	潮湿酸气	超声波、氢探针
25	分离器 7 设备	酸气、酸水及界面冲刷	超声波、腐蚀挂片
26	分离器 7 排污管	酸水冲刷	电感探针、腐蚀挂片
27	分离器 7 至汇管	潮湿酸气	超声波、氢探针
28	来气管线 7 至分离器 8	潮湿酸气	超声波、氢探针
29	分离器 8 设备	酸气、酸水及界面冲刷	超声波、腐蚀挂片
30	分离器 8 排污管	酸水冲刷	电感探针、腐蚀挂片
31	来气管线 8 至分离器 9	潮湿酸气	超声波、氢探针
32	分离器 9 设备	酸气、酸水及界面冲刷	超声波、腐蚀挂片
33	分离器 9 排污管	酸水冲刷	电感探针、腐蚀挂片
34	分离器 9 至汇管	潮湿酸气	超声波、氢探针
35	放空管线	酸气	超声波
36	清管器及分离器排污总管	酸水冲刷	电感探针、腐蚀挂片
37	汇管至集气站出口（包括汇管）	酸气	超声波
38	污水储罐	酸水	腐蚀挂片、超声波
39	尾气处理管线	潮湿酸气	超声波

对于内部集输管道，在考察缓蚀剂预膜效果的时候，在首末站的收发球的部位进行氢探针监测和超声波壁厚长期监测。站内弯头、法兰、阀门等不适合安装在线监测的位置开展定期超声波测厚。在埋地管道低洼段开展导波和常规超声波监测，有条件的安装环形挂片，避免影响清管通球。定期对长输管线开展智能清管作业，了解管道的内腐蚀及安全水平。对于环境苛刻的站场，在出站管线焊缝位置外表面焊接 FSM 全周向监测系统，对均匀腐蚀和局部腐蚀状况开展跟踪监测。每天开展水质和气质的取样分析，并作为现场腐蚀监/检测数据原因分析的依据，建立腐蚀环境与腐蚀数据之间的关系，为腐蚀预测模型建立提供可靠支撑。

四、评价和预测

矿区、作业区、井站的集输气管道、设备的腐蚀状况作为安全生产、安全管理的因素,其重要性不言而喻。腐蚀状况的分析需要依赖大量的基础数据、生产数据、实验数据及其他相关数据的支撑,需要专业的腐蚀预测、评价系统对这些数据进行专业的分析后给出腐蚀评价结果,依据评价结果实时、高效地反馈评价结果和处理方案。基于上述情况,有必要建立一套腐蚀监控系统来满足对腐蚀数据收集整合、腐蚀预测评价、腐蚀评价结果发布、腐蚀处理方案制订、腐蚀监控报警、腐蚀监控 GIS 图形化展示的需求。因此,开发了腐蚀监测与防护数字化控制系统。

1. 数据采集和管理

1) 数据采集

通过建立工程建设数据库、装置运行基础数据库、模拟分析评价基础数据库、可靠性评价数据库实现对气田全生命周期的动态管理。

工程建设数据库是基于确定的腐蚀环境,建立有关腐蚀的所有基础数据库,其功能是为可靠性评价系统和风险评价系统提供准确的基础数据,采集内容见表 5-14。

表 5-14 站场和采输管线数据收集内容

项目	数据收集内容
地区特征	地形地貌、地区等级
天然气相关参数	相对密度、临界温度、临界压力、硫化氢、二氧化碳、甲烷、C_{2+} 含量、温度、压力、产量、含水量、油气比、水气比
产出水组成	Cl^-、SO_4^{2-}、HCO_3^-、$Mg^{2+}+Ca^{2+}$、Na^++K^+、总矿化度、含氧量
采气管线	型号、规格、材质、抗硫耐蚀性能评定数据、壁厚、外防腐层结构、保温层结构、电火花检漏结果、实际走向和高差、长度、设计压力、关键节点位置、工作压力、屈服强度、抗拉强度、延伸率、冲击试验、管道航拍图
适应性评价数据	缺陷尺寸、缺陷位置、剩余强度、剩余寿命、风险评价
防腐层腐蚀检测数据	PCM、DCVG、pearson、电位差、地面检漏等检测数据
焊口	焊接工艺、焊口质量数据、焊缝超声波、射线检查、焊条型号
冷弯头和热煨弯头	公称直径、设计压力、材质、规格、型号、设计温度、角度、工作温度和压力
阀门	阀门型号、规格、材质、公称直径、公称压力、工作压力、工作温度、密封形式、阀门位置
法兰用紧固件	材料牌号、名称、规格、抗拉强度、屈服强度、冲击功、伸长率、保证应力、硬度、使用温度范围
仪表	工艺仪表图、仪表种类、型号、规格、公称通径、公称压力、量程、工作温度、工作压力、测量精度及误差、安装位置
分离器	温度、压力、型号、规格、成分、原始测厚数据、外防腐层结构、保温层结构、电火花检漏结果
土壤腐蚀环境基础数据	土壤温度、水分、电阻率、含盐量、pH 值、溶解氧、细菌指标、氧化还原电位、电流密度、自然电位、平均腐蚀速率、土壤质地

续表

项目	数据收集内容	
杂散电流	杂散电流源、电流密度、电流类型、电位变化、邻近土壤电阻率	
缓蚀剂相关参数	缓蚀剂性能指标	溶解性、乳化性、凝点、闪点、毒性、生物降解性、起泡性、油水分散性、热稳定性、结垢倾向、密度、黏度、配伍性能
	缓蚀剂清管	管径、管长、管线内表面面积、缓蚀剂用量、缓蚀剂体积、清管器发送装置加长量、清管器发送装置设计规格
	缓蚀剂预膜	预膜加量及加注速率
	缓蚀剂加注	缓蚀剂品种、缓蚀剂加注位置及装置、加量
	缓蚀剂应用性能	缓蚀率、残余浓度
阴极保护相关基础数据	牺牲阳极和金体结构、材质、自然电源保护范围、最大外径、长度、最高工作温度、有效发生电量、消耗率、电流效率、开路电位、使用寿命、安装间隔、腐蚀监测点、监测桩	
工程报告	腐蚀监测点、监测设备型号和规格、竣工图、完工检测、操作和维护规程、材料证书、检测记录、设施图/测绘图、测量报告/图纸	

装置运行基础数据库主要收集装置/管道运行过程中监测/检测到的工艺参数、腐蚀数据，如 ER、LPR、FSM、挂片、超声波测厚、智能清管等，有的需要进行转化才能得到管线/装置的腐蚀速率。该数据库的建设贯穿于气田的整个开发过程，需要不断地维护和补充，数据库的数据将为腐蚀评估预测、防腐措施的完善提高提供及时的数据支持，数据采集内容见表 5-15。

表 5-15 装置运行后需要收集的基础数据表

项目	数据收集内容
现场条件下，不同管段气质、水质、集输管线及设备等基础数据定期监测	不同管段气、水、温度、压力、流量、流速、H_2S 分压、CO_2 分压和 pH 值的定期检测数据。输送管材料、容器钢、阀门钢和仪表钢试验数据：材料牌号、腐蚀条件、腐蚀速率、表面腐蚀状态、试验周期。腐蚀监测点的位置、温度、压力、流量、腐蚀监测设备和方法
金属材料抗硫化氢应力腐蚀性能试验	三点弯曲试验：材料牌号、屈服强度、最大 Sc 值、试验周期、结果。管线钢抗硫化物应力腐蚀性能评价试验：材料牌号、屈服强度、应力比、试验周期、结果
金属材料抗氢致开裂评价试验	材料牌号、试验周期、结果
非金属材料（工程橡胶和塑料）耐腐蚀性能评价试验	试验条件、牌号、质量变化百分率、试验前邵氏 A 硬度、试验后邵氏 A 硬度、邵氏 A 硬度的变化率、拉伸强度变化率、断裂伸长变化率、外观变化
集气干线清管器设计	管径、管长、管线内表面面积、缓蚀剂用量、缓蚀剂体积、清管器发送装置加长量、清管器发送装置设计规格、缓蚀剂浓度分布

模拟分析评价基础数据库主要包括缓蚀剂防腐方案设计、室内模拟环境条件腐蚀评价数据和腐蚀预测软件预测得到的腐蚀数据。该数据库的建设将记录气田开发过程中腐蚀防护技术的发展历程，通过自我评估和学习完善，逐渐提高腐蚀预测的准确性，数据采集内容见表5-16。可靠性评价数据库基于可靠性理论，建立适当的可靠性模型，考虑腐蚀缺陷尺寸和载荷等变量的随机特性，对腐蚀管线进行可靠性分析。

表 5-16 模拟分析和评价基础数据表

项目	数据收集内容
利用失重法、电化学极化曲线、电化学噪声等研究地面集输管线用材料的腐蚀行为	温度、压力、p_{H_2S}、p_{CO_2}、流量、流速、试验周期、挂片位置、腐蚀介质、极化电阻、腐蚀速率、电流噪声、电位噪声、噪声电阻、腐蚀形貌及成分分析
元素硫对材质腐蚀的影响及地面集输管线抗硫耐蚀性能评价	材质、温度、相态、元素硫、腐蚀速率、试片表面状况
地面集输管线材料电偶腐蚀行为研究	材质、温度、腐蚀介质、偶合电流、试片腐蚀状况、电极自腐蚀电位、腐蚀速率
H_2S 和 CO_2 共存的高温条件（80℃左右）下，钢材的应力腐蚀破裂及渗氢试验	"U"形环试样尺寸、腐蚀电流密度、腐蚀形貌、pH值、氢通量、温度、压力、H_2S 和 CO_2 分压、总压、裂纹长度及深度指标
高温、高压条件下材料的耐蚀性能评价	腐蚀设备型号、材料型号、温度、总压、H_2S 和 CO_2 分压、试验周期、腐蚀介质、液相和气相腐蚀速率、腐蚀表面成分及形貌分析、评价结果
高酸性气田缓蚀剂性能评价	静态常压及高压试验：缓蚀剂名称、H_2S 和 CO_2 含量、腐蚀介质含盐量、试样材质、介质流速、试验周期、缓蚀剂浓度、缓蚀剂溶解性、试验温度及压力、腐蚀速率、缓蚀率、试片表面状况
	缓蚀剂膜持久性评价：腐蚀介质、缓蚀剂预膜浓度、温度、试验材质、评价结果
	缓蚀剂其他性能：热稳定性评价、溶解性和分散性、起泡性能评价
	缓蚀剂预膜试验：试验材质、预膜试验时间、输气量、压力、温度、预膜溶液组成、腐蚀速率、试片表面状况描述
耐蚀合金钢焊接接头抗硫性能试验	试验材料、检测方法及标准、试验参数、介质、试验结果

2) 数据采集与监控流程

随着 Internet 技术、嵌入式控制技术发展和应用的深入，采用 B/S 架构的工业生产过程监控应用越来越多，目前许多控制设备，如变频器、PLC、智能模块甚至智能仪表都嵌入了 Web 服务器，能较好地支持各种基于 Web 的应用和服务，如图 5-35 所示。

2. 可靠性评价

可靠性评价是整个管理体系的基础，知识性和专业性也最强，是整个系统的难点。可靠性评价主要包含两部分：

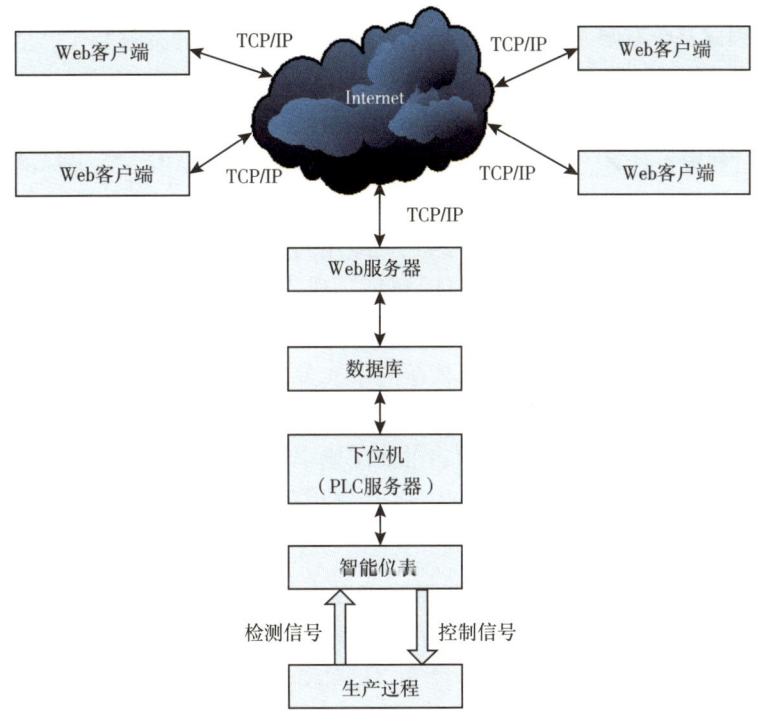

图 5-35　基于 Web 的远程数据采集与监控系统框图

1）基于现有标准的评价

国外出台过一系列管道安全规范和标准，较重要的有，英国 CEGB《含缺陷结构的完整性评价标准，R/H/R6》、英国 BSI 的 BS 7910—1999《金属结构内可接受缺陷的评价方法》、美国 API 579《服役适应性评价推荐方法》、ASTM B31.8—2001《天然气管道完整性管理体系》等，这些标准从管道失效率、可靠性、缺陷可容许性、残余强度、风险等级等多种角度提出适应性、可靠性、风险性、完整性等概念。我国也建立了一些标准，如 SY/T 6477—2017《含缺陷油气管道剩余强度评价方法》、SY/T 6151—2022《钢质管道金属损失缺陷评价方法》等。

将现有标准总结归纳，并加入一些新的便于计算机实现的算法，形成评价软件，可极大地规范管理，提高工作效率。这些标准都形成完整的评价方法，但是形成计算机软件仍需要大量的工作，例如：在 SY/T 6477—2017《含缺陷油气输送管道剩余强度评价方法》中表达了 CTP 的形成规范，但是仍需构建 CTP 的搜索机制，才能从数据库中的数据中形成 CTP 的数据。现有标准将腐蚀的形态分为平面类缺陷和体积类缺陷，平面类缺陷的评价可参考 BS 7910—1999《金属结构内可接受缺陷的评价方法》，体积类缺陷可参考 API 579《服役适应性评价推荐方法》和 SY/T 6477—2017《含缺陷油气输送管道剩余强度评价方法》，在每个标准中又形成该类缺陷的评价体系。

2）基于有限元分析的评价

有限元分析可以更加精确地评价管道腐蚀对管道强度、刚度等带来的影响，可以克服使用标准进行评价带来的评价保守问题，但是使用有限元分析也存在计算耗时、可能不能评价的问题。因此基于有限元分析的评价是基于标准进行评价的有益补充。目前国内外对使用有限元的方法评价管道展开了大量的研究，但是普遍存在工程化使用困难的问题。由于有限元分析需要大量的腐蚀和力学相关专业背景知识和有限元相关数学知识，以及有限元软件使用知识，而且建模、计算、分析相当耗时，虽然实际上包括 API 579 等标准在评价中也推荐了使用有限元软件进行分析，但是有限元分析在管道评价中的应用仍然相当薄弱。

为了解决有限元软件在管道评价中的工程应用问题，可对现有有限元软件，如 ANSYS 进行二次开发，建立适合腐蚀管道的应用模型，建立数据库和有限元软件的数据处理接口，使腐蚀管道的力学有限元分析自动化，而不需要针对每一个腐蚀的管道都进行建模，以实现基于有限元软件评价的自动化。传统有限元分析主要还是基于强度理论，它通常只能提供是否满足要求的计算结果，为了更好地对管道进行管理，特别是为风险评价提供有效的计算结果作为风险评价的量化基础，可使用概率有限元进行可靠度的分析。概率有限元计算是近年来发展起来可在工程计算中使用，在管道安全管理中鲜见使用的一种方法。

3. 腐蚀预测模型

BP 神经网络模型的基本功能与线性回归类似，是完成 n 维空间向量对 m 维空间的近似映照，这种映照是通过各个神经元之间的连接权值和阈值来实现的。对网络进行训练学习，其目的就是得到神经元之间的连接权 W、V 和阈值 θ、γ，使输出值与实际观测值的误差平方和最小。BP 网络的学习过程分两个阶段，即信息的前向传播和误差的反向传播修正权阈值的过程。外部输入的信号经输入层、隐含层的神经元逐层处理，向前传播到输出层，输出结果。误差的反向学习过程则是指如果输出层的输出值和样本值有误差，则该误差沿原来的连接通道反向传播，通过修改各层神经元的连接权值和阈值，使得误差变小，经反复迭代，当误差小于容许值时，网络的训练过程即可结束。

1）网络模型的原理

BP 网络是一种单向传播的多层前向网络，其具有三层或三层以上的神经网络，包括输入层、中间层（隐含层）和输出层。上下层之间实现全连接，而每层神经元之间无连接。将学习样本提供给网络后，神经元的激活值从输入层经过中间层向输出层传播，在输出层经过中间层逐层修正各个连接权值，最后回到输入层，这种算法称为"误差逆传播算法"，即 BP 算法。随着这种误差逆的传播修正不断进行，网络对输入模式响应的正确率也不断上升。

2）网络的结构设计

网络结构的确定就是确定输入层、隐含层、输出层各层的节点数。对于前向 BP 网络来说，网络的结构包括输入输出层单元数、隐含层数、隐含层单元数和隐含层、输出层神经元特性函数。输入输出层单元数由具体问题所决定，隐含层数（至少有一个隐含层）和隐含层单元数由用户确定。加入隐含单元相当于增强网络的表达能力和使优化问题的可调参数增加，因此，过小的隐含层将减少检索信息的精确度、降低网络的表达能力，但隐含层过大，则会使网络进入记忆输入模式而不是归纳输入模式，从而降低网络处理非线性样本信息的能力。

3) 关键因素选取

关键因素包括 H_2S、Cl^-、SO_4^{2-}、HCO_3^-、Mg^{2+}、Ca^{2+}、Na^+、K^+、总矿化度、水型、含氧量等详细水质化学和温度、压力、流速、流态等物理成分。可以根据上述关键因素确定神经网络的输入变量个数，对变量进行取值时，考虑到采样条件的随机性和一致性，首先需要在研究区划分统计单元，然后在各个单元中对不同的变量进行取值。对于输入变量中的定性变量的处理方法是采用数量化理论中的二态变量取值法，即用"0"和"1"来表示某种属性的"无"和"有"。

4) 输入因素与输出因素的量化处理

在 BP 网络中，传递函数一般为(0，1)的 S 型函数[式(5-37)]，即：

$$F(x) = 1/(1+e^{-x}) \qquad (5-37)$$

输出层的函数一般为线性激活函数。因为 S 型函数具有非线性放大系数功能，它可以把输入从负无穷大到正无穷大的信号变换成 0 到 1 之间输出，采用线性激活函数，则可以使网络输出任何值。因此如果希望对网络的输出进行限制，如限制在 0 和 1 之间，那么输出层应当包含 S 型激活函数。建议将输入值比例化到 0~1 之间，有三个优点：输出数据和目标数据易于比较；均方根误差的合适计算；来自输出神经元的正确答案的近似计算。

5) 模型的建立

(1) BP 网络层数和隐含层神经元个数的确定。

BP 网络最佳配置的原则是简洁实用，即在能够满足求解要求的前提下尽量减少网络的规模，这样能减少学习的时间，降低系统的复杂性。在 BP 人工神经网络拓扑结构中，输入节点与输出节点是由问题的本身决定的，关键在于隐含层的层数与隐节点的数目。理论上已经证明 3 层 BP 网络可以实现任意的非线性关系的映射，4 层网络比 3 层网络收敛速度快，但更容易进入局部极小点，并且过多的网络层数和神经元个数需要相应的更多的训练样本，否则会使网络的泛化能力减弱，网络的预测能力下降。对于隐含层的层数，许多学者作了理论上的研究。Lippmann 和 Cyberko 曾指出，有两个隐含层就可以解决任何形式的分类问题；后来 Robert、Hecht、Nielson 等研究，进一步指出：只有一个隐含层的神经网络，只要隐节点足够多，就可以以任意精度逼近一个非线性函数。对一般问题来说，3 层至 4 层网络是最佳选择。所以本网络模型暂定采用 3 层网络结构，选取 15 个因素作为输入层神经元，并将输入进行归一化处理。

(2) 输入层和输出层节点数的确定。

BP 网络输入层节点的数目取决于数据源的维数，即上文提及的关键因素的选取。输出层节点数取决于对研究对象的分类，到底腐蚀速率是作为不同速率等级进行区分还是要得到连续型腐蚀速率数据，有待考虑。

(3) 网络隐含层的设计。

BP 神经网络隐含层层数和各层节点数的确定是 BP 神经网络算法的关键。隐含层层数的选择是一个十分复杂的问题。它与问题的要求、输入和输出单元的多少都有直接关系。隐含层层数太少，网络不能训练出来，或网络不"强壮"，不能识别以前没有看到的样本，容错性差；隐含层层数太多又使学习时间过长，误差也不一定最小，因此存在一个最佳的隐含层层数。神经网络需要高效的设计方法，研究中发现，增加层数可以进一步降低误差，提高精度，但同时也使网络复杂化，从而增加了网络权值的训练时间。而误差精度的提高实际上也可以通过增加隐含层中的神经元数目来获得，其训练效果也比增加层数更容易观察和调整。所以一般情况下，应优先考虑增加隐含层中的神经元数。在理论上究竟取多少个隐含节点才合适并没有一个明确的规定。在具体设计中，比较实际的做法是通过对不同神经元数进行训练对比，然后适当地加上一点余量，即在能够解决问题的前提下，再加上1~2个神经元以加快误差下降的速度。

有一个用于确定隐含层个数与隐含层神经元个数的算法，这个算法的实用性比较好。算法如下：

①令 $s=1$，s 为隐含层神经元的个数；

②用样本训练网络；

③当发现网络收敛时，训练结束，此时 s 就是所需要的隐含层神经元的个数，否则，$s=s+1$；

④判断 $s<s_{max}$ 是否成立，若成立则转 B，否则，增加一个隐含层，将新的隐含层神经元个数初始化为 1 并转 B。其中：

$$s_{max} = \text{int}(0.43mn + 0.12n^2 + 0.54m + 0.77n + 0.35 + 0.51) \quad (5-38)$$

式中　int( )——取整函数；

m，n——分别表示输入层和输出层神经元的个数。

6) 神经网络的训练

最初的 BP 训练算法，在实际应用时存在许多问题，如网络的麻痹现象、局部最小问题和阶距大小不当问题。后来提出了许多改进的训练算法，如附加冲量法、Levenberg-Marquardt 算法、改进误差函数法、自适应参数变化法和双极性 S 型压缩函数法等。BP 算法是建立在梯度下降基础上的反向传播算法。MATALB 神经网络工具箱针对神经网络系统的分析与设计，提供了大量可供直接调用的工具函数。把 n 个数值顺序送入输入层，通过前向过程得到一输出结果，将结果与目标模型进行比较，如果存在误差立即进入反向传播过程，修正网络中的各个权值以减小误差，正向输出计算与反向传播过程权值修改交替进行。为了更有效地训练网络，在训练前对训练集进行处理。为了提高系统的可靠性，需要大量的例子来进行学习训练，因此学习应该是动态和长期的过程。

(1) 训练参数、训练样本的确定。

预测系统程序由三部分组成：初始化、训练和仿真。先由函数为参数随机赋初值，之后进行网络的训练，即权值和误差的调整过程，规定训练次数和期望误差，当次数超过规定次数或误差达到要求，即停止训练，最后对样本进行仿真，将训练结果储存，用于对样本以外的数据进行预测。

为了能够清楚地表达网络的迭代学习过程，训练过程应给出误差曲线，当发现学习过程发散或陷入假饱和状态时，通过键盘终止程序执行。不同的初始权值及不同的隐含层节点数目，有着不同的迭代过程和误差。

该网络采用误差反向传播算法，指导思想是对网络权值 $w(i,j)$ 和阈值 $b(i,j)$ 的修正，使其误差函数沿负梯度方向下降。

由于系统是非线性的，初始值对于学习是否达到局部最小和是否收敛的影响很大，一个重要的要求是希望初始权在输入累加时使每个神经元的状态值接近于零，这样可保证一开始时不落到那些平坦区上，权值一般取随机数，而且权值要求比较小（这里要求各权重不大于0.3），这样可以保证每个神经元一开始都在它们转换（传递）函数变化最大的地方进行。

对于输入样本同样希望能够进行归一化，使那些比较大的输入仍落在神经元转换函数梯度大的地方。所以在预测系统中，对各输入参数无量纲化，使其最终值落于 [0, 1] 内。

权值和阈值的初始化，即给一个 (0, 1) 区间内的随机值初始化权值和阈值。在MAT-LAB工具箱中可采用函数initnw.m初始化隐含层权值 W_1 和 B_1。

采用三种学习规则对BP神经网络进行训练，依次为利用Levenberg优化规则的BP算法trainlm、标准BP算法trainbp、改进BP算法trainbpx。然后，对它们的学习效率进行比较，从中选择最有效的学习算法。对隐含层选取不同节点数进行多次训练，分别计算相对误差值和绘制误差曲线，确定学习效果最好的模型。采用训练好的BP网络，输入要预测的样本参数，就可以获得相应的预测结果。在设定网络的最大运行次数后，运用网络训练子系统进行训练，得到相应的误差精度。

（2）训练的基本步骤。

在设计BP网络时，只要已知输入变量、各层神经元个数和作用函数，就可以利用函数initff( )对BP网络进行初始化。函数trainbp( )、trainbpx( )、trainlm( )均可对BP网络进行训练，其用法是类似的，但采用的学习规则有所不同。函数trainbp( )采用标准BP算法，函数trainbpx( )采用动量—自适应学习率调整算法进行神经网络学习训练，可使网络收敛快、误差小。而函数trainlm( )采用了更有效的优化算法Levenberg-Marquardt法进行了改进，使学习时间更短、精度更高，只是学习时需要较大的内存空间。采用各种算法训练时的误差曲线分别如图5-36至图5-38所示。根据学习所得到的最优权值和阈值，利用函数sum( )输出结果来检验或作出预测。

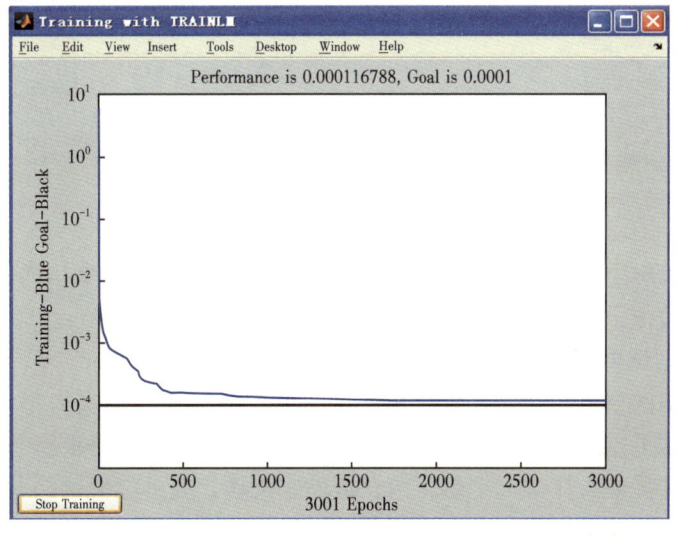

图5-36　TRAINLM训练法

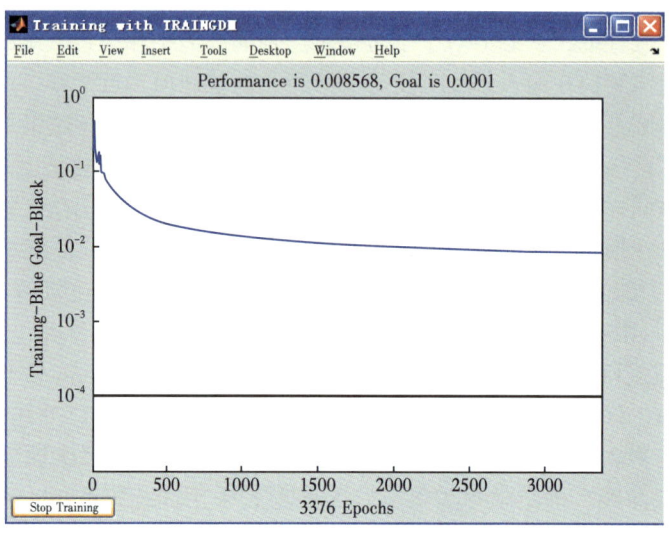

图 5-37　TRAINGDM 训练法

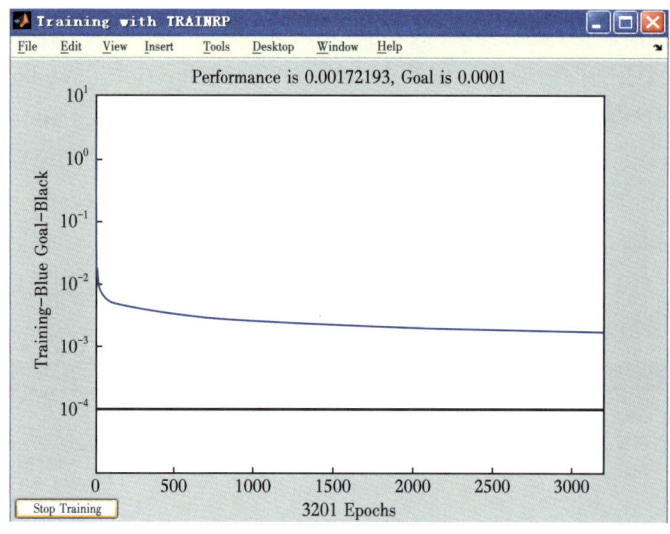

图 5-38　TRAINRP 训练法

从误差图可以看出，用 TRAINLM 优化算法的训练效果最好，TRAINLM 算法不但逼近效果好，而且收敛快，所用时间最少。

（3）BP 网络训练中注意的问题。

①重新对网络的权值初始化。有时由于网络的权值的初始值选得不合适，BP 算法将无法获得满意的结果，此时不妨重新设置新的权值初始值，让网络重新学习。

②给权值加些扰动。在学习中途，给权值加些扰动，有可能使网络脱离目前的局部极小点的陷阱，但仍然能保持网络学习已获得的结果。如果知道网络权值的分布范围，可以加上 10% 的扰动再进行训练。

③在网络的学习样本中适当地加些噪声,这也是加快学习速度和提高网络抗噪声的有效方法。在学习样本中加些噪声,这样可避免网络依靠死记的办法来学习。

④学习中可有允许误差。当网络的输出和样本之间的差小于给定的允许误差范围时,则对此样本网络不再修正其权值。采用对网络学习宽容的作法,可加快网络的学习速度。另外,也可以采取自适应的办法,即允许误差刚开始取大些,然后逐渐减小。

⑤恰当选择网络的大小。网络的层数尽量保持在 3 层之内,能不用多层,就不要给网络加层。因为在 BP 算法中,误差是通过输出层向输入层反向传播,层数越多,反向传播误差在靠近输入层时就越不可靠,这样用不可靠的误差来修正权值,其效果可以想象。另外中间层的节点数也不要选太多,太多的话,会使网络的学习时间太长。

⑥学习过程中,可以选用不同的学习规则进行交互训练,以提高网络的学习速度和结果可靠性。在本节中可以先用 L-M 优化规则进行训练,再用改进 B-P 算法进行训练。

21 世纪 20 年代以来,国家"两化融合"不断提升,人工智能、大数据、预测模型、数据传输等技术不断取得突破,"智慧气田"被提上日程,高含硫气田生产实现了数字化管理。对于现场的腐蚀控制而言,气田建设和生产运行的基础数据加之腐蚀监测和检测数据共同构成了腐蚀控制系统的基础数据,使大数据和现场腐蚀机理的腐蚀评价和预测模型不断提升准确性,实现了气田腐蚀控制和风险识别的自动化、信息化和智能化,不断为防腐方案提供调整依据,为管理者提供决策依据,确保气田安全高效开发。

第六章 完整性管理

第一节 完整性管理概述

管道完整性是指管道始终处于安全可靠的工作状态。其内涵包括管道在结构上和功能上是完整的；管道处于受控状态；管道管理者已经并仍将不断采取措施防止管道事故的发生。

管道完整性管理是指管道管理者为保证管道的完整性而进行的一系列管理活动，是目前被普遍认可和广泛采用的管理方式，是一个不断更新完善和持续循环的管理过程，不仅需要持续地管理、跟踪，而且必须建立审核和效能评估机制，对管道完整性系统进行定期审核和效能评价，分析其有效性和失效性，确保管道完整性管理系统始终高于法规的要求，并在"最佳执行标准"和"最佳实践方法"下运行，从而使管道的完整性管理水平达到较高水准。

20世纪70年代，管道完整性管理起源于美国，目前欧美等发达国家在长输管道上普遍实施开展。国内在2000年以后各管道企业基于管道风险管控的需要，陆续研发、试点和应用推广管道完整性管理技术。在三大国有石油公司推广应用中，中国石油管道板块在2004年开始研发长输管道完整性管理体系，2007年试点推广应用，覆盖5家专业管道公司和西南油气田分公司，西南油气田分公司也借此契机在2010年将完整性管理应用到集输管道，并向站场设备推广。中国石油勘探板块于2014年提出集输管道的完整性管理，2015年开始在多家油田公司试点完整性管理技术。中国海油以广东大鹏LNG和福建LNG作为试点单位，2015年完成试点后推广应用。中国石化也在管道储运分公司，天然气分公司、普光气田等推进管道完整性管理。

中国石油管道板块制订的完整性管理流程和技术要求较好地应用于长输管道，但由于集输与长输存在的较大差异，尤其是高含硫气藏的地面系统所独有的特点，无论从经济性还是技术上考虑，均无法照搬管道板块经验。为此，中国石油西南油气田分公司在高含硫气藏地面系统开展了多年实践，重点解决了以下问题：

（1）基础薄弱，数据缺失严重的问题。借鉴参考了管道板块的数据采集模式和方法，制订一套准确全面的适合集输地面系统的数据结构体系，明确数据收集的规范和标准，指导和规范基层单位的数据采集，并用5年时间完成了所有集输管道的数据恢复和采集工作。

（2）完整性检测核心技术缺失的问题。建立了长输、集输管道、站场静设备、站场动设备、安全仪表系统等初步覆盖地面系统的检测、测试、评价、监测技术体系，解决了大部分地面系统检测核心技术瓶颈问题，于2013年完成全部地面集输系统完整性管理的首轮循环，目前进入持续改进阶段。

（3）效能评价和审核问题，参照长输管道结合集输地面系统的特点加以改进，形成适宜的效能评价和审核体系，每年定期开展完整性管理审核工作。

西南油气田分公司通过持续开展管道完整性管理，对检测评价流程和技术进行优化并由内部检验机构开展大部分工作，"十二五"期间节约检测评价费用约1亿元，通过开展检测评价与预防性维修，管道类大修费用相对于2005年减少约一半。截至2022年长集输管道失效率控制在0.00049次/km，与2000年相比下降98.4%，与2015年相比下降88%；管道完整性管理审核评级从2007年的3级上升到7级，整体居于勘探板块地区公司领先水平，与专业管道公司处于同等水平。

第二节 完整性管理体系

一、完整性管理体系要求

1. 完整性管理的总体目标

实施全生命周期的完整性管理，保证地面集输系统安全、可靠、受控，避免重大安全、环境责任事故，包括：

（1）建立职责清晰的完整性管理体系，并持续改进；
（2）不断识别和控制地面集输系统风险，使其保持在可接受的范围内；
（3）通过科学维护延长地面集输系统寿命；
（4）防止出现由于操作和管理不当引起的泄漏或断裂；
（5）持续提升安全关键性资产的可靠性和可用率。

2. 完整性管理目标的设定要求

（1）应根据本单位组织结构和资产完整性管理的要求，在单位的各个层次分别设立相应的完整性管理目标，以指导资产完整性活动的实施和绩效评估。
（2）目标的设定应当满足明确、可测量、可接受、可达到、合理以及可跟踪原则。
（3）下级单位的完整性管理目标应满足总体目标的要求，并强调对风险的管理。
（4）目标的设定重点基于以下信息：
①标准推荐及其他组织的最佳实践；
②二级单位以往的绩效；
③持续改进的原则；
④事件学习；
⑤评审结果。
（5）管理者应和员工或相关者（包括相关部门、下属、承包商）共同商讨设定目标。
（6）应对设定的目标进行有效的沟通。

3. 完整性管理的工作原则

（1）在设计、建设、运行阶段融入完整性管理的理念和做法。

(2)建立负责地面集输系统完整性的管理机构、管理流程,配备必要的手段。

(3)根据地面集输系统特点实施分级分类的管理策略,保证完整性管理持续不断地执行。

(4)制订有针对性的资产完整性的关键绩效指标。

(5)进行完整性管理审核来验证和审核资产完整性管理体系的绩效和符合性。

(6)在地面集输系统完整性管理过程中不断采用各种新技术。

(7)科学制订风险可接受准则,采取经济有效的风险减缓措施,将风险控制在可接受范围内。

(8)基于风险管理的理念,实行集输站场风险分类分级的管理措施,实现站场的差异化管理。

(9)按照先重点、后一般,先试点、再推广的顺序开展完整性管理工作。

(10)在对风险分析和预测的基础上,整体规划、主动防护、动态调整,并以防控为主。

4. 合规要求

为了保证资产完整性管理的所有活动的开展符合法律法规的要求、适用的行业规范及标准,应当建立一个高效的合规保证体系(或标准体系)。该体系应识别法律法规的要求、适用的行业规范及标准,同时评估它们对企业完整性管理体系的影响,并跟踪其更新情况以进行相应的更新,合规性的相关信息应当在二级单位的相关层面上进行有效的沟通。

合规保证体系应涵盖以下几点:

(1)应识别所有法律、法规、适用的行业规范及标准等的要求;

(2)持续跟踪法规、适用的行业规范及标准等的要求,及时获得法律、法规和标准的更新信息,及时列出法律、法规和标准的更新清单;

(3)应包含向相应的外部主管部门汇报及登记的系统(如压力容器的检验等),用以澄清外部主管部门对汇报及登记的要求,确定报告及登记的模板和格式,强调汇报和登记的时效性、方法、渠道,明确汇报的责任,并验证报告提交的有效性;

(4)进行合规评估,用于确定企业与所适用的规章、行业规范及标准的符合性,对符合性要求进行识别,同时评估它们对企业完整性管理体系的影响;

(5)二级单位应对合规评估提供必要的支持,以便于评估人员获得足够的信息和资源,以确保评估的顺利进行,合规评估人员具备相关的专业知识;

(6)对不符合项采取了纠正和预防措施,包括制订纠正预防措施计划,计划的审核及批准和执行,对纠正和预防措施的结果进行评估。

5. 职责要求

完整性管理涉及地面集输系统运行的各部门,资产完整性管理的组织机构和职责要求如下:

(1)明确主管领导,负责并确保资产完整性管理体系的有效运行;

(2)有明确的资产完整性管理机构,配备足够的资源,落实责任部门及专人负责本单位资产完整性管理实施及有关协调工作,职责清晰;

(3)建立和完善本单位资产完整性管理组织体系,将管道和场站完整性管理的工作程序和工作标准纳入本单位的 HSE 管理体系文件；

（4）识别和分析内外部环境的变化，及时修正资产完整性管理体系文件，实现持续改进；

（5）按照实施资产完整性管理的总体目标，制订本单位资产完整性管理的目标、实施规划和年度计划，并组织实施；

（6）对本单位资产完整性管理实施效果进行内部审核，并积极配合外部专业机构的审查，及时纠正管理偏差；

（7）参加资产完整性管理培训，组织实施本单位完整性管理人员的培训以及资质和能力的培养。

（8）建立和维护本单位内部、二级单位间以及与外部的沟通交流，以使所有相关的员工都应获知所需要的完整性管理信息，掌握工作的方向和绩效要求，从而更有效地执行工作，同时通过与外部的沟通交流，促进完整性管理水平提高；

（9）站场完整性管理实行股份公司、油气田公司和厂（处）三级管理模式，具体职责见《中国石油天然气股份有限公司油气田管道和站场完整性管理规定》；油气田公司完整性管理应依据生产管理实际，确定管理层级和模式，细化管理内容和职责。油气田公司宜明确技术支撑机构，承担完整性管理相关业务技术支撑工作。

6. 分类分级管理要求

1）站场分类

按照处理规模、工艺类型、在集输气田中的工艺作用等因素，将气田站场划分为一类、二类、三类站场。油气田公司可结合自身实际，适当调整分类。气田站场分类见表 6-1。

表 6-1　气田站场分类表

类别		名称
站场	一类	处理厂、净化厂、天然气凝液回收厂、LNG 厂、提氦厂、储气库集注站
	二类	增压站
	三类	集气站、输气站、配气站、储气库集配站、脱水站、采气井站、阀室

2）设备设施分类

根据站场内设备设施承担功能的不同，将站场设备设施分为静设备、动设备、仪表系统（安全仪表系统和监测仪表系统等）。

站内设备设施按风险等级划分为高风险级、中高风险级、中风险级和低风险级四个等级。

二、全生命周期完整性管理

管道完整性管理是一个持续不断改进和完善的过程，完整性管理应覆盖管道系统全生命周期，将完整性管理理念和要求纳入管道系统建设阶段、运行阶段和停用阶段的各项活动，从而将管道运营的风险水平控制在合理的、可接受的范围内，保障管道安全运行。

全生命周期完整性管理是以管道安全为目标的系统管理体系，遵循系统性、完整性的原则，内容涉及管道设计、施工、运行、维护、监控、维修、更换、停用及再启用等全过程,贯穿管道系统的整个运营期。其基本思路是调动全部因素来提高、改进管道安全性,并通过信息反馈,不断完善。

管道系统全生命周期完整性管理将管道系统全生命周期划分为建设期、运行期和停用期三个阶段,完整性管理应根据每个阶段的特点明确不同的完整性管理要求和实施不同的完整性管理活动。

1. 管道系统建设期完整性管理

管道系统建设期完整性管理的原则是从源头融入完整性管理理念,在设计、施工、竣工验收过程中引入完整性管理的要求,为运行期完整性管理奠定良好的基础。

可行性研究和设计过程应采用高后果区识别和风险评价技术,识别高后果区和主要风险因素,以减少人口密集、环境敏感区段,并先期规避或减缓腐蚀、地质灾害、占压、第三方破坏等风险;通过人口密集区、环境敏感区等需要重点保护地段的管道,根据具体情况,可论证设置安全预警系统或泄漏监测系统;根据管道基本情况充分考虑后续开展管道检测对管道工艺的要求,配套设计相应的工艺设施。推荐采用智能内检测的管道应设置内检测器收发装置,管道设计应满足内检测器通过性要求;设计中应充分考虑城市、乡镇的发展规划对管道的影响。

施工过程应严格按照设计图纸进行施工,并遵循设计变更程序,控制设计变更数量,施工过程中要做好物资采购、质量监督和工程验收管理,确保施工质量;管道在工程交工验收前,应进行管道走向、埋深检测、防腐层及阴极保护检测,记录相关的检测结果和整改情况,并完成基线评价,对检测发现的缺陷应及时整改或修复,确保管道投运前的完整性。

竣工验收及移交过程的管道数据采集应遵循完整性管理数据采集要求,建设期数据采集的主要内容包括:管道属性数据,主要包括中心线数据、基础数据等;管道环境及人文数据,主要包括地理信息数据、侵占数据等;管道建造数据,主要包括阴极保护系统数据、设施数据等。当管道属性或环境数据发生变化时,应及时更新相关数据。

2. 管道系统运行期完整性管理

管道系统运行期完整性管理则是在运行阶段通过数据采集、高后果区识别和风险评价、检测评价、维修维护、效能评价等活动的循环实施,不断改进管道系统的安全性,最终实现安全平稳运行,并延长管道使用寿命的目标。

1)运行期完整性管理主要内容

(1)数据采集:结合管道竣工资料和历史数据恢复,开展数据采集、整理和分析工作。

(2)高后果区识别和风险评价:综合考虑周边安全、环境及生产影响等因素,进行高后果区识别,开展风险评价,明确管理重点。

(3)完整性评价:通过实施管道检测或数据分析,评价管道状态,提出风险减缓方案。

(4)维修维护:依据风险减缓方案,采取有针对性的维修与维护措施。

(5)效能评价:通过效能评价,评估完整性管理工作的有效性,实现完整性管理各环节的闭环管理,提升完整性管理水平。

2)运行期完整性管理实施

管道运行期完整性管理应根据不同管理对象,编制完整性管理方案,形成"一区一案"或"一线一案"等形式的完整性管理方案。方案应涵盖风险管理、检测评价和维修维护等内容,对完整性管理活动做出针对性安排,并应根据工作实施情况动态更新。

管道运行期完整性管理实施可进行分级分类管理,将管道系统依据类型、重要程度、主要风险因素等划分为不同类别,采用差异化的完整性管理策略实施完整性管理活动。

数据采集可通过建立完整性管理数据平台统一各类管道数据要求,并按时进行数据采集和录入,管道涉及的数据发生变化,应及时更新。

在数据采集的基础上,做好高后果区识别和风险评价,确定高风险级管道,并明确导致风险的主控因素;根据风险值选择检测范围,根据主控风险因素选择检测技术;进而根据检测评价结果采取相应的维修维护措施。非高风险级管道也应加强日常管理,以降低管道失效率、延长使用寿命。

高后果区识别和风险评价根据管道类别不同可采用不同的方法和技术,如含硫管道高后果区识别、定性/半定量/定量风险评价等。

完整性评价根据不同管道类别和主要风险因素可采用不同的检测技术,或将几种检测技术综合运用,主要技术包括内检测、外腐蚀直接评价、内腐蚀直接评价、压力试验及专项检测等。

维修维护应根据完整性评价的结果有针对性地实施,不同类别管道可制订差异化的维护计划,维护计划以削减风险为主。

效能评价既要对完整性管理方案的落实进行闭环管理,更要通过对各项完整性管理活动实施的组织、进度、质量、效果等进行评估,全面促进完整性管理提升。

完整性管理应当不断在各项活动中引进和试用各种新技术,促进完整性管理技术进步。

3. 管道系统停用期完整性管理

管道系统停用期完整性管理根据停用管道再启用的可能性应实施分类管理。不再启用的管道,应按照报废程序进行处置;需要再启用的管道按运行阶段完整性管理的要求执行,同样应开展数据采集、高后果区识别和风险评价、检测评价、维修维护、效能评价等完整性管理活动,重点要关注环境变化对管道可能带来的影响,完整性管理活动根据具体情况可以适当调整和优化,主要为停用管道再启用实施完整性管理提供数据更新和奠定基础。

值得注意的是,管道停用期间应采取合理的保护措施,并与运行的生产系统实现有效物理隔离。停用1年以上的管道需要重新启用时,需开展相关评估和压力试验,达到启用要求才能重新启用。

三、站场全生命周期完整性管理

站场完整性管理是一个持续不断改进和完善的过程,完整性管理应覆盖站场全生命周期,将完整性管理理念和要求纳入站场建设阶段、运行阶段和停用阶段的各项活动,从而将站场运行的风险水平控制在合理的、可接受的范围内,保障站场设备安全运行。

全生命周期完整性管理是以站场设备安全为目标的系统管理体系,遵循系统性、完整性的原则,内容涉及站场设备设计、施工、运行、维护、监控、维修、更换、停用及再启用等全过程,贯穿站场的整个运营期。其基本思路是调动全部因素来提高、改进站场设备安全性,并通过信息反馈不断完善。

站场全生命周期完整性管理将站场全生命周期划分为建设期、运行期和停用期三个阶段,完整性管理应根据每个阶段的特点明确不同的完整性管理要求和实施不同的完整性管理活动。

1. 站场建设期完整性管理

建设期分为规划设计阶段、工程实施阶段、验收阶段。

1)前期规划设计阶段

前期工作阶段中的可行性研究报告和初步设计,应结合安全、环境影响、职业病危害和地质灾害等专项评价,并根据运行期站场完整性管理的需要,编制完整性管理章节,开展站场风险评价(HAZOP、SIL),明确风险因素,提出有针对性的技术措施。

2)工程实施阶段

工程实施阶段应结合施工方案、后续生产运行、站场风险评价(HAZOP、SIL)的结果,有针对性地完善施工图设计和施工方案;应根据基本建设项目管理的相关制度,做好工程招标、合同签订、物资采办、工程开工、施工建设、工程质量监督、工程安全监督和完工交接等工作,并做好过程质量检验及数据采集,以满足运行期完整性管理工作的需要。

3)验收阶段

应按照相关规定、标准规范及完整性管理要求,进行站场及设备设施的验收。并做好站场及设备设施建设各阶段的数据收集,依据完整性管理的数据要求,对同一属性的数据项进行校验和整合。

2. 站场运行期完整性管理

1)总体要求

站场运行期完整性管理工作流程包括数据采集、风险评价、监/检测评价、维修维护、效能评价5个环节。通过上述过程的循环,逐步提高完整性管理水平。工作流程示意图如图6-1所示。

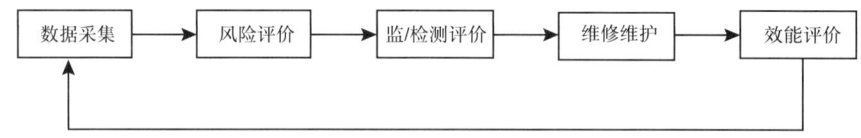

图6-1 气田站场完整性管理工作流程示意图

油气田公司应形成站场完整性管理方案,对年度完整性管理活动做出针对性计划和安排。

(1)数据采集:应结合站场竣工资料和生产运行与维修维护资料,进行数据采集工作,采集对象宜包括静设备、动设备、仪表系统,采集数据宜包括属性数据、工艺数据、运行数据、风险数据、失效管理数据、历史记录数据和监/检测数据等。

(2)风险评价:利用采集的数据,对站场内的静设备、动设备和仪表系统进行危害辨识，并对辨识的危害开展风险评价，确定站场内的高风险区域及关键设备，并提出站场监/检测工作建议。

（3）监/检测评价：根据风险评价结果，确定监/检测对象，制订站场监/检测计划；应针对监/检测对象、失效模式，依据相关标准，选择合适的监/检测设备和方法，制订现场监/检测方案并实施监/检测评价，提出站场维修维护工作建议。

（4）维修维护：应针对监/检测评价结果，确定维修维护对象，制订站场维修维护工作计划；依据相关标准，制订维修与维护实施方案，按照方案实施站场的维修维护工作，并做好过程的质量监控与数据采集工作。

（5）效能评价：针对完整性管理方案的落实情况，考察完整性管理工作的有效性，提出下一步工作改进建议。

2）站场完整性管理策略

一类、二类、三类站场的完整性管理策略见表6-2至表6-4。

对不同类别站场实施风险评价后，依据风险评价结果确定监/检测范围，并实施有针对性的监/检测评价，及时采取维修维护措施，使风险处于可控状态。

对于二类、三类站场，可按照区域完整性管理的方式执行。包括但不限于以下特征，可划分为一个区域：

（1）各站场处于一个开发区块或储层为同一储层；
（2）各站场均按标准化设计和标准化建设，工艺基本一致；
（3）各站场建成投产时间相差不宜超过一年；
（4）站场设备设施介质中主要危害性组分（毒性、易燃易爆、腐蚀性等）含量基本相同；
（5）设备设施主要材质类型（碳钢、低合金钢、高合金钢）相同；
（6）工况基本相同（温度、流量、压力等）。

表6-2 一类站场完整性管理策略

项目	设备分类	要求
风险评价	静设备	应开展 RBI 评价
	动设备	关键设备应开展 RCM 评价
	仪表系统	在建设期内宜开展 SIL 评价；运行期内每5年可开展一次 SIL 评价
	工艺安全	在建设期应开展一次 HAZOP 分析；在运行期重大工艺变更之前或每5年宜开展一次 HAZOP 分析
监/检测评价	静设备	(1)压力容器和压力管道应按相关标准执行检验。 (2)应根据 RBI 评价结果制订监/检测计划并执行
	动设备	宜根据 RCM 评价结果制订监/检测计划并执行
	仪表系统	(1)应按要求进行定期校验。 (2)宜根据 SIL 评价结果，制订整改措施
维修维护	静设备	应根据监/检测和风险评价结果，制订维修维护策略并实施
	动设备	
	仪表系统	

表 6-3　二类站场完整性管理策略

项目	设备分类	要求
风险评价	静设备	(1) 宜开展定性 RBI 评价。 (2) 在设备设施、工艺介质、工艺流程和外部环境类似的区域，可采用区域性的定性 RBI 评价
	动设备	关键设备宜开展 RCM 评价
监/检测评价	静设备	(1) 压力容器和压力管道应按相关标准执行检验。 (2) 宜根据 RBI 评价结果制订监/检验计划并执行
	动设备	宜根据 RCM 评价结果制订监/检测计划并执行
维修维护	静设备	应根据监/检测和风险评价结果，制订维修维护策略并实施
	动设备	

表 6-4　三类站场完整性管理策略

项目	设备分类	要求
风险评价	静设备	(1) 可开展定性 RBI 评价。 (2) 在设备设施、工艺介质、工艺流程和外部环境类似的区域，可采用区域性的定性 RBI 评价
监/检测评价	静设备	(1) 压力容器和压力管道应按相关标准执行检验。 (2) 应根据风险评价结果，结合腐蚀防护分析制订监/检测方案并执行
维修维护		应根据监/检测和风险评价结果，制订维修维护策略并实施

四、管道与站场完整性管理体系案例

以西南某油气田企业（以下简称"公司"）开展完整性管理为例，该下属单位按区域划分为数个气矿与研究院，其中包括专业负责安全研究工作的研究院。

公司将完整性管理的要素和工作标准纳入了公司 HSE 体系，并在此基础上建立了分公司管道及场站完整性管理体系。该体系文件主要包括了《公司管道完整性管理手册》《公司管道完整性管理审核系统》《完整性管理法规、标准体系》三个主要组成部分（图 6-2）。

1. 完整性管理法规、标准体系

公司完整性管理所需要用到标准、法律、法规等文件，并保证文件的时效性，便于查阅与使用，共收录了相关国际标准 119 个，行业标准 125 个，中国石油集团公司企业标准 64 个。

2. 管道完整性管理审核体系

为了确保公司完整性管理各项规定落实到位，督促各下属单位严格按照体系文件要求进行管道场站的管理，公司参照挪威船级社（DNV）的 AIMS 2008 资产完整性管理审核体系，于 2009 年编制了公司完整性管理审核体系，并于 2010 年进行了首次内部审核。

公司完整性管理审核体系相比 DNV AIMS 2008 体系，删减了部分考核指标，其删减的指标主要有以下项目：

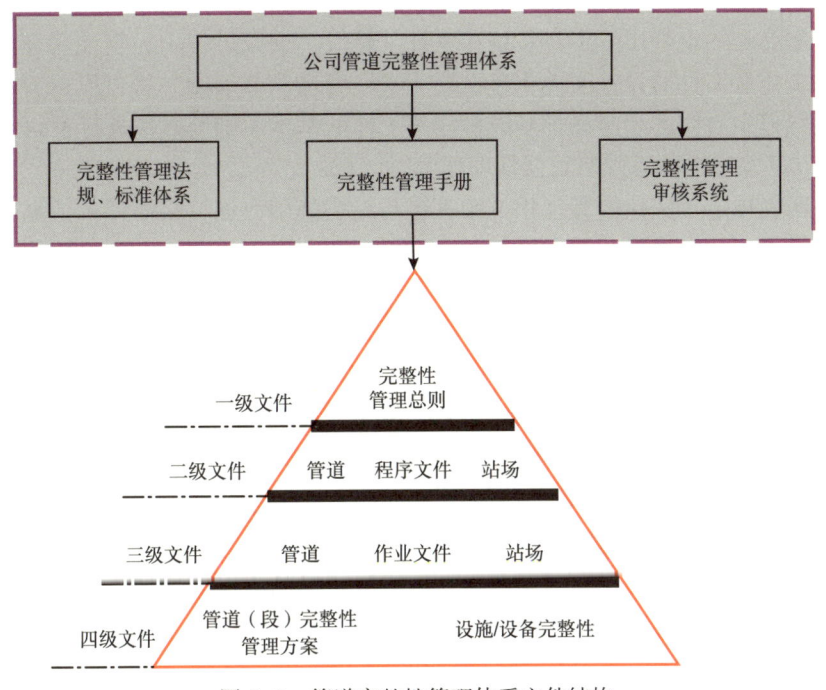

图 6-2 管道完整性管理体系文件结构

(1) 删减实际生产不涉及的管理部分，例如储罐等；
(2) 公司其他体系已经有专项要求的部分，例如文件控制、人事管理等；
(3) 添加了部分管道特有的管理要求，例如阴极保护保护率、失效率等指标。

每年完成完整性管理审核后，都会对完整性管理审核体系进行微调，通过数年的审核，目前已经删减多条不适用的项目与下属单位无自主管理权的项目，并且加入每年管道完整性管理具体工作完成情况的考核指标。

3. 管道完整性管理手册

完整性管理手册是完整性管理相关管理文件的合集，其中按文件层级共分为 4 个层级，其中一至三级文件是由公司统一下发，四级文件是由矿区等基层单位自行编制。

1) 一级文件

公司编制了《管道和场站完整性管理总则》，其明确了公司完整性管理方针与目标，指定了完整性管理主要负责部门各单位协调运作方式，以及对完整性管理的概念进行统一的阐述。

2) 二级文件

二级文件是指程序文件总共分为 8 个程序文件，相关文件及主要内容如下：
(1) 气田管道与站场完整性管理方案制订程序。

本程序主要是明确四级文件"完整性管理方案"的编制方法、流程与各单位职责，下有 3 个作业文件，分别针对重要管道、一般管道、气田站场的完整性管理方案编制具体要点与模板进行了约定。

(2)气田管道与站场建设期完整性管理程序。

本程序主要是约定气田管道与站场在设计、建设、交接过程中完整性管理相关工作要求,下有4个作业文件对设计文件中建设期完整性管理章节编制、管道投运前或投运初期基线检测、管道中心线测绘与站场基线检测等工作的基本原则与标准进行了约定。

(3)气田管道与站场运行期数据管理程序。

本程序明确规定了完整性管理相关的管道与站场基础数据、检测评价数据、日常维护数据等各项静态和动态数据收集、整理、入库更新的方式,便于统一完整性管理数据的收集,实现数据统一储存与管理,共有4个作业文件。

(4)气田管道与站场风险识别与评价程序。

本程序明确规定了管道高后果区识别、管道风险评价、站场危害识别、站场RBM评价等工作的管理流程、主要方法与结果要求,共有11个作业文件,明确了各类管道高后果区识别、管道风险评价、站场RBM分析等各种方法。

(5)气田管道与站场检测评价程序。

本程序明确规定了站场与管道各项检测评价的管理流程、推荐方法,以及各种检测评价方法的技术现场应用的要点与选用依据,以指导下属单位根据管理管道、站场实际情况选取相应方法。共有20个作业文件对20项常用的完整性管理检测评价方法的具体技术要求进行了明确规定。

(6)气田管道与站场维修维护程序。

本程序明确规定了维修与维护的管理流程、推荐方法,以及相应方法的技术要点与选用依据,以指导下属单位根据管理管道、站场实际情况选取相应方法。共有22个作业文件,分别对管道与站场的日常巡护、设备维护、日常检查、故障维修等进行了规定。

(7)气田管道和站场效能评价与审核程序。

本程序对完整性管理整体运行情况进行效能评价的方法进行了约定。

(8)气田管道和站场失效管理程序。

本程序明确了失效的上报、处理及记录的管理方式,明确了失效调查的要点,同时明确了公司失效数据库需要收集的相关资料与数据。

3)三级文件

三级文件即作业文件,是完整性管理作业文件、程序文件的补充和支持,描述程序文件中指引的某项工作任务的具体做法,共包括8个方面共68项。详细列表见表6-5。

表6-5 作业文件及分类列表

类型	作业文件
管道与站场完整性管理方案制订	(1)气田管道完整性管理一线一案编制
	(2)气田管道完整性管理一区一案编制
	(3)站场完整性管理方案编制
管道与站场建设期完整性管理	(1)气田管道与站场建设期完整性管理章节编制
	(2)气田管道建设期基线检测
	(3)气田管道测绘
	(4)站场建设期基线检测

续表

类型	作业文件
管道与站场运行期数据管理	(1)气田管道与站场运行期数据采集
	(2)气田管道与站场建设期数据采集
	(3)数据质量控制及入库
	(4)数据维护与更新
管道与站场风险识别与评价	(1)气田管道高后果区常规识别
	(2)气田含硫管道高后果区识别
	(3)站场工艺危害与可操作性分析（HAZOP）
	(4)气田管道定性风险评价
	(5)气田管道半定量风险评价
	(6)站场静设备 RBI 评价
	(7)站场区域 RBI 评价
	(8)站场动设备 RCM 评价
	(9)站场安全仪表系统 SIL 评价
	(10)管道与站场定量风险评价
	(11)管道地质灾害敏感点识别与风险评价
	(12)气田水管道高后果区识别
	(13)气田水管道风险评价
管道与站场检测评价	(1)气田管道内检测
	(2)气田管道外腐蚀直接评价
	(3)干气管道内腐蚀直接评价
	(4)湿气管道内腐蚀直接评价
	(5)气田管道穿跨越专项检测
	(6)气田管道压力试验
	(7)气田管道阴极保护系统有效性检测
	(8)气田管道杂散电流测试
	(9)气田管道防腐层检测
	(10)气田管道腐蚀监测
	(11)气田管道缺陷剩余强度评价
	(12)气田管道缺陷剩余寿命评价
	(13)管道应力检测
	(14)站场工艺管道检测
	(15)气田站场储罐检测评定
	(16)站场加热炉检测评定
	(17)工艺管道振动监测

续表

类型	作业文件
管道与站场检测评价	(18)站场井口截断系统测试
	(19)站场气液联动球阀测试
	(20)站场自控系统测试
管道与站场维修维护	(1)气田管道线路巡检
	(2)气田管道线路附属设施维护
	(3)气田管道监控设施运行
	(4)气田站场巡检
	(5)生产设施定点测厚
	(6)站场工艺管道检验维护
	(7)站场压力容器检验维护
	(8)站场阀门维护
	(9)增压机组维护
	(10)机泵维护
	(11)切断系统阀门测试
	(12)站场测温测压套检验维护
	(13)气田站场动设备运行状态监测
	(14)气田管道防腐层缺陷修复
	(15)气田管道本体缺陷修复
	(16)气田管道内腐蚀防护
	(17)气田管道清管
	(18)气田管道地质灾害治理
	(19)地质灾害敏感点监测
	(20)测温测压套测试
管道和站场效能评价与审核	(1)气田管道和站场完整性管理审核
	(2)气田管道和站场效能评价
管道和站场失效管理	(1)气田管道和站场设备失效数据采集
	(2)气田管道和站场设备失效数据分析

4) 四级文件

四级文件即完整性管理方案,完整性管理方案是规定特定完整性管理对象、内容、目标和要求的文件,是进行管道及场站完整性管理的依据。在程序文件完整性管理方案制订程序中对相应编制的方法和范围有明确要求。

4. 完整性管理体系文件的修订

公司的完整性管理通过挪威船级社(DNV)审核,确定长输管道部分完整性管理已达到了国内专业化管道公司相当的水平。之后公司将管理重心逐渐转移到提高集输管道完整性管理水平上来。2013 年、2018 年与 2023 年，公司分别对完整性管理手册进行了三次修订，在修订中增加了集输管道分级分类管理相关概念，并根据现行最新版标准，对各个程序文件与作业文件进行了修订，形成了新版本的完整性管理体系文件。

第三节 风险评价技术

一、概述

管道风险评价技术是最近 30 多年发展起来的管道安全评价技术，是指应用各种风险分析技术，综合度量风险对项目实现既定目标的影响程度，考虑所有风险综合起来的整体风险以及项目对风险的承受能力。简单来说，管道风险评价是指识别对管道安全运行不利影响的危害因素，评价事故发生的可能性和后果大小，综合得到管道风险大小，并提出相应风险控制措施的分析过程。

管道风险评价的目的是综合管道上各种失效风险发生的概率，对可能的风险进行评价，根据得到的风险值，综合考虑各种风险的后果，取得经济投入与可能的失效后果的损失之间的平衡，作出存在的风险是否可以接受的结论，为投入的控制和缓解风险方案的决策提供依据。管道风险评价的目的，概括起来可归为：识别出对管道系统完整性影响最大的风险因素，以便管道公司能针对这种风险进行排序，制订有效的预防、检测和减缓方案。

对高含硫气田的管道，往往需要对管道和站场开展定量风险评价技术，以确定管道和站场对环境的影响。

二、管道与场站定量风险评价技术

气田管道风险评价方法包括定性评价法、半定量评价法和定量评价法三种。其中定性法和半定量法相对定量法更粗略。高含硫气田管道由于其中硫化氢的高毒性，往往需要通过定量评价法确定管道风险大小。

定量评价方法是管道风险评价的高级阶段，是一种定量绝对事故频率的严密数学和统计学方法，是在失效概率和失效后果直接评价的基础上，通过综合考虑管道失效的单个事件，计算最终事故的发生概率和事故损失后果。由于评价输入数据准确严谨，且计算模型多采用广泛认可的模型，相较于其他风险评价方法其评价结果与现场实际往往更为吻合。

1. 评价流程

管道定量风险评价的基本工作流程如图 6-3 所示。

1) 数据收集与整理

应根据定量风险评价的目标和深度确定所需收集的资料数据。在定量风险评价过程中，前期需要收集的数据主要包括以下内容：

2) 管线的基础数据

包括设计资料、运行现状、阀室分布、高后果区识别结果、内检测数据以及外检测数据等。其中，阀室分布情况影响管道失效后介质泄漏量的计算结果，应调查清楚管道一旦

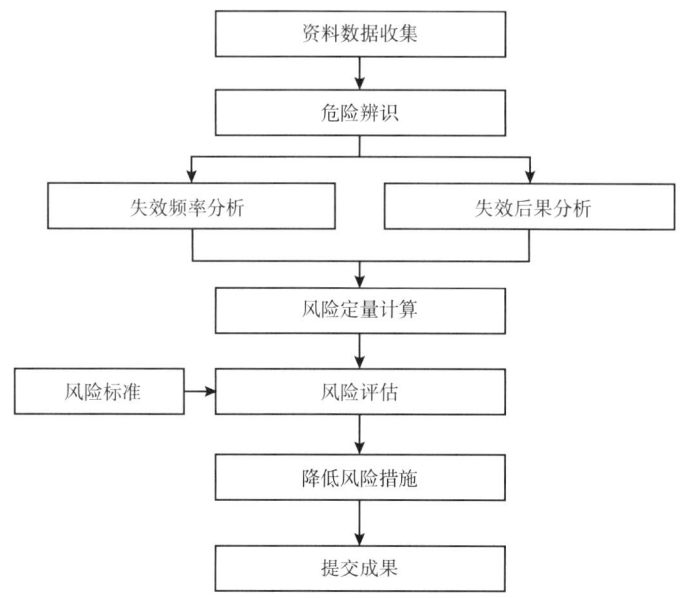

图 6-3 管道定量风险评价基本流程

发生失效后,上下游阀室采取截断措施的响应时间。

3)管道周边情况

主要调查目前管道周边的人口分布情况、幼儿园等特殊场所分布情况、点火源的分布、地形条件、表面粗糙度等。人口分布结果直接影响社会风险曲线。通过对管线周边特殊场所的调查,在管线走向图中标注作为研究点,可以计算该点的个人风险,从而确定是否满足我国个人可接受风险标准值的要求。表面粗糙度可以根据现场地形条件,从参考荷兰危险品防灾委员会(CPR)《定量风险评价指南紫皮书》8个推荐值中选取,该值影响蒸汽云扩散。

4)气象数据

包括定时风速和风向、日/夜平均温度、日/夜平均湿度、太阳高度角、总云量、低云量、太阳辐射等级、大气稳定度等。其中,定时风速和风向、总云量、低云量等专业气象数据需要从当地气象局获取。利用帕斯奎尔大气稳定度分级方法,基于上述原始气象数据,划分管线所在地的大气稳定度等级,用于定量风险计算。

5)修正系数指标数据

包括地质灾害、第三方损坏、设计与施工缺陷、运行与维护误操作、腐蚀等五类修正系数指标数据。该部分数据用于基础失效频率的修正计算。

2. 危险辨识

该环节主要有两个目的:一是识别管道的危险因素,判定管道是否需要进行定量风险评价;二是根据管线规格、历史失效数据等资料确定管线采用的泄漏场景。

1）危害介质识别与危险度判定

（1）危害介质识别。

天然气属易燃、易爆气体，与空气混合形成爆炸性混合物，遇明火极易燃烧爆炸，在相对密闭空间内有窒息危险。作为主要烃组分的甲烷属于《化学品分类和危险性公示通则》（GB 13690—2009）中的气相爆炸物质，其爆炸极限范围是5%~15%（体积分数）。按《石油和天然气工程设计防火规范》（GB 50183—2015），天然气的火灾危险性为甲类。

（2）危险度判断。

输送天然气管道的危险特性主要体现在以下几个方面：

①燃烧。天然气遇火源点燃后在空气中会剧烈燃烧，有可能发生喷射火、火球。

②扩散。天然气能以任何比例与空气混合。比空气轻的天然气组分逸散在空气中，顺风扩散，与空气混合易形成爆炸性混合物。比空气重的天然气组分会漂流到地面、沟渠等处，长时间聚集不散，遇点火源可能发生燃烧或爆炸。

③爆炸。天然气泄漏后遇空气混合形成爆炸性混合物后，遇点火源会发生燃烧或爆炸。

④毒性。含硫天然气具有毒性，伴随扩散作用其危害性更大。

危险度判定参考 Q/SY 1646—2013《定量风险分析导则》附录 A 规定的危险度评价法。该方法以研究对象中物料、容量、温度、压力和操作五项指标进行评定。每项指标分为 A，B，C，D 四个类别，分别赋予10分、5分、2分、0分，根据五项指标得分之和来确定该研究对象的危险程度等级，从而判定进行定量风险评价的必要性。

2）泄漏场景确定

在定量风险评价中，应包括对个人风险和社会风险产生影响的所有泄漏场景进行评价。泄漏场景的选择应考虑输气管道的运行状况、历史事故等。

泄漏场景根据泄漏当量孔径大小可分为完全破裂及孔泄漏两大类，有代表性的泄漏场景见表6-6。当设备（设施）直径小于150mm时，取小于设备（设施）直径的孔泄漏场景及完全破裂场景。

表6-6 典型的泄漏场景

泄漏场景	当量孔径（d_e）范围	代表值
小孔泄漏	0mm<d_e≤5mm	5mm
中孔泄漏	5mm<d_e≤50mm	25mm
大孔泄漏	50mm<d_e≤150mm	100mm
完全破裂	150mm<d_e	（1）设备（设施）完全破裂或泄漏孔径大于150mm； （2）全部存量瞬时释放

对于完全破裂场景，如果泄漏位置严重影响泄漏量或泄漏后果，应至少分别考虑管道前端、管道中部与管道末端三个位置。

对于长距离管道，应沿管道选择一系列泄漏点，泄漏点之间的间距建议选取50m，在周边人居发生显著变化的区域应适当增加密度，确保人居密度继续适当增加时，风险曲线不会显著变化。

当压力释放设施的排放气直接排入大气环境时(如:就地放散、冷放空),应考虑放空放散设施的风险,以压力释放设施设计最大释放速率进行场景模拟。

3. 失效频率及事故事件树分析

1)管道失效频率

管道失效频率定量分析是风险分析中的重点和难点问题。它的目的是研究管道的每个危害因子对输气管道失效泄漏频率的影响,其复杂性在于影响管道失效的因素众多,不同的危害因素有不同的影响途径和机理,同时,各种危害因素之间的耦合使其对管道失效频率的影响更加复杂。除了按照管道危害因素考察失效频率外,也可以按照不同管道线路、不同敷设环境、不同破裂尺寸等方面进行考察,这取决于管道管理者关注点的变化。

对失效频率的估计通常有三类方法:

(1)单纯以专业知识为基础估测事件频率,这种方法可对频率进行估测;

(2)以数据为基础,主要对管道的操作历史记录进行统计,找出规律;

(3)以逻辑为基础,构造事件之间或事件发生频率之间的因果逻辑模型(如故障树或事件树),并结合管道意外事件频率的估计来推算目标事件的频率。当操作数据不充足时,该方法用来直接估计稀少事故的频率。

频率的定量分析最理想的结果是通过统计数据得出事故的每一种影响因素的变化与频率的统计相关性,例如运行工况、运行年限、人口密度、土壤参数等影响因素与事故频率的相关性(单因素与多因素),但更为现实的结果是通过统计数据得到事故影响因素对事故的影响权重及事故发展趋势。

2)管道事故事件树分析

管道失效后有可能发生的事故类型以及各事故发生的频率分析采用事件树分析方法。该方法是归纳推理,从原因到结果,即沿着特定时间发生顺序正向追踪,随之描绘出逻辑关系图——事件树。在事件树中,分析起始于一特定事件(初始事件),再跟踪所有可能后续发生的事件,以确定可能要发生的事故。

管线失效后,从管线内泄放的易燃易爆有毒的气体可能产生各种不同的失效后果,对失效点附近的人员及财产将造成巨大的威胁。对于给定的管线,其失效后果的类型与气体泄漏源类型、管线运行状态、失效模式以及点燃时间(立即点燃或延迟点燃)等因素有关。

根据泄漏源面积的大小和泄漏持续的时间,泄漏源分为瞬时泄漏源和连续泄漏源:

(1)连续泄漏源:管道或容器上腐蚀或疲劳形成的裂纹或孔洞造成气体连续泄放的泄漏源为连续泄漏源,连续泄漏源具有长时间以较小泄漏量稳态泄放的特点。

(2)瞬时泄漏源:油气在储运生产中,管道或容器爆炸破裂瞬间,气体能形成一定半径和高度的气云团的泄漏源为瞬时泄漏源,瞬时泄漏源具有短时间大量泄漏特点,其泄漏时间远小于扩散时间。

气田管道失效事件树分析结果如图6-4所示。

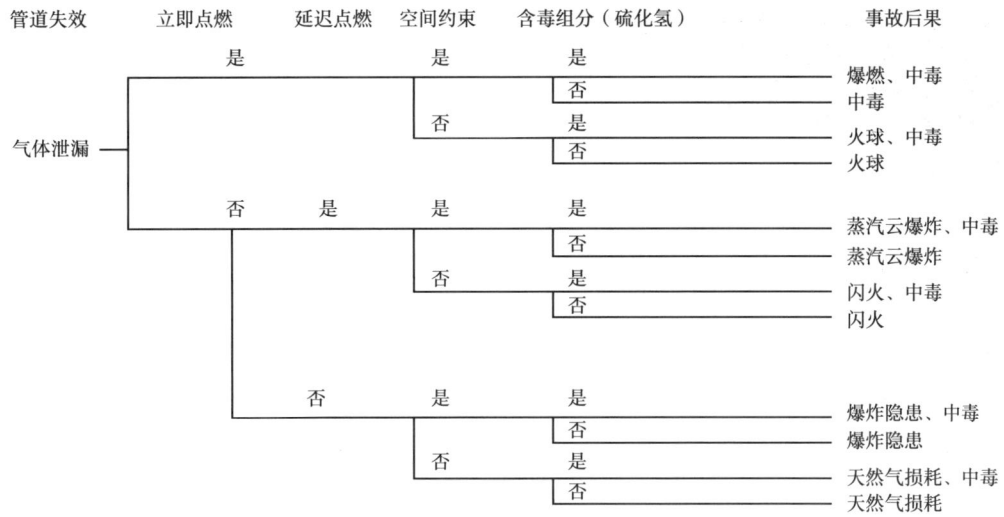

图 6-4 气田管道失效事件树分析

4. 失效后果计算

1）喷射火

输气管道高压天然气泄漏时形成射流,如果在裂口处被点燃,则形成喷射火。由于喷射火没有固定的几何形状,要准确计算出喷射火的长度和横截面尺寸难度较大,多数喷射火模型都假定火焰呈某一形状,进而简化模拟计算。

喷射火要通过热辐射的方式影响周围环境。喷射火的影响主要是取决于是否有人员暴露于火焰或特定的热辐射中。一般而言,人员暴露于 $4kW/m^2$ 的热辐射 20s 以上会感觉疼痛;$12.5kW/m^2$ 热辐射范围内木材燃烧,塑料熔化,4s 之内将达到正常人疼痛的极限;如果暴露于 $37.5kW/m^2$ 的热辐射,将导致人员立即死亡。

泄漏出的天然气,若在泄漏口遇火源,将形成喷射火焰。根据软件中 API RP 521 模式,假设喷射火焰在风力作用下呈近似弯曲香蕉形,并用火焰中心线上 10 个圆截面的半径(R)、圆心坐标(X,O,Z)、圆截面与水平方向的倾斜角(P_{hi})等特征参数来描述喷射火形状。喷射火焰实景及模拟示意图如图 6-5 所示。

（1）喷射火长度和宽度。

喷射火长度(L_f) 和宽度(d_f)分别由式(6-1)和式(6-2)确定。

$$L_f = \frac{d_u}{K_1} \tag{6-1}$$

$$d_f = \frac{d_u}{2K_1 b_2^{\frac{1}{2}}} \tag{6-2}$$

其 K_1 参考式(6-3)至式(6-5)计算:

$$K_1 = \frac{0.31\rho_{g,a}}{\sqrt{\rho_a}} \times \frac{b_1}{b_1+b_2} \times j_{st} \tag{6-3}$$

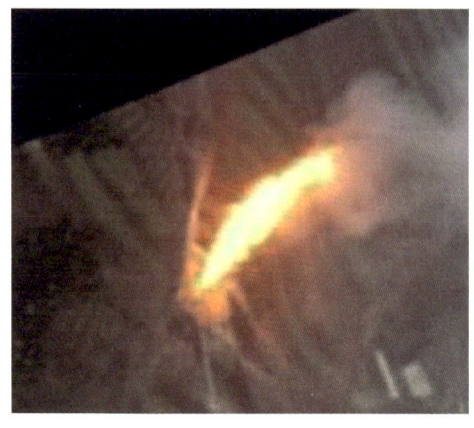
（a）实景图

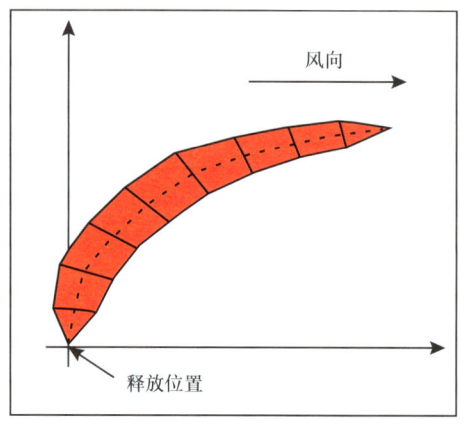
（b）模拟示意图

图 6-5 喷射火焰实景及模拟示意图

$$b_2 = 23 + 41\rho_{g,a} \tag{6-4}$$

$$b_1 = 50.5 + 48.2\rho_{g,a} - 9.95(\rho_{g,a})^2 \tag{6-5}$$

式中 $\rho_{g,a}$——大气压条件下气团密度，kg/m^3；

d_u——喷射口直径，mm。

（2）目标接受到的热辐射强度。

火焰周围空间任意点接受到的热辐射参考式（6-6）和式（6-7）计算 R_i：

$$R_i = V \times R_{essive} \tag{6-6}$$

$$V = \iint\limits_{S_1} \frac{\tau\cos(\beta_1)\cos(\beta_2)}{\pi d^2} dS_1 \tag{6-7}$$

式中 R_i——火焰周围空间任意点接受到的热辐射，kW/m^2；

V——视觉因子；

R_{essive}——火焰表面辐射强度，kW/m^2；

τ——大气透射系数；

β_1——火焰源表面倾斜角，（°）；

β_2——视角面倾斜角度（图 6-6），（°）；

d——空间某点距火焰任一微表面 S_1 的距离，m。

求得目标接受到的热辐射通量后，结合热辐射的伤害和破坏作用关系，即可求得喷射火产生的热辐射的伤害和破坏作用。

2）火球

火球是气态可燃物和空气的混合云团，处于可燃范围内时被一定量的引燃能点燃后发生的瞬态燃烧。它的热辐射计算经验和半经验模型之间的差别很大，尚没有能够全面准确描述火球发生、发展及其后果的计算模型。目前计算火球热辐射通量的模型主要有两种：固体火

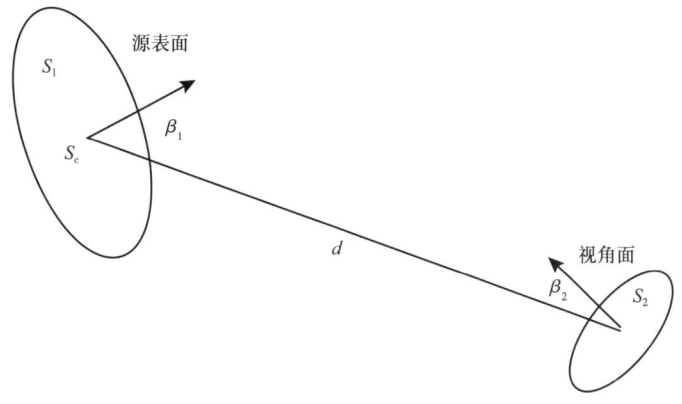

图 6-6　火焰表面与接受点位置关系

焰模型(假设火球表面热辐射通量与可燃物质量无关,为某一常数,通过实验测定)和点源模型(火球表面热辐射通量依赖于火球中的燃料质量、持续时间及火球直径大小等因素)。实验表明热辐射通量与火球大小有关,火球大小与管径、压力和介质质量等因素有关。定量风险计算给出的火球半径是火球导致人员死亡的影响距离,由于大多数情况火球半径小于蒸汽云爆炸影响半径,一般不单独纳入后果计算,故在此不进行详细介绍。

3) 蒸汽云爆炸

爆炸是物质的一种非常急剧的物理、化学变化,也是大量能量在短时间内迅速释放或急剧转化成机械能对外做功的现象。它通常借助于气体的膨胀来实现。从物质运动的表现形式来看,爆炸就是物质剧烈运动的一种表现。物质运动急剧增速,由一种状态迅速地转变为另一种状态,并在瞬间释放出大量的能量。

一般来说,爆炸现象具有以下特点:

(1) 爆炸过程进行得很快;

(2) 爆炸点附近压力急剧升高,产生冲击波;

(3) 发出或大或小的声响;

(4) 周围介质发生震动或邻近物质遭受破坏。

蒸汽云发生爆炸事故必须满足以下几个条件:

(1) 泄漏的物质必须可燃,而且具备适当的压力和温度条件。

(2) 必须在点燃之前,即扩散阶段形成一个足够大的云团。如果可燃物刚泄漏就立即被点燃,则形成喷射火焰。但如果泄漏物质经过一段时间的扩散形成了蒸汽云,然后被点燃,则会产生较强的爆炸波压力,并从云团中心向外传播,在大范围内造成严重破坏。据统计,绝大部分蒸汽云爆炸事故发生在泄漏开始后的 3min 之内。

(3) 局部蒸气云的浓度必须处于燃烧极限范围之内。

(4) 存在湍流。蒸汽云爆炸产生的爆炸波效应,是由火焰的传播速度决定的。火焰在可燃气云中传播得越快,云中产生的超压就越高,相应地,蒸汽云的爆炸波效应就得到增强。实验研究表明,湍流能够显著提高蒸汽云的燃烧速率,加快火焰的传播速度。一般来说,火焰都是以爆燃方式传播的,只有在非常特殊的条件下,才会出现爆轰。高速燃烧通常局限于障碍区域。一旦火焰进入无障碍区或无湍流区，燃烧速度和压力都将下降。

（5）存在足够能量的点火源。

对蒸汽云爆炸（VCE）事故进行定量分析的方法主要有两种：TNT 当量法和 TNO（Multi-Energy）模型法。一般情况下，采用 TNO（Multi-Energy）模型法计算蒸汽云爆炸。

泄漏的天然气若在泄漏口未遇火源，将在其自身动量和气象条件下与空气混合、扩散形成可爆云团（假定云团在空旷的地形环境下稀释和扩散）。若扩散后的天然气在爆炸极限范围内遇火源即发生爆炸。爆炸产生的强大冲击波达到一定值时，将对周围人员造成伤害、对周围设备造成破坏。

（1）人员伤害半径估算。

挥发出的蒸汽与空气混合形成蒸汽云，其浓度达到爆炸极限时，遇火源就能发生爆炸。为估算爆炸造成的人员伤亡情况，一种简单但较为合理的预测程序是将危险源周围划分为死亡区、重伤区、轻伤区和安全区。根据人员因爆炸而伤亡概率的不同，将爆炸危险源周围由里向外依次划分，见表 6-7。

表 6-7　爆炸伤害分区及分区标准

伤害分区	分区标准
死亡区	区域边缘处人员因冲击波作用而导致死亡的概率为 0.5，它要求的冲击波峰值超压为 100kPa
重伤区	区域边缘处人员因冲击波作用而严重受伤的概率为 0.5，它要求的冲击波峰值超压为 44kPa
轻伤区	区域边缘处因冲击波作用而轻伤的概率为 0.01，它要求冲击波峰值超压为 17kPa
安全区	安全区人员即使无防护，绝大多数人也不会受伤，死亡的概率几乎为零

（2）死亡区。

死亡区内的人员如缺少防护，则被认为蒙受严重伤害或死亡，其内径为零，外径记为 $R_{0.5}$，表示外圆周处人员因冲击波作用导致肺出血而死亡的概率为 0.5。

（3）重伤区。

重伤区内的人员如缺少防护，则绝大多数将遭受严重伤害，极少数人可能死亡或受轻伤。其内径为死亡半径 $R_{0.5}$，外径记为 $Rd_{0.5}$，表示该处人员因受冲击波作用耳膜破裂的概率为 0.5，它要求的冲击波峰值超压为 44kPa。

（4）轻伤区。

轻伤区内的人员如缺少防护，则绝大多数人员将遭受轻微伤害，少数人将受重伤或平安无事，死亡的可能性极小。轻伤区内径为重伤区的外径 $Rd_{0.5}$，外径为 $Rd_{0.01}$，表示外边界处耳膜因受冲击波作用而破裂的概率为 0.01，它要求冲击波峰值超压为 17kPa。

（5）安全区。

安全区人员即使无防护，绝大多数人不会受伤。安全区内径为轻伤区外径 $Rd_{0.01}$，外径为无穷大。

4）扩散中毒（H_2S、SO_2）

天然气中有毒的气体组分主要包括硫化氢、二氧化硫。

硫化氢具有极强毒性，为无色、可燃气体，具有典型的臭鸡蛋气味，冷却时很容易液化成为无色液体。硫化氢爆炸极限为 4.3%~46%，可溶于水、乙醇、二氧化碳以及四氯化碳等。硫化氢在空气中的最高容许浓度是 $10mg/m^3$；当空气中硫化氢浓度达 $10~300mg/m^3$ 时，可引起眼急性刺激症状，接触时间稍长会引起肺水肿；当硫化氢浓度介于 $300~760mg/m^3$ 时，可引发肺水肿、支气管炎及肺炎、头痛、头昏、恶心、呕吐；当硫化氢浓度不小于 $760mg/m^3$ 时，人会很快出现急性中毒，呼吸麻痹而死亡；人的绝对致死浓度为 $1000mg/m^3$。

二氧化硫也具有毒性，为无色透明气体，有刺激性气味，可溶于水、乙醇和乙醚。当空气中的二氧化硫浓度达到 $50mg/m^3$ 时，即可使人有窒息感，并引起眼刺激症状；当浓度达到 $1050~1310mg/m^3$ 时，人即便是短时间接触，也有中毒的危险；当空气中二氧化硫浓度达到 $5240mg/m^3$，会立刻引起人的喉头痉挛、喉水肿而导致窒息。

泄漏出的含硫天然气，若在泄漏口未遇火源，将在其自身动量作用下，与空气混合、扩散形成毒性云团。在泄漏过程中，受到气质条件、气象和气候、地形地貌、压力、管长、管径以及破裂面积、泄漏位置等因素的影响。在泄漏过程结束后，毒性云团将脱离泄漏点并向下风向移动，直至被空气完全稀释。

管道泄漏释放的天然气在大气湍流的影响下扩散到周围环境中。释放的天然气在周围环境中的浓度可以通过大气扩散模型进行计算。这些浓度计算结果对确定有毒气体是否会导致人员损伤是十分重要的。

如果气体混合体中含有有毒成分，则可用被稀释的该成分的毒性值及混合体的物理性质共同计算。即对含有硫化氢的原料天然气泄漏可以采用甲烷的物理性质模拟计算泄漏速率及扩散，而采用稀释后的硫化氢的毒性值计算其毒性影响。

当绝热扩散或湍流喷射扩散结束之后，若边界处硫化氢浓度还大于评价目标浓度，则还应选用中性毒性气体在风力作用下的高斯扩散模式，直至边界处硫化氢浓度小于或等于评价目标浓度。本节采用此方法模拟站场和管道的天然气泄漏有毒气体扩散。

中性毒性气体在风力作用下的高斯扩散模式如下：

（1）瞬时泄漏：

$$C(x, y, z, t) = \frac{2Q^*}{(2\pi)^{3/2}\sigma_x\sigma_y\sigma_z}\exp\left\{-\frac{1}{2}\left[\frac{(x-ut)^2}{\sigma_x^2} + \frac{y^2}{\sigma_y^2} + \frac{z^2}{\sigma_z^2}\right]\right\} \quad (6-8)$$

（2）连续泄漏：

$$C(x, y, z) = \frac{2Q}{\pi\sigma_y\sigma_z u}\exp\left[-\frac{1}{2}\left(\frac{y^2}{\sigma_y^2} + \frac{z^2}{\sigma_z^2}\right)\right] \quad (6-9)$$

式中 $C(x, y, z, t)$——瞬时泄漏时，给定点 (x, y, z) 和时间 t 的毒物浓度，mg/m^3；

$C(x, y, z)$——连续泄漏时，给定点 $(x、y、z)$ 的毒物浓度，mg/m^3；

Q^*——瞬时泄漏的物料质量，mg；

Q——连续泄漏的物料流量，mg/s；

u——平均风速，m/s；

t——瞬时泄漏时毒物的运行时间，s；

x——下风向距离，m；

y——横风向距离，m；

z——离地面的距离，m；

σ_x，σ_y，σ_z——x，y，z方向的扩散参数，m。

5. 定量风险计算

1）个人风险

个人风险（Individual Risk）代表一个人死于意外事故的频率，且假定该人没有采取保护措施，个人风险在地形图上以等值线的形式给出。

个人风险计算流程如下：

(1) 选择一个泄漏场景（LOC），确定 LOC 的发生频率 f_s。

(2) 选择一种天气等级 M 和该天气等级下的一种风向 ϕ，给出天气等级 M 和风向 ϕ 同时出现的联合频率 $P_M \cdot P_\phi$。

(3) 如果是可燃物释放，选择一个点火事件 i 并确定点火频率 P_i。如果考虑物质毒性影响，则不考虑点火事件。

(4) 计算在特定的 LOC、天气等级 M、风向 ϕ 及点火事件 i（可燃物）条件下网格单元上的致死率 $P_{个人风险}$，计算中参考高度取 1m。

(5) 计算（LOC，M，ϕ，i）条件下对网格单元个体风险的贡献。

$$\Delta IR_{s,M,\phi,i} = f_s \times P_M \times P_\phi \times P_i \times P_{个人风险} \quad (6-10)$$

式中　f_s——某个泄漏场景（LOC）的发生频率；

　　　$P_M \times P_\phi$——天气等级 M 和风向 ϕ 同时出现的联合频率；

　　　P_i——某个点火事件 i 的点火频率；

　　　$P_{个人风险}$——特定的 LOC、天气等级 M、风向 ϕ 及点火事件 i（可燃物）条件下网格单元上的致死率；

　　　$\Delta IR_{s,M,\phi,i}$——（LOC，M，ϕ，i）条件下对网格单元个体风险的贡献。

(6) 对所有点火事件，重复步骤(3)~(5)的计算；对所有的天气等级和风向，重复步骤(2)~(5)的计算；对所有 LOC，重复步骤(1)~(5)的计算，则网格点处的个体风险由公式(6-2)确定：

$$IR = \sum_s \sum_M \sum_\phi \sum_i \Delta IR_{s,M,\phi,i} \quad (6-11)$$

式中　IR——网格点处的个体风险。

2）社会风险

社会风险用于描述事故发生频率与事故造成的人员受伤或死亡人数的相互关系，是指同时影响许多人的灾难性事故的风险，这类事故对社会的影响程度大，易引起社会的关注。

社会风险一般通过 F-N 曲线表示（F 为频率，N 为伤亡人员数）。F-N 曲线表示可接受的风险水平——频率与事故引起的人员伤亡数目之间的关系。F-N 曲线值的计算是累加的，比如与"N 或更多"的死亡数相应的特定频率。社会风险计算流程如下：

(1)首先确定以下条件:
①确定 LOC 及发生频率 f_s;
②选择天气等级 M,频率为 P_M;
③选择天气等级 M 下的一种风向 ϕ,频率为 P_ϕ;
④对于可燃物,选择条件频率为 P_i 的点火事件 i。
⑤选一个网格单元,确定网格单元内的人数 N_{cell}。

(2)计算在特定的(LOC,M,ϕ,i)下,网格单元内的人口死亡百分比 $P_{\text{社会风险}}$,计算中参考高度取 1m。

(3)计算在特定的(LOC,M,ϕ,i)下网格单元的死亡人数。

$$N_{s,M,\phi,i,\text{网格}} = P_{\text{社会风险}} \Delta N_{s,M,\phi,i} \qquad (6\text{-}12)$$

(4)对所有网格单元,重复步骤(2)~(4)的计算,对(LOC,M,ϕ,i)计算死亡人数 $N_{s,M,\phi,i,\text{总}}$。

$$N_{s,M,\phi,i,\text{总}} = \sum_{\text{所有网格单位}} N_{s,M,\phi,i,\text{网格}} \qquad (6\text{-}13)$$

(5)计算(LOC,M,ϕ,i)的联合频率 $f_{s,M,\phi,i}$。

$$f_{s,M,\phi,i} = f_s \times P_M \times P_\phi \times P_i \qquad (6\text{-}14)$$

(6)对所有 [LOC (f_s),M,ϕ,i],重复步骤(1)~(6)的计算,用累计死亡人数 $N_{s,M,\phi,i,\text{累计}} \geq N$ 的所有事故发生的频率 $f_{s,M,\phi,i}$ 构造 F-N 曲线。

$$FN = \sum_{s,M,\phi,i} f_{s,M,\phi,i} \Delta N_{s,M,\phi,i,\text{累计}} \geq N \qquad (6\text{-}15)$$

3)风险评估

(1)可接受准则。风险可接受标准表示在规定时间内或者某一行为阶段可接受的总体风险等级,它为风险分析以及制订减小风险的措施提供了参考依据,应该在风险评价前就预先给出。风险评价中,被广泛接受和采用的确定风险可接受原则是最低合理可行原则(As Low As Reasonably Practical,简称"ALARP")。ALARP 原则要求尽可能降低风险,同时这样低的风险程度应该是能够实现的。

(2)个人风险和社会风险可接受标准。国家安全监管总局 2014 年第 13 号文《危险化学品生产、储存装置个人可接受风险标准和社会可接受风险标(试行)》中,规定了重大危险源可容许的个人风险和社会风险标准,分别由表 6-8 和图 6-7 给出。

表 6-8 个人风险可接受标准

防护目标	个人可接受风险标准(频率值)	
	新建装置(a^{-1})	在役装置(a^{-1})
低密度人员场所(人数小于 30 人):单个或少量暴露人员	$\leq 1 \times 10^{-5}$	$\leq 3 \times 10^{-5}$
居住类高密度场所(人数为 30~100 人):居民区、宾馆、度假村等。公众聚集类高密度场所(人数为 30~100 人):办公场所、商场、饭店、娱乐场所等	$\leq 3 \times 10^{-6}$	$\leq 1 \times 10^{-5}$

续表

防护目标	个人可接受风险标准（频率值）	
	新建装置（a^{-1}）	在役装置（a^{-1}）
高敏感场所：学校、医院、幼儿园、养老院、监狱等。 重要目标：军事禁区、军事管理区、文物保护单位等。 特殊高密度场所(人数不少于100人)：大型体育场、交通枢纽、露天市场、居住区、宾馆、度假村、办公场所、商场、饭店、娱乐场所等	≤$3×10^{-7}$	≤$3×10^{-6}$

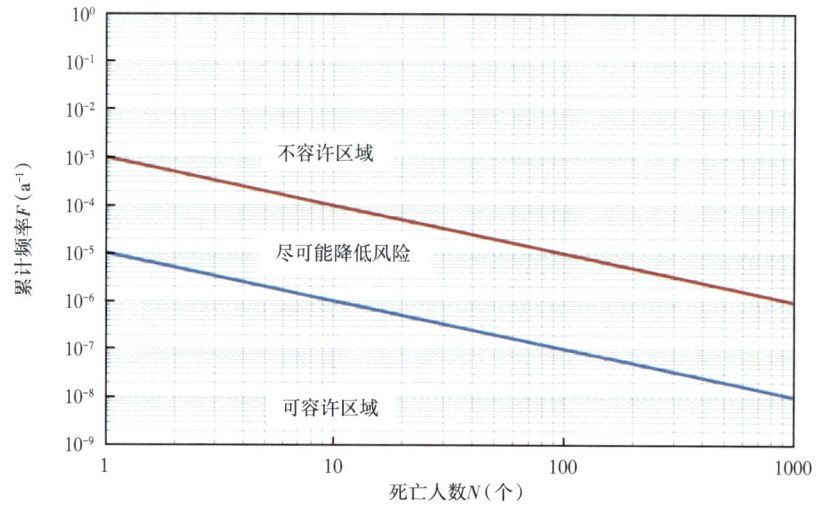

图6-7 社会风险可接受标准

三、高含硫气管道定量风险评价案例

1. 数据收集与分析处理

某含硫天然气管道输送介质为原料气，硫化氢约为4.5%（摩尔百分比）。管线规格为$\phi 406mm \times 12.5mm$，长17.8km，设计输气量$577 \times 10^4 m^3/d$，设计压力9.9MPa，运行压力6.12MPa。针对该管道某段长度约1.25km的管段开展定量风险评价。在管道顺气流方向右侧70m内有乡村公路，车流量较小。在管道两侧总共约有居民14户。在管道顺气流方向右侧80m内有小学一处，小学在校师生约有20人。现场调查结果见表6-9。

表6-9 管段沿线人口分布与点火源调查结果

类型	描述	数量
居民	约14户	约42人
特定场所	小学	约20人
点火源	公路	约5车/h
	输电线路	无

本次定量风险评价的大气稳定度采用中国现有法规中推荐的修订帕斯奎尔分类法(简记为 P·S),分为强不稳定、不稳定、弱不稳定、中性、较稳定和稳定六级。分别表示为 A、B、C、D、E、F。根据每个小时的太阳高度角、云量数据,确定每个小时的太阳辐射等级。根据每个小时的太阳辐射等级与该小时对应地面风速,确定该小时的大气稳定度等级。将全年观测数据按太阳高度角的正负划分为白天和夜晚,并分别计算出白天和夜晚,不同大气稳定度等级、不同风速、不同风向的出现频率(图 6-8)。

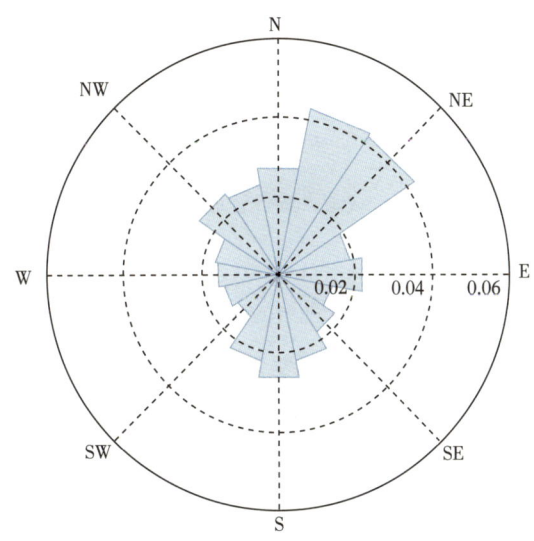

图 6-8 管道经过区域风向玫瑰图

2. 泄漏场景的确定

在定量风险评价中,应包括对个人风险和社会风险产生影响的所有泄漏场景评价。泄漏场景的选择应考虑集输管道的运行状况、历史事故等。本次定量风险评价采取两种典型的天然气管道泄漏场景:

(1)孔泄漏:取代表值 50mm。
(2)完全断裂:取管道外径,即 406mm。

3. 失效频率及事故事件树分析

参考 ASME B31.8S《气体管道的完整性管理体系》,将天然气管道的失效原因划分为第三方损坏、腐蚀、设计制造与施工缺陷、运行与维护误操作、自然与地质灾害五大类,构建的管道失效数据库录入的失效信息按照上述五大类划分。基于管道失效数据库获取管道历史失效频率作为基础失效频率,在此基础上结合半定量风险评价方法,分别通过管道现场调查对第三方损坏、腐蚀、设计制造与施工缺陷、运行与维护误操作、自然与地质灾害五项失效因素评分得到相应的失效可能性得分,将其转化为修正因子对基础失效频率进行修正,该方法结合了历史统计的管道失效频率和所评价管道的当前状况。

该管道定量风险评价中考虑的失效事件包括喷射火、火球、蒸汽云爆炸、硫化氢中毒。管线失效事件树由图 6-9 给出。

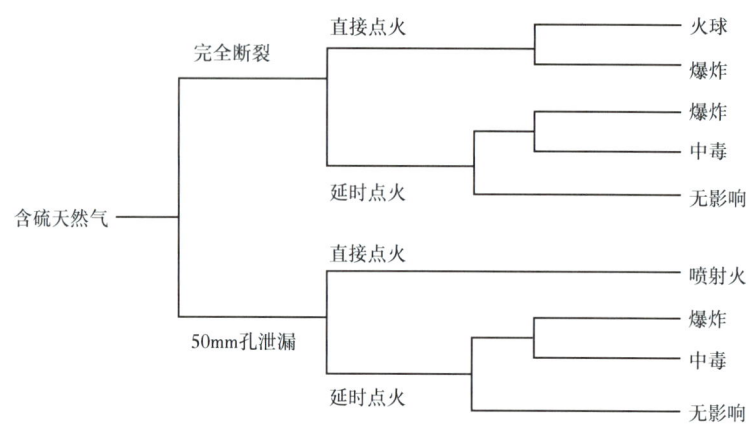

图 6-9 含硫天然气管道失效事件树

4. 失效后果计算

(1) 喷射火：其影响主要是取决于是否有人员暴露特定的热辐射值（表 6-10）。

表 6-10 含硫天然气管道失效后果模拟评价结果（喷射火）

喷射火影响范围（m）		示意图
$I_3 = 12.5 kW/m^2$（操作设备全部毁坏；人员 1% 死亡/10s）	65	
$I_2 = 25 kW/m^2$（人员重大损伤/10s）	60	
$I_1 = 35 kW/m^2$（人员 1 度烧伤/10s）	58	

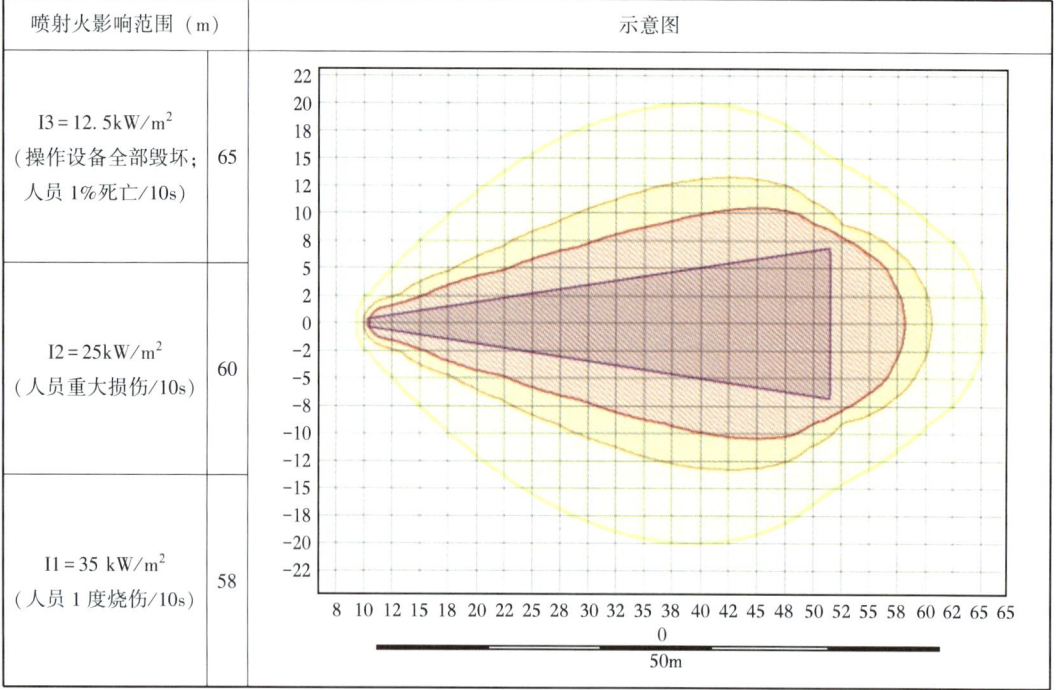

(2) 火球：其影响如图 6-10 所示，主要是取决于是否有人员暴露于火焰范围内，在火球半径内，假设死亡率为 100%，火球影响范围为 119m。

(3) 蒸汽云爆炸：若发生天然气大量泄漏，并在空旷地带形成可爆云团，遇火源发生爆炸。在荷兰危险品防灾委员会（CPR）《定量风险评价指南紫皮书》中设定超压 0.1bar 的范围中室外人员死亡率 100%，室内人员死亡率为 2.5%（表 6-11）。

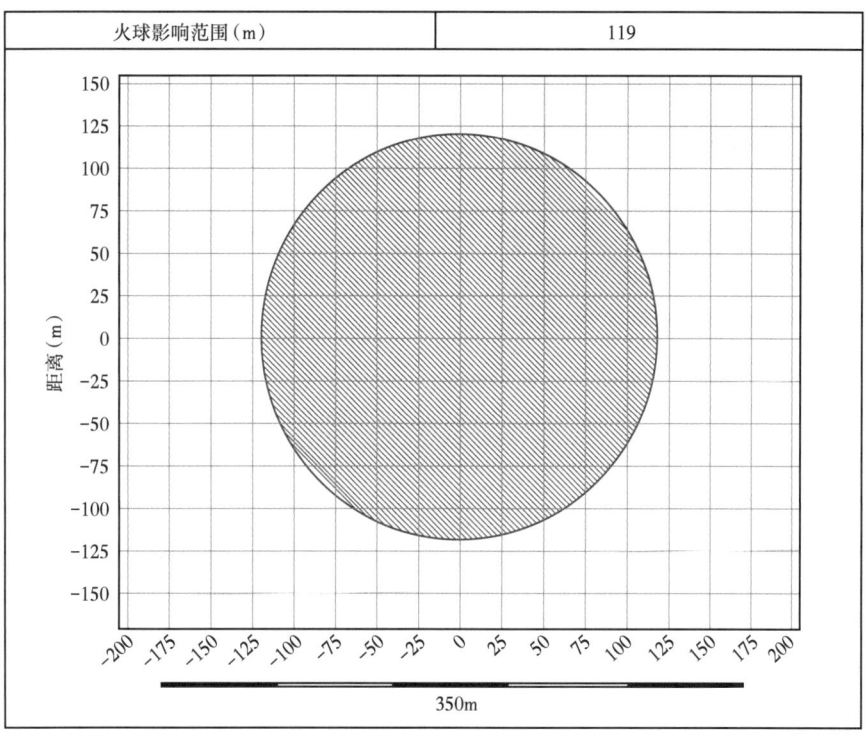

图 6-10　含硫天然气管道失效后果模拟评价结果(火球)

表 6-11　含硫天然气管道失效后果模拟评价结果(爆炸)

泄漏场景	0.1bar 超压爆炸半径(室外人员致死率100%)(m)
50mm 孔泄漏	160.8
完全断裂	606.5

(4)硫化氢中毒：泄漏出的含硫天然气，若在泄漏口未遇火源，将在其自身动量作用下，与空气混合、扩散形成毒性云团(表 6-12)。

表 6-12　含硫天然气管道失效后果模拟评价结果(H_2S 中毒)

泄漏场景	H_2S 中毒影响范围（1%致死率）	
	毒性云团长度(m)	毒性云团宽度(m)
50mm 孔泄漏	1068.7	58.8
完全断裂	2461.6	224.7

5. 风险计算

该管段个人风险与社会风险计算结果分别由图 6-11 给出。

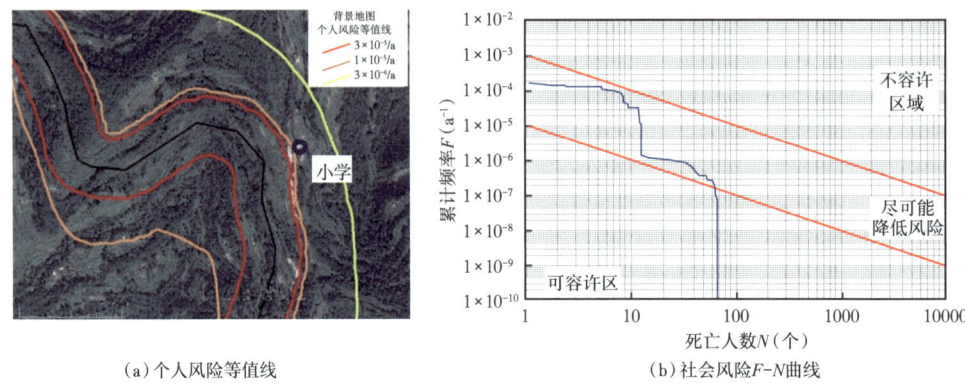

(a)个人风险等值线　　　　　　　　(b)社会风险F-N曲线

图6-11　个人风险和社会风险计算结果

6. 定量风险分析结果

参考国家安全监管总局2014年第13号文《危险化学品生产、储存装置个人可接受风险标准和社会可接受风险标准（试行）》中规定的重大危险源可容许的个人风险和社会风险标准，该管道定量风险结果为：

（1）个人风险评价结果：在$3 \times 10^{-6}/a$个人风险等值线内存在1处小学不满足个人可接受风险标准。

（2）社会风险评价结果：F-N曲线位于可容许区及尽可能降低风险区。

四、高含硫燃气站场定量风险评价案例

某高含硫站场于1990年10月建成投产，目前运行压力5.36MPa，处理气量$27.2 \times 10^4 m^3/d$。站场周边有镇政府办公室、小学、中学、幼儿园等，属于高敏感场所。考虑到该站集输介质高毒性和周边环境的复杂性，对该站进行了定量风险评价。

1. 概率估算

该站的泄漏概率由DNV专门计算泄漏概率的LEAK软件确定。

1）LEAK计算基本信息

LEAK的计算基于以下信息：

(1)泄漏介质（天然气）；

(2)泄漏介质的压力和密度；

(3)每个单元的泄漏源（阀门、法兰和仪表等）；

(4)已知部件的统计失效率和破孔尺寸种类；

(5)部件尺寸。

将上述信息输入程序，LEAK将计算定义单元的泄漏概率。

关于输送介质的压力以及组分的信息，来自工程项目的基础设计信息。每个单元的泄漏源（阀门、法兰和仪表等）由工程的P&ID图确定。

计算的泄漏概率分为如下三个类别：

小型（S）：$20\%A$；中型（M）：$50\%A$；大型（L）：$100\%A$。其中A为管径。

结合工程的实际情况,给出了工艺设备所用的泄漏孔径分类(代表性孔径)及相应的大小范围,详见表6-13。

表6-13 泄漏孔径分类

泄漏孔径分类	孔径范围(mm)	代表性孔径(mm)
小孔	1~10	5
中孔	10~50	25
大孔	50~150	100

2)泄漏概率结果

(1)主要工艺设备部件。

通过 P&ID 图,统计各个工艺系统可能泄漏段位的主要设备和部件,可参见表6-14。站场涉及气液分离器、管线、阀门、法兰等装置设备。泄漏失效事件概率计算结果见表6-15

表6-14 站内泄漏主要设备和部件

设备名称	规格	单位	数量
过滤分离器	PN9.5MPa DN600×4860	套	4
清管接收器	PN1.6MPa DN1000×3745	套	7
汇管	DN168	只	2
自动阀	DN150	只	3
手动阀	DN150	只	105
闪蒸罐	PN1.6MPa DN1000×3745	只	1
法兰	DN150	只	210

表6-15 站场泄漏失效事件概率计算结果　　　　　　　　单位:a^{-1}

设备名称	概率		
	小型	中型	大型
过滤分离器	$1.51×10^{-2}$	$3.11×10^{-3}$	$1.47×10^{-3}$
清管接收器	$4.91×10^{-2}$	$1.40×10^{-2}$	$7.69×10^{-3}$
汇管	$5.36×10^{-3}$	$2.08×10^{-3}$	$1.33×10^{-3}$
自动阀	$4.41×10^{-3}$	$3.68×10^{-4}$	$1.74×10^{-4}$
手动阀	$2.81×10^{-3}$	$1.84×10^{-3}$	$1.36×10^{-4}$
闪蒸罐	$2.16×10^{-3}$	$6.31×10^{-4}$	$2.24×10^{-3}$
法兰	$1.23×10^{-3}$	$2.79×10^{-3}$	$3.61×10^{-4}$
装置泄漏概率	$2.47×10^{-1}$	$3.75×10^{-2}$	$1.50×10^{-3}$

(2)站场泄漏概率修正。

泄漏概率的计算首先从设备基本泄漏概率开始,然后使用参数进行修正,一是设备修正系数(FE)，另一个是管理体系评估系数(FM)，通过对基本泄漏概率进行修正，从而可以尽可能地反映设备设施的真实状态和管理水平。

修正系数应反映识别出统计工艺设备和真实工艺设备之间的差异。设备修正系数主要强调设备状态及其作业环境，而管理体系评估系数主要强调对这些设备的管理情况。

API RP 581 就如何选取这两个修正系数给出了推荐方法。

①设备修正系数(FE)。

根据《定量风险分析导则》（Q/SY 08646—2018）附录 C 中设备修正系数的标准进行取值，见表 6-16 至表 6-21。

表 6-16 工厂条件系数表

工厂条件	类别	数值	取值
明显好于工业标准	A	-1.0	0
与工业标准大致相当	B	0	
低于工业标准	C	1.5	
明显低于工业标准	D	4.0	

表 6-17 冷天气运行系数表

冬季温度	数值	取值
4.5℃以上	0	0
-6.7~4.5℃	1	
-28.9~-6.7℃	2	
-28.9℃以下	3	

注：对于室外装置，冬季温度指最低日平均温度；对于室内装置，冬季温度是指最低室内温度。

表 6-18 地震活动性系数表

地震区	数值	取值
0 或 1	0	0
2 或 3	1	
4	2	

注：该数值以 GB 18306—《中国地震动参数区划图》给出的地震区为依据。

表 6-19 工艺连续性系数

计划内停车次数(a^{-1})	数值	非计划内停车 (a^{-1})	数值
0~1.0	-1.0	0~1.0	-1.5
1.1~3.0	0	1.1~3.0	0
3.1~6.0	1.0	3.1~6.0	2.0
>6.0	1.5	>6.0	3.0
取值	0	取值	0

表 6-20 工艺稳定性系数表

稳定性情况	数值	取值
比平均工艺更稳定	-1	0
工艺具有大致平均的稳定性	0	
比平均工艺较不稳定	1	
比平均工艺更不稳定	2	

表 6-21 泄压阀系数表

	泄压阀维护状态	类别	数值	取值
泄压阀维护系数	小于误期泄压阀的5%	A		-1
	误期泄压阀的5%~15%	B	0	
	误期泄压阀的15%~25%	C	1	
	大于误期泄压阀的25%，或缺少泄压阀维护程序	D	2	
	结垢趋势	类别	数值	
泄压阀结垢趋势系数	没有大量结垢	A	0	0
	有一些聚合体或其他结垢物质，有偶然在系统部分堆积历史	B	2	
	高度结垢，有在泄压阀或系统的其他部件上沉积物频繁堆积的历史	C	4	
泄压阀腐蚀工况系数	腐蚀工况		数值	3
	是		3	
	否		0	
泄压阀非常清理工况系数	非常清理工况		数值	0
	是		-1	
	否		0	

设备修正系数 FE 为 1.5。

② FM（管理体系评估系数）。

管理系统评价涉及工程所覆盖的所有区域，系统直接或间接地影响到工艺设备的机械完整性。从设施评价结果或运行装置管理系统的评价结果中推导出这个因子，用它来修正不同工艺安全管理系统的同类失效概率。采用系统评价因子来修正管理系统评价所包含的主题表（表 6-22），1000 分相当于工艺安全管理中影响机械完整的问题达到优秀。管理系统评价作为一个分析计算表，它由 101 个问题组成。

表 6-22 管理系统评价

项目	标题	问题数	总分值	打分值
1	领导和管理	6	70	38
2	工艺安全信息	10	80	38
3	工艺危害性分析	9	100	44
4	管理变更	6	80	28
5	操作规程	7	80	51
6	安全作业	7	85	48
7	做法培训	8	100	56
8	机械完整性	20	120	51
9	开工前安全审查	5	60	34
10	应急措施	6	65	37
11	事故调查	9	75	42
12	承包商	5	45	6
13	安全生产管理系统评价	4	40	27
总计	总计	101	1000	500

完整性管理评价系统与管理系统评价相比，分为 10 个程序和 34 个子程序，由 145 个问题组成，总分 2514 分，根据得分比评价管理部门的站场完整性管理水平，其中涉及本管道管理的问题共计 118 项，总分 2141 分，详细适用分值见表 6-23。

表 6-23 完整性管理系统评价

项目	子项目	问题数	总分值
一、领导与承诺	主管领导	5	110
	业务主管部门	5	122
二、计划及资源的总要求	资源分配	1	40
	计划制订	2	30
	管道完整性管理方案	7	128
	场站完整性管理方案	3	53
三、实施的总要求	实施维护的总要求	7	133
	实施检验的总要求	4	40
	工艺取样及分析	5	50
四、变更管理	程序	3	32
	工程及工艺变更	6	66
	文件变更	2	20
五、风险管理	目标和原则	2	40
	风险评估计划和执行	5	170

续表

项目	子项目	问题数	总分值
六、信息记录和数据管理	数据管理人员	5	60
	资产完整性记录	3	243
七、培训和能力	培训计划与培训需求	2	27
	培训实施	5	75
	培训效果度量	4	40
八、承包商	承包商管理	4	130
九、调查和跟踪	调查	3	70
	跟踪	5	100
十、站场完整性管理具体要求	总体要求	9	139
	工艺管道及管道附件	4	50
	压力容器	5	55
	压力泄放装置	3	20
	计量仪表	3	20
	转动设备	2	20
	阀门	4	58
总计		145	2141

比较上述两种管理水平的评价方法，完整性管理系统评价方法更符合管道管理单位的管理实际情况。因此本次采用站场完整性管理审核体系对本项目进行管理水平打分，采用最新一次完整性管理内审的得分1079分，得分率68%，其百分数 $X=68$。

管理体系评估系数 FM 和百分数 X 可通过公式(6-16)进行换算：

$$FM = 10^{1-X/50} \tag{6-16}$$

管理系统通过领导和行政管理、工艺安全、工艺危害分析、变更管理、作业程序、安全作业管理、培训、机械完整性、开车前安全检查、应急响应、事件管理、承包商管理、审核等获得管理体系评估系数，管理体系评估系数 FM 取 0.44，其反映的是基本的行业管理水平。通过管理体系评估系数和实际的检查表打分分数进行换算。

对所分析的设备进行基础泄漏概率计算后，通过修正的泄漏概率见表6-24。

表6-24 站内设施修正泄漏概率　　　　　　　　单位：a^{-1}

设施单元	概率		
	小型	中型	大型
集输站	5.98×10^{-1}	9.03×10^{-2}	3.62×10^{-3}

2. 事故后果模拟计算

重大泄漏事故模拟主要考虑可能发生的喷射燃烧、可爆云团爆炸和 H_2S 中毒所对应的影响范围。

本节采用DNV的软件来模拟管道发生火灾、爆炸事故的后果影响范围。DNV定量风险评价软件是由挪威DNV公司研究开发的用于石油天然气化工行业的定量风险计算软件。该软件目前在国内外已经被广泛使用，国内很多安全机构将该软件用于安全评估、安全设计报告中的事故后果模拟和定量风险计算。该软件主要由LEAK（概率计算）、PHAST（后果计算）和SAFETI（风险计算）组成。软件包括泄漏模块、扩散模块和后果影响模块（包括燃烧性和毒性）。

根据PHAST软件的计算模型，模拟的事故后果为：喷射火和蒸汽云爆炸。

站场装置区内法兰阀门泄漏、管线腐蚀泄漏、设备机体泄漏，都有可能引起工艺装置区火灾爆炸以及中毒事故。因此从预防和控制的角度出发，本节将对有可能发生天然气泄漏的事故进行定量模拟计算，为制订事故应急预案提供参考。

1）模拟条件

模拟站场发生天然气泄漏时，使用软件中LEAK释放模块，模型考虑了温度、压力、气质参数、气象条件及泄漏管道的破裂程度对气体释放的影响，并考虑了截断阀门对泄漏速率和泄漏量的影响，主要输入参数见表6-25。

模拟站场输送天然气的管道泄漏释放，软件运用了UDM气体扩散模式整合了泄漏、喷射扩散、烟羽离地升空、烟团、多烟团等模式，并消除了高斯喷射模型、远处高斯被动扩散模型等多个模型的相互干扰和不连续性，采用一致的浓度剖视图。

天然气从设备连接管道裂口处释放，在裂口处若即刻遇火源，将形成喷射火焰燃烧，其燃烧模式采用CON模式。若没即刻遇火源，将以湍流喷射的形式扩散；泄漏、扩散后的天然气并与空气混合形成可爆区域，遇火源产生爆炸，采用TNT当量模型进行蒸汽云爆炸模拟。

对扩散起决定作用的气象条件主要包括风速、大气稳定度、环境温度等，评估时根据当地常规气象条件，扩散模拟计算风速为1.0m/s和3.0m/s、稳定度为F（在此风速和稳定度下，不利于扩散，有相对较大的危险性）。本节评估选取了20%A、100%A作为泄漏口径进行计算（表6-25），根据当地地形条件，地面粗糙度为0.17。

表6-25 模拟参数

泄漏形式	生产规模 ($10^4 m^3/d$)	温度 (℃)	管径 (mm)	操作压力 (MPa)
20%A	27.2	22	168	5.45
100%A	27.2	22	168	5.45

2）喷射燃烧模拟

站场发生天然气水平泄漏事故后，若以最大泄漏速率泄漏，并在泄漏口遇火源，将形成喷射火焰。喷射火焰热辐射强度随下风向距离的增加而变化。人在4.0kW/m^2的环境下滞留20s（此时间内人可以逃离现场）只感觉疼痛，因此，一般以4.0kW/m^2（地面1m高处）出现的距离为未加保护人员超过20s会引起疼痛热辐射影响距离，12.5kW/m^2被视为数秒之内可能逃生的热辐射极限，暴露于37.5kW/m^2的热辐射，将导致人员在来不及逃生的情况下立即死亡，计算结果见表6-26。

表6-26 热辐射影响距离

破裂程度	火焰长度（m）	热辐射为 4.0kW/m² 影响距离（m）	热辐射为 12.5kW/m² 影响距离（m）	热辐射为 37.5kW/m² 影响距离（m）
20%A	29	51	39	30
100%A	104	233	164	122

3）蒸汽云爆炸危害模拟

若发生天然气大量泄漏，并在空旷地带形成可爆云团，其最大可爆云团在下风向遇火源发生爆炸，爆炸冲击波对应的影响半径计算结果见表6-27。

表6-27 云团爆炸冲击波影响半径

破裂程度	最大可爆云团爆炸冲击波影响			
	爆炸点距漏点距离（m）	100kPa 影响距离（m）	44kPa 影响距离（m）	17kPa 影响距离（m）
20%A	60	14	16	22
100%A	160	23	25	30

4）硫化氢扩散

释放出的含硫天然气，若自始至终未遇火源，将在其自身动量与气象条件下，与空气混合、扩散形成含硫化氢的毒性云团。开始阶段毒性云团在自身动量和气象条件下迅速向前移动，随着自身动量的消耗，其移动速度逐渐降低，当降低到风速时，其扩散速度将只受气象条件和地形的影响。

H_2S 泄漏后，在不同模拟气象条件下，不同浓度 H_2S（云团中心线浓度）影响距离及对应时间计算结果见表6-28。

表6-28 不同浓度 H_2S 影响距离及对应时间

破裂程度	风速 1m/s				风速 3m/s			
	100μL/L		300μL/L		100μL/L		300μL/L	
	距离（m）	时间（s）	距离（m）	时间（s）	距离（m）	时间（s）	距离（m）	时间（s）
20%A	36	2	9	1	35	2	8	1
100%A	194	13	62	1	205	15	63	2

由模拟计算结果可知，站场若发生完全破裂事故，造成的喷射火燃烧热辐射，在下风向122m的范围内热辐射强度达到 $37.5kW/m^2$，会造成人员死亡、设备毁坏；在下风向

164m 的范围内热辐射强度达到 12.5kW/m², 位于上述距离以内的未加保护人员, 若持续暴露 1min 以上会被严重烧伤, 设备设施将遭受严重破坏, 在下风向 233m 的范围内的热辐射强度达到 4.0kW/m², 在此范围内人员持续暴露超过 20s 会引起疼痛, 但不会造成生命危险。

若泄漏出的天然气延迟遇火将形成可爆云团, 可爆云团质量随下风向距离先增大后减小, 最远爆炸点距漏点距离为 160m, 爆炸冲击波死亡影响距离为 23m, 重伤影响距离 25m, 轻伤影响距离为 30m。若没有遇火源, 浓度为 100μL/L 的硫化氢扩散距离为 205m。

3. 定量风险计算

根据前文的气象概率、泄漏事故概率和事故后果, 结合周边人居情况, 根据《定量风险分析导则》(Q/SY 1646—2013)标准, 采用 DNV 的 SAFETI 软件进行定量风险计算模拟, 得出了个人风险和社会风险 (图 6-12 和图 6-13)。

图 6-12 站场个人风险等值线分析图

根据站场个人风险等值线分析图 (图 6-12) 可以看出: 在 1×10^{-6}/a 的个人风险等值线内有任何一场所因遭受意外死亡概率大于 1×10^{-6}, 居住类高密度场所和公众聚集类高密度场所长期生活未采取任何防护措施的人员遭受特定危害的概率是不容许超过此数值的, 该数值反映了危害的严重程度和个人受到危害影响时间, 该站场属于高密度场所超过了 1×10^{-6}/a。高密度场所(如学校、幼儿园、党政机关)的个人等值线要小于 3×10^{-7}/a, 但在 3×10^{-7}/a 的个人风险等值线内有小学、中学、镇党政机关, 超过了《定量风险分析导则》(Q/SY 1646—2013) 个体风险接受标准 3×10^{-7}/a, 因此该站场的个人风险是不可接受的。

该站场社会风险如图 6-13 所示。

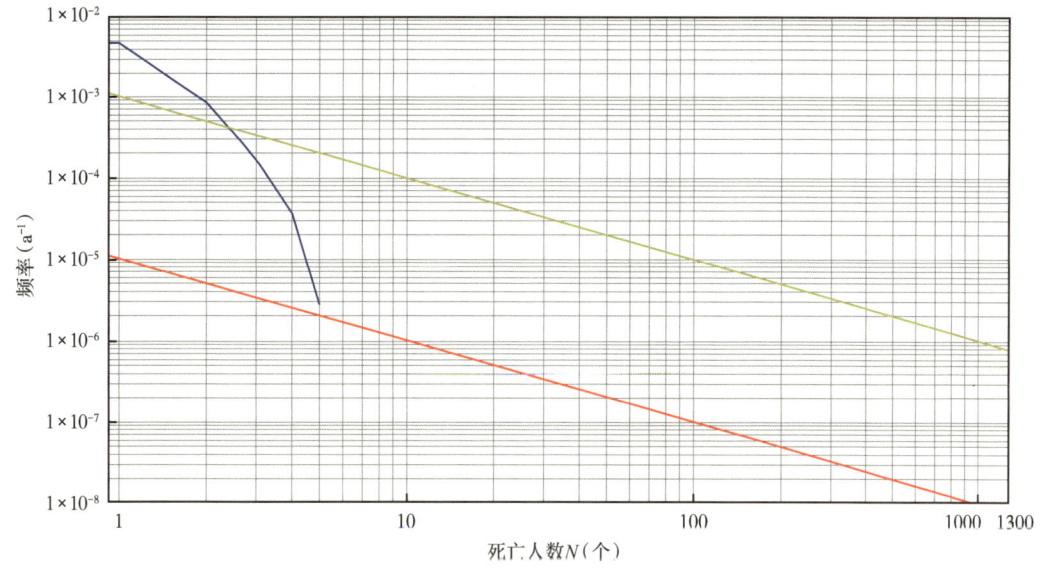

图 6-13 站场社会风险图

社会风险用于表示某项事故发生后，特定人群遭受伤害的概率和伤害之间的关系，反映的是危害的严重程度以及暴露于风险中的人数。从图 6-12 可以看出，社会风险产生了两个区域，蓝色的 $F-N$ 曲线有很小（三分之一）部分在"不容许"的区域范围，社会风险水平超过了容许最高上限，这部分内的风险太高，必须采取措施来降低风险。第二部产生在最低合理可行区域：风险至少应处于最低合理可行区域水平，在此原则下，减缓措施的优先性确定应该基于实现风险降低所对应的实用性和运行成本。因此该站社会风险是不可接受的，主要是因为附近有 4000~5000 口常住人口。

4. 敏感性分析

降低风险可从减小事故后果和泄漏概率两方面考虑：

（1）设备修正系数（FE）。

设备修正系数（FE）包括通用系数和工艺系数，通用系数分为工厂条件、冷天气运行、地震活动性；工艺系数分为工艺连续性、工艺稳定性、泄压阀。

①保证设备的安全运行，对设备定期腐蚀检测，若发现设备不符合生产运行的条件，立刻更换。

②保证放空火炬点火装置的正常运行。

③保证收发球筒设备的正常生产运行。

④保证设置的有效远程监控手段正常运行。

⑤保证设置出站自动截断阀正常运行。

⑥保证设置现场火气检测与主要生产区域的全覆盖防入侵设施正常运行。

⑦保证在站场的压力保护装置着重放到压力源的关断和保护，保证压力报警装置及关断功能的完好，以便检测管线泄漏及爆管。

在考虑了以上安全措施方面的因素后,建议设备修正系数(FE)取值为0.4。

(2)管理体系评估系数(FM)。

①设备变更,要备有书面的变更管理规程,保证增加的新设备或修改工艺的操作有章可循。

②工艺中化学品的变更及其参数调整(如进料、催化剂、溶剂等),工艺条件的变动(如操作温度、操作压力、产量等)要进行新规程编制,并进行培训。告知工艺变更区域所有的操作维修人员,并对其提供必要的培训。

③设备的特征变更,操作规程的重大变动(如开停车规程、装置定员标准或分工等,要对操作单位进行危险性分析,更新制订有关的操作程序变更,更新有关的维修程序及检测计划。

④及时修改工艺仪表流程操作范围的说明、原料安全数据表以及有关的工艺安全信息。

⑤重新审核工艺变更对上下游单位或相关设备的影响。

⑥定期加强对装置中所有压力容器采用无损检测技术进行一次内部或详细检测:设备外部条件、保温、油漆、涂层、支架、附件,还有认定机械损坏、腐蚀、振动、泄放、不合用的零件,若检测发生不合格项目应及时更换。

⑦管理系统通过领导和行政管理、工艺安全、工艺危害分析、变更管理、作业程序、安全作业管理、培训、机械完整性、开车前安全检查、应急响应、事件管理、承包商管理、审核等获得管理体系评估系数,管理体系评估系数 FM=0.38 反映的是基本的行业管理水平。通过管理体系评估系数和实际的检查表打分分数进行换算。

对所分析的设备进行基础泄漏概率计算后,采取安全措施后通过修正的泄漏概率见表6—29。

表6—29 站场采取安全措施后设施修正泄漏概率   单位:a^{-1}

设施单元	小型	中型	大型
泄漏概率	3.76×10^{-2}	5.70×10^{-3}	2.28×10^{-4}

对于站场泄漏,如果能迅速隔断泄漏点,可以有效地降低泄漏气体总量,即如果能确保 ESD 阀在泄漏发生后60s内隔断泄漏管段,泄漏气体的总量会显著降低。站场设备设施中分离器设备腐蚀穿孔可造成泄漏,若更换分离器可有效控制事故后果的影响范围;保障放空火炬远程点火装置系统正常使用;设置现场火气检测与主要生产区域的全覆盖防入侵设施;设置有效的远程监控等安全措施保护手段来降低事故后果,可以缩小个人风险等值线影响范围和进一步控制事故概率的发生,从而降低风险。

5. 结论

(1)《定量风险分析导则》(Q/SY 1646—2013)中规定,在 $1\times10^{-6}/a$ 的个人风险等值线内任何一场所因遭受意外死亡概率大于 1×10^{-6},居住类高密度场所和公众聚集类高密度场所长期生活未采取任何防护措施的人员遭受特定危害的概率是不容许超过此数值的,该数值反映了危害的严重程度和个人受到危害影响时间,通过对站场定量风险计算结果分析，站场的个人风险是不可接受的，主要原因是这个区域内产生了 $1\times10^{-6}/a$ 的个人风险等值线和在 $3\times10^{-7}/a$ 的个人风险等值线内分布有居住类高密度场所和公众聚集类高密度场所，涉及当地的小学、中学、镇党政机关。

（2）社会风险用于表示某项事故发生后，特定人群遭受伤害的概率和伤害之间的关系，反映的是危害的严重程度以及暴露于风险中的人数。通过对站场定量风险计算结果分析，站场社会风险 $F\text{-}N$ 曲线产生了两个区域，蓝色的 $F\text{-}N$ 曲线有很小（三分之一）部分在"不容许"的区域范围，社会风险水平超过了容许最高上限，这部分内的风险太高，必须采取措施来降低风险。第二部产生在最低合理可行区域：风险至少应处于最低合理可行区域水平，在此原则下，减缓措施的优先性确定应该基于实现风险降低所对应的实用性和运行成本。故站场的社会风险是不可接受的，主要是因为站场 500m 范围内有 4000~5000 口常住人口分布。

6. 建议措施

通过定量风险计算后，建议措施如下：

（1）目前站场已经生产运行多年，部分设备老化，来气管线进入站场的分离器设备目前检测发现壁厚变薄，有腐蚀穿孔的趋势，建议应及时更换出现问题的设备设施，保证站场不发生含硫天然气泄漏。

（2）站场的放空火炬远程点火装置系统目前无法正常使用，由于放空火炬远程点火装置发生故障后未及时维修，现阶段只能使用魔术弹点放空火炬，因为放空火炬离站场较远，无法用魔术弹及时进行点火，造成含硫天然气泄漏风险加大，建议立即对放空火炬点火装置进行故障维修，恢复自动点火装置功能，以保证远程点火装置能正常使用，并定期对放空火炬进行维护保养。

（3）收发球筒球阀经腐蚀检测有内漏现象，注水阀密封填料腐蚀穿孔，形成小针孔形状，造成收发球筒上的放空阀处于常开状态。目前这种状况造成民用管线生产运行产生风险，建议对该管线停产检修并整改。

（4）定期加强对站场装置中所有压力容器采用无损检测技术进行内部或详细检测；设备外部条件、保温、油漆、涂层、支架、附件，还有认定机械损坏、腐蚀、振动、泄放、不合用的零件。一旦发现设备有问题应立即更换。

第四节　检测评价技术

一、概述

国际管道研究委员会（PRCI）对输气管道事故数据进行了分析并划分成 22 个根本原因。22 个原因中每一个都代表影响管道的一种危险，应对其进行管理。事故原因中，有一种原因是"未知的"，就是说，是找不到根源的原因。对其余 21 种，已按其性质和发展特点，划分为 9 种相关事故类型。

针对不同的管道失效模式，应采取有针对性的检测方法。如对于材料的失效和制造、施工过程产生的缺陷,可以采用压力试验方法发现;对于外腐蚀缺陷以及部分第三方破坏,可以采用外腐蚀检测评价、内检测进行确定。输气管道 21 种事故原因分类及检测与评价方法见表 6-30。

表 6-30 管道事故原因分类

分类	危害因素	子因素	检测和评价方法
时间相关	外腐蚀	外腐蚀	外腐蚀直接检测评价内检测
	内腐蚀/磨蚀	内腐蚀/磨蚀	内腐蚀直接评价内检测
	应力腐蚀开裂/氢致损伤	应力腐蚀开裂/氢致损伤	应力腐蚀开裂直接评价内检测
	凹陷疲劳损伤	凹陷疲劳损伤	—
固有因素	与制管有关的缺陷	(1)管体焊缝缺陷; (2)管体缺陷	内检测
	与焊接/施工有关的因素	(1)管道环焊缝缺陷,包括支管和 T 型接头焊缝; (2)制造焊缝缺陷; (3)褶皱弯管或屈曲; (4)螺纹磨损/管子破损/接头失效	内检测 弱磁检测
与时间无关	机械损伤	(1)甲方、乙方,或第三方造成的损坏(瞬时/立即失效); (2)管子旧伤(如凹陷、划痕)(滞后性失效); (3)故意破坏	外腐蚀直接检测评价 内检测
	误操作	操作程序不规范	—
	自然与地质灾害	低温	—
		雷击	—
		暴雨或洪水	穿越专项检测
		土体移动	目视检测 内检测

采用管道检测、评价技术能够很好地摸清管道的在用状况,只需要相对较少的投入,有计划、有针对性地维护修理,就可以延长这些在役管道的使用寿命,避免或减少管道事故发生,科学预测未来的运行状况,指导现场人员经济、可靠地维护管道。

含硫场站承压设备采用的检测技术一般可分为目视检测和无损检测。

目视检测指通过人眼或借助某种目视辅助器材对被检物体进行检测。它是对缺陷(或不符合项)进行定性判断,也可以通过使用量具来确定缺陷参数。目视检测发现某些异常情况而不能判断缺陷性质和影响时,应当采用无损检测的方法进行检测。

场站检测中常用的无损检测技术见表 6-31。

表 6-31　场站设备的无损检测技术

序号	检测技术	选用的设备对象	检测的特征参数
1	超声波测厚	压力容器、工艺管道、埋地管道	腐蚀
2	超声导波检测	压力容器、埋地管道	
3	超声波 C 扫描法	压力容器、工艺管道、埋地管道	
4	数字 X 射线检测	工艺管道、埋地管道	
5	A 型脉冲超声波检测	压力容器、工艺管道、埋地管道	焊缝缺陷
6	常规 X 射线检测	工艺管道、埋地管道	
7	TOFD 检测	压力容器	
8	磁粉检测	压力容器、工艺管道、埋地管道	
9	渗透检测	压力容器、工艺管道	
10	金相检测	压力容器、工艺管道、埋地管道材料分析	
11	硬度检测	压力容器、工艺管道、埋地管道	
12	土壤电阻率测试	埋地管道	土壤平均电阻率
13	高压电火花测试	埋地管道	防腐层破损

本节针对高含硫气田管道和站场更易发生的内腐蚀风险，重点介绍内腐蚀缺陷的检测评价方法。

二、外检测技术

1. 管道超声导波检测技术

超声导波检测技术是近年来迅速发展起来的一种新兴的管道无损检测技术。它利用超声导波在管道介质中传播速度快、能量衰减小、频散较稳定的特点实现了对管道的大范围、快速、准确的检测。由于超声导波在管道中传播时会引起管壁中的所有质点的振动，使得声场遍及整个壁厚，因此管道内外的所有缺陷都可以被检测到。这不仅改变了传统无损检测方法逐点检测的方式，而且能够对有包覆层的管道与埋地管道进行完整的检测，大大降低了检测成本。

超声导波检测装置主要由固定在管子上的探伤套环（探头矩阵）、检测装置本体（低频超声探伤仪）和用于控制和数据采样的计算机三部分组成。探头套环由一组并列的等间隔的环能器阵列组成，组成阵列的环能器数量取决于管径大小和使用波型，环能器阵列绕管子周向布置。探伤套环的结构按管道尺寸采用不同节环——可以是一分为二，用螺钉固定以便于装拆（多用于直径较小的管道），或者充气式环（柔性探头套环），靠空气压力紧套在管子上（多用于直径较大的管道）。接触探头套环的管子表面需要进行清理但无须耦合剂，亦即除安放探头环的位置外，无需在清除和复原大面积包覆层或涂层上花费功夫，这也是超声导波检测的优点之一。超声导波探头套环上的探头矩阵架在一个探测位置，就可向套环两侧远距离发射和接收100kHz以下的回波信号，从而可在探头环两侧实现长距离的管壁100%全面检测；也可对难以接近的区域，如有管夹、支座、套环的管段，埋藏在地下的暗管，以及交叉路面下或桥梁下的管道等进行检测。

超声导波检测仪器的探头阵列发出一束超声能量脉冲，此脉冲充斥整个圆周方向和整个管壁厚度，向远处传播，导波传输过程中遇到缺陷时，缺陷在径向截面上有一定的面积，导波会在缺陷处返回一定比例的反射波，因此可由同一探头阵列检出返回信号—反射波来发现和判断缺陷的大小。管壁厚度的任何变化，无论内壁或外壁都会产生反射信号，被探头阵列接收到，因此可检出管道内外壁由腐蚀或侵蚀引起的缺陷，根据缺陷产生的附加波型转换信号，可识别出管道缺陷与外形特征（如焊缝轮廓等）。

超声导波检测得到的回波信号基本上是脉冲回波型，有轴对称和非轴对称信号两种，检测中以法兰、焊缝回波作基准，根据回波幅度、距离识别是法兰或管壁横截面缺损率的缺陷评价门限等，以及轴对称和非轴对称信号幅度之比可以评价管壁减薄程度，能提供有关反射体位置和近似尺寸的信息，确定管道腐蚀的周向和轴向位置。目前超声导波检测灵敏度可达到截面缺损率3%以上，即一般能检出占管壁截面3%以上的缺陷区及内外壁缺陷。

超声导波检测多采用A扫描图和C扫描图来进行缺陷信号显示：

（1）A扫描图的横坐标为超声导波在被检测材料中的传播时间（传播距离），纵坐标为超声导波反射波的幅值。由于超声导波能量会随着传播距离的增加而呈现指数衰减，所以回波幅值会随着传播距离的增加呈现指数衰减，远距离幅值较低的回波和近距离幅值较大的回波有可能是相同大小的缺陷，因此要绘制DAC曲线来作为参考标准。此外，缺陷的类型也会影响回波幅值大小，为了能够清晰地将缺陷回波分类，需要调整DAC曲线。超声导波系统一般设置了4种DAC曲线：

①法兰DAC（0dB曲线），管道端部或法兰为近全反射，即100%区域反射，也就是说，当用于检测的超声导波遇到法兰，超声导波会被全反射，形成一个100%反射的高波信号。法兰DAC被设置作为绝对参考灵敏度。

②焊缝DAC（-14dB曲线），表示被测管道横截面积有25%的缺损率对应-14dB的衰减，同时每个焊缝也会有少量的不同。

③-26dB曲线，表示被测管道横截面积有9%的缺损率对应-26dB的衰减，与管道端部反射率的5%（-26dB）相当；该曲线为判断异常的基线。异常接近但没有超过-26dB，一般被判定为小缺陷，超过-26dB为中等及以上缺陷。

④噪声DAC（-32dB曲线），表示被测管道横截面积有5%的缺损率对应-32dB的衰减，回波幅值在此线下的为噪声或者是很小的异常。

（2）C扫描图是对管道进行360°剖析，横坐标为超声导波在被检测材料中的传播时间或者传播距离，纵坐标为管道沿周向全面展开，用颜色来表示反射回波的幅值大小。

利用A扫描和C扫描对检测管道的缺陷回波信号进行分析，C扫描直观地显示出管道的缺陷在轴向上的分布，并且有助于判断周向上缺陷的个数；而A扫描不能判断缺陷在周向上的个数,有可能漏检同环上的缺陷,但C扫描没有A扫描定位精确,在工作中可以结合两种方式进行检测,更利于结果分析。

国内关于超声导波检测的标准有 GB/T 28704—2012《无损检测 磁致伸缩超声导波检测方法》,对通用的管道检测工艺作了基本规定,包括用对比试件来绘制距离—波幅曲线。该曲线由评定线和判废线组成,判废线由 9% 截面损失率的人工缺陷反射波幅直接绘制而成,评定线为判废线高度的一半,即减 6dB。评定线及其以下区域为Ⅰ区,评定线与判废线之间为Ⅱ区,判废线及其以上为Ⅲ区。但该标准明确说明未建立评价判据,所以缺陷的分级还应当参照其他有关标准。实际上,超声导波技术的理论和实验还在不断地发展当中,由于无法定量测试壁厚,通常被用作识别可疑区的快速的手段,然后再采用普通超声波测厚或其他 NDT 方法进行确认,这时就可以用相应的 NDT 技术标准进行缺陷评级。

导波检测数据的解释要由训练有素、特别是对复杂几何形状的管道系统有丰富经验的技术人员来进行。因此,最好把超声导波检测用作识别怀疑区的快速检测手段,对检出缺陷的定量只是近似的,因此在有可能条件下还应采用更精确但速度较慢的 NDT 方法进行补允评价确认。亦即采用两步法:先用导波快速检测管子,发现腐蚀减薄区,然后用普通直探头纵波法进行定量测定,取决于需要的精度及壁厚减薄的局部性或普遍性,也可直接用导波遥控法定量测定壁厚。

2. 超声相控阵检测技术

超声相控阵检测技术的应用始于 20 世纪 60 年代,目前已广泛应用于医学超声成像领域。由于该系统复杂且制作成本高,因而在工业无损检测方面的应用受到限制。近年来,超声相控阵技术以其灵活的声束偏转及聚焦性能越来越引起人们的重视。由于压电复合材料、纳秒级脉冲信号控制、数据处理分析、软件技术和计算机模拟等多种高新技术在超声相控阵成像领域中的综合应用,使得超声相控阵检测技术得以快速发展,逐渐应用于工业无损检测领域。

超声相控阵的基本原理为惠更斯—菲涅耳原理。当各阵元被同一频率的脉冲信号激励时,它们发出的声波是相干波,即空间中一些点的声压幅度因为声波同相叠加而得到增强,另一些点的声压幅度由于声波的反相抵消而减弱,从而在空间中形成稳定的超声场。超声相控阵换能器的结构是由多个相互独立的压电晶片组成阵列,每个晶片称为一个单元,按一定的规则和时序用电子系统控制激发各个单元,使阵列中各单元发射的超声波叠加形成一个新的波阵面;同样,接收反射波时,按一定的规则和时序控制接收单元并进行信号合成和显示。因此可以通过单独控制相控阵探头中每个晶片的激发时间,从而控制产生波束的角度、聚焦位置和焦点尺寸。

超声相控阵检测系统的作用是通过改变相控阵探头晶片的激发延迟产生超声波,同时将探索头送回的电信号进行放大,通过一定图像方式显示出来,从而得到被检工件内部有无缺陷及缺陷位置和大小等信息。

超声相控阵检测硬件系统主要包括超声发射部分和接收部分,目前国内外大型超声检测设备的系统设计方案主要有三种:发射与接收分离系统、发射与接收集成且发射与接收板集成、发射与接收集成但发射与接收板分离。

超声相控阵检测软件系统可以提供大量数据进行实时成像,有助于对缺陷判断和评定。通过软件编程的方式,可以对检测对象进行工艺仿真设计,提高检测方案的适用性。相控阵检测硬件系统组成示意图如图6-14所示。

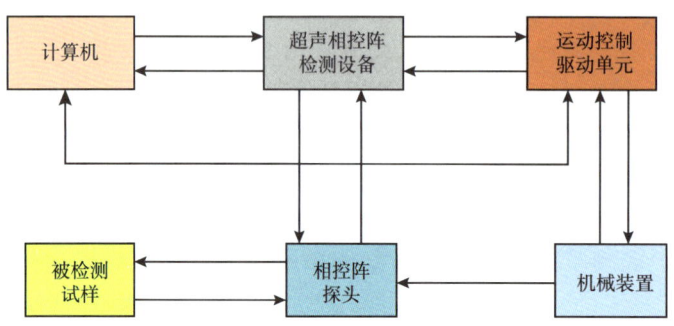

图6-14 相控阵检测硬件系统组成示意图

1) 衍射时差(TOFD)检测技术

超声波衍射时差法(TOFD)是一种通过超声波的尖端衍射来检测缺陷、通过波的传播时差来测量缺陷、通过信号的图像化处理来显示缺陷的新型超声检测技术。近年来TOFD技术因高可靠性、高精度、廉价,以及高效的优点,被广泛地应用于锅炉、压力容器、压力管道的检测中。

TOFD技术的基本原理为惠更斯原理,即超声波在传输过程中投射到一个异质界面,例如裂纹时,由于超声波振动作用在裂纹尖端上,将使裂纹尖端成为新的子波源而产生衍射波,这是一种球面波,其特点是没有明显的方向性;与镜面反射波相比,衍射波强度要弱得多。在缺陷端部发生衍射时,端点的形状对衍射有影响;端点越尖锐,衍射特性越明显,端点越圆滑,衍射特性越不明显。当端点圆半径大于波长时,主要体现的是反射特性。

TOFD方法通常是在焊缝两侧,将一对晶片尺寸、中心频率和折射率等参数相同的探头相向对称放置(入射角的范围通常是45°~70°),一个作为发射探头,另一个作为接收探头。发射探头发射的纵波从侧面入射到被检焊缝断面,在无缺陷部位,接收探头收到沿工件表面传播的直通波和底面反射波;而在有缺陷存在时,在上述两波之间,接收探头会接收到缺陷上端部和下端部的衍射波。通过测量衍射波传播时间,按照几何声学的原理可以计算出缺陷的尺寸和位置,如图6-15所示。理论和实验证明,如果两个衍射信号的相位相反,则在两个信号间一定存在一个连续不间断的缺陷,因此识别相位变化对于评定缺陷尺寸非常重要。

TOFD检测系统主要包括硬件系统和软件系统。硬件系统主要包括主机、TOFD检测扫查器、TOFD检测探头和TOFD检测校准试块。可以认为扫查器、探头和试块都是TOFD检测仪器的功能延伸,试块用来调校仪器、探头和扫查器的参数,探头负责将仪器的发射电脉冲转换成超声波进入检测工件,并将接收到的超声信号转换为电信号传给检测仪器。

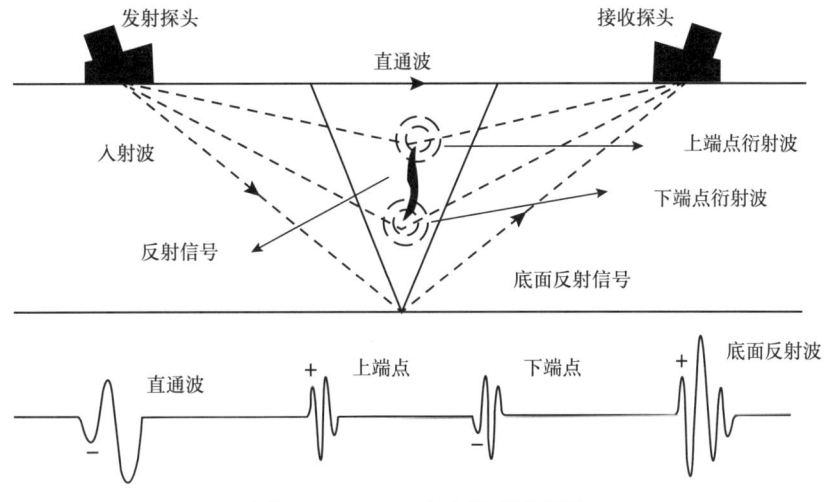

图 6-15 TOFD 方法原理示意图

2) 管体地面外检测技术

(1) NoPig 检测技术。

①基本原理。

在高频检测条件下,由于趋肤效应,信号电流分布在管壁外表,等效电流中心基本上与管道轴心一致;在低频检测条件下,信号电流分布与管体金属分布状态有关,等效电流中心偏离管道轴心,向金属分布重心偏移。如果金属腐蚀发生在管道下部,则等效电流中心偏移;如果金属腐蚀发生在管道左侧,则等效电流中心向右侧偏移。因此,可以依据高、低频检测条件下等效电流中心相对偏移情况来判断管体腐蚀缺陷的位置。

②方法的特点。

该检测技术适用于无法清管的油气管道,但只能检测关于管道轴线非对称的金属损失,不能检测管壁厚度均匀减薄的情况。

(2) 无接触式磁应力层析成像技术(MTM)。

①基本原理。

这是基于磁法检测手段与金属磁记忆检测原理相结合的技术。它利用铁磁性物质的应力形变使其磁化状态发生变化的"磁致伸缩"逆效应,对管道磁场异常信号进行识别,确定管道局部应力水平,从而评估得到缺陷的类型、位置等信息。

②技术特点。

该技术方法不与管道接触、不需要清管,适合于检测管道应力集中区,能够识别管体损伤、焊缝裂纹、腐蚀等缺陷。

(3) 瞬变电磁技术(TEM)。

①基本原理。

在稳定激励电流作用下,瞬变电磁法的测量装置中的发射回线周围建立起一次磁场,瞬间断开激励电流便形成一次磁场"关断"脉冲。这一随时间陡变的磁场在管体中激励起随时间变化的"衰变涡流",从而在周围空间产生与一次磁场方向相同的二次"衰变磁场"；二次磁场穿过接收回线，在回线中激励起感生电动势，从而可以观测到二次磁场衰变曲线—瞬变响应。管体厚度在瞬变响应中具有时间上的可分性，因此成为管道腐蚀检测的方法基础。

②技术特点。

a. 通常可以 0.2~0.5m 的采样步距连续检测，并覆盖整个被检管段；

b. 可以检测管道壁厚、应力集中、人为损伤等缺陷。

(4) 泄漏检测技术。

目前较为成熟的技术是压差法和声波辐射方法。前者由一个带测压装置仪器组成，被检测的管道需要注以适当的液体，泄漏处在管道内形成最低压力区，并在此处设置泄漏检测仪器；后者以声波泄漏检测为基础，利用管道泄漏时产生的 20~40kHz 范围内的特有声音，通过带适宜频率选择的电子装置对其进行采集，再通过里程轮和标记系统检测并确定泄漏处的位置。

三、内检测技术

管道内检测技术是将各种无损检测（NDT）设备加载到清管器（PIG）上，将原来用作清扫的非智能 PIG 改为有信息采集、处理、存储等功能的智能型管道缺陷检测器（SMART PIG），通过清管器在管道内的运动，达到检测管道缺陷的目的。

内检测器按功能可分为用于检测管道几何变形的测径仪、用于管道泄漏检测的检测仪、用于对因腐蚀产生的体积型缺陷检测的漏磁通量检测器、用于裂纹类平面型缺陷检测的涡流检测仪、超声波检测仪，以及以弹性剪切波为基础的裂纹检测设备等。

1. 漏磁检测技术（MFL）

漏磁检测是建立在铁磁材料的高磁导率这一特性之上，其基本原理为：材料缺陷处的磁导率远小于钢管的磁导率，当在外加磁场作用下被磁化后，若材料无缺陷，磁力线就封闭在材料中，此时磁力线均匀分布；当表面有缺陷时，磁通路变窄，磁力线发生变形，部分磁力线将穿出表面产生漏磁，检测被磁化材料表面逸出的漏磁通，就可判断缺陷是否存在，通过分析磁敏传感器的测量结果，即可得到缺陷的有关信息。

由于检测传感器不能紧贴被检测表面，不可避免地存在一定的提离值，从而降低了检测灵敏度；同时，由于采用传感器检测漏磁场，不适合检测形状复杂的试件。主要的漏磁检测技术如下：

1）轴向漏磁检测技术

轴向磁场检测技术发展历史较长，技术比较成熟，应用较为广泛，目前仍是大部分检测公司最常用的检测技术。

三轴高清漏磁内检测技术是具有代表性的一种检测方法。与传统技术相比，基本工作原理相同，主要区别是三轴漏磁检测器在一个探头中放置了三个方向的传感器，可以记录磁场同一位置的三维信息，因此优于传统的漏磁检测方法，其优势如下：

(1) 增加了对不同缺陷的检测能力，提高了检测范围：传统漏磁检测器只记录一个方向的磁力线变化量，对沿磁力线方向分布的缺陷不敏感，而三轴高清漏磁检测器通过三维方向的磁场变化,在一次检测中能准确测量出不同方向分布的狭长类裂纹。

(2)提高了检测精度和置信度:由于对每一处缺陷都可以从三组信号中分析得出缺陷尺寸数据,可以更准确地回归出缺陷尺寸;同时,由于各轴信号对缺陷的类型敏感性各不相同,可以通过三轴信号中的一组或多组信号判定各种不同类型缺陷,提高了对缺陷识别的置信度。

(3)具有一定尺寸裂纹缺陷的探测能力:随着检测精度的提高,三轴漏磁检测器可以检测出一定开口尺寸的各类裂纹缺陷。

目前国外较有名的 MFL 检测公司有美国的 Tuboscope、GE-P,英国的 BRITISHGAS,加拿大的 Corrpro,德国的 ROSEN,其产品已基本达到了系列化和多样化。我国则主要使用国外的引进产品。

2)横向漏磁检测技术

横向磁场检测技术主要作为常规轴向漏磁检测技术的补充,用它来提高沿管道轴向狭长金属损失缺陷的检测灵敏度。

在横向漏磁检测方法中,磁场是沿管道周向的分量,因此对沿轴向的狭长金属损失的检测更精确。

目前,国际上个别公司开发出横向磁场检测设备,对漏磁检测技术发展具有重要意义。

3)螺旋磁场检测技术(SMFL)

在 2011 年里约热内卢国际管道会议上,TDW 公司发表了论文《倾斜漏磁场在线检测技术》,阐述了螺旋磁场检测管道金属损失缺陷的优势。螺旋磁场检测技术利用了倾斜磁场检测器,是轴向和周向磁场检测技术的有机结合。牵拉试验结果表明,该种设备不仅可以检测到轴向狭长的缺陷(传统的 MFL 不能检测到),也能够检测到周向的缺陷。对于轴向狭长缺陷,SMFL 较普通 MFL 检测信号灵敏度明显提高。

2. 超声检测技术——基于电磁声波的检测(EMAT)

EMAT(电磁换能器)能够通过线圈激发和接收超声波信号,同时线圈可以产生漏磁和涡流信号,通过一个传感器可以同时独立发射 3 种信号,综合分析后可以更好地得出腐蚀的尺寸和缺陷的特点。在上述方法中,换能器已经不单单是通交变电流的涡流线圈和外部固定磁场的组合体,金属表面也是换能器的一个重要组成部分,电和声的转换是靠金属表面来完成的,电磁超声只能在导电介质上产生,因此电磁超声只能在导电介质上获得应用。由于基于电磁声波传感器的超声波检测最重要的特征是不需要液体耦合剂来确保其工作性能,因此该技术提供了气田管道超声波检测的可行性,是替代漏磁通检测的有效方法。

电磁声波检测的基本原理为:处于交变磁场中的金属导体,其内部将产生涡流,而电流在磁场中受到洛伦兹力的作用,使得金属介质处于交变应力的状态而产生应力波,频率在超声波范围内的应力波即为超声波。当电磁声波传感器在管壁上激发出超声波能时,波的传播采取以管壁内、外表面作为"波导器"的方式进行,当管壁是均匀的,波沿管壁传播只会受到衰减作用;当管壁上有异常出现时,在异常边界处的声阻抗的突变产生波的反射、折射和漫反射，返回声压形成的振动在磁场作用下也会使涡流线圈两端的电压发生变化，可以通过接收装置进行接收并放大显示，从而识别出缺陷。

电磁超声检测系统主要是由高频线圈、外加磁场和被检对象三部分组成，会产生电磁声波的两种效应，即洛伦兹力效应和磁致伸缩效应。两种效应具体哪种起主要作用，主要由外加磁场的大小、激励电流的频率决定。

目前，美国 GE PII 公司和德国 ROSEN 公司已经开发出 EMAT 检测器，并开始了商业化的应用，但某些技术方面还有待改进，尤其对输气量大和站间距较长的管道检测还存在不少困难。

1）优点

（1）非接触式，不需要耦合剂，可透过包覆层检测；
（2）产生波形形式多样，适合优生缺陷检测；
（3）适合高温检测；
（4）对被检测对象表面质量要求不高；
（5）声波传播距离远。

2）缺点

（1）换能效率比传统压电换能器低 20~40dB，可以通过设计与制造来弥补；
（2）高频线圈与被检对象的间隙不能太大。

3. 涡流检测技术

涡流技术由于具有很多优点而被广泛应用。首先，它是非接触检测，而且能穿透非导体的覆盖层，这就使得在检测时不需要做特殊的表面处理，因此缩短了检测周期，降低了成本。同时，涡流检测的灵敏度非常高。涡流检测按激励方式和检测原理的不同可以分为单频涡流、多频涡流、脉冲涡流、远场涡流等。

常规涡流检测受集肤效应的影响，只适合于检测管道表面或近表面缺陷；而远场涡流检测技术基于远场涡流效应的原理，实现了穿透管壁的检测能力，因而可用于埋地管道的检测。

远场涡流检测（RFEC）的基本原理：远场涡流探头通常使用内通过式探头，由两个线圈组成，一个为激励线圈，通以低频交流电，另一个为检测线圈。当激励线圈所产生的磁场能量向管端传播时会形成两个不同的路径，一条是管内的直接能量耦合，受铁磁性管壁的强导磁作用的影响，近似为指数衰减；另外一条是指磁场在管壁中激发出周向涡流，磁场能量扩散到管道外面并沿管道传播，又会在管壁中激发出涡流，穿越管壁到达检测线圈，称为间接耦合能量路径，由此可以接收到两次穿越管壁的低频磁场信号。

管道内激励线圈附近是直接耦合能量占据主导位置，但由于直接耦合能量比管壁外的间接耦合能量衰减更快，随着与激励线圈的距离逐渐增加，间接耦合能量逐渐成为主导。因此在激励线圈两侧分别划分两个区域：直接耦合能量占主导的区域称为近场区，间接耦合能量占主导的区域称为远场区，两个区域的分界处位置由管壁的厚度、磁导率、电导率和激励频率等因素决定，通常在离开激励线圈大概 2 倍管道直径的位置（图 6-16）。有时还在近场区和远场区之间划分出一个过渡区。

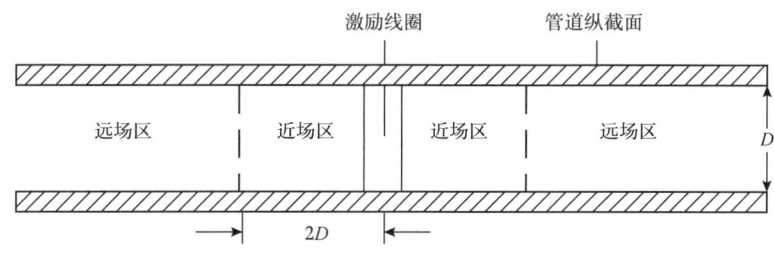

图 6-16 远场涡流检测原理示意图

远场区的磁场主要来自间接耦合，磁场能量由激励线圈出发两次穿越管壁，其中携带了管壁的结构信息，成为远场涡流检测方法的依据。在其他参数保持不变的情况下，内径处的磁场强度与管壁的厚度密切相关，其幅值的对数和相位与壁厚呈线性关系。如果管壁内出现裂纹等缺陷，相当于管壁的局部等效壁厚发生变化，导致内壁附近的磁场的大小和相位发生变化，通过测量检测线圈的感应电压及其与激励电流之间的相位差就可以检测出来。

1）远场涡流检测设备组成

远场涡流检测设备一般由五个部分组成：
(1) 振荡器：作为驱动线圈的激励源，同时提供相位测量的参考信号；
(2) 功率放大器：用来提高激励源的功率；
(3) 探头的驱动定位装置：它包括探头和确定探头轴向位置的编码和数据计算系统；
(4) 相位及幅值检测器：通常选用锁相放大器来测量检测线圈的信号；
(5) 微型计算机：用于储存、处理和显示检测信号和数据。

2）远场涡流检测技术的特点

(1) 远场涡流检测的优点：
①可以检查厚壁管，是常规涡流无法达到的，最大可检测壁厚为 25mm；
②它不受涡流集肤深度的限制，能够以相同灵敏度检测管壁内表面和外表面的缺陷；
③探头与钢管表面不接触，探头外径与钢管内径之间的间隙变化对检测结果的影响很小，允许的最大间隙为钢管内径的 30%，最佳间隙小于钢管内径的 15%；
④对均匀减薄、渐变减薄和偏磨减薄的检测，都有极高的检测灵敏度；
⑤探头的检测速度是否均匀对检测结果无影响；
⑥钢管内的气体、液体介质对检测结果无影响；
⑦检测设备体积小，重量轻，便于现场灵活应用，检测数据还可存入探头内，实施长距离检测。

(2) 远场涡流检测的缺点：
①检测线圈信号幅值太低，通常为数十微伏数量级，使得信号弹的分辨和处理很困难；
②远场涡流探头采用低频激励，限制扫描速度，为了保证在激励的每个周期内能采集到信号，速度范围在 10~20m/min 之间，整体检测效率低；

③检测线圈只能反映圆周缺陷变化的平均值，一般多用于直径较小的管道，对于直径较大的管道，由于管道内部空间大，必须设置三维探头，采用圆周分布的一组接收线圈，直接检测敏感三维缺陷，才能改善缺陷特征的表达效果。

目前，各种天然气管道内检测技术中只有漏磁检测技术得到了广泛应用，其他检测技术仍然处于发展阶段。但是应当看到，每种新技术都有各自的特点，随着向多功能、高精度、智能化发展的行业需求的增长，多种方法相结合将是管道内检测技术发展的一个方向，在当前已出现了漏磁通法与超声波法的组合技术。可以预见，今后的管道内检测设备将具备多种检测模式，能够同时完成测径、管道检测、定位等多项任务，提高检测的效率。在此基础上，通过多信息融合及网络化技术，还能够即时获取被检测对象的相关数据，实现动态跟踪检测，使管道的运行维护更加规范、科学。

四、直接评价技术

1. 管道直接评价技术

管道直接评价技术是指通过外检测技术对管道进行检测后，对检测结果进行评价的技术。该技术源于美国，在1999年美国华盛顿州贝灵汉镇发生输油管道破裂事故后，美国政府开始对与管道安全有关的联邦规章进行了大量的详细审查，修订法律法规，将油气管道安全管理纳入"国家安全管理体系"。由此拉开了管道公司对管道检测评价技术的深入研究，其中内检测技术发展尤为迅速。然而受管道设计、运行工况等的影响，多达70%的美国油气管道都不能运行内检测器，而水力试压这种需要停输的检测方式经济损失较大，亟需一种可靠的、不需要停输的检测评价技术。2002年，美国颁布了《管道安全改进法案》，要求管道运营商定期采取内检测、压力试验和直接评价方法评价管道系统的完整性，并要求建立一套程序化的管理体制，最大限度地确保管道安全。以此为契机，美国腐蚀工程师协会（NACE）大力推动了直接评价技术的发展，形成了外腐蚀直接评价、内腐蚀直接评价、应力腐蚀开裂直接评价等一系列直接评价技术。

管道直接评价技术是管道完整性管理重要支撑技术之一。管道完整性管理是指对所有影响管道完整性的因素进行综合的、一体化的管理，是以管道安全为目标的系统管理体系。其做法是通过对管道运营中出现的风险因素进行识别和评价，制订相应的风险控制对策，执行风险减缓措施，从而将管道运营的安全水平控制在合理的、可接受的范围内，达到减少事故发生、经济合理地保证管道安全运行的目的。管道完整性管理的核心内容包括数据采集与整理、高后果区识别、危害识别与风险评价、完整性评价、维修与维护、效能评价。对含硫气田管道完整性管理而言，数据采集与整理、高后果区识别等环节与非含硫气田差别不大。由于管道内输送介质含硫，可能存在内腐蚀、应力腐蚀开裂等风险，因而完整性评价这一环节与非含硫气田差别较大。

据统计，川渝含硫气田管道历年来的失效事故中，内外腐蚀因素占到70%以上，因此川渝含硫气田管道完整性管理的重点是对含硫集输管道进行腐蚀检测评价，明确内外腐蚀状况，及时更换不安全的管段，确保本质安全可控。而川渝集输气管道大多管径较小，无法采用内检测技术，且往往无法停输开展水压试验，因此只能采用直接评价技术。中国石油西南油气田分公司对上万千米无法实施内检测的集输管道开展直接评价技术的研究攻关，成功运用了该项技术，目前内腐蚀直接评价应用3500km以上，有效率达到75%左右，是国内首个大规模实验和应用内腐蚀直接评价获得成功的大型油气田。

2. 气田管道常用直接评价技术

截至2022年，美国腐蚀工程师协会已正式颁布了六项直接评价推荐做法，包括外腐蚀直接评价、干气管道内腐蚀直接评价、湿气管道内腐蚀直接评价、液体石油管道内腐蚀直接评价、应力腐蚀开裂直接评价、外腐蚀确证直接评价，详见表6-32。

表6-32 美国腐蚀工程师协会主要直接评价标准

编号	标准	技术	评价对象
1	NACE SP0502—2010	外腐蚀直接评价（ECDA）	管道外腐蚀缺陷
2	NACE SP0204—2015	应力腐蚀开裂直接评价（SCCDA）	管道表面应力腐蚀裂纹缺陷
3	NACE SP0206—2016	干气管道内腐蚀直接评价（DG-ICDA）	内腐蚀缺陷
4	NACE SP0110—2010	湿气管道内腐蚀直接评价（WG-ICDA）	内腐蚀缺陷
5	NACE SP0210—2010	外腐蚀确证直接评价（ECCDA）	管道外腐蚀缺陷
6	NACE SP0208—2008	液体石油管道内腐蚀直接评价（LP-ICDA）	内腐蚀缺陷

在气田天然气集输系统中，主要使用了表6-31前五种直接评价技术。其中高含硫气田管道更重视WG-ICDA和SCCDA，其技术特点和流程简述如下：

1) 湿气管道内腐蚀直接评价技术

湿气管道内腐蚀直接评价(Internal Corrosion Direct Assessment for Wet Natural Gas)是评价湿气管道内壁腐蚀对管道完整性影响的方法。该技术适用于输送湿润天然气的陆上和海上钢质管道。其中湿润天然气定义为气液体积比大于5000。其基本原理是采用流动建模、腐蚀速率预测来确定管道中内腐蚀敏感部位。

湿气管道内腐蚀直接评价实施流程简介如下：

(1) 预评价：包括收集和整理所有对内腐蚀评价有意义、有关联、关键的历史数据和当前运行数据。确定WG-ICDA是否适用并定义被评价管道。

预评价步骤需要注意收集的数据除干气管道中应注意收集的以外，还要重点关注精确的管道定位数据。因为其对多相流动建模准确性影响很大。

(2) 间接检测：间接检测目的是确定内腐蚀敏感部位。包括预测不同位置的内腐蚀程度，确定这些评价点直接检测的先后顺序。这一步也包括通过多相流建模定义随流态而变化的WG-ICDA次区域、确定WG-ICDA次区域的腐蚀速率以及基于腐蚀程度选择评价点。WG-ICDA间接检测的基础是识别流体动力学控制的因素、影响腐蚀程度的因素、影响或控制腐蚀减缓和扰动的因素以及其他影响腐蚀损害的因素，从而进行一个完整的评价程序。

(3) 直接检测：直接检测的目的在于按先后顺序对评价点进行详细检测，得出内腐蚀状况并进行剩余强度评价。直接检测前必须掌握足够的细节信息来确定腐蚀的存在位置、范围和严重程度。对比直接检测结果与间接评价结果，如对应程度不好应重新排列各评价点的评价顺序。

(4)后评价:后评价包括对前三个步骤所获得的数据的分析,按重要性确定防治顺序和实施防治措施;建立腐蚀控制和维护建议;确定再评价的间隔时间。

常见的腐蚀控制和维护建议除了针对干气管道内腐蚀提出的以外,还有:

①若腐蚀速率较大,但还未危及管道安全运行,则建议优选缓蚀剂;

②有清管条件的,建议加大清管频率;

③有条件的建议管道起点设置分离器或是提高分离效率;

④介质含硫量大的建议在起点脱硫;

⑤在管道适宜的位置安装腐蚀监测设施;

⑥若存在腐蚀性细菌,建议添加杀菌剂。

2)应力腐蚀开裂直接评价技术

应力腐蚀开裂直接评价[Stress Corrosion Cracking (SCC) Direct Assessment]是评价应力腐蚀对管道完整性影响的方法。评价某段埋地管道的应力腐蚀开裂程度,进而通过降低外应力腐蚀开裂对管道完整性的影响。该技术适用于陆上埋地钢质管道,其基本原理是对管道开展高 pH 值和近中性 pH 值敏感性分析,然后通过开挖检测确认。因此该技术不能用于管道内部硫化氢引起的应力腐蚀开裂。

应力腐蚀开裂直接评价实施流程如下:

(1)预评价:在预评价步骤要收集和分析历史数据及当前数据,确定管道系统内潜在 SCC 敏感段的先后次序,从这些管道段中选择特定点进行直接检查。

对高 pH 值 SCC 敏感管段的识别条件为以下所有条件同时满足:

①运行应力超过规定最小屈服强度(SMYS)的 60%;

②历史运行温度超过 38℃;

③管道段在压缩机站下游 32km 内(包括 32km);

④管龄达到或超过 10 年;

⑤涂层类型不属于熔结环氧粉末(FBE)。

上述因素除温度以外,即为近中性 pH 值 SCC 敏感性判定条件。

除上述因素外,凹痕等机械损伤管段、土壤塌陷的陡坡管段、涂层异常管段也容易发生 SCC。在某些土壤湿度、排水情况或土壤类型等地理特征组合下,容易发生 SCC,可参见 NACE SP0204—2015 的附录 A《土壤和 SCC 之间的关系》。

值得注意的是近中性 pH 值 SCC 优先发生在埋弧焊和一些电阻焊的热影响区的隆起涂层下。较高的温度对高 pH 值 SCC 有强烈的促进作用;对近中性 pH 值 SCC 则几乎没有影响。

选择开挖点时还要优先考虑以前发生过 SCC 的管段,或是与发生过 SCC 类似条件的管段。如果整条管道都没有相对敏感的管段,则考虑选择在应力、压力波动最大和温度最高或曾经出现涂层损坏历史的管段选点。

(2)间接检测:间接检测目的是补充收集必要的数据,用来帮助确认管道段和开挖先后次序。间接检测所用的检测技术选择取决于需要补充的数据类型。补充收集的数据可能包括密间距电位测试(CIPS)数据、直流电位梯度(DCVG)数据、外部环境(土壤类型、地形地貌和排水情况)数据。

（3）直接检测：直接检测是对前两个步骤选定的位置进行现场确认，并开挖检测。首先是现场确认是否存在 SCC 敏感性因素，例如，确认涂层缺陷的存在及严重程度、确认地形地貌、确认排水情况和土壤类型等。如果发现了 SCC，要对单个检测点的 SCC 严重性、程度和类型进行定量检测，获取用于后评价的数据。

在直接检测中，应记录所发现裂纹的尺寸数据，用于确定管道的可靠性。

（4）后评价：后评价包括对前三个步骤所获得的数据的分析，决定是否需要采取减缓 SCC 的措施及确定措施的先后次序，给出再评价时间间隔及评价 SCCDA 的有效性。

有效性评价可以采用预测结果与实测结果的对应情况确定。再评价时间间隔根据以下情况确定：

①初次检测中检测到的 SCC 程度和严重性；
②裂纹簇的预计扩展速率及裂纹簇所在管道的剩余寿命；
③管道段的总长度；
④管道段内可能对 SCC 敏感的总长度；
⑤管道段失效产生的可能后果。

对现场试验过程中探测到的严重的、孤立的 SCC 管段，缓解措施有维修和更换、水压试验、工程鉴定评价。对某一特殊段或几段发生了 SCC 腐蚀的管道，常见的缓解措施如下：

①受影响管道段或其他管道段的水压试验；
②改造管道进行可检测裂纹的内检测；
③大范围地更换管道；
④重新涂覆涂层；
⑤进行裂纹监测。

3. 含硫湿气管道内腐蚀直接评价技术

含硫管道内腐蚀趋势强，由于 H_2S 的高毒性，失效后果相比非含硫管道更严重。因此，对含硫管道的腐蚀管理始终是油气田管道管理的重点。含硫管道外腐蚀检测和控制与其他管道没有本质的区别；但 H_2S、CO_2 等酸性气体的内腐蚀机理复杂，腐蚀的不确定性使得含硫管道内腐蚀管理难度非常大。由于酸性气体腐蚀大多属于电化学腐蚀，需要水作为化学反应的媒介，当采用湿气输送方式时，电化学腐蚀就会发生。因此，含硫湿气管道的内腐蚀检测与评价在油气田管道完整性管理中尤为重要。

然而并非所有的湿气管道都能成功进行内腐蚀直接评价。评价前必须清楚直接评价的五大局限和湿气管道内腐蚀直接评价的四个局限。只有必备的条件得到满足，评价成功的概率才更高。

1）预评价

预评价包括如下内容：

（1）目的：
①收集和分析目标管道的资料；
②确定湿气管道内腐蚀直接评价法用于目标管道评估的可行性；

③确定被评价的目标管道范围。

（2）数据收集。

需要收集目标管道与内腐蚀相关的数据：

①收集并核实管道管径、壁厚等设计资料，以及管道走向图、高程曲线图；

②收集并核实管道输送介质种类、温度、压力、输量、含水量等运行参数；

③收集并核实沿线进出气口位置及进出气量等资料；

④收集并核实化学试剂种类、加注方式、加注位置等资料；

⑤收集并核实管道腐蚀泄漏事故、失效及维修情况，以及相关报告；

⑥根据管段历史和介质情况，确定收集评价所需的其他资料。

数据收集与整理清单见表6-33。

表6-33 WG-ICDA预评价环节需要收集的资料清单表

项目	说明	备注
管线/管段名称	用于明确评价区域	Ⅰ类数据
起点/终点站场	用于明确评价区域	Ⅰ类数据
投运时间（a）	用于腐蚀预测、剩余寿命预测	Ⅰ类数据
长度（km）	用于明确评价区域	Ⅰ类数据
规格（mm）	管径及壁厚，用于检测技术选取等	Ⅰ类数据
管道定位和高程测绘图	用于明确评价区域、多相流建模分析等	Ⅰ类数据
管材	用于剩余强度计算等	Ⅰ类数据
附属设施	用于分区、积液判断等	Ⅰ类数据
设计输量（$10^4 m^3/d$）	用于剩余强度评价、剩余寿命预测	Ⅰ类数据
设计压力（MPa）	用于剩余强度评价、剩余寿命预测	Ⅰ类数据
气质	用于腐蚀趋势分析	Ⅰ类数据
水质	用于腐蚀趋势分析	Ⅰ类数据
目前运行输量（$10^4 m^3/d$）	用于多相流模拟等	Ⅰ类数据
目前运行压力（MPa）	用于多相流模拟等	Ⅰ类数据
历史运行输量（$10^4 m^3/d$）	用于多相流模拟等	Ⅰ类数据
历史运行压力（MPa）	用于多相流模拟等	Ⅰ类数据
沿线进气口/出气口里程、气量、气质	用于多相流模拟、腐蚀预测	Ⅰ类数据
近两年清管情况	用于多相流模拟等	Ⅱ类数据
监检测数据	用于敏感性分析、腐蚀趋势分析	Ⅱ类数据
化学试剂	用于敏感性分析、腐蚀趋势分析	Ⅱ类数据
失效记录	用于敏感性分析、腐蚀趋势分析	Ⅱ类数据
维修维护记录	用于敏感性分析、腐蚀趋势分析	Ⅱ类数据
有关内腐蚀的其他资料	用于腐蚀预测等	Ⅱ类数据

其中重要程度为Ⅰ类的数据是进行直接评价的最低要求数据;重要程度为Ⅱ类的数据有利于评价准确性提高,如果没有也不妨碍评价的实施。对于含硫湿气集输管道,应尽可能全面彻底地搜集和整理内腐蚀相关数据。

数据收集方面还需要注意:

①气体分析至少应包括 H_2S、CO_2 和溶解的 O_2;碳氢化合物分析至少到 C_{7+};水分析至少包括 Mn^{2+}、Fe^{2+}、Fe^{3+} 和 Cr^{3+}。

②精确的管道定位和高程测绘图非常重要。

③若管内有固体杂质,需明确固体尺寸、特性描述和分布。

④应检测硫酸盐还原细菌(SRB)、产酸细菌(APB)等含量。

⑤应确定输送气体的水露点曲线。

⑥若以往进行过无损检测,需明确检测结果。

⑦若某些数据缺失,应由业内专家判断是否可以通过检测或者假设等方式获取。如能通过检测获取,应在业内专家指导下选择适宜的检测方式,以保证数据的可靠性;如能通过假设方式获取,须由业内专家判断该假设是否可以接受。

(3)可行性评估。

出现下列三种情况之一均不宜进行内腐蚀直接评价:

①无法进行直接检测的管道;

②评价所需关键数据缺失的管道;

③无法确定再评价时间间隔。

此外,直接评价的四个步骤都应完整地实施,否则可能导致错误的评估结果。

(4)评价管道的识别。

通过预评价收集的数据,分析目标管道是否所有管段都满足评价条件。比如某管道存在穿越河流、跨越公路等无法直接检测的管段,则应将这些管段排除在直接评价有效范围以外。

(5)评价管道分区。

对评价管道分区的目的是使评价的针对性更强。即针对各区的不同特点选取适当的间接和直接检测技术。分区的原则为:

①管输介质品种及腐蚀性发生变化;

②管输流型变化;

③运行条件明显变化,如因使用管线加热炉或加压设备引起的气温以及压力变化;

④管道内防护方式变化,如中途添加了腐蚀抑制剂;

⑤管道规格及材质变化,如某段换管用材与以前不同;

⑥管道既往失效事故发生频率明显变化;

⑦管段运行年限不同,如某一段投运时间不同;

⑧输送介质双向流动;

⑨化学剂注入不同;

⑩管线/管段中存在阀门和(或)清管器接收器。

根据各因素划分管段后,应将所有单独识别的评价区域叠加形成多个评价区域。

管道分区的实例可参加 NACE SP0110—2010 的附录 C。

需要注意的是，管道分区不是始终不变的。根据间接检测、直接检测的结果，若发现分区不合理时，应对评价区域的划分进行调整。

2）间接检测与评价

间接检测与评价内容如下：

（1）目的：

①预测不同位置的内腐蚀程度；

②确定评价点，并确定直接检测先后排序。

间接检测与评价要求评价人员熟悉各种操作参数对腐蚀预测的影响，这些参数包括但不限于：表观气速/液速、流型、管线纵剖面、持液率以及可能的固体累计位置。由于操作条件可能随着时间而改变，因此，必须考虑管道的历史操作情况，并针对不同的情况进行腐蚀速率建模。

（2）多相流建模。

多相流建模可以获得管道内各管段的流型流态、持液率等关键信息，还能取得腐蚀速率建模所需要的压力、温度等参数。常用的市售多相流建模软件如 OLGA、Pipephase、Flownex 等均可作为建模工具。

应根据管道起伏情况和运行工况，选取相适应的计算模型，然后将相应的参数处理为边界条件输入计算。

多相流建模可得到以下参数，用于预测内腐蚀速率和确定评价次区域：

①表观气速；

②表观液速；

③压力和温度；

④介质相态；

⑤持液率；

⑥流态。

通过多相流模型获得的变量值必须对照实际操作条件或操作历史进行验证，确保模型确实体现实际情况。如果模型未能重现真实的现场条件，则应相应地调整模型或建模方法，直到管段内的操作条件得以重现。

湿气管道中常见的流态有：

①分层流，即介质分离成多层流动，较轻的介质（天然气）在较重的介质（水或凝析液）上方，在热量损失较高的管段顶部会存在冷凝水，造成顶部局部腐蚀；

②段塞流，包括所有间歇性润湿整个管道的间歇流；

③环状流，该流态中，液体持续湿润整个管道环境，且在管道中心可流通雾状流。

对于包含段塞流或环状流的管道，管线腐蚀位置顶部冷凝造成腐蚀的现象不明显，因为此时整个管道表面都有液体。

对满足湿气管道内腐蚀直接评价条件的管道而言，由于气液体积比大于5000，不会达到环状流所需的液体量，因而管道内随地形起伏变化往往呈分层流和段塞流交错的流态。

(3) 评价次区域识别。

评价次区域是指一个评价区域内由流型和(或)垂直剖面变化决定的连续管段。相对于垂直面的纵剖面、水平面管线方向以及管道内径发生变化，会导致管道内介质的流型随之变化。不同流型对管道的冲刷及内腐蚀的影响不同。

(4) 腐蚀速率建模及管壁腐蚀损伤预测。

由于酸性气体腐蚀尤其是含 H_2S 的腐蚀机理非常复杂，影响因素非常多，不可能准确地预测腐蚀速率。但通过大量的腐蚀行为总结，国内外专家建立了许多腐蚀预测模型。评价人员应根据目标管道的具体情况、能够获取的参数选择腐蚀预测模型。

通过多相流模拟得到腐蚀速率预测模型所需的参数，用所选的腐蚀速率预测模型预测各次区域内的内腐蚀速率。需要注意的是如果管道使用了腐蚀抑制剂，应对腐蚀预测模型进行修正。

对每个评价次区域以不超过50m的管段为单位进行内腐蚀速率预测，并转换成管壁腐蚀损伤率。需要注意，由于管道中经常发生影响内腐蚀的因素的变化，如启动、流体减少、管线气/水量增加、混入 O_2 或加入腐蚀抑制剂，因而应针对这些因素发生重大变化的不同时间间隔分别预测腐蚀速率，然后进行叠加。如果已知点蚀速率，则可采用历史数据或实验室数据确定预期管壁腐蚀损伤。

(5) 确定直接检测与评价点。

①评价点预选。

首先根据累计管壁腐蚀损伤，按大小程度对各管道排序。

对于管线段内已识别的每个直接评价区域和次区域，采用以下标准预选评价点。两个标准相互独立。

a. 以管壁腐蚀损伤为标准选择：在所选的区域内，计算所有管壁腐蚀损伤的平均值；选择高于管壁腐蚀损伤平均值的位置。

b. 以持液率为标准选择：在所选的区域内，取持液率值的平均值；选择高于持液率平均值的位置。

结合上述两种标准预选各直接评价次区域的评价点。然后编制汇总表，列入所有直接评价区域和次区域的压力、温度、持液率、表观液速/气速、流型、腐蚀速率和管壁腐蚀损伤、持液率和管壁腐蚀损伤平均值、预选标准等信息，用于说明评价点预选原因。

选出评价点后，宜优先考虑以下管段开挖直接检测：

a. 紧靠公共场所等高风险地段；

b. 有维修记录、内腐蚀失效历史等的管道；

c. 管道上的阀门、三通等容易造成游离水沉积的部件及装置；

d. 所选位置位于更换过的管段上时，宜考虑换到运行更长时间的管段上；

e. 应对比分析间接评价结果与已发生内腐蚀的位置、历史腐蚀状况及预评价的一致性，如果不一致，宜重新进行间接评价。

②评价点终选。

最后编制最终评价点选择表，见表6-34。

表 6-34 最终评价点统计表

WG-ICDA区域编号	WG-ICDA次区域编号	坐标	总长	总高程	总持液量	流型	腐蚀速率	管壁腐蚀损伤	预选评估点	备注

为了确定预测腐蚀最严重处腐蚀程度，同时验证预测模型能有效预测管道内腐蚀状况，需确定最终评价点的最小数量。即便预测管壁腐蚀损伤无需直接检测，评价人员也必须按最少评价点选点进行直接检测。

最终评价点最小数量的确定原则见表 6-35。

表 6-35 最终评价点的最小数量确定原则

管线段内所有区域和次区域的连续管线长度（km）	低管壁腐蚀损伤（<20%）	中管壁腐蚀损伤（21%~40%）	高管壁腐蚀损伤（41%~60%）	严重管壁腐蚀损伤（>60%）	最终评价点的最小数量/管线段
0.1~10.0	（A）或（B）	1	1	1	4
10.0~50.0	1	1	2	2	6
50.0~100.0	1	2	2	3	8
100.0~500.0	1	2	3	4	10
>500.0	2	3	4	5	14

注：（1）如果 ICPM 已证实可靠，则无需在管壁腐蚀损伤低于指定百分比的评价点进行详细检查。ICPM 可靠性指已对照正在接受评价的特定管线段的详细检查进行了验证；
（2）如果 ICPM 的可靠性不确定，则必须在低管壁腐蚀损伤的评价点进行至少一次详细检查。ICPM 可靠性指已对照正在接受评价的特定管线段的详细检查进行了验证。

③确定评价点最小数量举例。

a. 示例一：对于长度等于或小于 10km 的管道，需要至少四个最终评价点。其中，至少从每个管壁腐蚀损伤百分比分组中选择出一个点：一个管壁腐蚀损伤小于 20% 的评价点；一个管壁腐蚀损伤为 21%~40% 的评价点；一个管壁腐蚀损伤为 41%~60% 的评价点；一个管壁腐蚀损伤大于 60% 的评价点。如果其中一个管壁腐蚀损伤百分比分组不存在，则可选择具有其他管壁腐蚀损伤百分比的任何评价点。

b. 示例二：对于长度等于或小于 10km 的管线段，如果预测结果显示管壁腐蚀损伤百分比小于 20%，且已证实预测模型对该管道可靠，则不用选择评价点，而只需根据预测结果进行管线完整性评价。相反，如果预测模型未证实可靠，则应选择一个评价点。

（6）其他间接检测与评价技术。

上述为 NACE SP0110—2010 提出的间接检测与评价技术。近几年，国内外专家还提出了其他间接检测与评价技术，分为两大类，一类是非开挖间接检测技术，如 NoPig 技术、无接触式磁应力层析成像技术（MTM）、瞬变电磁技术（TEM）；一类是理论预测技术，如模糊数学预测、神经网络建模预测、腐蚀概率分析等。

为了解决电化学腐蚀的高度不确定性，西南油气田在含硫湿气管道内腐蚀直接评价中研究和发展了腐蚀概率分析技术。该技术从电化学腐蚀发生的条件出发，将腐蚀失效可能性考虑为积水可能性（积水概率）和腐蚀可能性（腐蚀概率）的乘积。即管道中某处发生腐蚀失效的必要条件，一是该处存在游离水，二是该处发生了腐蚀且预测腐蚀速率超过了给定值（一般是 0.1mm/a）。在搜集和整理西南油气田集输系统腐蚀数据形成腐蚀数据库后，形成了腐蚀机理分析、临界积液分析、多相流模拟分析、腐蚀概率分析技术，使得腐蚀敏感区预测准确性大大提高，综合准确率可达到 70% 以上。

3）直接检测与评价

直接检测与评价内容如下：

（1）目的。

直接检测与评价的目的是对评价点内腐蚀状况进行详细检测，确定其是否存在所预测的内腐蚀，并作管体剩余强度的评价。

（2）评价点的定位与检测。

直接开挖前，应先到现场对评价点定位。定位应采用 GPS 坐标、里程标识桩、特定标识物（如木桩）等。

开挖后管道内腐蚀状况检测应进行无损检测，所采用的检测技术不得少于两种。根据检测结果进行评价。常用的无损检测技术有超声波测厚、超声波 C 扫描、超声导波、X 射线等。采用何种检测技术需根据检测对象、现场工况和检测技术特点决定。检测完成后，对需立即修复的缺陷进行修复；对不需立即修复的缺陷应恢复防腐层，按规定填埋并恢复地面。

对典型的含硫湿气管道进行直接检测，可采用如下流程：

①在开挖暴露出目标管段后，首先进行金属磁记忆检测，扫查是否存在应力集中区。若存在应力集中区则开展裂纹检测。可采用的检测方法有超声波探伤、磁粉探伤、渗透探伤、漏磁检测、涡流检测等。

②若不存在应力集中区则进行 X 射线扫查，判断是否存在壁厚异常区。推荐采用数字 X 射线，速度快、成像清晰。

③X 射线检测发现不存在壁厚异常区时，则在目标管段上随机选取进行超声波测厚。若存在壁厚异常区，则对异常区必须剥除防腐层后采用超声波 C 扫描等技术确定异常部位（通常是减薄部位）的形状大小和深度。

④在检测过程中如发现外腐蚀等其他类型的腐蚀，或是发现内腐蚀缺陷延伸到未开挖的管道时，应补充进行检测，直至明确管段的现状。

⑤根据现场状况，可能遇到检测技术不适用的情况。如管道内含水较多，导致 X 射线

难以穿透管道成像，则需要采取超声导波等其他检测方式。

⑥当直接检测发现的腐蚀程度比间接检测与评价预测到的内腐蚀程度高时，评价人员应返回预评价步骤，重新评价。

（3）腐蚀缺陷评价。

进行管道内壁腐蚀缺陷检测时，应确定最大腐蚀深度、最大轴向投影长度和最大环向投影长度。由内壁最大腐蚀坑深除以运行时间，得到实际腐蚀速率。并按照 ASME B31.G 进行剩余强度评价，得出的剩余强度最小值或最严重评价级别为该管段的最终评价结果。

（4）腐蚀原因分析。

根据评价结果，结合预评价资料，分析造成管道内腐蚀的主要原因，以此为依据制订管道内腐蚀缓解措施。

（5）与间接评价结果对比。

对比直接评价与间接评价结果，若相吻合，则提出可进一步开挖验证的管段；若不吻合，则应回到预评价步骤查找原因，并修正腐蚀速率预测模型参数，再次进行间接评价。

4）后评价

（1）目的。

后评价的目的是验证 WG-ICDA 方法，评价 WG-ICDA 的有效性并确定再评价的时间间隔。

（2）方法的验证。

WG-ICDA 方法是可持续改进的。通过连续应用 WG-ICDA 和整合分析管道运行数据，评价人员能确定曾经腐蚀、正在腐蚀或将来可能发生腐蚀的位置。

为了验证腐蚀速率预测模型的准确性，可以附加选择评价点开挖检测。

（3）有效性评价。

通过直接评价得到的内腐蚀程度与间接评价确定的腐蚀程度的趋同性确定 ICDA 的有效性。若预测结果与直接检测结果吻合，则评价有效；若预测为非腐蚀敏感区的管道出现腐蚀，或腐蚀敏感区未发现任何内腐蚀，则评价无效。

按 WG-ICDA 评价结果，采取维修维护措施后，在再评价时间周期内，内腐蚀失效次数明显减少，且发生内腐蚀的管段均在预测范围内，则表明 WG-ICDA 有效。

（4）确定再评价时间间隔。

应综合考虑管道内腐蚀程度及腐蚀速率、维修及介质腐蚀性等确定再评价时间间隔。必须充分考虑预测腐蚀率的分布和不确定性，故最长再评价时间不应超过剩余寿命的一半。

（5）缓解措施建议。

应在检测评价结果的基础上提出管道内腐蚀的缓解措施建议，如管道本质安全完整性方面，是否需要维修、换管等措施；管道内腐蚀管理方面，管道内腐蚀敏感管段的里程起止及地理标识、添加腐蚀抑制剂等措施。

5）资料记录

含硫湿气内腐蚀直接评价过程中所有的决定和支持性的基础数据、检测数据、评价依据、过程及结果都必须记录归档,并在目标管道整个使用寿命期间留存,以备查询。

(1)预评价阶段。

应记录信息包括但不限于:

①所收集的所有数据、进行了假设的数据的假设依据;

②间接检测技术选取依据,即整合分析数据的方法和程序;

③评价区域识别的依据及其描述和物理特性。

(2)间接检测与评价阶段。

应记录所有本步骤中提出的措施和决定,包括但不限于:

①各个评价区域和子区域起点和终点的地理参考位置,以及所有用于测定测量精准度的定标点;

②用于保证精确测绘的程序;

③识别内腐蚀敏感区和排序的依据;

④流量、成分、腐蚀速率、操作、缓解和内腐蚀保护的记录或评价数据。

(3)直接检测与评价阶段

应记录信息包括但不限于:

①评价点评价之前和之后收集到的数据;

②实测内腐蚀形状、深度、所用无损检测技术及检测报告;

③选择附加评价点的原因和描述,如验证腐蚀速率预测模型的评价点。

(4)后评价阶段。

应记录所有后评价步骤中提到的措施和决定,包括但不限于:

①最大腐蚀缺陷大小检测过程与结果;

②腐蚀速率的计算过程;

③剩余寿命的估算方法;

④剩余强度计算结果;

⑤再评价时间间隔确定依据;

⑥评价 WG-ICDA 有效性的标准和评价结果;

⑦反馈及如何持续改进。

4. 高含硫气管道内腐蚀直接评价和间接评价案例

某输气管线输送介质为含硫湿气,其含水率小于 5%,沿线有一处进气点 A,无出气点,全长 3.58km,管材为 L245NCS 无缝钢。管线设计压力 8.0MPa,设计输量 $50\times10^4 m^3/d$,采用三层 PE 防腐层防腐,外加强制电流阴极保护。

根据 WG-ICDA 管段划分原则,本实施例管线沿线只有一个进气点(距离起点 1.945km),无加热、加压设备和化学物注入点,因而可将整条管线近似看作两个区间。

1)腐蚀机理分析

在酸性环境中,当 H_2S 分压不小于 0.0003MPa 时,H_2S 腐蚀倾向就存在了(NACE MR0175—97);酸性环境下,二氧化碳分压在 0.05~0.21MPa 的范围内为轻度 CO_2 腐蚀(API SPEC 6A)。

本实施例管线输送介质为含酸性气体（H_2S 和 CO_2）的湿原料气，H_2S 分压为 0.5501MPa（大于 0.0003MPa），CO_2 分压为 0.7115MPa（大于 0.21MPa），CO_2 和 H_2S 分压比 1.29（小于 20），采出水矿化度最大值 1810mg/L（氯离子 8mg/L），因此该管线可能存在以 H_2S 腐蚀为主，CO_2 腐蚀为辅的内腐蚀。

2）临界积液分析

（1）临界倾角的计算。

管线有一个支线进气点，因而将管线分为两个 WG-ICDA 区间，常年平均临界倾角应分段计算。计算方法参见 NACE 0110—2010。计算得到支线进气点前一段最大临界倾角为 40.8°；WG-ICDA 区间 2 最大临界倾角为 55.4°。

（2）倾角剖面图。

通过管线测绘资料分析，计算得到了本实施例管线的实际倾角，该管道有一定地形起伏，综合考虑后按不超过 20m 测绘后分段。其中该管道的支线进气点应作为一个分段点。本实施例中实际共分为 189 段，平均每段长度不超过 19m，且支线进气点为 115 管段和 116 管段分界点。

全线 189 个管段的实际倾角与临界倾角对比结果如图 6-17 所示。

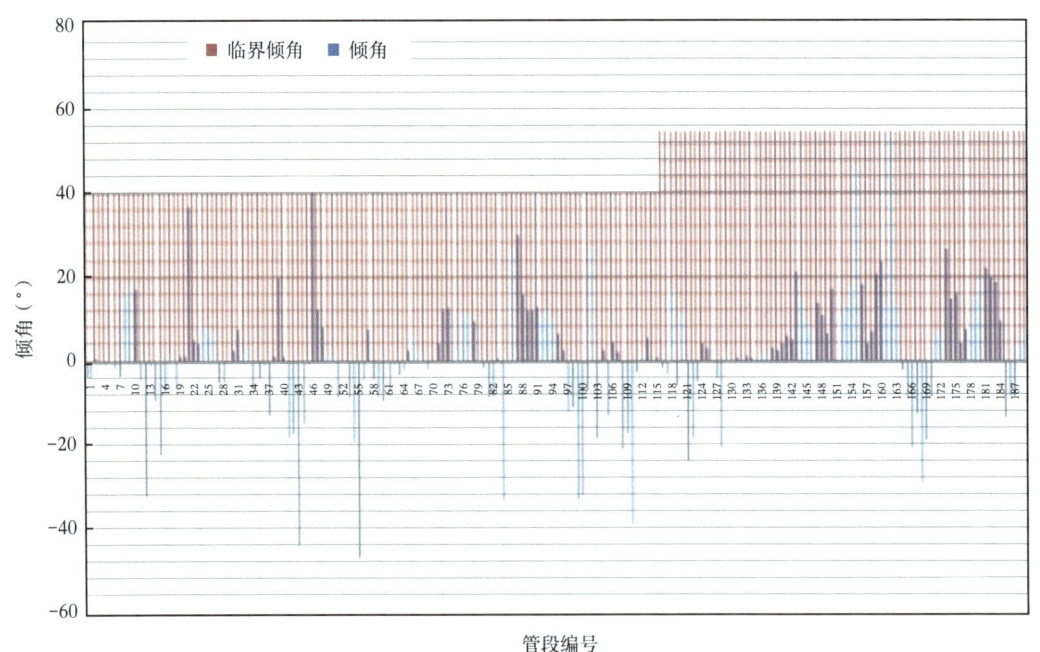

图 6-17　管线倾角分布图

3）多相流模拟分析

由于该条管线采用了气液分输的方式，故根据近期的管道生产运行数据，可以近似认为管道的游离水含量为 2.4m³/月。

对本实施例管线进行流场模拟分析，所用计算参数见表 6-36。

表6-36 管线多相流模拟参数表

参数	取值
管道长度(km)	3.215
管道规格(mm×mm)	168.3×11
起点输气量($10^4 m^3/d$)	52
终点输气量($10^4 m^3/d$)	57
起点压力(MPa)	7.55
终点压力(MPa)	7.1
起点温度(℃)	31.54
甲烷摩尔分数(%)	84.045
乙烷摩尔分数(%)	0.07
H_2S摩尔分数(%)	6.54
CO_2摩尔分数(%)	8.98
氮摩尔分数(%)	0.35
氦摩尔分数(%)	0.009
氢摩尔分数(%)	0.006

为了便于多相流模拟分析,根据测绘结果将全线划分为189个管段,所得各管段的沿线持液率变化结果如图6-18所示。

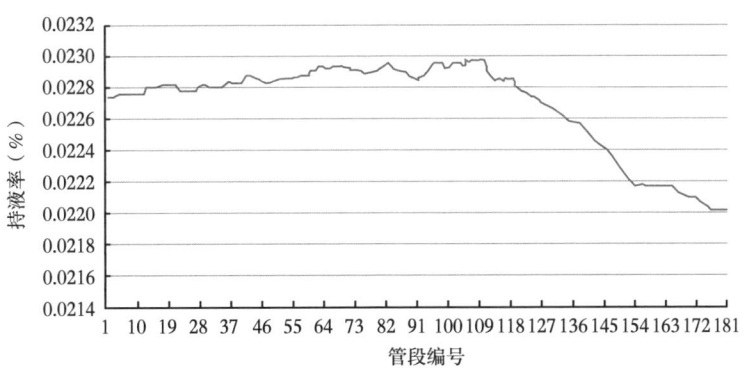

图6-18 管道沿线持液率变化图

可见该管道沿线持液率变化不大。

4) WG-ICDA 子区识别

该管道共划分了52个子区间,其中第一个WG-ICDA区间分成36个子区间,第二个WG-ICDA区间分成16个子区间。

5) 腐蚀总概率分析

计算各段腐蚀总概率,数值如图6-19所示。

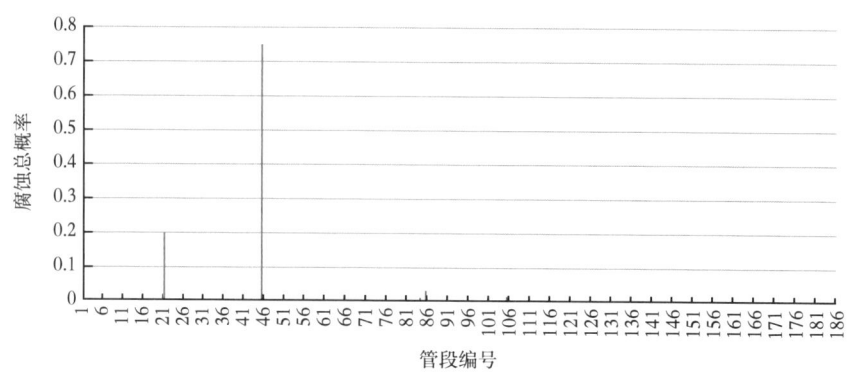

图 6-19 管道沿线腐蚀总概率变化图

6) 评价位置确定

根据管段腐蚀总概率大小，结合管线实际情况，确定本实施例管线内腐蚀评价位置，见表 6-37。其中包括腐蚀总概率最大的管段 2 个、沿线易积液管段 1 个和用于结果对比以验证有效性的对比点 2 个。

表 6-37 管线评价位置汇总表

区间	检测点	子区间编号	腐蚀总概率	选择理由
1	A21	8	0.200	基于腐蚀总概率
	A46	14	0.750	基于腐蚀总概率
	A87	24	0.023	对比点
2	A116	37	0	三通易积液处
	A173	50	0	对比点

5. 合于使用评价技术

合于使用评价是对缺陷结构能否适合于继续使用的定量工程评价。它是在缺陷定量检测的基础上，通过严格的理论分析和计算，确定缺陷是否危害结构的安全可靠性，并基于缺陷的动力学发展规律研究，确定结构的安全服役寿命。它包括剩余强度和剩余寿命预测两方面内容，前者是评价管线当前的使用状况，后者是预测管线未来的发展情况。

合于使用评价是一个技术交叉融合的综合性学科，它包括检测、材料和机械三大部分，以断裂力学、弹塑性力学、材料科学、可靠性系统工程为基础的严密科学评价方法。它兼顾结构的安全可靠性和经济性，可获得巨大的经济效益。

1) 体积型缺陷合于使用评价

体积型缺陷是指局部减薄、沟槽状和片状的腐蚀或制造缺陷。对于体积型缺陷的剩余强度评价方法主要是以经验和半经验为主，都是依据 NG-18 公式为基础计算失效压力。只是在流变应力取值、缺陷形状的表述不同。主要评价方法有 ASME B31G、改进的 ASME B31G、API RP579—2007、DNV-RP-F101。

20 世纪 70 年代，由美国 Kiefner 等提交给美国煤气协会（AGA）的 NG-18 公式提出压力管道腐蚀区域剩余强度的表达式，定义了管道的预测环向失效应力，即：

$$S_F = S_{flow}\left[\frac{1-A/A_0}{1-(A/A_0)/M}\right] \qquad (6-17)$$

$$z = \frac{L^2}{D \times t} \qquad (6-18)$$

本文只给出 ASME B31G—2012 给出的两种体积型缺陷评价公式：

(1) 原 B31G 公式：

① 当 $z \leq 20$ 时：

$$S_F^1 = S_{flow}\left(\frac{1-\dfrac{d}{t}}{1-\dfrac{2d}{3Mt}}\right) \qquad (6-19)$$

其中：

$$M = (1+0.8z)^{\frac{1}{2}}$$

② 当 $z > 20$ 时：

$$S_F^1 = S_{flow}\left(1-\frac{d}{t}\right) \qquad (6-20)$$

(2) 改进的 B31G 公式：

① 当 $z \leq 50$ 时：

$$M = (1+0.625z-0.003375z^2)^{\frac{1}{2}} \qquad (6-21)$$

② 当 $z > 50$ 时：

$$M = 0.032z + 3.3 \qquad (6-22)$$

$$S_F^2 = S_{flow}\left(\frac{1-0.85\dfrac{d}{t}}{1-0.85\dfrac{d}{Mt}}\right) \qquad (6-23)$$

式中　d——缺陷的轴向深度，mm；

　　　t——管道公称壁厚，mm；

　　　S_{flow}——流变应力，MPa；

　　　M——鼓胀系数；

　　　A——缺陷在纵面上的横截面积，mm²；

　　　A_0——无缺陷纵面上的横截面积，mm²。

ASME B31G—2012 准则可以更加方便快速地评估腐蚀管道的剩余强度，但评估不连续性腐蚀缺陷、环向腐蚀缺陷、焊接腐蚀结果不理想。

2) 面积型缺陷合于使用评价

面积型缺陷包括未熔合、未焊透、焊接裂纹。目前国外对面积型缺陷评定的主要规范有：

（1）欧洲工业结构完整性评定方法（SINTAP）；
（2）英国含缺陷结构完整性评定标准（R6）；
（3）英国标准 BSI PD6493 的修改版——BS 7910《金属结构中缺陷验收评定方法导则》；
（4）美国石油学会标准 API 579 合乎使用评价推荐做法。

SINTAP、R6、BS 7910 的工业背景主要是电站（包括核电站）及海洋石油平台，它们的发展主要反映了缺陷的断裂评定技术（包括塑性失效评定）和疲劳评定技术的发展。API 579 的工业背景是石油化工承压设备，其特点是更多反映了石油化工在役设备安全评估的需要。

面积型缺陷分析过程采用 FAD 失效评估图（图6-20）进行评价，失效评估图（FAD）技术又称为双判据法，是以线弹性断裂力学和极限分析理论为基础。

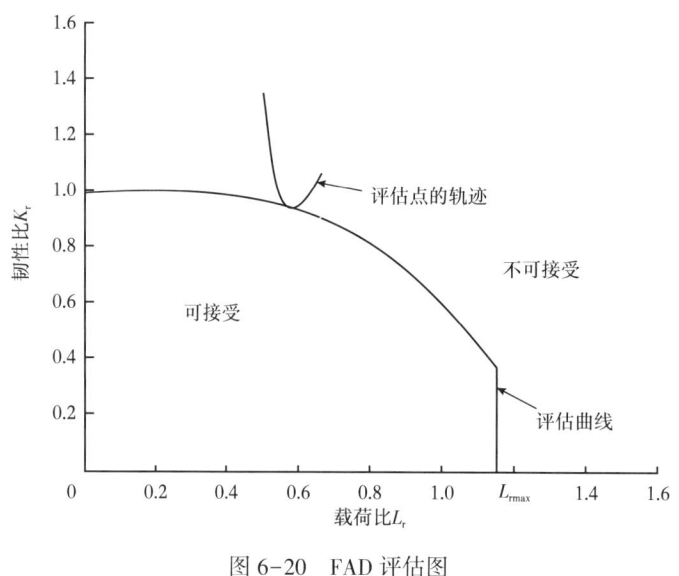

图 6-20 FAD 评估图

初级评定曲线是防止起裂及塑形破坏的粗略评价方法，具有较大的保守性。中级评定曲线是防止起裂及塑形破坏的常规评价方法。高级评定曲线是防止起裂及塑形破坏延性撕裂的精确方法，需要管道材料的实际应力—应变曲线。

3）腐蚀剩余寿命预测方法

管道剩余寿命预测的意义在于寻求安全性与经济性的最佳结合点，在管线的安全性评价中占有重要地位。在对油气管道开展完整性检验检测的基础上，利用合适的数值分析方法等建立起相应的腐蚀速率模型，预测管线的剩余寿命，并确定含缺陷管道合理的检验周期和维修计划。

腐蚀剩余寿命预测需要考虑腐蚀速率研究和腐蚀的检测与监测的研究现状，建立合理的腐蚀速率预测模型，这又离不开对腐蚀缺陷的准确检测和判断。腐蚀损失是造成管道失效的主要形式之一,而影响管道腐蚀的因素复杂多样,属于动态工程。因此,油气管线的腐蚀剩余寿命预测是当前研究的难点和热点。主要有以下预测方法:

(1)外腐蚀半寿命法。

外腐蚀主要是管体外部遭受的土壤腐蚀、地下水腐蚀、杂散电流腐蚀和宏观电池腐蚀等,受土壤的含水量、含氧量、含盐量、酸碱度、电阻率和杂散电流等因素影响最大,所以对外部腐蚀增长速率的估计较为复杂。

综合考虑管线上的外腐蚀模式、管道的服役时间和管道材料,基于安全的考虑,在没有其他额外数据的情况下,采用半寿命法计算管道的外腐蚀增长速率,该方法采用的公式为:

$$半寿命增长速度 = \frac{PD \times WT}{管道检测日期 - 管道投产日期} \tag{6-24}$$

式中 PD——深度百分比,%;
　　 WT——壁厚,mm。

(2)内腐蚀全寿命法。

若管道中含有微量水,管道中的游离水在管壁上形成亲水膜,创造了形成原电池的条件,进而导致了电化学腐蚀。电化学腐蚀往往比较强烈,造成管壁大面积减薄或一系列深坑,易导致腐蚀穿孔。管道内腐蚀多发生在凝析烃、凝析水、沉淀物最有可能聚集之处。

内部腐蚀增长速率使用全寿命方法进行分析。该方法假定管道内腐蚀环境未发生较大变化、内部腐蚀是活性的并且从管道开始投产时就已开始线性增长。通过公式(6-25)来计算:

$$全寿命增长速度 = \frac{PD \times WT}{管道检测日期 - 管道投产日期} \tag{6-25}$$

(3)常用剩余寿命评估方法。

管道腐蚀寿命预测可以采用公式(6-26)计算:

$$R_L = C \times SM \frac{t}{GR} \tag{6-26}$$

$$p_F = \frac{2SFt}{D} \tag{6-27}$$

$$p = \frac{2 \times SMYS \times t}{D \times SF} \tag{6-28}$$

式中 R_L——腐蚀寿命,a;
　　 C——校正系数,取 0.85;
　　 SM——安全裕量;
　　 MAOP——管段许用压力,MPa;
　　 GR——腐蚀速率,mm/a;
　　 t——名义壁厚,mm;
　　 p_F——失效压力,MPa;

D——管道公称壁厚，mm；

$SMYS$——管道屈服强度，MPa；

SF——流变应力，$SF=1.1\times SMYS$。

（4）均匀腐蚀剩余寿命预测。

管道的腐蚀剩余寿命可以根据在预期服役条件下所需的最小壁厚、实测壁厚以及预期腐蚀速率确定，当直管段存在腐蚀时，均匀腐蚀剩余寿命预测方法见式（6-29）。

$$R_L = \frac{t_{mm} - RSF_a t_{min}}{C_{rate}} \qquad (6-29)$$

式中 R_L——剩余寿命，a；

C_{rate}——预期腐蚀速率，mm/a；

RSF_a——许用的剩余强度因子；

t_{mm}——管道实测平均壁厚，mm；

t_{min}——管道最小要求壁厚，mm。

6. 站场检测评价技术

1）场站埋地管道走向探测技术

站场埋地管道的走向一般都标注在站场设计资料和竣工资料中。很多的站场在进行工艺改造和维修维护后没有及时更新资料，导致埋地管道走向无法确定。

目前，在埋地管道的走向探测技术中，长输管道与城镇燃气管道的技术比较成熟，其中常用的方法主要有三种：内检测器搭载定位装置、多频管中电流法和探地雷达。鉴于站场埋地管道分支多、弯头多的特点，内检测器搭载定位方式不适用；其他两种方法从检测原理上分析均可以对站内埋地管道进行走向定位探测。但这两种方法应用于站场埋地管道走向探测的适应性还需要进行现场试验。

（1）探地雷达应用。

探地雷达是用频率介于1MHz~1GHz的无线电波来确定地下介质分布的一种方法。探地雷达的使用方法和原理是通过发射天线向地下发射高频电磁波，通过接收天线接收反射回地面的电磁波，电磁波在地下介质中传播时遇到存在电性差异的界面时发生反射，根据接收到电磁波的波形、振幅强度和时间的变化特征推断地下介质的空间位置、结构、形态和埋藏深度，从而达到对地下目标管段的探测。其优点是对金属材料和非金属材料都适用，缺点是受土壤类型和地面环境的影响较大。探地雷达对管道走向和埋深的判断要靠操作人员的经验判断，对检测人员的技术要求很高。探地雷达探测系统如图6-21所示。

现场选择了两个站场验证探地雷达的适应性。一个站场是碎石铺的站场地面；另一个站场是水泥地面。检测结果表明，在地面至0.5m深度处的干扰信号比较严重，无法分辨出埋地管道。较深的管道则信号比较弱，如果存在很多管道时就无法具体分辨出每条管道。因此，探地雷达在场站埋地管道走向探测应用中有一定的局限性。

（2）多频管中电流法应用。

多频管中电流法探测的基本原理是：用发射机向管道发射某一频率电信号，施加于被测管道某一供入点。根据信号沿管道传输理论，电流流经管道时，在管道周围产生一个磁

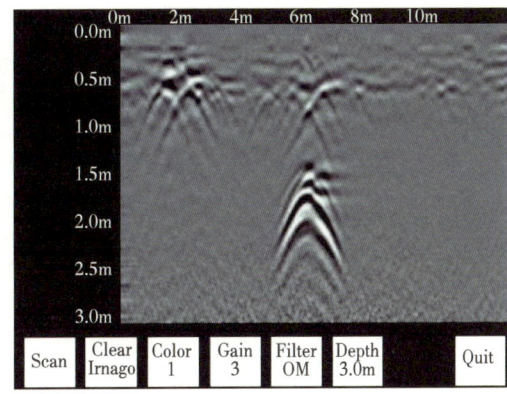

(a)现场探测　　　　　　　　　　　(b)探测结果

图 6-21　探地雷达检测系统

场。在管道上方地面上，用专用接收机对管道周围磁场信号进行接收处理；利用接收机内部的双水平线圈和垂直线圈电磁技术，分别检测管道周围电磁场水平分量和垂直分量，由此可得到管道的水平位置和深度的数据信息(图 6-22)。在长输管段上，当管道埋深小于 4.5m 时其定位精度可达到深度的 5%。

图 6-22　多频管中电流法现场试验

现场试验结果表明在一条管线施加信号，由于管线分支比较多，信号乱窜到其他管线上，因此在管线探测时，无法准确找到所需探测的管线。

(3)改进的多频管中电流法。

为了避免多频管中电流法中发射机发出的电信号在交叉管道中互窜,对该方法进行了改进。即在被检埋地管道的两个出土端上连接电线,以强制方式形成电流回路,使得信号只在目标管道上传播(图6-23)。重复这一过程,逐段进行探测即可得到站场全部埋地管道走向和埋深。试验证明,该方法不受站场地面(碎石地面和水泥地面)的影响,能探测明站场内多数埋地管道的走向和深度。当埋地管道特别复杂时,信号互窜仍难以避免,此时就需要开挖一定数量的辅助验证坑。

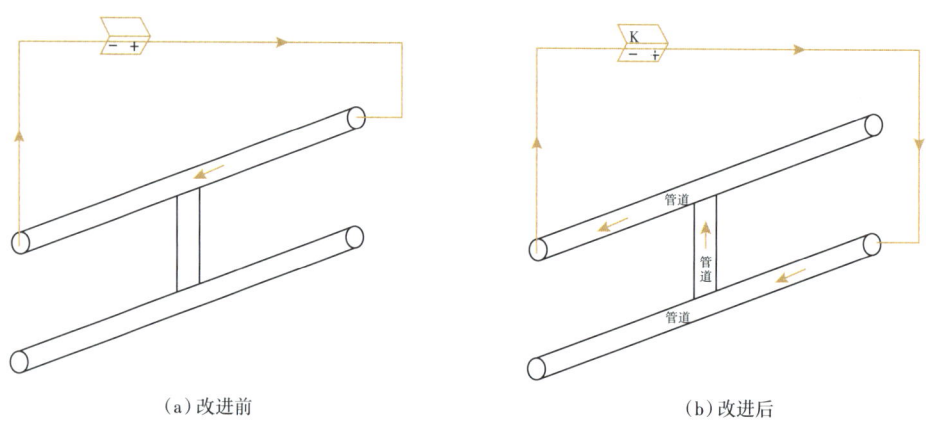

图6-23 改进的多频管中电流法接线示意图

对埋地管道走向检测技术研究表明:
(1)改进后的多频管中电流法比探地雷达更适合于站场埋地管道探测;
(2)相对以往依靠大量的开挖定位管道,改进后的多频管中电流法更经济和高效,而且避免了大量开挖带来的安全风险。

2)站场评价技术

(1)场站压力容器评价技术。

以"合于使用"为准则的在用压力容器的评价,是以弹塑性力学、材料科学、可靠性工程为基础,对含缺陷压力容器能否继续使用以及如何使用而进行的定量评估。它通常包括剩余强度评价和剩余寿命预测两个方面。剩余强度评价是在压力容器缺陷检测的基础上,通过严格的理论分析、试验测试和力学计算,确定压力容器的最大允许工作压力(MAOP)和当前工作压力下的临界缺陷尺寸,为压力容器的维修和更换以及升压、降压操作提供依据;剩余寿命预测是在研究缺陷的动力学发展规律和材料性能退化规律的基础上,给出压力容器的剩余安全服役时间,为压力容器检测周期的制订提供科学依据。

(2)评定方法的分类。

①线弹性断裂力学评定方法。

该方法将结构视为一个不发生屈服的完全弹性体,并假设结构存在裂纹,描述无限板中穿透模型得到裂纹尖端应力场分布规律,研究材料临界应力强度因子K_C与裂纹尖端的应力场强度因子K之间的关系,因此也称K判据,其评定依据为$K \leq K_C$。

当计算得到的裂纹尖端的应力场强度因子 K 不满足上述依据时,压力容器就可能发生脆性断裂,此时就需要采取积极的预防措施。

②弹塑性断裂力学评定方法。

该方法以弹塑性断裂力学为基础,主要有 J 积分理论法和裂纹尖端张开位移法(COD 法)。

a. J 积分理论是利用避开了裂纹尖端的、与路径无关的能量积分 J 来描绘裂纹尖端的应力应变场,再与材料相应的临界值 J_c 建立判据准则,即 $J<<J_c$。

b. COD 评定方法表述为:当张开裂纹位移 δ 达到临界值 δ_C 时,压力容器的裂纹就会开裂,其中材料的临界张开位移 δ_C 以试验测量为准,与试件的形状、厚度无关。

③失效评定图法。

失效评定图技术最早由英国中央电力局(CEGB)的缺陷评定规范 CEGB. R/H/R6—1976《带缺陷结构的完整性评定》提出,严格的失效评定曲线是美国电力研究院(EPRI)报告 NP—1931 中提出的。EPRI 的失效评定曲线是在 CEGB 旧版第二版 R6 曲线的基础上发展起来的。1986 年,CEGB 的研究人员颁布了新版 R6 第三版,不再沿用理想塑性材料窄条区屈服模型得到的失效判定图,而是考虑了材料的应变硬化效应,并以 J 积分为基础,提供了建立失效评定曲线的 3 种选择,大大简化了 EPRI 的评定方法。

在失效评定图(FAD)方法中,图中的 Y 轴(K_r 轴)代表结构对脆性断裂的阻力,而 X 轴(L_r 轴)代表结构对塑性失稳的阻力,失效评价曲线(FAC)插在这两极限失效模式之间。评价点的 Y 坐标由施加的裂纹驱动力(用应力强度因子计算)K_I 除以材料的断裂韧性 K_{IC} 得到,即 $K_r = K_I / K_{IC}$;X 坐标由施加的载荷 P 除以造成塑性失稳的载荷 P_0(用裂纹几何的弹塑性解计算)来确定,即 $L_r = P/P_0$。当采用失效评定图对结构进行适用性评价时,可将评价点描于 FAD 图上,通过计算每一评价点的坐标位置来判断结构的安全性,这个位置是施加载荷条件、缺陷尺寸、材料性能的函数。如果评价点位于由失效评定图的坐标轴和失效评价曲线所构成的区域,认为结构安全;反之,如果评价点落在失效评价曲线外侧,则结构可能不安全。采用描绘不同裂纹尺寸的一系列评价点也可用来确定极限缺陷尺寸,由这些评价点构成的曲线与失效评价曲线交点所对应的缺陷尺寸即为结构的极限缺陷尺寸。由于 R6 失效评定技术的先进性,目前世界各国的缺陷评定标准多倾向于 R6 方法。

④疲劳断裂评定方法。

含裂纹压力容器的疲劳寿命主要取决于裂纹稳定扩展阶段,在这一阶段裂纹的扩展速率可以通过 Paris 公式较为精确地定量计算,也可以对疲劳寿命进行估算。

对于压力容器接管处的高应变区,则必须用弹塑性断裂力学的 J 积分理论或 COD 理论进行疲劳裂纹扩展的研究。

(3)场站工艺管道内腐蚀和冲刷腐蚀评价技术。

由于站场内管道往往具有输送介质腐蚀性强、温度压力偏高等特点,因此站场内管道的腐蚀风险比较大。影响站场内管道腐蚀的因素主要有内腐蚀影响因素和冲刷腐蚀影响因素两种。

①站场管道内腐蚀的特点。

站场内管道的内腐蚀和冲刷腐蚀受其集输介质的腐蚀介质含量、集输压力、温度等

（统称为腐蚀参数）影响很大。与长输管道和集输管道内腐蚀相比，站场内管道的内腐蚀具有如下特点：

a. 站场内管道集输介质的腐蚀性相对更强。

站场内管道往往直接面对从井口出来的天然气，因而其酸性气体含量往往是天然气集输系统中最高的部分，在进口压力高而集输压力低的管输系统中，站内管道的硫化氢和二氧化碳的分压可能是站外管道的数十倍。因此，站场的集输介质的腐蚀性相对更强。

b. 站场内管道的集输温度和压力相对较高。

通常温度和压力越高，对腐蚀的促进作用越大。集输气站场内管道直接面对井口较高温度和压力的天然气，其中某些站场进站管线压力在 20MPa 以上，温度在 60℃ 以上。而进入站外管输系统时，压力一般不会超过 10MPa，温度也有所降低。因此站场内管道的集输温度和压力相对站外管道更高，发生腐蚀的趋势和严重程度更大。

c. 站场附属设施加剧了内腐蚀。

内腐蚀往往发生在极化电位大的金属表面，而集输系统中的法兰、焊缝等部位往往是极化电位大的地方，容易发生内腐蚀。附属设施与管道的连接又需要法兰和焊接，因此站场内附属设施越多，存在内腐蚀趋势的部位越多。而埋地管道的附属设施均掩盖在地下，其腐蚀更不易在常规检测中发现，风险更大。此外，水套炉对集输介质的温度有直接的影响；分离器对集输介质的成分有直接影响，因而内腐蚀的影响因素多且复杂。

②应用多相流模拟方法预测内腐蚀和冲刷腐蚀敏感点。

利用多相流模拟方法进行内腐蚀和冲刷腐蚀敏感点预测的具体步骤如下：

a. 通过分析站场资料（运行参数、腐蚀介质含量、工艺流程），将站场划分为一个或多个评价区域。

一般首先按工艺将管道划分为工艺区管道、排污管道和放空管道三大区。排污管道和放空管道可以不再细分；工艺区管道则需根据运行参数、腐蚀介质含量的不同，划分为多个子评价区域。

b. 根据不同的腐蚀介质含量和运行参数情况，利用腐蚀速率预测模型计算各管道的内腐蚀速率。

c. 根据不同的流速和介质情况，预测各管道的冲刷腐蚀程度。

流速越大的管段，其弯头部位越易受到冲刷腐蚀。

d. 按腐蚀速率和冲刷腐蚀程度大小，并结合风险评价结果确定直接检测点进行直接检测。

e. 若检测结果分析符合推断的腐蚀程度，再增加少量检测点进行验证；若检测结果分析不符合推断的腐蚀程度，应根据检测结果调整参数，重新计算腐蚀速率或建模，增加直接检测点，直到推断与实际相吻合。

③站场管道内腐蚀预测流程。

通过以上研究，最终形成了站场管道内腐蚀检测流程，即：

首先对站场内管道进行工艺流程分析，明确每条管道的情况，划分评价区：

a. 集输介质的成分，尤其是腐蚀性介质含量（即酸性气体含量、水体矿化度和氯离子含量）；

b. 运行参数情况，即温度、压力情况，通过 Pipephase 软件进行建模计算，可以得到每一条管道的温度、压力和流速。

内腐蚀与冲刷腐蚀预测：

a. 分析管道的内腐蚀因素，选择适当的内腐蚀模型，预测每条管道的内腐蚀速率；

b. 分析管道冲刷腐蚀的因素（流速、固体颗粒等），预测每条管道的冲刷腐蚀程度，通过 Fluent 建模，可以得到易冲刷部位（一般是弯头）的流速分布。

直接检测：

a. 根据预测的内腐蚀速率大小，选择内腐蚀速率大的管道进行开挖直接检测；

b. 根据预测的冲刷腐蚀程度的大小，选择冲刷腐蚀程度大的管道进行开挖直接检测。

站场管道腐蚀预测流程如图 6-24 所示。

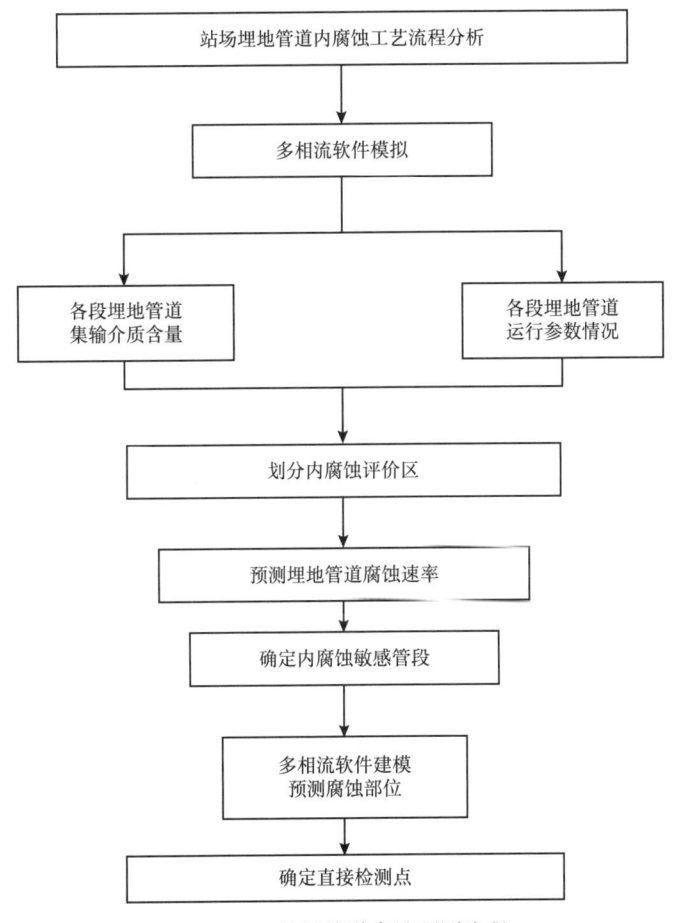

图 6-24　站场管道腐蚀预测流程

检测完成后，应对检测结果进行分析，明确其是否与预测腐蚀程度吻合；同时对缺陷进行剩余强度评价。

3）高含硫气站场检测评价应用案例

某集气站于 1996 年投产，2010—2011 年进行了改造。目前，该站集输来自 A 井的湿天然气。A 井集输管道总长为 12km，规格为 $\phi 159mm \times 6mm$，材质为 20# 无缝钢管，设计压力 4.0MPa。目前管道运行压力 2.6MPa，日输气 $4.8×10^4m^3$，最大日输气量 $15×10^4m^3$，其中二氧化碳 0.89%，硫化氢 4.88%（均为摩尔百分比）。2011 年 5 月，更换管道 1.4m。2010 年 11 月对该线进行了检测评价，结果为外腐蚀很严重，内腐蚀程度为中度。

站场埋地管道的具体走向和深度的资料缺乏，仅有一个大致的流程图。采用改进的多频管中电流法对井站埋地管道走向进行定位检测，弄清了管道走向。

(1) 工艺管道内腐蚀预测。

井站目前仅接收 A 井来气，并转输至 B 井，全站无排污管道系统。因此将管道系统分为工艺管道和放空管道两大区域。而根据集输工艺和介质情况，工艺管道区集输工艺和介质无变化（无分离、加热、增压系统），可划分为一个回路；放空管道同理单独划分为一个回路。预测管道的内腐蚀速率在 0.08~0.38mm/a 之间，为中度到严重腐蚀。

对站内工艺管道进行多相流模拟。模拟得出的节点流速见表 6-38。

表 6-38 井站工艺区管道多相流模拟结果

管段节点	节点流速（m/s）
进气口 1	4.2
大小头 6	7.4
汇管 1	0.5
大小头 11	7.6
汇管 2	0.5
阀井	2.2
出站 2	2.1

由表 6-38 可知，各节点流速变化很大，且该站工艺区管道最大常年平均流速是两汇管间的计量段管段，其大小头后段缩径处流速达 7.4m/s；其次是 A 井进气刚汇合管段，流速为 4.2m/s。

用流体模拟软件 Fluent 对流速较大的弯头建模，以获得弯头部位介质对管壁的冲刷最严重的部位。通过模拟得到弯头大面所受压力最大，弯头内表面流速低于外表面，冲刷最大的部位在弯头大面并靠上环焊缝的位置。

该站集输介质内腐蚀以酸性气体为主。在极端不利的条件下，会发生酸性气引起的电化学内腐蚀。腐蚀影响因素除了温度、压力外，还有介质的流速。管道的弯头和管径突变的大小头流速会发生变化，因而是内腐蚀的敏感部位。其他影响内腐蚀的因素还有易积存游离水的位置。站内埋地管道中阀井的阀门、埋地管道出土前的弯头最易积存游离水，也是内腐蚀敏感部位。

(2) 确定直接检测点。

根据以上计算和模拟分析，确定了直接检测点和检测方案：检测时，先检测腐蚀敏感性最大的 I1~I5 号弯头；若最大腐蚀速率符合预测，则检测 I6 号弯头；若仍符合预测，则无需再开挖检测 I7、I8 号弯头；若最大腐蚀速率不符合预测，则需根据检测结果调整建模参数，重新选择检测点。

(3)直接检测。

直接检测点超声波测厚结果见表6-39和图6-25。

表6-39 超声波测厚结果　　　　　　　　　　　　　　　单位：mm

测厚部位	位置	测厚点											
		1	2	3	4	5	6	7	8	9	10	11	12
11	第一环带	4.3	4.0	4.1	3.6	3.8	4.5	5.3	5.5	5.9	5.1	6.0	5.8
	第二环带	4.2	4.8	5.2	5.9	6.1	6.5	6.8	6.7	6.1	5.5	5.0	4.3
	冲蚀面	4.2	4.2	4.0	4.1	4.1	3.3	—	—	—	—	—	—
12	第一环带	4.3	4.6	4.8	4.9	5.0	4.2	4.6	4.8	4.9	4.7	4.4	4.4
	第二环带	4.4	4.6	4.8	4.9	4.6	4.2	4.6	4.9	4.7	4.8	4.5	4.3
	冲蚀面	4.1	4.2	4.2	4.1	4.2	4.2	—	—	—	—	—	—
13	第一环带	4.5	4.3	4.2	4.3	4.5	4.7	4.8	4.9	5.0	4.8	4.6	
	第二环带	4.7	4.6	4.7	4.3	4.4	4.3	4.6	4.5	4.8	4.7	5.0	4.8
	冲蚀面	4.2	4.1	4.2	4.3	4.4	4.3	—	—	—	—	—	—
14	第一环带	7.4	7.4	7.9	8.2	9.8	9.3	9.0	9.2	8.1	7.8	7.2	6.9
	第二环带	7.5	8.0	8.8	8.6	9.2	9.2	8.4	8.6	8.4	9.0	7.6	7.6
	冲蚀面	7.5	7.1	7.1	6.9	7.1	7.1	—	—	—	—	—	—
15	第一环带	4.2	4.6	4.7	4.8	4.9	5.3	4.7	4.5	4.3	3.9	4.6	4.3
	第二环带	4.4	4.3	4.6	4.8	5.0	5.1	5.0	4.9	4.7	4.5	4.0	3.7
	冲蚀面	3.8	3.6	3.7	3.3	3.4	3.4	—	—	—	—	—	—
16	第一环带	6.9	6.8	6.6	6.8	6.8	6.8	6.8	7.4	6.7	7.7	7.1	
	第二环带	7.2	6.3	6.4	6.0	7.0	6.6	6.6	6.9	6.9	6.9	6.4	
	冲蚀面	6.6	6.6	5.8	6.1	6.0	6.3	—	—	—	—	—	—
17	第一环带	5.6	5.7	5.5	6.2	6.5	6.9	6.7	6.4	6.1	6.0	6.2	5.4
	第二环带	5.3	5.6	6.3	6.7	6.8	6.9	6.3	6.1	6.0	6.1	6.1	5.0
	冲蚀面	5.5	5.1	5.2	5.4	5.0	5.3	—	—	—	—	—	—
19	第一环带	5.6	5.7	5.7	5.6	5.9	6.5	6.7	6.3	6.5	6.0	6.2	5.6
	第二环带	5.8	5.3	5.4	5.8	6.5	6.8	6.1	6.4	6.2	5.9	6.1	5.5
	冲蚀面	5.5	5.4	5.4	5.3	5.5	5.1	—	—	—	—	—	—

注：18不具备检测条件。

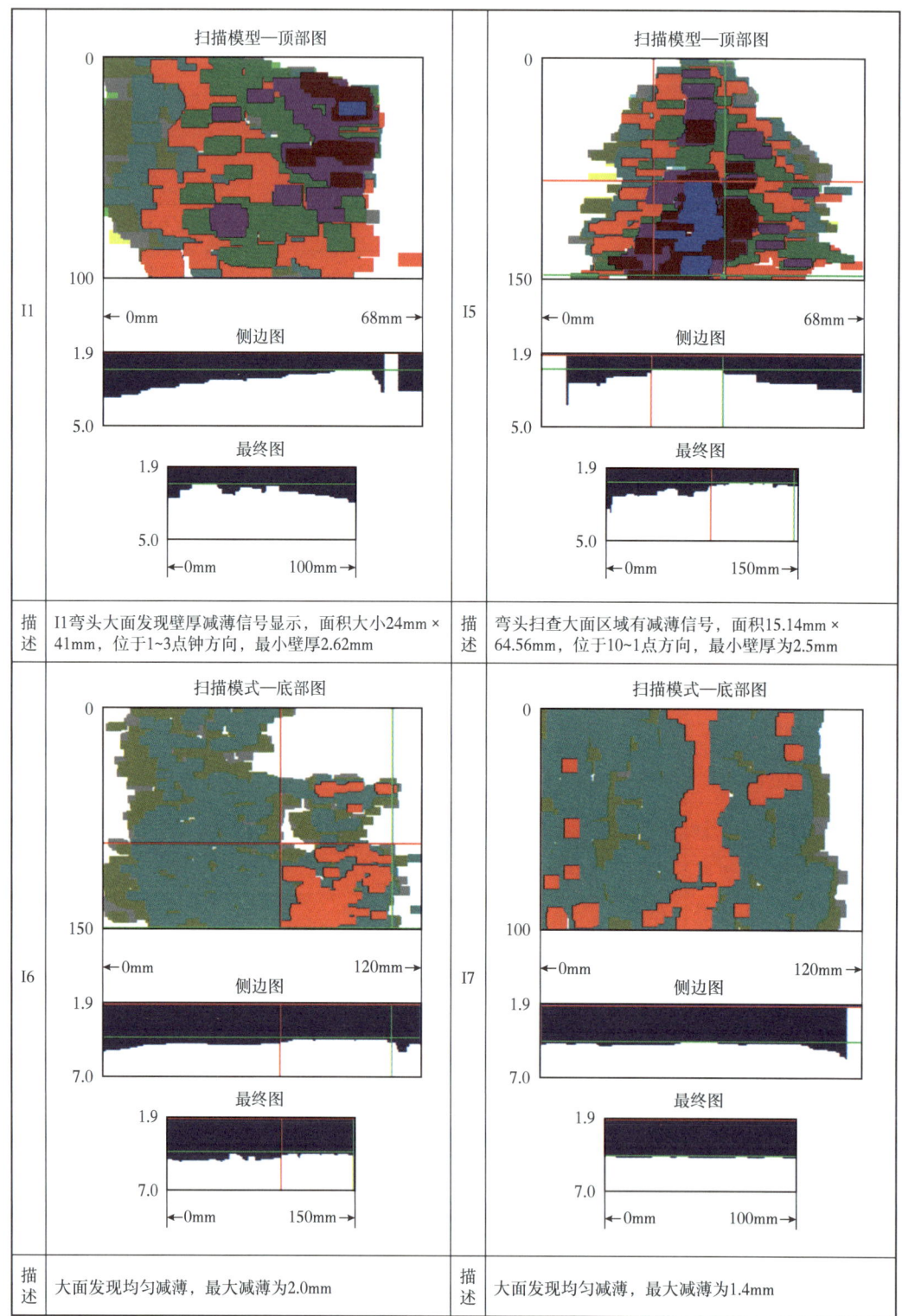

图 6-25 超声波 C 扫描检测部分结果

管道点蚀速度及腐蚀程度分析详见表6-40。

表6-40 检测点管道腐蚀情况

检测点	使用年限(a)	最大腐蚀深度(mm)	最大点蚀速度(mm/a)
11	15	4.38	0.292
12	15	1.00	0.067
13	15	1.00	0.067
14	15	1.10	0.073
15	15	1.70	0.113
16	15	2.00	0.133
17	15	1.40	0.093
19	15	4.50	0.300

（4）管道内腐蚀程度评价。

①腐蚀程度。

所检测管道发现多处点蚀坑（最深4.5mm，蚀深为公称壁厚7mm的64.3%）。根据SY/T 0087.1—2018《钢质管道及储罐腐蚀评价标准 第1部分：埋地钢质管道外腐蚀直接评价》规定，最大蚀深大于50%壁厚范围内为严重腐蚀，因此，该站管道内腐蚀程度为严重。

所检管道各处最大点蚀速度在0.067~0.300mm/a之间，其中最大点蚀速率0.300mm/a属于NACE RP0775—05标准规定的严重范围。

该检测结果与之前预测为中度到严重腐蚀程度吻合。

②腐蚀缺陷剩余强度评价。

基于ASME B31G计算站场管道各检测点的最严重缺陷的剩余强度（ERF）值，结果见表6-41。

表6-41 检测点的最严重缺陷的ERF值

检测点	弯头规格(mm×mm)	最大腐蚀深度(mm)	MAOP(MPa)	ERF
11	φ100×7	4.38	4	1.179
12	φ80×5	1.00	4	0.981
13	φ80×5	1.00	4	0.965
14	φ100×7	1.10	4	0.968
15	φ80×5	1.70	4	1.045
16	φ150×7	2.00	4	0.979
17	φ100×7	1.40	4	0.987
19	φ150×7	4.50	4	1.257

由表 6-40 可见，所有的检测点的最严重缺陷的最大允许操作压力均为 4MPa，满足管道设计压力要求。但 I1、I5 和 I9 检测点 ERF 已经大于 1，建议立即修复。

（5）结论。

该井站工艺管道最大点蚀速率 0.300mm/a，属于严重点蚀。且该站管道已使用 15 年，最大蚀深已达到 4.5mm，属于严重腐蚀程度。

对所有检出的腐蚀缺陷进行评价结果表明，有三处检测点最严重内腐蚀缺陷的 ERF 值已超过 1，建议立即修复。

第五节　完整性管理应用案例

一、高含硫气藏集输管道概况

西南油气田龙岗区域属于高含硫气藏，以某原料气管线为例，介绍全生命周期完整性管理。该管线始建于 2022 年，输送的介质为含硫天然气，含硫量 $96g/m^3$，二氧化碳含量 $56.68g/m^3$。管线规格为 $\phi219.1mm \times 7mm$，采用材质 L360NS 钢的无缝钢管，管线全长 4.9km，采用三层 PE 防腐层和强制电流阴极保护，设计压力为 9.9MPa，输气量 $101 \times 10^4 m^3/d$。以下简称管道 A。

某管道 B 段于 2007 年建成投产，B 段管段长 22.2km，管道管径为 $D219mm \times 11$（15、17.5）mm，管道材质为 B 级无缝管，设计压力 7.85MPa，管道中介质为天然气。管道防腐材料采用 3PE，阴极保护方式为强制电流。运行期完整性管理案例将使用本条管道作为案例。以下简称管道 B。

二、建设期完整性管理

该管道建设期开展基线检测，包括焊缝检测、中心线测量、沿线环境调查、外防腐系统检测评估等。

1. 焊缝检测

本部分以管道 A 为例。按照 SY 4204—2016《石油天然气建设工程施工质量验收规范　油气田集输管道工程》要求，对该设计压力 9.9MPa 管道进行 100% 超声探伤，射线探伤抽查比例为 10%，两者的合格级别均为 II 级。经无损检测人员对该管线 816 条焊缝进行超声探伤检测和射线探伤抽查，结果分别为 I 级和 II 级，全部焊缝符合验收规范要求。

2. 中心线测量

该管道中心线测量在管道下沟后、回填前进行，采用环焊缝处管道顶点、弯头转角点和穿越出入点为准测定管线点坐标和高程，采用 GNSS 的 GPS 实时动态测量方法测量管顶经纬度及高程，该管道中心线带状地形图成图比例尺为 1：2000，覆盖管线两侧至少各 200m，提交成果包括带状图、中心线、控制点等数据，作为管道基础信息保存。

3. 路由环境调查

结合设计资料开展试运行阶段管道路由环境调查，该管线沿线环境主要以旱地为主，管道路由高低起伏不平。按 GB 50251—2015《输气管道工程设计规范》规定划分管线全线 14.518km，其中二级地区 11.398km，三级地区 3.12km，全线未发现违章建筑。通过全线走线调查统计，全线共有标识桩 234 根、测试桩 18 根、警示牌 25 处。全线检测共发现露管或明管 1 处，潜埋 1 处，未发现露铁、管体锈蚀现象。露管与浅埋数据见表 6-42。

表 6-42　露管与浅埋数据表

序号	里程(m)	相对位置	露管、浅埋长度(m)	备 注
1	3866	58#标识桩逆 4m	1.5	防腐层完好，未见异常
2	5432~5436	74#堡坎顺 10~14m	4.0	最小埋深 0.51m

管道穿越公路(含机耕道)、河流共跨越总计 28 处，其中 24 处穿越水泥路、2 处穿越水沟、2 处穿越河沟。管道穿越数据见表 6-43。

表 6-43　管道穿越数据表

序号	相对位置	相关情况描述	穿越长度(m)	覆土层厚度(m)
1	2#测试桩旁-9m	穿越水泥路，未见异常	4	1.76
2	1#堡坎旁-5m	穿越水泥路，未见异常	5	1.47
3	12#标识桩顺 3~6m	穿越水泥路，未见异常	3	1.91
4	19#标识桩顺 2~6m	穿越水泥路，未见异常	4	3.92
5	22#标识桩顺 16~20m	穿越水泥路，未见异常	4	2.21
6	26#标识桩旁-5m	穿越水泥路，未见异常	5	3.64
7	32#标识桩顺 65~69m	穿越水泥路，未见异常	4	2.21
8	34#标识桩顺 40~44m	穿越水泥路，未见异常	4	2.32
9	43#标识桩顺 4~8m	穿越水泥路，未见异常	4	1.82
10	47#标识桩顺 3~8m	穿越水泥路，未见异常	5	2.09
11	60#堡坎旁-3m	穿越水泥路，未见异常	3	4.21
12	73#标识桩顺 48~52	穿越省道 302，未见异常	4	2.15
13	75#标识桩逆 4~8m	穿越水泥路，未见异常	3	2.05
14	92#标识桩逆 4~7m	穿越水泥路，未见异常	3	2.06
15	123#标识桩顺 84~88m	穿越水泥路，未见异常	4	3.45
16	132#标识桩顺 4~8m	穿越水泥路，未见异常	4	2.33
17	139#标识桩-17m	穿越水沟，未见异常	17	2.29
18	141#标识桩顺 9~12m	穿越水泥路，未见异常	3	2.88
19	167#标识桩顺 1~3m	穿越水泥路，未见异常	3	2.86
20	171#标识桩顺 33~45m	穿越河沟，未见异常	12	1.38
21	174#标识桩顺 18~22m	穿越水泥路，未见异常	4	2.52
22	178#标识桩顺 1~3m	穿越水沟，未见异常	2	3.92
23	188#标识桩顺 6~22m	穿越河沟，未见异常	16	2.16

续表

序号	相对位置	相关情况描述	穿越长度（m）	覆土层厚度（m）
24	194#标识桩顺-3m	穿越水泥路，未见异常	3	2.45
25	216#标识桩顺-3m	穿越水泥路，未见异常	3	2.21
26	218#标识桩顺40~43m	穿越水泥路，未见异常	3	2.11
27	24#警示牌顺-8m	穿越柏油路，未见异常	8	1.98
28	234#标识桩顺13~17m	穿越水泥路，未见异常	4	2.24

4. 外防腐系统检测评估

采用PCM+ACVG技术检测该管道3PE防腐层，按SY/T 5918—2018《埋地钢质管道外防腐层保温层修复技术规范》对防腐层进行评级。其中：防腐层等级质量评为一级的有14518m，占全长的100%。

交流梯度法（ACVG）检测出漏损点4个，平均每千米漏损点0.28个，其梯度值范围为34~44dB。管道防腐层漏损点见表6-44。

表6-44 管道防腐层漏损点

序号	里程（m）	相对位置	埋深（m）	dB值	dB值修正	严重程度
1	150	4#堡坎顺16m	1.70	34	34	极轻微
2	2280	32#标识桩顺86m	1.31	44	44	轻微
3	12210	197#标识桩顺30m	1.02	41	41	轻微
4	13871	165#堡坎顺3m	1.37	30	30	极轻微

该管阴极保护采用外加电流方式，检测时进行了沿线通/断电位测试、阳极地床接地电阻测试、绝缘接头绝缘性测试、恒电位仪运行情况调查等。

该管道恒电位仪控制电位-1.2V，输出电压0.91V，输出电流0.01A，阳极地床接地电阻1.6Ω，绝缘接头测试结果见表6-45。

表6-45 站内绝缘接头性能测试（电位法）

检测设备	数字万用表FLUKE289	检测时间	—
绝缘接头位置	站内	环境条件	晴
绝缘性能测试（电位法）			
Va1（-VCSE）	Va2（-VCSE）	Vb（-VCSE）	测量结果
1.13	0.91	0.91	合格
1.18	0.70	0.70	合格

对恒电位仪阴极架设中断器，中断周期设置为通12s，断3s。对沿线通/断电位测试，其瞬间断电电位均满足GB/T 21448—2017《埋地钢质管道阴极保护技术规范》标准要求。

沿线通/断电位测试见表 6-46。

表 6-46　沿线通/断电位测试

检测设备	数字万用表 FLUKE289	环境条件	晴
通/断电位			
桩号	off(V_{CSE})	on(V_{CSE})	备注
1	-1.08	-0.90	
2	-1.04	-0.89	
3	-1.05	-0.89	
4	-1.19	-0.94	
5	-1.19	-0.95	
6	-1.18	-0.96	
7	-1.18	-0.96	
8	-1.19	-0.96	
9	-1.19	-0.96	
10	-1.18	-0.95	
11	-1.17	-0.96	
12	-1.19	-0.96	
13	-1.19	-0.96	
14	-1.19	-0.96	
15	-1.18	-0.95	
16	-1.19	-0.99	
17	-1.20	-0.99	
18	-1.20	-0.96	

三、运行期完整性管理

1. 高后果区管理

本部分以管道 B 作为案例进行说明，本管道投运后即开展高后果区识别和管理，根据标准 Q/SY 1180.2—2014《管道完整性管理规范　第 2 部分：管道高后果区识别》，确定管道的潜在影响半径为 200m，且在某村 2 队的 500m 长度管道途经特定场所Ⅱ：新建生态产业园区，人口聚集区域。高后果区信息见表 6-47。

表 6-47　高后果区数据表

高后果区编号	起点坐标	终点坐标	高后果区起点（m）	高后果区终点（m）	高后果区长度（m）	地名	高后果区特征描述
HCA000001			2850	3350	500	某县某乡某村 2 队	特定场所Ⅱ：新建生态产业园区，管道周边人口聚集

针对高后果区管理，龙岗作业区按期进行管道安全宣传、应急演练；日常维护中重点关注该段的阴极保护情况，并对该段管道按一日两巡的频率进行重点巡护。

2. 风险评价

管理单位采用基于 Kent 法的风险筛选评估方法，将该集输管道划分为 1 段，分别计算其失效可能性和失效后果，最后获得管道的主要风险因素和风险等级。

1) 失效可能性

(1) 第三方破坏。

管道第三方破坏指标的得分为 101.56~147.54 分，发生第三方破坏导致管线失效的可能性很小。主要因为该管线全线属于二级地区，管线沿线自然环境以旱地为主，埋深基本在 1m 以上，但有 2 处露管，且作业区专职巡线员按照规定每日 1 次巡线，定期对管道周围居民进行管道法宣传。

(2) 腐蚀指标。

尽管腐蚀得分为 142 分，但应仍重视该项指标。主要是因为该管线输气为含硫天然气，易造成内腐蚀，甚至导致穿孔。

(3) 设计指标。

设计得分为 45.5 分，目前运行压力远低于设计压力 9.9MPa，且钢材选择合理，管材技术规范合理，制管质量符合标准。由于设计指标导致失效的可能性很小。

(4) 误操作指标。

误操作为 50 分，由于误操作导致失效的可能性很小。

(5) 自然与地质灾害。

自然与地质灾害得分在 75~85 分之间，由于自然与地质灾害失效的可能性较小。

2) 失效后果

失效后果在 30~65 之间，部分管段泄漏可能造成较大后果。

3) 风险结果

管线风险值为 6.37~15.67 分，均为中等风险。

3. 风险缓解措施

影响管道风险水平的主要威胁因素为内腐蚀，建议进行内检测，明确管道腐蚀状况。目前作业区采取的风险缓解措施主要是缓蚀剂日常加注、加强巡线目睹，整改露管与埋深，对管道周围居民进行管道宣传。

4. 完整性评价

本部分以为 GE PII Pipeline Solutions 公司的检测数据为例，该公司于 2017 年 8 月完成了漏磁检测，内检测获得整条管线共计长度 28.7km（实测长度）的检测数据。B 段总共检测到 45 个金属损失特征，其中 18 处为外部金属损失特征，27 处为内部金属损失特征，5 处为内部制造缺陷。另外有凹陷 5 处，金属外接物 1 处。检测数据统计见表 6-48。

表 6-48　缺陷数据表

缺陷特征	缺陷数量（个）								合计（个）
	0~9%	10%~19%	20%~29%	30%~39%	40%~49%	50%~59%	60%~69%	70%~79%	80%~100%	
外部金属损失	5	12	1	0	0	0	0	0	0	18
内部金属损失	25	2	0	0	0	0	0	0	0	27
内部制造缺陷	2	3	0	0	0	0	0	0	0	5
凹陷	5									5
外接金属物	1									1

注：表中 0~9% 一行表示腐蚀深度占壁厚比例。

1）腐蚀特征分析

金属损失共有 45 处，18 处为外部金属损失特征，27 处为内部金属损失特征，具体如图 6-26 和图 6-27 所示。外金属壁厚损失均在 20% 及以下，详见图 6-28。

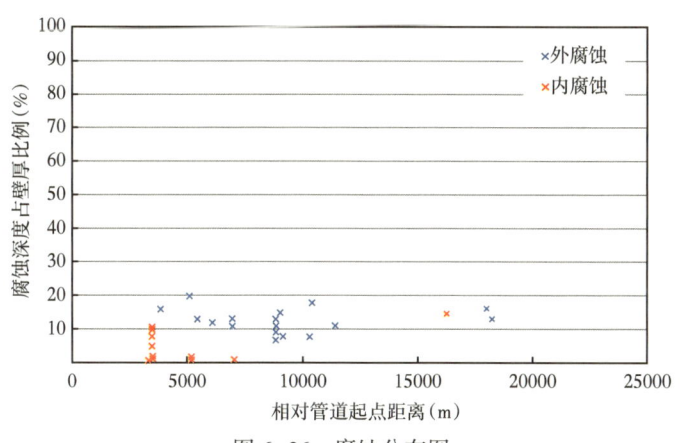

图 6-26　腐蚀分布图

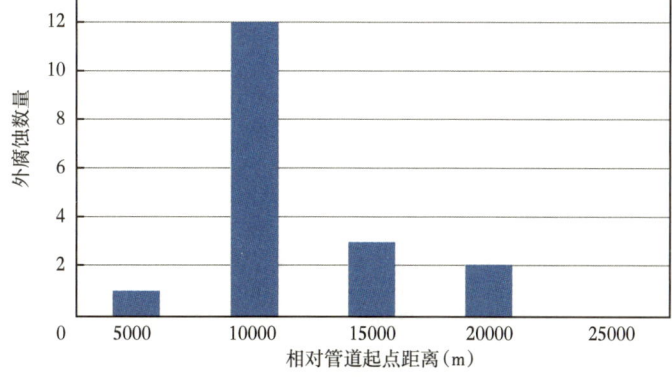

图 6-27　外金属损失数量分布图

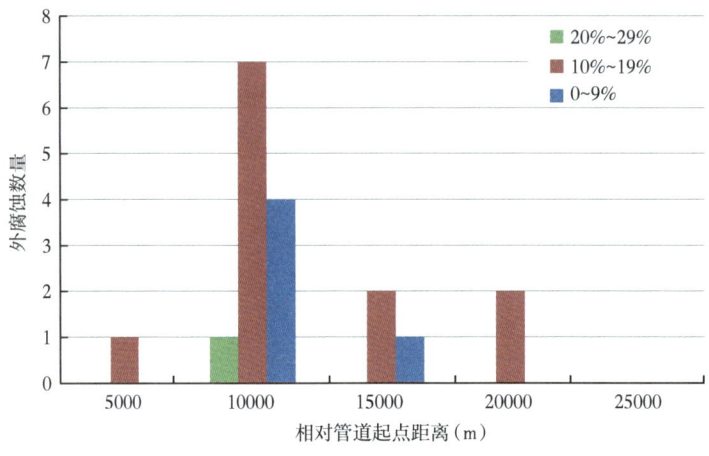

图 6-28　外金属壁厚损失分布图

内部金属损失共有 27 处，其中均在距管道起点 10000m 内（图 6-29）。在内腐蚀中，深度为 0~9% 壁厚的占 92.59%，深度为 10%~19% 壁厚的占 7.41%（图 6-30）。

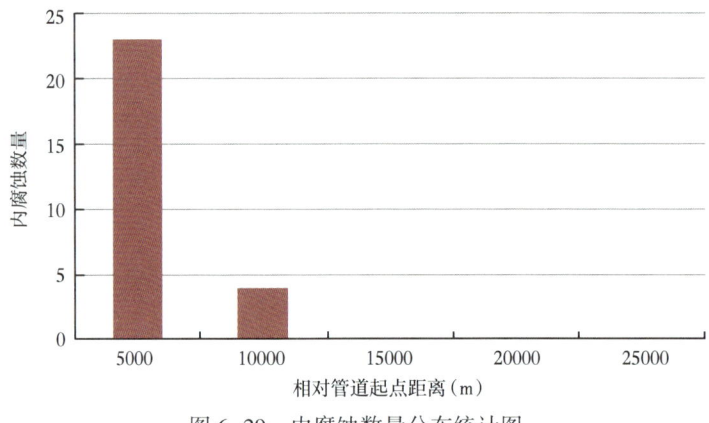

图 6-29　内腐蚀数量分布统计图

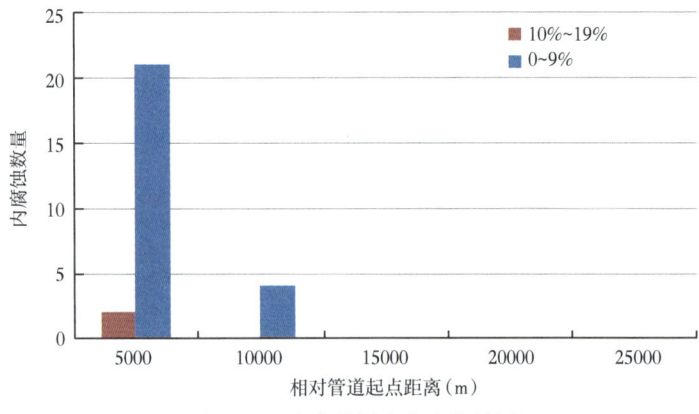

图 6-30　内腐蚀深度分布统计图

2) 未来腐蚀分析

根据检测报告，管线存在 18 处外部金属损失。与发生在管道系统内的内腐蚀不同，外部金属损失主要是管体外部遭受的土壤腐蚀、地下水腐蚀、杂散电流腐蚀和宏观电池腐蚀等，受土壤的含水量、含氧量、含盐量、酸碱度、电阻率和杂散电流等因素影响最大，所以对外部金属损失增长速率的估计较为复杂。但该管线是 3PE 防腐层，且阴极保护正常运行。

综合考虑管线上的外部金属损失模式、管道的服役时间和管道材料，基于安全的考虑，在没有其他额外数据的情况下，该方法假定管道外腐蚀环境未发生较大变化、外部腐蚀是活性的并且自从管道开始投产时就已开始线性增长。通过内腐蚀全寿命法来计算全寿命增长速率（表 6-49）。外损失全寿命损失增长率分布图如图 6-31 所示。

表 6-49 外损失全寿命增长速率统计表

外损失全寿命增长速率（mm/a）	外损失全寿命增长速率数量
0~0.05	0
0.05~0.10	2
0.10~0.15	3
0.15~0.20	8
≥0.20	5

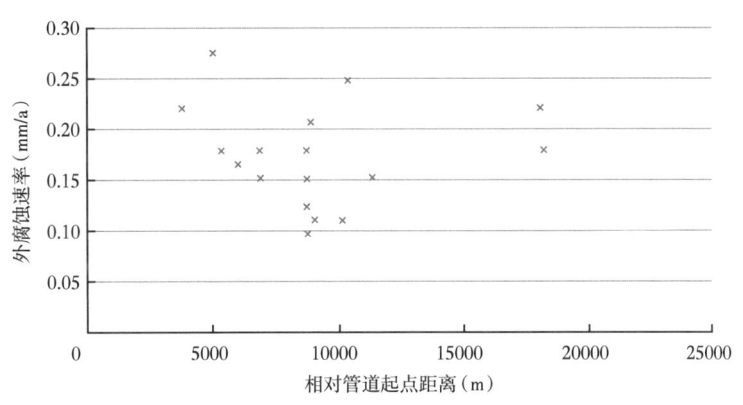

图 6-31 外损失全寿命损失增长率分布图

假定管道外腐蚀环境未发生变化，依据每个外腐蚀特征自有的腐蚀速率按半寿命方法发展，外腐蚀深度统计见表 6-50。表 6-50 表明 5 年后最大的外腐蚀缺陷将可能增长到 40%壁厚。

表 6-50 外腐蚀深度统计表

损失深度(%)	外损失目前数量	外损失 8 年后数量
0~9	5	0
10~19	12	5
20~29	1	8

续表

损失深度(%)	外损失目前数量	外损失8年后数量
30~39	0	4
40~49	0	1
50~59	0	0
≥60	0	0

内腐蚀方面，根据检测报告，管线存在 27 处内腐蚀。若管道中含有微量水，管道中的游离水在管壁上形成亲水膜，创造了形成原电池的条件，进而导致了电化学腐蚀，电化学腐蚀往往比较强烈，造成管壁大面积减薄或一系列深坑，易导致腐蚀穿孔。管道内腐蚀多发生在凝析烃、凝析水、沉淀物最有可能聚集之处。

内部腐蚀增长速率使用全寿命方法进行分析。该方法假定管道内腐蚀环境未发生较大变化、内部腐蚀是活性的并且自从管道开始投产时就已开始线性增长。通过内腐蚀全寿命法来计算全寿命增长速率。

假定管道内腐蚀环境未发生变化，依据每个内腐蚀特征自有的腐蚀速率按全寿命方法发展，5 年后内腐蚀深度统计见表 6-51，最大的内腐蚀缺陷将可能增长到壁厚的 22%。

表 6-51 5 年后内腐蚀深度统计表

内损失全寿命增长速率（mm/a）	内损失全寿命增长速率数量
0~0.05	22
0.05~0.10	2
0.10~0.15	2
0.15~0.20	1
≥0.20	0

3）外腐蚀缺陷评价

用 B31G 评估方法对外部金属损失分别进行检测时、未来 2 年后、未来 5 年后、未来 8 年后的缺陷评价，结果如图 6-32 至图 6-35 所示，评价条件：设计压力 7.85MPa，安全系数 1.67。

2017 年检测时及 8 年内没有超过 B31G 安全评价曲线允许尺寸的外部金属损失缺陷而需要进行修复。

5. 修复计划

针对内、外部金属损失和制造缺陷，参考缺陷评价结果制订以下修复计划。

2017 年检测时及 8 年内没有超过 B31G 安全评价曲线允许尺寸的外部金属损失缺陷而需要进行修复。

2017 年检测时及 8 年内没有超过 B31G 安全评价曲线允许尺寸的内部金属损失缺陷而需要进行修复。

根据管道缺陷评估情况建议内检测时间间隔为 8 年，即下次内检测时间不超过 2025 年 7 月。

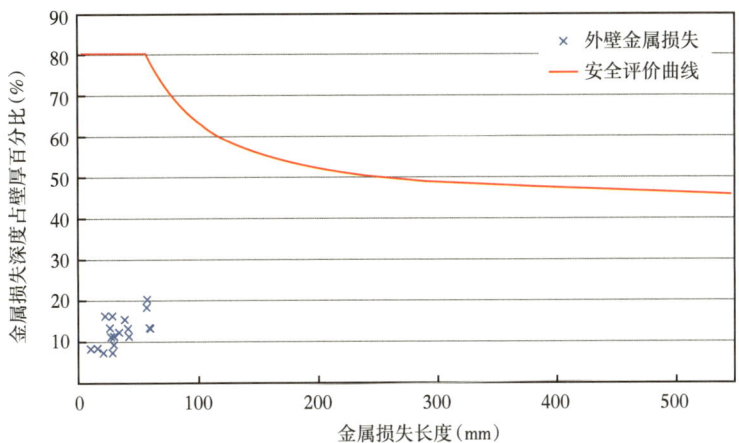

图 6-32 外腐蚀缺陷评价图（0 年，二级地区，8.8mm）

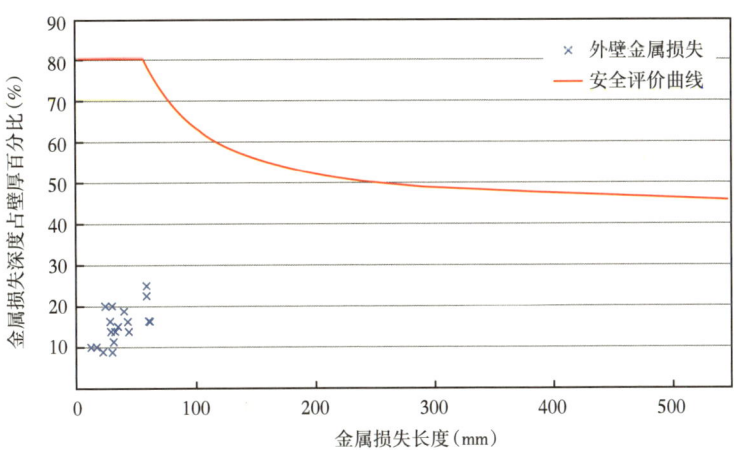

图 6-33 外腐蚀缺陷评价图（2 年，二级地区，8.8mm）

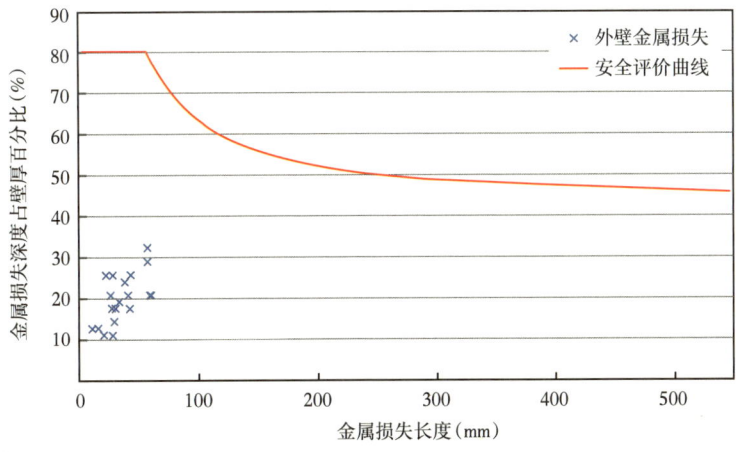

图 6-34 外腐蚀缺陷评价图（5 年，二级地区，8.8mm）

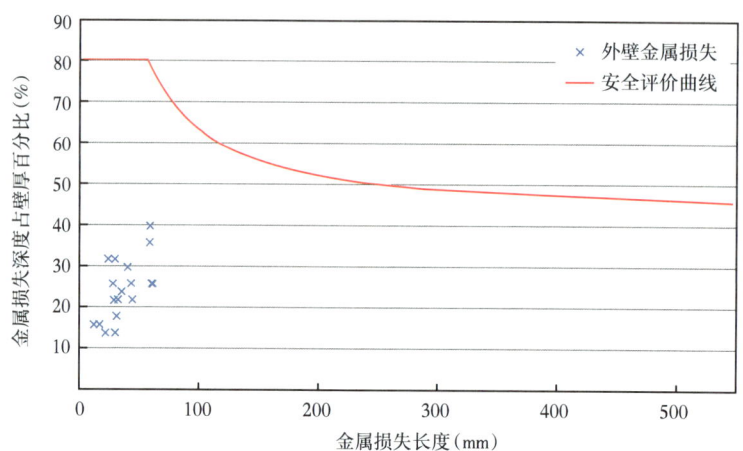

图 6-35　外腐蚀缺陷评价图（8 年，二级地区，8.8mm）

第七章 应急保障

第一节 安全环保风险分析

高含硫气田开发过程中的安全环保风险由开发介质决定,这是显而易见的。天然气中主要以烷烃类碳氢化合物为主,属于易燃易爆气体。当空气中天然气含量达到爆炸极限范围内,遇到火源就会产生强烈的爆炸。H_2S 气体的剧毒性决定了它的极端危害性。如果吸入浓度为 $100\mu L/L$ 的 H_2S 混合气体,$3\sim15min$ 就会出现咳嗽、眼睛受刺激和失去嗅觉。在 $5\sim20min$ 过后,呼吸就会变样、眼睛就会疼痛并昏昏欲睡,在 $1h$ 后就会刺激喉道。延长暴露时间将逐渐加重这些症状。如果吸入浓度为 $500\mu L/L$ 的 H_2S 混合气体,短期暴露后就会不省人事,如不迅速处理就会停止呼吸。如果吸入浓度为大于 $1000\mu L/L$ 的 H_2S 混合气体,会立即丧失知觉,结果将会产生永久性的脑伤害或脑死亡。除了这些物质本身的固有风险之外,高含硫气田开发过程中的工艺、设备也存在许多潜在的安全环保风险,这使得高含硫气田的开发生产过程中的安全环保风险远高于其他行业。

在高含硫气田的开发过程中,气体的泄漏形式多种多样,但基本上都是以混合气体的形式泄漏出来的。造成泄漏的原因也较多,既有地质原因,也有施工等其他原因。本节重点介绍工艺及施工方面造成的高含 H_2S 混合气体泄漏的方式及其原因。

一、钻井过程中有毒有害气体的泄漏

钻井是油气田开发过程中的关键环节,是一项多学科的技术型复杂工程。正常情况下,地层中的 H_2S 气体在钻井液重力作用下是不会冒出地面的。只有当井筒内钻井液液柱压力低于地层压力,发生气侵井涌的时候,气体才会从地层下冒出。同时,钻井的生产工艺和施工操作中,也有其他原因,会把少量的气体从地层中带出。

1. 钻井工程中主要危险有害因素

(1) 当钻头进入气层后,遇到高压气流,因各种原因使井底压力不能平衡地层压力而造成井喷和井喷失控事故。

(2) 钻头进入含硫气层后,从井底循环出的钻井液可能携带有硫化氢,存在中毒危险。

(3) 天然气中含有的硫化氢、二氧化碳遇水引起腐蚀导致危险。

2. 修井作业过程中主要危险有害因素

(1) 井架、修井机起吊、安装不稳、倒塌造成井口装置损坏引发井喷事故。

(2) 酸化作业时高压管汇的刺漏造成含硫天然气释放。

(3) 采样人员措施不当引发硫化氢中毒事故。

(4) 井底残液返排时,含硫气体可能随之排出形成毒气扩散。

(5) 作业后放喷时,由于地面放喷管线的固定问题、压力等级不合格以及布局不合理,

造成地面放喷管线破裂形成毒气扩散。

(6)更换装井口、起下管柱作业和循环施工作业中,井内压力失衡导致井喷或井喷失控形成毒气扩散。

(7)放喷过程中,因残液地层水导致点火失败或火焰意外熄灭形成毒气扩散。

二、完井、测试、改造、采气作业施工过程中有毒有害气体的泄漏

硫化氢对钢材设备亦有相当严重的腐蚀作用。在含 H_2S 井中进行完井、测试、改造作业时,因设备、管道选择不当造成腐蚀穿孔甚至氢脆破裂,形成毒气扩散。

高含硫气田完井、测试、改造、采气作业过程中井喷及井喷失控、泄漏危险、危害识别分析结论见表 7-1 和表 7-2。

表 7-1 高含硫气田完井、测试、改造过程中井喷及井喷失控、泄漏危险、危害识别

作业各阶段		主要危险、危害因素
完井阶段	完井前固井作业	固井质量差,套管损坏引起 H_2S 泄漏,人员 H_2S 中毒
	钻水泥塞作业	钻水泥塞过程中发生井涌、井喷、井喷失控
	套管刮削、起下作业、通井、洗井作业	起出通井管柱过程中发生井涌、井喷、井喷失控; 因井涌、井喷、井喷失控天然气溢出引起的 H_2S 泄漏,人员 H_2S 中毒
	下射孔枪管柱射孔作业过程	井喷、井喷失控可能发生的危害; H_2S 泄漏
	下完井管柱作业	下钻过程发生井涌、井喷、井喷失控; 因井涌、井喷、井喷失控天然气溢出引起的 H_2S 泄漏,人员 H_2S 中毒
	换装井口作业	更换井口时发生井涌、井喷、井喷失控事故; 井口安装质量不好造成 H_2S 泄漏; 因井涌、井喷、井喷失控天然气溢出引起的 H_2S 泄漏,人员 H_2S 中毒
	放喷、排液过程	放喷测试流程渗漏问题;高压管线破裂问题;燃烧器点火失败;通风不畅问题;H_2S 进入压井液、射孔液等带入废液池问题
	压井挤注保护液作业	压井管线刺漏导致含 H_2S 气体溢出引起人员中毒
测试阶段	诱喷、放喷、排液、测试	放喷管线出口未点火、火灭或因设备、管线泄漏导致 H_2S 泄漏,人员 H_2S 中毒; 放喷、排液、测试期间因地面流程设备故障,检修防护不到位造成作业人员 H_2S 中毒; 放喷、排液、测试期间更换压力表、排空卸压、天然气取样等作业引发 H_2S 泄漏,人员 H_2S 中毒; 地面流程设备、仪表因 H_2S 腐蚀引发爆裂、天然气泄漏、钢材氢脆引发流程区域 H_2S 泄漏,人员 H_2S 中毒; 地面流程因井底脏物返出在管道弯头和异径处堵塞、节流冰堵和地面流程安全阀失效等因素造成设备超压运行,设备存在爆裂、刺漏而引发 H_2S 泄漏,造成人员伤亡和中毒事故; 蒸汽锅炉因运行过程中操作管理不当、安全装置失效、超压运行爆裂、刺漏引发 H_2S 泄漏,人员 H_2S 中毒; 地面管汇泄漏 H_2S 造成伤害; 井喷、井喷失控造成的问题
改造阶段		缓蚀剂加注装置故障;缓蚀剂加注装置的维护不到位;液氮、酸液渗漏问题。 施工过程中 H_2S 泄漏,人员 H_2S 中毒。 井喷、井喷失控造成的问题

表 7-2　高含硫气田采气作业过程中泄漏危险、危害识别

施工作业阶段	归类	主要危险、危害因素
地质勘探作业阶段		基础资料不准确，造成设计的根本错误，为后期开发事故埋下重大隐患。 地层压力、硫化氢含量估计不足，为以后完井、采气过程中发生硫化氢扩散中毒埋下隐患。 勘探过程中未充分考虑到布井位置是否位于地震带，造成后期地震爆发而导致出现硫化氢中毒的事故
钻井作业阶段		套管质量问题：套管不抗硫，由于 H_2S 对套管的腐蚀，造成套管断裂；入井套管不符合要求，有裂纹，造成硫化氢泄漏；内压过高，将套管胀裂；地层变化，套管错断。 表层套管下入过浅，在生产套管遭到腐蚀破坏后，窜入煤矿或其他井下作业，造成人员中毒伤亡。 固井质量问题：钻井阶段套管固井质量不符合要求，如采用焊接等措施，造成生产阶段表层套管出现渗漏，硫化氢渗出地面，造成硫化氢中毒、着火爆炸等
完井阶段		完井设计未充分考虑到地层压力变化，选择完井设备不满足生产需要，导致生产阶段出现人员中毒等事故。 完井管柱不抗硫化氢，在硫化氢作用下发生氢脆，井口泄漏爆炸或窜出地表层，造成爆炸或人员中毒
采气作业过程	开采方案设计	方案设计采用的基础数据不准，造成设计错误，以致引发硫化氢泄漏、人员中毒；开采方案制订不合理，配产设计估计过低，造成在生产过程中由于井的产量过大，而生产管线流量通径考虑过小，促使压力过高，憋爆生产管线，造成硫化氢泄漏，人员中毒
	井口装置	井口装置未采用抗硫井口装置或结构设计不合理，在硫化氢的腐蚀下容易发生氢脆、开裂，造成硫化氢泄漏，引发人员中毒。 在开采设计中，井口装置未按气井压力大小并依据相关规定选用，造成起火爆炸、H_2S 泄漏中毒。 质量问题：井口装置材料选取、制造工艺未按照相关抗硫标准执行，造成在应用中发生氢脆、应力开裂，造成天然气泄漏，引发硫化氢中毒。 非金属密封材料未采用抗硫材料或抗硫范围达不到，以致在应用一段时间后出现密封失效，造成硫化氢泄漏，引发硫化氢中毒、引火爆炸等。 井口装置内部硫化氢接触面未按相关要求进行抗腐蚀处理，以致加速腐蚀，引起硫化氢泄漏，人员中毒。 井口高低压截断阀故障：可能发生的故障有紧急关闭、突然开大、无法动作等，容易造成井口天然气泄漏无法控制，造成 H_2S 泄漏中毒、着火爆炸等事故。 井口及高压管堵塞，易造成接口、管的破裂，造成 H_2S 泄漏中毒、着火爆炸等事故。 未对井场操作人员进行井口装置结构知识、操作规范、维护保养等方面的知识培训，造成操作人员不了解井口基本原理、未按照规定的操作规范、未按维护要求定期对阀门进行维护保养，造成硫化氢泄漏、引发中毒等

续表

施工作业阶段	归类	主要危险、危害因素
采气作业过程	地面安全控制系统	井下、地面安全阀选择上存在错误，造成后期在应急关闭时出现故障，造成硫化氢泄漏，引发人员中毒。 安全阀压力、温度等级未达到该井的设计要求，造成后期在应急关闭时出现故障，造成硫化氢泄漏，引发人员中毒。 安全阀材质未达到该井抗硫浓度要求，容易发生氢脆，造成安全阀失效。 井下液压控制管线与安全阀连接密封失效，使安全阀失去作用。 地面安全控制系统内部出现故障，以致不能控制安全阀的运行。 安全阀控制管线穿越井口处未实施特殊保护，在进行其他作业施工时穿出接头，造成硫化氢泄漏，引发人员中毒。 未对井场操作人员进行安全阀工作原理、操作规范、维护保养等方面的知识培训，造成操作人员不了解安全阀基本原理，未按照规定的操作规范、维护要求定期对安全阀进行维护保养，造成硫化氢泄漏，引发中毒等
	缓蚀剂加注装置	高压软管脱落：缓蚀剂加注高压软管脱落，导致井口高压气喷出，造成天然气爆炸、H_2S泄漏中毒事故。 加注装置故障：缓蚀剂加注装置可能发生的故障有突然停泵、管路堵塞、加注量不稳定等情况。因为高含硫气井和集输设施对防腐的要求很高，可能造成集输管道和设备的腐蚀加快，造成天然气泄漏、H_2S泄漏中毒等事故。 操作不当造成加注管路超压：站场缓蚀剂加注装置往往设计为一机两用，即既负责井下缓蚀剂加注，又负责集输管道缓蚀剂加注，是高和中两个压力系统。因此，在倒换流程的操作中可能出现超压爆管等险情，造成天然气泄漏、H_2S泄漏中毒、爆炸事故。 加注装置的维护不到位易造成装置故障，造成含硫天然气的泄漏、爆炸事件，以及缓蚀剂的泄漏事故。 缓蚀剂注入阀、注入管线未达到抗硫等级，造成注入阀损坏，井内天然气进入注入管线，最后导致井口出现硫化氢泄漏，引发人员中毒
	水套加热炉	天然气泄漏：该区设计压力等级为6.0MPa，高含硫天然气容易出现泄漏，引起H_2S泄漏中毒和着火爆炸等事故。 燃料气系统故障：可能发生的故障有调压装置失灵、管路堵塞、超压、燃料气含硫超标等，造成水套炉不能正常运转，从而引起天然气泄漏引发H_2S泄漏中毒和着火爆炸等事故。 烟囱、烟箱腐蚀穿孔：随着生产时间增加，酸性气体和水容易造成水套炉烟囱、烟箱腐蚀，使水套炉热效率降低，工作不正常。 水套炉熄火、放炮：因为水套炉突然熄火，如果再次点火极易发生爆炸，造成设备损坏，引起H_2S泄漏中毒和爆炸着火等事故。 烟囱绷绳失稳：如果水套炉烟囱绷绳没有很好固定，可能发生烟囱倒塌伤人事故。 流量调节阀故障：流量调节阀是生产关键设备，通常出现的故障有噪声、振动、调不起压或调压不准等问题，对生产影响很大
	分离计量区	阀门内漏、分离计量器的堵塞、分离器失效易引起天然气泄漏；高含硫天然气泄漏，容易引起H_2S泄漏中毒等事故。 超压：设备超压可能导致爆炸损坏，造成H_2S泄漏中毒等事故。 操作不当、维护不到位都为天然气的泄漏、H_2S泄漏中毒等事故埋下隐患

续表

施工作业阶段	归类	主要危险、危害因素
采气作业过程	清管装置区	管道在进行天然气严密性试验时，在升压及稳压工程中，可能出现泄漏或爆管，使天然气外泄，造成中毒、着火爆炸伤人事故。 人员的操作不当、维护不到位，都存在潜在的 H_2S 泄漏中毒事故隐患
	放空排污系统	放空系统出现窜压、堵塞和放空排污阀故障易造成设备的破裂和泄漏，从而造成 H_2S 泄漏中毒等事故。 放空系统可能因阀门密封不严或破裂，引发天然气泄漏，导致 H_2S 泄漏中毒事故。 自动点火装置故障，易造成 H_2S 泄漏中毒事故。 操作人员在点燃天然气时，没有按照"先点火，后开气"的规定操作，造成 H_2S 泄漏中毒。 操作不当、维护不到位，都存在潜在的 H_2S 泄漏事故隐患
	通信系统	在出现井口 H_2S 泄漏后，由于通信联络不畅通，无法及时汇报、启动应急和救援预案，致使事故等级和范围扩大，形成重大 H_2S 泄漏中毒隐患。 雷击静电与强电磁辐射干扰，造成通信系统失效，为 H_2S 泄漏中毒事故的发生埋下隐患
	场站连接管线	管线在出现冰堵、自然灾害、人为破坏、腐蚀等情况下会出现管道穿孔、破裂等情况，造成高含硫天然气的泄漏，导致 H_2S 泄漏中毒等事故。 由于操作不当和维护不到位造成管道穿孔、破裂等事故，导致 H_2S 泄漏中毒事故
	检修可能发生的危险	在检修过程中，带出的检修管道残余气田水释放出硫化氢，易造成 H_2S 泄漏中毒事故。 未充分估计到管内硫化氢，在清管或维护过程中未采取防护措施，导致 H_2S 泄漏、人员中毒伤亡。 方案不落实或措施、安全系统不落实、措施不到位、违章指挥、违章操作、现场监督管理不力，易造成检修时高含硫天然气泄漏，造成 H_2S 泄漏中毒等事故
	火源分析	明火火源：在天然气集输场所、泄漏易聚集场所等处违章动火；携带火柴等违禁品；违章吸烟；在维修、施工中未严格执行动火方案或防范措施不当等均能产生明火。 电气火源：在火灾爆炸危险现场所使用的电器防爆等级不达标或未使用防爆电器设备，防爆电气设备和线路的安装不符合标准、规范的要求时，易形成电气火源。 静电火源：气体在管线输送过程中，因摩擦会产生大量静电。静电大小随流速增加而增大，而且和管道内壁粗糙度，以及管路中阀门、弯头的多少有关。 雷电火源：由于夏季雷雨比较频繁，若接地存在缺陷，或雷电来势过猛都有可能引发火灾、爆炸事故的发生。要重视和完善防雷、接地设施的设计，每年要按规定的监测方案检查防雷接地电阻是否符合要求，确保防雷设施完好

续表

施工作业阶段	归类	主要危险、危害因素
采气作业过程	硫化氢监测与个人防护	硫化氢监测：井口附近、分离器等地方缺乏硫化氢检测仪及音响报警系统，造成H_2S泄漏中毒。 硫化氢聚集：污水池附近等地方硫化氢聚集，造成H_2S泄漏中毒。 井场未安装风向标、风速仪，一旦硫化氢泄漏将造成H_2S中毒。 防护设备：井站未配备探测报警系统、呼吸保护器、防毒面具等设备或设备出故障，造成H_2S中毒。 医务室：未配备处理硫化氢中毒的医疗用品、复苏器和氧气瓶等，造成硫化氢中毒者死亡。 人为因素：管理方案、安全系统不落实，措施不到位，违章指挥，现场监督不力，造成H_2S泄漏中毒；作业人员对H_2S认识不够，未按规定穿戴防护用品，思想麻痹大意，违章操作，引发H_2S泄漏中毒等事故

三、站场生产过程中有毒有害气体的泄漏

1. 正常运行期主要危险有害因素

1）井口装置

(1)井口装置存在的可能的事故隐患有井口装置泄漏（如阀门密封填料、法兰、阀体与前后阀盖连接处、加脂孔等)以及井控失效后可能性井喷。

(2)天然气中H_2S的存在，不仅会造成井下管柱、井口设备腐蚀破坏，而且当其泄漏于空气中时，还会对人身安全及环境造成伤害。

2）水套加热炉

(1)若水套炉炉膛内残余有天然气，点火时可能发生炉膛爆炸，因此，全开炉膛配风系统排空时，排空时间应不少于5min。

(2)点火时可能发生意外伤人事故。

3）分离器

(1)分离器排污不及时，可能致使污水窜出分离器，进入气管线。

(2)分离器排污时，可能发生天然气窜入排污管线，引起爆炸或中毒。

(3)开排污阀时，用力过猛，可能使污水飞溅。

(4)分离器排出的污水中含有H_2S，若发生排污管泄漏，可能发生附近工作人员或站外集水沟附近人员硫化氢中毒。

4）清管系统

(1)打开清管收球筒的快开盲板操作时，如果防护不当，可能造成清管器飞出伤人事故；

(2)人员未正确佩戴和使用正压式空气呼吸器和硫化氢检测仪，导致中毒事故。

(3)推球压差过大，清管球运行过快，造成管道振动，冲击盲板，导致设备损坏。

5）放空系统

（1）放空时，燃烧热辐射和 SO_2 毒性可能危及附近人畜和植被。

（2）放空系统可能因阀门密封不严或破裂、自动点火装置故障、操作不当、维护不到位易造成设备的破裂和泄漏，可能发生火灾、爆炸、硫化氢中毒事故。

2. 检修期主要危险有害因素

（1）检修期间从设备或管线清扫出的 FeS 与空气接触，容易自燃着火，甚至可能发生爆炸事故。

（2）由于装置停产检修前吹扫、置换不彻底，或检修部位与有毒介质隔离不好，均可能造成检修人员在有限空间内中毒或窒息。

（3）检修期间，有限空间作业、拆检、敲打、起吊作业、高温露天作业、动火、动焊作业等较多，容易发生窒息、中毒、烫伤、摔伤、砸伤、撞伤、火灾、爆炸等事故。

（4）检修期间触电事故。

四、管道集输过程中有毒有害气体的泄漏

1. 正常运行期主要危险有害因素

1）腐蚀穿孔

引起管道腐蚀穿孔事故的主要原因是由于管道涂层损坏或阴极保护不到位等，从而引起管道外腐蚀；天然气集输工程输送的是高和含硫天然气，由于硫化氢的腐蚀性很强，可能引起管道内腐蚀穿孔，从而引发天然气管道泄漏事故，引起火灾、爆炸和硫化氢中毒事故发生。

2）管材质量

输气管道由于管材质量存在问题，如钢管母材质量不合格、钢板材质缺陷、制管质量等，可能引发管道裂缝、裂纹、砂眼、爆管等事故。

3）穿越因素

管道在穿越河流时，由于埋深不够、穿越段附近进行爆破、河流改道等，可能引发管道悬空、冲断等事故。

穿越公路的管道将因车辆通过而受压，使其受到影响，严重时致使管道疲劳破裂而引发天然气泄漏。

2. 检修期主要危险有害因素

（1）检修期间从管线清扫出的 FeS 与空气接触，容易自燃着火，甚至可能发生爆炸事故。

（2）检修作业时由于施工不当，管道可能发生如重物撞击等影响，甚至引发管道破裂释放含硫天然气，从而造成事故。

（3）检修作业主要是对管道外防腐层进行修补、腐蚀管段的更换和阀室的检修。在进行管段动火检修时，可能会因大量空气吸入管段内，如果残留有火种在管段内，且检修完毕后又没有严查火种的存在和用氮气置换空气，则存在潜伏爆炸的危险。

第二节　主要安全环保防范措施

高含硫气田的开发过程中虽然存在着很多安全环保风险，但只要采取科学有效的安全环保防范措施，就可以将这些风险降至可以介绍的水平，从而杜绝灾难性事故的发生。本节着重介绍几个较为关键的措施：人员素质管理、气防安全管理、井控安全管理、安全距离管理、防火防爆管理和环境保护管理等。

一、人员素质管理

"安全生产"是硬道理，而"人"在安全生产中起着决定性作用。没有安全意识强、安全操作技术水平过硬的职工队伍，就无从谈起严格遵守国家和企业的标准、规范，无从谈起避免安全事故的发生。人员素质的管理对油气田的实际管理具有非常重要的意义，对高含硫气田的安全环保状况起着制约的作用。人员素质的建立和提升很大程度上是依赖高水准的培训。目前，各油气田针对工作人员已经开展了相关培训，也取得了很好的效果。那么针对高含硫气田，除了常规的安全环保培训，还需针对H_2S气田做专门的安全环保培训。具体内容包括但不局限于以下几点：

1. H_2S气体的理化特征及危害性

硫化氢，分子式为H_2S，分子量为34.076，标准状况下是一种易燃的酸性气体，无色，低浓度时有臭鸡蛋气味，有毒。其水溶液为氢硫酸。闪点小于-50℃，熔点是-85.5℃，沸点是-60.4℃，相对密度为1.19（空气为1）。能溶于水，易溶于醇类、石油溶剂和原油。燃点为292℃。硫化氢为易燃危化品，与空气混合能形成爆炸性混合物，遇明火、高热能引起燃烧爆炸。硫化氢是一种重要的化学原料。超剧毒，即使稀的硫化氢也对呼吸道和眼睛有刺激作用，并引起头痛，浓度达1mg/L或更高时，对生命有危险（表7-3）。

表7-3　硫化氢浓度影响表

硫化氢的浓度	对健康的影响
<1μL/L	难闻的臭鸡蛋味
5μL/L	明显难闻的臭鸡蛋味。川东北项目不使用呼吸器时允许的最大暴露极限
15μL/L（STEL） STEL=短期暴露极限	如果在没有使用呼吸器的前提下暴露时间超过15min，则可能造成长期的健康影响
100μL/L（IDLH） IDLH=对生命和健康直接造成危害	3~15min使嗅觉丧失。此浓度下很快就会威胁到生命，并有可能对身体造成不可挽回的影响或后遗症，或影响一个人的逃生能力
300μL/L	暴露30min将会造成不可挽回的健康伤害，并造成呼吸停止、意识丧失，如缺乏救助或人工呼吸，则可能造成死亡
500μL/L	会立即感到头昏眼花，几分钟就会停止呼吸导致昏迷，并可能在没有救援或人工呼吸的情况下死亡
700μL/L	受害人会迅速丧失意识摔倒，若不立即进行抢救或人工呼吸会很快死亡
≥1000μL/L	立即丧失意识，若不立即进行抢救或人工呼吸会很快死亡

同时应搞清楚几个重要的概念。

阈限制：几乎所有工作人员长期暴露都不会产生不利影响的某种物质在空气中的最大浓度。H_2S 的阈限制为 $15mg/m^3$（$10\mu L/L$）。

安全临界浓度：工作人员在露天安全工作 8h 可接受的最高浓度。H_2S 的安全临界浓度为 $30mg/m^3$（$20\mu L/L$）。

危险临界浓度：到达此浓度时，对生命和健康会产生不可逆转的或延迟性的影响。H_2S 的危险临界浓度为 $150mg/m^3$（$100\mu L/L$）。

2. H_2S 气体中毒救援技术和急救方法

(1) 迅速使患者脱离现场，脱去污染衣物，呼吸心跳停止者立即进行胸外心脏按压及人工呼吸（忌用口对口人工呼吸，万不得已时与病人间隔以数层水湿的纱布）。

(2) 尽早吸氧，有条件的地方及早用高压氧治疗。凡有昏迷者，宜立即送高压氧舱治疗。高压氧压力为 2~2.5atm；间断吸氧 2~3 次，每次吸氧 30~40min，两次吸氧中间休息 10min；每日 1~2 次，10~20 次一疗程。一般用 1~2 个疗程。

(3) 防治肺水肿和脑水肿。宜早期、足量、短程应用糖皮质激素以预防肺水肿及脑水肿，可用地塞米松 10mg 加入葡萄糖液静脉滴注，每日一次。对肺水肿及脑水肿进行治疗时，地塞米松剂量可增大至 40~80mg，加入葡萄糖液静脉滴注，每日一次。

(4) 换血疗法。换血疗法可以将失去活性的细胞色素氧化酶和各种酶及游离的硫化氢清除出去，再补入新鲜血液。可用于危重病人，换血量一般在 800mL 左右。

(5) 眼部刺激处理。先用自来水或生理盐水彻底冲洗眼睛，局部用红霉素眼药膏和氯霉素眼药水，每 2h 一次，预防和控制感染，同时局部滴鱼肝油以促进上皮生长，防止结膜粘连。

3. H_2S 气体监测仪器的使用、保养维护

H_2S 气体监测仪按安装方式分固定式和便携式两种。在可能有硫化氢泄漏的工作场所应设置固定式硫化氢检测报警仪。显示报警盘应设置在控制室，现场硫化氢检测探头的数量和位置按照有关设计规范进行布置。固定式硫化氢检测报警仪低位报警点应设置为 $10mg/m^3$，高位报警点应设置为 $50mg/m^3$。上述场所操作岗位应配置便携式硫化氢检测报警仪，其低位报警点应设置为 $10mg/m^3$，高位报警点应设置为 $30mg/m^3$。

4. 紧急状况处置和应急响应培训

了解工作现场 H_2S 气体的来源和可能的泄漏点。熟悉应急预案及预案中的现场处置程序，特别是紧急集合点的位置、危险区域划分、风向判断及逃生路线选择等。

另外，对于特殊作业岗位人员，除必须接受规定的基本培训内容外，还应继续接受相关的附加培训，以确保其真正掌握特殊作业岗位知识。附加培训内容可根据作业内容，由油气田企业自行确定。培训时间及复训时间都应有明确规定。

二、安全距离管理

安全距离防护是安全环保管理的基本原则之一。安全距离是为了防止人体触及或接近危险物体或危险状态，防止危险物体或危险状态造成的危害，而在两者之间所需保持的一

定空间距离，是安全生产的基本保障条件。对于含 H_2S 气田的开发生产，安全距离防护必然是不可或缺且是不可替代的防护措施。安全防护距离分为内部安全防护距离和外部安全防护距离。比如天然气净化厂与外部周边工矿企业、民居楼等敏感建筑都有一定的安全防护距离。当天然气净化厂内部某个设备发生故障，造成含硫气外泄，因为有安全防护距离，所以初期扩散范围内是没有工矿企业和民居的，若继续扩散到安全防护距离以外，有充足的时间来疏散周边企业和居民。只需做好内部人员的安全防护，便不会造成人员伤亡事故。因此，在含 H_2S 气田的开发、集输、净化等生产环节中，认真落实安全距离防护是十分重要的。

1. 钻井井场安全防护距离

天然气钻井井场的选址布置需要充分考虑安全防护距离。在考虑外部安全防护距离和内部安全防护距离外，还应考虑应急集合点、逃生通道等。

1）外部安全防护距离

关于井场外部安全防护距离，很多行业标准都有规定条款，但条款之间存在差异。在《含硫化氢天然气井公众危害防护距离》（AQ 2018—2008）中，对外部安全防护距离提出了要求（表7-4）。

表7-4 含硫化氢天然气井公众危害防护距离要求

气井公众危害程度等级	距离要求
三	井口距民宅应不小于100m；距铁路及高速公路应不小于200m；距公共设施及城镇中心应不小于500m
二	井口距民宅应不小于100m；距铁路及高速公路应不小于300m；距公共设施应不小于500m；距城镇中心应不小于1000m
一	井口距民宅应不小于100m，且距井口300m内常住居民户数不应大于20户；距铁路及高速公路应不小于300m；距公共设施及城镇中心应不小于1000m

气井公众危害程度等级确定方法应符合《含硫化氢天然气井公众危害程度分级方法》（QA 2017—2008）中的相应规定。

2）内部安全防护距离

内部安全防护距离主要是指井场内各设备与井口的距离要求以及设备之间的距离要求，以防止突发事故造成设备间的相互影响。特别是锅炉、发电机、柴油机等产生火源的设备，放空管线出口等危险部位，以及人员相对集中的部位都应高度重视。

一般要求井场值班房、发电机、库房、油罐区等距离井口不应小于30m，发电机距离油罐区不应小于20m，控制房距离井口不应小于25m。

2. 试井与井下作业安全防护距离

特别为含 H_2S 气田井下作业而制订的《硫化氢环境井下作业场所作业安全规范》（SY/T 6610—2017）并没有提出相应的操作性条款，而只是提出了一些原则性要求。常规试气与井下作业的外部距离原则上是参考钻井井场标准执行。但试气与井下作业并非长期性作业，且风险并不比钻井过程要小，故可以考虑提前疏散一定范围内的周边居民后，再进行试气与井下作业。

在内部安全防护距离上，主要还是参考钻井井场内部安全防护距离。另需考虑进入井场内的试井与井下作业车辆设备的防火防爆要求，并达到相应的防爆等级。

3. 油气集输场站和集输管道安全防护距离

对于油气集输场站和集输管道的安全防护距离，首先会想到平常用得最多也是相对权威的《石油天然气工程设计防火规范》（GB 50183—2015），这个标准根据场站总储量和单罐最大储量进行计算，将油气集输场站分为五个等级，不同等级提出了不同安全防护距离要求。但对于含H_2S气田集输场站和管线的安全防护距离，更多取决于毒性气体H_2S的设防要求，而不是取决于天然气的防火防爆距离要求，因为毒性气体的防护标准要远大于天然气的防火防爆要求。目前《硫化氢环境人身防护规范》（SY/T 6277—2017）只规定了硫化氢含量在13%~15%的集气站搬迁区域边缘距最近的装置区边缘宜不小于200m，单列脱硫装置处理能力为$300×10^4m^3/d$级的天然气净化厂搬迁区域边缘距最外脱硫装置边缘宜不小于400m。因此在高含硫化氢气田开发生产过程中，目前是根据《危险化学品生产装置和储存设施外部安全防护距离确定方法》（GB/T 37243—2019）和《危险化学品生产装置和储存设施风险基准》（GB 36894—2018）采用定量风险评价（QRA）的方法来确定安全防护距离。

三、防火防爆管理

从防火防爆基本原理来看，无论是常规油气田的防火防爆管理还是含H_2S气田的防火防爆管理并无差异，无非是控制燃烧、防止火灾爆炸条件形成、消除和控制点火源、隔离助燃物等。故本节主要阐述电气防爆、安全间距、明火管控以及生产工艺等控制措施。

1. 电气防爆措施

电气防爆是油气场所防火防爆的重要安全措施，也是控制点火源的安全措施之一。

1）爆炸危险场所等级划分

做好油气场所的电气防爆工作，首先应对油气场所进行爆炸危险等级划分，根据不同的危险等级，进行分级管理。在易燃易爆区域内，则应根据相关标准要求，安装使用与其等级相匹配的防爆电气设备，超出易燃易爆区域外，可安装使用非防爆电气设备。

爆炸危险场所按爆炸性物质的物态，分为气体爆炸危险场所和粉尘爆炸危险场所两类。爆炸危险场所的分级原则是按爆炸性物质出现的频度、持续时间和危险程度而划分为不同危险等级的区域。

(1)爆炸危险场所的区域等级。

爆炸性气体、易燃或可燃液体的蒸汽与空气混合形成爆炸性气体混合物的场所，按其危险程度的大小分为三个区域等级。

①0级区域（简称0区），是指在正常情况下，爆炸性气体混合物连续地、短时间频繁地出现或长时间存在的场所。

②1级区域（简称1区），是指在正常情况下，爆炸性气体混合物有可能出现的场所。

③2级区域（简称2区），是指在正常情况下，爆炸性气体混合物不能出现，仅在不正

常情况下偶尔短时间出现的场所。

(2)粉尘爆炸危险场所的区域等级。

爆炸性粉尘和可燃纤维与空气混合形成爆炸性混合物的场所,按其危险程度的大小分为两个区域等级。

①10级区域(简称10区),是指在正常情况下,爆炸性粉尘或可燃纤维与空气的混合物可能连续地、短时间频繁地出现或长时间存在的场所。

②11级区域(简称11区),是指在正常情况下,爆炸性粉尘或可燃纤维与空气的混合物不能出现,仅在不正常情况下偶尔短时间出现的场所。

2)火灾危险场所的分类和分级

火灾危险场所只有一类,但由于在这个区域内火灾危险物质的危险程度和物质状态不一样,又将其分成三个不同危险程度的区域。

(1)21区:指具有闪点高于环境温度的可燃液体,在数量和配置上能引起火灾危险的环境。

(2)22区:具有悬浮状、堆积状的可燃粉尘或可燃纤维,虽不可能形成爆炸混合物,但在数量和配置上能引起火灾危险的环境。

(3)23区:具有固体状可燃物质,在数量和配置上能引起火灾危险的环境。

3)合理选用防爆电器

了解了气体爆炸危险场所的划分原则,便可根据这一原则,进行合理的区域划分,进而在划分好的区域内使用合理的防爆类型,从而消除电气设备引发的火灾爆炸风险。通常所用的防爆型电气设备分为以下9种:

(1)隔爆型:具有隔离外壳的电气设备,能把点燃爆炸性混合物的部件封闭在一个外壳内。该外壳能承受内部爆炸性混合物的爆炸压力并阻止其向周围爆炸性混合物传爆。

(2)增安型:在正常运行条件下,不会产生点燃爆炸性混合物的火花或危险温度,并在结构上采取措施,提高其安全程度,以避免在正常运行条件下和规定的过载条件下出现点燃爆炸性混合物的火花或危险温度。

(3)本质安全型:在正常运行情况下或标准试验条件下所产生的火花或热效应,均不能点燃爆炸性混合物。

(4)通风充气型或正压型:具有保护外壳,且壳内充有保护气体,其压力保持高于周围爆炸性混合物气体的压力,以避免外部爆炸性混合物进入外壳内部。

(5)充油型:全部或某些带电部件浸在油中,使之不能点燃油面以上或外壳周围的爆炸性混合物。

(6)充砂型:外壳内充填细颗粒材料,以便在规定使用条件下,外壳内产生的电弧、火焰传播,壳壁或颗粒材料表面的过热温度,均不能点燃周围的爆炸性混合物。

(7)防爆特殊型:采用国标《爆炸性环境 第1部分:设备 通用要求》(GB 3836.1—2021)未包括的防爆型电气设备或部件时,由主管部门制订暂行规定,送劳动人事部备案,并经指定的鉴定单位检验后,按防爆特殊型电气设备处置。

(8)粉尘防爆型:为了防止爆炸性粉尘进入设备内部,外壳的接合面应紧固严密,并加封垫圈，转动轴与轴孔间要加防尘密封。粉尘沉积有增温引燃作用，所以要求设备的外壳表面光滑、无裂缝、无凹坑或沟槽，并且有足够的强度。

(9)无火花型：在正常运行时，不会出现火花、电弧和高温表面的电气设备，适用于2区。

2. 安全间距措施

合理确定油气爆炸场所内的各种设备设施之间的安全距离，是削减火灾爆炸风险的重要措施。同一场所中会出现不同的防火防爆区域，不同的区域防火防爆等级不同，所使用的电气设备的防爆等级也就不同。设备间设置合理的安全距离，可以有效避免防爆级别较低的设备设施引燃高防爆区域内的油气。同时合理的间距可以有效防止火灾爆炸的蔓延，避免事故扩大，将事故损失降至最低。

特别是油气场所中经常会存在必须有明火存在的火源，如长明放空、水套炉等设备。此类火源必须存在，无法消除，只有采取适当地加大安全间距的措施来防止火灾爆炸的发生。

3. 明火管控措施

所谓的明火管控，一是严格避免不必要的外来火源，二是严格控制必须的火源。

(1)消除不必要外来火源。在众多火源中，人为性违章火源是油气生产场所中最危险的。因此油气场所严格禁止吸烟、打电话，应使用相应等级的防爆电器。

(2)严格控制必须的火源。在之前提到过，油气生产场所内，有无法避免的火源，如放空火炬、水套炉等。严格控制这些火源周边的油气泄漏。另外一种是必要的动火施工作业。需按相关规定，完成动火许可后，在相应安全措施的保障和相关人员的监督下方可进行动火施工。

4. 生产工艺控制措施

使用先进的、科学有效的工艺安全措施，也可以有效地防止火灾爆炸的发生。在油气开发过程中，油气泄漏到空气中，形成爆炸云团是火灾爆炸事故的必要条件。那么，使用各种防止油气泄漏的安全措施，便可减少甚至杜绝油气场所内的挥发性油气的聚集。还有在封闭性环境中，可采取强制性通风设备，减少油气聚集，不形成爆炸云团。必须进入油气场所的作业车辆也需要安装阻火器等安全措施来保障油气场所的安全。各种工艺安全措施还很多，无非都是控制燃烧、防止火灾爆炸条件形成、消除和控制点火源、隔离助燃物等，在此就不一一列举。

四、环境保护管理

环境保护管理主要应从钻完井工程、地面集输工程和天然气处理厂三个方面着手。

1. 钻完井工程

1)钻完井设计要求

(1)钻完井工程设计应符合《石油天然气安全规程》（AQ 2012—2007）和《硫化氢环境钻井场所作业安全规范》（SY/T 5087—2017)等标准规范的要求。

(2) 固井设计应符合《固井设计规范》(SY/T 5480—2016) 的要求,固井质量应符合《固井质量评价方法》(SY/T 6592—2016) 的要求。

(3) 丛式井组及井眼轨迹设计应符合《丛式井平台布置及井眼防碰技术要求》(SY/T 6396—2014) 的要求。

2) 井场布置及设备安装:

(1) 井场布置和设备安装应符合《石油天然气安全规程》(AQ 2012—2007)、《钻前工程及井场布置技术要求》(SY/T 5466—2017) 和《钻井井场设备作业安全技术规程》(SY/T 5974—2020) 的要求。

(2) 井控装置的安装应符合《钻井井控装置组合配套、安装调试与使用规范》(SY/T 5964—2019) 的要求。

(3) 井口距高压线及其他永久性设施不小于 75m,距铁路、高速公路应不小于 200m,距学校、医院和大型油库等人口密集性、高危性场所应不小于 500m。

(4) 井场设置明显、清晰的警示标志:钻井处于受控状态,空气中硫化氢浓度小于 $15mg/m^3$ ($10\mu L/L$),不存在对生命健康的潜在或可能的危险时,挂绿牌;空气中硫化氢浓度在 $15mg/m^3$ ($10\mu L/L$) ~ $30mg/m^3$ ($20\mu L/L$) 间,对生命健康有影响时,挂黄牌;空气中硫化氢浓度可能大于 $30mg/m^3$ ($20\mu L/L$),对生命健康有威胁时,挂红牌。

(5) 在钻台上、井架底座周围、振动筛、液体罐和其他硫化氢可能聚集的地方应使用防爆通风设备(如鼓风机或风扇),以驱散工作场所弥散的硫化氢。

(6) 应布置不少于两条,夹角不小于 138°的放喷管线。放喷管线出口应接至距井口 100m 以外的安全地带,放喷管线应固定牢靠,排放口处应安装自动点火装置。

(7) 井场应配备 100L 泡沫灭火器(或干粉灭火器) 2 个,8kg 干粉灭火器 10 个,5kg 二氧化碳灭火器 2 个,消防斧 2 把,防火锹 6 把,防火沙 $4m^3$,20m 长消防水龙带 4 根,$\phi19mm$ 直流水枪 2 支。机房配备 8kg 二氧化碳灭火器 3 个,发电房配备 8kg 二氧化碳灭火器 2 个。在野营房区也应配备一定数量的消防器材。

3) 钻进作业要求

(1) 钻进作业应符合《钻井井场设备作业安全技术规程》(SY/T 5974—2020) 等标准、规范的要求。

(2) 钻进中应配备方钻杆上下旋塞和钻具止回阀,产层中钻井作业钻具中要安装近钻头回压阀。

(3) 钻进中应进行油气层压力监测预报工作。遇到钻速突然加快、放空、井漏、蹩钻、跳钻、气测异常、油气水显示等情况,应立即按设计要求启动应急预案。

(4) 应定期进行井控装备检查和井控防喷演习。进入气层前每个生产班必须对四种工况进行防喷演习。每次起下钻应开关闸板防喷器一次,并作好记录。

(5) 气层钻进过程中,应安排干部 24h 挂牌跟班值班,安排专人观察和记录钻井液体积变化和溢流显示情况,并作好记录。发现溢流应按规定的关井程序迅速关井。关井压力不得超过井控装备额定工作压力、套管抗内压强度的 80%、地层破裂压力三者中最小值。根据关井压力值确定重建井筒平衡的压井液密度。

(6)应定深、定时采集钻井数据和钻井液性能参数,发现气显示应加密各种参数信息的采集。

(7)钻开含硫气层后,每次起钻前,都应进行短程起下钻。特别是下列情况,更需要进行短程起下钻检查油气侵和溢流:

①开气层后第一次起钻前;

②溢流压井后起钻前;

③钻开气层井漏堵漏后或尚未完全堵住起钻前;

④钻进中曾发生严重气侵但未溢流起钻前;

⑤钻头在井底连续长时间工作后中途需刮井壁时;

⑥需长时间停止循环进行其他作业(电测、下套管、下油管、中途测试等)起钻前。

4)钻井含硫气层的要求

(1)钻开含硫油气层前必须按钻井要求和《石油天然气钻井、开发、储运防火防爆安全生产技术规程》(SY/T 5225—2019)规定的有关内容逐项检查合格。

(2)井口防喷器和配套的井控系统应符合钻井设计要求,其压力等级和地层压力匹配。防喷器必须安装手动操作杆和操作平台,并安装防喷器防护装置;防喷器芯子尺寸必须与井内钻具一致,并备用防喷器闸板芯子。对防喷器的使用要建立使用卡片备查。

(3)井口设备应定期采用压裂车或堵塞器清水整体试压,并作稳压检查。环形防喷器在钻具条件时试压到额定工作压力的70%,节流压井管汇、闸板防喷器及其以下部件,试压到闸板防喷器额定工作压力。

(4)在钻进高含硫化氢产层中,维护好钻井液的抗硫性能,防止污染钻井液,要有足够的钻井液加重剂和处理剂的储备,严防造成人员及财产损失。

(5)井控设备的安装质量必须满足油气层安全钻进需要。防喷管线布局要考虑当地季节风向、道路和其他重大设施情况,防喷管线必须接4条,并接出井口不少于100m,管线弯度夹角不小于120°,每隔10~15m应打水泥基墩,用地脚螺栓、压板固定牢靠,转弯处要求采用双压板固定。

(6)各种井控设备、专用工具、防毒器材、消防设施、电路系统配备齐全,运转正常。

(7)落实关井程序,坚持岗位和钻井队干部24h值班制度,值班干部必须在生产现场。井队干部、正副司钻及相关工作人员必须持有有效的井控操作证。

(8)钻井队每个生产班要进行各种工况下的防喷演习,并达到规定的演习要求。每次演习要进行总结和评估,并作好记录。

(9)现场至少应配备一个班组人员的正压式空气呼吸器,并有一定数量的储备。一般情况的配置标准为:正压式空气呼吸器15台(特殊井可根据现场需要配置10~15台)、空气压缩机1台、备用气瓶10个、便携式H_2S监测仪5台,并在现场安装4~6个通道固定式H_2S监测报警系统。

(10)空气呼吸器应储存在取用方便的空调房内,面罩应定期进行消毒,头部束带应放到最低位置。并安排专人负责保管、检查和维修。

(11)现场应准备好用于H_2S中毒的医疗急救药品和器材。

(12)钻开油气层前应组织钻开气层的安全检查验收和技术交底。经验收合格具备钻开气层的条件，经过上级机关审批同意，下达钻开气层批准通知书，钻井队方可钻开气层。

（13）禁止压井管汇不装止回阀或少装钻井液反压井管线上的止回阀。

（14）现场要准备移动式点火工具，如：魔术弹、电子点火枪等。

5）井下事故处理

由于气田地质情况的复杂性，井下出现漏、喷、卡的井下复杂和钻井工程事故的可能性较大，因此在处理井下事故和复杂的过程中应着重抓好以下方面的安全工作：

（1）发生顿钻、顶天车、单吊环起钻、水龙头脱钩等情况时，应按相应的要求和程序进行处理。

（2）当发生井涌、井漏、井塌、砂桥、泥包、缩径、键槽、地层蠕变、卡钻、钻井或套管断落、井下落物等，应按国家现行标准的技术要求处理。

（3）在气层井段采用清水降压解卡时，现场施工作业前应进行详细安全技术交底，做好井控安全工作，制订好安全预案和井喷应急预案，并由专人负责指挥。

（4）清水降压解卡施工过程中应做好劳动组织分工，准备好空气呼吸器，做好井场周边居民的安全疏散工作，防止人员中毒。

（5）发生卡钻需泡油、混油或因其他原因需适当调整钻井液密度时，井筒液柱压力不应小于裸眼段中的最高地层压力。

（6）钻进中发生井漏应将钻具提离井底，方钻杆提出转盘，以便关井观察。采取定时、定量反灌钻井液措施保持井内液柱压力与地层压力平衡防止发生溢流，其后采取相应措施处理井漏。

（7）产层井漏，要按规定反灌压井液。

（8）发生井喷失控应该实施井喷着火预防措施，设置观察点，定时取样，测定井场及周围天然气、硫化氢和二氧化碳含量，划分安全范围。根据失控状况及时启动应急预案，统一组织、协调指挥抢险工作。如发生井喷着火应按《油气井井喷着火抢险作法》（SY/T 6203—2014）的要求和相应事故应急预案进行抢险。

6）井下作业

井下作业应按《石油天然气安全规程》（AQ 2012—2007）、《井下作业安全规程》（SY/T 5727—2020）和《含硫化氢环境井下作业场所作业安全规范》（SY/T 6610—2017）等标准规范的要求进行施工作业。

（1）修井作业。

①现有井的修井作业应按《常规修井作业规程 第 9 部分：换井口装置》（SY/T 5587.9—2021）、《常规修井作业规程 第 11 部分：钻铣封隔器、桥塞》（SY/T 5587.11—2016）和《常规修井作业规程 第 14 部分：注塞、钻塞》（SY/T 5587.14—2013）等标准规范的要求进行。

②修井过程中应针对原井管柱无法取出，井下工具磨铣不掉，套管磨损，出现井下漏失等情况制订出一套相应的技术方案。

③根据井深、井斜及管柱重量，选择修井机械、井架和游动系统等配套设备。

④钻台或修井操作台应满足井控装置安装、起下钻和井控操作要求。

(2)射孔作业。

①射孔作业应严格按照《常规射孔作业技术规范》(SY/T 5325—2021)的要求进行施工作业。

②射孔作业前应重点检查放喷管线、压井管线,检查封井器,使之开关灵活可靠。

③起下射孔管柱前必须落实好防喷、防中毒、防火、防顿、防卡、防掉射孔管柱及其他落物等安全措施。

④射孔作业时,钻台和压井液返出口应配置 H_2S 报警仪和正压式空气呼吸器,配备防爆排风扇。

(3)酸化作业。

①接好注酸管线,并试压合格(试压值以酸化施工设计为准)。

②酸化时必须按工程设计和施工设计要求进行油压控制,防止压坏油层套管。

③酸化后及时进行排液,并尽量在一开井时间内多排残酸。

④施工中要及时进行污水处理,以解决施工时污水池有足够的有效容量和满足排污要求。残酸排入残酸池后要及时进行处理。

7)完井测试作业

(1)按照有关标准及施工设计对井口装置、测试管线、地面测试流程进行安装固定、试压,并测试是否达到设计和标准的要求。

(2)测试现场做好安全警戒工作,以及治安保卫、交通管制工作。

(3)现场应设置风向标或风向仪。现场应配置安全防毒器材。

(4)对于高压、高产、含硫井进行空井测试时,现场应设置消防车、救护车,并有医护人员值班。

(5)必须有经过程序批准的完井测试的设计,测试时必须按要求的距离疏散周围居民。

(6)现场应设置危险点源分布图、紧急撤离路线图以及施工危险通告。

(7)放喷点火时,应使用点火栓或移动点火装置,点火人员应佩戴好空气呼吸器。

(8)施工作业前应安排组织进行技术交底,施工过程中应安排干部值班。

(9)测井观察期间应安排2人进行值班,观察时必须2人同时前往,并佩戴好空气呼吸器和携带 H_2S 监测仪。

(10)生产气井的采气树、井口装置和井下工具等设施应由取得资质的生产单位提供,并经过专业人员检验和试压合格后安装。生产单位还应定期对组成气井的各种设施进行检验,对出现问题的设备应及时维修或更换。

(11)试气作业应按《气井试气、采气及动态监测工艺规程》(SY/T 6125—2018)的要求进行。

(12)井口产出的流体应分离计量。分离出的天然气应点火烧掉或进入集输系统,产出的液体进入储罐;分离器距井口30m以上,火炬应距离井口、建筑物及森林50m以上,含硫化氢天然气井火炬距离井口100m以外,且位于主导风向的两侧。

(13)根据实际(或预计)硫化氢含量,在压井液中加入消除硫化氢的附加剂和缓蚀剂。

(14)压井液的最小准备量为2倍井筒容积。

(15)试气工程设计中应对入井和测试的管材、工具、阀件、仪表以及与含硫介质相关材料的钢级、等级及抗硫性能作出特殊要求，必要时应作防腐处理。下井前要由专人负责校验并记录。

（16）试气工程设计中应依据该井 H_2S 的含量及测试产量、时间等因素拟定居民疏散和警戒方案。

（17）试气设计应编制该井《试气作业安全预案》以及《试气作业事故应急预案》，即安全专项设计。

（18）应安装使用抗酸性气体的采气井口装置。采气井口、封井器等井口装置应由井控单位负责检查、清洗、保养、组装、试压，其零部件齐全完好，操作灵活可靠。井控单位应向井口使用单位出具井口装置试压、检验、组装的相关技术资料。

8）人员防护

（1）钻井作业应配备固定式硫化氢监测系统，能同时发出声光报警，并能确保整个作业区域的人员都能看见和听到。监测传感器至少应在钻井液出口管口、接收罐和振动筛、钻井液循环罐、司钻或操作员位置、井场工作室等处设置。

（2）作业现场应至少配备 5 台便携式硫化氢监测仪，其中 1 台监测仪量程需达到 $1500 mg/m^3$（$1000 \mu L/L$）。

（3）作业现场应配备便携式二氧化硫检测仪或带有检测管的比色指示监测器。

（4）钻井队当班生产班组应每人配备 1 套正压式空气呼吸器，另配备一定数量（至少 3 套）作为公用及相应的空气压缩机。

9）点火时间及点火条件

《含硫化氢天然气井失控井口点火时间规定》（AQ 2016—2008）规定了含硫化氢天然气井井喷失控时，点火时间为 15min。《含硫化氢天然气井失控井口点火时间规定》（AQ 2016—2008）规定：

（1）含硫化氢天然气井出现井喷事故征兆时，现场作业人员应立即进行点火准备工作。

（2）含硫化氢天然气井发生井喷，符合下述条件之一时，应在 15min 内实施井口点火：①气井发生井喷失控，且距井口 500m 范围内存在未撤离的公众；②距井口 500m 范围内居民点的硫化氢 3min 平均监测浓度达到 $100 \mu L/L$，且存在无防护措施的公众；③井场周边 1000m 范围内无有效的硫化氢监测手段；

（3）若井场周边 1.5km 范围内无常住居民，可适当延长点火时间。

2. 地面集输工程

地面集输工程应按《石油天然气工程防火设计规范》（GB 50183—2015）、《油田油气集输设计规范》（GB 50350—2015）和《硫化氢环境天然气采集与处理安全规范》（SY/T 6137—2017）等标准规范的要求进行设计。

1）站场工程

（1）对于生产气井和回注井应该加强井下和井口设备的腐蚀监控措施，生产气井还应有井口压力（包括套管环空压力）监测系统，并定期进行数据记录和分析。对于井下工具特别是井下安全阀以及井安全系统应定期进行检验，确保发生事故时能正常启动。

（2）设计中应增加各井站的紧急出口设置，明确各生产设施、装置的具体位置，增加避雷设施、消防设施的具体位置。

（3）场站应按国家现行标准《硫化氢环境人身防护规范》（SY/T 6277—2017）配备足够数量的正压式空气呼吸器及与空气呼吸器气瓶压力相应的空气压缩机、硫化氢泄漏检测仪和可燃气体检测仪。

（4）井站及集气站已配置和还需补充配置的安全设施见表7-5。

表 7-5　场站需配置的安全设施表

序号	设施名称		数量	备注
1	井口安全系统		2~6 套	根据各场站内井口数确定
2	放空系统		1 套	含自动点火及熄火保护装置
3	灭火器		11~22 台	根据场站规模确定
4	消防给水系统		1 套	集气站配置
5	F&G 系统		1 套	
6	气动切断阀		9~32 台	根据场站规模确定
7	ESD 系统		1 套	
8	正压式空气呼吸器		4~8 套	根据场站定员确定
9	充气泵		1 台	
10	可燃气体检测器		3 台	
11	硫化氢气体检测器		13~37 台	根据场站规模确定
12	便携式硫化氢气体检测仪		3~6 台	根据场站值班人数确定
13	火焰探测器		2 台	
14	警示标志		若干	防火防爆防中毒警示
15	逃生门		2 扇	设于场站后场和侧面
16	防雷	避雷针	2~3 座	能覆盖整个工艺装置区
17		浪涌保护器	1 台	
18		电话避雷器	1 支	与场站接地装置连接
19	防爆	防爆照明及电器	若干	根据场站实际情况而定
20	接地			包括静电、防雷接地的联合接地装置
21	UPS		1 套	
22	高音广播		1 个	置于场站附近高处
23	声响报警器（防爆）		2 台	置于场站内和值班休息室
24	风向标		3 个	设于显眼和高处

注：表中为场站至少应配置但不限于配置的安全设施。

（5）井站周围设置明显的安全警示标牌，并告之附近居民可能的危险、危害及安全注意事项。调查附近居民分布情况，掌握其最有效的联系方式。

（6）对爆炸、火灾危险场所内可能产生静电危险的设备或管道，均应采取防静电措施。

（7）各场站、集气末站污水罐，以及气田水处理和回注站内污水储罐，均考虑设置呼吸管线，将系统内天然气引入火炬燃烧。

（8）气田水处理、回注站内，阀门、仪表均选择防腐蚀型的。

（9）站场场地的防洪设计标高应比按防洪设计标准计算的设计洪水水位高 0.5m。靠近山区建站时，应根据实际情况，设置截洪沟。

（10）集气站应在醒目地方悬挂防毒、防火、爆炸等安全警示标志和防护用品存放标志。

（11）由于工程区域内乡镇较多，人口较密集，建议在各乡镇及居民集聚区设置硫化氢浓度监测点和高音喇叭，在井场周边和管道沿线的各村组设置高音喇叭，以便发生事故时能及时通知居民，指导疏散工作。

2）管道工程

（1）干气输送管道的所有进气点必须用在线水分分析仪进行连续监测并记录，如发现含水量超标应立即进行处理并报告有关部门。

（2）定期检查管道安全保护系统，使管道在超压或失压时能够得到安全处理。

（3）在公路、河流等穿越点、学校附近等人口密集区设置的标志应醒目、清楚、明确。采用无套管的穿越管段，距管顶以上 500mm 处应设置警示带。

（4）建设单位和施工单位应对工程建设区域的地质灾害采取合理的防治工程，同时做好施工期及运行期的地质灾害监测预警和防灾预案工作，达到预防和减轻地质灾害危害的目的。

（5）两管道同沟敷设时，沟底宽度应在单管沟底宽度基础上，增加该管管径再加 400mm。当埋地集气管道与其他管道、电缆线和架空电力线平行或交叉敷设时，其间距应符合国家现行标准《钢质管道及储罐腐蚀控制工程设计规范》（SY 0007—1999）的有关规定。

（6）绝缘法兰和绝缘接头两侧各 10m 内的管道外壁，应做特加强级防腐层；两侧管道内壁宜涂一定长度的内防腐层。穿越管段采用的防腐涂层应比相邻线路管段提高一个涂层等级。

（7）埋地采气管道与其他管道交叉时，其垂直净距不应小于 0.3m。当小于 0.3m 时，两管间应设置坚固的绝缘隔离物；管道在交叉点两侧延伸 10m 以上的管段，应采用相应的最高绝缘等级。

（8）管道与电力、通信电缆交叉时，其垂直净距不应小于 0.5m。交叉点两侧延伸 10m 以上的管段，应采用相应的最高绝缘等级。

（9）对河流穿越大开挖段、隧道进出口应加强边坡稳定性的勘察。

（10）X 射线检验和超声波检查建议按照《承压设备无损检测　第 2 部分：射线检测》（NB/T 4013.2—2015）和《承压设备无损检测　第 3 部分：超声检测》（NB/T 4013.3—2015）的要求进行。

3. 环境保护对策

针对高含 H_2S 气田开发的这些环境风险，提出以下对策措施以供参考。

1）钻井工程环境风险对策措施

采取防井喷工程措施是环境风险削减的根本措施。

对井场周围 500m 以内的居民住宅、学校、厂矿等进行了勘测，并在设计书上标明位置，绘制分布图，制订事故应急预案并实施演练，对周围居民进行硫化氢毒性和应急措施宣传和教育。

合理选择井位，井口距铁路、高速公路应大于200m，距学校、医院和大型油库等人口密集性高危场所大于500m。

井场布置在不受洪水、不良地质影响的地带，井场应设清污分流设施，避免钻井废水溢出或泄漏对环境的污染。

钻井作业期间，撤离距油气井井口100m范围内的居民。在即将钻入含硫化氢地层时，对钻井队进行一次防硫化氢安全教育，并向当班的各岗位人员发出警告。在钻开油气层前两天，撤离距油气井井口500m范围内的居民。

当空气中硫化氢含量超过安全临界浓度时，监测仪能自动报警，其声光使井场工作人员皆能听到。二层台装设音响报警器。硫化氢监测仪器应进行周检和强检。

(1) 放喷废气。

对测试放喷时排出的大量天然气都是采取点火排放的方式，把H_2S、甲烷等转化为SO_2、CO_2和H_2O排放，尽可能缩短放喷时间以减轻对大气环境的影响。

(2) 钻井废水。

钻井废水处理后尽可能回用，对不能回用的钻井废水选择回注井回注。

(3) 钻井噪声。

通过井位选址规避和采用合理的井场布局来减轻噪声的影响。在高噪设备与农户之间的场界上修筑隔声墙，也可有效减轻噪声的影响。

(4) 钻井废渣。

钻井岩屑、不能再利用的废钻井液、钻井废水处理后的废渣等，在废水池中进行固化处理后覆土复耕。

2) 集输场站环境风险对策措施

采输系统平稳运行是减小事故放空污染的根本措施。

根据国外标准选择适合含硫气田生产设施的阀门。

气田水应进行预处理后选择回注井回注。对回注井及回注层位应进行地质论证：不对井下生产设施产生影响；足够的容量(超过容量不强行回注)；回注在封闭的空间中，回注水不会穿入其他层位，特别是潜水层可饮用的地下水。

气田水闪蒸废气经灼烧后通过排放筒排放，排放筒高度由环境评价计算确定。

加强回注井站周围地表水的监测和检查，防止回注地层水穿入地表水。

3) 集输管道环境风险对策措施

选择线路走向时，尽量避开居民区以及复杂地质段，以减少由于天然气泄漏引起的中毒、火灾、爆炸事故对居民的危害。

对管道沿线人口密集、房屋距管道较近等敏感地区，提高了设计系数，增加管道壁厚，以增强管道抵抗外部可能造成破坏的能力。在管线壁厚设计中适当考虑腐蚀裕量，提高管线抗腐蚀能力。

在公路、河流等穿越点设置的标志应清楚、明确。

在设计时避开了学校、居民等敏感点。

4）强化环境管理措施

高含硫天然气集输生产管理与操作人员都应有严格的岗位责任制，定岗定员；必须要求每个上岗人员明确自己的管理与操作责任、违规将造成的严重后果等。各级人员都应有明确的权利、义务和责任。

5）强化作业人员的环境意识

增强员工环保意识，培育环境保护文化也是保护环境的重要措施。

6）经济作物的选择

由于长期 SO_2 外排，可能对排放源周围环境造成一定影响，建议种植喜硫植物减少长期 SO_2 外排对环境的影响（表7-6）。

表7-6 部分植物对 SO_2 的抗性指数及分级表

敏感植物	指数	中等抗性植物	指数	抗性植物	指数
紫苜蓿	1.0	花椰菜	1.6	唐菖蒲	2.6~4.0
大麦	1.0	甜菜	1.6	美人蕉	2.6
棉花	1.0	蒲公英	1.6	漆树	2.8
黑麦	1.0	芥菜	1.7	蔷薇	2.8~4.3
有刺莴苣	1.0	茄子	1.7	马铃薯	3.0
香豌豆	1.1	苹果	1.8	鸡爪槭	3.3
萝卜	1.2	豇豆	1.9	山梅花	3.5
莴苣	1.2	樟树	1.9	枫树	3.3
甘薯	1.2	卷心菜	2.0	紫藤	3.3
荞麦	1.2	豌豆	2.1	洋葱	3.8
菠菜	1.2	韭菜	2.2	丁香	4.0
菜豆	1.1~1.5	葡萄	2.2~3.0	玉米	4.0
南瓜	1.1~1.4	桃树	2.3	黄瓜	4.2
向日葵	1.3~1.4	杏树	2.3	葫芦	5.2
三叶草	1.4	榆树	2.3	菊花	5.3~7.3
胡萝卜	1.5	桦树	2.4	柑橘	6.5~6.9
芜菁	1.5	秋海棠	2.2	胡瓜	7.7
小麦	1.5	蝴蝶花	2.4	崖柏	7.8
番茄	1.3~1.7	李树	2.5	蓖麻	3.2
大豆	1.5	钻天杨	2.5	女贞	15.0

注：植物抗性指数=该植物的受害浓度/紫苜蓿的受害浓度。

喜硫植物：豆类(大豆、蚕豆、菜豆)、薯类(马铃薯、甘薯)、葱蒜类、韭菜、黄瓜、甘蓝、花生、油菜、番茄、西瓜、苹果、柑桔、葡萄、桃树、烟草、茶树。

五、应急管理

随着 2006 年 1 月 8 日国务院发布的《国家突发公共事件总体应急预案》出台，我国应急预案框架体系初步形成。是否已具备应急能力及制订防灾减灾应急预案，标志着社会、企业、社区、家庭安全文化的基本素质的程度。当前，社会各方面均致力于应急救援机制的建设和发展，作为国家能源命脉，具有高风险特点的高含 H_2S 气田企业更是应急体系中重要的一环。油气田企业理应具备一定的安全减灾文化素养及良好的心理素质和应急管理知识。

1. 应急体系建设

我国的应急体系研究工作起步较晚，但应急的各项工作发展得相当之快。"十三五"时期，各地区、各有关部门以习近平新时代中国特色社会主义思想为指导，认真贯彻落实党中央、国务院决策部署，推动应急管理事业改革发展取得重大进展，防范化解重大安全风险能力明显提升，各项目标任务如期实现。

应急管理体系不断健全。改革完善应急管理体制，组建应急管理部，强化了应急工作的综合管理、全过程管理和力量资源的优化管理，增强了应急管理工作的系统性、整体性、协同性，初步形成统一指挥、专常兼备、反应灵敏、上下联动的中国特色应急管理体制。深化应急管理综合行政执法改革，组建国家矿山安全监察局，加强危险化学品安全监管力量。建立完善风险联合会商研判机制、防范救援救灾一体化机制、救援队伍预置机制、扁平化指挥机制等，推动制修订一批应急管理法律法规和应急预案，全灾种、大应急工作格局基本形成。

应急救援效能显著提升。稳步推进公安消防部队、武警森林部队转制，组建国家综合性消防救援队伍，支持各类救援队伍发展，加快构建以国家综合性消防救援队伍为主力、专业救援队伍为协同、军队应急力量为突击、社会力量为辅助的中国特色应急救援力量体系。对标全灾种、大应急任务需要，加大先进、特种、专用救援装备配备力度，基本建成中央、省、市、县、乡五级救灾物资储备体系，完善全国统一报灾系统，加强监测预警、应急通信、紧急运输等保障能力建设，灾害事故综合应急能力大幅提高，成功应对了多次重特大事故灾害，经受住了一系列严峻考验。

安全生产水平稳步提高。不断强化党政同责、一岗双责、齐抓共管、失职追责的安全生产责任制，严格省级人民政府安全生产和消防工作考核，开展国务院安全生产委员会成员单位年度安全生产工作考核，完善激励约束机制。持续开展以危险化学品、矿山、消防、交通运输、城市建设、工业园区、危险废物等为重点的安全生产专项整治。逐步建立安全风险分级管控和隐患排查治理双重预防工作机制，科技强安专项行动初见成效。按可比口径计算，2020 年全国各类事故、较大事故和重特大事故起数比 2015 年分别下降 43.3%、36.1%和 57.9%，死亡人数分别下降 38.8%、37.3%和 65.9%。

防灾减灾能力明显增强。建立自然灾害防治工作部际联席会议制度，实施自然灾害防治九项重点工程，启动第一次全国自然灾害综合风险普查，推进大江大河和中小河流治理，实施全国地质灾害防治、山洪灾害防治、重点火险区综合治理、平安公路建设、农村危房改造、地震易发区房屋加固等一批重点工程，城乡灾害设防水平和综合防灾减灾能力明显提升。与"十二五"时期相比，"十三五"期间全国自然灾害因灾死亡失踪人数、倒塌房屋数量和直接经济损失占国内生产总值比重分别下降37.6%、70.8%和38.9%。

石油石化行业作为国家能源命脉行业，且具有产业链长、危险性高、投资巨大等特点，属于高危行业。对应急体系建设工作和预案的编制运行工作的重要性有着更深的认识，应急体系建设工作的开展也是走在社会各行业的前列。

在含H_2S气田的开发过程中，整个气田区域内的各种应急力量和资源，同属一个应急体系。在这个体系里，应该做到以下三个原则。

（1）坚持"整合资源，协同应对"的原则。建立和完善区域联防，整合各企业现有应急资源，实行区域联防，实现资源、信息的有机整合，形成统一指挥、反应迅速、协调有序、运转高效的区域联防联动机制。

（2）坚持"依靠科学，专业处置"的原则。企业在重特大事件应急处置过程中，充分利用、借鉴各种科技成果，发挥联防区域内应急管理专家和技术专家的智力支撑作用，增强指挥决策和处置措施的科学性。

（3）坚持"预防为主，平战结合"的原则。按照事故预防与应急救援相结合、预案演练与业务交流相结合的总体要求，搭建资源、信息、技术交流平台，做好区域联防的思想准备、预案准备、物资和经费准备，做到常备不懈。

做到整个区域逐级救援。首先站场应急自救。各油气站场应严格按照相关标准配备应急物资，制订应急预案，开展应急演练，提高自救能力。确保有能力处置初级突发事件，也有能力控制突发事件的恶化。然后是区块应急救援。分区块建立应急救援站，解决站场无法控制的事故事件的处理。最后是区域联防应急救援。当事故持续恶化，区块应急救援站都无法应对，企业应急指挥中心应协调其他区块和社会应急资源和能力，确保不发生重大伤亡事故和环境污染事故。

2. 专职应急队伍建设

应急资源配置应根据"分散设置、划分设防、统一指挥、就近救援"的原则。高含H_2S气田往往在山谷纵横、水网密布的地区，小则数十平方千米，大则成百上千平方千米。无论将全部的应急资源集中配置在任何一个地方，都不可能在第一时间迅速覆盖到区域内的任何地方，因此会耽误第一时间的抢险最佳时间。故在资源配置上，应充分考虑其他开发区块的地形地貌、重要场站、设备设施的分布情况。通常在大型天然气净化厂周边设置专职应急抢险队伍和应急资源。也可分区块设置中心站，配备相应的专兼职应急抢险队伍和配备应急资源。达到"分散设置、划分设防、统一指挥、就近救援"的目标。

3. 专用应急设备配置

根据应急救援资源的配置原则和队伍分布建设特点，综合考虑气田规划，按照各区域联动配合的应急救援机制来合理化配置专用应急设备。主要包括以下设备设施：

（1）气体防护类：如气防救援车、正压式空气呼吸器、有毒气体监测报警仪、可燃气体检测报警仪等。

（2）井口抢险类：主要包括用于井喷抢险的超高压水力喷砂切割装置、远程液控带压密封带压钻孔装置、井口防爆工具等。

（3）消防灭火类：如大型泡沫干粉消防车、高压喷水消防车、固定式消防水炮、消防喷淋系统、便携式灭火器等。

（4）应急照明类：移动式探照灯、防爆探照灯、发电机组等。

（5）医疗救护类：救护车、心肺复苏设备、高压氧舱、针对 H_2S 中毒的急救药品等。

（6）大型机械类：重型吊车、加砂压裂车、应急保障运输车等。

（7）辅助抢险类：救生衣、冲锋舟、排涝水泵等。

（8）指挥保障类：救援抢险指挥车、用于抢险救援人员居住的移动式野营房、车载防爆对讲机等通信设备。

4. 应急预案要求

应急预案是整个安全应急体系中的重要组成部分，编制应急预案应遵循"依照基本规定、密切结合实际、突出重点风险、兼顾所有要素"的基本原则和应急预案编制导则的相关规定。由于含 H_2S 气田开发的各种生产过程中，都存在着 H_2S 气体，造成这类气田开发存在着一些特殊的安全环保风险，因此在编制含 H_2S 气田开发的应急预案时，还应遵循以下特殊要求：

（1）施工队伍"一井一案"原则：钻井施工和试气（井下作业）施工都具有"打一枪换一个地方"的特点。虽然每次施工作业的目的性大致相同，但每口井的地层构造、气体组分、地理位置、周边环境等相差较大，所以施工的主要风险并不完全一样。因此，施工队伍应根据每口井的特殊性风险，制订出针对性比较强的预案，做到"一井一案"。

（2）集输站场"逐站逐线"原则：集输站场的生产工艺大体相同，且输送介质也都是高含 H_2S 的天然气。但各井所采出的天然气中 H_2S 的浓度并不相同，各条集输管线中的 H_2S 的浓度也不尽相同，所以发生泄漏时，在不同地层压力的作用下，扩散的范围也自然不同，加上每个站场和管线的周边环境也相差较大，因此有必要做到"一站一案""一条管线一案"。

（3）净化厂"一装置一案"原则：天然气净化厂工艺复杂，装置繁多，各个装置的工作原理和工作介质都不尽相同。任何一个装置都可能出现具有特殊性的突发性事件，那么净化厂必须在总体预案的支撑下，做到"一装置一案"。

（4）"区域应急一盘棋"原则：应急预案应全盘考虑，上下衔接。而高含 H_2S 气田应急预案更应统筹考虑整个油气开发生产全过程的安全风险、应急装备、应急物资、应急能力和应急对策措施。下游预案必须考虑上游预案的联动，上游预案也必须考虑下游预案的衔接。各预案之间的联动、协调、统筹规划等都应有很好的考虑。

通常，对于风险巨大的高含 H_2S 气田的生产，企业均按照"四级关断"原则配备 ESD 紧急关断系统。由低至高依次为单井关断（Ⅳ级）、井组关断（Ⅲ级）、整个集输管道关断（Ⅱ级）、整个气田关断（Ⅰ级）。

净化厂如发生重大突发事件，也应按照预案分级考虑关断。采取单列、多列或整场关断等应急方案。

第三节 井喷失控事故应用实例

一、模拟条件

喷射方向存在两种可能情况,一种是从井口垂直敞喷,一种是从放喷管线喷出,此时的喷射方向靠近地面,近乎水平方向。天然气喷射速率将随着井内钻井液液柱压力的减小而增大,当井内的钻井液喷完后,达到最大释放速率,其值取决于井的最大无阻流量。某井绝对无阻流量为 $623×10^4m^3/d$;在井口压力为零,且油(气)管在井孔内的条件下,最大井口产能为 $233×10^4m^3/d$;在钻杆在钻孔内的条件下,最大井喷流量为 $456×10^4m^3/d$;在钻杆不在钻孔内的条件下,最大的井喷流量为 $533×10^4m^3/d$。因此选取最大的井喷流量为 $533×10^4m^3/d$,假设以井喷 15min 的释放量进行计算。气质参数见表 7-7。

表 7-7 气质组分

气田	井名	组分(摩尔分数,%)							
		C_1	C_2	C_3	N_2	H_2	He	H_2S	CO_2
渡口河	DU1	76.70	0.04	0.04	0.42	0.116	0.014	16.21	6.46
	DU2	78.74	0.04	0.01	1.60	0.062	0.016	16.24	3.29
	DU3	73.71	0.06	0.05	0.79	0.048	0.014	17.06	8.27
	DU4	74.68	0.03	0.02	0.52	0.010	0.010	15.86	8.87
	平均值	75.96	0.04	0.03	0.83	0.059	0.014	16.34	6.72
七里北	QB-1 NGRI	73.67	0.03	0	0.52	0	0.010	17.90	7.87
	CCDC	77.87	1.50	0	0.50	0.141	0.011	16.25	3.73
	Corrected	75.15	0.03	0	0.53	0	0.010	16.25	8.03
	QB-102	75.47	0.02	0.07	0.42	0.004	0.012	14.29	9.71
	平均值	75.31	0.03	0.04	0.48	0.002	0.011	15.27	8.87

模拟计算风速为 1.5m/s(当地平均风速)、稳定度为 F(在此风速和稳定度下,不利于扩散,有相对较大的危险性)。

二、喷射燃烧

井喷失控后若以最大无阻流量泄漏,并在井口遇火源,将形成喷射火焰。喷射火焰热辐射强度随下风向距离的增加而变化。

人在 $4.0kW/m^2$ 的环境下滞留 20s(此时间内人可以逃离现场)只感觉疼痛,因此,一般以 $4.0kW/m^2$(地面 1m 高处)出现的距离为热辐射影响距离,井喷失控若遇火发生喷射燃烧,形成喷射火焰模拟计算结果见表 7-8。

表 7-8　热辐射为 4.0kW/m² 的影响距离　　　　　　　　　　　　　单位：m

垂直方向			水平方向		
火焰长度	火焰最大宽度	影响距离	火焰长度	火焰最大宽度	影响距离
86	5	47	86	5	96

三、云团爆炸

若发生天然气大量泄漏，并在空旷地带形成可爆云团，其最大可爆云团在下风向遇火源发生爆炸，爆炸冲击波对应的影响半径计算结果见表 7-9。

表 7-9　云团爆炸冲击波影响半径

最远可爆云团距井口距离（m）	最大可爆云团爆炸冲击波影响					
	云团质量（kg）	形成时间（s）	爆炸点距井口距离（m）	死亡半径（m）	重伤半径（m）	轻伤半径（m）
90	250	16	90	14	23	41

注：(1) 表中影响半径以爆炸点为圆心；
　　(2) 爆炸点发生在可爆云团最前端（爆炸下限）。

气田钻井在最大井喷流量为 $533×10^4 m^3/d$，风速为 1.5m/s，大气稳定度为 F 的情况下，若发生井喷失控事故，在 15min 内释放出的含硫天然气，若释放初期即遇火源发生喷射燃烧，喷射燃烧热辐射影响距离为 96m；若泄漏出的天然气延迟遇火将形成可爆云团，可爆云团质量随下风向距离先增大后减小，最大可爆云团出现在距泄漏点 90m 处，质量达到 250kg，爆炸时冲击波影响死亡半径为 14m，重伤半径为 23m，轻伤半径为 41m。

四、硫化氢泄漏扩散三维数值模拟

释放出的含硫天然气，若自始至终未遇火源，将在其自身动量与气象条件下，与空气混合、扩散形成含硫化氢的毒性云团。开始阶段毒性云团在自身动量和气象条件下迅速向前移动，随着自身动量的消耗，其移动速度逐渐降低，当降低到风速时，其扩散速度将只受气象条件和地形的影响。

地形条件复杂的山区，由于山表面对气流的阻挡作用，基于复杂地形下靠近地面的气体扩散非常复杂，不同于平原气流场的稳定性，导致气流风场容易靠近起伏的地形扩散，高斯烟羽模式多用于平原地区，CFD（计算流体动力学）方法能够较为真实地模拟山区或者复杂地表对于气流及扩散的影响。

1. 井场建模

以气田所在区域的 10m 精度 DEM 数字高程建立三维地形模型，如图 7-1 所示。

图 7-1 渡口河、七里北气田三维地形模型

考虑泄漏后果对周围地区可能产生的最大影响,建立以泄漏点为圆心,半径为 4000m,高度为 2000m 的模拟泄漏区域,几何模型如图 7-2 所示(图中红点为泄漏点)。

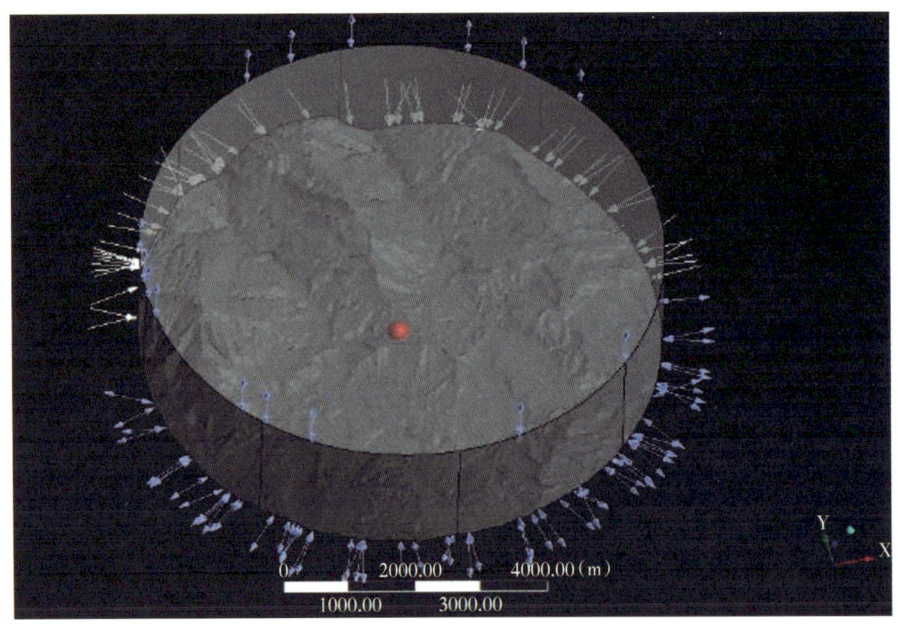

图 7-2 计算区域几何模型(K 井场)

2. 模拟结果

(1)各井场模拟计算区域风场分布情况如图 7-3 所示(图中 Y 方向为北方,X 方向为东方)。

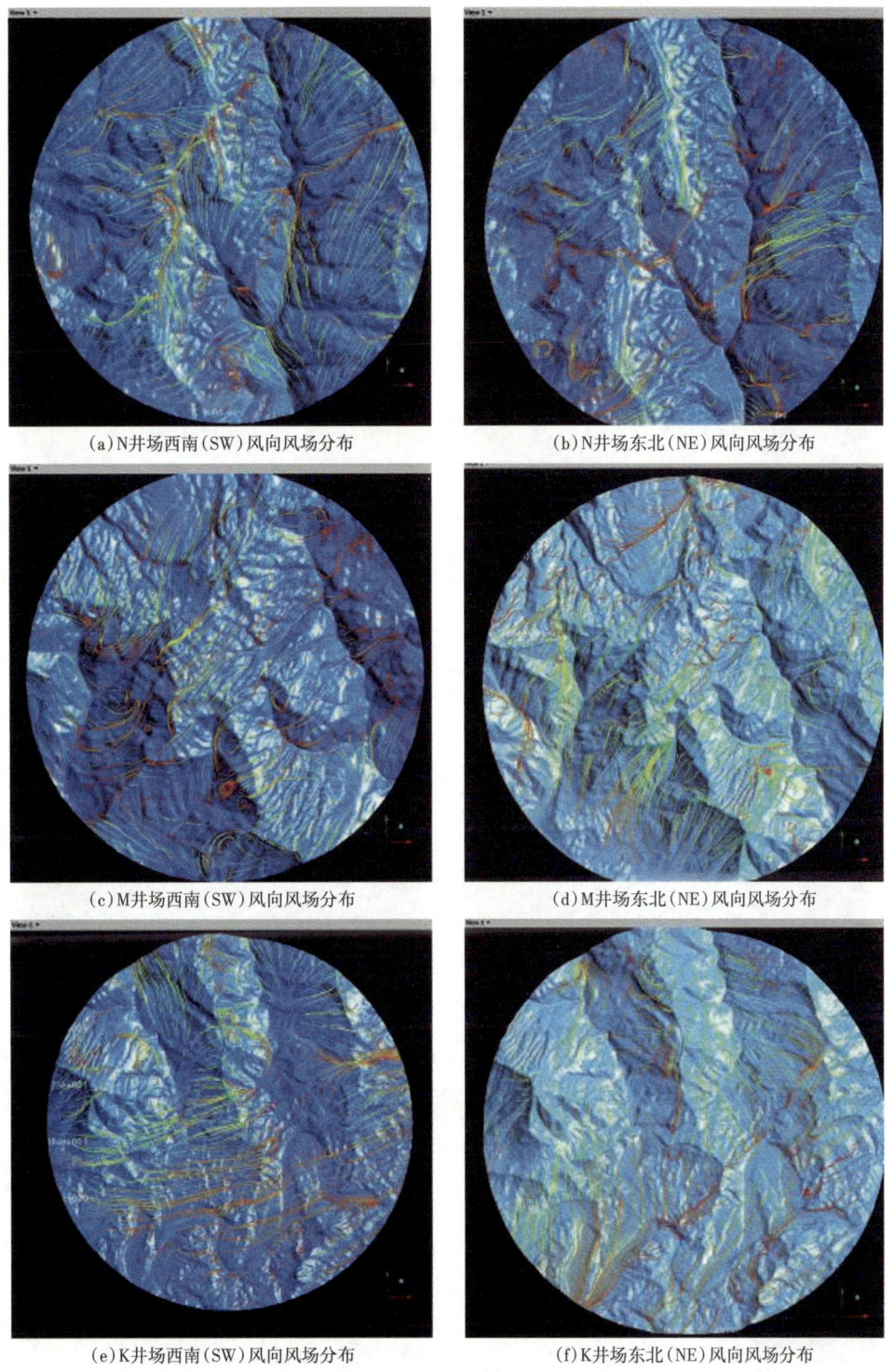

(a) N井场西南(SW)风向风场分布 (b) N井场东北(NE)风向风场分布

(c) M井场西南(SW)风向风场分布 (d) M井场东北(NE)风向风场分布

(e) K井场西南(SW)风向风场分布 (f) K井场东北(NE)风向风场分布

图7-3 各井场风向风场分布图

(2) 各井场900s时刻硫化氢毒性云团扩散情况如图7-4所示。

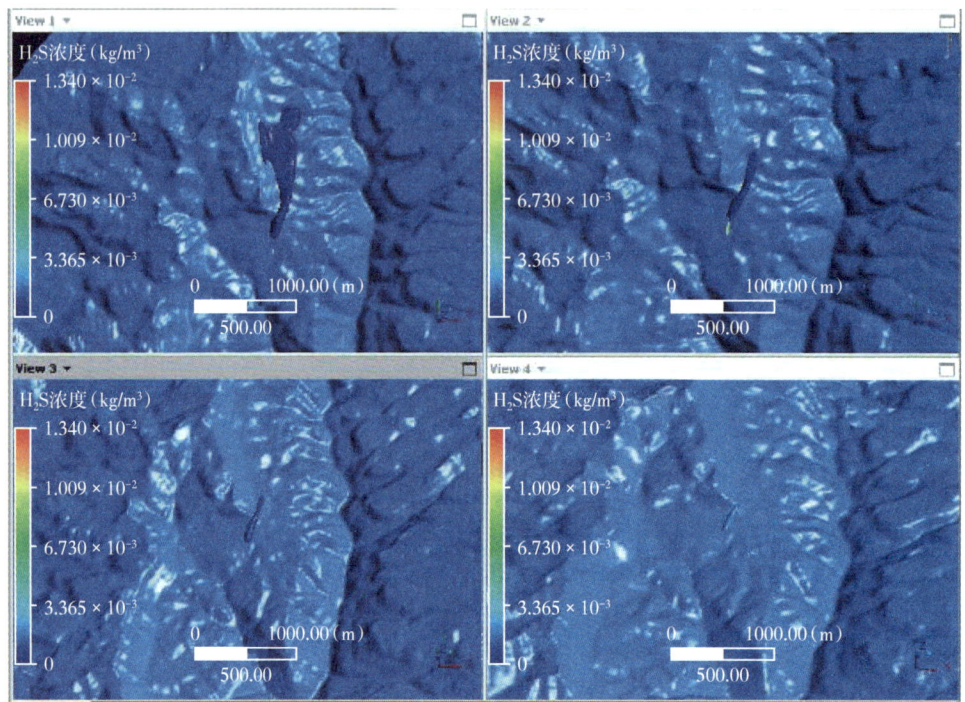

(a) N井场西南(SW)风向硫化氢浓度100μL/L、300μL/L、500μL/L、1000μL/L云团图

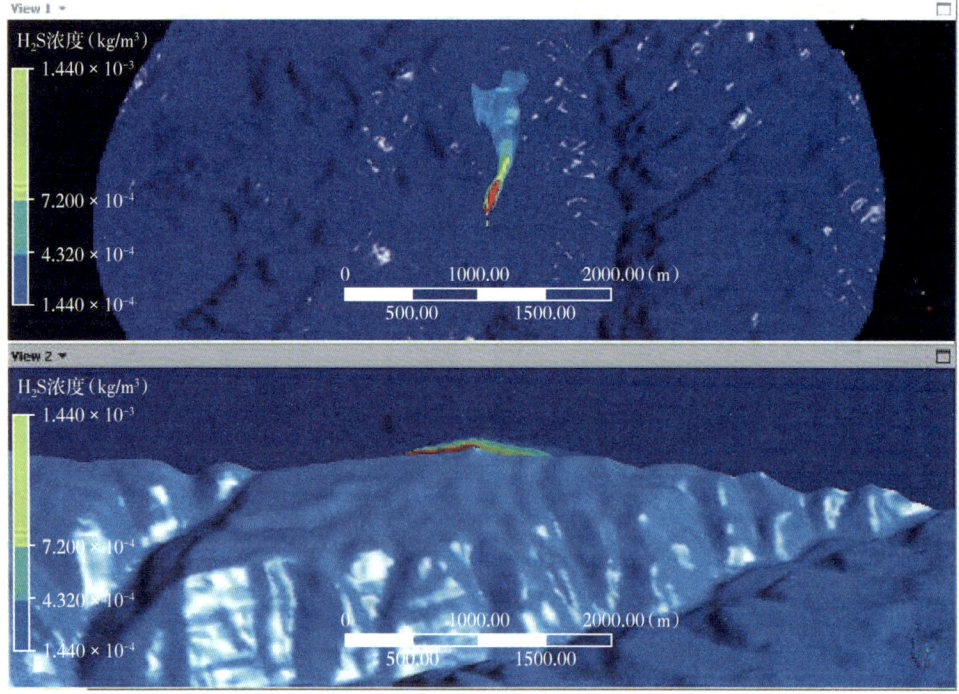

(b) N井场西南(SW)风向地面硫化氢浓度分布及毒性云团剖面图

图7-4 各井场不同方向硫化氢扩散情况

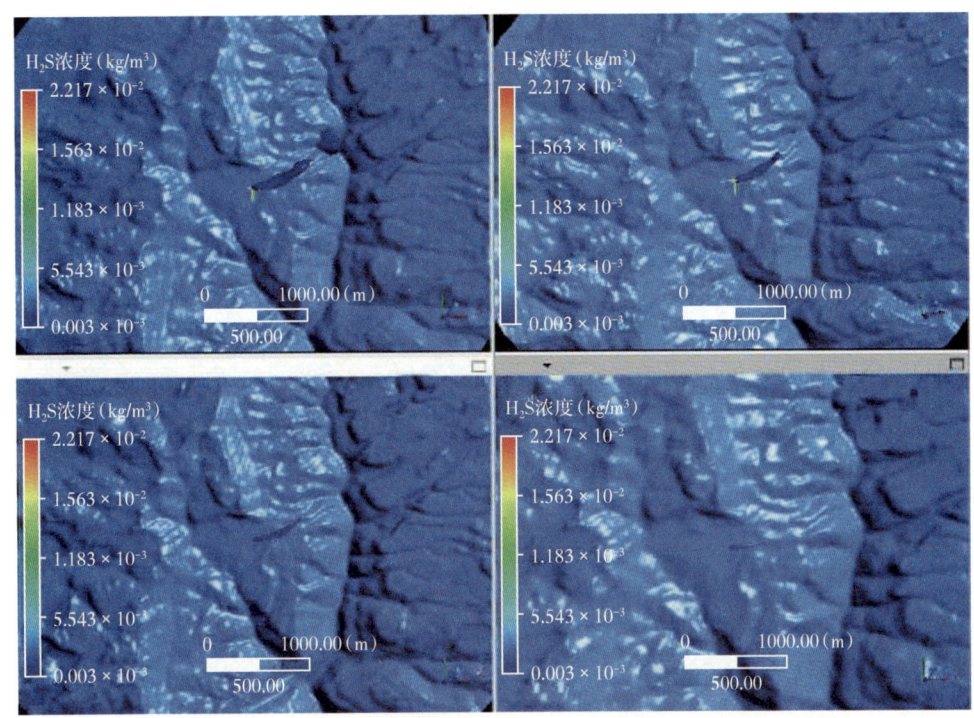

(c) N井场西(W)风向硫化氢浓度100μL/L、300μL/L、500μL/L、1000μL/L云团图

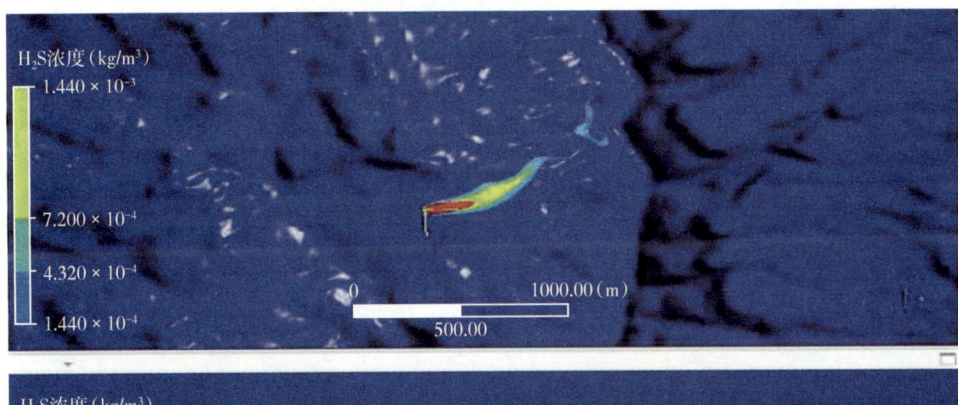

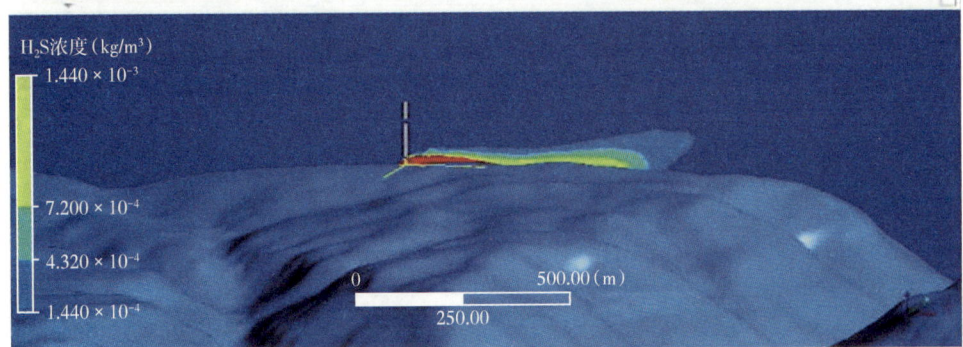

(d) N井场西(W)风向地面硫化氢浓度分布及毒性云团剖面图

图7-4 各井场不同方向硫化氢扩散情况(续图)

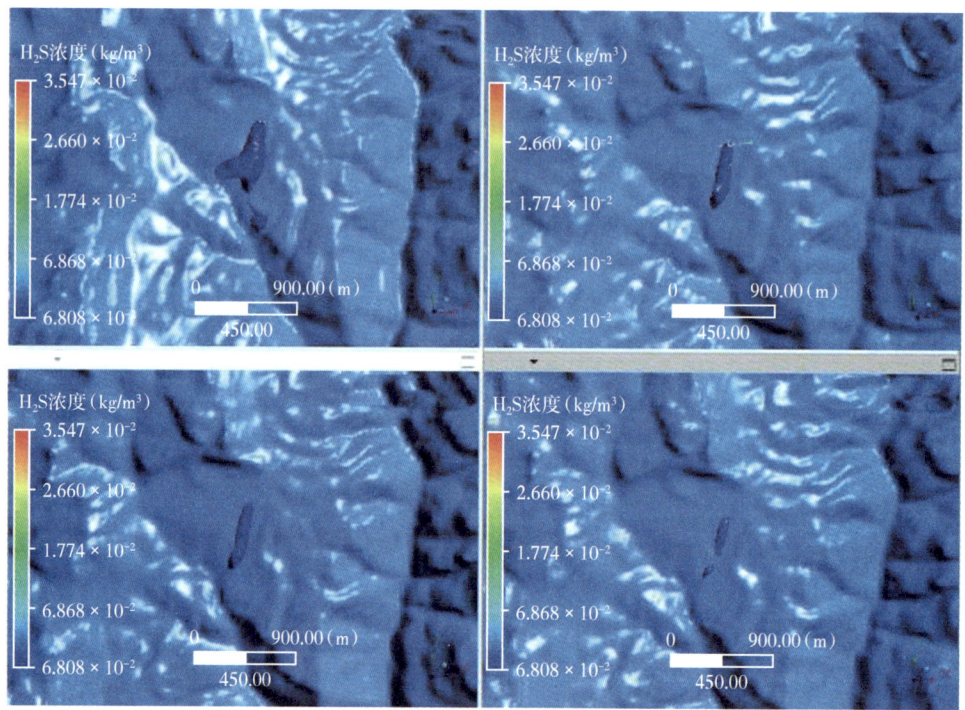

(e)N井场东北(NE)风向硫化氢浓度100μL/L、300μL/L、500μL/L、1000μL/L云团图

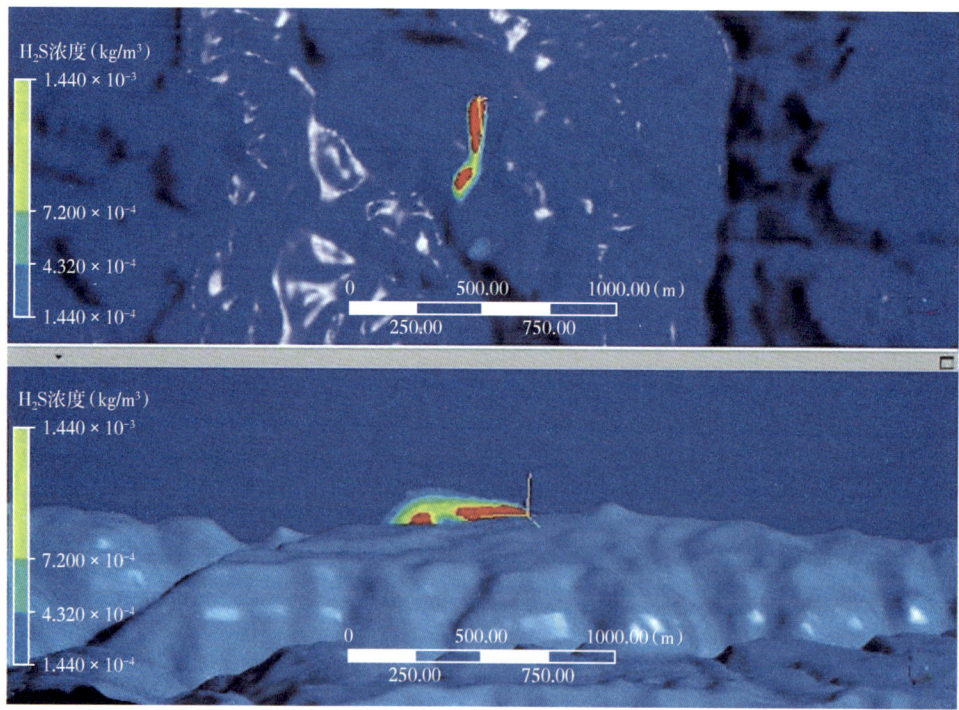

(f)N井场东北(NE)风向地面硫化氢浓度分布及毒性云团剖面图

图7-4 各井场不同方向硫化氢扩散情况(续图)

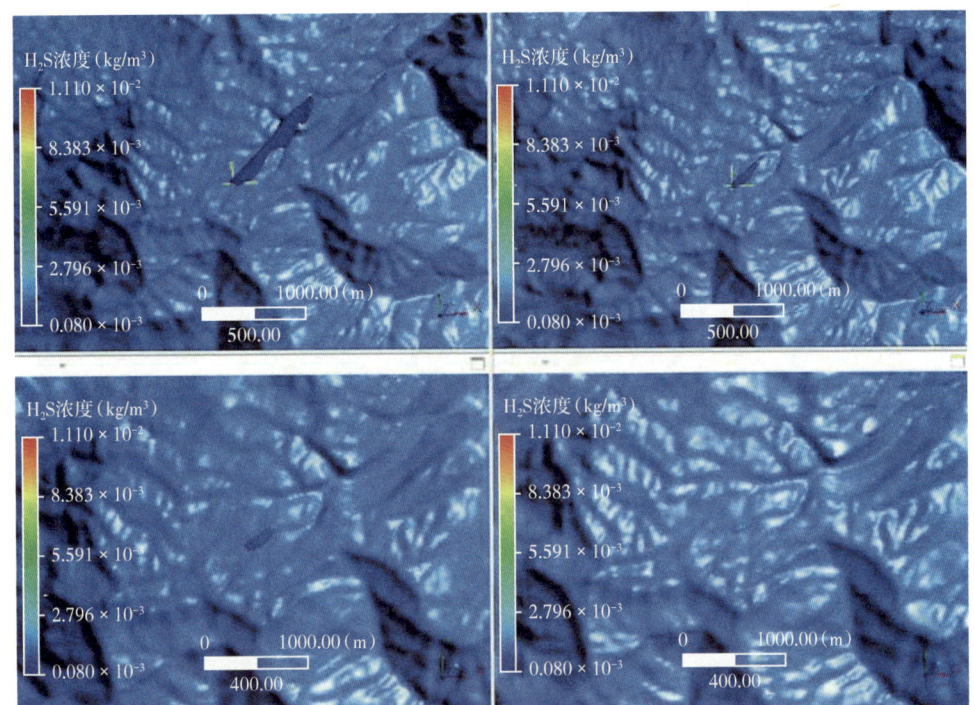

(g)M井场西南(SW)风向硫化氢浓度100μL/L、300μL/L、500μL/L、1000μL/L云团图

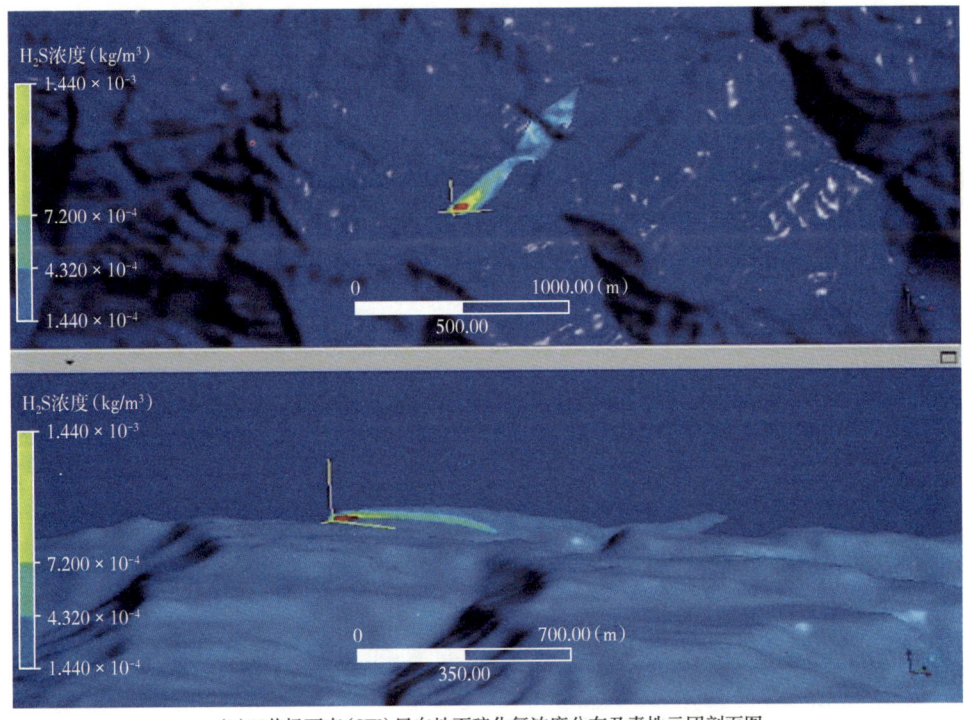

(h)M井场西南(SW)风向地面硫化氢浓度分布及毒性云团剖面图

图7-4 各井场不同方向硫化氢扩散情况(续图)

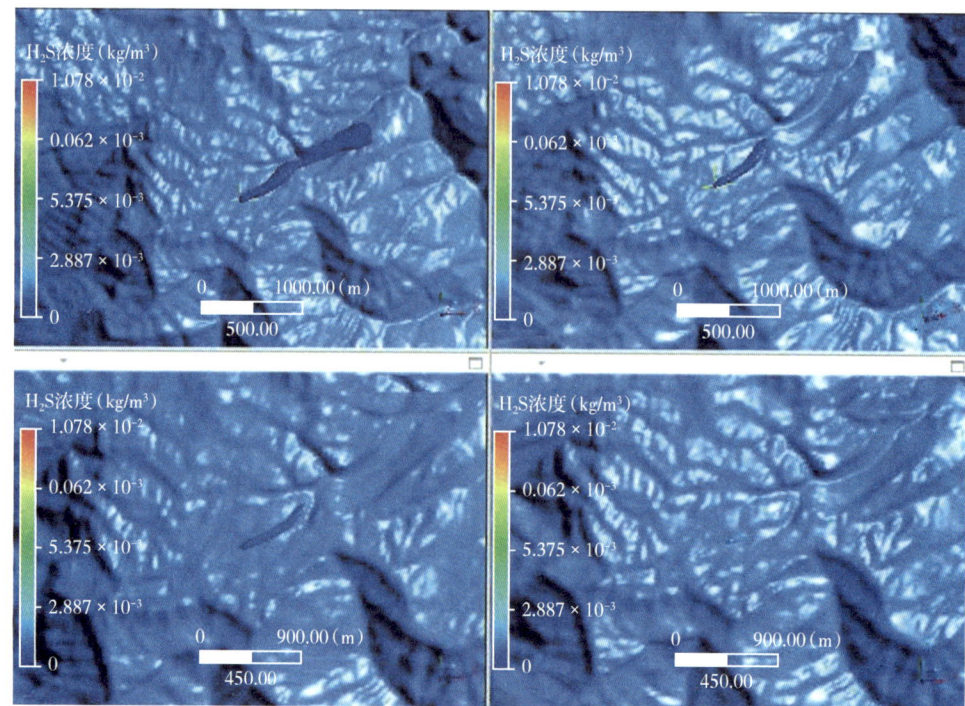

(i) M井场西(W)风向硫化氢浓度100μL/L、300μL/L、500μL/L、1000μL/L云团图

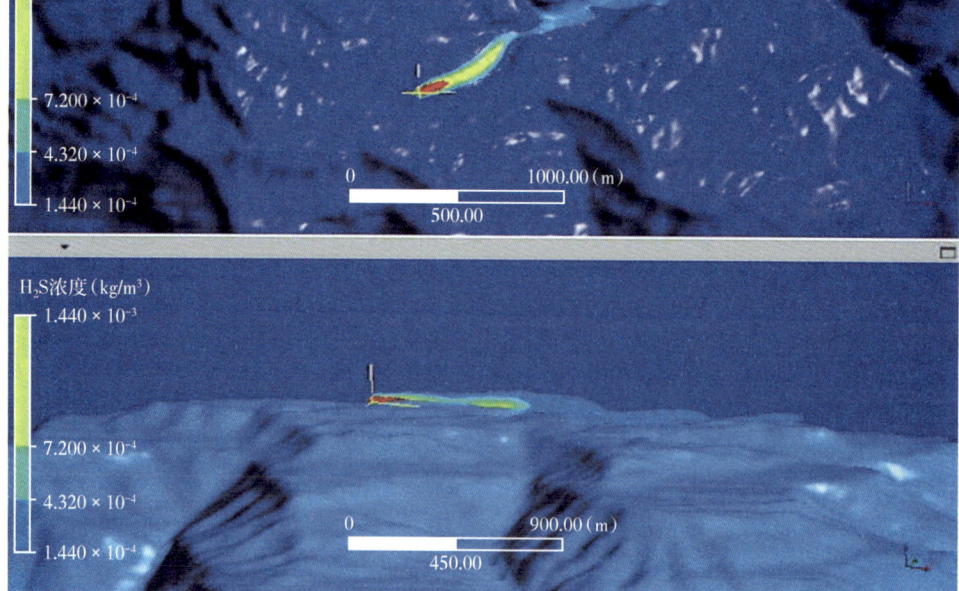

(j) M井场西(W)风向地面硫化氢浓度分布及毒性云团剖面图

图7-4 各井场不同方向硫化氢扩散情况(续图)

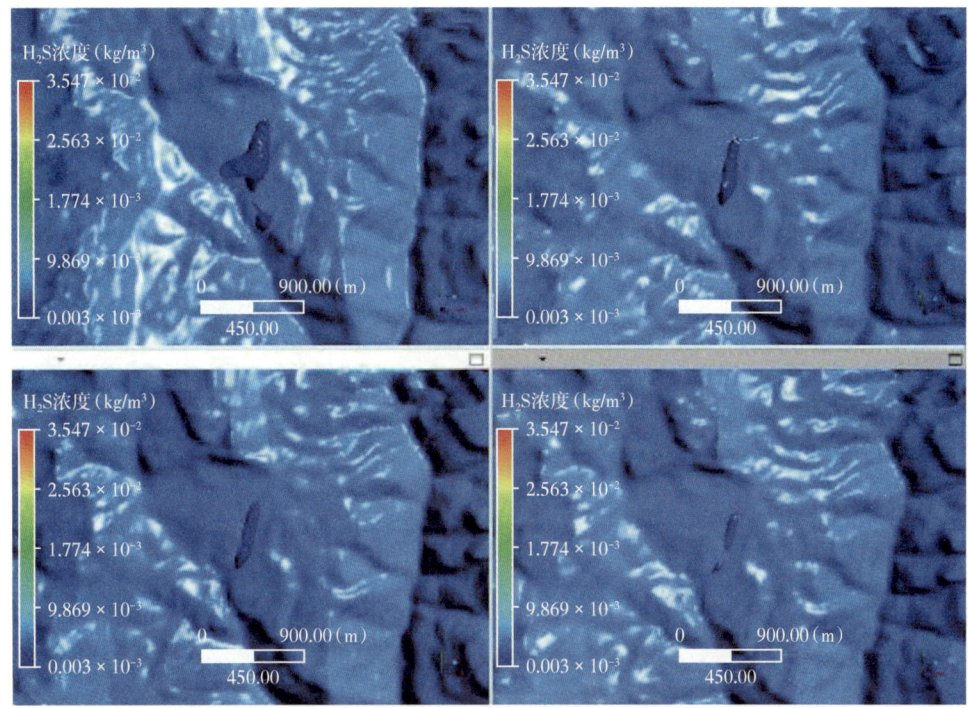

(k)M井场东北(NE)风向硫化氢浓度100μL/L、300μL/L、500μL/L、1000μL/L云团图

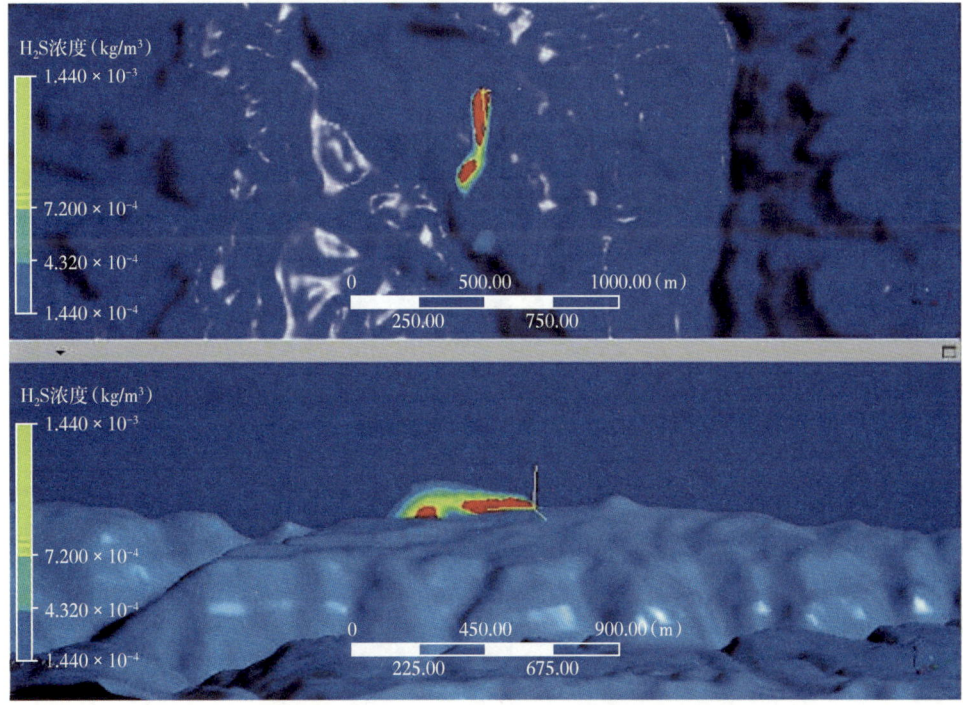

(l)M井场东北(NE)风向地面硫化氢浓度分布及毒性云团剖面图

图 7-4　各井场不同方向硫化氢扩散情况(续图)

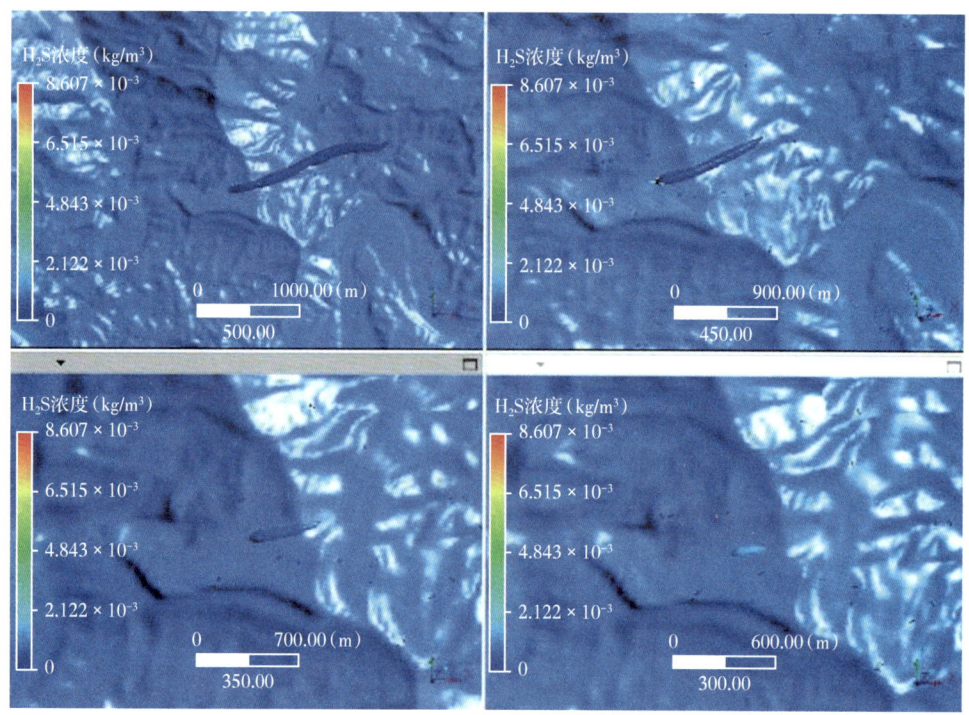

(m)K井场西南(SW)风向硫化氢浓度100μL/L、300μL/L、500μL/L、1000μL/L云团图

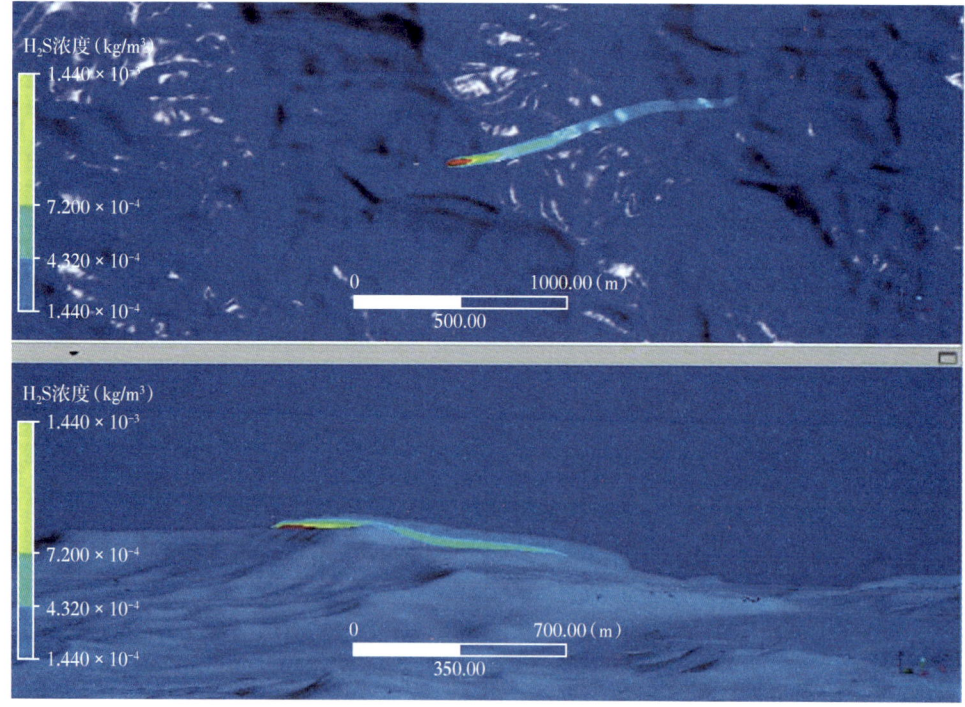

(n)K井场西南(SW)风向地面硫化氢浓度分布及毒性云团剖面图

图7-4 各井场不同方向硫化氢扩散情况(续图)

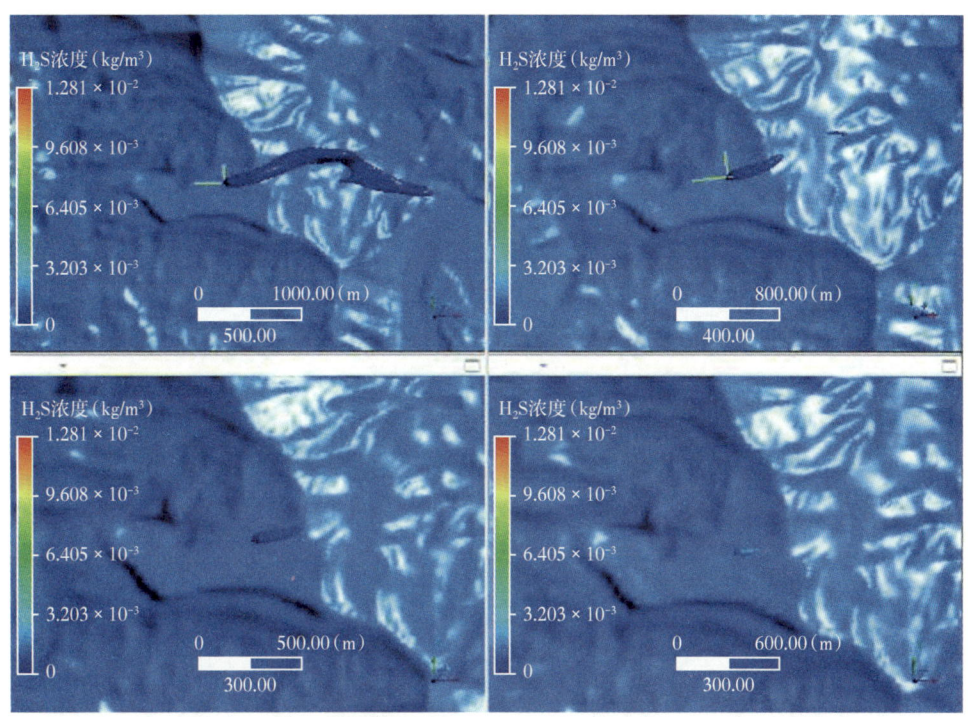

(o) K井场西(W)风向硫化氢浓度100μL/L、300μL/L、500μL/L、1000μL/L云团图

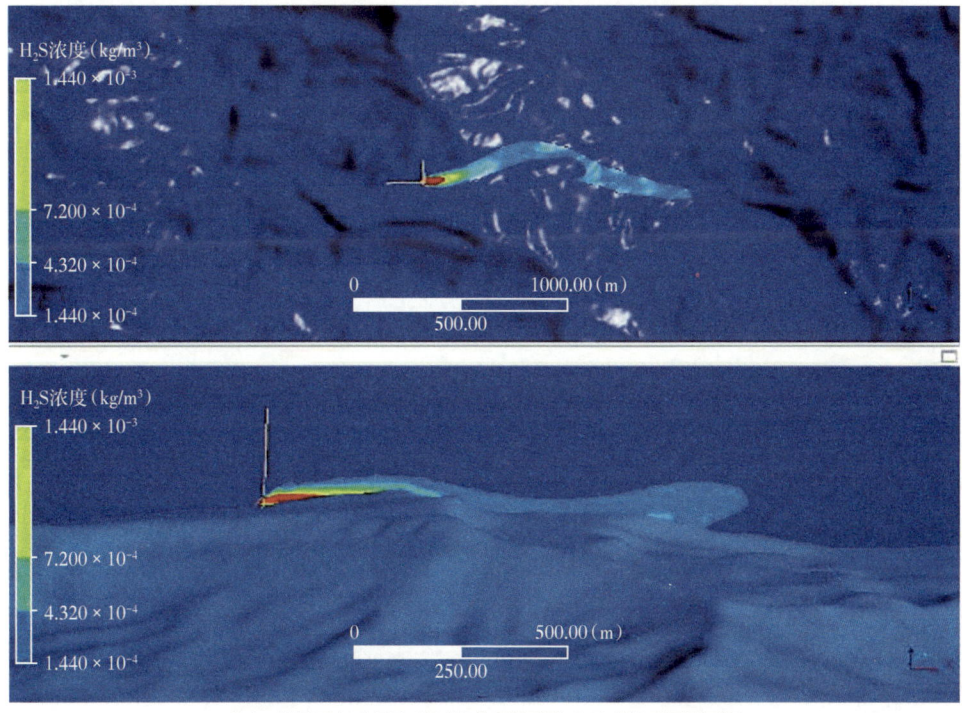

(p) K井场西(W)风向地面硫化氢浓度分布及毒性云团剖面图

图 7-4　各井场不同方向硫化氢扩散情况(续图)

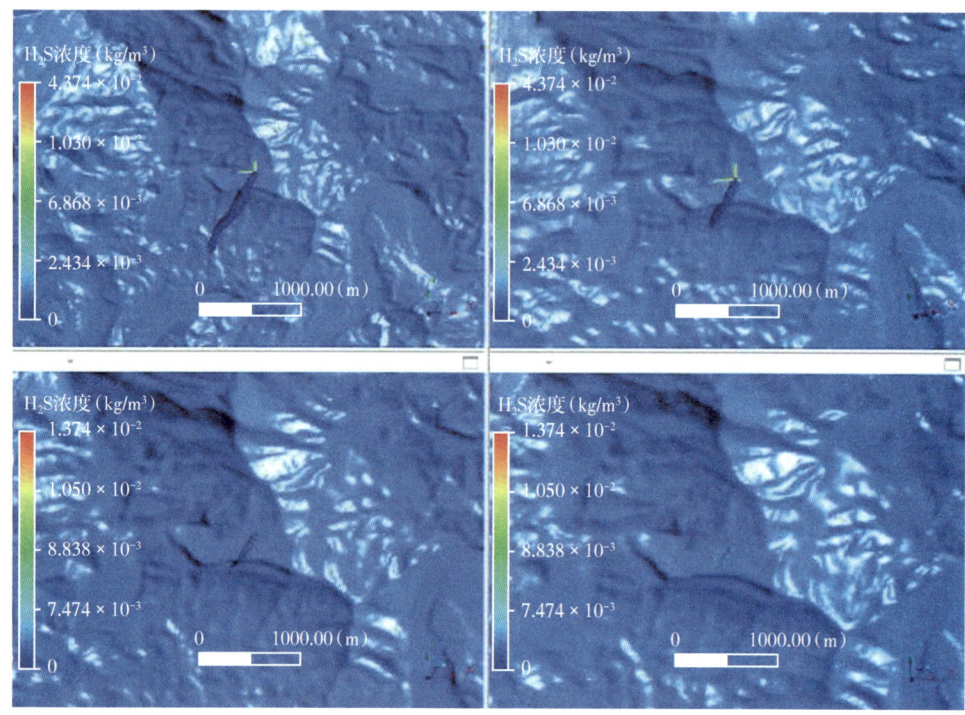

(q)K井场东北(NE)风向硫化氢浓度100μL/L、300μL/L、500μL/L、1000μL/L云团图

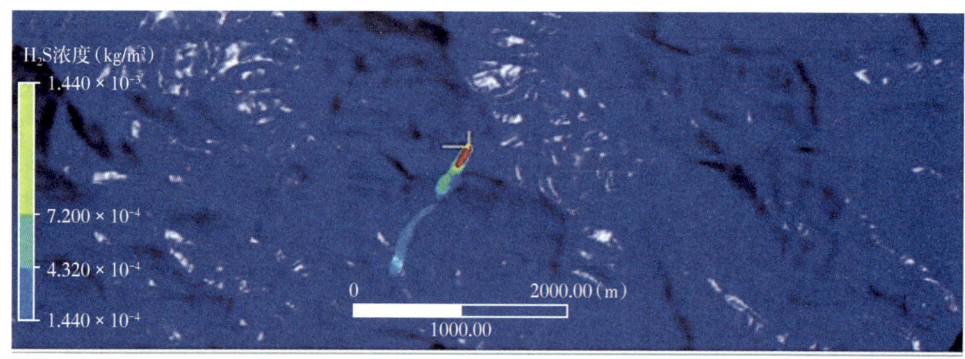

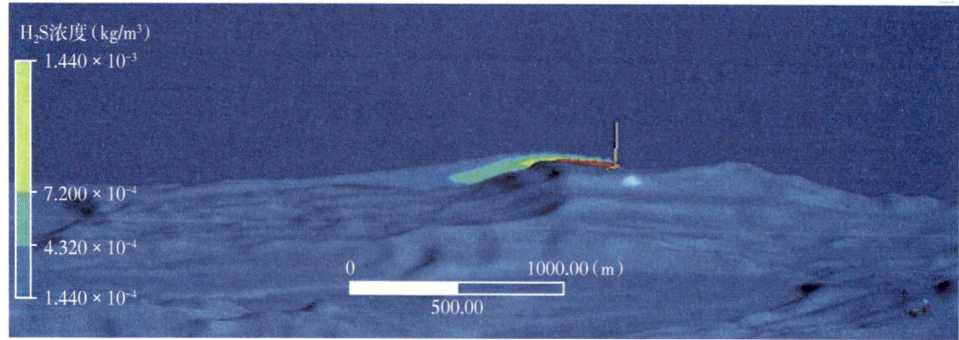

(r)K井场东北(NE)风向地面硫化氢浓度分布及毒性云团剖面图

图7-4　各井场不同方向硫化氢扩散情况(续图)

(3) 各井场发生井喷失控硫化氢毒性云团扩散距离及消失时间见表7-10。

表7-10　不同硫化氢浓度扩散最远距离及消失时间

井场	风向	100μL/L		300μL/L		500μL/L		1000μL/L	
		消失时间(s)	最远距离(m)	消失时间(s)	最远距离(m)	消失时间(s)	最远距离(m)	消失时间(s)	最远距离(m)
N	NE	1370	830	1180	525	1140	488	1010	427
	SW	1200	1604	1070	859	1000	621	920	302
	W	1230	1095	1090	897	990	604	950	511
M	NE	1410	1689	1250	1132	1120	816	970	344
	SW	1150	1622	950	519	920	282	910	177
	W	1550	1344	1000	695	940	479	910	206
K	NE	1210	1799	1080	704	960	578	940	231
	SW	1360	2371	980	759	930	325	910	141
	W	1020	2078	940	709	930	397	910	187

从表7-10可以看出在风速为1.5m/s，稳定度为F的情况下，N井场钻井发生井喷失控事故，硫化氢浓度为100μL/L的毒性云团扩散的距离为1604m；M井场钻井发生井喷失控事故，硫化氢浓度为100μL/L的毒性云团扩散的距离为1689m；K井场钻井发生井喷失控事故，硫化氢浓度为100μL/L的毒性云团扩散的距离为2371m。K井场硫化氢扩散距离较N井场和M井场远，主要是由于在K井场的南面和东面地势较平坦，硫化氢扩散受地形条件影响小造成的。

第八章　典型高含硫气田集输站场

高含硫天然气的集输工程与普通天然气类似,但是由于高含硫气中的硫化氢含量高,造成了在集输过程中有自己的特点、难点。对于高含硫气田的开发,在国内相配套的规范和技术标准还不完善的情况下,应尽可能借鉴国外开发同类气田经验。高含硫天然气从气井采出,经过集输井场、集气站对天然气进行节流降压、加热、加剂、分离、脱水、计量等一系列的处理之后,再由集气干线输送至天然气处理厂进行脱硫处理,从脱硫装置出来的湿天然气送至脱水装置进行脱水处理,脱水后的干净化天然气即产品天然气经商业计量后外输。

第一节　罗家寨气田、滚子坪气田简介

罗家寨和滚子坪气田在地理上位于四川省宣汉县和重庆市的开州区境内。气田距重庆市约200km,属山地—丘陵地形,沟壑众多,地表高差变化较大,具有川东地貌的典型特征,地面海拔通常为400~1000m。

罗家寨构造是温泉井构造西北翼断下盘的潜伏构造,位于四川盆地川东断褶带的北部,五宝场(构造)坳陷的东南侧,属大巴山北西向褶皱带与川东地区北东向褶皱带的结合部。东南侧与温泉井构造主体紧邻,其间以一断凹带相隔;东北与紫水坝以断坳相望;西南侧与黄龙场潜伏构造正鞍相接;西北隔向斜与渡口河构造相望。滚子坪构造位于罗家寨构造的东北面,构造西北面为紫水坝构造,南与温泉井主体构造以断坳相隔(图8-1)。

罗家寨飞仙关气藏是西南油气田在川东北地区发现的物性最好的大型高含硫整装气藏。2002年10月该气藏申报探明储量$581.08×10^8m^3$,与罗家寨气藏相邻的滚子坪飞仙关气藏于2004年提交探明储量$138.97×10^8m^3$。

2018年,在梳理历年测井处理解释成果、地震资料处理解释成果和气藏两年生产动态资料的基础上,开展了新一轮的测井、地震解释和气藏动态特征分析,重新落实单井储层参数,深化了气藏认识,完成了《罗家寨气田罗家寨区块三叠系飞仙关组气藏天然气探明储量复算报告》,罗家寨飞仙关组气藏探明储量较上一轮增加了$195.77×10^8m^3$(复算探明储量$776.85×10^8m^3$)。

罗家寨气田、滚子坪气田区块由中国石油与雪佛龙公司于2007年签订合作开发协议,由雪佛龙公司担任作业者。2016年1月25日罗家12H井实现首气,标志着罗家寨气田飞仙关组气藏正式由开发转入商业生产。截止到2018年7月31日,A井场、C井场6口气井已先后投产(罗家12H井、罗家11H井、罗家13H井、罗家20井、罗家14井、罗家15井),其中包括3口水平井、3口大斜度井,产气规模最高达到$900×10^4m^3/d$,累计产气$49.71×10^8m^3$,累计产液$14400.4m^3$。

第八章 典型高含硫气田集输站场

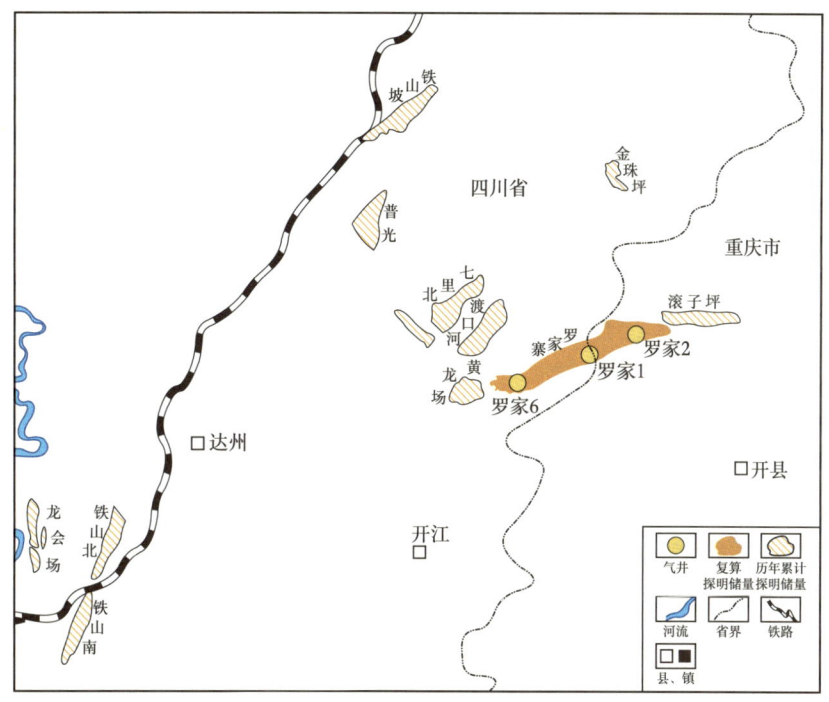

图 8-1 气藏地理与构造位置图

罗家寨飞仙关气藏的天然气中甲烷的平均含量为 82.8%，硫化氢（H_2S）的平均含量为 9.45%，最大含量 10%，CO_2 的平均含量为 6.61%，最大含量 8.05%。天然气组分总体上以甲烷为主，气藏属于高含硫化氢、中含二氧化碳的干性气藏。

滚子坪飞仙关气藏的天然气中甲烷的平均含量为 78.28%，H_2S 的平均含量为 14%，最大含量 14.25%，CO_2 的平均含量为 7.18%，最大含量 8.93%。气藏属于高含硫化氢、中含二氧化碳的干性气藏。

罗家寨（含滚子坪）气田地面工程包括气田内部集输工程、天然气处理厂、公用工程及辅助设施等。内部集输系统包括 4 座井场（$70 \times 10^4 \sim 470 \times 10^4 m^3/d$）、2 座集气站（$178 \times 10^4 m^3/d$、$900 \times 10^4 m^3/d$）、1 座集气末站（在天然气厂内）、11 座阀室、1 座回注井站、2 条隧道、共 62.4km 集输管线。天然气处理厂包括天然气厂、硫黄厂，以及连接天然气厂和硫黄厂的管道系统。公用工程及辅助设施包括：防腐、给排水、供配电、通信、自动控制、消防、供暖通风、建筑结构、路桥、总图运输及倒班公寓等。

一、地面工程

1. 总体布局

根据气田开发总体部署，先期完成罗家寨气田设施建设，建成 A 井场、C 井场，B 集气站和天然气处理厂（含天然气厂和硫黄厂）等设施，天然气集输处理总规模为 $900 \times 10^4 m^3/d$。后期根据气藏生产状况补充罗家寨 F 井场、B 井场、滚子坪 G1 井场、G2 井场进行产能接替，建设地面工程设施包括 F 井场、B 井场、G2 井场、G1 集气站等。

2. 内部集输

采用多井集气工艺，井场内天然气经加热、节流至外输压力后，经采气管线进入集气站，再经分离后与集气站内气井采出天然气汇合后进入脱水装置，通过集气干线输至天然气厂。集气站至天然气厂之间管线采用干气输送，井场至集气站脱水装置前管线采用湿气输送工艺。

3. 天然气处理厂

天然气处理厂设计处理能力为 $900 \times 10^4 m^3/d$，共设置 3 列 $300 \times 10^4 m^3/d$ 装置，包含脱硫（Sulfinol-M 法）、脱水（TEG 法）、硫黄回收（2 级克劳斯法）、尾气处理（串级 SCOT 法）等主体装置，以及硫黄成型等辅助装置。产品为干净化天然气，副产品为硫黄。天然气处理厂分为天然气厂、硫黄厂两个厂区和厂外系统。

4. 防腐

原料气管道选择遵循 NACE MR0175/ISO 15156 和 ISO 3183 要求的酸性环境用碳钢钢管，同时考虑腐蚀余量及加注缓蚀剂，并通过采取加强清管、控制流速、控制运行温度等内腐蚀控制措施来减缓电化学腐蚀。设置腐蚀监测系统，有效监测管道的腐蚀状况和缓蚀剂的效果。

5. 防水合物工艺

正常生产时，井口采用水套加热炉加热防止水合物的形成；事故工况和开停工工况采用注水合物抑制剂防止水合物形成。

6. 气田水处理

集气站的气田水经闪蒸后，采用罐车拉运至天然气厂内的气田水处理装置一同处理后回注。

7. 供配电

工区内设置专线，天然气厂设置两回外电源，根据站场位置分别从天然气厂及已建站场就近牵拉专线至各集气站、井场及阀室。

8. 自控

设置高度集成的 DCS/ESD/F&G 系统，设置了天然气厂中央控制室（庇护所形式）、硫黄成型厂控制室和集气站控制室的计算机系统。

9. 通信

气田内部集输通信系统包括光纤传输系统、程控电话交换系统、视频监控及周界监控系统、数据传输系统、综合布线、卫星电视接收系统及防爆扩音/对讲系统。天然气厂通信系统包括程控电话交换系统、局域网及综合布线系统、工业电视监视系统、防爆扩音/对讲系统、周界防范系统及有线电视用户网络等部分。

10. 建筑

天然气厂中控室设计为庇护所形式；硫黄厂设置消防应急站、硫黄仓库、硫黄成型和包装间、行政大楼/培训大楼、维修间等建筑；设置倒班公寓。

11. 路桥

尽量依托周边道路，整修井场及集气站附近村道及乡道，新建进入天然气厂周家梁大桥。

12. 结构

建筑物、构筑物结构安全等级除火炬和尾气烟囱塔架为一级外，其余均为二级，主体结构设计使用年限为50年。高含硫井站、天然气处理厂的建（构）筑物，需采取特殊防腐措施。钢结构涂刷耐酸气腐蚀涂料。对火炬筒上部应同时考虑高温和腐蚀的影响。

13. 生产及定员

生产运行人员由优尼科员工、中国石油委派员工、合同工和本地雇佣员工组成。优尼科派来的员工具有酸气和硫黄回收作业及检维修的经验。项目管理层、一线监督和管理人员134人；现场和集输系统作业人员107人；天然气厂和公用设施作业人员253人。

14. 工程量

罗家寨（含滚子坪）气田地面工程包括气田内部集输工程、天然气处理厂、公用工程及辅助设施等。内部集输系统包括4座井场（$70×10^4 \sim 470×10^4 m^3/d$）、2座集气站（$178×10^4 m^3/d$、$900×10^4 m^3/d$）、1座集气末站（在天然气厂内）、11座阀室、1座回注井站、2条隧道、共62.4km集输管线。天然气处理厂包括天然气厂、硫黄厂，以及连接天然气厂和硫黄厂的管道系统。公用工程及辅助设施包括：防腐、给排水、供配电、通信、自动控制、消防、供暖通风、建筑结构、路桥、总图运输及倒班公寓等。

二、健康安全环境方案

(1) 项目特征为高含硫气藏开发，主要的危险物质为天然气和硫化氢，主要的安全危险因素为井喷、管道泄漏、厂站设施泄漏、自然灾害等导致高含硫气体泄漏引起的人员中毒事故。

(2) 气田开发涉及高压、有毒、易燃、易爆的危险，针对各危险有害因素分别采取技术保障措施。

(3) 开发过程中产生的废气、废水，以及钻井噪声对周围环境造成影响，通过项目对各环境要素的影响分析采取相应的环境污染防治措施。

(4) 严格执行国家安全、环保、职业卫生相关的法律法规和标准要求。

(5) 设立HSE管理机构，根据地方和企业要求制订应急预案体系，做好应急救援队伍建设，严格落实应急保障措施。

第二节 集输工艺

根据开发方案及各井场及天然气处理厂的布置位置，集输工程原料气生产能力为$900×10^4 m^3/d$，包括罗家寨气田和滚子坪气田从井口装置经场站至天然气厂的原料气预处理和集输管道工程。含井场4座（A、C、G2、F），集气站2座（B、G1），集气末站（天然气净化厂内）1座。集气站内设有TEG脱水装置。集气干线39.8km，采气管线23km，燃料气管线51.2km，集气干线设置RTU阀室11座。

综合考虑气田健康/安全/环保运行、质量控制及投资控制等方面的因素，经过方案比选，确定罗家寨、滚子坪气田地面开发工程集输系统采用碳钢+缓蚀剂的方案。

A、C井场天然气经采气管线湿气输送进入B集气站内脱水后，进入集气干线输送至设置在天然气净化厂的集气末站。

G2井场天然气经采气管线湿气输送进入G1集气站内脱水后，进入集气干线输送至B集气站。

F井场天然气经采气管线湿气输送直接进入集气末站内，经过分离脱水后，与集气干线来气一并进入天然气处理厂。

集输工程的总工艺流程为：在B集气站、G1集气站设脱水装置；井场内天然气经加热、节流至输送压力后，经采气管线进入集气站，再经分离后与集气站天然气汇合进入脱水装置。A、C井场天然气进入B集气站，G2井场天然气进入G1集气站。集气站内各气井天然气节流至8MPa（表压）左右后分离、计量进入脱水装置，脱水后的天然气进入集气干线输至集气末站。F井场湿天然气直接输往集气末站，并在末站进行气液分离处理后一并进入天然气厂；集气站至天然气厂之间管线采用干气输送，井场至集气站脱水装置前管线采用湿气输送工艺。正常生产时，井口采用水套加热炉加热防止水合物的形成；事故工况和开停工状况采用注水合物抑制剂防止水合物形成。井口采用连续加注缓蚀剂防止H_2S和CO_2对管线的腐蚀。

一、集输管网

集输工程线路管网包括采气管线、集气干线、燃料气（净化气）和污水管线四大部分。采气管线主要功能是将各井场未经处理的原料气输送至集气站；集气干线主要功能是将各集气站经脱水后的干原料气输送至天然气处理厂脱硫、脱水；燃料气（净化气）管线是将天然气处理厂经处理后的净化气输往各井场和集气站，作为井场和集气站的放空置换用气、水套炉用气和维护抢修时的置换气。燃料气管线与集气干线或采气管线同沟。另外，对于F井场，燃料气管线与采气管线同沟，污水管线单独一个管沟。

原料气集输管网构成主要分为两部分。

1. 集气干线

主要包括G1集气站至B集气站DN400集气干线、B集气站至集气末站DN500集气干线。集气干线采用干气输送。

G1集气站—B集气站集气干线，采用$\phi 406.4mm$抗硫碳钢管材，管道长10.8km，设计压力为9.3MPa；B集气站—集气末站集气干线，采用$\phi 508mm$抗硫碳钢管材，管道长29.0km，设计压力为9.0MPa。根据管道量化风险评价报告和本工程的实际情况确定，集气干线全线共设置11座带RTU功能的线路截断阀室。

2. 采气管线

包括井场至集气站、末站管线。采气管线采用湿气输送。

采气管线为$\phi 323.9mm$和$\phi 168.3mm$，共长23km，设计压力为9.9MPa。

集输管网构成如图 8-2 和表 8-1 所示。

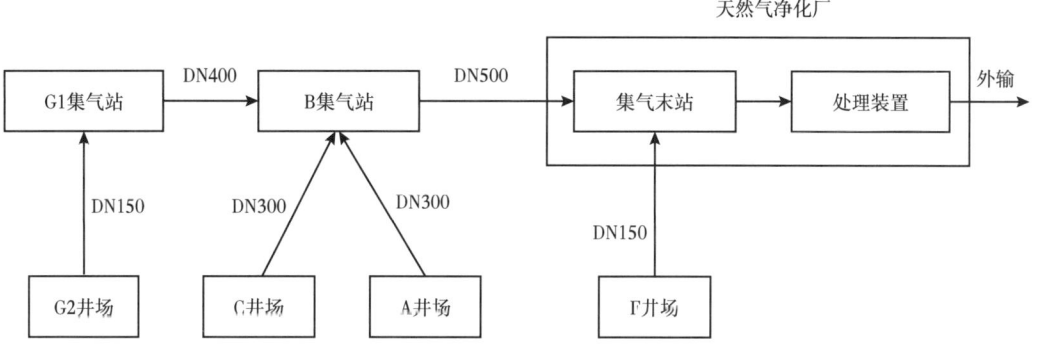

图 8-2　罗家寨、滚子坪气田集气管网示意图

表 8-1　集输管网构成表

集输管线	管径（mm）	长度（km）	线路走向	材质	设计压力（MPa）
集气干线	φ406.4	10.8	G1 集气站—B 集气站	L360QS	9.3
	φ508	29.0	B 集气站—集气末站	L360QS	9.0
采气管线	φ168.3	10.8	F 井场—集气末站	L245QS	9.9
	φ323.9	5.2	A 井场—B 集气站	L245QS	9.9
	φ323.9	4.2	C 井场—B 集气站	L245QS	9.9
	φ168.3	2.8	G2 井场—G1 集气站	L245QS	9.9

二、集输站场

1. 概况

本工程共建井场 4 座、集气站 2 座、集气末站 1 座，B、G1 集气站内设脱水装置。

1）集气站内

集气站内划分为井口装置区、集气工艺装置区、TEG 脱水装置区、缓蚀剂/水合物抑制剂泵注装置区、清管装置区、空压机装置区、放空分液罐区和放空区。

主要功能是实现集气站内所辖井口天然气节流、加热、测试计量。具体如下：
(1) 接收/发送清管器(球)装置，接收各井场来气；
(2) 各单井站来气分离；
(3) 湿天然气脱水；
(4) 集气站内所辖井口超压报警及安全截断；
(5) 集气站内所辖井口缓蚀剂/抑制剂/硫溶剂加注；
(6) 事故情况下进、出站紧急截断；

(7) 站内及站外管线检修时天然气的分离、放空；
(8) 站内超压报警及超压安全放空；
(9) 设备及管段的检修置换；
(10) 站内生产、生活用气；
(11) 站内管道腐蚀监测。

2) 井场内

井场内划分为集气工艺装置区、井口装置区、缓蚀剂/水合物抑制剂泵注装置区、放空分液罐区、清管装置区、空压机装置区和放空区。主要功能包括：

(1) 天然气节流、加热；
(2) 天然气测试分离、计量；
(3) 井口缓蚀剂/抑制剂/硫溶剂加注；
(4) 井口超压报警及安全截断；
(5) 事故情况下出站紧急截断；
(6) 站内超压报警，以及超压安全放空；
(7) 站内及管线检修时天然气的分离、放空；
(8) 向下游采气管线的缓蚀剂批量加注；
(9) 设备及管段的检修置换；
(10) 站内生产用气；
(11) 管线清管；
(12) 站内管道腐蚀监测。

3) 集气末站

集气末站设在天然气处理厂内，划分为清管区、分离装置区。主要功能：

(1) 接收 B 集气站来气；
(2) 事故情况下进、出站紧急截断；
(3) 站内及干线检修时天然气的分离和放空；
(4) 站内超压、报警，以及超压安全放空；
(5) 设备及管段的检修置换；
(6) 站内生产用气；
(7) 内部集输系统用燃料气供气及净化气干线发送清管器(球)。

2. 井场工艺流程

各井口来气通过井口节流阀节流，经水套加热炉加热二级节流调压至出站压力，再汇合输至下游集气站(其中 F 井场产气直接输送至集气末站)。当需要对其中任何一口井的产气量、产水量进行计量时，通过切换流程单独进入测试分离器进行分离计量，计量后液体返回至气相管道与其他井口来气混合后气液混输至下游集气站。

为减缓井场设备和管线的腐蚀，防止水合物形成，防止硫沉积，井口均设置了缓蚀剂、防冻剂和硫溶剂注入装置。正常生产时，井口采用水套加热炉加热防止水合物的形成；事故工况和开停工状况采用加注水合物抑制剂防止水合物形成。井口采用连续加注缓

蚀剂防止 H_2S 和 CO_2 对管线/设备的腐蚀。如生产中发现硫沉积，则加注溶硫剂。

出站设置采气管线清管发送装置，也可利用清管器对管线进行缓蚀剂预膜和定期对管线腐蚀检测。

井口设置高、低压安全截断阀，出站管线上设有紧急截断阀，可在紧急、事故工况下截断。

站内设置置换口，检修时可对管段、设备内有毒介质进行置换。

井口节流阀至水套炉节流阀之间管段设计压力为 34MPa，水套炉节流阀后设计压力为 9.9MPa。

井场燃料气进站压力为 3.5MPa，经过滤、计量、调压至 0.5MPa 后向水套加热炉供气。该燃料气还可向井口安全截断阀、站内管道置换、放空点火系统供气。

井场设置一套火炬放空系统，用于设备检修和紧急状态放空，主要由放空管线、放空分离器和放空火炬组成。

井场设置一个空压站，空压站为站内装置提供生产用的仪表风。设置 2 台滑片式空气压缩机（一用一备），2 套吸附式无热再生式干燥系统，并配置前后置过滤器和精密过滤器。设置 1 个净化空气储罐，净化空气储罐容量可满足紧急停电时单井站各装置 15min 的仪表用风量的要求。

A 井场工艺流程如图 8-3 所示。

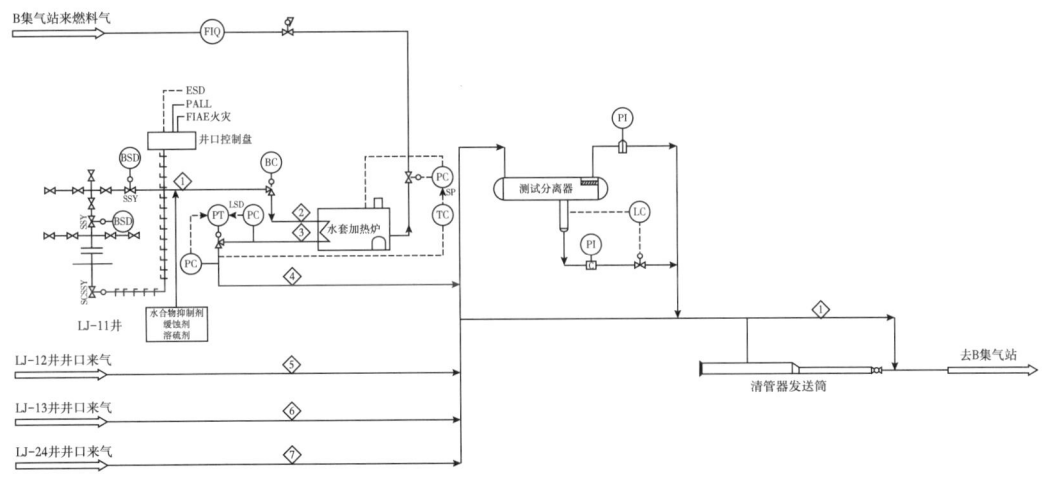

图 8-3　罗家寨、滚子坪气田 A 井场工艺流程

3. 集气站工艺流程

集气站内的气源包括同井场的气井来气和其他井场来气（A、C 井场至 B 集气站，G2 井场至 G1 集气站）。

同井场来的气经井口节流阀节流后分别进入水套炉加热、再节流后，进入气液分离器除去天然气中的游离水及固体杂质，当需要对某口井的产气量、产水量进行计量时，则单独进入测试分离器进行分离计量。井场来天然气经分离、计量后与上述气井的天然气一并进入过滤分离器，然后经 TEG 脱水装置脱水后再出站进入集气干线去集气末站（其中 G1

集气站经脱水后的天然气通过集气干线至 B 集气站，与 B 集气站脱水后的天然气汇合后进入集气干线去集气末站）。

集气站设置井场来气的清管器接收及去下游集气末站的发送装置（B 集气站还设置 G1 集气站来气的清管接收器），可对采气管线、集气干线定期清管和管线腐蚀检测，也可利用清管装置进行缓蚀剂批处理加注。

井口节流阀至水套炉节流阀之间管段设计压力 34MPa（G1 集气站为 25MPa），水套炉节流阀后设计压力为 9.3MPa。

集气站设置有 TEG 橇装脱水装置。来自集气站的原料气进入脱水装置经分离过滤除去天然气中少量杂质，再经 TEG 脱水，脱水后的干气送至边界。从 TEG 脱水塔出来的 TEG，降压后进入 TEG 闪蒸罐闪蒸，经重沸器加热再生后，再由 TEG 循环泵加压，经 TEG 冷却器冷却后进入 TEG 脱水塔。从再生塔顶出来的再生气经再生气压缩机压缩后与来自 TEG 闪蒸罐的闪蒸气汇合，再由闪蒸气压缩机压缩后进入 TEG 脱水装置原料气管线，作为原料气。

在集气站内设置气田水处理装置，将气田水在各集气站内闪蒸脱气（主要是 H_2S，CO_2）。气液分离器产生的气田水，进入气田水闪蒸罐，闪蒸产生的低压酸气和低压 TEG 再生产生的酸气汇合后增压并进入 TEG 脱水装置的进口。

集气站内的燃料气进站压力为 3.5MPa，经过滤、计量和节流阀调压至 0.5MPa 后向水套加热炉、TEG 脱水装置、生活用气供气。该燃料气可向井口安全截断阀、站内管道置换、放空点火系统及集气站和井场供气。

集气站内设置一套火炬及放空系统，中压放空气进入放空区后进入原料气放空分离器进行气液分离，分液后进入放空火炬燃烧放空。火炬设有长明灯、自动点火系统。分离器中的凝液和高压火炬排的污水自流入酸水回收低位罐后用燃料气压送至气田水处理装置。

集气站内设置一个空压站，空压站为站内装置提供生产用的仪表风，设置了 2 台滑片式空气压缩机（一用一备）；2 套吸附式无热再生式干燥系统；并配置前后置过滤器和精密过滤器。设置了 1 个非净化空气储罐和 1 个净化空气储罐，净化空气储罐容量可满足紧急停电时单井站各装置 15min 的仪表用风量的要求。并设置有 1 套储存能力为 $75m^3$ 的氮气储存及汽化设施，供集气站开停工置换用气。

B 集气站工艺流程如图 8-4 所示。

4. 集气末站工艺流程

集气末站接收 B 集气站及 F 井场来气。B 集气站干气来气后直接去天然气处理厂。对于 F 井场来气，设计考虑为湿气输送系统，湿天然气经气液分离器后去天然气处理厂。

处理厂来净化气压力 6.9MPa，经调压至 3.6MPa 后进入燃料气干线，分别去各井场和集气站。调压后的净化气可供置换用气。

为提高净化气管线输送效率，在出站时设置清管发送装置。

集气末站与天然气处理厂设置公用火炬及放空系统。

集气末站工艺流程如图 8-5 所示。

第八章 典型高含硫气田集输站场

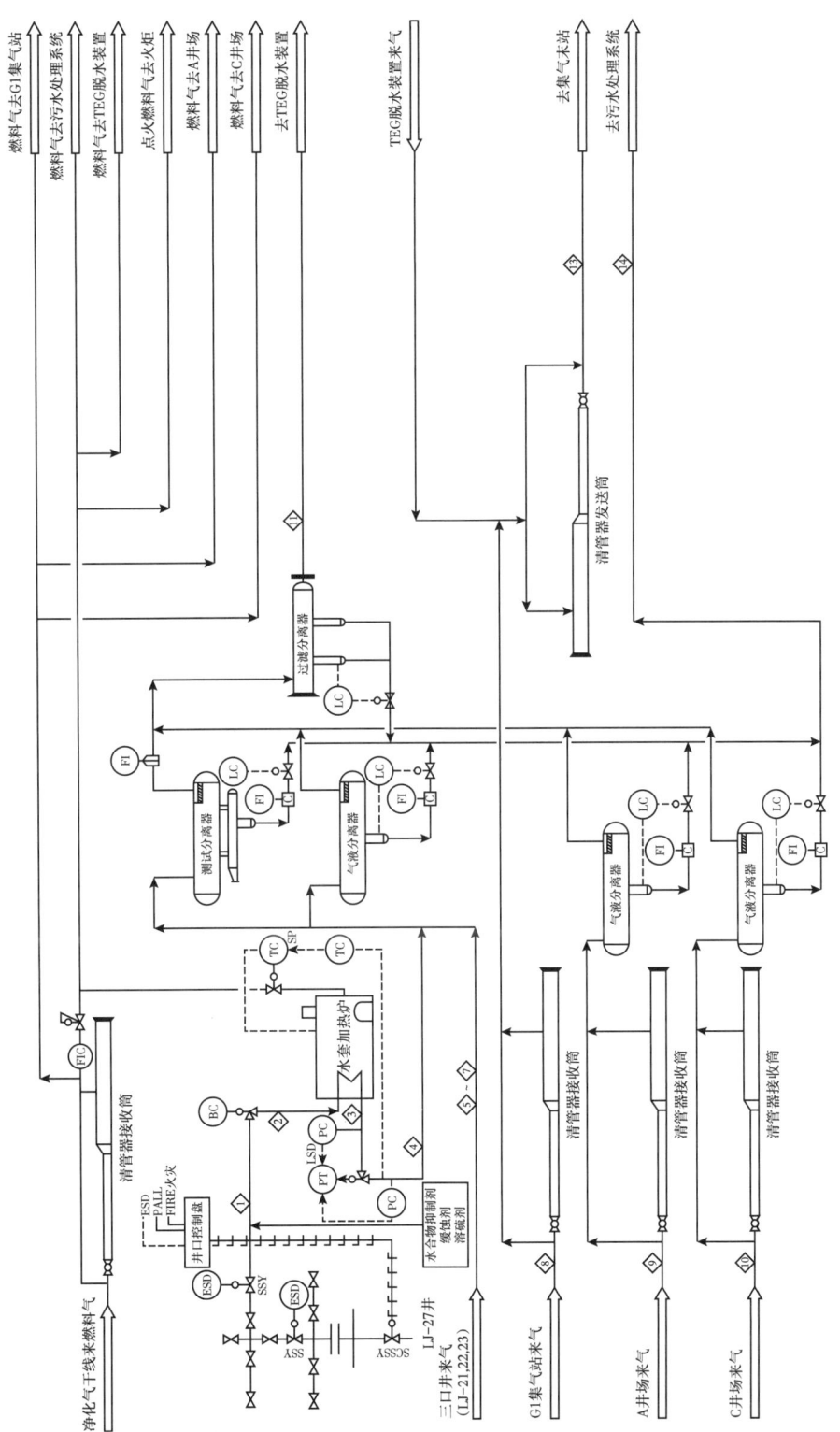

图 8-4 B集气站工艺流程

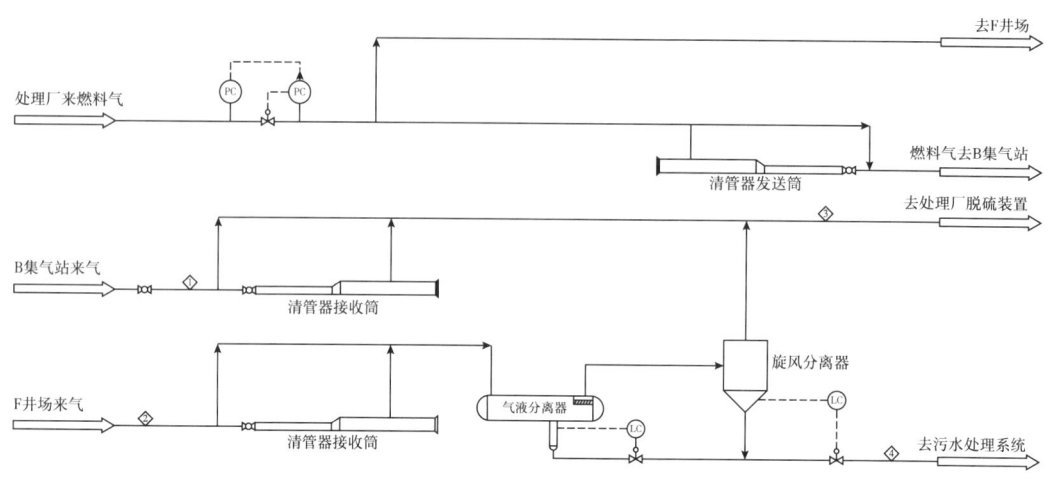

图 8-5　集气末站工艺流程

三、TEG 脱水工艺流程

三甘醇（TEG）脱水工艺流程由高压吸收和低压再生两部分组成（图 8-6）。来自集气站的原料气进入脱水装置的过滤分离器分离过滤除去天然气中少量杂质，然后从吸收塔下半部进入吸收塔，与向下流过各层塔板的甘醇溶液逆流接触，使气体中的水蒸气被甘醇溶液吸收，经 TEG 脱水后的干气送至边界。

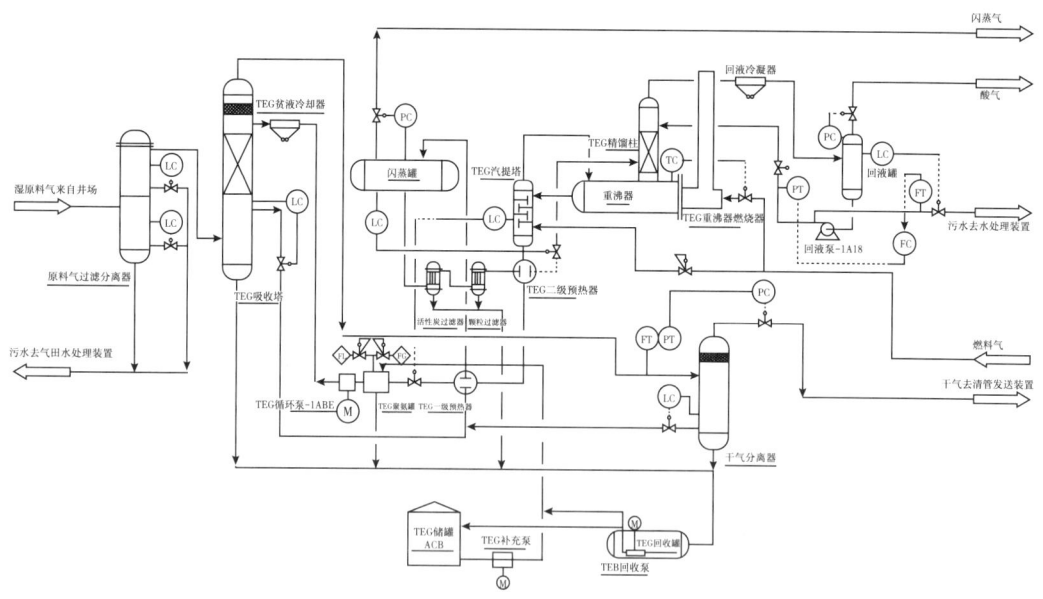

图 8-6　三甘醇（TEG）脱水工艺流程

从 TEG 脱水塔出来的 TEG，降压后进入 TEG 闪蒸罐进行闪蒸，经重沸器加热再生后，再由 TEG 循环泵加压，经 TEG 冷却器冷却后进入 TEG 脱水塔。从再生塔顶出来的再生气经再生气压缩机压缩后与来自 TEG 闪蒸罐的闪蒸气汇合,再由闪蒸气压缩机压缩后进入 TEG 脱水装置原料气管线,作为原料气。

四、气田水处理工艺流程

在集气站内设置气田水处理装置,TEG 脱水装置、放空分液罐及站内分离器产生的气田水进入气田水处理装置的闪蒸罐进行闪蒸脱气(主要是 H_2S、CO_2),闪蒸产生的低压酸气和低压 TEG 再生产生的酸气汇合后增压并进入 TEG 脱水装置的进口。

经闪蒸后的气田水进入气田水罐,经再次分离脱气后通过气田水提升泵后进入储罐,然后与其他生产污水用罐车一并拉运至天然气厂的气田水处理装置一同处理后,再与厂内污水一同通过污水回注系统进行回注。

集气站内气田水处理工艺流程如图 8-7 所示。

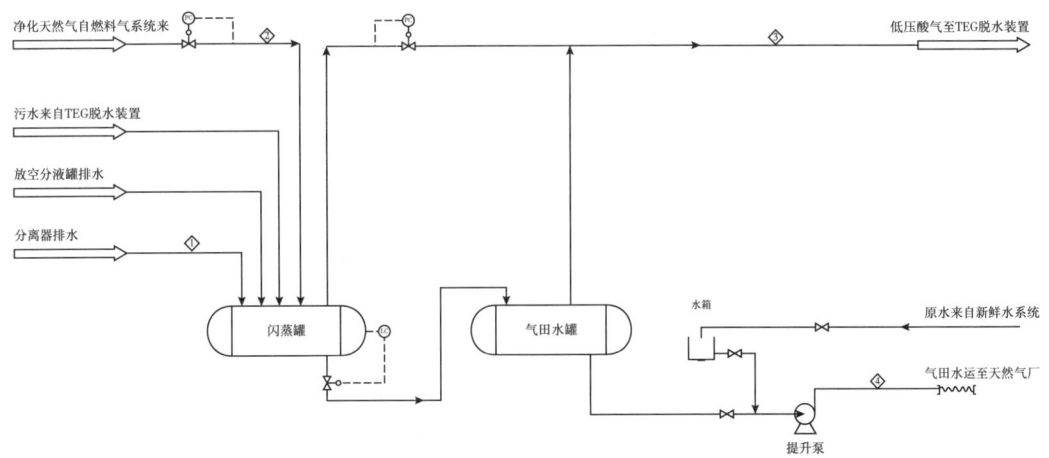

图 8-7 气田水处理工艺流程

第三节 集输站场主要设备

罗家寨、滚子坪气田属于高含硫化氢、中含二氧化碳的气藏,在天然气的开采过程中,气田水中含有氯离子和固体物质(岩屑、泥沙等),由于这些物质的存在和联合作用,会使集输系统输送设备和管道产生磨损、腐蚀、硫化物应力开裂(SSC)、氢诱发裂纹(HIC)、氢鼓泡(HB)等破坏,并可能堵塞管道、仪表管线,以及设备等,同时还会浪费大量的输送能量。因此,为了安全、经济、有效地输送天然气,须在输送前将天然气中的部分杂质除去。

罗家寨、滚子坪气田地面集输站场主要作用是原料气节流后的加热、分离、脱水、化学药剂加注等,接触原料气的主要设备采用抗硫抗氢钢板、锻件及焊材等,除设备制造图外,还编写了《设备选材、制造、检验和验收技术要求》,从材料、焊接、无损检测及试验等方面进行了详细的规定。

罗家寨、滚子坪气田地面集输站场常用的工艺设备有水套加热炉、测试分离器、气液分离器、旋风分离器、过滤分离器、脱水塔、TEG重沸器、化学药剂加注装置、放空分液罐、火炬、储罐、清管收/发球筒,以及为天然气输送提供能量的机泵等。

一、过滤分离器

罗家寨、滚子坪气田集输系统的过滤分离设备主要采用内件可拆、管式滤芯的卧式过滤分离器。为便于更换滤芯,设备端部设卡箍型快开盲板,且盲板上不设置管口。主要过滤的是天然气中夹带的粒径较小的固体颗粒(如岩屑、泥沙和管道设备的腐蚀产物等)和液滴。

二、分离设备

罗家寨、滚子坪气田集输系统的分离设备主要有测试分离器、气液分离器、旋风分离器和放空分液罐。

测试分离器主要是用于将经过水套加热炉加热的单井含硫天然气和气田水进行分离,以方便对单井的产气量和产水量进行分别计量,计量后液体返回至气相管道与其他井口来气混合后气液混输至下游集气站。

测试分离器主要有两种结构:卧式双筒重力分离器和卧式重力分离器(积液包)。图8-8为卧式重力分离器(积液包)。

图8-8 卧式重力分离器(积液包)

气液分离器为卧式重力分离器结构,主要是将经过水套加热炉加热的单井含硫天然气和气田水进行分离,分离后的含硫天然气进入集气站脱水装置的过滤分离器,分离后的气田水进入气田水处理装置进行处理。图8-9为气液分离器(积液包)。

旋风分离器主要是对F井场的含硫天然气和气田水进行分离,分离后的含硫天然气进入天然气处理厂脱硫装置的过滤分离器,分离后的气田水进入天然气处理厂的污水处理装置进行处理。

图 8-9　气液分离器（积液包）

放空分液罐采用卧式气液重力分离器结构，主要是用于将放空气中的液体进行分离，以防止火炬燃烧时，因放空气体带入大于 300μm 的液滴，形成"火雨"，影响正常燃烧。图 8-10 为放空分液罐。

图 8-10　放空分液罐

三、加热设备

罗家寨、滚子坪气田集输系统的加热设备主要为水套加热炉，主要作为井口的加热装置，对含硫天然气介质进行加热，以防被输送介质在输送过程中形成水合物。水套加热炉采用微正压燃烧水套加热炉。图 8-11 为水套加热炉。

图 8-11 水套加热炉

四、塔设备

罗家寨、滚子坪气田集输系统的塔设备主要为集气站脱水装置的 TEG 吸收塔，是利用脱水剂（三甘醇溶液，TEG）吸收天然气中的水分从而达到脱水的目的。来自集气站的原料气进入脱水装置的过滤分离器分离过滤除去天然气中少量杂质，然后从吸收塔下半部进入吸收塔，与向下流过各层塔板的甘醇溶液逆流接触，使气体中的水蒸气被甘醇溶液吸收，经 TEG 脱水后的干气送至边界。图 8-12 为脱水吸收塔。

图 8-12 脱水吸收塔

五、清管收发设备

罗家寨、滚子坪气田集输系统的清管收发设备主要为清管发球筒和清管收球筒。清管收发球筒是清管收发工艺的主要设备,其主要是在管道投产前通球扫线、缓蚀剂批处理及管道运行期间的管道清管、缓蚀剂加注(批处理和连续加注)、管道内检测等作业中起到发球、收球及清管器/检测器的位置指示等作用。图 8-13 为清管收发球筒。

图 8-13 清管收发球筒

六、三剂加注设备

罗家寨、滚子坪气田集输系统的三剂加注设备主要为加注缓蚀剂、水合物抑制剂及溶硫剂的一体化加注装置,加注装置主要由储液罐、加注泵(计量泵)、过滤器、阀门、管道及检测和控制仪表构成。图 8-14 为三剂加注装置。

图 8-14 三剂加注装置

七、动设备

罗家寨、滚子坪气田集输系统使用的动设备主要为三剂加注泵（计量泵）、脱水装置的 TEG 循环泵和回流泵、闪蒸气压缩机、回注水泵等。

三剂加注泵（计量泵）采用柱塞泵计量泵，对药剂进行计量加注。

TEG 循环泵采用往复泵（柱塞泵），主要作用是将 TEG 溶液加压送入脱水吸收塔。图 8-15 为 TEG 循环泵。

图 8-15　TEG 循环泵

TEG 回流泵采用离心泵，主要是将 TEG 回流罐的 TEG 打回流进入系统。图 8-16 为 TEG 回流泵。

图 8-16　TEG 回流泵

闪蒸气压缩机采用往复压缩机，主要作用是将气田水闪蒸产生的闪蒸气增压后送入脱水装置进口。图 8-17 为闪蒸气压缩机。

图 8-17　闪蒸气压缩机

回注水泵采用高压往复泵，主要作用是将闪蒸后的气田水通过回注井注入回注层。图 8-18 为回注水泵。

图 8-18　回注水泵

第四节　自动化控制系统

罗家寨高含硫气田开发具有高风险性，为实现其安全开发，安全控制设计采用"经典保护层洋葱模型"保障罗家寨气田"安、稳、长、满、优"的生产运行。基于经典保护层模型，罗家寨高含硫气田建成了规模庞大，集成度高，完整性好，对标国际良好实践，11套先进高度集成自动化控制系统，实现从生产操作运行到应急管理全过程检测操控自动化、大数据支撑决策科学化。整个生产自动化系统输入/输出（I/O）点14480个，过程自动化控制系统点总数大于50000个。联锁设置4590个，共有联锁回路2811个（其中包含PLC联锁回路919个），生产工艺报警总报警数量22727个。

一、罗家寨高含硫气田所应用的典型的控制系统

1. 基本控制系统（BPCS）

BPCS采用DCS，型号EPKS-R410，是工艺装置生产操作和监控的重要自动化生产系统。服务器4台，控制器20个，操作站12个，工程师站3个，机柜77个。

2. 安全仪表系统（SIS）

SIS采用PLC，型号Safety Manager，是实现生产装置安全联锁，保护人员、资产安全的核心系统。安全仪表系统中227个安全仪表功能（SIF）用于独立保护层的联锁回路，实现了不以人的意志为转移，完全独立地实现气田的安全保护。控制器20对，工程师站1个，机柜54个。

3. 火灾及气体泄漏系统（F&GS）

F&GS采用PLC，型号Safety Manager，用于气体泄漏、火灾联锁，保护人员、资产的安全。该系统是减小后果影响的重要自动化系统。控制器17对，机柜20个。

可编程逻辑控制系统（PLC）：主要有西门子S7-200 PLC、S7-300 PLC、罗克韦尔Compact Logix PLC、Control Logix PLC。主要用于橇装设备设施的工艺和安全控制，PLC控制器156个。

综合监控和保护系统（ICPS）：主要用于变电站的运行参数监控。

入侵检测和闭路电视视频监控系统（IDS/CCTV）：主要用于人员入侵和生产区域、边界的视频监控，机柜20个。

二、罗家寨高含硫气田特有的控制系统

1. 应急响应管理系统（ERMS）

ERMS选用北京龙软科技的系统，能进行管线周边事故定位、气体扩散模拟、安全隔离区及应急路线分析。

2. 通用和社区报警系统（GA/CAS）

GA/CAS主要是用于疏散生产区域、周边社区的群众。

3. 管线泄漏检测系统（PLDS）

PLDS主要有Sensornet基于温度检测的DTS系统、OptaSense基于声音检测的DAS系统、基于负压波的ATMOS系统、固定式H_2S探测器（Honeywell RAE）、气体云成像（Rebellion Camera）等。基于多重泄漏检测技术的管道泄漏检测系统（PLDS），多套系统相互验证、综合分析确认出现的泄漏，按照应急响应流程及时有效地启动社区应急响应，触发社

区报警系统疏散周围居住百姓,从而极大地降低了重大事故后果出现的可能性。

三、数字化办公和智能化管理应用

厂历史信息系统(PI):主要用于查询和分析生产过程中的历史数据。该系统实现了办公环境监控分析生产数据,既不影响生产自动化网络的安全,又实现了办公数字化管理。

生产报警管理系统(PSS):是生产过程中报警优化、智能化报警分析管理的重要工具系统。

四、上下游一体化五级联锁安全保障系统

罗家寨高含硫气田设计了上下游一体化5个不同层级的安全联锁,实现了整个气田安全保障。联锁条件及结果如下:

1.0级联锁

整个高含硫ODP1生产设施关停,电气隔离,自动泄压放空。

触发条件:唯一的触发条件是净化厂中控室的一个蓝色按钮。

2.1级联锁

净化厂:整个净化厂关停。不自动泄压放空。

触发条件:0级联锁条件;净化厂中控室1级联锁和放空按钮HS-073511;3列装置中两列同时确认火灾信号;3列装置中两列同时确认气体泄漏信号;集气末站和商业计量站确认火灾信号;仪表风压力低低(2oo3);任何一个放空分离器液位高高(2oo2)。

采气集输系统:集气站,A井站和C井站关停。不会自动泄压放空。

触发条件:0级联锁条件;1级联锁按钮在净化厂中控室HS-073513。

3.2级联锁:

净化厂:单列关停。不会自动泄压放空。

触发条件:所有净化厂的1级联锁条件;DCS操作站的软按钮HS070003_1/2/3;确认火灾;确认气体泄漏。

采气集输系统:集气站,A井站和C井站关停。不会自动泄压放空。

触发条件:所有采气集输1级联锁条件;2级联锁按钮在净化厂中控室HS-023522;在GSB中控室HS-023521;2级联锁且放空按钮在净化厂中控室HS-023523;在GSB中控室HS-023541;工艺区域确认火灾;工艺区域确认气体泄漏。

4.3级联锁

为一个工艺单元设施联锁(例如脱硫单元联锁,井场联锁等)。

触发条件:任何一个触发单元联锁的条件。

5.4级联锁

为单个设施或设备联锁(例如单井联锁,压缩机联锁等)。

触发条件:任何单个设施或设备联锁的条件。

第五节 腐蚀控制与监检测

一、气田腐蚀环境

罗家寨飞仙关气藏的天然气中甲烷的平均含量为82.8%,硫化氢(H_2S)的平均含量为9.45%,最大含量10%,CO_2的平均含量为6.61%,最大含量8.05%。天然气组分总体上以甲烷为主,气藏属于高含硫化氢、中含二氧化碳的干性气藏。滚子坪飞仙关气藏的天然气中甲烷的平均含量为78.28%,H_2S的平均含量为14%,最大含量14.25%,CO_2的平均含量为7.18%,最大含量8.93%。气藏属于高含硫化氢、中含二氧化碳的干性气藏。根据前期勘探数据,气井产气田水中还含有氯离子,Cl^-含量最大20410mg/L。气田的天然气气质分析及水质分析见表8-2和表8-3。

表8-2 罗家寨、滚子坪飞仙关气藏天然气分析表

气田名称	井号	摩尔组成(%)								
		C_1	C_2	C_3	C_{4+}	N_2	H_2	He	H_2S	CO_2
罗家寨气田	LJ2	84.68	0.08	0.03	0	0.71	0.274	0.017	8.77	5.44
	LJ6	84.85	0.09	0	0	0.45	0.002	0.018	8.28	6.21
	LJ11H	82.36	0.03	0	0	1.48	0.020	0.020	9.12	6.97
	LJ12H	81.95	0.05	0	0	0.03	0	0.020	9.90	8.05
	LJ13H	85.19	0.05	0.01	0	0.16	0.001	0.020	10.00	4.62
	LJ14H	82.26	0.05	0.01	0	0.55	0	0.020	9.67	7.44
	LJ16H-1	82.19	0	0	0	0.54	0.040	0.020	9.32	7.93
滚子坪气田	LJ5	76.66	0.05	0	0	0.59	0.008	0.023	13.74	8.93
	LJ9	79.89	0.05	0	0	0.33	0.036	0.021	14.25	5.42

表8-3 典型气田水水质分析表   单位:mg/L

组分	罗家1井	罗家8井
$K^+ + Na^+$	187	13869
Ca^{2+}	230	1000
Ba^{2+}	0	0
Mg^{2+}	0	192
I^-	0	0
Br^-	0	0
B	0	0
Cl^-	168	20410
SO_4^{2-}	258	31546
HCO_3^-	580	1665
CO_3^{2-}	0	0
矿化度	1420	20380
水型	Na_2SO_4	Na_2SO_4

井口高压管段设计压力，罗家寨气田井口设计压力 34MPa，滚子坪气田井口设计压力 25MPa；节流后罗家寨气田集输系统 A、C、F 井场至 B 集气站间井场/采气管线的设计压力为 9.9MPa，B 集气站—集气末站的集气干线设计压力为 9.0MPa；滚子坪气田集输系统 G1 井场—G2 集气站间井场、采气管线的设计压力为 9.9MPa，G2 集气站—B 集气站的集气干线设计压力为 9.3MPa。

ISO 15156 标准对酸性环境进行了定义，并根据 H_2S 分压和介质的 pH 值对酸性环境的严重程度进行了分级(图 8-19)，给出了在油气生产及处理过程中含有 H_2S 的环境下，含硫化氢环境设施用碳钢和低合金钢的选择及评定的要求和推荐作法，列出了抗 SSC 的碳钢和低合金钢材料的使用要求。根据罗家寨(滚子坪)气田气质分析表及设计压力计算，罗家寨气田、滚子坪气田的内部集输系统酸性环境属于 SSC 3 区，部分高压管段超出 SSC 3 区。

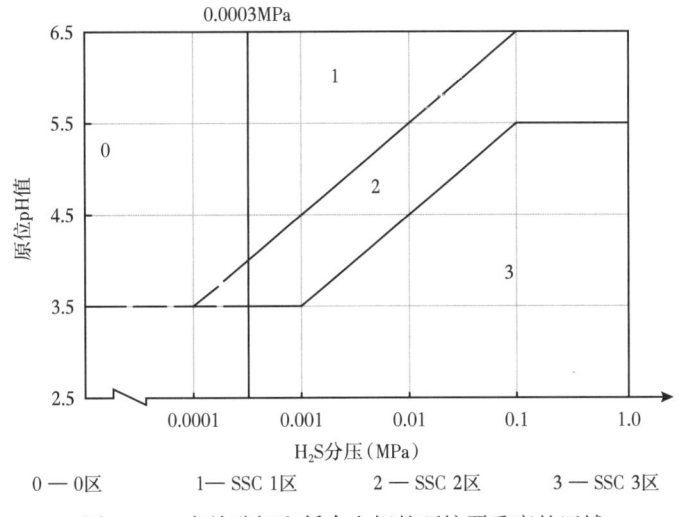

图 8-19　有关碳钢和低合金钢的环境严重度的区域

综上可知，罗家寨(滚子坪)气田地面集输系统的腐蚀环境具有以下特点：

(1)罗家寨(滚子坪)气田地面工程集输系统为酸性环境，H_2S 分压高，部分管段超过 ISO 15156 酸性环境的 SSC 3 区；

(2)H_2S、CO_2、Cl^-、SO_4^{2-}、HCO_3^- 等腐蚀介质共存；

(3)部分位置温度有时达 60℃，处于 CO_2 腐蚀严重的温度区间。

因此，罗家寨(滚子坪)气田在 H_2S—CO_2—Cl^-腐蚀环境下，碳钢和低合金钢的腐蚀破坏需要考虑如下可能的情况：

(1)H_2S 引起的硫化物应力开裂(SSC)；

(2)H_2S 引起的氢诱发裂纹(HIC)和氢鼓泡(HB)；

(3)CO_2、H_2S、Cl^- 等腐蚀介质引起的电化学腐蚀(均匀腐蚀/点蚀)；

(4)如果采用耐蚀合金材料，腐蚀破坏类型还应考虑 H_2S 引起的硫化物应力开裂和 Cl^- 引起的氯化物应力开裂及点蚀；

（5）在 H_2S 环境中，还要考虑 H_2S、Cl^-、pH 值及温度相互作用下的应力腐蚀开裂；

（6）元素硫沉积对腐蚀的影响。

二、罗家寨（滚子坪）气田环境用材料选择

开发方案阶段，罗家寨（滚子坪）气田开发地面集输系统的方案比选了碳钢+缓蚀剂、站外采气管道内衬 825 复合管/站场整体采用 825 纯材、站外采气管道内衬 825 复合管/站场内部分采用冶金复合管、站外采气管道内衬 825 复合管/站场采用碳钢+缓蚀剂四种方案，从经济性、安全性、可靠性及施工技术成熟性等方面综合对比后，推荐罗家寨（滚子坪）气田开发地面集输系统采用碳钢+缓蚀剂方案，结合项目的腐蚀环境采用相应的腐蚀控制措施，主要在材料选择的基础上考虑采用相应的腐蚀控制措施。

1. 材料选择原则

腐蚀控制的原则是在设备和管道的运行期间内，不会发生腐蚀造成的穿孔、开裂、爆破等事故。因此在罗家寨（滚子坪）气田集输系统的腐蚀环境中，材料的选择首先必须考虑能有效地防止应力腐蚀开裂，同时还要能减缓均匀腐蚀，防止点蚀和缝隙腐蚀。电化学腐蚀除通过选材进行控制外，还可通过清管、加注缓蚀剂、控制流速、温度等内腐蚀控制措施进行控制，而硫化物应力开裂只能通过选材进行控制，因此罗家寨（滚子坪）气田开发地面工程集输管道的材料选择中，应根据本工程输送酸性介质的腐蚀特点，重点考虑硫化物应力开裂，并遵循以下原则进行管材选择：

（1）必须确保金属材料及焊接接头的抗 SSC 性能，防止破裂/失控重大事故；

（2）输送管、压力容器和焊接接头具备抗 HIC 性能；

（3）耐一般电化学腐蚀且局部腐蚀较低；

（4）材料应具有良好的加工性和焊接性；

（5）从经济角度考虑生产周期内维护成本和效益的比例，选择性价比高的材料。

在酸性气田的设计中，地面集输系统的金属材料的选择应遵循 ISO 15156《石油天然气工业 石油和天然气生产中含 H_2S 环境使用的材料》的标准要求，并且在实验室对金属材料按照 ISO 15156，以及 NACE TM0177、NACE TM0284 中提供的抗 SSC、HIC 评价方法进行评价试验，将金属材料发生 SSC 的风险降到最低。

除正确地选用材料外，焊接材料和焊接工艺的确定也是极其重要的。在采用优质的抗硫材料并保证焊接金属的机械性能与母材等强匹配，焊接接头抗硫性能符合要求的前提条件下选用焊接金属的化学成分与母材相近，使焊接接头的电位与母材金属的电位相近，以减少焊接接头的电化学腐蚀。

2. 材料选择

1）通则

为保证材料具有良好的抗腐蚀性能、焊接性能和冲击韧性，湿 H_2S 酸性环境用碳钢和低合金钢材料，根据以上的试验和经验，从材料的选择原则、控制措施、具体的技术要求，并结合国内外有关湿 H_2S 酸性环境用金属材料的研究成果、文献资料，以及中国石油的经验，编制了用于罗家寨（滚子坪）气田高含 H_2S 酸性环境用碳钢和低合金钢材料的一

系列技术规格书。对材料的以下指标进行了控制和要求：

(1) 材料的碳当量及材料中的 S、P、Nb、V 等元素的含量；

(2) 材料的晶粒度、组织形态和非金属夹杂物等级；

(3) 材料的冲击性能、硬度；

(4) 材料的抗腐蚀试验（HIC/SSC，模拟 SSC 测试）要求；

(5) 焊接要求；

(6) 无损检测要求。

2) 干气输送的集气干线

集气干线的材质选择主要依据 NACE MR0175/ISO 15156《石油天然气工业 石油和天然气生产中含 H_2S 环境使用的材料》标准和 SY/T 0599《天然气地面设施抗硫化物应力开裂和应力腐蚀开裂金属材料技术规范》标准。

对于输送干气的管道，虽然是干气输送，但输送气体中仍高含 H_2S、CO_2，考虑到上游脱水系统可能出现操作失误情况下管道内出现短时的湿气输送工况，因此对于 DN400 和 DN500 的集气干线，推荐采用抗 HIC、SSC 能力较强，且目前国内外已有类似口径的成熟制管经验和类似环境的使用经验的 L360QS 抗硫无缝钢管。集气干线抗硫管道及线路抗硫弯管的母管符合 NACE MR0175/ISO 15156、ISO 3183《石油天然气工业 输送钢管交货技术条件》抗硫钢和项目技术规格书的要求，线路弯管符合 NACE MR0175/ISO 15156 及项目技术规格书的要求。

3) 湿气输送的采气管线

由于采气管道输送湿含硫天然气，因此采气管道材料的选择，从碳钢管、耐蚀合金钢管和双金属复合管三种方案在项目设计运行周期内进行经济性和适应性比选。综合经济比选和适应性分析，采气管线推荐采用抗 HIC、SSC 能力较强，且目前国内外已有类似口径的成熟制管经验和类似环境的使用经验的 L245QS 抗硫无缝钢管。采气管线抗硫管道及线路抗硫弯管的母管符合 NACE MR0175/ISO 15156、ISO 3183《石油天然气工业 输送钢管交货技术条件》抗硫钢和项目技术规格书的要求，线路弯管符合 NACE MR0175/ISO 15156 及项目技术规格书的要求。

4) 井口高压管段

井口高压管段设计压力，罗家寨气田井口设计压力 34MPa，滚子坪气田井口设计压力 25MPa。根据设计压力，若采用 L245NS 计算该管段的壁厚较厚，厂家生产的 40mm、36mm 壁厚的钢管由于形变量不足，不能保证其抗 SSC 性能满足高酸性环境下使用要求，因此采购不到高压采气管段。因此在设计上避免采用 40mm、36mm 壁厚的碳钢管。通过调研国内外类似工况环境项目，在高压管段采用具有应用经验的 L360QS，同时实施阶段，在 L360QS 钢管标准的基础上，增加高含硫酸性气田用 L360QS 的技术要求、现场焊接技术要求及焊接工艺评定等技术要求。因此井口高压管段材质推荐采用 L360QS 抗硫无缝钢管。

5) 压力容器材料选择

对接触高含硫酸性气体的压力容器材料选择主要从工艺条件（如操作温度、操作压力、介质特性和操作特性等）、材料的加工性能、焊接性能、容器的制造工艺，以及经济合理性等方面进行考虑。

材料选择的原则为受压元件所用的材料符合《固定式压力容器安全技术监察规程》《压力容器》《锅炉和压力容器用钢板》等国家强制性法规和标准的要求，并满足 SY/T 0599 和 ISO 15156。

对于引进的压力容器，设备材料应符合 ASME Ⅷ、ASME Ⅱ、ISO 15156 及项目技术规格书和设备制造图的要求。

基于上述原则，罗家寨(滚子坪)气田集输工程非标准设备的主要受压元件选用板材为 Q345R、Q245R、16MnDR、ASME Ⅱ SA516 Gr.65(引进)等；法兰或接管锻件为 16Mn Ⅲ/Ⅳ、20Ⅲ/Ⅳ(国产)或 A105、A350 LF2(引进)等。

6) 阀门材料选择

用于制造接触高含硫酸性气体的阀门材料均符合 API 6A/API 6D 和 NACE MR0175/ISO 15156 及有关阀门材料标准的要求。由于高压条件，腐蚀环境较为严苛，阀门与酸性介质接触部位采用堆焊耐蚀合金，与介质接触的承压部件选用耐蚀合金材料，并且阀门的性能满足高酸性气体工况的要求，并能保证使用寿命。所有阀门材料能适应现场气候条件、环境温度、工作介质及操作条件。

对高压管段用阀门采用 API 6A HH 级。

7) 管件及法兰锻件

对接触高含硫酸性气体的管件及法兰，选择与管道强度匹配及满足酸性环境下材料抗 HIC 及 SSC 的要求，高压部分(34MPa)管件材质选用 ASTM A860 WPHY52，法兰材质选用锻件 A694 F52；中压采气部分(9.9MPa)、集气部分(9.3MPa)管件选用 ASTM A420 WPL6、ASTM A234 WPB，法兰或锻制接管材质选用锻件 ASTM A350 LF2、ASTM A105 或 16MnⅢ、20Ⅲ等。

3. 材料的耐腐蚀试验要求

罗家寨(滚子坪)气田用材料或焊缝的抗 HIC/SSC 试验要求按照国际通用抗硫试验条件和评定方法(NACE TM 0177、NACE TM 0284)进行抗 HIC/SSC 试验，具体的试验方法如下：

1) HIC 试验

采用 NACE TM 0284—2003 标准，测试溶液：A 溶液；测试时间：96h。每个试样的单个截面的最大允许值不应超过下述指标：裂纹长度率(CLR)≤10%，裂纹厚度率(CTR)≤3%，裂纹敏感率(CSR)≤1%。

报告中应提供试件表面的氢鼓泡的数量和尺寸(附试件表面的氢鼓泡照片)、所有裂纹的金相照片或图表。

2) SSC 试验

按照 ISO 7539-2 或 ASTM G39 标准采用四点弯曲试件进行，测试溶液：NACE TM 0177—2005 的 A 溶液。测试加载应力：80%AYS(实际屈服强度)；测试时间：720h；验收指标：在 10 倍显微镜下观察，试样在受拉力面上不得有任何 SSC 表面裂纹或开裂。

（1）模拟 SSC 试验。

按照 ISO 7539-2 或 ASTM G39 标准采用四点弯曲试件模拟现场 H_2S、CO_2 分压及 pH 值进行 SSC 测试。测试加载应力：80% AYS（实际屈服强度）；测试时间：720h；验收指标：在 10 倍显微镜下观察，试样在受拉力面上不得有任何表面裂纹或开裂。

（2）测试频率和取样要求。

HIC/SSC 测试应根据订单在制造厂进行制造工艺评定时在供应的最大单项（按重量）中取样进行一次试验，以验证制造工艺。如通过以后每炉均按照评定合格的制造工艺和热处理工艺进行生产，则以后每炉只需要进行 HIC 试验。

HIC/SSC 测试的试件应在最终的实际成品上取样进行测试。取样位置按照相关标准规定和设计要求执行。

对于 H_2S 分压大于 1MPa 的高含硫酸性环境，如果制造厂没有在类似于本工程酸性环境中成功使用两年以上的业绩，则要求模拟现场 H_2S、CO_2 分压及这 pH 值进行 SSC 测试。

4. 焊接技术要求

对于高含硫化氢酸性环境用材料的焊接应首先严格按照 Q/SY XN 2010—2005（现已升版为 SY/T 4117—2016《高含硫化氢气田集输管道焊接技术规范》）、GB 50236—2011《现场设备、工业管道焊接工程施工规范》和 NB/T 47014—2011《承压设备焊接工艺评定》，以及项目《焊接技术规定》的要求进行焊接工艺评定，并将碳钢/低合金钢材料的碳当量作为焊接工艺评定的主要变量因素。在焊接工艺评定报告中需要对焊接工艺评定试件进行机械性能（包括拉伸、弯曲、冲击、硬度等）、金相分析、外观检查、无损检测和抗 HIC/SSC 性能试验，如该焊接接头使用环境的硫化氢分压大于 1.0MPa，则还应增加模拟的抗 SSC 性能试验。只有评定合格的焊接工艺才能用于现场指导焊接工作。在焊接之前必须按照评定合格的焊接工艺对焊工进行培训和考试，只有考试合格的焊工才能进行高含硫化氢酸性环境用材料的焊接工作。

所有接触高含硫酸性气体的碳钢和低合金钢焊接接头均应进行焊后热处理。

每个产品焊缝都应进行硬度测试。使用便携式布氏硬度测试仪或里氏硬度测试仪（如果是采用后者，应每周校对，并且硬度结果应取 5 个读数的平均值）对盖面焊缝熔敷金属进行测试，硬度结果应取 3 个读数的平均值。平均最大硬度应不大于 200 HBW，单个读数不大于规定硬度值 10 HBW。若失败，允许进行第二次焊后热处理，若硬度仍高于技术规格书要求，则应切除焊缝。

三、集输系统腐蚀控制措施

1. 内腐蚀控制措施

选择符合标准和项目技术设计文件要求的高含硫酸性环境用碳钢/低合金钢材料，可避免酸性环境中的硫化物应力开裂。但碳钢/低合金钢耐电化学腐蚀能力差，采用碳钢/低合金钢必须考虑腐蚀余量及加注缓蚀剂进行保护并通过采取加强清管、控制流速和运行温度等内腐蚀控制措施来减缓电化学腐蚀。

罗家寨（滚子坪）气田地面工程集输系统在选择碳钢/低合金钢的情况下，采用了以下的内腐蚀控制措施：

（1）加强清管工作，检查排放物的组分。由于凝析液和腐蚀产物的产生，定期用清管器清管。根据生产需要定期清管，使管道内无积液和无腐蚀产物淤积。

（2）使用电子"智能清管器"定期对管道内部进行检测。

（3）控制流速小于 10m/s，使其腐蚀程度减到最低。避免流速过低造成管道积液和固体物质沉积。但是，也要避免流速过高，防止冲刷腐蚀。如果较高的流速出现，检测一段时间流向变化点（如弯头处），以确定流速是否引起冲蚀。

（4）把天然气的操作温度控制在 60℃ 之内，避免进入 CO_2 的严重腐蚀温度区，减少 CO_2 腐蚀。

（5）连续注入缓蚀剂，防止 H_2S、CO_2、Cl^- 和元素硫腐蚀采气管道和集气管道，以保护地面管道和设备。确保缓蚀剂连续注入而且可靠。根据流体流速和管线内表面积的要求，通过计算缓蚀剂注入比例来增加缓蚀剂的缓蚀效果。使用批处理缓蚀剂的方法来补充连续加注缓蚀剂。通过在实验室和现场试验的基础上仔细选择缓蚀剂。所选的缓蚀剂配方要适用于气田开发的流体性能。

（6）所有管线在开车之前都应进行缓蚀剂批处理。

（7）若出现元素硫沉积，应做好加注硫溶剂的准备。

（8）接触腐蚀介质苛刻的设备进行内衬耐蚀合金或喷涂耐 H_2S、CO_2 及 Cl^- 等腐蚀介质的内涂层。

（9）阀门阀体均选用符合 NACE MR0175/ISO 15156 要求的抗 SSC 材料，与湿 H_2S 接触的过流部件均选用耐蚀材料。

2. 缓蚀剂的技术要求和加注工艺

1）缓蚀剂技术要求

（1）加注有效的缓蚀剂，实验室和现场挂片的腐蚀速率不大于 0.025mm/a，且无点蚀发生。

（2）连续加注缓蚀剂宜采用水溶性缓蚀剂或油溶水分散性缓蚀剂，批处理加注宜采用油溶性缓蚀剂。

（3）在缓蚀剂选择过程中，应考虑缓蚀剂与其他加注化学试剂的配伍性。

2）缓蚀剂加注方式

罗家寨（滚子坪）气田集输系统的缓蚀剂加注方式采用在新管道投入使用前和在进行清管作业时对集输管道进行缓蚀剂涂膜处理，后期生产运行中采用连续加注缓蚀剂方式对集输管道进行保护。

缓蚀剂加注工艺为：

（1）站内井口缓蚀剂加注系统从设置在井口采气树的加注口进行加注，主要功能是保护站内设备和采气管线，采用连续式加注缓蚀剂工艺。

（2）各集气站、井场出站管线设置清管发送装置，利用清管发送装置推动缓蚀剂对管线管壁进行涂抹。

3) 缓蚀剂的加注量

连续加注缓蚀剂的量通常是以输送流体的液体中缓蚀剂的浓度来确定的,根据罗家寨的气质条件,推荐连续加注量按缓蚀剂浓度为1000mg/L来确定,由于操作过程存在损耗,需增加10%的富余量。并在管道的运行过程中根据产水性质和腐蚀监测结果进行调整。

批处理预膜(涂膜)的基本加注量,根据罗家寨(滚子坪)气田的腐蚀环境,采用0.076mm的成膜厚度来确定。根据经验,在实际施工过程中还应考虑损耗量,通常为实际加注量的30%~40%,本工程取30%。

3. 腐蚀监测

为进一步对罗家寨(滚子坪)酸性气田的酸性环境的腐蚀性、腐蚀特点进行测量,不断地掌握生产运行过程中设备/管道腐蚀的程度,同时有效评估各种腐蚀控制措施的有效性,找出这些腐蚀控制技术的最佳应用条件,例如化学缓蚀剂在现场环境中的缓蚀效率及保护周期等,根据腐蚀监测的标准 NACE SP0106—2006《钢质管道和管道系统的内腐蚀控制准则》的要求,对集输系统碳钢/低合金钢管线和设备进行在线腐蚀监测。

罗家寨(滚子坪)气田集输系统腐蚀监测采用腐蚀探针、失重挂片、测试短节和全周向腐蚀监测仪进行综合监测,腐蚀监测位置设置在各井场产气量和产水量较大或者H_2S和CO_2含量较高的单井采气管线上,并在各井场采气干线末端和典型的分离器排污管线设置监测点。在采用缓蚀剂涂抹处理的井场采气干线采用全周向腐蚀监测仪和测试短节旁通进行监测。全周向腐蚀监测仪和测试短节监测旁通装置各两套。集输系统设置的四个井场、两座集气站,腐蚀探针系统50套,腐蚀挂片系统52套(含测试短节上的腐蚀监测系统)。

1) 罗家寨(滚子坪)气田集输系统腐蚀监测点的位置设置

(1)由于实际开采时,每个单井的工况和勘探预测数据都存在一定的偏差,因此在设计阶段并不能准确评估每口单井的腐蚀性,同时鉴于集输系统苛刻的高酸性腐蚀环境,因此在每口单井采气管线上设置腐蚀监测点,采用高灵敏度探针和失重挂片法,监测单井来气的腐蚀性。

(2)缓蚀剂加注点的下游末端管线设置腐蚀监测点,监测管输介质的腐蚀性及缓蚀剂的保护效果;在F井场至集气末站、A井场到B井场的长距离采气管线的末端(收发球筒前)设置监测点,采用全周向腐蚀监测仪和失重挂片法,监测缓蚀剂涂膜和连续加注效果。

(3)井场至集气站的长距离采气的始端和末端,代表了每个井场混合后气体的腐蚀情况,在每个井场和站场的收发球筒前,设置鱼腹腐蚀监测管段(测试短节)。

(4)分离器排污管线。考察液相的腐蚀状况,代表了长距离采气管线上的低洼积液部位的腐蚀。在各井场的分离器排污管线设置监测点,采用高灵敏度探针和失重挂片法。

2) 腐蚀监测安装点的设计要求

(1)每个监测点的设置位置应在流程图中标识出来。

(2)腐蚀监测点的上游若有弯头、减压器、阀门、孔板、金属热电偶等装置,腐蚀监测点宜设置在距离这些装置3倍管径以外的位置。

(3)当采用两种腐蚀监测方法联合监测时,两个安装装置之间的位置间距应为0.5~1m。

(4)当采用探针和失重挂片联合监测时,探针应安装在上游的安装装置上,这样对第二个监测点的干扰最小。

(5)监测点的设置应保证周围有足够的空间(上空1.74m)进行探针和失重挂片的带压回收操作。

(6)腐蚀探针安装装置最好能安装在水平管线上,方向垂直于管线。

3)综合的腐蚀监测措施

由于罗家寨气田高含H_2S和CO_2,同时气田水中含有Cl^-,管道系统存在电化学腐蚀和渗氢的风险。作为一个腐蚀环境比较复杂的气田,为了确定气田的腐蚀类型、评价腐蚀控制措施的效果、缓蚀剂效果监测,以及缓蚀剂加注工艺优化,有必要采用综合的、有效的腐蚀监测程序。

在线、实时的腐蚀监测能够提供大量的、快速的腐蚀信息,但并不能完全代表整个管线、设备的腐蚀状况,因此,通过以上的腐蚀监测获得的数据同时也需要与一些常规的方法如无损检测、目视检测等结合起来,以全面地掌握气田的腐蚀状况。例如:

(1)超声波壁厚测量。

超声波检测技术较适合用来测量管道或容器的剩余壁厚。在管道和容器上测量的位置要有明显的记号,这样在下一次测量时可以找到相同的位置,使测量具有连续性。如果存在局部腐蚀坑,可以用超声波扫描技术从外部对蚀坑的长度和深度进行测量。

(2)目视检测。

在停产期间对容器和设备进行目视检测,以提供补充信息。

(3)水分析。

定期对气井的产出水进行分析,以确定气田水的产出量及水中的离子含量。特别是对pH值的定期测量,因为溶液的pH值是影响管道或容器腐蚀速率的重要因素。

(4)腐蚀产物分析。

对失重挂片或探针上附着的、或清管得到的腐蚀产物进行分析,可以得到补充信息。

(5)智能清管/检测。

采用智能清管/检测可以进行管线的全线检测,主要检测局部腐蚀,例如漏磁检测和超声波检测等方法。

4. 外防腐

罗家寨(滚子坪)地面集输系统线路管道经过地区的土壤电阻率在$15\sim107\Omega\cdot m$之间,其中土壤腐蚀性以中、强腐蚀等级为主,埋地钢质管道外表面会受到腐蚀。内部集输工程集气管线和采气管线输送的是高含硫原料气,管线的安全运行异常重要。为保证管道的长期安全运行,抑制电化学腐蚀的发生,对罗家寨(滚子坪)地面集输系统的管道/设备采用以下的外防腐方案:

(1)集输系统站外埋地集气干线、采气管线和燃料气管线采取外防腐层+强制电流阴极保护的联合保护的方案。

①输送高含H_2S酸性介质的集气干线和采气管线采用三层挤压聚乙烯(3PE)加强级防腐层防腐。

②燃料气管道采用三层挤压聚乙烯(3PE)普通级防腐层防腐(不包括隧道穿越段燃料气管道)。

③对需要保温的采气管线,采用三层挤压聚乙烯(3PE)普通级防腐层作为底层防腐层。管道防腐保温层结构为:防腐层(底层)—保温层(中间层)—防护层(外层)。保温材料采用硬质聚氨酯泡沫塑料,外防护层采用高密度聚乙烯。

④隧道内集气干线管道和燃料气管道直管段均采用三层PE加强级防腐,隧道穿越段输气管道的热煨弯管采用热收缩套虾米状搭接包覆防腐,隧道内锚固墩内的锚固法兰采用三层结构辐射交联聚乙烯热收缩套双层防腐。

(2)集输系统集气站、井场内管道、设备只采用外防腐层方案。

①集输系统站场内的管径不小于60mm的埋地管道(无保温)采用三层挤压聚乙烯防腐;管径小、距离短的其余埋地管道采用聚乙烯胶黏带特加强级防腐。防腐层结构为一层底漆+一层聚乙烯防腐带(搭边50%~55%),防腐层总厚度不小于1.6mm。埋地保温管道保温层采用硬质聚氨酯硬泡塑料。

②地面未保温管道与设备及储罐外壁采用附着力强,耐候性优异,不易褪色,装饰性效果好的聚氨酯涂料防腐。涂层结构为:环氧富锌底漆+环氧云铁防锈漆+聚氨酯涂料面漆的防腐涂层(2底1中2面),涂膜总厚度不小于200μm。

③地面保温管道及设备的防腐保温结构为:环氧富锌底漆+环氧云铁防锈漆+聚酚醛泡沫保温层+铝皮。

(3)压力容器/储罐内壁防腐。

对接触高含H_2S气体或酸性气田水介质等的压力容器/储罐,除了严格按照酸性环境下材料要求进行选材外,还对容器内壁采用了高性能的内涂层材料进行内部防腐处理,以避免容器内壁和腐蚀介质之间形成腐蚀电池,从而延长设备的使用寿命。采用防水、防腐蚀性优异,韧性好,抗形变、易于固化的高固体分聚氨酯改性环氧树脂涂料。涂料性能指标应符合相关的技术标准。罗家寨(滚子坪)地面集输系统的设备/储罐采用的是美国Belzona公司的涂料。

(4)阴极保护。

由于罗家寨(滚子坪)地面集输系统处于地形复杂且输送线路环境恶劣的山区,因此采用强制电流阴极保护法。根据阴极保护计算和系统管网布置情况,确定阴极保护站和阳极地床的数量、安装位置以便覆盖系统内所有涉及的管道、设备等。根据罗家寨(滚子坪)地面集输系统工艺站场的布置,阴极保护站(包括深井阳极地床)建在B集气站内,在集气末站、G1集气站、A井场、F井场、C井场、G2井场及RTU阀室内各设置阴极保护管/地电位传送器,实现对该处阴极保护电位的监控,以利于及时准确发现故障并进行排除。

第六节 完整性管理

罗家寨高含硫气田资产完整性管理践行主动、预防性地对设备进行定期的检查、测试和预测性维护,以发现不安全状况并进行消除,确保重要设备在其使用寿命中符合其预定用途,防止或减轻严重或灾难性的健康、安全、环境或资产事故。根据事故发生瑞士奶酪模型,严重或灾难性事故的发生是由一系列综合因素导致的。罗家寨气田完整性管理理念主要是管理与工艺控制、报警和安全保护装置相关的关键设备,对它们进行定期地检查、测试和预防性维护。资产完整性管理的重点是找到薄弱点,防止一些事故的发生,资产完整性是基于风险的过程安全的一部分。

罗家寨气田完整性管理主要依据地面设备可靠性和完整性流程开展工作,完整性管理本质是设备全生命周期安全管理,如图8-20所示,其贯穿了设备设计、制造到生产期间的运行维护全过程。

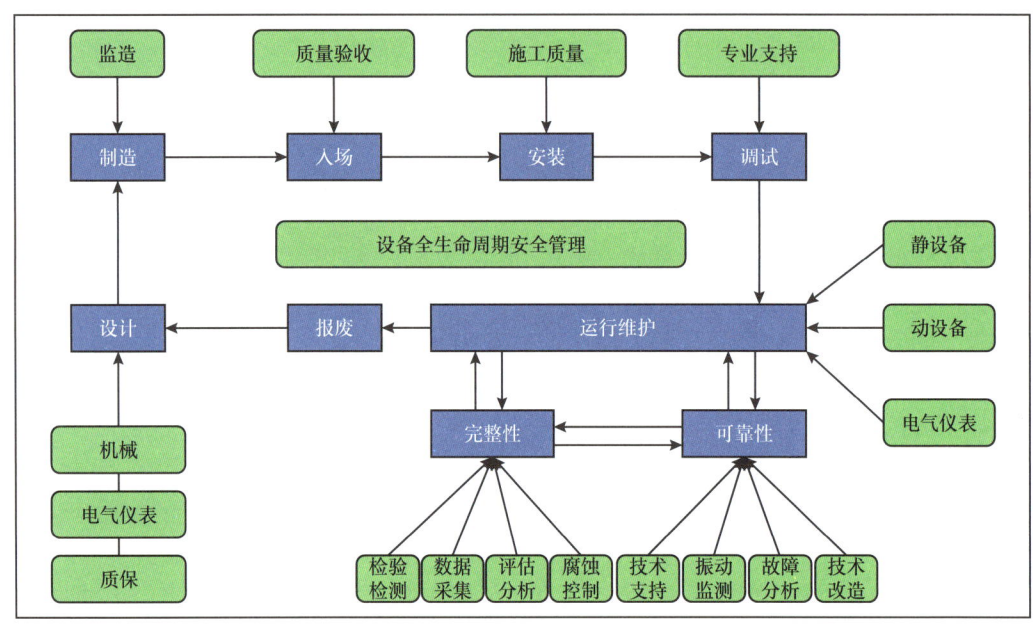

图8-20 罗家寨高含硫气田设备全生命周期安全管理

一、设计审查与制造监造

在设计阶段,各专业工程师对设计图纸开展审核工作,并反馈审核意见,质量工程师对制造厂家的检验检测计划(ITP)进行审核并反馈意见,确保设备的设计、制造符合项目管理要求和现场实际,如图8-21所示。

根据物资采购质量控制程序,对重要设备委托检验员执行驻厂监造,根据厂家的制造进度和ITP计划全过程监控,并出具监造报告。相关专业工程师对关键制造节点进行现场见证或检验。

二、入场质量控制

除了制造阶段的质量控制措施,依据项目作业质量手册、材料复验规程程序文件,设备、物资入场质量还有严格的管控程序。包括质量证明文件、数据表和测试报告等技术文件的审查,FAT测试的标准规范、测试方法和主要技术指标的审查,以及材料可靠性鉴别等。

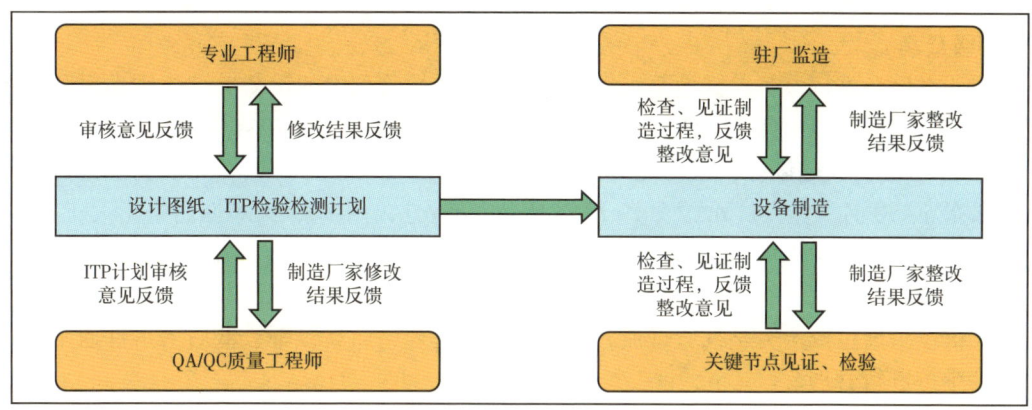

图 8-21 设计与制造管理流程

2020 年,资产完整性团队质量工程师组织完成 46 个合同材料的入场复验,累计材料光谱分析(PMI)5789 件,硬度检测 2020 件,共计发现不合格物资 166 件。2021 年,完成 84 个合同材料的入场复验,累计光谱分析(PMI)3314 件,硬度检测 1920 件,共计发现不合格物资 76 件。

入场复验不合格的物资形成整改追踪项,进行退货或换货,直到合格后方能入库,形成验收报告,保存备查。

三、施工质量控制

在施工阶段,依据大修和技改项目质量管理分手册程序要求,参与施工质量管控,审核施工检验检测计划,并组织开展检验检测工作,反馈检测结果,督促施工单位整改及验收。

2020 年大修期间,完成焊缝检测 2508 道。2021 年,完成焊缝检测 2351 道。

此外,针对特殊工艺施工(特殊涂层、化学清洗、焊接、无损测试、热处理等),质量管理团队对相关的作业活动进行管理,确保施工作业程序在受控条件下进行。

1. 运行阶段完整性管理

罗家寨气田资产完整性管理流程包含以下基本步骤,如图 8-22 所示:

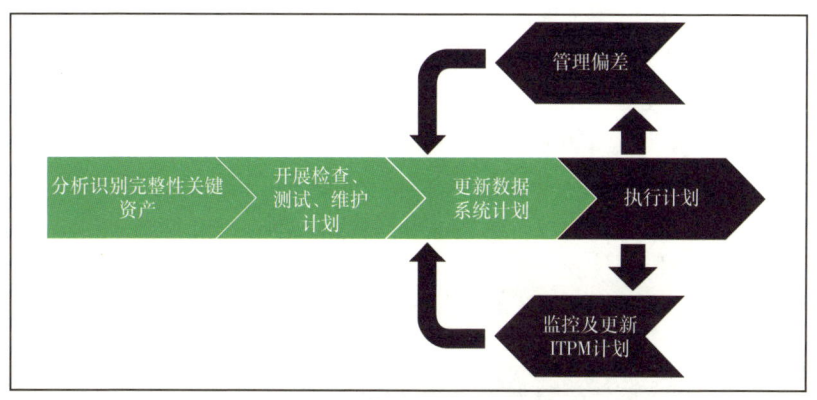

图 8-22 罗家寨气田资产完整性管理流程

基于设备关键性的重要资产分析识别，完整性关键等级分为 IC1、IC2、IC3+（其中 IC1 等级最高）。

对所有设备进行设备关键性等级划分，资产完整性管理中的设备关键级别在风险分析过程中按照综合风险排序评估矩阵确定。将设备分为 IC1、IC2、IC3+ 三个等级进行管理。其中 IC1、IC2 为关键设备，指可能导致严重或灾难性后果事件的设备。以安全为例，严重后果指 5~50 名工作人员死亡或 1~10 名公众人员死亡的事故，灾难性后果指大于 50 名工作人员死亡或大于 10 名公众人员死亡的事故。

在确定设备关键等级时只参考安全、健康、环境和资产后果，不考虑事故可能性。

关键设备通过资产完整性管理流程和程序进行管理，而高概率、低后果事件通常通过预防性维护进行管理。

罗家寨气田目前共有 IC1 级设备 1025 台，如采气、集气管线，IC2 级设备 2032 台，如再生塔、过程气管线等，IC3+ 级设备 7276 台，如凝结水、空气管线等。

（1）检查、测试和预防性维护任务的计划和部署。
（2）将计划更新入数据系统。
（3）执行检查、测试及防护性维护。
（4）监控和管理偏差。

2. 腐蚀监测和管道完整性管理

完整性团队组织相关专业人员，绘制腐蚀回路图、容器展开图，通过风险分析、工艺流程及现场布置情况，确定基线数据采集点及持续监控的监测带。

在设备投用后，首先需根据确定的采集点完成基线数据采集，录入 Visions 系统，作为系统管理的基础数据。罗家寨气田基线采集测厚带数据共计 90000 多个，移交前，优尼科设置了 12511 个持续监测带，根据腐蚀监测矩阵，检测周期分为 3 个月、1 年、3 年不等，由于工作量太大，检测计划无法按时完成，可能造成一些重点部位无法按时完成检测。移交后，完整性团队成立了 QC 课题小组，通过历史检测数据分析，结合设备风险等级、工艺腐蚀原理，开展腐蚀监测优化工作。优化数据显示腐蚀轻微的点位，增加低位积液点、盲管段等监测点位，将腐蚀监测带优化到 5213 个，确保检测计划按时完成。

大修期间的设备检测沿用了优尼科的做法，每年大修会对重点容器开展内部检测，出现过问题的设备扩大检测范围。大修期间容器检测主要任务是完成无法在生产期间实施的检测项目，及时发现和处理容器内部腐蚀、损伤等缺陷，保障设备本质安全。

结合设备等级和腐蚀监测频率矩阵，数据管理员首先在 Visions 系统设置腐蚀监测时间，检测数据通过数据管理员分析、审核、确认无误后，上传至 Visions 系统，系统自动生成下一次检测时间。每月底通过系统导出下月检测计划，通过团队分析、审核、完善后下发和执行，形成循环监测计划。

检测频率执行半寿命周期检测频率和定期检测相结合的方式，按时间先到先检的原则。

半寿命周期即通过两次检测数据计算腐蚀速率，在腐蚀余量剩余一半时需再次检测，根据最新检测数据重新计算剩余寿命，如图 8-23 所示。

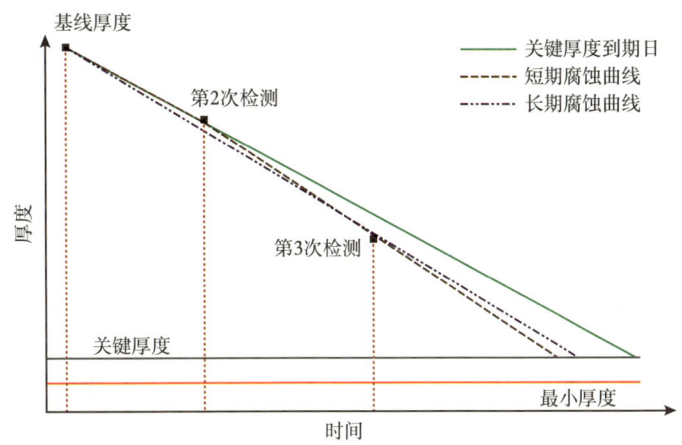

图 8-23　设备寿命和检测日期计算示意图

腐蚀监测工作主要依托于 Visions 系统，该系统记录了所有的腐蚀监测活动，包括腐蚀回路图、容器展开图、基线数据、历史检测数据、检测报告、维修记录和报告等，该系统集数据采集、分析、建议、计划、归档于一身，属于风险防控的主动管理类软件，优势明显、特点突出：海量数据作支撑；主动预测和监控设备剩余寿命；提前预警泄漏风险。

其管理理念与国内现阶段大多数石化企业的常规管理相比有较大先进性，中方自营项目检验检测的一般要求是执行特种设备管理规定，依据特检部门的检验报告制订检测计划，一般检测周期为 3~6 年，同时检测项目和范围也相对较少，没有及时发现设备缺陷造成设备完整性失效的风险更高。

检测手段以超声测厚为主，包括定点测厚、网格扫查，当测厚无法满足检测需求时，辅以表面无损检测，比如超声探伤、射线探伤、红外成像等检测方式。

腐蚀在线监测对设备完整性管理有重大意义，能够主动预测和监控设备剩余寿命，提前预警泄漏风险，防止或减轻可能造成健康、安全、环境及重大资产损失的事故。如第 2 列急冷塔顶出口管线（DN850，设计壁厚 12.7mm），由于二氧化硫穿透，导致管线短期腐蚀速率急剧上升。在 2019 年 10 月 25 日，检测发现最薄的地方只有 6.62mm，团队同时对第 1 列、第 3 列的相同管线和位置进行检测，发现了类似的腐蚀情况，只是腐蚀速率相对较小。

大修期间，完整性管理团队通过分析设备历史检测报告，有针对性地开展容器检验检测工作，2021 年大修共计发现和处理设备缺陷 63 项，包括第 1~3 列脱硫吸收塔 M06 人孔裂纹、第 2 列 CLAUS 余热锅炉上汽包接管焊缝裂纹等。针对发现的缺陷，逐一制订解决措施，消除安全隐患，为装置安全平稳运行打下基础。

腐蚀挂片：结合高含硫气田开发腐蚀管理经验，在重大风险和可能出现腐蚀位置布置了腐蚀挂片。

净化厂设置 68 个腐蚀挂片监测点。采输系统设置 19 个腐蚀挂片监测点。

每年定期对腐蚀挂片进行拆装和数据分析，用于对比腐蚀在线监测数据，相互印证。同时，集输系统的腐蚀挂片还用来作为调整集输管道缓蚀剂加注量的依据。

集输管道内检测：集输管道介质存量大、高压高含硫、腐蚀性强，是项目完整性管理的重点，主要依据管道完整性管理程序和腐蚀管理程序，包括智能清管、缓蚀剂防腐控制、防腐层质量定期检测、阴保系统的检测维护等内容，如图 8-24 所示。

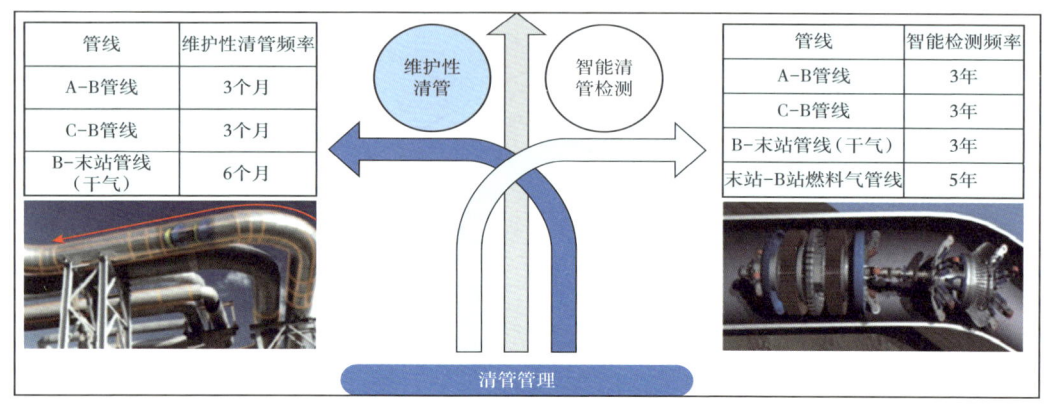

图 8-24　清管计划内容展示图

集输管道阴极保护：集输管道阴极保护系统主要包括 B 集气站的一个整流器、深井阳极床和管道沿途测试桩等设备，可为整个集输管道系统提供电流，将阴极保护站设在 B 集气站有利于保护电流的分配。定期检测维护，确保阴极保护系统完好，可保证即便防腐层有损坏的地点，也能有效防止外部腐蚀。

第七节　安全与应急管理

一、安全管理

罗家寨高含硫气田针对施工作业安全和生产工艺安全建立了两套体系，对应施工作业安全管理的体系流程为管理安全工作（MSW）流程，它是优良作业管理系统（OEMS）的重要部分，主要目的是对作业相关的危害/风险进行识别、评价、消除、消减或控制，涉及预防和控制可能释放有害物质或能源的事故。此类事故可能会引起中毒、火灾或爆炸，并且最终可能导致重伤、财产损失、生产损失，以及不良环境影响。对应生产工艺安全管理的体系流程为工艺安全管理（PSM），工艺（过程）安全是一套严格的框架，通过应用优良的设计原则、工程施工和操作实践来对处理有害物质的操作系统和工艺进行管理。工艺（过程）安全就是在保证人员安全的同时可靠地交付经营成果。

1. 管理安全工作（MSW）流程

管理安全工作（MSW）流程涉及作业安全共 14 个程序/标准。

1）领导沟通程序

领导层 MSW 巡查必须在工作现场开展，成功实施 MSW 流程需要领导层的支持，以及亲自参与，实现优良作业成功的重要因素是领导。对领导来讲重要的是通过其行为和行动将理念和做法传达给员工,领导应强化 OE(优良作业)文化,灌输作业纪律。展现管理层积极参与安全工作。验证核实 MSW 流程、标准和程序得到遵守。通过现场观察和讨论,以亲自参与方式践行安全文化。强化安全作业要求,促进安全业绩提升。

2) 危害分析程序

目的是对某一作业活动进行危害识别,制订预防和缓解措施,并传达到整个工作团队和任何可能受到影响的人员。安全措施是指硬件和人为行动,旨在直接预防或缓解事故或影响。常见的安全措施包括设施设计要素、机械装置、工程系统、防护设备和程序的执行。制订优良作业流程和标准并维持安全防护措施,但本身并不是安全措施,只有执行了才是。危害分析包括:计划阶段的危害评估(PPHA)、工作安全分析(JSA)、个人危害评估(IHA)。

3) 作业许可程序

是 MSW 的核心程序,使用该程序识别、沟通与防控作业过程中可能会影响健康、环境与安全危害的机制,旨在控制存在潜在风险的工作的正式书面程序,涉及工作计划、准许、执行和关闭。主要角色为许可批准人、区域负责人、现场负责人、施工负责人。作业许可实行综合票+特殊票(或工作计划)。作业许可开展分计划、准许、执行和关闭四个阶段共 17 个步骤,如图 8-25 所示。

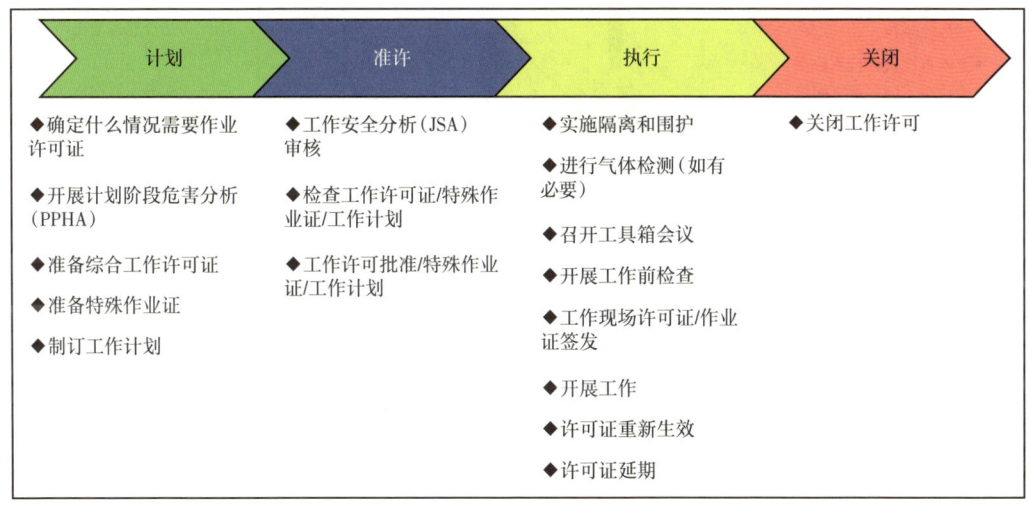

图 8-25 作业许可步骤

4) 培训与能力标准

所有作业人员必须经过培训,作业公司员工及承包商员工都有对应的培训矩阵。MSW 关键角色必须经过培训、开展能力评估,并获得资格授权。在实际工作中由其主管开展现场能力验证,针对以下 5 种情况:新担任安全工作管理岗位的人员(在岗不足 6 个月)、工作间歇超过一年的人员、主管或管理层确定需要验证的、审核发现能力存在差距的、人员涉及重大事故或未遂事故的。

5) 旁通关键保护标准

目的是确保旁通安全防护措施和（或）系统时能保证安全系统安全、可靠地运行，降低发生人员受伤、工艺泄漏、财产损失或对环境造成负面影响的可能性。

6) 受限空间进入标准

确保受限空间准入以安全受控的方式进行。为安全完成受限空间工作，本程序作业指导规定了相关人员的角色、职责和工作规程。此指导所含信息能使读者充分理解受限空间工作的危险和规程以确保工作以安全受控的方式进行。关键点如图 8-26 所示。

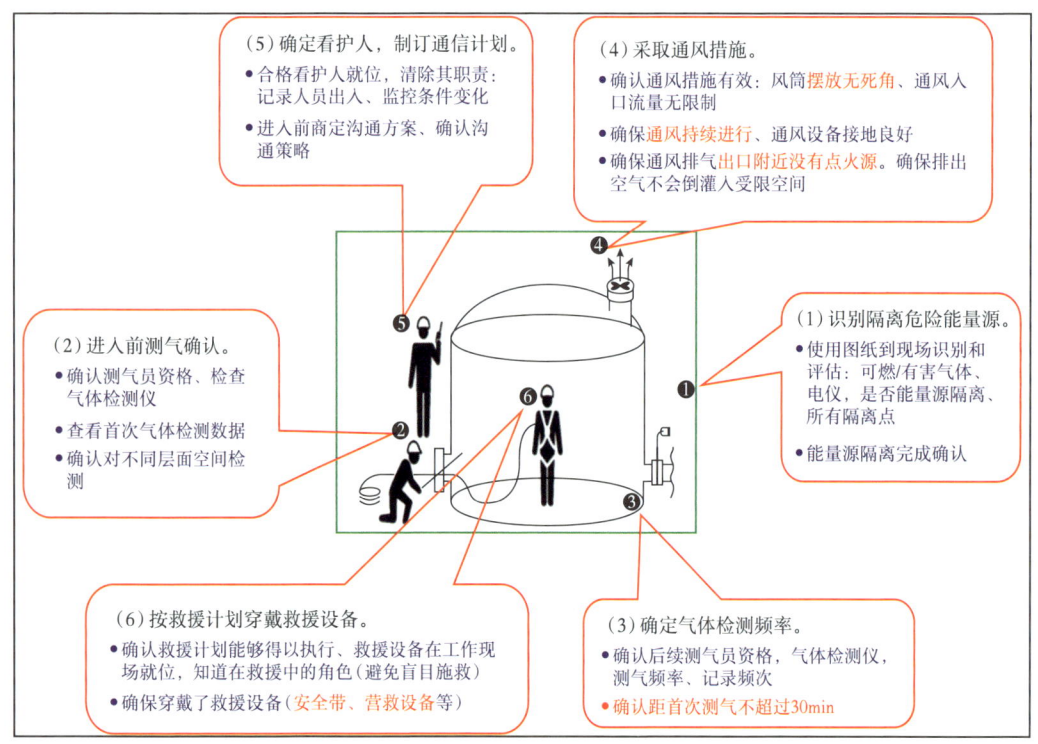

图 8-26　受限空间关键控制点

7) 电气安全工作标准

目的是为了应对电击和电弧危害，确保人员安全。本程序概括了电气安全作业的岗位、职责和流程，有助于人员全面理解电气危害及电气作业程序，确保作业安全可控地进行。关键点如图 8-27 所示。

8) 挖掘作业标准

目的是确保以安全和受控的方式开展挖掘作业。本程序概要说明安全开展挖掘工作的岗位、职责、以及程序。它提供必要的信息，帮助人们完全了解挖掘工作的危险和相关程序，以确保工作以安全和受控的方式进行。关键点如图 8-28 所示。

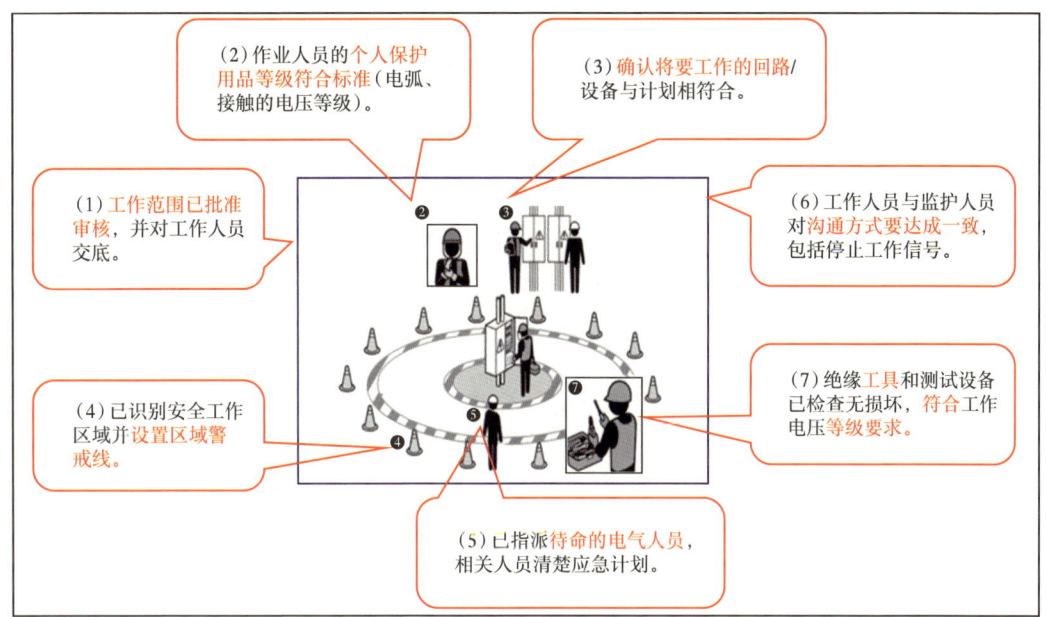

图 8-27 电气安全关键控制点

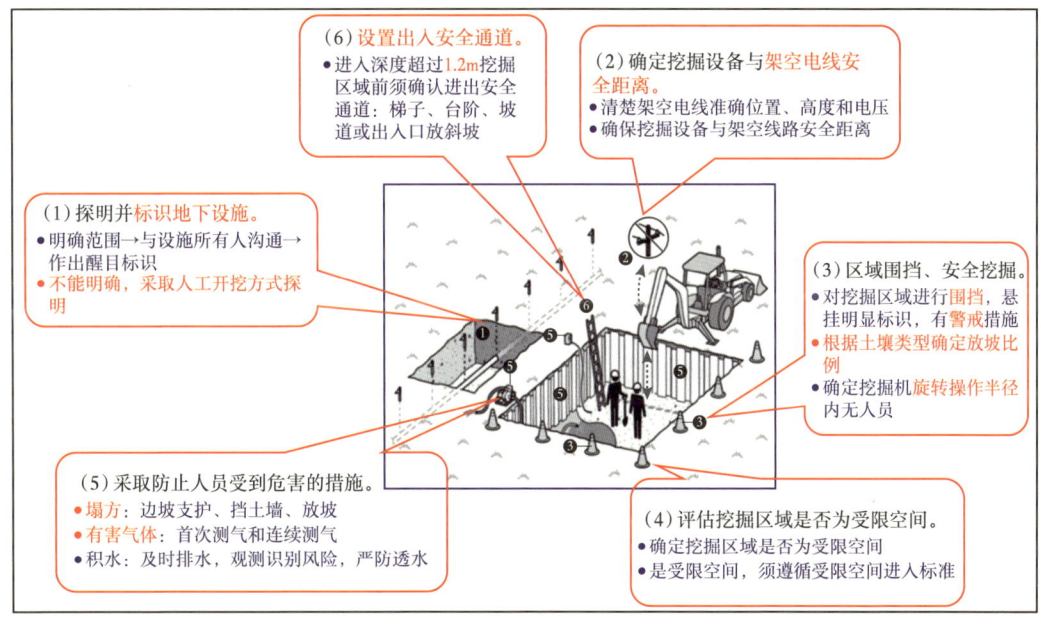

图 8-28 挖掘作业关键控制点

9) 热工作业标准

目的是确保以安全和受控的方式开展热工作业。本程序概要说明安全开展热工作业的岗位、职责,以及程序。它提供必要的信息,帮助人们完全了解热工作业的危险和相关程序,以确保作业以安全和受控的方式进行。关键管控点如图 8-29 所示。

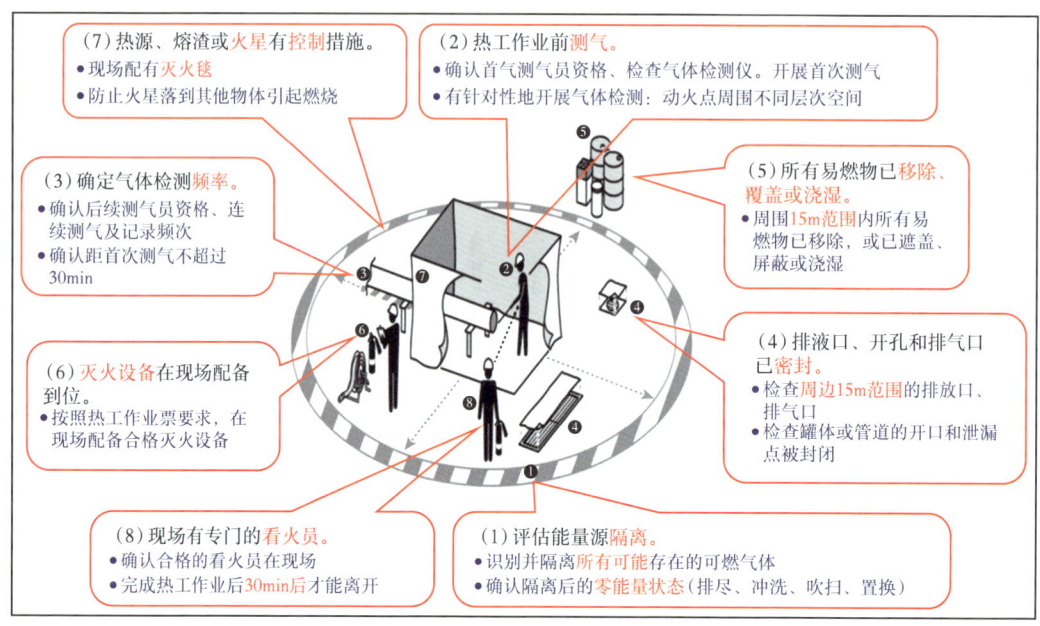

图 8-29 热工作业关键控制点

10) 危险能量源隔离标准

确保以安全可控的方式进行危险源隔离和（或）设备开启。本程序概述了安全隔离操作时人员的职能、责任和程序，为充分理解与危险源隔离相关的风险，以及为确保以安全可控的方式作业所遵循的程序提供了必要的信息。关键管控点如图 8-30 所示。

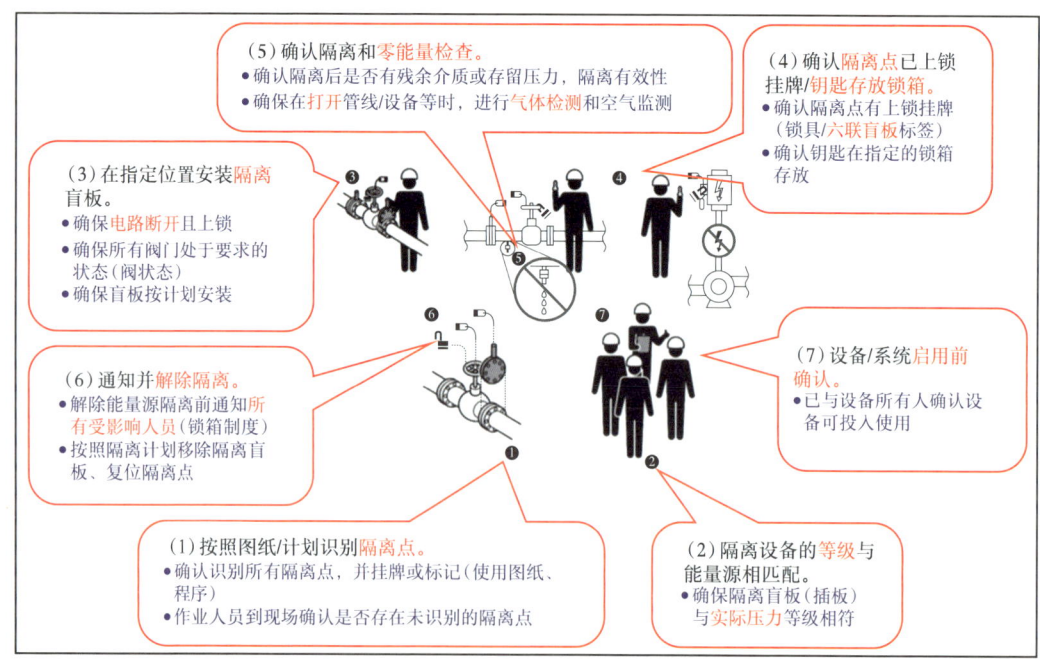

图 8-30 危险能量源隔离关键控制点

11) 吊装作业标准

目的在于确保吊装作业在安全可控的情况下进行。该程序列出了相关作业人员的岗位职责、吊装作业程序，以及吊装作业的安全要求，提供了必要的信息供人员充分了解吊装作业中的隐患及程序，确保作业在安全可控的情况下进行。其关键点如图 8-31 所示。

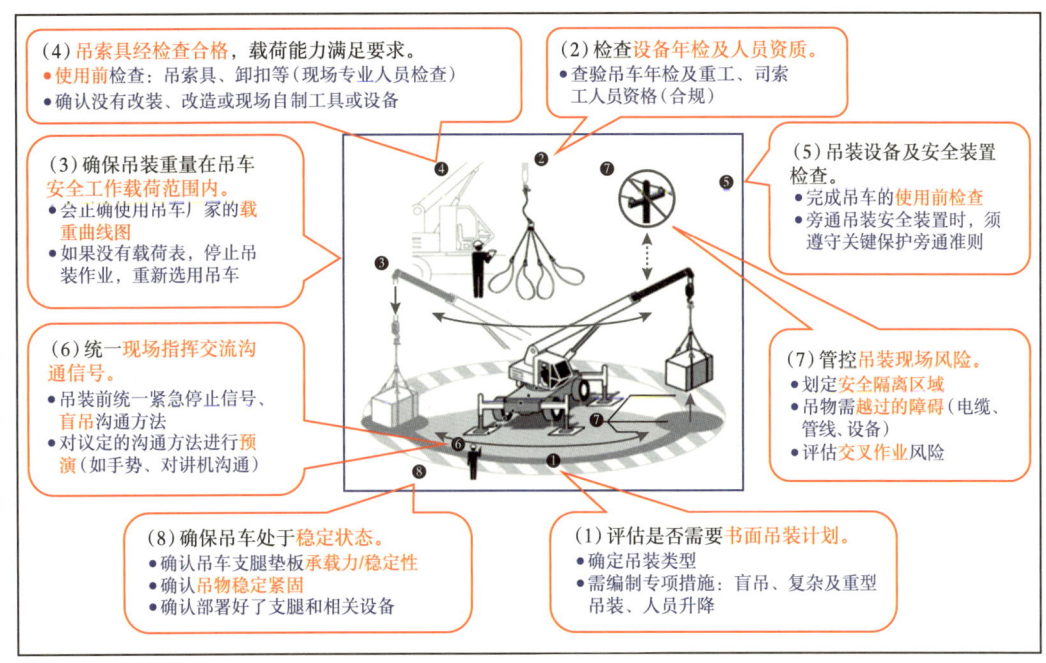

图 8-31 吊装作业关键控制点

12) 便携式气体检测标准

涉及角色及职责：1 级气体探测员（一般为承包商人员）：为危险能量源隔离、工艺和生产操作、非明火热工作业、挖掘作业（深度不超过 1.2m）和潜在危险的环境做气体探测。按要求开展持续的数据监测并记录，或进行后续气体测试。2 级气体探测员（为作业公司 HSE 作业专员、操作团队人员、气防人员）：为受限空间进入、明火热工作业做初始气体检测，以确定是否能准入，是否能安全地开展热工作业。协助应急工作开展气体探测。川东北作业公司硫化氢气体报警下限：$5\mu L/L$。

13) 交叉作业标准

目标是通过有效的计划、沟通和执行在同一或邻近地点、作业区域或工艺流程中的两个或两个以上，且存在意外停工、工艺减量、人员伤害、财产损失和不良环境影响的可能性的交叉作业，确立管理潜在冲突、风险和危险的要求。具体流程如图 8-32 所示。

14) 高空作业标准

目的是确保高空作业以安全可控的方式进行。本程序概述了安全地进行高空作业中的角色、职责及程序；并提供了必要的信息，以充分理解高空作业风险及程序，从而确保工作以安全和可控的方式开展。关键点如图 8-33 所示。

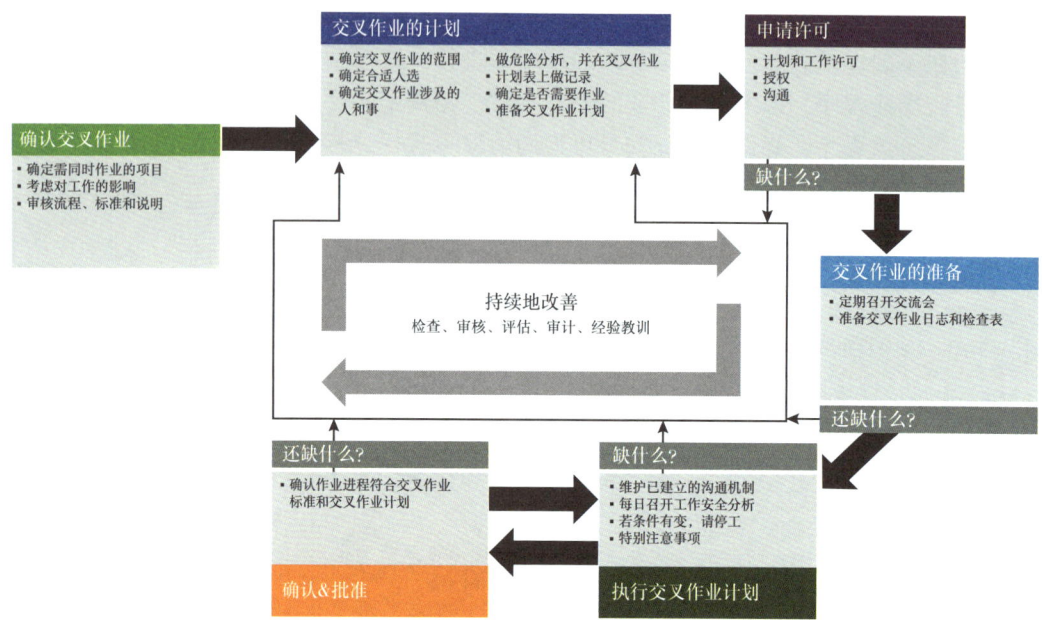

图 8-32 交叉作业流程

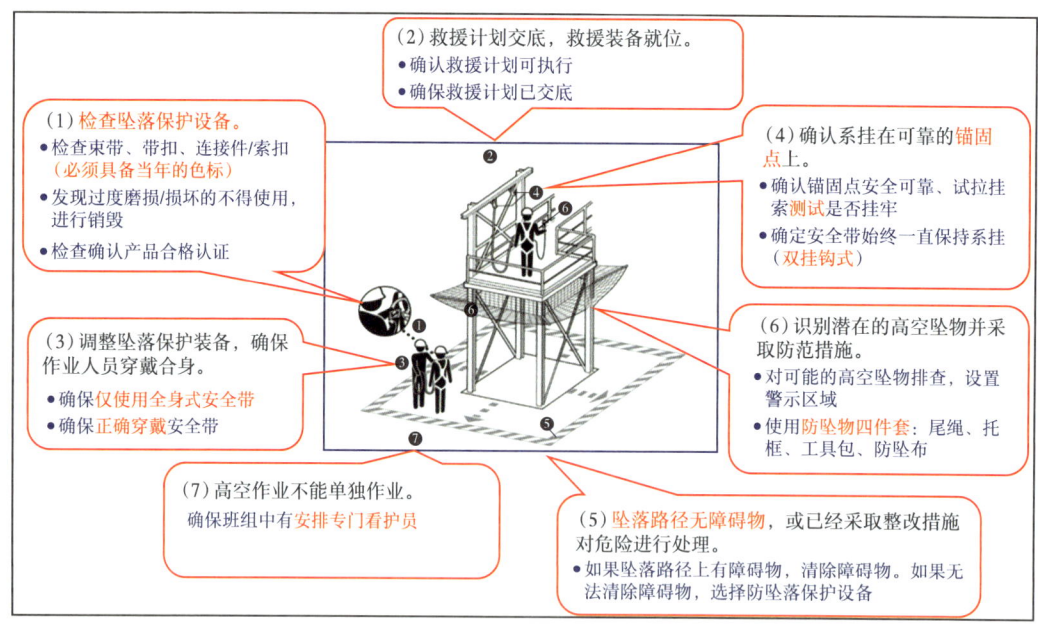

图 8-33 高空作业关键控制点

2. 工艺安全管理

罗家寨高含硫气田在工艺安全管理方面主要涉及以下几个方面：

工艺安全信息（PSI）包括所有支持工艺设施危险识别和风险分析的必要技术信息，是基础设施信息的一部分，也是设施信息必须具备的最基础部分。建立了完整的工艺（过程）安全信息（PSI）关键 TOPPPS，确保整个项目的工艺安全信息精确可靠，得到有效管理。工艺安全信息的重要作用：了解设施的工艺流程和设备的设计基础和规格；完成对设施的高效且有效的风险评估；支持设施的安全可靠运行。工艺安全信息标准流程的目的是定义相关要求，确保工艺安全信息在项目得以生成、维护、获取和利用。这些要求贯穿所有设施的整个生命周期，从设计开始，继以施工、调试、开产、运营、维护和停运。

工艺危害分析（PHA）是工艺（过程）安全的重要工具和流程。罗家寨气田在设计初期做了完整的工艺危害分析（PHA）。但是运行阶段发现，出现了独立保护层不可靠，独立保护层过多，分析风险等级偏离于实际的情况。因此，在2017—2018年，再次开展并完成全面的 HAZOP-LOPA 分析和管线的 What-If 的分析（包括井场，净化厂主装置第1~3列，以及硫黄成型/公用工程）。分析是建立在被工艺安全信息验证团队全面的现场踏勘后的准确 PSI（工艺安全信息）的基础上。分析的结果已经被雪佛龙全球风险管理权威技术专家审核和批准。分析表明，在绝大多数情况下，罗家寨气田的工艺安全风险都在足够的保护层的作用下得到了充分的管控，只有极少数情况例外。在极少数现有独立保护层不够的情况下，罗家寨气田提出了额外的独立保护层的建议方案。对每一个建议都编制了清晰的计划。在作业权移交前，雪佛龙计划完成所有可能完成的建议方案的执行。剩下的建议执行方案被移交给新作业公司完成。

罗家寨气田风险分析采用的是危害和可操作性分析—保护层分析（HAZOP-LOPA），严格按照雪佛龙标准（MFG 325），其主要步骤概况如图 8-34 所示。

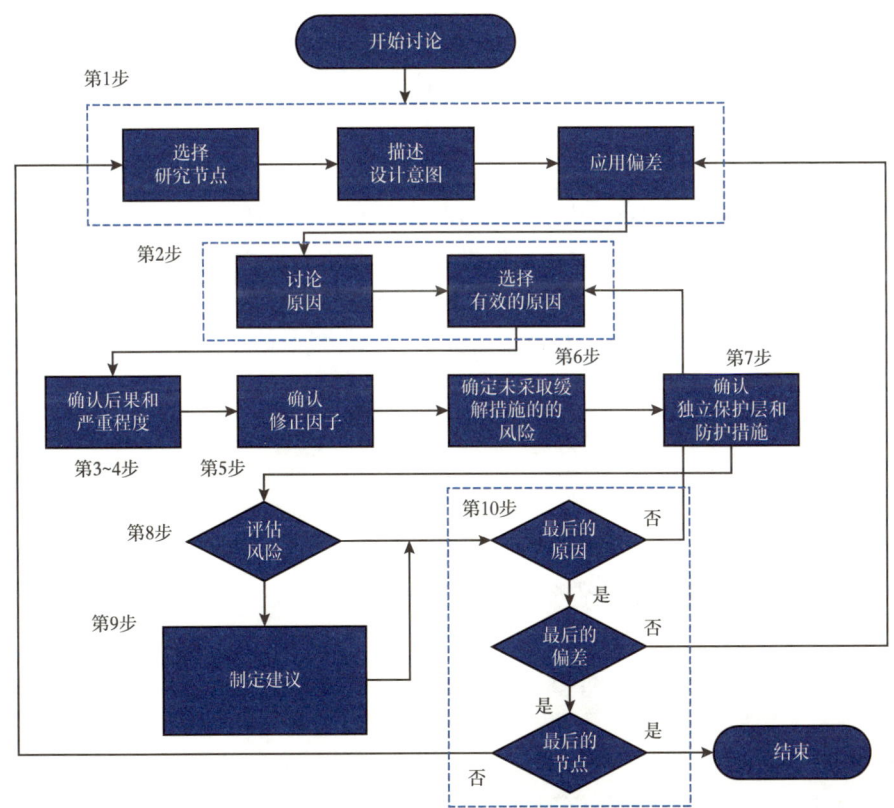

图 8-34　HAZOP-LOPA 流程

第1步：记录分析的节点，设计的目的，以及识别存在的偏差。所有可能出现的偏差都必须被 HAZOP-LOPA 分析团队仔细考虑并且记录在软件中。

第2步：识别初始事件，也就是造成可能问题的原因。对第1步中的每一个偏差，逐一列出初始事件，用典型事件发生频率参考表来逐一确定发生的频率。

第3步：记录事件后果。对于每一个造成的原因（初始事件），识别并记录可能出现最坏的结果。

第4步：给可能出现最坏的结果严重性进行评估，用 HAZOP-LOPA 分析团队成员的知识和经验决定（也可能邀请其他涉及的一些专家成员共同决定）。

第5步：决定是否有使能情况和条件变化。如果有使能情况，需要清晰地记录初始事件和使能情况的关系，以及两者的关系如何改变初始事件的发生频率。

第6步：确定未被减轻的风险。基于初始事件的频率（第2步），后果的严重性（第4步）和任何使能事件与条件变化（第5步），确定在没有保护层设施的情况下没被减轻的风险等级。

第7步：识别安全保护措施/独立保护层（IPL）。每一个原因—后果的情节的相关存在的安全保护措施（Safeguards）都应该被记录下来。只有满足独立保护层要求的安全保护措施才能被视为能降低风险。

第8步：评估风险。用未被减轻的风险等级和总的独立保护层的风险降低因子来确定被减轻后的风险等级。

第9步：确定额外的风险降低的建议方案。如果减轻后的风险等级显示不存在独立保护层的缺失，那么分析团队可以进行下一个情节的分析。在有独立保护层缺失的地方，分析团队必须审核并提供进一步的建议方案或者合理的修改设计。

第10步：重复步骤1~9直到完成（最后一个节点的最后一个原因和偏差）。

变更管理（"MOC 设施与作业"）流程旨在管理设施、作业、程序，以及产品的变更，以防止事故发生，为可靠、高效的作业提供支持，并避免变更给工作带来不可接受的风险。并不是开展的所有设施、作业、程序和产品活动都被定义为变更。MOC 设施与作业流程的范围及变更有清晰的定义，包括临时性变更和紧急变更。

在明确定义变更，并确定其符合罗家寨气田的计划优先次序和需求之前，不得使变更进入 MOC 流程。需要按照 MOC 流程管理协助开展变更管理，包括确定潜在的健康、环境和安全影响。

对于罗家寨气田而言，MOC 设施与作业流程和程序应适用于所有与罗家寨气田人员所负责、操作、租赁或控制的地点有关的设施、作业、程序和产品的永久性、临时性和紧急变更。MOC 流程概况及相关职责分工、能力和其他通用 MOC 流程指导将严格按照罗家寨气田"设施与作业变更管理优良作业指导3401"中的规定执行。

罗家寨气田持续关注变更管理过程中的工艺（过程）安全信息更新，且在完成启动前安全审查和风险评估行动项方面已经做出了质量改进。每月进行一次质量评审会议，使员工参与到 MOC 的实施改进中，进一步提高 MOC 质量。变更管理使用 OE IMPACT 标准软件 MOC 模块进行整个过程的记录管理。

关键保护旁通（BCP）：罗家寨气田建立了 OEI2322 旁通关键保护优良作业指导：确保

旁通安全关键防护措施和(或)系统时能保证安全关键系统安全、可靠地运行,降低发生人员受伤、工艺泄漏、财产损失或对环境造成负面影响的概率。严禁在异常作业条件下,为维持生产或延长/延迟关键保护装置的既定检查频率而进行旁通、隔离和(或)移除关键保护。罗家寨气田所有旁通关键保护作业严格按照优良作业指导要求执行,为了进一步提高旁通关键保护的作业质量,确保关键保护被旁通时,风险得到有效控制和减缓,编制了《OEI2322-川东北作业分公司旁通关键保护(BCP)实施细节说明》,确保旁通关键保护严格按照规定的作业流程执行,明确作业界面。编写了旁通作业风险控制减缓措施指导,传达至每一个班组员工,从而让关键保护被旁通时,风险得到有效的控制和减缓,达到了可容忍的水平。

培训:罗家寨气田建立了标准的正式操作工培训程序,石油天然气操作人员需要特殊的操作技能,持续系统的培训能够提升并保证员工的知识、技术和能力。正式操作工培训程序是培训、指导操作工的一个系统化的流程,确保操作工胜任其职责,能安全有效地操作装置和现场设施。所有操作人员首次加入罗家寨气田时,都会接受全方位的培训。正式操作工培训程序保证项目有可胜任的人才,能满足人员增补、技能提升及人员离开等需求。培养精通酸性气处理、现场作业,以及公用工程操作的技术型人才。提供标准化的高质量的方法来培训和发展操作人员。提供能核实、记录并跟踪操作人员培训的系统化方法。提高操作人员的知识和技能,以实现高水平操作和持续性的优良作业表现。识别出操作工能力发展的差距,通过培训、指导和在实践中学习来弥补差距。除了为操作人员提供培训,也为主管提供培训,提高他(她)们的领导能力。对于其他技术管理人员严格进行入职和在职培训,编制完整的培训矩阵,让每一位员工都得到足够充分的培训,从而保证人员工作所需的基本知识和技能得到及时掌握和提升。对于优良作业指导,实行周期性复训,让每一位员工将优良作业指导的安全文化融入工作的每一个环节,确保整个项目人员操作和技术管理工作的安全可靠。

1)启动前安全检查

罗家寨气田建立了启动前安全审查优良作业指导 OEI3402,整个项目所有的新建,变更管理更换或技术改造的设备或者系统,在启动前都严格按照启动前安全审查优良作业指导 OEI3402 开展系统地检查,确保能够实现设备、系统或设施的安全投产和可靠作业。它是一种风险管理机制,也是工艺安全工作的关键组成部分。启动前安全审查(PSSR)的最基本目的是确保安全投产和可靠作业,通过系统地开展新安装、改造或闲置系统的最终检查来实现。检查核实设备和系统能否满足设计宗旨,同时相应地遵守适用的 CDB 优良作业程序的规定。PSSR 提供最后一次机会,核实新安装或改造的设施存在的风险已得到适当管理,从而做到项目安全效益开发。

2)标准操作程序(SOP),日常巡检(ORD),以及阀门锁开/锁关(LO/LC)

编制了几百个关于净化、采输,以及变电站标准操作程序(SOP),并且周期性地按照设施运行操作的需要更新标准操作流程(SOP),确保其实用性。标准的操作程序和操作人员日常职责文档,让生产运行操作人员永远按照标准操作流程进行,实现了整个项目的安全可靠运行。

3) 事故调查报告(II&R)

罗家寨气田建立了标准的事故调查与报告优良作业指导 OEI3301，是为了在必要时开展事故和未遂事故的报告、分类、记录和调查，包括但不限于受伤、工艺故障/财产损失、职业病、环境、可靠性、业务中断和社区关切。确保按照可能的严重程度开展相应级别调查并采用相应的方法。按照事故调查与报告优良作业指导确定根本原因并制订建议，预防未来事故重复发生。事故调查报告(II&R)使用 OE IMPACT 系统中事故调查报告模块进行记录管理，形成宝贵的罗家寨气田事故事件数据库。

4) 承包商健康安全环境管理

罗家寨气田建立了承包商健康安全环境管理(CHESM)，所有的承包商严格按照该流程管理、考核、以及选用。作业负责人是承包商安全作业的重要角色。因为，作业负责人管理和控制作业，防止重大伤亡，识别潜在危险，识别并核实有效的防护措施，向作业人员传达作业范围、潜在危险、缓解措施、许可证/作业计划情况，疑有风险使用停工授权。需要持续加强现场负责人及作业负责人能力培养。每半年开展一次承包商健康安全环境管理(CHESM)安全论坛，皆在让承包商、技术管理人员、领导层都形成良好的安全文化理念，真正做到每一个人员都为罗家寨气田的安全负责的文化氛围。承包商健康安全环境管理(CHESM)使用 OE IMPACT 系统进行相关承包商健康安全环境业绩记录管理。

5) 合规管理

每个员工入职时都必须进行商务合规培训，每年周期性地进行复训。若与具体的工作流程相关，建立与之对应的合规管理培训、如过程控制系统安全意识培训、信息安全管理培训，所有申请生产控制网络权限的人员必须通过过程控制系统安全意识培训、信息安全管理培训才能得到申请的权限。严格的合规管理培训和合规意识，让整个公司从普通员工到管理层形成了良好的合规意识，甚至承包商人员也需要参与相关合规培训，确保所有的商业机密合规管理100%可控。

6) 员工参与

形成每一个人都争当先锋模范的文化，让每一个员工在工艺安全管理的各个环节都有极高的参与度，每一个员工都是安全效益生产的重要影响者，形成了理解、信任、支持、执行和一个团队一个愿景的作业理念，是项目安全平稳生产的重要基础。

罗家寨气田从管理上顶层设计安全优良作业管理流程和制度，从工作中各个阶段贯彻执行优良作业指导和10条黄金原则，让具有高风险的高含硫天然气项目从建设开始到目前安全平稳运行，整个过程中长达10年的时间，实现了零死亡事故的优良作业业绩，为中国工艺(过程)安全管理树立了良好的实践案例，也在国内整个工艺(过程)安全管理的发展和本土化中起到了举足轻重的推动作用。

二、应急预案及响应

罗家寨气田建立了完善的应急预案和完整的应急响应流程(包括生产区域应急响应、社区应急响应)。建立有18个专项应急预案(综合应急预案、重大自然灾害专项应急预案、恐怖袭击和突发群体事件专项应急预案、大规模伤亡事件专项应急预案、大规模流行病专项应急预案、媒体和新闻专题报道专项应急预案、危险化学品管理专项应急预案、井喷专项应急预案、管线阀室专项应急预案、集气站专项应急预案、天然气厂专项应急预案、硫黄生产专项应急预案、下八镇社区专项应急预案、南坝镇社区专项应急预案、塔河社区专项应急预案、高桥镇社区专项应急预案、对外合作销售部综合应急预案、管理职责专项应急预案）。根据事故的等级，启动不同的应急响应层级。应急管理架构如图8-35所示。

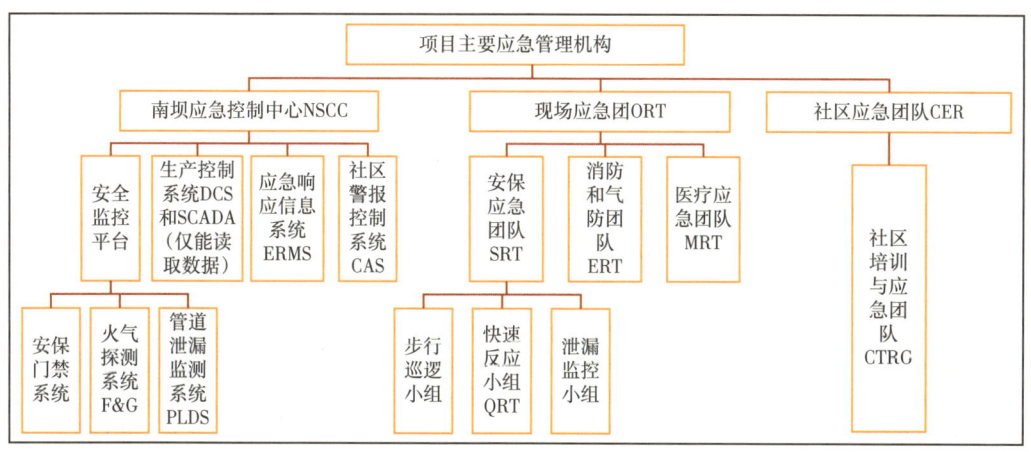

图 8-35　应急管理架构

除此之外，基于管线泄漏监测系统（PLDS）：霍尼韦尔固定式 H_2S 探测器、分布式声学感应系统（DAS）、分布式温度传感系统（DTS）、ATMOS 负压波系统、Rebellion 气云成像摄像系统，综合判断出现的泄漏，按照应急响应流程及时有效地启动社区应急响应，触发社区报警系统（CAS2.0），从而极大地降低了重大事故后果出现可能性。社区应急响应区域如图 8-36 所示。

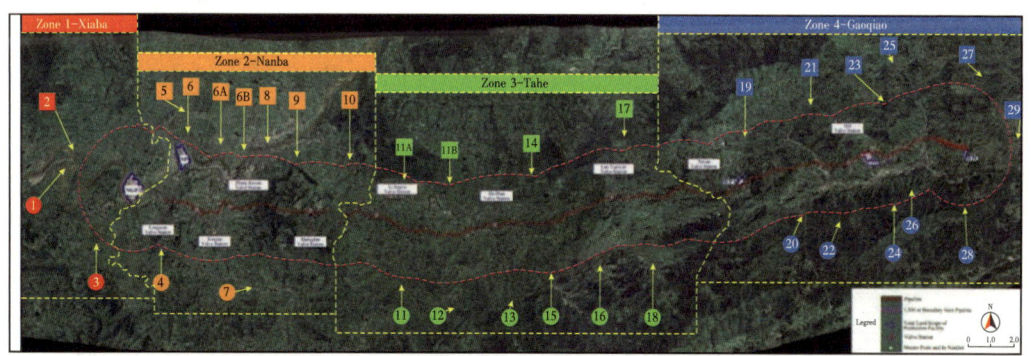

图 8-36　社区应急响应区域

社区警报系统覆盖设施周围 1.5km，共约 126km²，约 10 万人，跨 4 个乡镇，分为 20 个社区警报分区，由 40 个警报站组成。各分区可根据需要独立启动警报，开展区域性疏散程序。开展了地形声场研究，投用前进行了实测，保证应急计划区内 75dB 报警声全覆盖。每个社区警报器均可就地或远程启动，并在每月 15 日进行全系统测试，以降低误报风险。警报器为民用防空警报器,设置在井场、集气站、净化厂、硫黄厂、阀室、输气管线等设施沿线及周边区域。社区警报选用大型民用防空警笛,由发电机、控制面板和警笛组成。保安24h现场值守,以备远程启动或关停失效时根据指令现场启动或关停警报。为各个社区确定疏散路线,并升级改造其中18条疏散路线,根据紧急情况的性质和位置,分区域开展疏散。安装了500多个通往集合点的方向指示牌,33个社区集合点均选在1500m疏散规划区之外,每个集合点均设有应急方舱或应急标志杆。所有集合点均配有通信、应急照明等设备。所有集合点均有指定地方社区培训和应急人员负责管理,且他(她)们都经过专门培训,能履职尽责。社区紧急集合点示意图如图8-37所示

图8-37 社区应集紧急集合点

为25个敏感点(幼儿园、养老院和医院)建设了临时应急待命室,在各敏感点进行空气交换率测试,门窗升级改造,为距离项目含硫化氢设施600m以内的所有敏感点提供硫化氢探测器和防护面罩。地方社区培训和应急团队由村和社干部组成(涉及40个村/社区,246名村社干部)。协助开展首气前及后续的社区培训。协助准备和开展演练(每年33个集合点的演练,以及2个地企联合演练)。负责监管和报告集合点设施、社区应急相关标识和疏散路线,确保它们处于完好状态。突发事件时,地方社区培训和应急团队成员迅速赶往集合点,负责集合点的管理及与南坝安全控制中心和项目社区应急团队的沟通。社区应急演练如图8-38和图8-39所示。

图8-38 社区应急演练(一)

图 8-39　社区应急演练(二)

第八节　生产运行情况

罗家寨高含硫气田在世界两大石油公司的合作下,2016 年 1 月实现商业首气。在中国石油天然气集团公司的大力支持下、在西南油气田公司的指导帮助下,川东北项目扎实推进人员培训、岗位接替、协议谈判等各项工作,最终在 2019 年 10 月 10 日实现作业权安全平稳移交,由雪佛龙全资子公司优尼科东海有限公司移交至中国石油西南油气田川东北作业分公司。作业权移交后,罗家寨气田安全平稳运行持续向好,安全、产量和效益都实现显著提升。生产效率由 2018 年 83% 大幅提升至 2021 年 99.19%,满产天数由 2018 年的 77d 大幅增加至 2021 年的 289d,开发指标达到方案要求。按 $900\times10^4\mathrm{m}^3/\mathrm{d}$ 组织生产,井均日产量达 $150\times10^4\mathrm{m}^3$,井均累计产气超 $23\times10^8\mathrm{m}^3$,是目前国内陆上平均单井日产量最高的气田。2020 年 6 月 26 日,罗家寨气田累计处理原料气 $100\times10^8\mathrm{m}^3$,2021 年 4 月 10 日,净化气达到 $100\times10^8\mathrm{m}^3$。2016 年至 2021 年计划与实际生产气量对比如图 8-40 所示。

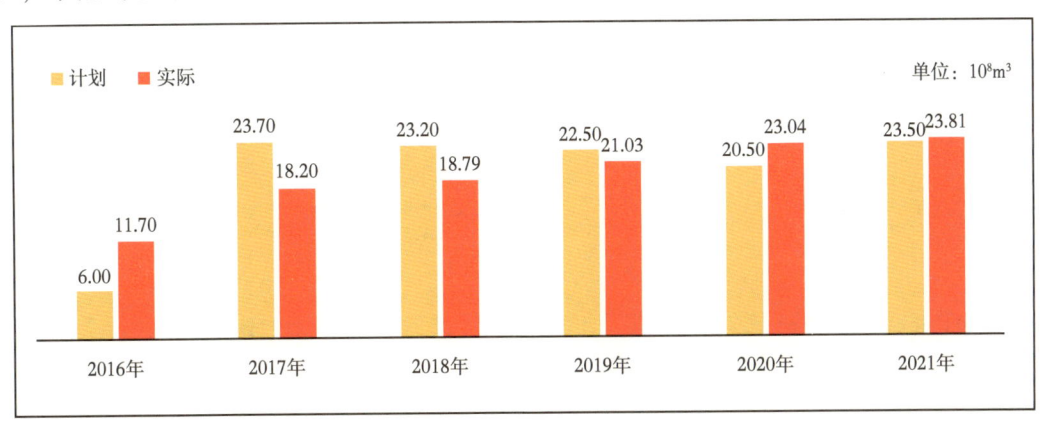

图 8-40　2016—2021 年计划与实际生产气量对比

2018年8月至2019年5月完成了坡-1X2井（ODP2）、渡2井（ODP3），以及罗家-9X1井（ODP1）三口井（2016年被评级为高风险井）的治理工作。

2019年装置大修重点解决了脱硫溶液发泡、管线冰堵、设备腐蚀泄漏等问题，生产装置可靠性得到了提升，为装置平稳满负荷运行提供了保障。

2020年安全高效完成装置大修及双达标改造工作，为最大化发挥产量、减少装置多次停车对气量的影响提供保障，通过多次对接、反复优化，将大修及双达标工作同步进行，实现西南油气田天然气净化厂首个产品气升级及尾气治理改造双达标技改工作。2020年大修总共检修时间75d，单列装置停产时间61d，比2019年大修时间节约18d。

2021年全年地质产量$28.76×10^8m^3$，工业产量$23.81×10^8m^3$，超产$0.31×10^8m^3$，同比增长3.25%，占西南油气田分公司常规气产量的12.56%。2021年高效处置生产异常情况50余次，装置非计划停产次数和影响产量较作业权移交前分别下降68%和97%。硫黄销售规模居中国石油天然气集团公司第一、全国第三，全年销售硫黄$38.17×10^4t$，占西南油气田公司的58%。

罗家寨气田开发始终把安全环保放在首位，基于大数据和数字化手段，开展安全管理工作，2021年现场核实验证44618项，无效保护措施率控至2.04%的历史低位。连续三年获西南油气田公司"HSE先进单位"称号，首获四川省及重庆市开州区"环保诚信企业"称号。牢牢坚持和不断完善项目优良作业体系，作业权移交以来未发生死亡及严重工艺泄漏事故，两个现场无因伤离岗事件发生。2021全年创造537万安全人工时优良作业业绩，累计安全连续生产5478d。

第九节 铁山坡智能气田

通过落实关于川东北高含硫气田"智能化水平最高"的要求，依托数字化建设成果，取得了"1842"建设与应用成效，如图8-41所示。基于梦想云和区域湖搭建了1个通用的智能气田基础平台，以一体化模型及8个关键技术为核心，围绕"专业一体化智能协同、开发生产智能管理、安全环保智能管控、经营管理辅助决策"4个业务应用场景，采用微服务、模块化方式，形成了一套技术体系并助力了管理模式变革，在铁山坡高含硫气

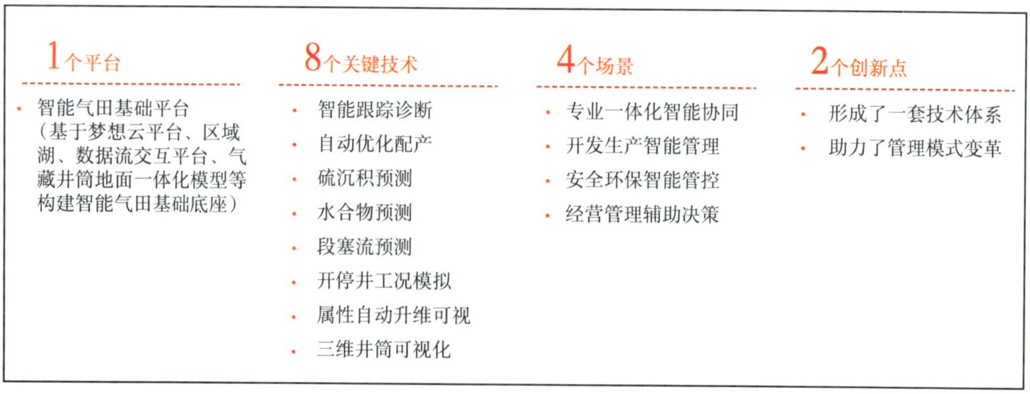

1个平台	8个关键技术	4个场景	2个创新点
智能气田基础平台（基于梦想云平台、区域湖、数据流交互平台、气藏井筒地面一体化模型等构建智能气田基础底座）	智能跟踪诊断 自动优化配产 硫沉积预测 水合物预测 段塞流预测 开停井工况模拟 属性自动升维可视 三维井筒可视化	专业一体化智能协同 开发生产智能管理 安全环保智能管控 经营管理辅助决策	形成了一套技术体系 助力了管理模式变革

图8-41 智能化气田成果

田探索实现"全面感知、自动操控、趋势预测、辅助决策",着力打造高含硫智能化气田新起点,树立了高含硫智能化气田新标杆(图8-42)。

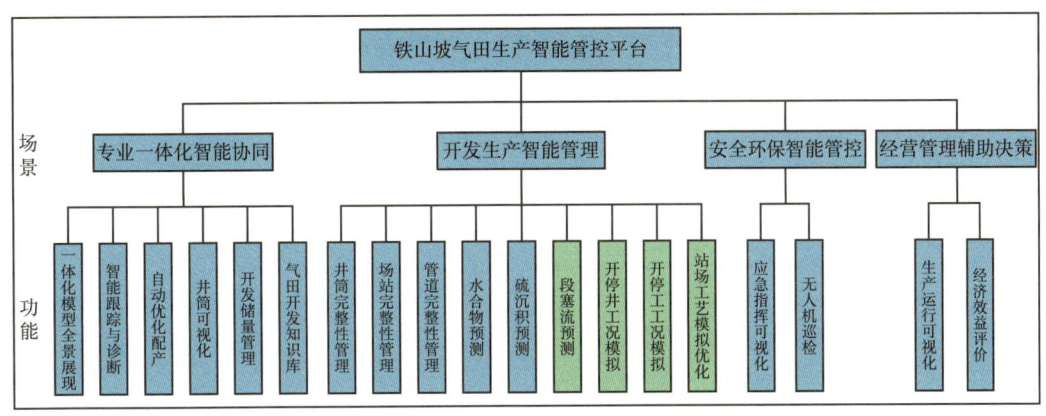

图 8-42　铁山坡智能气田架构

在全面感知方面,建设过程中坚持"工程未动、信息化基础设施先行,装置未投、信息化应用系统先试运行",提前4个月建成覆盖工程全线的电力、光缆、工业WiFi、视频监控等设施,全线17.3km的管道上共设置云台式监控视频65套,在项目建设期,在公司范围内首次实现管道焊接过程数据的实时采集,以及施工过程中的远程实时监视;在生产运行期,则转入管道高后区的实时监视,实现了管道全线的全天候监视;同时,部署了两座无人机机库,可实现全线的远程启停操控、自主巡检,最长8min可到达管道任意位置,还可搭载激光甲烷检测、语音喊话、远程点火等设备。监控视频全部接入西南油气田分公司安眼工程,实现对场站全天候、全方位的实时监视。

在自动操控方面,气田的控制系统由DCS+GDS+SIS三部分构成,其中DCS用于过程控制,在酸敏和开产过程中,在现场和中控室确认工艺条件后,通过DCS实现气井的远程开关、井口一级/二级节流阀的远程调节和水套炉、放空火炬、干线阀室、脱水装置等设备设施的远程操作,降低了人员暴露在高含硫环境下的风险。GDS用于站场的火焰和气体监测,检测结果与SIS系统联动控制,各站场、阀室均达到了自动控制、远程操控的水平,紧急情况下,在中控室可完成气田的一键关停。

在趋势预测方面,搭建了气藏—井筒—地面一体化模型,其中气藏模型主要模拟了气藏的储量、地层压力、采出程度的变化;井筒模型模拟了井筒的温度、压力、产气量、持液率等参数;地面模型模拟了井口、节流阀、加热炉、阀室等整个集输流程,主要包括温度、压力、流速、气量等参数,为智能工作流的运行提供了基础。共建成自动优化配产,开停井工况模拟,段塞流、硫沉积和水合物预测,以及智能跟踪诊断等7个智能工作流。

在辅助决策方面,自动优化配产,其基于气藏—井筒—地面管网一体化模型,结合气藏压力、单井产能,井筒临界携液能力、临界冲蚀速度和集输系统处理能力等条件,该工作流设计了"定目标配产、平衡配产、手动录入配产"3种不同的配产方式。根据不同的配产方式,只需输入边界条件,就可驱动配产工作流对产量进行分配,从而得到模拟时间段内的各单井的配产结果。开停井工况模拟,在铁山坡气田开井期间,利用该模块提前模拟了酸敏和投产全过程，包括阀门开度、温度压力等参数的模拟，以及管道积液、段塞流、水合物等情况的预测。硫沉积预测主要是基于多相流模型，与西南石油大学提供的元素硫溶解度、吸附、沉降3个模型，综合形成了一套全新的硫沉积预测模型，分为硫沉积预测总况、井站硫沉积预测、支干线硫沉积预测、井筒硫沉积预测、假定工况模拟，以及硫沉积预测系统集成6个部分。

参 考 文 献

[1] KOBAYASHI R, KATZ D L. Vapor-Liquid Equilibria for Binary Hydrocarbon-Water Systems [J]. I&EC, 1953, 45 (2): 440-451.

[2] WIEBE R, GADDY V L. Vapor Phase Composition of Carbon Dioxide Water Mixtures at Various Temperatures and Pressures to 700 Atmospheres [J]. J. Am Chem Soc., 1941, 63: 475-477.

[3] GILLESPIE P C, WILSON G M. Vapor-Liquid Equilibrium Data on Water-Substitute Gas components: N_2-H_2S, H_2-H_2O, CO-H_2O, H_2-CO-H_2O, and H_2S-H_2O [J]. GPA Tulsa, OK, 1980.

[4] YARRISON M, SONG K Y, COX K, et al. Water Content of High Pressure, High Temperature Methane, Ethane and Mathane+CO_2, Ethane + CO_2 [J]. GPA, Tulsa, OK, March 2008.

[5] SELLECK F T, CARMICHAEL L T, SAGE B H. Phase Behavior in the Hydrogen Sulfide-Water System [J]. Ind & Engr. Chem., 1952, 44 (9): 2219.

[6] CARROLL J J, MATHER A E. Phase Equilibrium in the System Water-Hydrogen Sulfide: Modeling the Phase Behavior with an Equation of State [J]. Can. J. Chem. Eng., 1989, 67: 999-1003.

[7] NG H J, CHEN C J, SCHROEDER H. Water Content of Natural Gas Systems Containing Acid Gas [J]. GPA, Tulsa, OK, 2001.

[8] SONG K Y, KOBAYASHI R. Water Content of CO_2 in Equilibrium with Liquid Water and/or Hydrates [J]. SPE Formation Evaluation, 1987: 500-508.

[9] KOBAYASHI R, SONG K Y. Water Content Values of a CO_2-5.31 mol Percent Methane Mixture [J]. Gas Processors Association, January 1989.

[10] MCKETTA J J, WEHE A H. Use This Chart for Water Content of Natural Gases [J]. Petroleum Refiner (Hydrocarbon Processing), 1958, 37 (8): 153.

[11] ROBINSON J M, et al. Estimation of the Water Content of Sour Natural Gases [J]. Trans AIME, 1977, 263: 281.

[12] MADDOX R N, et al. Estimating Water Content of Sour Gas Mixtures [C]. Gas Conditioning Conference, Univ. of Oklahoma, Norman OK, March 1988.

[13] CARROLL J J. The Water Content of Acid Gas and Sour Gas from 100 to 220°F and Pressures to 10,000 psia [C]. Presented at the 81st Annual GPA Convention Dallas, Texas, March 11-13, 2002.

[14] WICHERT G C, WICHERT E. New Charts Provide Accurate Estimations for Water Content of Sour Natural Gas [J]. O&GJ, 2003: 64-66.

[15] 孙天礼, 朱国, 梁中红, 等. 元坝高含硫气田地面系统腐蚀主控因素研究 [J]. 石油与天然气化工, 2021, 50 (1): 77-81.

[16] 杨继盛. 计算含 H_2S 和 CO_2 酸性天然气高压黏度的新方法 [J]. 天然气工业, 1986(4): 3.

[17] 杨继盛. 采气工艺基础 [M]. 北京: 石油工业出版社, 1992.

[18] 李士伦, 张正卿, 冉新权, 等. 注汽提高石油采收率技术 [M]. 成都: 四川科学技术出版社, 2001.

[19] SUN C Y, CHEN G J. Experimental and Modeling Studies on Sulfur Solubility in Sour Gas [J]. Fluid Phase Equilibria, 2003, 214(2): 187-195.

[20] 李时杰, 杨发平, 刘方俭. 普光气田地面集输系统硫沉积问题探讨 [J]. 天然气工业, 2011, 31 (3): 75-79.

[21] 吕明晏, 张哲, 汪是洋. 高含硫气田集输系统元素硫沉积防治措施 [J]. 油气储运, 2011, 29(3): 17-20.

[22] CÉZAC P, SERIN J P, Reneaume J M, et al. Elemental Sulfur Depositionin Natural Gas Transmission and Distribution Networks [J]. Journal of Supercritical Fluids, 2008, 44(2): 115-122.

[23] 刘冰, 姚学军. 油气管道完整性管理全生命周期标准体系须先行 [J]. 石油工业技术监督, 2017 (10): 22-25.

[24] PACK D J. "Elemental Sulphur" Formationin Natural Gas Transmission Pipelines [D]. Perth: University of Western Australia, 2005.

[25] 史雪枝. 元坝高含硫气藏硫沉积预测及防治 [J]. 内蒙古石油化工, 2011(1): 44-46.

[26] 涂彦, 黄瑛, 陈静. 硫溶剂在国外高含硫气田中的应用 [J]. 石油与天然气化工, 2008, 37(1): 44-47.

[27] 杨德敏, 王兵, 李永涛, 等. 过硫酸铵氧化处理高浓度含硫废水的研究 [J]. 石油化工, 2012, 41 (1): 87-91.

[28] 李晶明, 李圭甲, 姜河清. 含硫天然气开发中的硫溶剂(上) [J]. 天然气工业, 1991(3): 73-77.

[29] 杨海燕. 硫溶剂的筛选及性能评价 [J]. 广州化工, 2013, 41(20): 89-91.

[30] 毛金成, 杨小江, 李勇明, 等. 一种新型常温高效硫溶剂及其制备方法 [P]. 中国发明专利, CN105112037A, 2015.

[31] 陈赓良. 含硫气井的硫沉积及其解决途径 [J]. 石油钻采工艺, 1990, 11(5): 73-79.

[32] 董正亮, 陈大钧, 侯绪林, 等. 龙岗礁滩气藏气井垢污分析及堵塞机理研究 [J]. 天然气与石油, 2014, 32(2): 3, 49-52, 64.

[33] 宋晓莉, 尤秋彦, 牛心蕙, 等. 渤海某油田硫垢问题治理的研究 [J]. 天然气与石油, 2018, 36(6): 37-41.

[34] 廖碧朝, 宋永芳, 梁顺武, 等. 含硫化氢气井井筒堵塞解堵对策研究 [J]. 油气井测试, 2015, 24 (6): 62-64, 76.

[35] 朱国. 元坝高含硫气井井筒解堵工艺技术 [C]. 中国石油学会天然气专业委员会、四川省石油学会. 2016 年全国天然气学术年会论文集. 中国石油学会天然气专业委员会、四川省石油学会: 中国石油学会天然气专业委员会, 2016: 1742-1752.

[36] 罗伟, 林永茂, 董海峰, 等. 元坝气田井筒堵塞物清除技术 [J]. 石油钻探技术, 2018, 46(5): 109-114.

[37] 翁力强. 高含硫气井生产管柱防堵技术研究 [D]. 成都: 西南石油大学, 2016.

[38] 赵明旭. 特高含硫气井的硫溶剂选择及再生研究 [J]. 石油与天然气化工, 1994(2): 76-84.

[39] 陈永浩. 高含硫气井复合解堵技术研究与应用 [J]. 中国石油和化工标准与质量, 2019, 39(17): 242-244.

[40] 谷溢, 巨登峰, 张克永. DNH-Ⅱ型高含硫油田解堵剂的室内研究 [J]. 钻采工艺, 2002(2): 8, 92-94.

[41] 李丽, 刘建仪, 宋昭杰, 等. 含硫气井新型高效硫溶剂体系的研制及评价 [J]. 应用化工, 2011, 40 (11): 1905-1908.

[42] 李林辉, 鲜宁, 李科, 等. 一种用于高含硫气田的硫溶剂 [P]. CN102181276A, 2011-09-14.

[43] 刘建仪, 刘敬平. 一种用于含硫气井中沉积硫的高效硫溶剂 [P]. CN102408885A, 2012-04-11.

[44] 潘宝风, 兰林, 李尚贵, 等. 含硫气井用微乳型耐高温解堵剂及其制备方法 [P]. CN107523284A, 2017-12-29.

[45] 徐国玲, 王慧, 王振华, 等. 高含硫气井新型胺类硫溶剂的性能研究: 溶硫规律和再生性能(上) [J]. 石油与天然气化工, 2015, 44(5): 82-85.

[46] 杨健, 冯莹莹, 张本健, 等. 超高压含硫气井井筒内天然气水合物解堵技术 [J]. 天然气工业,

2020, 40(9):64-69.

[47] 金祥哲,吴保玉,陈怀兵. 安靖区块 GX 排气井井筒堵塞机理及解堵研究[J]. 承德石油高等专科学校学报,2021,23(3):6-10.

[48] KOBAYASHI R, KATZ D L, Vapor-Liquid Equilibria for Binary Hydrocarbon-Water Systems[J]. I&EC,1953,45(2):440-451.

[49] 陈佳羽,马维龙,赵盼婷,等. 天然气脱水工艺发展现状及趋势[J]. 石油化工应用,2023,42(2):8-10.

[50] 国家能源局. SY/T 0515—2014,油气分离器规范[S].

[51] CAMPBELL J M. Gas conditioning and processing-Volume 2:The Equipment modules[J]. 1992.

[52] ASSOCIATION G P. Gas Processors Suppliers Association-GPSA Engineering Data Book 14th(SI)[J].

[53] 张建. 油田矿场分离技术与设备[M]. 青岛:中国石油大学出版社,2011.

[54] 张强,陈文,杨梦薇. 高酸性气田腐蚀监测技术研究[J]. 石油与天然气化工,2013,1(41):60-64.

[55] 中国能源局. GB/T 26979—2011,气藏分类[S]. 2011.

[56] 中国能源局. SY/T 5225—2019,石油天然气钻井、开发、储运防火防爆安全生产技术规程[S]. 2019.

[57] 黄黎明. 高含硫气藏安全清洁高效开发技术新进展[J]. 天然气工业,2015,35,(4):1-6.

[58] IOFA Z A, BATRAKOV V V, CHO-NGOK-BA, Influence of anion adsorption on the action of inhibitors on the acid corrosion of iron and cobalt[J]. Electrochimica Acta,1964(9):1645-1653.

[59] SHOESMITH D W, TAYLOR P, et al. Electrochemical behavior of iron in alk line sulfide solutions[J]. Electrochimica Acta,1978(23):903-916.

[60] SCHMITT G, SOBBE L, BRUCKHOFF W. Corrosion and hydrogen-induced cracking of pipeline steel in moist triethylene glycol diluted with liquid hydrogen sulfide[J]. Corrosion Science,1987,27(10-11):1071-1076.

[61] PANASENKO O V, KACHANOV V A, Kondakova. Corrosion-resistant structural materials for modernization and development of new equipment in the petrochemicals industry. Part 5. Corrosion-electrochemical studies of structural materials in contact with graphite sealant materials[J]. Protection of Metals and Physical Chemistry of Surfaces,2013(49):835-837.

[62] BOLMER P W. Polarization of iron in H_2S-NaHS buffers.[J]. Corrosion,1965,21(3):69-75.

[63] KAESCHE H. Corrosion of Metals[J]. Engineering Materials & Processes,2010,126(4):891-901.

[64] LACOMBE F, FRATESI G, BRIVIO G P. Adsorption of H_2S, HS, S, and H on a stepped Fe(310)surface[J]. European Physical Journal B,2010,78(4):455-460.

[65] 田守成,周凯丽. 集输系统垢下腐蚀特性研究[J]. 山东化工,2019,24(48):94-96.

[66] DIGBY D, MACDONALD , BRUCE R, et al. The corrosion of carbon steel by wet elemental sulphur[J]. Corrosion Science,1978,18(5):411-425.

[67] MALDONADO S B, BODEN P J. Hydrolysis of Elemental Sulphur in Water and its Effect on the Corrosion of Mild Steel[J]. British Corrosion Journal,1982,17(3):116-120.

[68] SCHMITT G, Srdjan G K. Ne(s)i(c)、Rudolf Hausler Brian , Pitting in the Water/Hydrocarbon Boundary Region of Pipelines-Effect of Corrosion Inhibitors[A]. 见:2013 中国国际管道会议暨第一届中国管道与储罐腐蚀与防护学术交流会论文集. 廊坊:中国腐蚀与防护学会,2014,424-431.

[69] DOWLING N. Sulfur-related corrosion mechanisms[A]. In NACE Calgry Section Elemetnal Sulfur Corrsion & its Mitigation. NACE international:2010.26-30.

[70] 张瑞,阮成良,李大朋,等.异种金属偶接在高温高酸性环境中的电偶腐蚀行为[J].腐蚀与防护,2017,38(9):671-678.

[71] 李循迹,宋文文,周理志,等.油田集输系统中电偶腐蚀的影响因素与防治措施分析[J].材料保护,2017,50(1):82-85.

[72] 祝慧鑫,黄智勇,金国锋,等.面积比对 Al 6061-SS 304 电偶腐蚀行为的影响[J].稀有金属材料与工程,2022,51(8):3103-3109.

[73] 张艳成,吴荫顺,张健.带锈铸铁与304不锈钢的电偶腐蚀[J].腐蚀科学与防护技术,2001,13(2):66-70.

[74] 任万凯,连洲洋,左杰,等.含卤体系不锈钢局部腐蚀发展研究的闭塞电池模型构建[J].材料保护,2023(1):1-5.

[75] 徐强,刘亚鹏,胡鹏飞,等.不锈钢与船体钢在海水中的电偶腐蚀行为研究[J].装备环境工程,2022,19(5):126-132.

[76] 陆峰,张晓云,汤智慧,等.碳纤维复合材料与铝合金电偶腐蚀行为研究[J].中国腐蚀与防护学报,2005(1):39-43.

[77] 张勇,伍彩虹,符明君,等.不锈钢表面电沉积耐腐蚀膜层的研究进展[J].材料保护,2022,55(2):126-135.

[78] 陈兴伟,吴建华,王佳,等.电偶腐蚀影响因素研究进展[J].腐蚀科学与防护技术,2010,22(4):363-366.

[79] 王晓欣,张胜寒拖.金属电偶腐蚀影响因素研究综述[J].广东化工,2022(19):142-143.

[80] 季策,黄华贵.双金属复合管复合机理及制备工艺研究进展[J].特种铸造及有色合金,2018,38(12):1300-1306.

[81] 张婷,许浩,李仲杰,等.层状金属复合材料的发展历程及现状[J].北京科技大学学报,2021,43(1):67-75.

[82] 陆卫婷,崔磊,黄果林.油气田地面缓蚀剂防腐现状及存在问题分析[J].化学工程与装备,2019(9):92-94.

[83] 梁光川,马骐,叶凡,等.塔河9区高含 H2S 凝析气藏地面集输管道防腐蚀选材与内涂层防腐蚀考察[J].材料保护,2018,51(1):109-112.

[84] 肖勇.牺牲阳极与外加电流阴极保护联合使用的案例[J].腐蚀与防护,2021,42(7):66-72.

[85] 孙天翔.阴极极化对典型金属材料表面保护性能的影响研究[D].青岛:青岛理工大学,2017.

[86] 汪永康,刘杰.石油管道内缺陷无损检测技术的研究现状[J].腐蚀与防护,2014,35(9):929-933.

[87] 董为荣,帅建.管道超声导波检测技术[J].管道技术与装备,2006(6):21-23.

[88] 单宝华,喻言,欧进萍.超声相控阵检测技术及其应用[J].无损检测,2004,26(5):235-237.